DEUTSCHE
STANDARDS

DEUTSCHE STANDARDS

MARKEN DES JAHRHUNDERTS

Herausgeber
Dr. Florian Langenscheidt

Beirat
Dipl. Kfm. Michael Beckel (Vorsitz),
Jean-Remy von Matt (Jung von Matt),
Prof. Dr. Dr. h.c. Heribert Meffert,
Dr. Antonella Mei-Pochtler (The Boston Consulting Group),
Wolfgang Momberger (Momberger's BrandNet),
Manfred Schüller (Springer & Jacoby)

Chefredaktion
Olaf Salié

Redaktion
Cläre Stauffer, Steffen Heemann

Assistenz
Annika Saller, Suhaila Sinn

Gestaltung
Dipl.-Des. Stefan Laubenthal

Mit Texten von
Bea Becher, Antonio De Mitri, Ute Eschenbacher,
Claudia Freytag, Dr. Eric Hoffmann, Dr. Gerhard Kock,
Dr. Manfred Luckas, Monika Mersak, Katharina Meyer,
Thorsten Pannen, Cornelia Pehse, Armin Scheid, Susanne Speth,
Phil Stauffer, Julian von Heyl, Annette Westhoff,
Maren Wöltje, André Zwiers-Polidori u.a.

INHALT

GRUSSWORT

Heutzutage ist die Vielfalt der angebotenen Konsumgüter mannigfaltig. Ständig stehen wir vor der Qual der Auswahl und mühen uns redlich, die richtigen Kaufentscheidungen zu treffen. In diesem Warendschungel erscheinen uns Marken wie gute, alte Freunde, die uns ein Leben lang begleitet haben. Erkennen und Wiedererkennen bestimmen die Markenbildung, lassen in unseren Köpfen Bilder entstehen, die wir mit Erfahrungen und Emotionen verbinden. Ohne die sichtbar gewordene Marke mit der blauen Dose und ihrem charakteristischen weißen Schriftzug würde bei dem Wort „Nivea" keine kleine Welt in uns wach. Das Wort „Coca Cola" lässt auf unserer inneren Leinwand sogleich einen rotweißen Aufdruck entstehen. Und die Paarung von Stern und Kreis am „Mercedes" symbolisiert ebenso wie der Name „Stihl" auf Motorsägen archaische Tugenden wie Verlässlichkeit, Beständigkeit und Solidität. Nicht selten gehen Mensch und Marke eine lange, manchmal lebenslange Beziehung ein. Solange das Markenbild stimmig ist und das Markenversprechen der Hersteller oder Anbieter eingehalten wird, gibt es keinen Grund für eine Trennung.

Wie schon der Name verrät, markiert die Marke. Sie zieht eine Grenzlinie, an der sich das Besondere vom Gewöhnlichen, das Gediegene und Vertrauenswürdige vom Marktschreierischen und Anonymen scheidet. Marken sind sozusagen Straßenbilder der Wirtschaft. Sie geben uns Orientierung im Konsumlabyrinth und rationalisieren überdies für jeden Einzelnen von uns den Alltag: Im Supermarkt oder Kaufhaus, in der Drogerie oder Parfümerie müssen wir uns nicht mehr mit jedem einzelnen Produkt ausführlich beschäftigen, sondern können uns auf die langjährigen Erfahrungen mit „unseren" Markenprodukten verlassen. Diese Erfahrungswerte geben uns aber nicht nur im heimischen Umfeld Sicherheit, denn Marken sprechen eine internationale Sprache. Mit ihren überaus hohen Qualitäts-, Sicherheits- und Umweltstandards setzen Markenprodukte weltweit Maßstäbe für technischen und wirtschaftlichen Fortschritt, fördern damit den Wettbewerb und die Produktinnovation und dienen – last but not least – auch dem Verbraucherschutz.

Da aber nichts so gut ist, als dass es nicht noch verbessert worden könnte, strebt die Industrie tagtäglich danach, ihre Produkte und Leistungen weiterzuentwickeln und den Bedürfnissen der Verbraucher und der Umwelt anzupassen. Im BDI wiederum kämpfen wir jeden Tag dafür, dem Wettbewerb mehr Raum zu verschaffen. Unsere Forderung nach mehr Freiheit für die Unternehmen wurzelt in der Überzeugung, dass der Markt dafür sorgt, dass die Verbraucher optimale Produkte zu optimalen Preisen erhalten. Durch ihre Kaufentscheidung belohnen sie diejenigen Hersteller und Anbieter, die ihre Bedürfnisse am besten kennen und befriedigen. Qualität kann nicht am Schreibtisch verordnet werden – sie bildet sich im Wettbewerb und durch Innovation.

In diesem Sinne wünsche ich dem Bildband „Deutsche Standards – Marken des Jahrhunderts", dass sich sein unverwechselbarer Stil etabliere und das Werk selbst zur Marke werden möge.

DR. MICHAEL ROGOWSKI
Präsident des BDI – Bundesverband
der Deutschen Industrie e.V.

VORWORT DES HERAUSGEBERS

Marken sind wie Macheten. Sie schlagen Schneisen durch den Dschungel des Warenangebotes. Sie sind wie Mantras, die Türen öffnen zu inneren Räumen großer Erinnerungstiefe und Assoziationsintensität. Wenn Religion und Ideologie als sinnstiftende Systeme nicht mehr greifen, sind es manches Mal die Marken, die Identität verleihen und Sinn geben. Sie schenken Orientierung und Halt, sind Leitplanken auf den Autobahnen des Konsumentenlebens. Sie transportieren Werte und machen diese erfahrbar, sie ermöglichen Gruppenzusammengehörigkeit und Individualität zugleich. Sie sind oft wichtiger als manch anderer Ausweis tief innen in der Brieftasche, da sie stolz und selbstbewusst durch den Raum der Öffentlichkeit schreiten und ohne übertriebene Bescheidenheit sagen: „Hier bin ich. Das bist du. Vergiss alles andere."

Marken markieren den Raum der Kaufentscheidungen. Sie sind Straßenschilder, Ampeln und Wegweiser zugleich. Sie signalisieren, wo man steht und wer man ist – natürlich nicht in einem umfassenden Sinne, aber doch als ein Element der Identität.

Marken sind Versprechen. Sie sichern mit Brief und Siegel Qualität und Tradition zu. Sie flüstern: „Ich bin aus gutem Hause. Bei mir kannst Du keinen Fehler machen." Sie versprechen außergewöhnliche Leistung und Perfektion in jedem Detail. Sie garantieren, dass niemand sonst dieses Produkt oder diese Dienstleistung besser machen oder erbringen kann. Das hat sie groß und mächtig gemacht, denn wer von uns hat schon Zeit, das riesige Angebot vor einer Kaufentscheidung zu durchforsten, um das Beste zu wählen? Insofern ersparen sie uns unendlich Zeit und machen die Marktwirtschaft erst effizient. Mehr als jede Versicherung geben sie das lebenswichtige Gefühl von Sicherheit und Vertrauen. Sie versprechen, dass man angesagt ist und die richtige Entscheidung im Leben zu treffen weiß. Sie entlasten von dem Risiko, etwas Falsches zu wählen, lächerlich zu wirken oder zum Umtauschschalter gehen zu müssen.

Marken sind aber auch Verheißungen eines spannenderen und aufregenderen Lebens, Sirenen im Meer der Kauflust. Sie versprechen Status und Prestige, Thrill und Glamour. Sie verführen uns und geben uns dieses herrliche Gefühl, das Beste, Schönste und Eleganteste gewählt zu haben. Sie transportieren Lifestyle und Libido zugleich.

All das wäre schon mehr als spannend genug für ein großes Buch. Designexperten könnten über Logos und Wort-Bild-Marken, Farben und Typographie, Packaging und Ästhetik nachdenken. Ökonomen könnten trefflich darüber streiten, wie sich der Brand Value – bei großen Markenartiklern milliardenschwer – am besten so präzise berechnen lässt, dass er auf der Aktivseite der Bilanz aufscheinen kann. Psychologen könnten ein Kategoriengerüst aus den Balken Relevanz, Aktualität, Identität, Authentizität, Tradition und Einmaligkeit errichten, um den Mythos Marke verstehbar zu machen. Manager könnten darüber berichten, wie weit sich eine Marke ausdehnen lässt und wie sie mit dem Verhältnis zwischen Corporate Brand und Sub Brand umgehen. Marketingfachleute könnten erklären, warum gute Markenführung große Preisprämien ermöglicht und so die hohe Preissensitivität schnäppchenverliebter Konsumenten drückt. Organisationsexperten könnten über die Einrichtung eines Chief Branding Officers in markenbewußten Unternehmen erzählen und zeigen, wie man die Brand Key Vision in Hirn und Herz aller Mitarbeiter/-innen bekommt. Und alle gemeinsam könnten Strategien präsentieren, wie man die Position von Markenartikeln gegenüber den allgegenwärtigen No-Name-Produkten, Handels- und Billigmarken noch stärken könnte.

Das vorliegende Buch will allerdings mehr. Es ist eine Enzyklopädie der größten deutschen Marken, stellt die Ikonen der deutschen Wirtschaft vor. Es zeigt, wer Standards gesetzt hat auf seinem Gebiet. Dadurch wird es zu einem Spaziergang durch unser aller Alltagsmythologie, denn die meisten von uns sind aufgewachsen mit den Marken, deren Hintergrund, Geschichte, Bedeutung und Aura hier beschrieben werden. Welchen Klarsichtklebefilm haben Sie denn verwendet und welchen Teddybär im Arm gehabt, als Sie aufwuchsen? Welche Kaffee-Filtertüte haben Sie schon immer in Ihrer Küche und welches Waschmittel in der Waschmaschine? Welches war seit Ihrem ersten Schnupfen Ihr Papiertaschentuch und welcher der Ordner in Ihrem Büro? Genau um diese großen Marken geht es, von Aspirin bis Zeiss. Sie stehen pars pro toto für eine ganze Warengattung und sind von daher zum Standard für alle Konkurrenten geworden. Sie möblieren unsere Vergangenheit wie Fotorahmen unseren Schreibtisch und lassen Erinnerungen wachwerden wie Gerüche auf der Suche nach der verlorenen Zeit. Sie sind ein Teil von uns und werden es immer sein.

Im deutschen Alltag verblasst die Bezeichnung des Warengenres hinter der Strahlkraft dieser Marken. Ganz tief in uns ist eine untrennbare Verbindung gelegt zwischen dem Produkt und dem Namen seines hervorragendsten Vertreters. Diese Verbindung ist für den Hersteller Millionen und Milliarden wert; sie lässt sich weder kaufen noch erzwingen und ist nur durch jahrzehnte- oder jahrhundertelange exzellente Arbeit großer Teams zu erreichen. Das vereint alle im Folgenden porträtierten Marken und Unternehmen.

Die Präsentation der Königsklasse der deutschen Marken ist natürlich auch eine Gesamtschau der Leistungskraft der deutschen Wirtschaft. In Zeiten, wo die Deutschland AG relativ billig zu haben ist und unser Selbstbewusstsein im globalen Wettbewerb nicht gerade am Zenith weilt, ist dies ein nicht ungewünschter Nebeneffekt. Das Buch soll Zuversicht ausstrahlen und das weltbekannte „Made in Germany" neu und positiv aufladen. Es soll zeigen, zu welch großartigen Leistungen die deutsche Industrie in der Lage ist und welche Weltgeltung viele deutschen Unternehmen in ihrem Bereich haben. Deshalb werden Herausgeber, Verlag und Chefredaktion dafür sorgen, dass es in den meisten Goethe-Instituten, Handelskammern und deutschen Botschaften in aller Welt stehen wird und auf wesentlichen internationalen Kongressen durch Präsentationen und Ausstellungen Flagge zeigt. Jede Anregung, wie das vor-

liegende Werk im Sinne von „Rebranding Germany" konstruktiv eingesetzt werden kann, ist willkommen.

Herausgeber und Chefredaktion bitten auch um entsprechenden Hinweis (und um Verzeihung), wenn wichtige deutsche Marken im Sinne der skizzierten Bedeutung fehlen sollten. Wir haben uns die Auswahl nicht leicht gemacht und zur ihrer Objektivierung einen hochkarätigen Beirat ausgewiesener Markenexperten einberufen, der eine Fülle von Anregungen einbrachte und dem ein ganz herzlicher Dank gebührt. Lange Diskussionen gab es etwa über die Frage, inwieweit auch Bezeichnungen von Phänomenen außerhalb der Wirtschaft Marken sind. Gehören der ADAC oder das Rote Kreuz, das Oktoberfest oder Greenpeace, die katholische Kirche oder die Grünen, Boris Becker oder Franz Beckenbauer in einen Band über Marken des Jahrhunderts? Durften wir „Gute Zeiten, schlechte Zeiten", die Gelben Seiten, die Love Parade und „Wetten, dass" guten Gewissens außen vor lassen? Urteilen Sie selbst. Jede Auswahl aus der Buntheit dieser Welt lässt sich trefflich diskutieren – und genau das macht jede Liste und jedes Ranking so spannend...

Einen großen Bereich, in dem Deutschlands Wirtschaft Standard neben Standard setzt und vielfach den Weltmarktführer darstellt, bilden die Investitionsgüter. Diesen haben wir ganz bewusst nur mit einigen wenigen, beispielhaften Marken berücksichtigt, weil er ganz anderen Gesetzmäßigkeiten als der Konsumgüterbereich unterliegt und weil wir in der Reihe „Deutsche Standards" einen eigenen zweisprachigen Band dazu planen. Zusammen mit großen Werken zu „Corporate Social Responsibility" und „Vorbildliche Stiftungen" soll er die Gesamtreihe neben dem jährlich erscheinenden „Beispielhafte Geschäftsberichte" komplettieren.

Haben Sie viel Spaß beim Durchblättern und Sich-Festlesen, beim Wiedertreffen alter Freunde aus Ihrer Kindheit und Kennenlernen neuer Shooting Stars, beim Staunen über manche Entwicklungsgeschichte und beim Identifizieren Ihrer deutschen Lieblingsmarken!

DR. FLORIAN LANGENSCHEIDT

4711 | DAS KÖLNISCH WASSER

 Ob heilendes Wunderwasser, frischer Duft im blütenreinen Taschentuch oder begehrtes Mitbringsel aus Köln: 4711 ECHT KÖLNISCH WASSER ist weltweit ein Synonym für gepflegte Frische und neben dem Dom bekanntestes Symbol für die Stadt am Rhein. Als im Jahre 1796 ein französischer Korporal die Zahl 4711 an eine Kölner Hauswand schrieb, konnte allerdings niemand ahnen, welche Bedeutung diese Ziffernfolge einmal erlangen sollte. Der Korporal handelte auf Befehl der französischen Besatzung, die alle Häuser der Stadt fortlaufend nummerieren ließ. Es war das Haus Mülhens in der Glockengasse, das die Nummer 4711 erhielt.

Dort hatte der Kaufmann Wilhelm Mülhens vier Jahre zuvor seine Hochzeit gefeiert und ein unscheinbares Papier geschenkt bekommen: Der Kartäusermönch Franz Farina hatte ihm die Rezeptur für sein „aqua mirabilis", ein heilendes Wunderwasser, aufgezeichnet. Schon bald errichtete der Beschenkte in seinem Haus eine kleine Manufaktur zur Herstellung des wohlriechenden Destillats, das als medizinisches Allheilmittel und zur kühlenden Gesichtsreinigung verwendet wurde. Als „Kölnisch Wasser" verkaufte er es unter der Firmenbezeichnung „Franz Maria Farina – Klöckergasse No. 4711 in Cöln a.R.".

Der Name Farina allerdings war nicht gerade dazu angetan, auf dem Markt besonders aufzufallen: Mehr als 50 verschiedene Kölnisch-Wasser-Produzenten firmierten zeitweise unter diesem Etikett. Deshalb war es ein kluger Schachzug, die Hausnummer besonders herauszustellen. Erst Ferdinand Mülhens, Enkel des Firmengründers, kam allerdings darauf, sie zum Markenzeichen seines Kölnisch Wassers zu machen, das schnell weltweite Bekanntheit erlangte: 1875 ließ er die Zahl 4711 im Handelsregister eintragen und stellte sie in den Mittelpunkt des 1839 entworfenen blau-goldenen Flaschenetiketts. In Verbindung mit der so genannten Molanus-Flasche, dem typischen, nach seinem Erfinder Peter Heinrich Molanus benannten 4711-Flakon ergab sich so ein hoher Wiedererkennungswert, Grundvoraussetzung zur Etablierung einer Marke. Durch den klugen Einsatz moderner Werbe- und Verkaufsmethoden konnte die Marke auch die schweren Verluste durch die beiden Weltkriege kompensieren und ist heute einer der bekanntesten Erfrischungs-Düfte überhaupt.

Bis heute ist die Komposition von 4711 ECHT KÖLNISCH WASSER geheim. Als Napoleon 1810 die Preisgabe aller Heilmittel-Rezepturen anordnete, schlug die Zunft der Kölnisch-Wasser-Manufakturen den Besatzern ein Schnippchen und verkaufte ihre Destillate fortan als äußerlich anzuwendendes Erfrischungswasser. Die 4711-Rezeptur aus natürlichen Essenzen und Ölen blieb daher nur wenigen Eingeweihten bekannt. Und sie ist, wie Flakon und Etikett, bis heute unverändert zeitlos; dabei als Marke aktuell und dynamisch.

Seit 1997 wird 4711 ECHT KÖLNISCH WASSER unter dem Dach der Cosmopolitan Cosmetics GmbH vertrieben. Das zur Wella-Gruppe gehörende Unternehmen ist nicht nur Marktführer in Deutschland, sondern zählt auch international zur absoluten Spitzengruppe der Duft-Anbieter. Mit rund 35 Tochtergesellschaften und über 100 Vertriebspartnern sowie Düften und Pflegeserien von A wie „Anna Sui" bis Y wie „Yardley" ist Cosmopolitan Cosmetics weltweit in 150 Ländern präsent. Bereits heute werden dabei rund 35 Prozent des Umsatzes in Asien und auf dem amerikanischen Markt erwirtschaftet.

Das junge internationale Unternehmen hat das alte 4711-Haus in der Kölner Glockengasse zu einer modernen Präsentationsplattform umgestaltet und verbindet auch für sein Kölnisch Wasser Tradition mit zeitgemäßer Frische. Durch die Einführung verschiedener Körperpflege-Artikel wird der Urnutzen der Marke – nämlich Erfrischung – konsequent auf den aktuellen Markt abgestimmt. Bei alledem bleibt die Marke sich treu: Duftrichtung wie Gestaltung lassen immer eindeutig erkennen, dass es sich um 4711 ECHT KÖLNISCH WASSER Produkte handelt.

Firmenname	Klassiker	Mitarbeiter	Vertrieb	Jahresumsatz	Hauptfertigungsstätten
Cosmopolitan Cosmetics GmbH	4711 Echt Kölnisch Wasser (seit 1792)	2.500 weltweit	in 150 Ländern	773 Mio. Euro (Geschäftsjahr 2002)	Köln und Poissy

ABUS | DAS SICHERHEITSSCHLOSS

Welch eine Bedeutung mag im Zeitalter von Magnetkarten, Digitalverriegelungen und elektronischer Sicherheit noch ein Vorhangschloss haben? Diese Frage könnte vielleicht aufkommen, und doch – es kommt sicher nicht von ungefähr, dass immer noch täglich eine Vielzahl von Vorhangschlössern gekauft und im Alltag benutzt wird. Denn ein solches Sicherheitsschloss besitzt gerade wegen seiner einfachen Konstruktionsprinzipien nicht nur erstaunliche Widerstandskräfte, sondern auch ein erhebliches Abschreckungspotenzial.

„Mehr Sicherheit mit ABUS." Dass dieser Slogan einmal um die Welt gehen würde, damit hatten August Bremicker und seine Söhne wohl kaum gerechnet, als sie 1924 in dem kleinen Dorf Volmarstein an der Ruhr den Schritt in die Selbstständigkeit wagten und mit der Produktion der ersten Vorhangschlösser begannen. Dabei waren die Bremickers damals nicht die einzigen, die in Volmarstein Vorhangschlösser herstellten. Und doch ist gerade die Marke ABUS weltweit zum Synonym für Vorhangschlösser geworden. Der Markenname ABUS ist wohl gewählt: Er steht für August Bremicker und Söhne, lässt sich einfach merken und gut aussprechen.

Bis in die fünfziger Jahre hinein dominierte das aus Stahl oder Blech hergestellte Vorhangschloss. Dann begann der nicht mehr aufzuhaltende Siegeszug des aus massivem Messing hergestellten Schlosskörpers, den ABUS als erster deutscher Anbieter im Markt platzierte. So konnte der Familienbetrieb aus Volmarstein an der Ruhr einer der ersten Plätze im internationalen Markt erobern und im wahrsten Sinne des Wortes eine dauerhafte Schlüsselrolle im Bereich Sicherheitsschlösser besetzen. Nicht ohne Grund wird ABUS in den USA genannt: „World leader of brass padlocks."

Doch auch andere Modelle haben sich durchgesetzt. Schon fast legendär ist das runde ABUS-Diskus-Schloss, das seit über 50 Jahren produziert und dabei immer wieder neuen Gegebenheiten angepasst worden ist. Sämtliche Entwicklungen sind von dem Leitgedanken getragen, den Sicherheitsbedürfnissen der Verbraucher optimal gerecht zu werden. So wurden die achtziger und neunziger Jahre durch eine Serie geprägt, die unter dem Namen „Granit" vertrieben wird. „Granit" kommt überall da zum Einsatz, wo es um allerhöchste Sicherheitsansprüche an Vorhängeschlösser geht.

Unermüdlicher Einsatz, Ideenreichtum, Geschick und Können in Entwicklung, Produktion und Vertrieb waren und sind die Grundpfeiler für den Erfolg des nach christlichen Grundsätzen geführten Familienunternehmens, das heute im Besitz der dritten und vierten Generation ist.

Der große Erfolg und die Kompetenz der Marke ABUS begründen sich nicht allein auf den Produktbereich Vorhangschlösser. Seit über 40 Jahren entwickelt, produziert und vertreibt ABUS ein breites und umfassendes mechanisches Sicherheitsprogramm zur Absicherung von Haus und Wohnung. In enger Zusammenarbeit mit Kripo, Versicherungen, Testinstituten und sonstigen Experten auf dem Gebiet der Sicherheitstechnik werden ständig neue Problemlösungen vorgestellt, die den Bedürfnissen im Markt entsprechen. Wenn es um die Absicherung von Türen, Fenstern, Rollläden, Gitterrosten oder Bodentreppen geht, in dem breiten ABUS-Programm findet sich immer die richtige Lösung. So gehört ABUS auch im Bereich der Absicherung von Fahrrädern und Motorrädern im internationalen Vergleich seit Jahren zu den führenden Marken.

ABUS-Produkte werden seit nunmehr über 80 Jahren getreu dem Motto „Sicherheit braucht Qualität" an drei Produktionsstandorten in Deutschland hergestellt und haben sich weltweit millionenfach bewährt. Es wird wohl nur wenige Schlüsselbunde in Deutschland geben, an denen nicht wenigstens ein Schlüssel mit dem Markenzeichen ABUS hängt. Schauen Sie doch mal nach!

Firmenname
ABUS August
Bremicker Söhne KG

Klassiker
ABUS Sicherheits-
schloss (seit 1924)

Gründung
1924 in Volmarstein
an der Ruhr

Mitarbeiter
ca 2.000 weltweit

Gründer
August Bremicker
(1860–1938)

Vertrieb
weltweit

ADIDAS | DER SPORTSCHUH

 Als der 20-jährige Adi Dassler aus Herzogenaurach nach seiner Bäckerlehre umsattelte und fortan Sportschuhe herstellte, hatte er eine Vision: Jeder Athlet sollte für seine Disziplin den optimal angepassten Schuh erhalten. Dass er diesem Vorsatz bis zu seinem Tod 1978 treu geblieben ist, davon zeugen nicht nur die 700 weltweit gültigen Patente und Gebrauchsmuster, sondern vor allem unzählige Siege und Triumphe von Sportlern und Sportlerinnen mit den drei Streifen auf ihrer Ausrüstung.

Dabei musste er bei der Herstellung seines ersten Schuhs 1920 noch mit den wenigen Materialien auskommen, die so kurz nach dem Krieg erhältlich waren. Trotzdem schafften die Spezialschuhe schnell den Durchbruch, und bereits bei den olympischen Spielen 1928 betreute der sportbegeisterte Dassler wie üblich „seine" Sportler persönlich, um gemeinsam die jeweiligen Schuhe zu optimieren.

Nach dem Zweiten Weltkrieg musste Adi Dassler praktisch wieder bei Null anfangen. Als er 1947 die ersten Nachkriegsschuhe aus Segeltuch und Gummi von amerikanischen Treibstofftanks fertigte, suchte er für seine Produkte eine einprägsame Bezeichnung und – als erster Schuhfabrikant überhaupt – ein optisches Kennzeichen. So entstand 1949 in Anlehnung an seinen Namen die Marke adidas mit den unverwechselbaren drei Streifen. Adi Dassler war auch der erste, der die Möglichkeiten der Sportpromotion erkannte. Namhafte Athleten aus zahlreichen Sportarten trugen als Werbeträger maßgeblich zu der stetig steigenden Bekanntheit der Marke bei.

Ein Höhepunkt in der Erfolgsgeschichte von adidas war der Gewinn der Fußball-Weltmeisterschaft 1954 durch die deutsche Nationalmannschaft. Dass Adi Dassler während der Halbzeitpause des Endspiels selber dafür sorgte, dass die neuartigen Schraubstollenschuhe dem legendären „Fritz-Walter-Wetter" angepasst wurden, ist fester Bestandteil des Mythos, der als das „Wunder von Bern" in die Geschichte einging.

In den 60er Jahren weitete adidas seine Produktion auf Textilien und Bälle aus. Auch hier gelang es dem Unternehmen schnell, durch seine Innovationskraft Standards zu setzen. So werden zum Beispiel seit 1970 bei allen großen Fußballereignissen die Tore mit adidas Bällen geschossen.

Nach dem Tod Adi Dasslers modernisierte das Unternehmen sukzessive seine Strukturen, ohne dabei die eigene Tradition aus den Augen zu verlieren. Zunächst wurde adidas 1989 in eine Aktiengesellschaft umgewandelt, die 1995 erfolgreich den Gang an die Börse vollzog. Zwei Jahre später folgte dann der Kauf der Salomon Gruppe, die aufgrund ihrer Produktpalette (Salomon für Wintersportausrüstung, TaylorMade für den Golfsport und Mavic für Radfahrzubehör) die ideale Ergänzung für adidas darstellt. Mit einem Umsatz von 6,5 Milliarden Euro im Jahr 2002 ist die neu entstandene adidas-Salomon AG heute die zweitgrößte Sportartikelfirma der Welt und beschäftigt mehr als 14.700 Mitarbeiter.

Im Oktober 2000 stellte das Unternehmen eine neue, revolutionäre Geschäftsstrategie für die Kernmarke adidas vor. An die Stelle der bisherigen Aufteilung der Geschäftsstruktur in Schuhe, Textilien und Accessoires tritt nun ein zeitgemäßes, innovatives Geschäftsmodell mit den Bereichen adidas Sport Performance für die Sportlerinnen und Sportler, adidas Sport Heritage für den Lifestyle-Kunden und adidas Sport Style für anspruchsvolle, modebewusste Verbraucher mit sportlicher Orientierung. Mit Hilfe dieser Strategie kann adidas seine Kunden direkter ansprechen, seinen Kundenstamm noch ausbauen und bestehende Märkte besser durchdringen. Damit sind die Voraussetzungen dafür erfüllt, dass der Name adidas auch in Zukunft weltweit für Kompetenz in allen Bereichen des Sports steht.

Firmenname	Klassiker	Mitarbeiter	Gründer	Vertrieb	Konzernumsatz
adidas-Salomon AG	adidas Sportschuh (seit 1949)	14.700 weltweit	Adi Dassler (1910–1978)	über 114 Tochter-gesellschaften weltweit	6,5 Mrd. Euro

AHOJ | DIE BRAUSE

Schon Altmeister Goethe war von der „luftigen Säure" fasziniert – diese Bezeichnung gab er der Kohlensäure in seinen Wahlverwandtschaften und traf damit, wie so oft, den Nagel auf den Kopf. Eines der bekanntesten in dieser Weise prickelnden Getränke hat die Welt allerdings nicht Goethe, sondern dem Kaufmann Theodor Beltle zu verdanken. Dieser entdeckte beim Experimentieren mit Natron und Weinsäure, dass Wasser diese beiden Elemente zu Leben erweckt, denn die Zugabe von Flüssigkeit lässt Kohlensäure entstehen. Derart fasziniert von seiner eigenen praktischen Erkenntnis, kommt dem findigen Kaufmann die Idee, ein „herrlich prickelfrisches Volksgetränk" zu entwickeln und auf den Markt zu bringen. „Brauselimonaden-Pulver für alle Bevölkerungsschichten" nennt Beltle sein neues Getränk und gründet in Stuttgart die Robert Friedel GmbH – kurz: Frigeo. Das war 1925.

Der Erfolg lässt nicht lange auf sich warten und so bezieht man schon Anfang der 30er Jahre neue und größere Fabrikräume. Zu dieser Zeit werden auch die Tütchen mit dem freundlichen Matrosen kreiert, der seinen Konsumenten so fröhlich entgegenwinkt und sie mit einem lauten Hallo begrüßt: „ahoj" stammt aus dem Tschechischen und bedeutet so viel wie „hallo" – eine pfiffige Wortmarke, schließlich klingt „ahoj" im deutschen Ohr auch nach „Ahoi" und erinnert damit an den klassischen Seemannsgruß.

Der Gruß des Ahoj-Matrosen wird vom Markt freudig erwidert, und ab 1932 erobert der Seemann als „Frigeo Ahoj-Brause" die Münder der Konsumenten. Der Mangel an Rohstoffen während der Kriegsjahre lässt die Produktion zeitweilig zum Stillstand kommen. Ab 1948 geht es jedoch mit neuem Mut und frischen Ideen weiter und bald ist „Ahoj-Brause" im wahrsten Sinne des Wortes in aller Munde. Das Brause-Sortiment wird kontinuierlich erweitert, so dass die Produktpalette stetig wächst und heute von Pulver über Würfel bis hin zu Puffreis und Lollies so gut wie alles umfasst, was sich aus schmackhafter Brause herstellen lässt. Einen buchstäblichen Höhepunkt kann Ahoj-Brause übrigens 1965 verzeichnen: Die deutsche Himalaya-Expedition ist nicht aufgebrochen, ohne einen Vorrat an Tütchen mit dem fröhlich winkenden Ahoj-Matrosen im Gepäck zu haben.

Derweil ist dem Unternehmen dauerhafter Wachstum beschieden und ein neuer Umzug steht an. 1952 wird ein modernes Werk in Remshalden bezogen, um den gestiegenen Anforderungen an die Produktionskapazitäten und -techniken gerecht werden zu können. 1975 feiert man das 50-jährige Firmenjubiläum und nimmt dieses zum Anlass, den ersten Brause-Lollie auf den Markt zu bringen. Das prickelnde Lutschvergnügen wird von den Kindern begeistert aufgenommen, und Frigeo schreibt seine Erfolgsgeschichte fort.

Ahoj-Brause entwickelt sich beständig weiter und avanciert schon bald zur Kultmarke. In jüngster Zeit entdecken vor allem Party- und Szenegänger die kleinen Tütchen mit dem flotten Matrosen wieder und peppen ihre Drinks mit der berühmten Brause auf. Hauptkonsumenten bleiben allerdings nach wie vor die Kinder. Und seinen kleinen Konsumenten bietet Frigeo mit seiner Website ein lustiges und interessantes Forum rund um seine Kultmarke „Ahoj-Brause". Im „Brause-Club" sind die jungen Gäste eingeladen, sich prickelnde Storys zu erzählen oder von den Geschmackserfahrungen mit alten und neuen Ahoj-Brause-Produkten zu berichten.

Seit 2002 gehört das Unternehmen zur Katjes Fassin GmbH und bildet damit ein starkes Team, denn das was Ahoj für Brause, das ist Katjes für Lakritz und Fruchtgummi – die Marke steht für das Produkt. Schade, dass Goethe nicht mehr probieren kann, wie wunderbar „luftige Säure" als Ahoj-Brausepulver schmeckt – der Klassiker „Waldmeister" hätte es ihm sicherlich angetan.

Firmenname	Klassiker	Gründung	Erfinder	Vertrieb	Hauptfertigungsstätte
Katjes Fassin GmbH & Co. KG	Brausepulver „Wald-meister" (seit 1932)	1925 in Stuttgart	Theodor Beltle	weltweit	Frigeo Werk Rems-halden bei Stuttgart

ALETE | DIE BABYNAHRUNG

Wem klingt er nicht in den Ohren, der eingängige musikalische Werbeklassiker „Alete-Kost fürs Kind". Was da so gut klingt, schmeckt auch ebenso gut und kommt bereits seit sechs Jahrzehnten stets frisch aus dem Gläschen zu uns: Allein der Markenname „Alete" stammt aus dem Lateinischen und bedeutet „Gedeihet". Auf diesen Imperativ kann man sich verlassen, verbergen sich dahinter doch fast 70 Jahre Erfahrung in der Entwicklung von Babynahrung, die dem optimalen Heranwachsen und der ausgewogenen Ernährung von Säuglingen und Kleinkindern gewidmet ist.

Im Jahre 1934 legte die Allgäuer Alpenmilch AG gemeinsam mit dem Münchner Kinderarzt Prof. Dr. Günter Malyoth mit der Entwicklung eines neuartigen Säuglingsnährzuckers den Grundstein des ersten Gemüse-Beikost-Sortimentes für Babys. Zunächst in Dosen, später in Gläschen entstand ein vollständiges Ernährungsprogramm für Säuglinge, das die ausreichende Versorgung mit Vitaminen und Spurenelementen sicherte. Eine unnötige Belastung der Kleinsten durch vermeintlich „nährstoffarme" Gläschenkost wurde ausgeschlossen, denn bereits ab 1959 verwendete Alete ausschließlich Rohware aus streng kontrolliertem Alete-Vertragsanbau. Schnell verbreitete sich die Kunde von gesunder und leicht zuzubereitender Säuglingsnahrung, so dass schon ein Jahr später neben Apotheken auch der Lebensmittelhandel mit der Alete-Kost beliefert werden konnte.

Seit 1971 gehört die Allgäuer Alpenmilch AG, später Nestlé Alete GmbH und dann Nestlé Nutrition GmbH als 100-prozentige Tochter zur Nestlé Deutschland AG, deren Produktgruppe „Kindernahrung" die Wurzeln des international verzweigten Konzerns bildet: In ganz Europa pflanzen und erzeugen engagierte Landwirte und seit mehr als zehn Jahren auch Bio-Bauern Obst, Gemüse, Milch und Fleisch nach strengen Qualitätsmaßstäben. Sämtliche Anbauflächen werden nur dort ausgewählt, wo ideale Bedingungen für höchste Qualität vorliegen – fernab von Straßen und umweltbelastender Industrie.

Alle Werke, die diese natürlichen Zutaten zu Babynahrung verarbeiten, sind nach der EU-Öko-Auditverordnung zertifiziert. Jedes Jahr werden mehr als 30.000 Tonnen unterschiedlicher Rohstoffe auf über 600 mögliche Schadstoffe untersucht. Auch während der Produktion werden regelmäßig Proben entnommen. Das Alete-Sicherheitssystem reicht folglich von der Erzeugung der Rohstoffe bis hin zur letzten Endkontrolle des Sicherheits-Vakuums in den Gläschen: Erst wenn das Produkt diese umfassenden Prüfungen bestanden hat, wird es zum Verkauf freigegeben. Schonend im Dampf gegart, extra fein püriert und weitestgehend ohne Bindemittel hergestellt finden die leckeren Obst- und Gemüsemischungen dann nicht nur bei den Kleinsten laufend begeisterte Anhänger. Mittlerweile ziehen auch viele Teenager und Erwachsene das Gläschen dem Grillteller vor.

Die Auswahl ist durch die Expansion des Unternehmens und durch eine konsequente Weiterentwicklung des Sortimentes beachtlich: Kleinkind-Menüs, Vollkorn-Früchte-Brei, Vollkorn-Menüs, hypoallergene Säuglingsnahrung, Milch-Getreide-Brei, Alete-Früchtchen, Alete-Säfte und die beiden neuesten Entwicklungen Alete-Puddelino und Alete-Jogolino sorgen für Abwechslung auf dem Speiseplan, sind dank der strengen Auflagen bei der Herstellung schadstofffrei und enthalten dabei alle wichtigen Nährstoffe, die eben nicht nur Baby und Kleinkind zu einer ausgewogenen Ernährung verhelfen.

An vier Standorten in Deutschland sorgen die über 1.000 Mitarbeiter der heutigen Nestlé Nutrition GmbH dafür, dass jedes Gläschen neben erstklassigen Breien auch mit der größten Liebe und Sorgfalt für die Ernährung gefüllt wird – heute wie schon vor rund 70 Jahren getreu der hauseigenen Philosophie: Alete – Alles Gute für Ihr Kind.

Firmenname	Klassiker	Gründung	Erfinder	Gründer	Hauptfertigungsstätten
Nestlé Nutrition GmbH	Alete Frühkarotten	Alete 1934, Nestlé 1867	Alete in Zusarb. m. Prof. Dr. Malyoth	Henri Nestlé (1814–1890)	Weiding und Conow

ALFI JUWEL | DIE ISOLIERKANNE

Heißes soll bei Kälte warm bleiben, Kaltes sich bei Wärme nicht erhitzen: Gefäße, die dieses kleine physikalische Wunder vollbringen, gab es bereits im letzten Jahrhundert. Der englische Chemiker James Dewar zeichnete für ihre Erfindung verantwortlich. Doch wiesen diese so genannten „Dewar-Gefäße" für den alltäglichen Gebrauch einen entscheidenden Nachteil auf: Sie waren zur Aufbewahrung von Nahrungsmitteln untauglich. Auf Anregung des Berliner Eismaschinen-Fabrikanten Karl von Linde entwickelte Reinhold Burger darum ein doppelwandiges Gefäß, für das er am 1. Oktober 1903 das Patent erhielt. Aus dieser Idee heraus, für die Burger den Begriff „Thermos" gerichtlich schützen ließ, entstanden die ersten Isolierflaschen für den Hausgebrauch.

Marktführer im Bereich hochwertiger Isoliergefäße für den gedeckten Tisch, für Küche, Picknick und Party ist heute in Deutschland die alfi Zitzmann GmbH. Das Unternehmen wurde 1914 von Carl Zitzmann zusammen mit seiner Frau Sophie und zehn Mitarbeitern gegründet. Der Produktname alfi, unter dem die Firma nun seit über 80 Jahren ihre Erzeugnisse in den Handel bringt, ist eine Abkürzung und leitet sich aus der Werkstoffbezeichnung Aluminium und dem Namen des Gründungsortes Fischbach ab. Seinen hervorragenden Ruf aber verdankt das Unternehmen vor allem einem Produkt: der Isolierkanne Juwel. Mit diesem Modell ist alfi eine perfekte Symbiose funktioneller und ästhetischer Zielsetzungen geglückt, denn die Juwel genügt nicht nur den pragmatischen Erfordernissen, die an ein hochwertiges Isoliergefäß gestellt werden, sondern zugleich auch den Ansprüchen erlesener Tischkultur.

Die Juwel – nomen est omen – als reine Isolierkanne zu titulieren, käme folglich einem Sakrileg gleich. Viel eher ist sie eine Skulptur mit dem dezidierten Status eines Design-Klassikers. Ihr Herzstück stellt der alfi-Hartglaseinsatz dar. Glas ist als Produkt natürlicher Rohstoffe für die Aufbewahrung von Lebensmitteln einer der unbedenklichsten Werkstoffe überhaupt; außerdem hat Glas eine geringe thermische Leitfähigkeit und trägt somit zur Wärmeisolierung bei. Der Hartglaseinsatz besteht nun aus zwei Teilen, dem Innen- und dem Außenkolben. Beide sind nur im Halsbereich miteinander verbunden, um einen wärmeschützenden Hohlraum zu erreichen. Die Innenseiten der Kolben, die den Hohlraum bilden, sind silberverspiegelt. Dadurch wird die Reflexion der Wärmestrahlung auf ernährungsphysiologisch einwandfreie Weise optimiert. Da luftleerer Raum die Wärmeübertragung weiter vermindert, wird in einem speziellen Produktionsgang die Luft aus dem Außenkolben durch ein kleines Röhrchen am Boden abgesaugt.

Die glänzende Metall-Außenhülle der Juwel gibt es in fast jeder erdenklichen Ausführung. Ob aus verchromtem Messing, als versilberte, vergoldete, lackierte oder auch als Aluminium-Version – sie ist nicht nur Schmuck für den gepflegten Tisch, sondern schützt auch das Innenleben der Kanne vor Stößen und Schlägen. Und sollte wirklich einmal etwas kaputt gehen, lässt sich im Wertheimer Werk so gut wie alles wieder reparieren. Der Kannenkörper in alfi-Superfinish-Qualität weist zudem auch nach jahrelangem Gebrauch keine Rostflecken auf.

Das Artikelangebot von alfi umfasst neben Isolierkannen und -flaschen heute auch Eis- und Speisegefäße sowie Spezialkühler in den verschiedensten Ausführungen: vergoldet und versilbert, aus Kupfer und aus Messing, schlank und bauchig, in modischen Farben lackiert und in schlagfesten Kunststoffen. Ganz gleich aber, für welches Isoliergefäß in welcher Ausführung der Kunde sich entscheidet – der Name alfi steht für die Verbindung von Spitzendesign und perfekter Funktion – eine Symbiose, die mit dem Modell Juwel zum Maßstab hochwertiger Isoliergefäße wurde.

Firmenname	Klassiker	Gründung	Gründer	Vertrieb	Hauptfertigungsstätte
alfi Zitzmann GmbH	Juwel (seit 1918)	1914 in Fischbach	Carl Zitzmann (1885–1965)	weltweit	Wertheim

Allianz ⬛ Kreativität verändert Perspektiven. Als das Künstlerehepaar Christo und Jeanne-Claude im Sommer 1995 den Reichstag vor einem begeisterten Publikum in Berlin und aller Welt verhüllt, heißt die Versicherung des viel beachteten Kunstereignisses symbolträchtig: Allianz. Fünf Jahre zuvor feiert die 1890 mit Sitz in Berlin gegründete Allianz Versicherungs-Aktiengesellschaft ihren 100sten Geburtstag. 100 Jahre, in denen sich die Versicherungslandschaft nicht nur in Deutschland, sondern auch in aller Welt nicht zuletzt durch den kreativen Weitblick der Allianz immer wieder verändern konnte.

Nur wenige Jahrzehnte nach ihrer Gründung ist die Allianz die Nr. 1 in Deutschland. Aber auch international ist die Versicherung bereits zu Beginn des Jahrhunderts tätig: Sie ist beteiligt an der Regulierung der Schäden des großen Erdbebens 1906 in San Francisco, ebenso an der des Untergangs der Titanic.

Was die Allianz heute in über 70 Ländern der Erde anbietet, hat tiefe Wurzeln. Bereits sieben Jahre nach Gründung der Allianz in Berlin nimmt in Wien die Anglo-Elementar Versicherungs-AG als „Österreichische Elementar Versicherungs-Actien-Gesellschaft" ihre Tätigkeit auf. Die erste von vielen nationalen wie internationalen Gründungen, Übernahmen und Beteiligungen, mit denen sich das Leistungsspektrum der Allianz in den folgenden Jahrzehnten immer wieder aktualisiert hat.

Es ist die Allianz, die im Jahre 1900 die Maschinenversicherung in Deutschland einführt. Aus dem damaligen Stuttgarter Verein, der später in die Allianz übergeht, entsteht die Kfz-Haftpflichtversicherung. Bereits 1922 wird die Allianz Lebensversicherungsbank, die heutige Allianz Lebensversicherungs-AG, gegründet. Und im Jahre 1932 folgt die Einrichtung einer für die Zukunft wegweisenden Materialprüfstelle in Berlin, aus der das Allianz Zentrum für Technik in Ismaning bei München hervorging.

Wenige Jahre nach Kriegsende werden die Hauptverwaltungen der Allianz Versicherungs-AG nach München und der Allianz Lebensversicherungs-AG nach Stuttgart verlegt. Zeit für neue Horizonte: Mit der Eröffnung einer Direktion für Frankreich wird 1959 das Auslandsgeschäft wieder aufgenommen. 1966 folgt eine Direktion für Italien. Den eigentlichen Durchbruch auf den Versicherungsmärkten bringt aber das Jahr 1974: Die Allianz etabliert sich nicht nur in Großbritannien und den Niederlanden, sondern auch in Spanien und Brasilien.

Mit der Aufnahme von Gesellschaften, die in den einzelnen Märkten gut positioniert sind, hat sich die Allianz insbesondere in den vergangenen Jahren zu einer multilokalen Versicherungsgruppe entwickelt. Mit der Gruppe wuchs das Leistungsangebot. Von der Lebensversicherung über Hausrat- bis zur Gewerbe- und Industrieversicherung: Die Allianz bietet für Risiken am Arbeitsplatz, in der Freizeit und im Urlaub einen umfassenden und maßgeschneiderten Versicherungsschutz.

Nicht nur in Europa, wo die Allianz mit RAS und Lloyd Adriatico in Italien und der AGF in Frankreich seit vielen Jahren Marktführer ist, sondern auch in Nord- und Lateinamerika sowie in Asien vertrauen heute immer mehr Menschen dem Versicherungsschutz und Service der Allianz.

Über „Versicherung" hinaus hat die Allianz in den vergangenen Jahren ihre Kompetenz in „Vorsorge" und „Vermögen" weiter konsequent ausgebaut: Seit dem Erwerb von PIMCO (USA) und der Dresdner Bank gehört die Allianz Gruppe zu den drei größten Vermögensverwaltern weltweit mit einer Billion EUR „Assets under Management". Durch die Übernahme der Dresdner Bank hat sich die Allianz darüber hinaus im stark an Bedeutung gewinnenden Vertriebskanal Bank hervorragend für ihr zukünftiges Versicherungsgeschäft positioniert.

In welchen Größenordnungen die Allianz bereit ist, gesellschaftliche Verantwortung zu übernehmen, beweist unter anderem die mit einem Vermögen von 100 Millionen DM gegründete Allianz Stiftung zum Schutz der Umwelt.

Allianz ⓘ

Firmenname	Klassiker	Gründung	Mitarbeiter	Vertrieb
Allianz AG	Allianz Versicherung	1890 in Berlin	über 180.000	weltweit

Schlägt man in alten Lexika unter dem Stichwort „Haarwasser" nach, so wird man auf den Eintrag „Geheimmittel" verwiesen. Und in der Tat waren Haarwässer in früherer Zeit Heilmittel, deren Rezeptur von den Herstellern streng gehütet wurde. Seit über 60 Jahren ist hierzulande die Formel für richtige Pflege von Haar und Kopfhaut kein Geheimnis mehr. Sie besteht aus sieben Buchstaben und heißt ALPECIN.

Aus sieben Wirkstoffen setzte sich die Tinktur zusammen, die Professor Dr. C. Bruck in den 20er Jahren Dr. August Wolff vorstellte. Wolff, ein gelernter Apotheker, der 1905 im ostwestfälischen Bielefeld eine chemisch-pharmazeutische Fabrik gegründet hatte, erkannte sogleich die Bedeutung des Präparates und entschloss sich 1930, die Rezeptur des Hamburger Dermatologen als Kopfhaut- und Haarpflegemittel auf den Markt zu bringen. Bis dahin hatten fast alle Haarwässer als Duftwasser gedient oder für ein besseres Anliegen des Haares gesorgt. Brucks Rezeptur dagegen hatte einen viel umfassenderen Zweck: die Vorbeugung der Alopezie, des krankhaften Haarausfalls. Um dies bereits im Namen des neuen Mittels anklingen zu lassen, wurde es ALPECIN genannt.

Gesundes Haar kann nur unter idealen Bedingungen wachsen. Ideale Bedingungen heißt, dass die Kopfhaut genügend Nährstoffe und Energie an die Haarwurzel heranschaffen kann und der Zustand der Kopfhaut nicht durch aggressive Umweltfaktoren ungünstig beeinflusst wird. ALPECIN als leistungsfähiges Haarwasser führt der Haarwurzel Stoffe zu, die die Aufrechterhaltung der Kopfhautfunktionen ermöglicht. In ALPECIN forte normalisieren Schwefel und Salizylsäure die Talgproduktion und beseitigen die Schuppenbildung, während das Menthol aus der Pfefferminzpflanze von Juckreiz befreit. Vor allem aber unterstützt ALPECIN wirksam den Erhalt des wichtigen Säureschutzmantels der Kopfhaut und beugt dadurch schädlichen bakteriellen Einflüssen vor. Von Anfang an wurden die von Professor Dr. C. Bruck aufeinander abgestimmten Wirkstoffe deklariert und sowohl auf der Verpackung als auch in der Werbung herausgestellt. Diese offene und aufklärende Kommunikation wurde von den Konsumenten schnell angenommen, und rasch entschieden sich immer mehr Verbraucher für dieses Produkt. Hauptausschlaggebend für den Erfolg von ALPECIN ist jedoch ALPECIN selbst, denn es zeigt echte Wirkung.

Nach dem Zweiten Weltkrieg übernahm die Tochterfirma ALCINA COSMETIC DR. KURT WOLFF GMBH & CO KG das Kopfhaut- und Haarwasser und baute ALPECIN zu einer Haarpflegeserie für Männer auf. Die Verwender sind damals wie heute zu 65 Prozent Männer. Neben der guten Qualität setzte das Unternehmen auf Werbung und Sport. Entsprechend aktiv wurde bei Sportveranstaltungen, insbesondere bei Radrennen, bundesweit geworben.

Gleichzeitig wusste ALPECIN von Anfang an, TV-Spots als Werbeplattform zu nutzen, und konnte damit seinen Bekanntheitsgrad erheblich steigern.

Mit neuen Pflegegewohnheiten änderten sich auch die Ansprüche der Verbraucher – immer mehr Männer entdecken die wohltuende und pflegende Wirkung kosmetischer Produkte. ALPECIN reagierte auf diese Herausforderung und entwickelte die Marke weiter.

Im 70. Jubiläumsjahr präsentierte ALPECIN eine Innovation: das erste After Shampoo Liquid – den Hair Energizer für den Mann. Mit dieser Neuheit wird der Schritt vom Hersteller klassisch-medizinischer zum Hersteller kosmetischer Haarpflegeprodukte unternommen, wobei der medizinische Anwendungsbereich und der Klassiker ALPECIN forte selbstverständlich im Programm bleiben. ALPECIN After Shampoo Liquid und die Aktiv- sowie Sensitiv-Shampoos bilden die Basis für die kosmetische, pflegende Haarpflegemarke für den Mann – ganz ohne geheime Mittel, sondern ausschließlich mit wirkaktiven Substanzen.

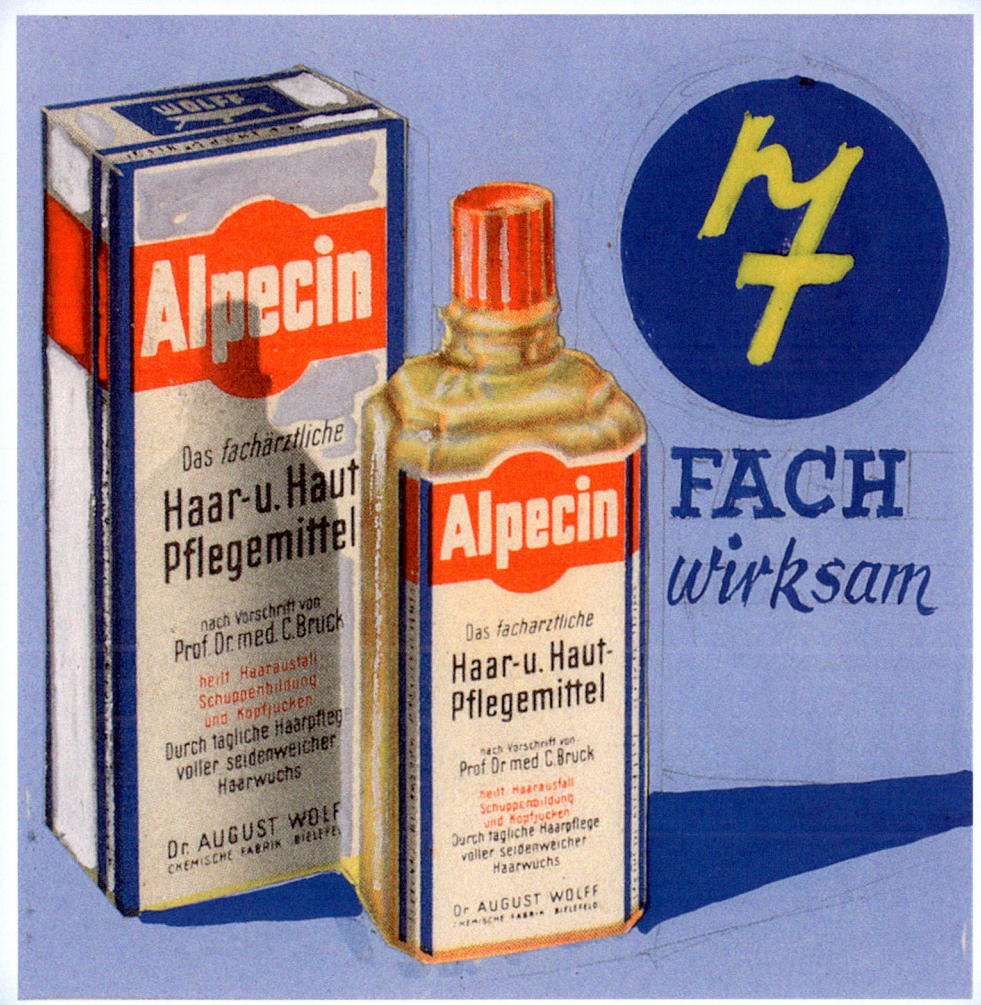

Firmenname	Klassiker	Gründung	Gründer und Erfinder	Bekanntheit	Hauptfertigungsstätte
Alcina Cosmetic, Dr. Kurt Wolff GmbH & Co.KG	ALPECIN forte	1946 in Bielefeld	Dr. August und Kurt Wolff	75 %	Bielefeld

Alpina

„Hochsteigen, wo kein Weg ist, das Unmögliche möglich machen…" Diese Zeile aus der Feder des zeitgenössischen Lyrikers Wulf Kirsten soll das Faszinosum des Bergsteigens in Worte bannen, könnte aber ebenso gut einem Text aus der Unternehmensphilosophie der Alpina Farben entstammen. Denn was ist denn erfolgreiches Unternehmertum letzten Endes anderes als das beharrliche Überwinden schier übermächtiger Hindernisse, um am Ende triumphierend auf dem Gipfel zu stehen und zu sagen: „Per aspera ad astra – Ich habe es geschafft, meine Vision ist Realität geworden!" Umso mehr, wenn es sich um ein Produkt wie Alpinaweiß handelt, dessen alpine Symbolik so spontan ins Auge sticht wie ein glitzernder Berggletscher.

Die bekannteste und meistverkaufte europäische Innenfarbe, die bereits seit 1909 als Marke eingetragen wurde, besticht durch Attribute wie „schneeweiß" und evoziert Anklänge an Licht und Helligkeit. Doch der Mont Blanc der Farbenwelt ist bei aller Grandezza ein schroffer Ort. Und so haben die Marketingstrategen des Unternehmens, das schon im Jahr 1895 von Robert Murjahn als „Deutsche Amphibolin-Werke" gegründet wird, ein emotionales Element geschaffen, das den hohen Wiedererkennungswert der Marke garantiert: die weiße Katze. Das hübsche Tier weckt in uns nicht nur die Assoziationskette weiß – rein – sauber, sondern der geschmeidige Vierbeiner umgibt den Menschen so selbstverständlich und angenehm wie die Farbe, deren positive Eigenschaften er verkörpert.

„Am farbigen Abglanz haben wir das Leben", heißt es im zweiten Teil des „Faust", und Farbe ist für unseren Lebensraum von entscheidender Bedeutung. Neben den ästhetischen Glanzpunkten dürfen aber auch die handfesten pragmatischen Gesichtspunkte nicht vernachlässigt werden: Qualität und Umweltbewusstsein. Jeder, der schon einmal einen Hausbau oder eine Renovierung überstanden hat, kennt das Dilemma schlecht deckender Farbe, die an Stelle der gewünschten, schön geweißten Wohnzimmerwand

ein abstraktes Gemälde in der Art von Jackson Pollock entstehen lässt. Dies ist ärgerlich, zeitraubend und wird als künstlerische Ambition zumeist nicht gewürdigt. Alpinaweiß setzt diesen Missständen sein anerkanntes Qualitätsimage entgegen, das auf der TAD-Formel beruht. Die hochwertige Titandioxid-Bindemittel-Kombination garantiert das von der DIN-Norm vorgegebene Kontrastverhältnis von 99,5 Prozent für die höchste Deckkraftklasse bereits bei einem Verbrauch von nur 140 ml pro qm. Das Ergebnis kann sich im wahrsten Sinne des Wortes sehen lassen: hochdeckendes, sattes Weiß mit nur einem Anstrich. Folglich kann der Heimwerker die gesparte Zeit sinnvoll nutzen und sich gleich der nächsten Wand widmen.

Ein weiterer positiver Nebeneffekt, der in unserer heutigen Zeit immer mehr an Bedeutung gewinnt, besteht in der hohen Verträglichkeit für Mensch und Umwelt. Seit 1990 ist das Spitzenprodukt der Caparol Firmengruppe emissionsarm und lösemittelfrei. Als Beleg dieser Bemühungen prangt der blaue Engel auf den typischen weiß-rot-orangefarbenen Farbeimern. Doch damit nicht genug: Die Innovationskraft des Traditionsunternehmens manifestiert sich auch in der Konzeption umweltschonender Verpackungen. Der Alpina Ökopack, ein Farbeimer aus überwiegend recyceltem Papier, wurde unlängst mit der weltweit höchsten Auszeichnung in diesem Segment, dem „World-Star", bedacht.

Natürlich hat sich die Farbpalette des Unternehmens in den letzten Jahren stetig erweitert. So setzen Produktlinien wie die „LivingStyle"-Wandfarbe oder die aus allergenkontrolliertem Material bestehende Alpina Sensan, die völlig auf den Einsatz von Konservierungsmitteln verzichtet, neue Akzente. Aber der Klassiker Alpinaweiß bleibt der Standard für hochwertigste weiße Innenfarben in Europa.

Alpinaweiß

Europas
meistgekaufte Innenfarbe

mit TAD®
-Formel

für noch mehr
Deckkraft

Firmenname	Klassiker	Erfinder	Vertrieb	Hauptfertigungsstätten
Alpina Farben	Alpinaweiß	Dr. Robert Murjahn	Europa	Ober-Ramstadt

APOLLINARIS | DAS MINERALWASSER

Apollinaris

Vom Mineralwasser bis zur Weltmarke ist es ein weiter Weg. Denn die Bildung eines Markenbegriffs bedeutet das Kunststück, aus einer mehr oder weniger anonymen Ware einen Artikel zu gestalten, der auf den Verbraucher wie eine patentierte Erfindung wirkt – eine besonders heikle Aufgabe, wenn die Natur selbst diese Ware produziert.

Diese Aufgabe meisterte Apollinaris und etablierte sich als Markenklassiker mit überragendem Bekanntheitsgrad. Heute kennen 90 Prozent aller Bundesbürger Apollinaris. Es ist damit eine der bekanntesten Mineralwassermarken auf dem deutschen Markt, aber auch über die Grenzen hinweg hat sich Apollinaris als Markenklassiker etabliert: In über 50 Ländern der Welt ist Apollinaris mittlerweile ein fester Bestandteil des Getränkesortiments.

Am Anfang der Erfolgsstory stand ein Ärgernis. Im Jahre 1852 wunderte sich der Weinbauer Georg Kreuzberg aus Ahrweiler, warum an seinem Weinberg die Reben nicht recht wachsen wollten. Er ließ dort eine Bohrung durchführen, die die Ursache ans Licht brachte: das Kohlendioxid einer Wasserader. Statt nun sein Unglück zu beklagen, verwandelte der geistreiche Weinbauer die Not in eine Tugend. Das unterirdische Wasser war ausgesprochen reich an wertvollen Mineralien und verfügte über quelleneigene Kohlensäure. Er legte die Quelle frei und taufte das Wasser auf den Namen des heiligen Apollinaris, dessen Statue sich direkt neben der Quelle befand.

Der Aufbau des „Brunnens" zum Unternehmen mit Weltruf fiel in die Gründerzeit des 19. Jahrhunderts. Schon bald erkannte man im Hause Apollinaris, dass die werbewirksame Profilierung eines Artikels für seine Durchsetzung am Markt nicht weniger wichtig als seine Qualität ist. Um den weltweiten Verkauf von Apollinaris zu beflügeln, wurde eine Vertriebsfirma in Großbritannien gegründet. Um 1900 war Apollinaris bereits international bekannt und zählte mit einem Absatz von 40 Millionen Flaschen pro Jahr zu den erfolgreichsten Unternehmen seiner Zeit.

Als Zeichen des Erfolgs gilt auch das berühmte rote Dreieck, zu dem Apollinaris eher zufällig kam. Es hat seinen Ursprung in Großbritannien, wo Apollinaris seit 1873 mit der Apollinaris Company Ltd. in London vertreten war. Dort wurden seit 1892 Produkte von herausragender Qualität mit einem Dreieck ausgezeichnet. Apollinaris durfte dieses Gütezeichen ebenfalls führen. Als dann 1894 im Deutschen Reich das „Gesetz zum Schutz der Warenbezeichnungen" in Kraft trat, meldete die Aktiengesellschaft Apollinarisbrunnen vorm. Georg Kreuzberg das rote Dreieck – zunächst mit dem Schriftzug Apollinaris und dem Slogan „The Queen of Table Waters" – als Warenzeichen an.

„Alles fließt" – dieser Satz des griechischen Philosophen Heraklit trifft im besonderen Maße auf Apollinaris zu. Zwar haben sich Namen und Warenzeichen nicht verändert, aber die Präsentation unterliegt ständigem Wandel. Dies betrifft sowohl Etikettierung als auch Flaschenform, wovon Apollinaris zahlreiche Innovationen auf den Markt brachte. Heute werden die Gastronomie-Varianten Apollinaris Selection und Apollinaris Silence in einer eleganten Individual-Flasche serviert, deren Design sich am traditionellen Tonkrug orientiert und zugleich eine moderne Ästhetik vermittelt. Apollinaris Selection ist die ideale Verbindung von feinperlender Frische und sanfter Bekömmlichkeit – ganz im Zeichen des traditionell fest verankerten Qualitätsbewusstseins, dem alle Produkte aus dem Hause Apollinaris seit jeher entsprechen. Apollinaris Silence kommt dem zunehmenden Wunsch zahlreicher Gäste nach einem stillen Mineralwasser entgegen. Wegen seiner ausgewogenen Mineralisation empfiehlt es sich nicht nur als idealer Durstlöscher zu jedem Essen, sondern auch als erfrischender Ausgleich zum Wein.

Firmenname	Klassiker	Gründer	Bekanntheit	Vertrieb	Quellort
Apollinaris Brunnen	Mineralwasser seit 151 Jahren	Georg Kreuzberg	90 % (gest.)	in über 50 Ländern	Bad Neuenahr-Ahrweiler

ARAG | DER RECHTSSCHUTZ

„Das Recht ist für alle da, doch nicht jeder hat das Geld, sein Recht auch durchzusetzen." – ein einfacher, aber bedeutender Satz, aus dem die Idee der ersten Rechtsschutzversicherung entstehen sollte.

1918, im letzten Jahr des Ersten Weltkrieges, macht Heinrich Faßbender zum ersten Mal Bekanntschaft mit dem Versicherungswesen. Beim Generalkommando in Straßburg nicht ausgelastet, hilft er einer kleinen Assekuranzgesellschaft bei der Bearbeitung von Versicherungsfällen. Zurück aus dem Krieg, gründet er die Deutsche Krankenversicherung (DKV) und ist jahrelang deren Aufsichtsratsvorsitzender. Gleichzeitig ruft er in Oberhausen ein Verlags- und Zeitungsunternehmen ins Leben.

Mitte der 30er Jahre, die Beteiligung an der DKV ist inzwischen wieder verkauft, beginnt die eigentliche Geschichte der ARAG. Zu Beginn des Jahres 1935 kommt es zu einer für das Versicherungswesen historischen Begegnung. Der Düsseldorfer Kraftfahrzeug-Sachverständige Josef Schroers unterbreitet dem Rechtsanwalt und Notar Heinrich Faßbender die Idee, eine Auto-Rechtsschutz-Gesellschaft zu gründen und bittet, hierfür das Kapital zu investieren. Der in Zivilpraxis erfahrene Rechtsanwalt erkennt die Bedeutung der Idee und macht sich gleich daran, sie in die Tat umzusetzen. Eintragungstag der ARAG beim Handelsregister des Amtsgerichts Düsseldorf ist der 24. August 1935. Ihren heutigen Namen erhält sie allerdings erst im „dritten Anlauf". Am Anfang heißt die Gesellschaft DARAG Deutsche-Auto-Rechtsschutz-AG. Danach wird sie in AURAG Auto-Rechtsschutz-AG umbenannt. Nach einigen Monaten besinnt man sich abermals eines anderen und verleiht ihr den noch heute gültigen Namen ARAG.

Die Allgemeine Rechtsschutz-Versicherungs-AG ist ins Leben gerufen. Versichert werden zunächst „Autoschäden", also Kosten für die Durchsetzung von Schadenersatzansprüchen, die beim Autofahren entstehen, und Kosten für die Verteidigung in „Autostrafsachen". Der Rechtsschutz gilt für den Eigentümer und Halter eines Automobils, ebenso für den jeweiligen Fahrer. Auch weitere Insassen sind mitversichert, wenn sie im ARAG Kundenausweis verzeichnet sind.

Mit zunehmendem Straßenverkehr – 1937 gibt es bereits 1.447.000 Kraftwagen im Deutschen Reich – steigt auch der Bedarf an gutem Rechtsschutz. Die Kriegsjahre bremsen die Entwicklung des Unternehmens jedoch zunächst. Aber schon 1946 erlaubt die britische Militärregierung der ARAG, ihre Tätigkeit fortzusetzen. Drei Jahre später dehnt die ARAG ihre bisher ausschließlich auf den Fahrzeug-Rechtsschutz beschränkten Leistungen auch auf andere Risikobereiche aus und führt den Privat- und Berufsrechtsschutz ein.

In den folgenden Jahren, die ARAG und ihr Versicherungsangebot wachsen jetzt stetig, wird das Unternehmen als eine der ersten Rechtsschutzversicherungen auch europaweit aktiv. In den Niederlanden wird 1962 die erste Rechtsschutz-Tochtergesellschaft im europäischen Ausland gegründet. Heute zählt die ARAG zu den weltweit führenden Rechtsschutzspezialisten. Der Konzern ist in 14 europäischen Ländern und in den USA erfolgreich vertreten und hat über drei Millionen Kunden.

Zur möglichst umfassenden Risikovorsorge für Kunden und Verbraucher bietet das Familienunternehmen ARAG im deutschen Heimatmarkt auch Versicherungsleistungen außerhalb des Rechtsschutzes an: Lebens- und Krankenversicherungen sowie Sach-, Haftpflicht-, Unfall- und Kfz-Versicherungen.

Mit über 20 Millionen versicherten Freizeitsportlern ist die ARAG zudem Europas größter Sportversicherer. Das Kerngeschäft, der ARAG Rechtsschutz, hat sich mittlerweile zum aktiven Verbraucherschutz entwickelt. Denn immer mehr Kunden nutzen ihren Rechtsschutz, um sich auch bei Rechtskonflikten in den Bereichen Arbeit, Wohnen und privater Konsum abzusichern. Sie wissen: „ARAG. Macht stark."

Firmenname	Klassiker	Mitarbeiter	Bekanntheit	Vertrieb	Jahresumsatz
ARAG	Rechtsschutz (seit 1935)	4.400 weltweit	67 % (gest.)	in 14 Ländern Europas und in den USA	1,33 Mrd. Euro weltweit (2002)

ARAL | DER KRAFTSTOFF

Die Aral Aktiengesellschaft blickt mittlerweile auf eine mehr als 100-jährige Geschichte zurück: Das Unternehmen wurde am 28. November 1898 durch 13 Bergbauunternehmen als „Westdeutsche Benzol-Verkaufsvereinigung" in Bochum gegründet.

Die Einführung des ersten Superkraftstoffes im Jahr 1924, der sich durch genormte gleichbleibend hohe Qualität auszeichnet, markiert die Geburtsstunde des Namens Aral. Der Name setzt sich aus den Anfangsbuchstaben der Hauptbestandteile Aromaten und Aliphaten des neuen Superkraftstoffes zusammen. Seit 1927 ist der blau-weiße Diamant – ein auf die Spitze gestelltes blaues Quadrat mit weißem Schriftzug – das unverwechselbare Markenzeichen des Unternehmens.

Die kontinuierlich steigende Zahl von Kraftfahrzeugen führte bereits in den 20er Jahren dazu, dass sich das Bochumer Unternehmen zu einer bedeutenden Kraftstoff-Vertriebsgesellschaft mit eigenem Tankstellennetz entwickelte.

Damals wie heute stützt sich der gute Ruf der größten deutschen Tankstellenmarke, die seit 1962 als Aral Aktiengesellschaft firmiert, auf drei Säulen: die Kraft der Marke, den hohen Qualitätsanspruch und die Innovationsstärke. Die Vertriebsprodukte erhalten unter Voranstellung des Namens Aral neue Bezeichnungen wie zum Beispiel Aral Super für den Kraftstoff und Aral für das Normalbenzin.

Aral behauptete auch in den durch Ölkrisen und neue Wettbewerber geprägten 70er und 80er Jahren die Marktführerschaft in Deutschland. Dazu beigetragen haben eine konsequente Netzpolitik und die damit verbundene erfolgreiche Strategie der Absatzkonzentration: Optimierung des Tankstellennetzes, die im Laufe von mehr als 20 Jahren zur Schließung von rund 8.000 Tankstellen führte, und gleichzeitig die umfangreiche Investition in zukunftsträchtige Großtankstellen. Mitte der 90er Jahre stellte sich Aral zunehmend als ein nach Zielgruppen strukturierter Konzern auf, um noch konsequenter und effektiver auf die Bedürfnisse der unterschiedlichen Kundengruppen eingehen zu können. Eine entschiedene Konzentration auf Kundenservice und die Einführung neuer Produkte und Services bestimmten das Aral Tankstellengeschäft. Aral Tankstellen haben sich von Abgabestellen für Schmier- und Kraftstoffe zu modernen Waren-, Service- und Kommunikationszentren für mobile Menschen gewandelt. Mehr als 3.500 Artikel aus den Bereichen Convenience, Food und Non-Food sind speziell auf die Bedürfnisse der privaten Shop-Kunden zugeschnitten.

Kontinuierlich wurde und wird an der Weiterentwicklung und Qualitätsverbesserung der Kraftstoffprodukte geforscht, neue Additive (Kraftstoffzusätze) und Produkte wurden entwickelt und eingeführt. Im Fokus stehen dabei unter anderem eine Senkung des Verbrauchs, eine Erhöhung der Motorlaufzeiten und vor allem der schonendere Umgang mit der Umwelt. Meilensteine in der neueren Zeit waren die Einführung neuer Additiv-Pakete für Otto- und Dieselkraftstoffe Ende der 90er Jahre, des ersten schwefelfreien Super Plus-Kraftstoffs 2001 und aller Aral Diesel- und Otto-Kraftstoffe in schwefelarmer Qualität.

Auch in der Erforschung und Auswahl des Kraftstoffes der Zukunft jenseits konventioneller Kraftstoffe, insbesondere Wasserstoff, engagiert sich Aral seit Beginn der 80er Jahre.

Zum Anfang des Jahres 2000 wurde Aral zur zentralen Vertriebsplattform für die nun 100-prozentige Muttergesellschaft Veba Oel AG. Der starke Markenname steht jetzt für nahezu alle Mineralölvertriebsaktivitäten des Konzerns: vom klassischen Tankstellengeschäft über das Heizölgeschäft bis zum E-Business. Seit dem 1. Juli 2002 ist die Deutsche BP AG alleiniger Aktionär der Aral Aktiengesellschaft. Nach der bis dahin größten Fusion in der deutschen Mineralölgeschichte und nach Erfüllung der kartellrechtlichen Auflagen verfügen Aral und BP gemeinsam über rund 2.700 Tankstellen in Deutschland, die in Zukunft unter einem einzigen, starken Markennamen auftreten: Aral.

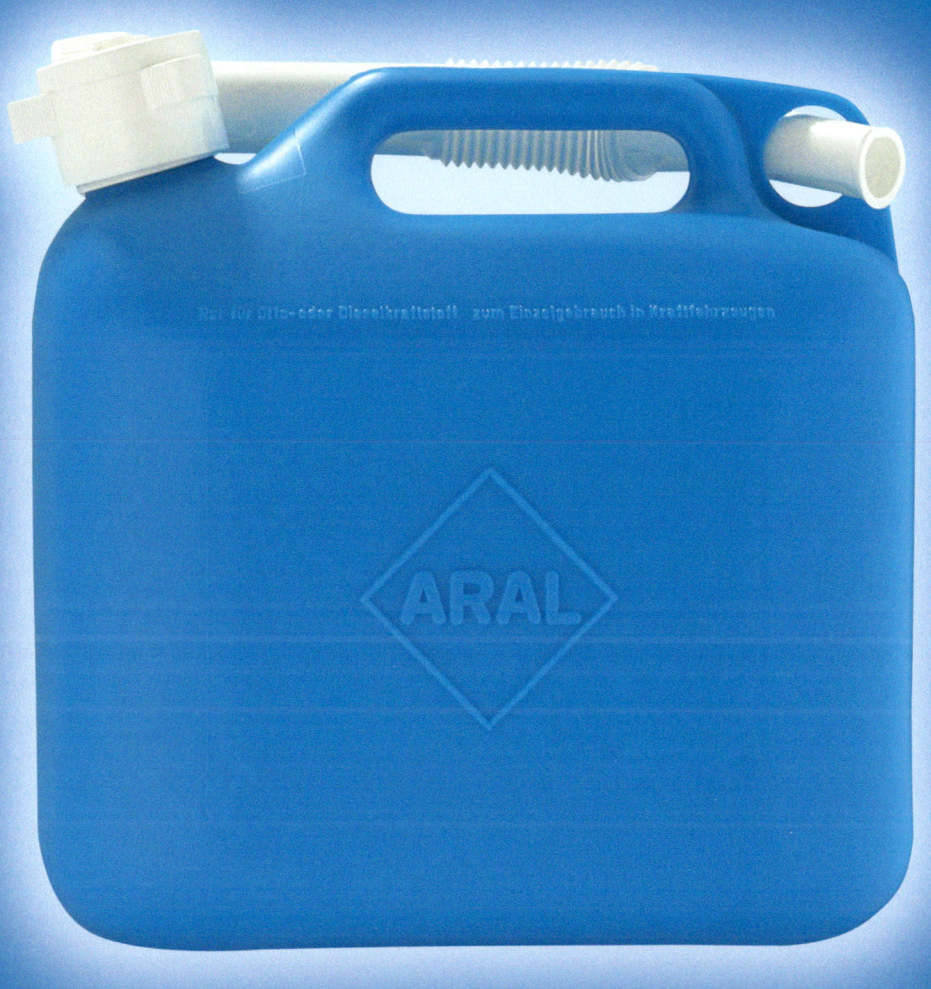

Nur für Otto- oder Dieselkraftstoff · zum Einzelgebrauch in Kraftfahrzeugen

ARAL

Firmenname	Klassiker	Gründung	Standort
Aral AG	Der Kraftstoff	1898	Bochum

ASBACH URALT | DER WEINBRAND

 Es ist ein seltener Fall, dass ein Unternehmer den Bestand einer Sprache bereichert. Doch als am 11. November 1907 Hugo Asbach ein Warenzeichen seiner Firma beim Kaiserlichen Patentamt eintragen ließ, hatte er ein neues Wort im Deutschen geprägt: Weinbrand. Nachdem der Versailler Vertrag die Bezeichnung Cognac nur noch für französische Erzeugnisse vorsah, fand der neue Begriff 1923 Eingang in das Deutsche Weingesetz. Und bis heute denken wir bei dem Begriff Weinbrand vor allem an eine Marke: Asbach.

Die Geschichte des Hauses Asbach begann, als sich der 24-jährige Destillateur und Kaufmann Hugo Asbach Ende des vergangenen Jahrhunderts in Rüdesheim am Rhein selbstständig machte. Mit zwei Brennblasen fing der Familienbetrieb an, doch entwickelte er sich in nur kurzer Zeit zu dem „Großetablissement der Cognac-Industrie Asbach & Co". Die Ausweitung fiel in das Jahr 1905, als die Weinhandelsfamilie Albert Sturm dem Unternehmen beitrat. Nun waren die ökonomischen Voraussetzungen geschaffen, um mit einem deutschen Weindestillat gegen die scheinbar übermächtige Konkurrenz aus Frankreich zu bestehen. Von der Produktidee kam der Firmengründer zur Markenidee: Er verband den eigenen Namen mit einer Qualitätsaussage und schuf damit die Bezeichnung Asbach Uralt. „Uralt" bedeutete Reife durch lange Lagerung, eines der wichtigsten Kriterien für gut gebrannten Wein. Auch die Form des Etiketts mit dem bekannten, charakteristischen Schriftzug hat Hugo Asbach selbst erdacht und entworfen. Nichts schien ihm zu „Uralt" besser zu passen als eine Urkunde aus handgeschöpftem Büttenpapier mit gotischer Schrift. Asbach nutzte Ende der 50er Jahre als eines der ersten Markenartikelunternehmen in Deutschland das damals noch junge Medium Fernsehen für seine Werbung. Der 1959 eigens dafür kreierte Werbeslogan „Wenn einem so viel Gutes widerfährt, das ist schon einen Asbach Uralt wert" wurde zum geflügelten Wort und Werbeklassiker.

Zur Destillation von Asbach Uralt werden nur die klassischen Brennweine aus den bestgeeigneten Anbaugebieten verwendet, hauptsächlich aus der Charente. Die anschließende Reifezeit in Fässern aus Limousin-Eiche wird mindestens 4- bis 5-mal länger bemessen als die für einen „Deutschen Weinbrand" vorgeschriebenen sechs Monate. Denn beim Reifen in dem porösen Holz entwickelt Asbach seine charakteristischen Duft- und Aromastoffe sowie den tiefgoldenen Topaston. Aus den reifen Bränden „vermählt" der Brennmeister sodann bis zu 25 Destillate miteinander, um die gewünschte Komposition zu erzielen. Den ausgewählten Brennweinen, dem Können der Brennmeister und der längeren Lagerung in Limousineichenholzfässern verdankt Asbach Uralt zu gleichem Maße seine volle Blume, sein sanftes Feuer und den vollmundigen Geschmack. Abgestimmt auf die Trinkstärke von 38 Volumenprozent, gönnt man dem Asbach Uralt nochmals eine letzte Ruhezeit, bis er in Flaschen abgefüllt wird.

Im Laufe der Firmengeschichte wurde die Produktpalette mehrmals erweitert. Schon früh folgte der Hauptmarke Asbach Uralt der mindestens acht Jahre gelagerte Asbach Privatbrand für Familienmitglieder und Freunde des Hauses. In den 20er Jahren kamen die von dunkler Schokolade umhüllten Asbach-Pralinen dazu, später der Rüdesheimer Kaffee und 1989 Asbach Selection 21 Jahre gereift, angeboten in einer hochwertigen Glaskaraffe. Pünktlich zur Jahrtausendwende schließlich stellte Asbach den Jahrgangsbrand 1972 vor, ein weiteres besonderes Juwel. Ausschließlich destilliert aus Weinen des Spitzenjahres 1971 und 28 Jahre gereift, stellt er für Kenner eine besondere Erfahrung dar. Das hervorragende Image von Asbach spiegelt sich nicht zuletzt in den Ergebnissen einer Umfrage des Magazins Reader's Digest wider, an der sich knapp 38.000 Leser in Europa beteiligt hatten. Sie bescheinigten der Marke Asbach höchste Qualität, ein attraktives Verhältnis von Preis und Gegenwert und herausragende Kenntnis der Kundenbedürfnisse. Asbach wurde damit im Jahr 2003 zum zweiten Mal zur „Most Trusted Brand" im Bereich Spirituosen gewählt.

Firmenname	Klassiker	Gründung	Gründer	Bekanntheit	Vertrieb
Asbach GmbH	Asbach Uralt	1892 in Rüdesheim	Hugo Asbach (1868–1935)	91 %	weltweit

ASPIRIN | DIE KOPFSCHMERZTABLETTE

„Habe mich aufs Neue erkältet, konnte nachmittags nicht ruhen und fühle mich schlecht, auch psychisch ... Zum Abendessen, an K's Bett, trank ich Punsch, der mir warme Füße machte, und nahm Aspirin. Besserung." Diese Zeilen trug Thomas Mann am 25.11.1918 in sein Tagebuch ein. Für ihn wie für viele seiner Zeitgenossen war bereits eine Arznei zum Inbegriff für Schmerzlinderung geworden, die gerade 20 Jahre zuvor in einem Labor von Bayer synthetisiert worden war: Aspirin.

Der Wirkstoff „Acetylsalicylsäure" – abgekürzt ASS – wurde erstmals 1897 in chemisch reiner und stabiler Form von Dr. Felix Hoffmann synthetisiert. Er ist die einzige Wirksubstanz von Aspirin. Ein Teil der Verbindung war von anderen Forschern bereits aus der Weidenrinde herausgelöst worden, deren Sud seit Hippokrates als fiebersenkendes und schmerzlinderndes Mittel bekannt war. Aber diese ersten chemischen Salicylverbindungen hatten erhebliche Nachteile: Sie waren schlecht verträglich, nicht lange haltbar und schmeckten einfach widerlich. Mit dem Bayer-Mittel aber gehörten diese Begleiterscheinungen der Vergangenheit an.

1899 wurde der Name Aspirin – gebildet aus den Anfangsbuchstaben des Zungenbrechers „Acetylsalicylsäure" und der lateinischen Bezeichnung einer salicylsäurehaltigen Staude, „spiraea ulmaria" – als Warenzeichen in die Warenzeichenrolle des Kaiserlichen Patentamtes in Berlin eingetragen. Noch im gleichen Jahr kam das Medikament zunächst als Pulver auf den Markt. Schon bald nach seiner erfolgreichen Einführung wurde es in der damals noch weitgehend unbekannten Tablettenform vertrieben und sicherte sich einen Stammplatz in den Medizinschränkchen der Haushalte. Sogar bis in den Weltraum hat es Aspirin geschafft: Als Neil Armstrong 1969 seinen Fuß auf den Mond setzte, tat er das nicht, ohne Aspirin in seiner Bordapotheke mit sich zu führen.

Mit der Entwicklung und Vertreibung von Aspirin wurde ein Kapitel Medizingeschichte eröffnet, das noch längst nicht abgeschlossen scheint. Die Zusammensetzung des bekannten Arzneimittels blieb bis heute unverändert.

Dennoch hat das Mittel in der jüngeren Vergangenheit verschiedene Therapiebereiche von Grund auf umgestaltet. Zwar wusste man von Beginn an, dass ASS schmerzlindernd, entzündungshemmend und fiebersenkend wirkt, aber erst in den 60er Jahren konnten die vielfältigen Wirkungsmechanismen enträtselt werden. Dank intensiver und konsequenter Forschungen ist seit Mitte der 50er Jahre auch die antithrombotische Wirkung von ASS bekannt. Dabei wird die Verklebung der Blutplättchen, die an der Gerinnung des Blutes mitbeteiligt sind, spürbar gehemmt. Auch wenn die Untersuchungen auf diesem Gebiet noch nicht abgeschlossen sind, so steht fest, dass die vorbeugende Behandlung mit Aspirin das Risiko für einige der häufigsten Todesursachen, die auf Arteriosklerose zurückzuführen sind, deutlich senkt: Beispielsweise bei Angina pectoris, überstandenem Herzinfarkt und Hirnschlag.

Als bereits in den 30er Jahren der spanische Philosoph Ortega y Gasset das 20. Jahrhundert als „Zeitalter des Aspirin" bezeichnete, konnte er nicht ahnen, dass das weltbekannte Schmerzmittel heute aktueller sein würde als je zuvor. Doch all die neuen Indikationen von Aspirin werden die klassische Verwendung des „Jahrhundertpharmakons" nicht verdrängen. Während andere Schmerzmittel den Ansprüchen neuerer wissenschaftlicher Methoden nicht standhalten konnten, ist Aspirin weiterhin Standard in der Schmerztherapie.

Was die Forschung feststellt und nachweist, wird von den Verbrauchern seit Jahrzehnten praktiziert: In mehr als 90 Ländern der Welt heißt die Antwort auf Kopfschmerzen Aspirin von Bayer.

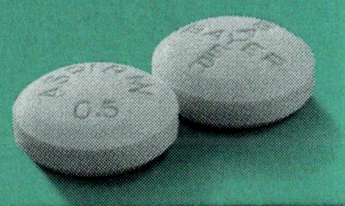

ASPIRIN®

Wirkstoff: Acetylsalicylsäure

20 Tabletten N2

Firma	Klassiker	Erfinder	Bekanntheit	Vertrieb	Hauptfertigungsstätte
Bayer HealthCare	Aspirin (seit 1899)	Dr. Felix Hoffmann (1868–1946)	bekanntestes Arzneimittel der Welt	weltweit	Bitterfeld

ASS | DAS SKATSPIEL

Es sei „der König aller Spiele in deutscher Karte … denn es habe den unbestrittenen Vorzug, dass Geschick und Glück in gleicher Wechselwirkung Gewinn und Verlust bereiten", steht 1818 in den Osterländer Blättern geschrieben. Der begeisterte Verfasser meinte ein erst wenige Jahre zuvor im thüringischen Altenburg erfundenes Spiel, das von dort aus seinen Siegeszug durch deutsche Lande antreten sollte: Skat. Heute drücken, schmieren und stechen in Deutschland schätzungsweise 15 Millionen Spieler, und die meisten werden bei ihrer Leidenschaft jene 32 berühmten Karten der Firma ASS halten. Denn Skat und ASS gehören so unmissverständlich in eine Hand wie As, Zehn, König, Dame, Neun und Acht bei einem offenen Grand mit vier Buben.

So wie das Spiel ist auch das Unternehmen mit Altenburg eng verwurzelt. Im Mekka des Skats, in das seit jeher Kartenfreunde aus aller Welt pilgern, um dort ihre Spielkarten im Skatbrunnen zu taufen, das älteste Spielkartenmuseum zu besichtigen oder im Streitfall das internationale Skatgericht anzurufen, eröffneten 1832 die Brüder Otto und Bernhard Bechstein ihre „Herzoglich Sächsische Altenburgische Concessionierte Spielkartenfabrik". 1898 fusionierte das Unternehmen unter neuen Besitzern mit einem Stralsunder Wettbewerber zur „Vereinigte Altenburger und Stralsunder Spielkartenfabriken AG" und legte sich 1931 das prägnante Kürzel ASS zu.

Nach dem Zweiten Weltkrieg wandelte sich die Fabrik im Zuge der Verstaatlichung zum „Volkseigenen Betrieb" des Landes Thüringen. Im Westen hingegen gründete man die ASS AG neu, so dass die Marke überlebte. Mit der politischen Wende kam auch die wirtschaftliche Wende für die geteilten Marken ASS und Altenburger. Erst kaufte die Münchener F.X. Schmidt die alte Fabrik von der Treuhand auf, bevor das Unternehmen 1996 vom Ravensburger Spieleverlag übernommen wurde. 2002 schließlich ist es der internationale Spielkartenhersteller Carta Mundi, zu dessen Firmenverbund bereits der ASS Spielkartenverlag gehört, der mit der Übernahme der Altenburger

Spielkartenfabrik von Ravensburger die getrennten Firmen wieder zusammenführt.

Mittlerweile verlassen täglich bis zu 200.000 Karten verschiedenster Art die teilweise denkmalgeschützten Produktionsgebäude. Mit dem traditionellen ASS-Logo werden zum Beispiel auch die beliebten TOP ASS Karten bedruckt, das Auto-Quartett, bei dem seit 50 Jahren PS-Leistung und Hubraum stechen. Andere Kinder- und Familienkartenspiele tragen das Logo der Marken F.X. Schmidt, Berliner oder Altenburger. Darüber hinaus gibt es die herkömmlichen Spielkarten in vielen Variationen. Da die meisten europäischen Länder traditionelle Kartenbilder haben, wechseln oft Farben und Motive.

Im Lager der Altenburger Spielkartenfabrik stapeln sich aber auch Karten, die auf der Rückseite unbedruckt sind. Viele Unternehmen nutzen schließlich Werbekarten für Promotionzwecke und lassen diese nach ihren eigenen Vorgaben bedrucken. Die Sonderanfertigungen, gleich welcher Art, sind für die Altenburger ein interessantes Geschäft. Immerhin 60 Prozent setzt der deutsche Spielkartenmarkt mit Werbespielkarten um und lediglich 40 Prozent mit den klassischen Karten. Da heißt es flexibel auf die ausgefallensten Kundenwünsche zu reagieren und bestmöglichen Service zu bieten. Dass man die Zeichen der Zeit erkannt hat, zeigt die Entwicklung der „Spielkarte", wie die Altenburger ihre Fabrik liebevoll nennen: Der ehemals volkseigene Betrieb zählt nach Investitionen von über 10 Millionen Euro heute zu den modernsten und bedeutendsten Produktionsstätten für Spielkarten in Europa. Darauf sind nicht nur die 130 Mitarbeiter stolz, sondern die gesamte Region. Denn ASS ist Trumpf und gehört zu Altenburg wie sein berühmtes Kartenspiel.

Die echten Altenburg-Stralsunder

SKAT

Turnier Bild

♣ ♠ ♥ ♦

Club

4042677700278

CE

ASS

Firmenname	Klassiker	Gründung	Mitarbeiter	Vertrieb	Hauptfertigungsstätte
Spielkartenfabrik Altenburg GmbH	Skatspiel (seit 1931)	1932 in Altenburg	130	weltweit	Altenburg

AUDI | DER QUATTRO

17. Juni 2000, 16.00 Uhr. Es beginnt der Klassiker des internationalen Motorsports, das 24-Stunden-Rennen von Le Mans. Mit Spitzengeschwindigkeiten von 330 km/h und einer Renndistanz von rund 5.000 Kilometern gehört das legendäre Langstreckenrennen zu den härtesten und anspruchsvollsten der Welt. Mit am Start sind auch drei Audi R8. Im Ziel steht vor mehr als 200.000 Zuschauern fest: Audi hat die Konkurrenz überlegen distanziert, die Plätze eins bis drei belegen die Audi-Werksfahrer – ein souveräner und historischer Dreifachsieg. Und auch in den nächsten beiden Jahren gelingt es Audi, bei dem Marathon-Rennen auf dem Podium ganz weit oben zu stehen. Erfolge wie diese bestätigen den Anspruch von Audi, die sportliche Marke im Volkswagenkonzern zu repräsentieren.

Neben Ruhm und Ehre sind im Motorsport aber auch zahlreiche Erkenntnisse zu gewinnen, von denen nicht nur Rennfahrer profitieren. Hier werden technologische Innovationen einem Härtetest unterzogen, die nach erfolgreichem Bestehen unmittelbar an die Kunden weitergegeben werden, die damit zu den Gewinnern des Technologietransfers vom Motorsport hin zur Serienentwicklung gehören. An den zahlreichen Erfolgen im Motorsport haben so unmittelbar alle Audi-Fahrer teil. Der hier herausgefahrene Vorsprung wird direkt an die Kunden weitergegeben, ganz im Sinne des Markenanspruchs: „Vorsprung durch Technik."

Auch der Ursprung des Audi quattro liegt im Motorsport. Was in den späten siebziger Jahren als Idee und als Versuch beginnt, wird im März 1980 auf dem Genfer Auto-Salon der Weltöffentlichkeit vorgestellt und in den nächsten Jahren auf den Rallyepisten der Welt erfolgreich erprobt: der Audi quattro.

Das Prinzip quattro ist dabei ebenso genial wie einfach: Wenn permanent alle vier Räder angetrieben werden, muss jedes Rad im Idealfall nur halb so viel Kraft auf die Straße übertragen wie bei herkömmlichen Antrieben über nur eine Achse. Das Ergebnis: bessere Traktion, hohe Kurvenstabilität, hervorra-

gender Geradeauslauf und mehr Sicherheit in Extremsituationen sowie bei schwierigen Straßenverhältnissen. Das zwischen Vorder- und Hinterachse ins Schaltgetriebe eingebaute selbstsperrende Torsendifferenzial verteilt die Antriebskraft variabel auf beide Achsen, maximal aber 75 Prozent auf eine Achse. In den Achsen verhindern offene Differenziale mit EDS, der Elektronischen Differenzialsperre, bei Bedarf das Durchdrehen der Räder einer Achse.

Bereits 1982 kommt mit dem Audi 80 quattro der erste in Großserie hergestellte Pkw mit permanentem Allradantrieb auf den Markt – schnell setzt sich die quattro-Idee durch. Heute bietet Audi den quattro-Antrieb optional in fast allen Modellen an, vom kompakten A3 über den Audi TT bis hin zum Flaggschiff A8. Als traditioneller Technologieträger bietet der A8 darüber hinaus viele weitere, größtenteils aus dem Rennsport übernommene Neuerungen, wobei an erster Stelle sicher der konsequente Leichtbau steht, realisiert durch den „Audi Space Frame", kurz ASF, eine Rahmenstruktur aus dem Hightech-Material Aluminium mit besonders hohem Steifigkeitsniveau bei gleichzeitiger Gewichtsersparnis bis zu 40 Prozent gegenüber einer vergleichbaren Stahlkarosserie. In Verbindung mit der serienmäßigen Luftfederung adaptive air suspension ergibt das ein Optimum an Fahrdynamik und Komfort. Die Kraft der sportlichen V8-Motoren, erhältlich als Benziner mit 3,7 l (280 PS) oder 4,2 l (335 PS) oder als TDI-Diesel mit 4 Liter Hubraum und 275 PS, wird vom neuen, 6-stufigen Tiptronic-Getriebe stets souverän und effektiv in Vortrieb umgesetzt.

Frisch aus dem Rennsport kommt auch die neue Direkt-Einspritztechnik FSI: Durch die optimale Dimensionierung und Abstimmung von Brennraumform, Luftströmung, Einspritzmenge, -richtung, -zeitpunkt und -druck sorgt dieses innovative Prinzip für mehr Kraft aus jedem Tropfen Benzin. Auch die Leistungsfähigkeit und Zuverlässigkeit der FSI-Technologie hat Audi „wie gewohnt" unter Beweis gestellt: mit den Siegen beim 24-Stunden-Rennen in Le Mans 2001 und 2002.

Firmenname	Klassiker	Gründung	Gründer	Vertrieb	Hauptfertigungsstätte
Audi AG	Audi Allrad-PKW (seit 1910)	1909 in Zwickau	August Horch (1868–1951)	weltweit	Ingolstadt

Augustinum

Zu einer Zeit, als öffentliche Alten- und Pflegeheime noch mit Schlafsälen und Krankenhausatmosphäre abschreckten, hatte der Münchner Pfarrer Georg Rückert eine Vision: Warum sollte es nur für bedürftige, mittellose und hinfällige alte Menschen Einrichtungen geben? Warum nicht auch für Menschen, die finanziell für ihr Alter vorgesorgt hatten, selbständig und unabhängig leben und es sich nach Möglichkeit gut gehen lassen wollten? Warum diesen Senioren nicht ein Haus anbieten, das eher einem Hotel als einem Heim gleicht, in dem man in seinen eigenen vier Wänden zu Hause ist, aber bei Bedarf auf alle erdenklichen Services, Hilfs- und Pflegeangebote zurückgreifen kann? Für diese Idee 1960 Unterstützer zu finden, als die demografische Entwicklung von den geburtenstarken Jahrgängen geprägt und die Großfamilie scheinbar noch selbstverständlich war, glich einem Kabinettstück: Der Pfarrer mit der unternehmerischen Ader überzeugte tatsächlich Kreditgeber und künftige Bewohner, die mit einem Wohndarlehen einen Teil der Investitionskosten selbst deckten.

1962 wurde das erste „Wohnstift Augustinum" im Münchner Stadtteil Hadern eingeweiht. Man war stolz auf die kühne Architektur: ein neunstöckiger, schnörkellos klarer, gerader Baukörper. Über 450 Menschen zogen ein. Und eine Marke war geboren.

Bis heute sind 21 Häuser mit bundesweit 7.000 Bewohnern nach diesem Modell entstanden. Die Architektur änderte sich, aber das Konzept blieb: Mit dem Namen Augustinum verbunden ist hohe Lebenskultur, die alle Bereiche einschließt: Veranstaltungs- und Kulturangebote, Wellness und Aktivität, gesellschaftliches Leben, Tischkultur, Betreuung, Service und Pflege. Das alles macht den Augustinum-Standard aus. X-mal wurde das Konzept kopiert, in den 90er Jahren mit dem „betreuten Wohnen" sozusagen das „Wohnstift light" kreiert. Aber das Augustinum blieb das Augustinum.

Das liegt nicht zuletzt an seinem Unternehmensleitbild. Lange bevor das Schlagwort Corporate Identity in Managerkreisen beliebt wurde, lebten die Mitarbeiter im Augustinum eine christlich geprägte Leitidee, mit einem hohen Anspruch an Dienstleistungskultur, persönlicher Zuwendung und Herzlichkeit. Lebensqualität in jeder Phase ist das Credo. Eine hohe Identifikation mit den gemeinsamen Zielen und der Respekt vor jeder Persönlichkeit waren und sind spürbar in den Häusern. Und natürlich legt das Augustinum besonderen Wert auf eine kultivierte Umgebung.

„Wie wollen Sie Ihr Alter leben?" – diese Frage stellt das Augustinum allen Interessenten. Die Bewohner der Wohnstifte entscheiden sich frühzeitig für ihre Lebensform im Alter, weil sie im Wohnstift die Rahmenbedingungen dafür finden, dass sie ihren individuellen Lebensstil auch im Alter weiterführen können. Eines der zentralen Kriterien dafür ist Sicherheit und Vertrauen: Das Augustinum garantiert jedem Bewohner die Pflege in seinem eigenen Appartement ohne Umzug auf eine Pflegestation. Eine hauseigene, solidarische „Pflegekostenergänzungsregelung" (PER) macht das Risiko der Pflegebedürftigkeit für den Einzelnen kalkulierbar. Entgegen der gesetzlichen Pflegeversicherung, die nur einen festgesetzten Zuschuss zu den Kosten gewährt, ist die PER mit einer Vollkasko-Versicherung mit Selbstbehalt vergleichbar. Damit die Qualität der Versorgung im Ernstfall nicht von den finanziellen Mitteln des Einzelnen abhängt.

Unter dem Dach der Augustinum Stiftung sind in der 50-jährigen Unternehmensgeschichte auch weitere Bereiche der sozialen Arbeit aufgebaut worden. So betreibt das Augustinum mit bundesweit 4.500 Mitarbeitern neben den Wohnstiften auch drei Fachkliniken, Einrichtungen für geistig behinderte Menschen, Schulen für Kinder mit Sinnesbehinderungen oder Teilleistungsstörungen und nicht zuletzt bereits seit über 20 Jahren auch „Beschützende Häuser" für Menschen, die an schwerer Altersdemenz erkrankt sind.

Firmenname	Klassiker	Gründung	Mitarbeiter	Gründer	Bewohner
Augustinum gGmbH	Augustinum Wohnstift (seit 1962)	1954 in München	4.500	Pfarrer Georg Rückert (1914–1988)	7.000

AURORA | DAS MEHL

Mehl sei Mehl, mag so mancher meinen. Und in der Tat war Mehl in früheren Zeiten, als die Hausfrau ihr Brot noch selbst backte, ein typisches Grundnahrungsmittel, das beim Kaufmann aus Säcken abgewogen und verkauft wurde.

Dies sollte sich ändern, als im Jahr 1951 die Heinrich Auer Mühlenwerke in Köln die Marke AURORA auf den Markt brachten: Innerhalb kürzester Zeit wurde „AURORA mit dem Sonnenstern" – nicht zuletzt dank sorgfältiger Abstimmung von Slogan und Markenzeichen auf Packungen, Rezeptbroschüren sowie in der Werbung – zum Inbegriff für Mehl schlechthin in der deutschen Verbraucherlandschaft.

Einer griechischen Sage zufolge erschloss die gütige Göttin Demeter, eine Gemahlin des Zeus, den Menschen das Geheimnis des Getreidekorns. Es besteht aus dem stärke- und eiweißhaltigen Mehlkörper, der an Ballaststoffen und Mineralien reichen Frucht- und Samenschale sowie dem Keimling, der pflanzliches Eiweiß und Fett enthält. Der Mahlprozess erfordert ca. 35 Vermahlungsstufen und beginnt mit dem Zerkleinern des Kornes. Durch Absieben werden die äußeren Randschichten, Kleie und Keimling entfernt. Die verschieden großen Teilchen des Mehlkörpers werden nun durch Sieben nach ihrer Größe getrennt. Mahlverfahren und Ausmahlungsgrad bestimmen dabei die Zusammensetzung und Farbe der verschiedenen Mehlsorten – erkennbar anhand der Typenbezeichnung, die angibt, wie viel Milligramm Mineralstoffe in 100 g Mehl enthalten sind.

Als Hauptbestandteil von Brot ist Mehl eines der ältesten und wichtigsten Grundnahrungsmittel der Welt, als Zutat von Gebäck, Torten und Süßspeisen stellt es zugleich aber auch ein Genussmittel ersten Ranges dar. Dies spiegelt sich heute in der großen Typenvielfalt der AURORA Mehle wider: Der Klassiker des AURORA Sortiments ist zweifellos das legendäre AURORA Sonnenstern-Mehl, das helle Weizenmehl Type 405, ein Universal-Haushaltsmehl für alle Anwendungsbereiche.

AURORA Urkraft des Keimes, ebenfalls ein Weizenmehl der Type 405, enthält das Wertvollste des Getreidekorns, den Weizenkeim. Dadurch findet sich in diesem Mehl ein hoher Anteil an wichtigen Vitaminen, Mineralstoffen und Spurenelementen.

Vier Weizenmehl-Spezialisten von AURORA Feine Mühle (zum Beispiel Spätzle-Mehl oder Das Backstarke Type 550) lassen auf den ersten Blick ihr Spezialgebiet erkennen. Sie sind in ihrer Struktur optimal auf die jeweilige Verwendung abgestimmt, so dass selbst schwierige Rezepte mit Sicherheit bestens gelingen.

Fünf Mehle von AURORA Landkorn (zum Beispiel Dinkel-, Vollkorn-Weizen- oder Roggenmehl) erfüllen den weit verbreiteten Verbraucherwunsch nach gesunder Ernährung ohne Verzicht auf Genuss. Die korngesunden Landkorn-Mehle bieten das gewisse Extra für die Gesundheit, da sie durch den höheren Ausmahlungsgrad viel Vitamine, Mineral- und Ballaststoffe enthalten. Optimale Backeigenschaften machen sie besonders geeignet für die Zubereitung von Brot und herzhaftem Gebäck.

Mit drei Bio-Weizenmehlen (Type 550, Type 1050 und Vollkorn) unter dem Namen AURORA Korngut bietet AURORA zusätzlich ökologische Alternativen für alle Backgelegenheiten. Die drei Mehle tragen das staatliche Bio-Siegel und geben dem Verbraucher die Sicherheit einer qualitativ hochwertigen Ernährung.

Seit 1975 gehört das Auersche Traditionsunternehmen zur VK Mühlen AG mit Sitz in Hamburg. Neben der großen Mehlvielfalt erweitern heute auch praktische Brotbackmischungen sowie verschiedene Grieß-Sorten das Sortiment.

Geblieben ist der hohe Qualitätsanspruch: Reines, frisch vermahlenes Getreide aus ausgesuchten Weizensorten und die Sorgfalt erfahrener Müller lassen ursprüngliche Mehle von hoher Qualität entstehen. Die ganze Kraft des natürlichen Korns steckt in diesen Mehlen. So garantiert AURORA seit Generationen, dass das Backwerk besonders gut gelingt und es allen so schmeckt, wie es schmecken soll.

Weizenmehl Type 405

Aurora

Sonnenstern Mehl

Aus ausgesuchten Weizensorten

AUTAN | DER MÜCKENSCHUTZ

Die kleinsten Vampire sind die gefährlichsten. Stechmücken und Zecken saugen nicht nur menschliches Blut, sondern können dabei auch lebensbedrohliche Krankheiten wie Malaria, Gehirnhautentzündung, Gelbfieber oder Lyme-Borreliose übertragen. Das Risiko ist grenzenlos. Tausende von Mückenarten schwirren vom Nordkap bis Afrika durch die Lüfte. Zecken und Wanzen fühlen sich ebenfalls auf fast allen Kontinenten wohl.

AUTAN hält solche Plagegeister zuverlässig fern. Der Mückenschutz in der deutlich wiedererkennbaren gelb-roten Verpackung stinkt Insekten oder Spinnentieren ganz gewaltig.

Das wirkt, denn die lästigen Parasiten finden ihre Opfer mit einem komplizierten Ortungssystem, bei dem der Geruchssinn eine dominierende Rolle spielt. Stark vereinfacht ausgedrückt, zieht der natürliche Geruch von Menschen Mücken unwiderstehlich an. Stoffe, die dem Ungeziefer die Nase verderben – Fachleute sprechen von Repellents – waren deshalb schon immer gefragt.

Solche Substanzen oder Mischungen verdunsten nach dem Auftragen von der Hautoberfläche und bilden einen „Duftmantel", der bestimmte Insekten abstößt bzw. am Anflug hindert. Natürliche Repellentien wie Knoblauch- oder Nelkenöl haben Nachteile. Sie sind je nach Empfinden auch dem Menschen unangenehm. Außerdem ist ihre Wirksamkeit so ungewiss wie kurz. Erst in der 1. Hälfte des 20. Jahrhunderts gelang es Chemikern, synthetische Stoffe zu entwickeln, die einen zuverlässigen Schutz über viele Stunden bieten. Das Geheimnis der Wirkung von AUTAN ist also eng verbunden mit dem verwendeten Repellent.

1958 brachte die Bayer-Tochter Drugofa die erste AUTAN-Flasche auf den Markt, und zwar als Lotion in einer Glasflasche. Der nahezu unaussprechliche Name des Repellents der ersten Stunde ist N, N-diethyl-m-toluamid (DEET). Eine bis heute bewährte Substanz mit zuverlässigen Wirkeigenschaften, die von der WHO (Weltgesundheitsorganisation) auch weiterhin empfohlen wird. 1960 wurde die grafische Gestaltung des Produktes auf die bis heute charakteristischen Merkmale verändert. Auf dem gelb-roten Etikett erschien nun der Markenname als weißer Schriftzug. Der große Erfolg des Mittels war Anlass genug, die Produktpalette zu vergrößern.

Als erste Ergänzung erscheint 1964 das AUTAN-Hautspray, ein Jahr später folgt der AUTAN-Stift. 1976 wurde das ursprüngliche AUTAN, die Lotion, endlich in einer bruchsicheren Flasche aus Kunststoff eingeführt, was das Mitnehmen in den Urlaub im wahrsten Sinne des Wortes erleichterte.

Die Markenfamilie AUTAN erhielt 1995 mit Autan Sensitiv, dem späteren AUTAN Family, neue Mitglieder, so dass von nun an, dank einer speziellen Rezeptur, die frei von Konservierungsstoffen ist und Aloe Vera als Feuchtigkeitsspender beinhaltet, die Hautpflege und -schutz vor Mücken auch für die empfindliche Haut angeboten werden konnte.

Kontinuierliche Forschung und Weiterentwicklung bilden die Grundlage von AUTAN. So wurde mit dem Ziel, Konsumentenbedürfnisse noch besser zu erfüllen, ein neuer Repellent-Wirkstoff (Bayrepel®) entwickelt, der erstmals 1998 in der AUTAN Family Produktlinie eingesetzt wurde. Die WHO hat Bayrepel® als hervorragend bewertet und neben Wirksamkeit, Sicherheit sowie Materialverträglichkeit auch die kosmetischen Eigenschaften positiv beurteilt. Seit 1999 enthalten alle deutschen AUTAN Produkte zur Stichvermeidung diesen innovativen Wirkstoff, also auch die Klassiker, die zur AUTAN Active Linie gehören. Sie enthalten keine Konservierungsstoffe, duften für den Menschen sehr angenehm und sind bereits für Kinder ab 2 Jahren geeignet.

Seit 2003 gehört die Marke AUTAN weltweit SC Johnson Wax, ein internationales Familienunternehmen, welches führend im Bereich Insektenschutz ist und damit dafür steht, die Marke AUTAN in ihrer Zuverlässigkeit und Unverwechselbarkeit weiterzuführen – zum Ärger der Mückennasen und zum Schutze der Menschenhaut.

AUTAN®

ACTIVE

wehrt Mücken und Zecken ab

LOTION

kühlt und erfrischt die Haut

Firmenname	Klassiker	Verbreitung	Gründung	Gründer	Mitarbeiter
SC Johnson Wax	Autan Mücken- und Zeckenschutz (seit 1958)	weltweit	1886 in den USA	Samuel Curtis Johnson (1833–1919)	rund 11.500 weltweit

BACKIN | DAS BACKPULVER

 Wollte eine Hausfrau im 19. Jahrhundert sichergehen, dass ihr Kuchen gelang, so musste sie sich in eine Apotheke bemühen. Nur dort konnte sie Hirschhornsalz kaufen, das den Teig auftrieb und locker machte.

Ein Apotheker besonderer Art war August Oetker, der 1891 die Aschoffsche Apotheke im Herzen von Bielefeld erwarb. Aus seinem Vaterhaus war er von Kindesbeinen an mit der Bäckerei vertraut. Daher wusste er, wie viel Mühe und Zeit die Hausfrau für die Hausbäckerei aufwenden musste. Hier Abhilfe zu schaffen und ein Triebmittel zu entwickeln, das den Hausfrauen nicht nur das Backen erleichtern, sondern auch das Gelingen der Gebäcke gewährleisten sollte, war bald das Ziel, das er unermüdlich verfolgte.

Ein Backpulver zum Lockern von Teigen hatte 60 Jahre zuvor schon Justus von Liebig erfunden, doch wies seine Mischung zwei entscheidende Nachteile auf: Zum einen war sie relativ teuer, zum anderen vertrug sie wegen ihrer raschen Verderblichkeit keine Lagerung. Aus beiden Gründen war also Liebigs Erfindung als Backhilfe für den Alltag untauglich.

Um vor neugierigen Blicken sicher zu sein, zog sich August Oetker in eine winzige Kammer hinter seiner Apotheke zurück. In dieser „Geheimbutze", wie er sie nannte, führte er täglich Experimente mit verschiedenen Mischungen durch, um ein Triebmittel zu finden, das den drei Grunderfordernissen – Teiglockerung, Haltbarkeit und Geschmacksneutralität – in befriedigender Weise entsprach. Alles in allem dauerte es zwei Jahre, bis es ihm gelang, ein wirklich einwandfreies Backpulver zu entwickeln, das bei einfachster Anwendung sicheren Erfolg verbürgte. Endlich aber stand fest, dass eine Mischung „ohne Fehlzündung", wie er sich ausdrückte, gefunden war. Dieser Mischung gab er den Namen Backin.

Bei seinen Experimenten in der „Butze" war August Oetker aber noch ein weiterer Gedanke gekommen: Nachdem er die richtige Komposition entdeckt hatte, begann er Backin in kleinen Mengen abzufüllen, so dass es für einen gebräuchlichen Kuchen mit einem Pfund Mehl fertig bemessen war. Dies war ein Einfall von großer Tragweite. Jetzt zeigte sich, dass in August Oetker nicht nur ein erfinderischer Wissenschaftler steckte, sondern auch ein hellsichtiger Unternehmer. Sein Ziel war es, ohne fremde finanzielle Hilfe sein Backpulver im eigenen Betrieb herzustellen und zum Festpreis von zehn Pfennigen im ganzen Land zu verkaufen. Mit dieser Idee war die deutsche Backpulverindustrie geboren. Nach knapp zwei Jahrzehnten konnte sich die Firma Dr. A. Oetker in Bielefeld bereits stolz die „Grösste Backpulverfabrik des Continents" nennen: Im Jahr 1912 wurden schon 99 Millionen Päckchen und Tütchen verkauft.

Bis in unsere Tage kommt Backin prinzipiell in der von August Oetker 1893 entdeckten Rezeptur in den Handel. Bereits um die Jahrhundertwende tauchte auch der heute wohlvertraute Hellkopf auf dem Tütchen auf, durch den die Hausfrau in das Markenzeichen einbezogen wurde und der bald als Qualitätszeichen auf allen Produkten des Hauses erschien, verbunden mit dem Leitsatz „Ein heller Kopf verwendet nur Dr. Oetker-Fabrikate". In den 50er Jahren wurde die Backin-Packung dann mit dem so genannten Fünfeck und einem integrierten Hellkopf sowie farbiger Produktabbildung auf der Vorderseite der Verpackung präsentiert. Im Jahr 1971 fand schließlich eine grundlegende Überarbeitung des Logos statt: Der Hellkopf erhielt zusätzlich den blauen Schriftzug „Dr. Oetker" auf weißem Grund, wobei ein roter Rand von nun an das Emblem umfasste. 2001 erhielt die Backin-Verpackung den letzten Schliff und wurde nochmals leicht überarbeitet. Und wie vor über 100 Jahren bietet Dr. Oetker auch heute noch auf der Rückseite eines jeden Tütchens Rezeptvorschläge an, mit deren Hilfe Generationen von Hausfrauen die Kunst des Kuchenbackens erlernten.

Heute wie damals gilt beim Kuchenbacken: Man nehme Backin von Dr. Oetker.

Firmenname
Dr. August Oetker
Nahrungsmittel KG

Klassiker
Dr. Oetker Original
Backin (seit 1893)

Gründung
1891 in Bielefeld

Gründer
Dr. August Oetker
(1862–1918)

Bekanntheit
96 %

Hauptfertigungsstätte
Bielefeld

badedas | DAS SCHAUMBAD

badedas

Ein Wannenbad ohne schäumenden, pflegenden oder revitalisierenden Zusatz ist heute praktisch nicht mehr vorstellbar. Badezusätze sind ein Stück Lebensqualität, kleiner Luxus im Alltag – das Badezimmer dient als der Ort, an dem man neue Energie tankt und sich von den Anstrengungen des Tages erholt. Und das ganz privat und zu Hause, in den eigenen vier Wänden.

Unterdessen ist es mehr als vier Jahrzehnte her, dass diese völlig neue Produktkategorie des Badezusatzes Epoche machte und der Badekultur der Deutschen zu neuer Blüte verhalf.

Begonnen hat die Geschichte im badischen Städtchen Bühl. Dort hatte das UHU-Werk H. + M. Fischer bereits Standards für moderne Klebstoffe gesetzt. Einer der Firmeninhaber, der Apotheker Manfred Fischer, hatte sich vom Klebstoffgeschäft abgewendet und sich stattdessen der Herstellung von Naturheilmitteln verschrieben. Im Rahmen seiner Forschungs- und Entwicklungstätigkeit beschäftigte er sich insbesondere mit der durchblutungsfördernden und revitalisierenden Wirkung der Rosskastanie. Er installierte ein aufwändiges Verfahren, um den braunen Kugeln ihre wirksamen Bestandteile zu entziehen. In dem neuen kosmetischen Produkt, das Manfred Fischer vorschwebte, wollte er das Angenehme mit dem Nützlichen verbinden. Er entwickelte eine Rezeptur aus Rosskastanien-Extrakt, ätherischen Ölen und – das war ebenfalls bis dato noch nie gemacht worden – waschaktiven Substanzen, die er anstelle der damals in der Körperpflege üblichen Seifen einsetzte und die neben einer milden Reinigung üppige Schaumberge versprachen. badedas war geboren.

Doch zur Premiere in Deutschland, im April 1957, gab es noch keinen Markt. Handel und auch die Öffentlichkeit reagierten zunächst zurückhaltend. Da gab es ein Produkt, das mit den Badegewohnheiten der späten 50er Jahre nicht unbedingt in Einklang zu bringen war, und eine abstrakte Wortschöpfung als Markenname, der – obwohl er heute zum gängigen Wortschatz gehört – damals ein echter „Zungenbrecher" war. In der Gründerfamilie war man dennoch

überzeugt von der Idee einer neuen Lebensqualität, mit der sich die Schöpfer des gerade beginnenden Wohlstandes in Deutschland belohnen sollten (und wollten).

Mit konsequenter Verbraucheraufklärung wurde in den neuen Markt investiert, um eine breite Öffentlichkeit vom Nutzen des neuen Produkts zu überzeugen. Dies, gepaart mit intensiver Werbung sowie der Verteilung unzähliger Warenproben, sollte sich bald mehr als auszahlen: Innerhalb eines Jahres wurde badedas zum Renner und der einprägsame Slogan „Hinein ins Nass mit badedas" zum geflügelten Begriff der frühen 60er Jahre, in denen sich die Deutschen zu wahren Badeenthusiasten entwickelten. Schnell wachte auch die Konkurrenz auf und die etablierten Hersteller von Körperpflegemitteln setzten voll auf die Zukunft mit flüssigen Schaumbädern. In einem Markt mit über 100 Nachfolgeprodukten ist badedas – mit einem Bekanntheitsgrad von 85 Prozent – souverän Gattungsbegriff für die Kategorie geblieben.

Seit 1996 befindet sich die Marke unter dem Dach der Sara Lee Deutschland GmbH, einem Unternehmen des weltweit tätigen Sara Lee Konzerns, und profitiert von dessen internationalem Forschungs- und Vertriebs-Know-how. Auch in der neuen Ära hat badedas die Zeichen der Zeit früh erkannt. Als Anfang der 70er Jahre der Trend mehr und mehr zum Duschen ging, schickte badedas mit duschdas den ersten flüssigen Duschzusatz ins Rennen – und siegte auch hier.

Ebenfalls eine Pionierleistung, die der Markt bis heute mit der Position Nr. 1 für duschdas honoriert. Doch das Baden ist nie aus der Mode gekommen, ganz im Gegenteil, liegt es doch mittlerweile wieder voll im Wellnesstrend. Das Wannenbad ist ein Refugium der Ruhe, ein Ort, wo man die Seele baumeln lässt und sich mit Badezusätzen Gutes tut. Und so ist die erfolgreiche Geschichte von badedas noch längst nicht zu Ende geschrieben.

Vital Bad

badedas

CLASSIC

mit natürlichem Rosskastanienextrakt
met extrakten van wilde kastanjes
aux extraits naturels de marron d'Inde

Firmenname	Klassiker	Inhaltsstoff	Erfinder	Bekanntheit
Sara Lee Deutschland GmbH	badedas Vital Bad (seit 1957)	Rosskastanienextrakt	Manfred Fischer	85 %

BARTHELS-FELDHOFF | DER SCHNÜRSENKEL

Es war ein goldener Ring an der Spitze, der Pate stand für den Namen RINGELSPITZ. Aus der ursprünglichen Idee, die Schuhsenkel von Barthels-Feldhoff gegenüber Angeboten anderer Hersteller unverwechselbar zu machen, wurde 1950 der einprägsame Name RINGELSPITZ geboren.

Bevor das im Jahr 1829 von Philipp Barthels seinerzeit als Nähgarnzwirnerei gegründete Familienunternehmen, dessen Firmennamen er mit Feldhoff – dem Mädchennamen seiner Frau – ergänzte, zum erfolgreichen Schuhsenkelhersteller aufstieg, wurde in der Firma noch etwas anderes hergestellt: nämlich Eisengarn – sozusagen der Vorläufer der Schuhsenkel.

Bei der Herstellung des Eisengarns wurde Nähgarn gezwirnt und ausgerüstet. Eisengarn war ein recht passender Name, denn der mit Wachs gebürstete Baumwollzwirn wurde insbesondere wegen seiner Haltbarkeit und Wetterfestigkeit geschätzt. Aufgrund der besonderen Materialeigenschaften – Eisengarn fiel unter anderem durch einen schönen Glanz auf und war sehr fest – fand das Qualitätsprodukt in der Bekleidungsindustrie Europas wie auch im technischen Bereich schon bald Anklang. Aber das Material aus Wuppertal eignete sich noch für einen anderen Markt, den der Schuhsenkel.

Mitte des 19. Jahrhunderts machte man in dem heute zu den ältesten Textilunternehmen des Bergischen Landes gehörigen Unternehmen „ganze Sache". Barthels-Feldhoff kaufte sich Flechtmaschinen und begann mit der Einrichtung einer firmeneigenen Flechterei. Als dann 1874 noch eine eigene Färberei ihre Arbeit aufnahm, war eine gute Grundlage für die künftige Schuhsenkelproduktion des Hauses geschaffen.

Der Name Barthels-Feldhoff sollte aber über viele Jahre auch für andere Produktbereiche stehen. Ein Bereich waren die Anfang des 20. Jahrhunderts auf der ganzen Welt so geschätzten Hutlitzen. Später, als synthetische Fäden mehr und mehr das Eisengarn verdrängten, produzierte das Unternehmen auch andere Artikel, beispielsweise Gardinenkordeln.

Auch Fallschirmleinen, die in den rohstoffarmen Nachkriegsjahren auf den Flechtmaschinen des Unternehmens wieder entflochten wurden, gehören noch heute neben einer Vielzahl anderer technischer Geflechte zu den Produkten des Hauses. Abhängig von den sich wandelnden Zeiten hat das Produktangebot von Barthels-Feldhoff so manches Mal ein anderes Gesicht bekommen, bis man im Jahre 1950 – ca. zwei Jahre zuvor hatte das Unternehmen wieder die Flechtproduktion begonnen – auf die besonders haltbare Celluloidspitze mit dem goldenen Ring als Merkmal kam. Wenige Jahre später wurde der Name RINGELSPITZ dann in vielen Ländern des westeuropäischen Sprachraums in Ringpoint umgewandelt. Da beides leicht verständlich ist, stehen seit Ende der 70er Jahre beide Namen auf der Ware und dem Werbematerial.

Seit nunmehr über 50 Jahren wird der Name RINGELSPITZ mit qualitativ hochwertigen Schnürsenkeln in Verbindung gebracht. Aber neben der besonderen Qualität ist es auch die ausgeklügelte Vermarktung, mit der Barthels-Feldhoff durch RINGELSPITZ zu Europas führender Senkelmarke bei Ersatz-Schnürriemen geworden ist. So wird der bekannte Schuhsenkel schon seit langem nicht mehr – wie es früher in den so genannten Tante-Emma-Läden üblich war – lose aus der Schublade verkauft. In den 60er Jahren entstand die SB-Fähigkeit in Form des Blisters. Europa, Asien und Amerika werden heute mit den bekannten Schnürsenkeln aus dem Hause Barthels-Feldhoff, das inzwischen rund 500 verschiedene Schuhsenkel-Ausführungen im Angebot hat, beliefert.

Mittlerweile hat Barthels-Feldhoff seine Produktpalette um Einlegesohlen erweitert und bietet damit alles rund um die Bequemlichkeit im Schuh. Und so blickt RINGELSPITZ nach einer 175-jährigen Firmengeschichte mit allen dazugehörigen Höhen und Tiefen von seinem Produktionsstandort Wuppertal aus voller Optimismus in die Zukunft.

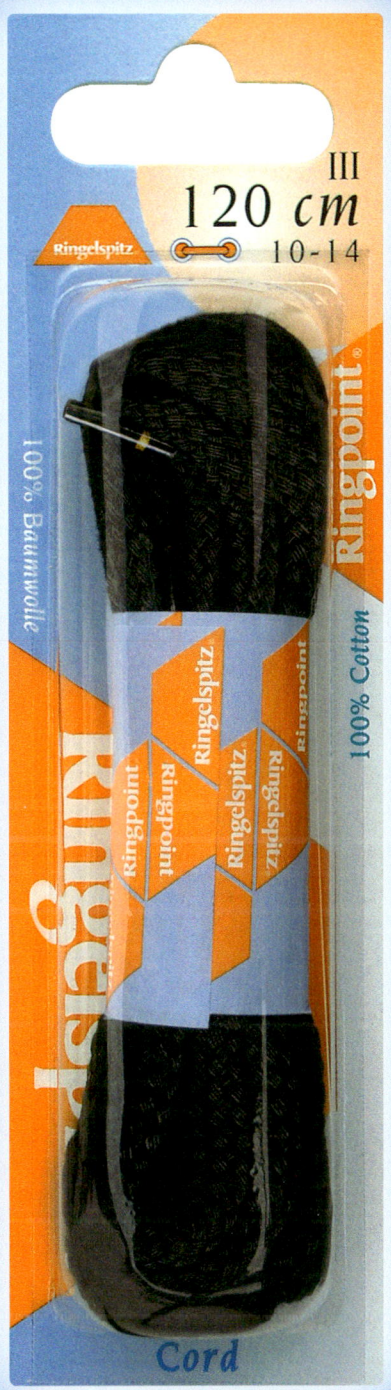

III
120 cm
10-14

100% Baumwolle

Ringelspitz

Ringpoint®

Ringelspitz

100% Cotton

Cord

Firmenname
Barthels-Feldhoff
GmbH & Co.

Klassiker
Ringelspitz Schnür-
senkel (seit 1950)

Gründung
1829 in Wuppertal

Mitarbeiter
250

Vertrieb
Europa/Asien/
Amerika

Hauptfertigungsstätte
Wuppertal

BAUHAUS | DER WERKSTATT-, HAUS- UND GARTENSPEZIALIST

Selbst ist der Mann, doch wie kommt er an Hammer und Nagel ran? Zu einer Zeit, als Heimwerker auf der Suche nach soliden Werkzeugen und guten Materialien noch viele Fachgeschäfte aufsuchen mussten, hat BAUHAUS die „Idee zum Selbermachen" nach Deutschland gebracht.

BAUHAUS eröffnete 1960 in Mannheim sein erstes Fachhandelsgeschäft, bereits damals mit Selbstbedienung, und bündelt komplette Sortimente verschiedenster Spezialisten unter einem Dach. Von Anfang an findet die Kundschaft von der Bohrmaschine über den Schraubenschlüssel bis hin zu Badfliesen, Farben und Lacken sowie Eisenwaren oder Baustoffen eine gut sortierte Auswahl an Qualitätsprodukten.

Aus der innovativen Idee ist eines der erfolgreichsten Konzepte im deutschen Fachhandel geworden. Ein optimales Preis-Leistungs-Verhältnis und beste Qualität stehen seit dem ersten Tag an vorderster Stelle der Unternehmensphilosophie von BAUHAUS, dem Spezialisten für Werkstatt, Haus und Garten.

Diese Philosophie wird von allen Mitarbeitern, über alle Arbeitsbereiche und Hierarchieebenen hinweg, gelebt. Sämtliche rund 120.000 Artikel kommen erst nach strengen internen Prüfungen auf Qualität und Umweltverträglichkeit in die 15 Fachabteilungen, aus denen BAUHAUS Kunden heute wählen können. Sollte es in einer Produktgruppe keinen Artikel der gewünschten Güte geben, lässt BAUHAUS diesen Artikel nach eigenen Vorgaben fertigen. Das Ergebnis ist eine Vielzahl exklusiver BAUHAUS Qualitätsmarken aus allen Warengruppen.

Um die äußerst günstigen Preise zu realisieren, handelt BAUHAUS in seiner Einkaufspolitik global. Zusätzlich werden, wo immer möglich, Waren aus der direkten Nachbarschaft bezogen. Dies stärkt die regionale Wirtschaft und vermeidet umweltbelastende Transporte. Im Ergebnis bietet BAUHAUS seinen Kunden optimale Qualität zu attraktiven Preisen und verbürgt dies durch eine Tiefpreisgarantie auf alle bei BAUHAUS gekauften Produkte. Das Grundkonzept, Fachhandelsqualität und Produktvielfalt, bleibt nach wie vor unverändert, wird jedoch gemäß den gestiegenen Kundenbedürfnissen nach modernen Serviceleistungen angepasst und erweitert. Verkehrsgünstige Standorte, großzügige Parkplätze, Handwerker- und Lieferservice sowie Kundenladezonen sind dabei nur einige Beispiele für einen konsequent kundenorientierten Service, der BAUHAUS zu dem Vorreiter seiner Branche macht.

Kontinuität wahrt BAUHAUS ebenso im Markenzeichen, das in seiner Urform seit über 40 Jahren fast unverändert in weißer Schrift auf roten Blöcken prangt und lediglich durch ein Symbol und ein internationales Additiv ergänzt worden ist. Aus einem Fachhandelsgeschäft im Herzen von Mannheim, mit bescheidenen 600 qm, ist in den vergangenen Jahren ein europaweit operierendes Fachhandelsunternehmen geworden. Jüngst etablierte BAUHAUS mitten in Berlin eine Niederlassung, die auf 23.000 qm in seiner Sortimentsbreite und -tiefe einzigartig ist, ohne durch sortimentsfremde Artikel das Angebot zu verwässern.

In der Zwischenzeit steht BAUHAUS als Synonym einer ganzen Branche. Trotz aller Expansion und Größe lautet bei BAUHAUS das Motto: Kein maßloses Wachstum, sondern Wachstum nach Maß. Wenn ein BAUHAUS eröffnet, ist es mehr als ein weiterer Bau- oder Heimwerkermarkt auf der grünen Wiese. Mit 125 Niederlassungen ist BAUHAUS flächendeckend in Deutschland vertreten. Dass sich gute ausgereifte Ideen über die Grenzen hinweg durchsetzen, belegen über 180 Niederlassungen in elf europäischen Ländern. In jedem dieser Länder investiert BAUHAUS konsequent in die Motivation und die fachliche Weiterbildung seiner knapp 11.000 Mitarbeiter. Denn jedes Unternehmen ist nur so gut wie seine Mitarbeiter, und nur motivierte Menschen können jenes Maß an Beratung, Kundenorientierung und Kundenservice sichern, das über den langfristigen Erfolg im Fachhandel entscheidet.

Firmenname	Branche	Gründung	Mitarbeiter	Vertrieb	Haupteinkaufsgebiet
BAUHAUS AG	Fachhandel für Werkstatt, Haus und Garten	1960 in Mannheim	11.000 europaweit	180 Mal in 11 europ. Ländern	weltweit

BAUSCHER | DAS HOTELGESCHIRR

„Haben Sie noch einen Wunsch, vielleicht noch ein Dessert?" Wenn Hotelgäste rund um den Globus sich heute etwas bestellen, dann bekommen sie ihre Speisen oder ihren Kaffee nicht selten auf Tellern oder in Tassen serviert, unter denen das Markenzeichen „Bauscher Weiden" gestempelt ist.

Mit einem guten unternehmerischen Weitblick für das, was kommt, sahen die Brüder August und Conrad Bauscher gegen Ende des 19. Jahrhunderts den Aufschwung der Gastronomie voraus und gründeten im Jahre 1881 in Weiden eine Porzellanfabrik speziell für Hotelporzellan. Ein recht gewagter Schritt, seinerzeit noch ein Novum in der Porzellanbranche.

Die Idee, sich auf die Gestaltung von Geschirren zu konzentrieren, bei denen die besonderen Anforderungen der Gastronomie im Mittelpunkt standen, sollte schon bald erste Früchte tragen – nicht nur zu Lande, auch zu Wasser. Denn schon 1890 waren sämtliche Schiffe des Norddeutschen Lloyd mit Porzellan von Bauscher ausgestattet. Fünf Jahre später gab es bereits eine Bauscher-Filiale in New York. Und weitere fünf Jahre darauf hatte Bauscher mit Filialen auch in London und Luzern Fuß gefasst.

Wie gekonnt es das Unternehmen Bauscher Weiden, das zur BHS tabletop AG – vormals Hutschenreuther 1814 – gehört, in all den Jahren verstanden hat, die schwierige Balance zwischen Gefühl und Kalkül, zwischen Schönheit und Nützlichkeit zu meistern, zeigen die Designs des traditionsreichen Hauses. Etwa das von Peter Behrens um 1900 gestaltete Jugendstilporzellan.

Geradezu revolutionär ist das 1960 entstandene und bis heute mit über 70 Millionen Exemplaren weltweit erfolgreiche System B 1100 von Heinz H. Engler. Als das erste und weltweit erfolgreichste Systemgeschirr ist das mit begehrten Designpreisen ausgezeichnete System bereits heute ein Klassiker der Moderne. Aber nicht nur Stapelbarkeit, Stabilität und Spülmaschinentauglichkeit, auch die Möglichkeit, aus einem relativ kleinen Basissortiment spezielle

Einsatzvarianten zu schaffen, hat das 1973 mit dem Bundespreis „Gute Form" ausgezeichnete Geschirrsystem zu einem hochgeschätzten Helfer in der Gastronomie werden lassen. Dass Porzellan von Bauscher Weiden auch künftig im Trend sein wird, zeigt seit 2001 die multifunktional einsetzbare Form OPTIONS. Bauscher Weiden, wo man seit langem auf Inglasurtechnik und damit auf Langlebigkeit und Farbenreichtum setzt, hat heute eine Palette von nahezu 27.000 Dekorvarianten im Angebot.

Weil Geschirr für die Gastronomie zwischen Tisch und Küche stark beansprucht wird, haben die Fachleute in Weiden schon sehr früh damit begonnen, neuartige Spezialmassen zu entwickeln, die für den tagtäglichen Einsatz in der Gastronomie besonders widerstandsfähig sind. Im Laufe der Jahre kamen zahlreiche Patente wie die Deckelhalterungen bei Kannen dazu.

Längst geht es bei Bauscher Weiden nicht mehr „nur" um Porzellan für einzelne Hotels und Gasthäuser. Auch weltweit operierende Hotelketten, Großkantinen, Mensen oder Kliniken erfordern spezielle Geschirrlösungen. Hier wie da sind durch Rationalisierung, Mechanisierung und Automation die Anforderungen an das Geschirr immer umfangreicher geworden. Bauscher Weiden war und ist darauf vorbereitet. Inzwischen verlassen Tag für Tag mehr als 120.000 Stück Porzellan die Fabrik im nordostbayerischen Weiden auf dem Weg in 120 Länder.

Überall auf der Welt werden die Langlebigkeit, die Funktionalität sowie die individuellen Dekorvariationen der Bauscher Porzellane geschätzt. So auch in Dubai im Hotel Burj al Arab. Im einzigen Sieben-Sterne-Hotel der Welt – welches zugleich das höchste auf dem Globus ist – essen die Hotelgäste ihr Dessert ebenfalls von Tellern und Tassen, unter denen das Markenzeichen „Bauscher Weiden" gestempelt ist.

Firmenname	Klassiker	Gründung	Designer	Gründer	Vertrieb
Porzellanfabrik Weiden Gebr. Bauscher	Geschirrprogramm B1100 (seit 1960)	1881 in Weiden	Heinz H. Engler (B1100)	August und Conrad Bauscher	weltweit

Als der Sänger mit der rauchigen Stimme die ersten Takte des Refrains anstimmte, erhoben sich mehr als zwanzigtausend Zuschauer und bereiteten ihm ein Lichtermeer aus Feuerzeugen. Joe Cocker war in Höchstform und hauchte „Sail away, dream your Dream" durch die übergroßen Boxen, während eine gigantische Bierflasche neben der Bühne den warmen Sommerabend in ein markantes Grün tauchte. Bevor die Ikone des Blues 1995 mit einem Dreimaster, der Alexander von Humboldt, durch die Kinosäle und Wohnzimmer des Landes segelte, hielt sich der Song schon wochenlang in den bundesdeutschen Charts. Beide, das Schiff mit den grünen Segeln und der Song „Sail Away" mit der markanten Stimme des Musikers, sind die unverkennbaren Werbesymbole der Bremer Brauerei Beck & Co und stehen für ihr Spitzenprodukt Beck's.

Ein langer Weg liegt hinter der Bark, die auf der Leinwand so gut am Wind liegt. Sie erinnert daran, dass Bier aus Bremen schon in der ersten Hälfte des 13. Jahrhunderts mit Schiffen in den norddeutschen Raum exportiert wurde, bevor Beck's sich Jahre später daran machte, äußerst erfolgreich den amerikanischen Markt zu erobern.

Gestartet haben den internationalen Erfolgstörn 1873 die Baumeister Lüder Rutenberg, Braumeister Heinrich Beck und der Kaufmann Thomas May. Die Brauerei konzentrierte sich von Anfang an auf das Exportgeschäft, und hier vor allem mit Kurs auf Übersee – in Länder die Heinrich Beck durch seinen zehnjährigen Aufenthalt bestens bekannt waren. Schon bald nach der Gründung der Bremer Brauerei erhielt das feine Gemisch aus Hopfen, Wasser und Gerste seine ersten beiden Goldmedaillen, die auch heute noch das Etikett der Flasche zieren. Die eine ist von 1874, verliehen auf der landwirtschaftlichen Ausstellung in Bremen und die andere kam zwei Jahre später aus Philadelphia, wo Beck's als bestes aller kontinentalen Biere ausgezeichnet wurde.

Das prägnante Grün, das einem überall in der Brauerei begegnet, hat Beck's von seinem Flaschen-lieferanten übernommen, der Nienburger Glashütte. Als reine Weinflaschenhersteller hatten diese damals auch gar keine andere Möglichkeit und füllten den edlen Gerstensaft in Behältnisse aus traditionell grünem Glas ab. Und so wurde die Farbe einfach beibehalten. Als Beck & Co nach der fast vollständigen Zerstörung ihres Brauereigeländes während des zweiten Weltkrieges die Produktion einstellen musste, brachten die 50er Jahre schließlich die lang ersehnte Erlösung.

Zumindest für knapp die Hälfte der Bevölkerung: „Beck's Bier löscht Männerdurst", lautete der neue Slogan der Brauerei, welcher vor allem über das noch neue Medium Fernsehen Gehör bei den Durstigen fand. In den turbulenten 60er Jahren gelang es Beck & Co, einen Meilenstein zu setzen, der der Brauerei nicht nur einen phänomenalen Umsatzanstieg verschaffte, sondern ihr auch den Dank von Millionen Sport- und Musikfans dieser Welt auf ewig sicherte: Beck's erfindet den Beck'ser, das legendäre grüne Sixpack. Die Verpackungsinnovation, die sechs Flaschen zu je 0,33 Litern enthielt, steigerte die bis dahin abgesetzte Hektolitermenge mit einem Schlag von 50.000 auf über 600.000 Liter Gerstensaft.

Es ist eine lange Reise gewesen von den Sumerern, die vor 3.000 Jahren das damals noch klebrige, schaumlose Gebräu erfanden, bis zu der grünen Flasche mit dem puren Pilsgeschmack, grenzenlos frisch – The Beck's Experience, wie es der neue Slogan von Beck's verspricht. Aber es hat sich gelohnt: Rund um den Globus werden in der Minute weltweit circa 3.000 Flaschen Beck's getrunken. Das Premium-Pilsener aus Bremen ist in rund 120 Ländern der Welt präsent – auf allen fünf Kontinenten. Rund 30 Prozent des deutschen Bierexportes stechen heute von Bremen aus in See, um die durstigen Kehlen dieser Welt zu löschen.

Firmenname	Klassiker	Gründung	Gründer	Bekanntehit	Vertrieb
Brauerei Beck & Co	Pils (seit 1873)	1873 in Bremen	Heinrich Beck und Lüder Rutenberg	ca. 90 %	weltweit in rund 120 Ländern

BEGA | DIE AUSSENLEUCHTE

Fast wertloses Geld und manchmal Naturalien – das Honorar, mit dem BEGA-Gründer Heinrich Gantenbrink im Jahre 1945 für seine unter mühevollen Begleitumständen gefertigten Leuchten entlohnt wurde, war nicht unbedingt üppig. Aber etwas gab es damals kostenlos dazu, nämlich das gute Gefühl, etwas herzustellen, das zu dieser Zeit dringend gebraucht wurde.

Die erste schmiedeeiserne Krone für drei Lampen war im September 1945 so gut gelungen, dass gleich zehn weitere hergestellt werden mussten und schon bald ein Auftrag über 100 Leuchten zum Weitermachen ermutigte. Ende 1945 halfen bereits fünf Mitarbeiter dabei, 20 verschiedene Leuchten in kleinen Serien herzustellen. Zwar waren die Wandleuchten, Kerzenleuchter und Kronen allesamt aus Schmiedeeisen, doch noch ohne Elektroinstallation.

Als in den Jahren 1948/1949 ein Neubau errichtet wurde, beschäftigte die junge Firma, für die in dieser Zeit auch der international einprägsame und wohlklingende Name BEGA gefunden wurde, 50 Mitarbeiter. Anfang der 50er Jahre produzierte man die erste Laterne mit extrem geringer Ausladung.

Die aus Eisen und mit einem Kupferdach in verschiedenen Größen hergestellte Außenleuchte, bei der die Bauteile teilweise schon maschinell gefertigt waren, sollte über 40 Jahre lang einen wichtigen Platz in der BEGA-Angebotspalette einnehmen.

Qualität und Kontinuität sind die Hauptfaktoren des nachhaltigen Erfolges von BEGA. Neben der führenden Marktposition bei Außenleuchten im Inland spricht dafür auch der Exportanteil von etwa 40 Prozent, wovon ein großer Teil auf Japan und die USA entfällt. Dass die kompromisslose Qualität in Material, Form und Funktion auch bei neuen Produkten gewährleistet ist, dafür sorgt nicht zuletzt ein interdisziplinärer Entwicklungsprozess. Innovationen werden nämlich von Anfang an in Teamarbeit kreiert. Ob Geschäftsführer, Konstrukteure, Designer oder Kundenberater – jedes Teammitglied hat Mitspracherecht

und trägt wesentlich zur ganzheitlichen Betrachtung des Produktes bei.

Besonderen Stellenwert genießt bei BEGA seit jeher das Design, das stets den Entwicklungen der modernen Architektur verpflichtet ist. Der Erfolg des Unternehmens basiert zum guten Teil auf der konsequenten Gestaltungshaltung: klare, ruhige Formen und Reduktion auf das Wesentliche. Dieser ebenso einfache wie anspruchsvolle Grundsatz – der schon in den Mendener Firmengebäuden augenfällig wird – hat das profilierte Image und die Alleinstellung von BEGA gefördert.

Die Auszeichnungen ließen nicht lange auf sich warten. Seit 1960 werden jedes Jahr BEGA-Leuchten bei der iF-Sonderschau zur Industriemesse Hannover für vorbildliches Design ausgezeichnet. Hervorzuheben ist auch der Ehrenpreis für Design-Management, mit dem der Design-Pionier BEGA 1989 als erstes Unternehmen überhaupt beim Staatspreis des Landes Nordrhein-Westfalen für Design und Innovation ausgezeichnet wurde. Und 1994 bekamen die Aufsatzleuchten 8821, 8822 und 8823 den „bundespreis produktdesign", der nicht nur die gute Form prämiert, sondern ein Produktdesign, in dem viele Faktoren zusammenwirken. Die Aufsatzleuchte 8201 wurde vom Industrie Forum Design Hannover 1997 mit dem Sonderpreis „Top Ten" ausgezeichnet. Sie zählte damit branchenübergreifend zu den zehn besten Industrieprodukten im Wettbewerb um den iF Produkt-Designpreis.

Was 1945 mit einer schmiedeeisernen Krone für drei Lampen begann, hat sich zu einem breiten Angebot von 21 Produktfamilien und insgesamt rund 2.000 Einzelprodukten entwickelt. Aus den fünf Mitarbeitern von einst ist ein Spezialist für alle Fragen der Licht- und Beleuchtungstechnik in Haus und Garten, im Großraum, auf der Straße und unter Wasser geworden, der in seinen modernen Betriebsstätten weltweit 750 qualifizierte Mitarbeiter beschäftigt – mit dem Ziel, für die künstliche Beleuchtung vorbildliche Produkte zu schaffen, die höchsten Anforderungen gerecht werden.

Firmenname	Klassiker	Gründung	Mitarbeiter	Gründer	Hauptfertigungsstätte
BEGA	Leistungsscheinwerfer	1945 in Menden	750 weltweit	Heinrich Gantenbrink	Menden

BERENTZEN | DER FRUCHTLIKÖR

Wie kommt eine Idee in aller Munde? Es ist ein geselliger Abend, ein junger Mann verteilt kleine Fläschchen, „Berentzen Minis" genannt, geschmückt mit einem Etikett, auf dem ein Apfel zu sehen ist. Er verteilt die erfolgreichste Produkteinführung einer Spirituose des Jahres 2003 und sie stammt aus dem Hause Berentzen.

Die kreative Liköridee der beiden Brüder Friedrich und Hans Berentzen wurde erstmals 1976 in Glasflaschen gefüllt und mit dem Etikett „Berentzen Appel" versehen. Bis heute entwickelte sich der Einfall der Geschwister Berentzen zu einer Spirituose, die vielen Mündern gut schmeckt und seit Jahrzehnten gern getrunken wird. Das überrascht nicht, schließlich wurde mit dem Berentzen Appel in Deutschland erstmals eine „Convenience Spirituose" angeboten, mit der sich das Haselünner Unternehmen souverän einen Platz unter den Top 10 der deutschen Spirituosenunternehmen sichern konnte. Da ist die aktuell gelungene Markteinführung der „Berentzen Minis" kein Wunder. Mit dem Aushängeschild des beliebten Apfels, verbunden mit einem breit gefächerten Angebot auch nicht alkoholischer Getränke, erwirtschaftet die Berentzen-Gruppe heute über 400 Millionen Euro und beschäftigt mehr als 700 Mitarbeiter.

Die gute Wasserqualität zwischen Ostfriesland und Münsterland muss 1758 dazu geführt haben, in Haselünne, einer verschlafenen Stadt im Emsland, den Grundstein zur Erfolgsgeschichte des Unternehmens zu legen. Von Haus aus eigentlich Schmied wie sein Vater, betrieb Johann Bernhard Berentzen neben der Eisenschmiede eine kleine Brennerei. Im Emsland trank man den „Kloaren" oder den „Strohgelben", beides Kornschnaps von wasserheller Farbe.

Was für Berentzen anfangs eine Tätigkeit aus Spaß an der Freude gewesen war, entwickelte sich bald zur Basis eines tragfähigen Unternehmens. Die Geschäfte liefen gut, Berentzen wuchs, und schon in der Gründerzeit standen umfangreiche Erneuerungen

und Veränderungen vor der Tür. Angestellte konnten nach einem geregelten Acht-Stunden-Tag die Firma verlassen, Frauen erhielten das Wahlrecht und Berentzen wurde zur GmbH.

In Versailles wurde zum erstenmal der Frieden beschlossen und dann ein zweites Mal, nach den „goldenen Zwanzigern", in Potsdam. Ende der Nachkriegszeit entschließt sich Berentzen, neben Branntwein auch alkoholfreie Getränke mit ins Angebot aufzunehmen. Die dafür gegründete Emsland-Getränke GmbH erwirbt 1960 die Pepsi-Cola-Konzession.

Vom einstigen lokalen Kornbrenner Haselünnes reicht heute der Vertrieb bis weit in die Welt hinaus. Durch die Fusion mit der Weinbrennerei Pabst & Richarz entstand in den achtziger Jahren die heutige Berentzen-Gruppe. Man integrierte, nach einer konsequenten Strategie des Wachstums, große Marken wie Doornkaat, Puschkin, Bommerlunder und viele weitere in das Unternehmen. 1994 wagte man den Gang an die Börse und belegt heute eine führende Position in der Branche.

Mit dem Aufbruch in das einundzwanzigste Jahrhundert fand auch Berentzen neue Wege zu seinen Kunden. Relaunch, wie es so schön in der Werbesprache heißt, Erneuerung stand vor der Tür in Haselünne, auch heute noch Sitz des Vorstandes. Die Dachmarke bekam ein neues Aussehen, frischer und dynamischer sollte sie jetzt wirken. Das Publikum dankte es, nicht zuletzt auch wegen der Innovationen, die von der Unternehmensgruppe ausgehen. So bekommt man zum Beispiel den „Winter-Apfel" nur zwischen Oktober und Dezember eines jeden Jahres. Die weltweit erste Saisonspirituose hatte somit ihren Weg in den Markt gefunden.

Wer nun Lust verspürt, sich aufzumachen, um den Abend in geselliger Runde zu verbringen, dem sei schnell noch Folgendes gesagt: „Ein Trinkgefäß sobald es leer, macht keine rechte Freude mehr." Wilhelm Busch formulierte diese schlichte Feststellung. Gut möglich, dass er dabei an „Berentzen Apfel" gedacht hat.

Firmenname	Klassiker	Gründung	Erfinder	Bekanntheit	Vertrieb
Berentzen-Gruppe AG	Berentzen Apfel	1758 in Haselünne	Friedrich & Dr. Hans Berentzen	83 %	weltweit

Das Holz der Wälder des Erzgebirges wurde, nachdem die Erzvorkommen erschöpft waren, zu dem Rohstoff, der die Region prägte und ihren Einwohnern den Lebensunterhalt sicherte. Traditionelle Holzschnitzkunst, Spielzeug und Sportgeräte aus Holz machten das Erzgebirge in der ganzen Welt bekannt und lassen es alljährlich nicht nur auf den Weihnachtsmärkten der Länder präsent sein. Vor diesem Hintergrund wird auch die Geschichte der Firma Berlebach Stativtechnik zu erzählen sein.

Im Jahre 1898 erwarb der Kaufmann Peter Otto Berlebach auf der Frauensteiner Straße in Mulda ein Grundstück mit wasserbetriebener Sägemühle. Bereits um 1906 war die Belegschaft von 6 auf etwa 30 Mitarbeiter gestiegen, das Gelände wurde erweitert; Dampfkraft hatte die Wasserkraft abgelöst und der Versand der Holzwaren zur Bahnstation erfolgte mit einem eigenen Pferdefuhrwerk. Ein Blick ins „Hamburger-Exporthandbuch" zeigt, dass schon 1906 Berlebach-Stative auf hohe See gingen und ins Ausland exportiert wurden.

Firmengründer Otto Berlebach zog sich 1918 aufs verdiente Altenteil zurück und verkaufte seine Fabrik. Die neuen Besitzer waren allesamt erfahrene Fachleute, denen es gelang, den eingeschlagenen Weg auf Erfolgskurs zu halten. Berlebach-Holzstative wurden schnell zu einem Qualitätsbegriff, der rund um den Globus seine Gültigkeit bewies und dem Unternehmen steigende Umsatzzahlen bescherte, die man zu neuen Investitionen verwendete, so dass 1928 der erste betriebseigene LKW die Berlebach-Stative zu den Großabnehmern bringen konnte.

Die Produktion wurde auch unter den erschwerten Bedingungen im Zweiten Weltkrieg aufrechterhalten und von den Teilhaberfamilien fortgeführt. Mit der Verstaatlichung wurde die Firma 1972 in der DDR als VEB (Volkseigener Betrieb) weitergeführt. Dabei deckten die Berlebach-Stative die ganze Produkt-Palette ab und lieferten vom leichten Reise- bis zum schweren Studio-Stativ den Bedarf für Fotografen.

Als die Firma 1990 unter Treuhandverwaltung gestellt wurde, eröffnete sich für Deutschlands „uralte" Stativfabrik die Chance auf einen Neubeginn. Doch bevor es so weit war, folgten drei anstrengende Jahre, bis die Treuhandanstalt nach langwierigen Verhandlungen einer Privatisierung zustimmte. Wolfgang Fleischer, seit den frühen 60er Jahren bei Berlebach beschäftigt, kaufte Grund und Boden, die Produktionsanlagen und den Namen Berlebach.

Im August 1993 wagte Fleischer mit sieben weiteren Mitarbeitern den Neuanfang und baute, an die Tradition knüpfend, die bewährten soliden Stative aus Eschenholz. Um den hohen Anforderungen des Marktes gerecht werden zu können, waren umfangreiche Investitionen in Maschinen für die Holz und Metallbearbeitung erforderlich. Der Bereich Holzverarbeitung erhielt eine moderne, umweltfreundliche Heizanlage, in der die im Produktionsprozess anfallenden Abfälle komplett in Wärmenergie umgewandelt werden.

Die Einsatzgebiete von Berlebach-Stativen sind sehr vielfältig, ob in der Foto- und Videotechnik, der Ornithologie, Astronomie oder Geodäsie. Durch die kontinuierliche Produktentwicklung, die Fertigung mit hohem Qualitätsanspruch sowie die regelmäßige Teilnahme an nationalen und internationalen Fachmessen haben Berlebach Stative nicht nur in Deutschland zunehmend Marktanteile gewonnen, sondern werden in über 25 Länder weltweit exportiert.

Die hervorragenden Eigenschaften des Eschenholzes aus dem Erzgebirge in Bezug auf Schwingungsfreiheit, Stabilität und Robustheit waren es auch, die von den Fotografen David und Meerwarth schon vor gut 80 Jahren hoch geschätzt wurden. So ist es nur folgerichtig, dass die beiden bekannten Profi-Fotografen in ihrer Buchreihe „Ratgeber im Photographieren" allen anspruchsvollen Fotografen „ein festes hölzernes Berlebach-Stativ" ans Herz legten. Und diese Empfehlung hat bis heute nichts von ihrer Gültigkeit verloren.

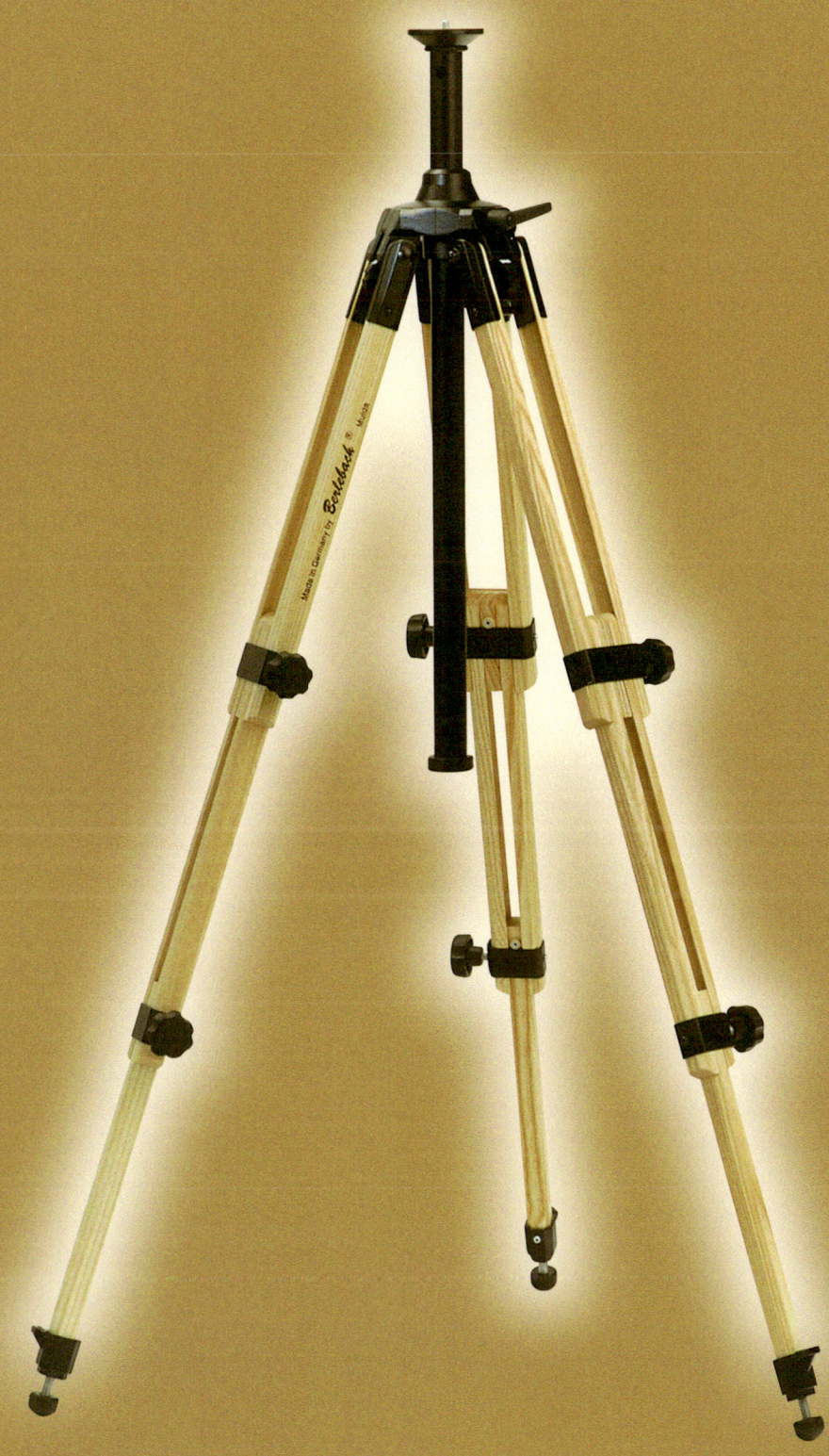

Firmenname	Klassiker	Gründung	Gründer	Vertrieb	Hauptfertigungsstätte
Berlebach Stativtechnik	Eschenholzstativ (seit 1906)	1898 in Mulda	Otto Berlebach	weltweit	Mulda/Sachsen

BHW | DIE BAUSPARKASSE

1928? Keines der deutschen Schicksalsjahre des 20. Jahrhunderts. Im Gegenteil: Es gehört zu den wenigen ruhigen Jahren der Weimarer Republik, die der Dekade bis heute den Beinamen „Die Goldenen 20er" verschaffen. Der Eiserne Gustav sorgte mit seiner Droschkenfahrt von Berlin nach Paris für Aufsehen, die Sportbegeisterung schlug wegen der Olympiade in Amsterdam hohe Wellen. Das Luftschiff Hindenburg startete vom Bodensee zu seinem ersten Transatlantikflug, Mickey Maus eroberte die deutschen Kinoleinwände und BMW entwickelte sich vom Motorrad- zum Autohersteller.

Der 3. April 1928 hat sich hingegen nicht ins kollektive Gedächtnis der Nation eingebrannt, was ein wenig ungerecht ist, weil der schlichte Handelsregistereintrag beim Amtsgericht Berlin-Charlottenburg bis heute spürbare Folgen zeitigt. Nicht nur weil damit eine Unternehmensgründung besiegelt wurde, die 2003 zu einem 75. Geburtstag führt. Mit der Gründung von BHW entstand ein völlig neues System der Vermögensbildung für weite Bevölkerungsschichten. Das H im Firmenkürzel steht für Heimstätte. Dieses Wort wirkt heute etwas altmodisch, aber genau darum ging es den Gründern: vielen Menschen ein Heim zu geben und damit eine krisensichere Alterssicherung.

Die Beamtenbausparkasse, Heimstättengesellschaft der deutschen Beamtenschaft GmbH, kurz BHW, war ein geradezu revolutionäres Kind. Denn Vater Staat hielt seine Diener kurz. Darlehen aufzunehmen, war ihnen bis dahin verboten gewesen, so dass insbesondere die kleinen und mittleren Beamten trotz sicherer Arbeitsplätze ebenso unter dem akuten Wohnungsmangel litten wie Arbeiter und Angestellte. Die Idee des Bausparens stammte aus England. Ziel aller Bausparer ist das zinsgünstige Darlehen aus dem gemeinsamen Spartopf. In den Topf fließen die Sparraten, Wohnungsbauprämien und natürlich die Tilgungsbeiträge der Glücklichen, die ihr Darlehen schon bekommen haben. Und Glück musste man in den ersten Jahren schon haben, denn die Darlehen wurden verlost! Heute machen finanzmathematische Formeln die Zuteilung für alle berechenbar. Geändert hat sich in den vergangenen 75 Jahren noch vieles andere, aber die Idee des Bausparens hat nichts von ihrer Attraktivität verloren. Schon im ersten Jahr konnten 580 von 3.183 Kunden mithilfe der BHW ihren Traum vom eigenen Haus verwirklichen. 1947 knüpft die BHW am neuen Standort Hameln an die alten Erfolge an. Der Krieg hatte den einstigen Wohnungsmangel zur aktuellen Wohnungsnot werden lassen. BHW öffnete sich deshalb ab jetzt allen Mitarbeitern des öffentlichen Dienstes. Mit ihren Aktivitäten ermöglichte sie es nicht nur vielen Menschen, wieder ein Dach über den Kopf zu bekommen, sondern sie trug auf diese Weise auch erheblich zum deutschen Wirtschaftswunder bei.

Hatte der jährliche Aufwand für das Eigenheim vor dem Krieg noch mehr als das Jahreseinkommen eines Inspektors erfordert, war dieses Verhältnis 1950 deutlich günstiger. Ein Polizeiobermeister musste zwei Drittel seines monatlichen Salärs für die Finanzierung aufbringen. Diese Quote sank in den kommenden Jahrzehnten kontinuierlich. 1982 öffnete sich das Unternehmen für den allgemeinen Markt mit der Gründung einer zweiten Bausparkasse.

Aus der BHW Bausparkasse ist inzwischen der Finanzpartner von 3,5 Millionen Menschen geworden. Zum Konzern zählen neben der Bausparkasse eine Bank, eine Lebensversicherung, eine Hypothekenbank, eine Anlagegesellschaft und ein Immobilienmakler. Mit 128 Milliarden Euro Bilanzsumme gehört BHW zu den größten Finanzdienstleistungsunternehmen der Republik. Bausparen und Baufinanzierung, Lebensversicherung und Investmentfonds: Die BHW-Gruppe bietet umfassende Vorsorgekonzepte. Seit dem Börsengang 1997 zählt sie zu den Schwergewichten des S-DAX. Unzählige Häuser wurden seit 1928 von der BHW finanziert, in manchen wächst bereits die vierte Generation heran. Es gibt nur wenige Marken, die so mit Recht von sich sagen können: Wir schaffen Werte! Und für die Zukunft? Da sieht man – so BHW allabendlich vor der Tagesschau – optimistisch durch die blaue Brille.

Firmenname	Klassiker	Gründung	Mitarbeiter	Jahresumsatz	Jahresabsatz
BHW Holding AG	Baugeld (seit 1928)	1928 in Berlin	5.500	113 Mrd. Euro (Konzern Bilanzsumme)	rd. 10 Mrd. Baugeld-auszahlungen

BILD | DIE KAUFZEITUNG

Millionen Käufer steuern täglich irgendwo in Deutschland ein Geschäft an. Sie kramen ein paar Münzen aus dem Portemonnaie. Sie wollen sich das Weltgeschehen von ihrer Zeitung erzählen lassen. Sie vertrauen der Marke BILD und tragen so zu einem Erfolg bei, der in der deutschen Presselandschaft einmalig ist.

„BILD muss die Herzen der Menschen erreichen", fordert Axel Springer, als er im Juni 1952 die erste Ausgabe von BILD in 455.000 Exemplaren auf den Markt bringt – seiner „gedruckten Antwort auf das Fernsehen". Mit einer neuen, direkten Form der Leseransprache, vielen Fotos, großen Schlagzeilen und klaren knappen Texten entwickelt sich BILD schnell zur Volkszeitung und zu Volkes Stimme. „Der Westen tut NICHTS!", titelt BILD etwa am 16. August 1961, als in Berlin die Mauer gebaut wird. Stacheldraht umrandet den Artikel – eine bahnbrechende, für Zeitungen bis dahin unbekannte Form der Bildsprache.

Darüber hinaus entwickelt BILD eine neue Form eines kämpferischen Journalismus. „Schluss mit der Post-Diktatur! Holt den Bundestag aus dem Urlaub!", fordert BILD beispielsweise 1964, nachdem Postminister Richard Stücklen eine drastische Erhöhung der Fernsprechgebühren bekanntgegeben hatte. Die Forderung findet Beachtung: In der eilends einberufenen Sitzung des Parlaments mitten in der Sommerpause wird die Preiserhöhung zunächst gebilligt, dann wieder teilweise zurückgenommen. Und BILD wächst. Schon 1965 erreicht die verkaufte Auflage vier Millionen.

Nach den auch für BILD unruhigen 68ern profiliert sich das Blatt immer mehr als „Anwalt des kleinen Mannes". Mit Aktionen wie „Ein Herz für Kinder" oder „BILD kämpft für Sie" steigen Popularität wie Auflage. Das Layout wird klarer, die Zeitung nachrichtlicher. Weniger Tier- und Herzgeschichten, mehr Fakten und Exklusivmeldungen aus Politik, Wirtschaft, Sport und aus der Welt der Reichen und Schönen. Auf das immer größere Interesse an lokalen Themen reagiert BILD mit der Einführung von mehr

als 30 regionalen Ausgaben, die schon 1977 alle Ballungsräume und 90 Prozent der Auflage umfassen.

Im November 1989 fällt die Mauer – vier Jahre nach Axel Springers Tod. Und schon Anfang 1990 gründet BILD die ersten lokalen Redaktionen in Dresden, Halle, Leipzig und Mecklenburg-Vorpommern.

Heute ist BILD eine Zeitung der Superlative. Die größte Zeitung Europas und die drittgrößte der Welt erreicht täglich mit rund vier Millionen verkauften Exemplaren zwölf Millionen Leser. Zwei von drei in Deutschland am Kiosk verkauften Zeitungen sind BILD. 32 verschiedene Ausgaben werden sechs Tage die Woche an über 120.000 Verkaufsstellen angeboten. Keine Zeitung wird in Deutschland häufiger zitiert, keine hat so viele Exklusivmeldungen. Und selbst im Urlaub muss niemand auf seine BILD verzichten – die Zeitung wird tagesaktuell auch im Ausland gedruckt, zum Beispiel in Palma de Mallorca, Verona und Madrid.

Mit BILD am SONNTAG hat die BILD-Familie schon 1956 erfolgreichen Zuwachs bekommen. Europas größter Sonntagstitel ist Zeitung und Zeitschrift in einem und versteht sich heute als „Deutschlands schnellstes Magazin". 1983 folgte BILD der FRAU und katapultierte sich auf Anhieb auf Platz 1 unter Europas Frauenmagazinen. Auch alle anderen Erweiterungen der Markenfamilie sind überaus erfolgreich und meist vom Start weg Marktführer: 1986 AUTO BILD, zwei Jahre später SPORT BILD, 1996 COMPUTER BILD sowie der jüngste Titel COMPUTER BILD SPIELE, der 1999 auf den Markt kam. Seit 2002 ergänzen zudem die Sonderhefte TIER BILD und seit 2003 REISE BILD und GESUNDHEITS BILD das Spektrum.

Am 24. Juni 2002 feierte BILD seinen 50. Geburtstag. Über 50 Jahre BILD, das sind große Schlagzeilen und Fotos, große Emotionen und Geschichten. BILD ist heute mit einer Bekanntheit von 96 Prozent eine der bedeutendsten Marken in Deutschland.

Firmenname	Gründung	Gründer	Auflage	Leserreichweite	Bekanntheit
Axel Springer AG	1946 in Hamburg	Axel Springer (1912–1985)	4 Mio. Exemplare täglich (BILD)	12,33 Mio. (BILD)	96 % (BILD)

BILLY BOY | DAS KONDOM

George Bernard Shaw bezeichnete es als die größte Erfindung des Jahrhunderts: das Kondom aus Naturkautschuklatex. Möglich gemacht wurde es durch die Leistungen Charles Goodyears auf dem Gebiet der Kautschuk-Vulkanisation. Der amerikanische Pionier initiierte damit im Jahr 1855 eine Revolution mit weitreichenden Konsequenzen.

Dabei hat diese Form der Empfängnis- und Infektionsverhütung eine wesentlich ältere Geschichte vorzuweisen. Der kretische König Minos soll es gewesen sein, der schon um 1200 v. Chr. Kondome aus Ziegenblasen benutzte, um Krankheiten vorzubeugen. Viele Jahrhunderte später experimentierte man mit Leinensäcken und Naturdärmen, wie auch der englische Hofarzt Dr. Contom, der als Namengeber dieses wirksamen Verhütungsmittels in die Geschichte eingehen sollte. Und natürlich darf auch Casanova bei solch intimen Rückblicken nicht ungenannt bleiben, war er es doch, der wahre Luxusausführungen des Präservativs zum Einsatz brachte, gefüttert mit Samt und Seide – und ganz selbstverständlich wiederverwendbar.

Doch all dies hat wenig mit dem maschinell gefertigten und vor allem sicheren Medizinprodukt zu tun, das ein fester Bestandteil unserer modernen Lebenswelt geworden ist. Hier taucht ein anderer Name auf, ein Kunstname, der eine bemerkenswerte Metamorphose zur Marke hinter sich hat: Billy Boy.

Grundstein für den Erfolg ist die fast provokative Marketingstrategie, einen frechen Namen für ein Produkt zu verwenden, das zuvor nur verstohlen und diskret in Apotheken erworben wurde. Ganz plötzlich hatte ein Kondom mehr mit Spaß als mit Hygiene zu tun, ganz plötzlich war ein „Gummi" „cool" und „witzig". Anfang der 90er Jahre im Markt eingeführt, brachte Billy Boy auch ein neues Selbstverständnis zum Ausdruck, eine gewandelte Einstellung zur Sexualität. Ein offensiver Umgang mit dem Thema und auch das Wissen um den doppelten Schutz haben insgesamt zu einer höheren Akzeptanz geführt, denn nur Kondome sind Empfängnisverhütung und Infek-

tionsschutz in einem. Billy Boy hat dies vor allem für die jüngere Generation auf den Punkt gebracht.

Nur so ist wohl der enorme Erfolg zu erklären: Schon im ersten Jahr eroberte Billy Boy einen Marktanteil von knapp vier Prozent. Heute, nach über dreizehn Jahren Markengeschichte, liegt dieser bei fast dreiundzwanzig Prozent. Billy Boy ist die unbestrittene Nummer Eins in Deutschland, nahezu jedes vierte verkaufte Kondom ist ein Billy Boy. 94 Prozent aller Deutschen zwischen 14 und 49 Jahren kennen diese Marke.

Dies mag auch daran liegen, dass die Kommunikationsstrategie, mit der Billy Boy beworben wird, selbst eine offensive ist. Promotiontours („Condomobil") und ein originelles Eventmarketing („Love-Academy") sorgen für eine stete Markenpräsenz vor allem bei den jungen Zielgruppen. Das hält die Marke „jung" und so findet sie Akzeptanz bei Jungen und Junggebliebenen. Billy Boy soll auch die starke Marke bei der MAPA GmbH bleiben, die neben Billy Boy auch andere Markenkondome in Zeven produziert.

Seit 1973 gehört die MAPA GmbH der französischen Hutchinson-Gruppe an, einem der größten europäischen Konzerne der Kautschuk- und Kunststoffindustrie, selbst wiederum ein Teil des Mineralölkonzerns Total. 160 Millionen Euro setzte die MAPA 2002 in Deutschland um, wobei auf das Kondom-Segment 21 Millionen Euro entfielen. Doch die Tendenz ist weiter steigend, und man will, vor allem mit Billy Boy, auch den europäischen Markt erobern. Denn in Spanien, England oder Griechenland fehlt noch eine zeitgemäße Alternative zu den „althergebrachten" Markenauftritten.

So ist also das Ziel in Zeven klar definiert: Wenn in Belgien ein „Capote", in Finnland ein „Kumi", in Italien ein „Gomma" oder in England ein „Rubber" verlangt wird, dann soll es in naher Zukunft kein Sprachproblem mehr geben und mit Billy Boy eindeutig benannt sein, was gemeint ist.

Firmenname	Branche	Gründung	Mitarbeiter	Bekanntheit	Hauptfertigungsstätte
MAPA GmbH	Kautschuk- und Kunststoffprodukte	1947 in Zeven	653	94 % (gest.), 76 % (ungest.)	Zeven

BILSTEIN | DER STOSSDÄMPFER

Wer Auto sagt, meint auch Bilstein. Als August Bilstein 1873 im westfälischen Altenvoerde den Grundstein für die Innovationsschmiede Bilstein legte, ahnte allerdings noch niemand, welch großen Einfluss Produkte aus dem Hause Bilstein eines Tages auf den Fahrkomfort und die Fahrsicherheit des Automobils haben sollten. Stattdessen waren es Fensterbeschläge mit dem werbewirksamen Namen AUBI, abgeleitet von August Bilstein, durch die das Unternehmen schon bald weit über die heimische Region hinaus bis ins Ausland bekannt werden sollte.

Was folgte, war eine Reihe von technischen Innovationen, die, patentrechtlich abgesichert, für die späteren Erfolge des noch jungen Unternehmens eine solide Grundlage bildeten. Um den hohen Qualitätsansprüchen bereits in der Vorstufe der Beschlagherstellung gerecht werden zu können, wurde 1919, inzwischen lenkte Hans Bilstein die Geschicke des Unternehmens, ein eigenes Bandeisen-Walzwerk eingerichtet. Getreu dem Motto „Wer rastet, der rostet" brachte Hans Bilstein aus den in den 20er Jahren noch sehr fernen USA Anregungen für neue Verfahren der Vernickelung und Verchromung mit ins heimische Westfalen.

Einen ersten Schritt in Richtung Automobilzubehör-Industrie machte Hans Bilstein schließlich 1927 durch die Zusammenarbeit mit der Berliner Firma Levator-Hebezeug-Fabrik. Der Erfolg seiner Aktivitäten ließ nicht lange auf sich warten. Bereits vier Jahre vor Eröffnung der ersten Autobahn zwischen Köln und Bonn konnte Bilstein im Jahr 1928 die erste verchromte Stoßstange für die Auto-Serienproduktion liefern. Nur ein Jahr später begann die Firma mit der Produktion von Wagenhebern. Bilstein-typisch erfolgte der Einstieg des Unternehmens in diesen Markt mit einem technischen „Paukenschlag": dem ersten einsatzfähigen Seitenwagenheber. Doch die eigentliche Weltsensation sollte noch folgen.

1954 entschloss man sich bei Bilstein, vorhandenes Know-how für eine weitere Unternehmensdi-

versifikation in der Stoßdämpfertechnik zu nutzen. Man hatte bei Bilstein erkannt, welche Möglichkeiten in einer Idee des französischen Schwingungsforschers Prof. Bourcier de Carbon steckten. Es galt, die physikalisch bedingten Nachteile der herkömmlichen Teleskopstoßdämpfer auszuschalten, den Dämpfer leichter und in jeder Lage einbaubar zu machen. Mit immensem Entwicklungsaufwand und erheblichen Investitionen in entsprechende Fertigungsanlagen wurde das hochgesteckte Ziel angegangen. Es hat sich gelohnt. Die Einführung des ersten Einrohr-Gasdruck-Stoßdämpfers im Jahre 1957 in ein Serienfahrzeug der Mercedes-Benz AG durch den damaligen „Beschlag- und Wagenheber-Hersteller Bilstein" gilt auch heute noch als wesentlicher Beitrag zur aktiven Fahrsicherheit.

Die Gasdrucktechnik hat sich inzwischen bei allen Arten von Teleskop-Stoßdämpfern durchgesetzt, die für den Einbau in hochwertige und leistungsstarke Automobile entwickelt werden. Jüngstes Highlight ist die Entwicklung des Luftfedermoduls, das Bilstein „just-in-sequence", an das Produktionsband der Mercedes S-Klasse liefert. Die Anforderungen der Kunden in der Automobil- und Tuningindustrie sowie das Engagement im Motorsport sind für Bilstein der Antrieb für Entwicklung und Innovation. Mehr als die Hälfte aller Teams des 24-h-Rennens auf dem Nürburgring gehen mit Bilstein an den Start.

High-Tech in der Fahrwerkstechnik, Fahrkomfort und Fahrsicherheit werden von Auto-Interessierten aus diesem Grund heute wie früher eng mit dem Namen Bilstein verbunden. Damit dies auch in Zukunft so bleibt, ist Bilstein inzwischen ein 100-prozentiges Tochterunternehmen der ThyssenKrupp Automotive AG. Durch die aus der partnerschaftlichen Zusammenarbeit innerhalb des Konzerns erwachsenen Synergie-Effekte werden auch weiterhin Innovationen im klassischen Bilstein-Sinne entwickelt.

Firmenname	Klassiker	Gründung	Mitarbeiter	Vertrieb	Jahresabsatz
ThyssenKrupp Bilstein GmbH	Bilstein Einrohr-Gas-druck-Stoßdämpfer	1873 in Altenvoerde	2.000 weltweit	weltweit	mehr als 9 Mio.

● **BLAUPUNKT** Zwei technische Innovationen begeisterten die Menschen in den „Goldenen Zwanzigern" des vergangenen Jahrhunderts: Die Serienfertigung des Automobils brachte den Traum von der individuellen und bequemen Mobilität in Reichweite, und die Entstehung des Radios markierte den Beginn des Traums von der Massenkommunikation. Mit der Entwicklung des Autoradios schuf Blaupunkt 1932 die Verbindung zwischen diesen beiden Träumen.

Der Autosuper AS 5 – so der Name des ersten Autoradios in Europa – hatte mit den Hochleistungsgeräten von heute allerdings noch wenig gemein. Die voluminöse Apparatur für Mittel- und Langwelle beanspruchte mit zehn Litern so viel Platz wie ein kleiner Koffer. Deswegen ließ sich das Gerät auch nicht in Griffweite zum Fahrer unterbringen. Mit einer Fernbedienung an der Lenksäule fand man allerdings bereits damals eine Patentlösung, die heute komfortablen Spitzengeräten vorbehalten ist. Spezielle Antennen gab es auch noch nicht. Man griff zur üblichen Antennenlitze und spannte sie unter das Wagendach oder die Trittbretter. Die Empfangsqualität war stark abhängig vom Wetter und Standort des Kraftwagens und ließ häufig zu wünschen übrig. Außerdem war das Radio hören während der Autofahrt noch ein teures Vergnügen. Der Autosuper kostete mehr als 450 Reichsmark – das war 1932 ein Drittel des Kaufpreises für ein kleines Automobil. Das Gerät bildete aber den Auftakt der Entwicklung vom einfachen Radio hin zu den automobilen Klangsystemen unserer Tage mit integrierter Freisprecheinrichtung, Navigationssystem und CD-Player – und natürlich mit dem blauen Punkt.

1923 war das Unternehmen in Berlin unter dem Namen „Ideal" gegründet worden, dem gleichen Jahr, in dem in Berlin im Voxhaus der erste deutsche Rundfunksender seinen offiziellen Betrieb aufnahm. „Ideal" stellte zunächst auch Kopfhörer her. Jedes einzelne Erzeugnis wurde von Technikern sorgfältig geprüft und mit einem blauen Punkt gekennzeichnet. Es dauerte nicht lange, bis die Käufer einfach nach den Kopfhörern mit dem blauen Punkt fragten. Deshalb meldete das Unternehmen sein Qualitätssiegel bereits 1924 als Markenzeichen an. Mit der Entwicklung des Autoradios fiel schließlich der Startschuss für die weltweite Erfolgsgeschichte des 1938 auch zum Firmennamen gewandelten Markenzeichens.

Heutzutage verfügen selbst die einfachsten Autoradios über zahlreiche technische Ausstattungsdetails, die das Radiohören auf der Autofahrt zum Genuss machen. Die Namen dieser Details kennen die meisten Nutzer gar nicht, so selbstverständlich sind die dahinter verborgenen Funktionalitäten. Zumeist sind sie das Ergebnis von technischen Innovationen der Marke mit dem blauen Punkt.

Auf dem Weg vom Autosuper hin zum aktuellen Spitzenmodell Woodstock DAB 53 prägten die Ingenieure aus Hildesheim die Entwicklung des Radios auf Rädern immer wieder entscheidend mit. Nur kurz nach dem Beginn der Nutzung der Ultrakurzwelle 1952 kam das weltweit erste Autoradio mit UKW-Empfänger auf den Markt – natürlich trug es den blauen Punkt. 1969 stellte das Unternehmen das erste Stereo-Autoradio vor, 1974 folgte der erste Verkehrsfunk-Empfänger. Seit den 1980er Jahren entwickelte man zudem die Navigationstechnologie, die mit dem Travelpilot 1989 erstmals zur Serienreife gelangte. Und 2002 schufen die Ingenieure mit dem Modell Woodstock DAB 52 das weltweit erste Radio mit zwei Digitaltechniken in einem Gehäuse: dem Digital Audio Broadcasting DAB und der Wiedergabe von Internetmusik nach dem MP3-Standard. Mit diesen Innovationen festigt Blaupunkt seinen Ruf als Europas Marktführer in Sachen „Car Multimedia". Welche technischen Innovationen sich in der Zukunft auf dem Markt durchsetzen, ist zwar noch ungewiss. Vermutlich werden aber auch sie den blauen Punkt tragen.

Firmenname	Klassiker	Mitarbeiter	Bekanntheit	Vertrieb	Jahresumsatz
Blaupunkt GmbH	Autosuper (seit 1932)	7.500 weltweit	96 %	weltweit	1 Mrd. Euro

Mit dem Markennamen blend-a-med verbinden viele Verbraucher spontan die Begriffe Zahncreme, Parodontose und Prophylaxe. In der Tat: Diese Charakteristika beschreiben die blend-a-med. Sie war eine der ersten medizinischen Zahncremes, entwickelt nicht nur gegen Karies, sondern speziell auch gegen Zahnfleischbluten und Zahnfleischentzündungen.

Dass Karies die Zähne bedroht, war in den 50er Jahren schon allgemein bekannt. Die Gefahr, die von Parodontalerkrankungen ausgeht, kannten nur wenige. Zu ihnen gehörte die Apothekerin Hertha Hafer aus Frankenthal. Die zierliche Dame besuchte 1949 die Forschungsabteilung der Blendax-Werke in Mainz und erklärte, dass sie die Rezeptur für eine neue Zahnpasta in ihrem Handtäschchen habe. Dr. Theobald, Leiter des Forscherteams, war interessiert, und nach zahlreichen Laboransätzen und klinischen Experimenten kam 1951 die blend-a-med auf den Markt, positioniert als vorbeugendes Mittel gegen Zahnfleischbluten.

Obwohl die Zahncreme mit medizinischem Anspruch vorerst nur in Apotheken und von Zahnärzten verkauft wurde und einen ihrer Qualität entsprechenden Preis hatte, war die Nachfrage groß. In kurzer Zeit wurde die blend-a-med, die seit 1970 auch über den Lebensmittelhandel vertrieben wird, zum Markenzeichen für den kompletten Schutz von Zähnen und Zahnfleisch, was seit den 60er Jahren durch den grünen Apfel mit dem weißen Biss symbolisiert wird.

Der jahrzehntelange Erfolg der blend-a-med Zahncremes basiert auf ihrer ständigen Weiterentwicklung entsprechend dem neuesten Stand der Forschung. Dafür bürgt die blend-a-med Forschung, die 1953 als wissenschaftliche Abteilung von den Blendax-Werken gegründet wurde und seit 1987 der weltweit aktiven Procter & Gamble-Gruppe zugehörig ist. Durch ihre Aufklärungsarbeit hat sie auch entscheidend zum wachsenden Mundhygienebewusstsein der Bundesbürger beigetragen. Kostenlose Reihenunter-

suchungen, vielfältiges Informationsmaterial, das Schulprogramm und Presseberichte haben breite Bevölkerungskreise über Parodontalerkrankungen aufgeklärt. Der dabei eingesetzte Terminus „Parodontose" hat sich der Öffentlichkeit so eingeprägt, dass er, obwohl er medizinisch nicht ganz korrekt ist, trotzdem beibehalten wurde.

Um den individuellen Bedürfnissen der Anwender zu entsprechen, wird das blend-a-med Angebot ständig erweitert und differenziert, wobei auch stets der Geschmack eine wichtige Rolle spielt. So gab es neben der bekannten roten blend-a-med ab 1980 die angenehm frisch schmeckende grüne blend-a-med mint und ab 1986 das blaue blend-a-med Gel, das die gleiche Parodontose-Schutzwirkung wie die klassische blend-a-med besaß. Außerdem entwickelte die blend-a-med Forschung auch spezielle Zahncremes für die gezielte Prophylaxe wie blend-a-med Kariesschutz, blend-a-med Parodontoseschutz und blend-a-med Zahnsteinschutz, um nur einige zu nennen.

Die jüngste Zahncreme der blend-a-med Familie, die complete plus mit den Geschmacksvarianten milde Frische und extra frisch, verbindet Prophylaxe mit Frische und kosmetischem Nutzen. Sie enthält die gleiche Konzentration an Wirkstoffen, wie sie üblicherweise in speziellen Zahncremes zum Schutz vor Karies, Zahnstein oder Parodontose verwendet wird. Darüber hinaus hilft sie, das natürliche Weiß der Zähne zu bewahren, und hält den Atem stundenlang frisch.

Das medizinische blend-a-med Zahncreme-Programm kann in Qualität und Vielfalt alle Ansprüche erfüllen. Es dokumentiert Innovationskraft und zahnmedizinische Kompetenz. Immer dabei: der grüne blend-a-med Apfel – das unverwechselbare Symbol für gesunde Zähne. Damit Sie auch morgen noch kraftvoll zubeißen können.

Firmenname
Procter &
Gamble GmbH

Klassiker
blend-a-med Zahn-
creme (seit 1951)

Bekanntheit
90 %

Vertrieb
weltweit
in 17 Ländern

Jahresabsatz
ca. 200 Mio. Tuben

Hauptfertigungsstätte
Groß-Gerau

BMW | DIE SPORTLIMOUSINE

Jede Automarke hat, unverrückbar, bestimmte Assoziationen, die man mit ihr verknüpft: Bei BMW ist dies, daran besteht kein Zweifel, Sportlichkeit und Dynamik, kurz, alles, was BMW unter dem Slogan „Freude am Fahren" zusammenfasst. Das erste Mal, als BMW Maßstäbe setzte, geschah dies in den Lüften: 1919 stieg Zeno Diemer mit einem BMW Flugmotor auf die Höhe von 9.760 Metern. Dieser Höhenweltrekord demonstrierte die Leistungsstärke des 1916 gegründeten Unternehmens, das Motorräder seit 1923, Automobile seit Ende der 20er Jahre baut. Auf BMW Motorrädern stellte Ernst Henne zwischen 1929 und 1937 neun Weltrekorde auf. Das BMW Zeichen – ursprünglich Piktogramm eines rotierenden Flugmotoren-Propellers – wurde zu einem Emblem der mobilen Welt.

Auch die aktuelle 5er-Reihe schreibt die Geschichte fort. So präsentiert sich der 5er BMW im Stil einer klassischen Sportlimousine, die gleichzeitig avantgardistische Akzente zu setzen weiß. Mit seiner sportlich eleganten und kraftvoll geschnittenen Karosserie, seinen fließenden Linien und seiner coupéhaften Anmutung vereint der dynamische Repräsentant der Business-Klasse von BMW Sportlichkeit der 3er-Reihe mit der Souveränität und Präsenz des 7er Flaggschiffs. Faszinierende Details wie die ringförmig illuminierten LEDs der Doppelscheinwerfer und der Lichtleitstab an ihrer Oberkante machen den Auftritt des BMW 5er markant und unverwechselbar.

Harmonie als Ergebnis klarer Linienführung und Rhythmus durch spannungsvolle Linien und Flächen charakterisieren zusammen mit einem anspruchsvollen, individuellen Farb- und Materialkonzept auch die Formensprache des Interieurs. Das luftige und klare Cockpit verwöhnt den Fahrer durch sein Zusammenspiel edler Materialen bei gleichzeitiger ergonomischer Durchdachtheit: Mit dem i-Drive-Controller in der Mitte zwischen den Sitzen in Verbindung mit dem zentral angebrachten, großen Farb-Display lassen sich alle relevanten Bordfunktionen steuern, übersichtlich und klar in die vier Bereiche „Navigation",

„Kommunikation", „Entertainment" und „Klima" unterteilt.

Schon seit ihrem Debüt im Jahr 1972 bestimmen Dynamik, Agilität, Sicherheit und Komfort das Fahrverhalten der 5er Reihe von BMW. Eigenschaften, die bei der jüngsten Limousine auf ein neues Niveau gehoben wurden. Um dieses Ziel zu erreichen, adaptierten die BMW-Entwickler das Vollaluminium-Fahrwerk des 7er inklusive der innovativen Wankstabilisierung Dynamik Drive und lösten gleichzeitig mit der Einführung der weltweit einzigartigen Aktivlenkung den fundamentalen Zielkonflikt, dem jede konventionelle Lenkung unterliegt – die grundsätzliche Entscheidung zwischen Agilität, Stabilität und Komfort. Bei sportlicher Fahrweise bis in den mittleren Geschwindigkeitsbereich von ca. 120 km/h reagiert das Auto mit einer direkteren Übersetzung der Lenkung deutlich agiler und präziser und macht ein Übergreifen am Lenkrad weitgehend überflüssig, im Stadtverkehr und beim Parken reduziert sich der Lenkaufwand damit auf ein höchst komfortables Minimum. Im höheren Geschwindigkeitsbereich wird die Lenkwinkel- und Lenkkraftunterstützung sukzessive im Sinne einer hohen Fahrstabilität zurückgenommen. Die indirektere Übersetzung der Lenkung gewährleistet dabei eine souveräne und entspannte Fahrzeugführung im Hochgeschwindigkeitsbereich.

Für einen kultivierten, aber dennoch druckvollen Antrieb sorgen die bewährten, aber mit der variablen Nockenwellensteuerung Doppel-Vanos in Leistung und Effizienz nochmals verbesserten Reihen-Sechszylinder von 2.2 bis 3.0 Liter; für die Spitzenmotorisierung mit 333 PS im Topmodell BMW 545i sorgt ein 4.4 Liter V8. Das auf Wunsch auch automatische 6-Gang-Getriebe gewährleistet dabei eine stets adäquate Kraftumsetzung auf die Hinterräder.

Intelligenz, Kraft und Ästhetik: In der Gesamtkomposition des BMW 5er wird jede Facette automobiler Spitzenklasse sichtbar. Auf den ersten wie auf den zweiten Blick.

Firmenname	Klassiker	Gründung	Mitarbeiter	Jahresumsatz	Jahresabsatz
BMW Group	Der 5er (seit 1972)	1917 in München	103.196 weltweit (Mai 2003)	42,3 Mrd. Euro	1.000.000 Automobile im Jahr

BOCO | DER MIETSERVICE FÜR BERUFSKLEIDUNG

In früheren Jahrhunderten regelten die Zünfte die Kleiderordnung ihrer Mitglieder. Nicht zuletzt soziale Hierarchien wurden damit sichtbar gemacht. Heute bestimmt weitgehend die Funktionalität von Berufskleidung das Erscheinungsbild. Doch längst haben sich Blaumann, Kittelschürze und Servicekostüm zu feschen Begleitern emanzipiert. Modisches Design und professionelle Pflege sichern das gute Aussehen: zur eigenen Motivation und zum kompetenten Eindruck beim Kunden.

Eine traditionsreiche Hamburger Marke wusste diesen Trend für sich zu nutzen, indem sie ihr Know-how für eine neue Dienstleistung einsetzte. 1899 gründete Bernhard Burmeister in der Hansestadt einen Wäscheservice. Auf der Grundlage ihrer langjährigen Erfahrung etablierte die Firma, seit 1906 unter dem Namen boco ins Handelsregister eingetragen, gut sechzig Jahre später einen Mietservice für Berufskleidung. Heute ist boco eine textile Dienstleistung der international tätigen HTS Gruppe. Die Haniel Tochter setzte 2002 mit boco und der Schwestermarke CWS 608 Millionen Euro um.

Die Geschäftsidee ist bestechend einfach. boco nimmt seinen Kunden die textile Pflege ab, damit diese sich auf ihr Geschäft konzentrieren können. Welcher Handwerksmeister hat schon Zeit und Lust, persönlich dafür zu sorgen, dass Gesellen und Azubis in sauberer Arbeitskleidung einen guten Eindruck bei den Kunden hinterlassen. Für jeden, der Hand anlegt, gibt es auf die jeweilige Branche abgestimmte Bekleidungssortimente. Kurzfristig und in allen Größen ist das richtige Outfit verfügbar. Die Berufskleidung wird umweltschonend gewaschen und gebügelt, repariert oder ganz ausgetauscht. Pünktlich geht dann das perfekt gepflegte Kleidungsstück zu seinem Träger zurück. Kleine eingenähte Elektronikchips sorgen dafür, dass auch stets die richtige Hose beim richtigen Mitarbeiter landet.

Und weil heute Brüssel statt der Zünfte vieles regelt, garantiert boco, dass die Arbeitsbekleidung den europäischen Normen des Arbeitsschutzes entspricht.

Auch außerhalb des Handwerks stellt sich boco textilen Herausforderungen: Selbstverständlich in gleicher Professionalität – und mit stark optischem Fokus. Ob im Hotel, im Restaurant oder beim Catering: In der Gastronomie ist auch die Kleidung ein Zeichen des guten Geschmacks. Von der Kochjacke über die Servierschürze bis zu Krawatten und Blusen soll eine modische Komplettausstattung dazu beitragen, dass alle Servicemitarbeiter eine gute Figur machen.

Unter den 130.000 Bekleidungsteilen, die boco allein in Deutschland frisch ans Ziel bringt, befinden sich auch Kleidungsstücke der ganz feinen Sorte. Corporate Fashion heißt die Kollektion, die vom klassischen Dreiteiler für den Herrn bis zur eleganten Bluse für die Dame alles anbietet. Mit dieser Linie beweist boco, dass sogar elegante Business-Outfits industriell waschbar sind. Denn: Kleider machen Leute. Und Kleider machen auch Firmen: In vielen Dienstleistungssektoren ist die Berufsbekleidung der Mitarbeiter ein wichtiger Teil des Corporate Design. Und so liest sich die Referenzliste wie ein Who's Who der internationalen Wirtschaft. Fluggesellschaften, Banken, Hotels, Autohersteller und Handelsketten gehören dazu: von Audi bis Zott.

Diese bekannten Unternehmen lassen die Bekleidung für ihre Mitarbeiter nicht nur pflegen und liefern, sondern sie nutzen auch den Konfektionsservice von boco. Nach einem Kundengespräch entstehen erste Designvorschläge mit Skizzen und Stoffmustern, die nach einer Auswahl zu einer Musterkollektion weiterentwickelt werden. Die Prototypen werden anschließend im Alltag auf ihre Tauglichkeit getestet. Wenn das neue Corporate Design dann wie angegossen sitzt, liefert boco pünktlich den rechten Artikel an jeden Ort, direkt in die Spinde der Mitarbeiter.

Ob wir einem Kfz-Mechaniker unsere Autoschlüssel anvertrauen oder uns eine Kellnerin formvollendet einen Cocktail serviert: Für den ersten Eindruck gibt es keine zweite Chance. Deshalb vertrauen 50.000 Kunden täglich auf die textilen Dienstleistungen von boco.

Firmenname	Klassiker	Gründung	Mitarbeiter	Gründer	Vertrieb
HTS Deutschland GmbH & Co.KG	boco (seit 1899)	1899 in Hamburg	3.300 (in Deutschland)	Bernhard Burmeister	8 Vertriebs- + Service-niederlassungen in D

BOSCH Der Hammer ist eines der ältesten Werkzeuge dieser Welt. Mit zunehmender Industrialisierung aber sah der Mensch sich vor immer größere und schwerere Aufgaben der Materialbearbeitung gestellt, die er mit seiner Muskelkraft allein nicht mehr bewältigen konnte. Als Robert Bosch 1931 mit der Entwicklung eines Elektrohammers begann, gab es fast unüberwindbare Schwierigkeiten. Das Hauptproblem lag darin, die noch relativ junge Elektrotechnik betriebstechnisch so stabil und sicher zu machen, dass ein Einsatz des Geräts auch über einen längeren Zeitraum bei den extrem hohen Belastungen gewährleistet war. Doch bereits 1932 konnte Bosch den ersten elektrisch betriebenen Hammer der Welt präsentieren, den Installationshammer UH 1, und mit berechtigtem Stolz verkünden: „Bosch motorisiert die Hand."

Dieser erste elektrische Bohrhammer von Bosch war mit einem Drallschlag-Hammerwerk ausgerüstet: Während er bohrte, arbeitete er sich mit kurzen starken Schlägen in die Wand. Nach diesem Prinzip funktionierten auch die Bohrhämmer, die Bosch zu Beginn der 60er Jahre vorstellte. Doch waren sie leichter und hatten einen entscheidenden Vorteil: Luft. Bei diesen Bohrhämmern mit pneumatischem Hammerwerk wird jeder einzelne Schlag über ein Luftpolster auf den Bohrer übertragen. Das macht die Bohrarbeit zum einen viel effektiver, weil die komprimierte Luft die Kraft der einzelnen Schläge enorm verstärkt: Der „elektro-pneumatische" Hammer ist in Beton bis zu zehnmal leistungsstärker als Schlagbohrmaschinen. Andererseits arbeitet es sich wesentlich angenehmer, denn das Luftpolster fängt einen großen Teil jener Schlagenergie ab, die vorher im Ellenbogen landete: Vibration und Geräuschbelastung sind um die Hälfte reduziert.

Bereits bei der Entwicklung des Installationshammers von 1932 hatte Bosch zum Ziel, dem Handwerk eine Maschine bereitzustellen, die ein müheloseres, schnelleres und wirtschaftlicheres Arbeiten ermöglichte. Das zu bearbeitende Material wurde aber in den letzten Jahrzehnten immer härter, zugleich die Anforderungen an Gewichtsreduzierung und stärkere Leistung immer größer. Noch vor einigen Jahren hätten Experten einen Bohrhammer mit zwei Kilogramm Gewicht nicht für möglich gehalten. Weniger Gewicht bedeutet bei Bosch jedoch nicht weniger, sondern weiterentwickelte Technik. Der exakt nur 2,8 Kilogramm schwere PBH 240 RE ist mit allem ausgestattet, was einen leistungsfähigen Betonknacker ausmacht. Herzstück des kompakten Bohrhammers ist ein Hammerschlagwerk, dessen Kraft mit der Bosch Steuer-Electronic und einer Sicherheitskupplung effizient und betriebssicher umgesetzt wird. Die ergonomische Gestaltung seines Gehäuses folgt der menschlichen Hand als Maßstab, ein ermüdungsfreies Bohren, Hämmern, Meißeln oder Schrauben ist somit gewährleistet.

Mit dem PBH 240 RE bietet Bosch ein handliches Universalgerät, welches mit umfangreichem Zubehör und dem SDS-plus-System zum werkzeuglosen Bohrerwechsel eine Vielzahl von Aufgaben souverän erledigt. Begleitet werden die Verkaufserfolge im Gebrauchsgüterbereich von der aktuellen Kampagne „Beton hat einen natürlichen Feind", mit der Bosch seine Bohrhammerreihe für Heimwerker europaweit positioniert.

Im Laufe der Jahre hat Bosch deutlich mehr als nur „die Hand motorisiert" – Werkzeuge von Bosch überzeugen sowohl Handwerker als auch Heimwerker durch herausragende Qualität. Das Unternehmen hat sich in seiner über ein Jahrhundert währenden Geschichte zu einem weltweit agierenden Global Player entwickelt, der in den unterschiedlichsten Bereichen tätig ist. Die Firmenphilosophie von Bosch ist stets eng mit der Entwicklung zukunftsweisender Technik und bahnbrechender Innovationen für Handwerk, Industrie und den Heimwerkerbereich verknüpft.

Firmenname	Klassiker	Gründung	Mitarbeiter	Vertrieb	Jahresumsatz
Robert Bosch GmbH	Der Bohrhammer (seit 1932)	1886 in Stuttgart	220.000 weltweit	weltweit	35 Mrd. Euro weltweit (2002)

BOSCH Ohne Ecken und Kanten – dafür gut gewölbt und abgerundet steht er hochglänzend in Küche oder Konferenzraum. In der Mitte der Tür der ebenso auffällige wie zeitlose Schriftzug, der zum Synonym für den kühlen Küchenklassiker wurde: „Bosch".

Bei aller Nostalgie, die sein Anblick auslöst – mit einem Zug am charakteristischen Türhebel der „Classic Edition" eröffnet sich ein Blick auf modernste Kühltechnik: ein 4-Sterne-Gefrierfach bis minus 18 Grad, extrastarke 70 mm Isolierung, eine bequeme Abtauautomatik, transparente, höhenverstellbare Abstellflächen aus kratzfestem Sicherheitsglas, Halogenbeleuchtung, ein auf Rollen gelagertes ausziehbares Gemüsefach und eine variabel zu gestaltende Innentür – der Klassiker der Kühlgeräte ist mittlerweile ein eigenständiges Möbelstück für die Küche geworden. Er braucht sich im Gegensatz zu seinen gesichtslosen Verwandten nicht hinter irgendwelchen Türverkleidungen oder in engen Nischen zu verstecken. Äußerlich so schön wie das Original aus den Fünfzigern, ist sein Inneres auf dem neuesten Stand der Technik – natürlich ohne umweltschädigendes FCKW/FKW und Strom sparend mit Werten der Energie-Effizienz-Klasse A.

Wer sich in den fünfziger Jahren solch einen Kühlschrank leisten konnte, besaß etwas Besonderes – allmählich wandelte sich schon damals die Bedeutung des Kühlschrankes vom modernen Vorratsschrank zum Prestigeobjekt. War ein Kühlschrank bis dahin jener Holzschrank auf vier Beinen mit einem Eisblock darin, der wöchentlich erneuert werden musste, oder später ein zylinderförmiges Verdampfungselement, das auf ein Gestell montiert war und dessen Traggestell, Kühlbehälter, Antriebsmotor und Kondensatorgitter sichtbar blieben, so veränderte sich die Optik nun grundlegend. Nach dem Vorbild der Automobilindustrie wurde aus der Außenhaut der bis dahin unförmigen Gebilde eine selbsttragende Stahlkarosserie mit glänzender Spritzlackierung und einem überlangen Türhebel, der entweder senkrecht oder waagerecht angebracht wurde. Und so kam es zu dem unverwechselbaren „Plopp", mit dem sich der Kühlschrank öffnete und schloss. In dieser Zeit entstand auch die flexible Gestaltung der Innentür, die bis dato lediglich dazu diente, den Schrank zu verschließen. Die glatte Fläche innen wich nun einer Gliederung aus Fächern und Ablageflächen. Die Tür selbst wurde zum – besonders gut zugänglichen – Stauraum für Lebensmittel und Getränke.

Der Klassiker von Robert Bosch aus dem Jahre 1955 enthielt in seiner großen schweren Tür ein Butterfach mit Rollverschluss, eine Ei-Ablage und drei weitere Fächer für große und kleine Flaschen. Das Butterfach ist bis heute geblieben und wurde um eine eigene, vollständig herausnehmbare Butterdose ergänzt. Geblieben ist auch die Nostalgie, die bei seinem Anblick mitschwingt, und so ist der Kühlschrank aus dem Jahre 1955 mittlerweile bei Leuten, die ihre Kindheit mit Lassie, Fury oder Rin-Tin-Tin verbracht haben, besonders beliebt. Es soll nicht bloß ein Kühlschrank sein, gefragt ist vielmehr ein Kultobjekt oder ganz schlicht nur ein Kennzeichen des guten Geschmacks. Kein reines Ausstellungsstück für das persönliche Museum, sondern ein formschöner Helfer für den täglichen Gebrauch.

Seit 1996 trägt Bosch diesem Trend Rechnung und legt den Kühlschrank aus den Fünfzigern als „Stand-Kühlautomat KDL 19452, Classic-Edition" neu auf. Nach reinem Weiß und nostalgischem Creme gibt es den Klassiker mit dem technisch aktuellen Innenleben mittlerweile in den Trendfarben Vanilla, Pistazio, Vulkanoschwarz, Blau, Polarsilber und Rot – passend zu jedem Einrichtungsstil setzt man mit einem Vertreter der „Classic Edition" von Bosch heute einen Akzent in jeder Wohnung oder belebten Konferenzräumen, Agenturen, Galerien oder angesagten Friseursalons mit einem attraktiven Blickfang und stets gut gekühlten Erfrischungsgetränken aus seinem gewölbten Inneren.

Firmenname	Klassiker	Gründung	Vertrieb	Gründer	Hauptfertigungsstätte
Robert Bosch Hausgeräte GmbH	Stand-Kühlautomat KDL 19452 (seit 1955)	1933 in Stuttgart	weltweit	Robert Bosch (1861–1942)	Giengen/Brenz (Kühlgeräte)

BOSCH Das Problem der Reinigung der Windschutzscheibe entstand in dem Augenblick, in dem die ersten Kraftfahrzeuge zum Schutz des Fahrers vor Fahrtwind und Straßenstaub eine Windschutzscheibe erhielten. Zwangsläufig ergab sich jetzt die Notwendigkeit, dem Fahrer bei Regen und Schnee eine gute Sicht zu gewährleisten. 1908 patentierte Prinz Heinrich von Preußen das so genannte „Abstreiflineal" für diesen Einsatz.

Bis zum Ende des Ersten Weltkrieges waren die Erfolge der Entwicklung von Scheibenwischern noch bescheiden, wie in einem frühen Werbeprospekt der Firma Bosch nachzulesen ist: „Man hat sich bisher schon durch Wischer, die von Hand betätigt werden, geholfen ... jene konnten nur als äußerst bescheidenes Hilfsmittel angesehen werden ..." Verglichen mit diesen Anfängen bietet die jüngste Technik von Bosch – der Bosch-Aerotwin – dem Fahrer paradiesisch anmutende Wisch- und Sehverhältnisse. Ein perfekter Scheibenwischer schien damals freilich noch nicht in Sicht. In Deutschland ging die Entwicklung erst in den 20er Jahren nennenswert voran. Konstrukteure von Bosch waren hieran maßgeblich beteiligt.

Die Absicht, Scheibenwischer herzustellen, geht im Hause Bosch auf das Jahr 1923 zurück. Aufgrund der Anregungen, die vom amerikanischen Markt ausgingen – hier waren Bauarten mit Antrieb durch Elektromotor, durch Unterdruck und durch mechanische Betätigung erhältlich – fertigt man dort erste Entwürfe an, die im September 1926 zur Auslieferung des ersten Bosch-Scheibenwischers führen. Für 36 Reichsmark erhält der damalige Kraftfahrer den neuesten Stand der Technik: Das erste Modell erbringt 30 Wischperioden pro Minute und besitzt einen Elektromotor ähnlich den damaligen Radlichtmaschinen. Die Umlaufbewegung des Motorankers bewirkt die Pendelbewegung des Scheibenwischers, wobei die Ankerwelle über ein Schnecken- und Zahnradgetriebe eine Kurbel in Bewegung setzt. Diesem Erstmodell lässt Bosch nun immer neue, verbesserte Konstruktionen folgen: Bis 1940 sind 32 Bosch-Wischer-

Ausführungen auf dem Markt. Von dem bis dahin bedeutendsten Typ, dem WV 6, werden von 1934 bis 1940 873.253 Exemplare ausgeliefert.

Der Zweite Weltkrieg unterbricht diese Erfolgsserie. Der technische Laie wird die Anatomie eines Scheibenwischers vielleicht für keine sonderlich komplizierte Konstruktion und darum für nur begrenzt entwicklungsfähig halten. Diese Ansicht hat Bosch mit Erfolg widerlegt. Neue Entwicklungen im Automobilbau wie gekrümmte Windschutzscheiben in den 50er Jahren oder zunehmende Geschwindigkeiten in den 80er Jahren sind Herausforderungen, die Bosch mit dem ersten Gelenk- und dem ersten Spoiler-Scheibenwischer gemeistert hat: Der Bosch-Twin bietet alles, was einen exzellenten Scheibenwischer ausmacht: gründliche Reinigung, problemloses Umlegen des Wischgummis am Umkehrpunkt sowie gleichmäßiges, nahezu lautloses Wischen.

Mit dem Aerotwin ist es in langjähriger Entwicklung gelungen, den Scheibenwischer noch einmal zu erfinden, denn er verbindet revolutionäres aerodynamisches Design mit höchster Wischqualität. Eine High-Tech-Metall-Federschiene ersetzt Gelenk- und Bügelkonstruktionen eines herkömmlichen Scheibenwischers. Sie ist exakt der Krümmung der Windschutzscheibe des jeweiligen Fahrzeuges angepasst. Das bietet dem Autofahrer perfekte Wischleistung über eine längere Lebensdauer auch bei hohen Geschwindigkeiten.

Heute halten nur sechs Wettbewerber 75 Prozent des Weltmarktes für Scheibenwischer. Gemeinsam mit zwei anderen Unternehmen deckt Bosch das weltweite Marktvolumen an Scheibenwischern zur Hälfte ab. Durch die Innovationskraft sowohl bei Scheibenwischern als auch bei Systemen (Motor, Antriebstechnik, Regensensor) ist Bosch derzeit führender Anbieter auf dem Gebiet der Wischtechnik. Bosch wird so auch weiterhin für mehr Durchblick nicht nur auf deutschen Straßen sorgen.

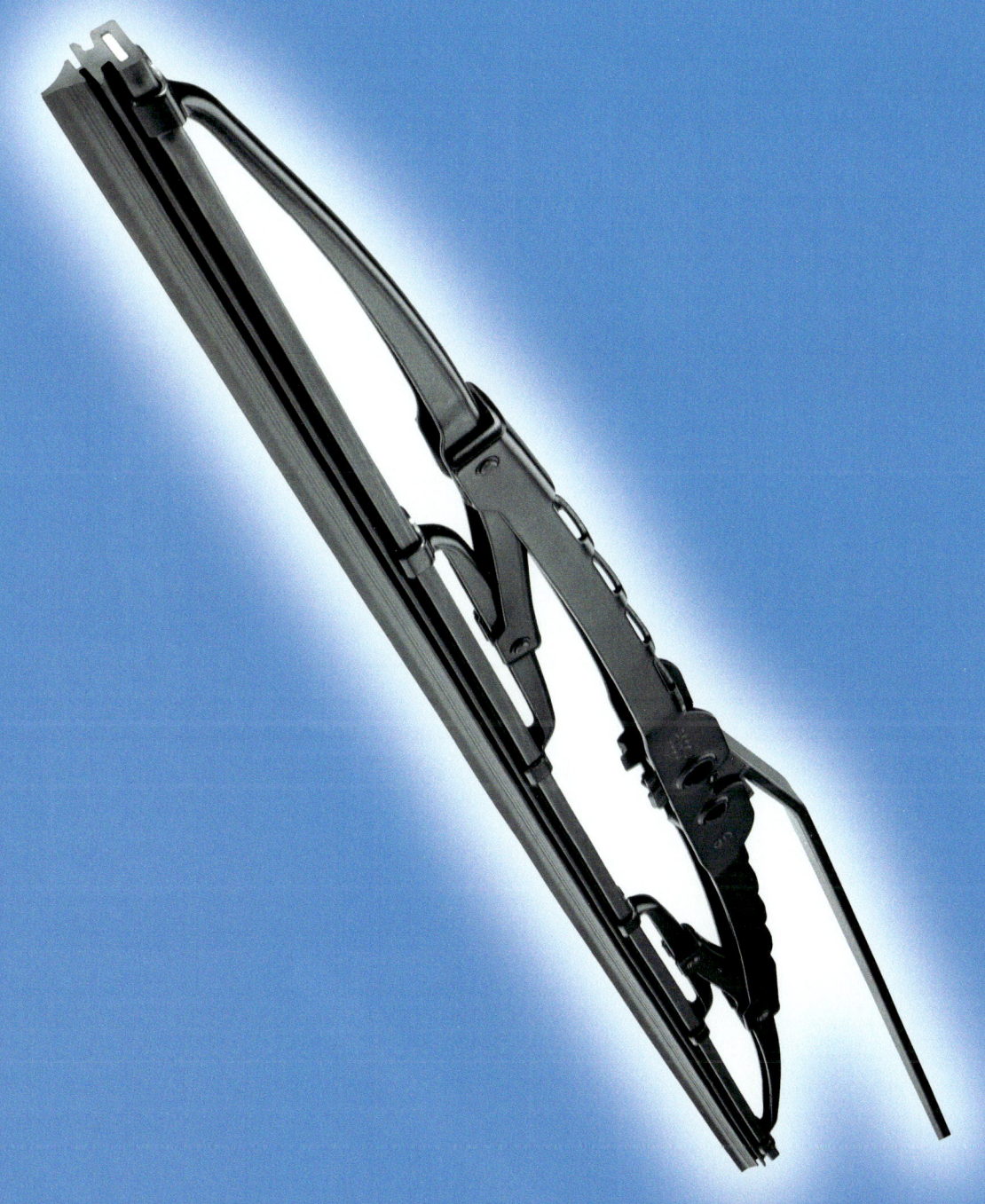

Firmenname
Robert Bosch GmbH

Klassiker
Scheibenwischer
(seit 1926)

Gründung
1886 in Stuttgart

Gründer und Erfinder
Robert Bosch
(1861–1942)

Vertrieb
weltweit

Jahresumsatz
35 Mrd. Euro
weltweit

BOSCH | DIE ZÜNDKERZE

BOSCH Wer von der Zündung und von Zündkerzen spricht, spricht von Bosch. Karl Benz, neben Gottlieb Daimler ein wichtiger Pionier der Motortechnik und der Automobilindustrie, hat in der Rückschau auf sein Leben die Zündung als das „Problem der Probleme" bezeichnet. Bosch hat dieses Problem zu Beginn unseres Jahrhunderts gelöst und die Technik seitdem ständig weiterentwickelt.

Im Jahre 1902 beginnt Bosch mit dem Bau des Hochspannungsmagnetzünders und liefert die dazu passende Zündkerze an Gottlieb Daimler. Damit schafft Bosch eine grundlegende Voraussetzung für den schnell laufenden Benzinmotor.

Die Aufgabe der Zündkerze ist heute wie damals die gleiche: die Entflammung des Kraftstoff-Luft-Gemischs zum jeweils richtigen Zeitpunkt. Erheblich verändert dagegen haben sich im Laufe der Zeit alle Anforderungen und Betriebsbedingungen der Zündkerze.

Mit der Entwicklung des Wärmewertsystems setzt Bosch 1924 einen Meilenstein in der Zündkerzenhistorie. Der Wärmewert als thermische Maßeinheit wird bereits drei Jahre später bei allen Zündkerzenherstellern benutzt und bezeichnet die Fähigkeit einer Zündkerze, Wärme aus dem Brennraum aufzunehmen und an den Zylinderkopf abzuleiten. Erst die Ermittlung des jeweiligen Wärmewertes schafft die Voraussetzung, für alle damals gebräuchlichen Motoren die geeigneten Zündkerzen herzustellen. Diese konstruktive Anpassung der Zündkerzen an die unterschiedlichen Motoren hat die ständig drohende Gefahr einer Überhitzung bzw. Verrußung der Zündkerzen gebannt.

Immer wieder brachten Neuentwicklungen aus dem Hause Bosch die Zündkerze ein Stück voran. Mit dem rasanten Fortschritt der Automobiltechnik sind auch die Anforderungen an die Zündkerze ständigen Wandlungen unterworfen. Der Forderung nach höheren Zündkerzen-Wechselintervallen bei gleichzeitiger hoher Zündsicherheit hat Bosch 1991 erstmals in Großserie die Luft-Gleitfunken-Technik

entgegengesetzt. Dieses Konstruktionsprinzip gewährleistet, dass sich der Zündfunke immer den für eine sichere Zündung besten Weg wählt. Zudem sorgt es für eine – im Vergleich zur konventionellen Zündkerzentechnik – verbesserten Selbstreinigung der Zündkerze bei Verrußung.

Von den Anfängen der Zündkerze führt ein gradliniger Weg zur technischen Perfektion der Bosch SUPER 4, die Bosch 1995 als wegweisende Weltneuheit auf den Markt brachte. Die weltweit einzigartige Konstruktion der Bosch Super 4 mit 4 Masse-Elektroden optimiert je nach aktueller Motorbelastung und Abnutzungsgrad die Leistung des Motors. Dies bedeutet eine bessere Beschleunigung, eine höhere Motorelastizität sowie absolute Startsicherheit im Alltagsbetrieb.

Als jüngster zündender Funke aus dem Hause Bosch gilt das im Jahr 2000 eingeführte Zündkerzenprogramm "Super plus" für den Handel. Mit nur 20 Zündkerzen-Typen werden 95 Prozent aller Motoren abgedeckt. Aufgrund der Yttrium-Elektrodenlegierung weist das Super-plus-Programm deutliche Verbesserungen auf. Das Seltenerdmetall Yttrium bildet eine festhaftende Oxidschicht, welche die Zündkerze außerordentlich verschleiß- und hitzebeständig und damit extrem widerstandsfähig macht. Als Elektrodenwerkstoff wurde Yttrium bisher ausschließlich in Bosch-Zündkerzen für die Kfz-Erstausrüstung und im Rennsport verwendet. Inzwischen hat sich „Super plus" zum Rennerprogramm entwickelt.

Im Jahr 2002 feierte die Bosch-Kerze ihren 100. Geburtstag. Das Unternehmen erhielt am 7. Januar 1902 ein Patent auf dieses epochale System. So brachte die Zündkerze zusammen mit industriellen Fertigungstechniken den Durchbruch zur stark wachsenden Kraftfahrzeugproduktion der folgenden Jahrzehnte. Damit wurde das Automobil erschwinglich für jedermann. Heute trägt die stetig weiterentwickelte Bosch-Kerze als wichtige Systemkomponente wesentlich zur sparsamen, sauberen und effizienten Kraftstoffverbrennung sowie zur sicheren Funktion von Motor und Katalysator bei.

Firmenname	Klassiker	Gründung	Mitarbeiter	Gründer und Erfinder	Jahresumsatz
Robert Bosch GmbH	Bosch-Zündkerze (seit 1902)	1886 in Stuttgart	220.000	Robert Bosch (1861–1942)	35 Mrd. Euro weltweit

BRAAS | DIE DACHPFANNE

Alles gut bedacht
BRAAS

Nähert man sich deutschen Dächern aus der Vogelperspektive, dann ist fast immer das erste, was man sieht, eine Braas Dachpfanne. In vielen unterschiedlichen Formen, Farben und Funktionen sowie Oberflächen und Materialien schmücken sie nicht nur nationale, sondern auch internationale Dächer. Als die Mutter aller Dachsteine kann dabei die Frankfurter Pfanne angesehen werden, die durch ihre hohe Funktionalität und Qualität und mit einer 30 Jahre langen Garantie auf Festigkeit und Frostbeständigkeit sofort nach ihrer Einführung den Baustoffmarkt eroberte und seitdem Geschichte in der Baustoffbranche geschrieben hat.

Am Anfang steht die so genannte Cement-Dachplatte, ein aus Sand, Zement und Wasser hergestellter Dachstein, der in der Mitte des 19. Jahrhunderts noch in mühevoller und aufwändiger Handarbeit Stück für Stück gefertigt wird. Während England schon 1891 die Dachsteinproduktion von Manufakturbetrieb auf automatisierte Fertigung umstellt, findet in Deutschland in diesem Bereich die industrielle Revolution erst nach 1950 statt.

Es war der weitsichtige und erfahrene Ingenieur und Kaufmann Rudolf H. Braas, der die Idee einer industriellen Herstellung nach Deutschland importierte. Mit großem Erfolg. Das von ihm entwickelte Verfahren einer automatisierten und maschinellen Produktion von Dachpfannen führt am 13. August 1953 zusammen mit dem britischen Baustoffproduzenten Redland Ltd. zur Gründung der gemeinsamen Firma Braas & Co GmbH. Noch im gleichen Jahr wird das Stammwerk des Dachsteinherstellers in Heusenstamm bei Frankfurt am Main gebaut.

Es beginnt der unaufhaltsame Aufstieg der Frankfurter Pfanne, die schon zwei Jahre später über 10 Millionen Mal verlegt wurde. Ein Produkt macht Karriere: Die Schallmauer von 1 Milliarde im Dachsteinwerk Heusenstamm gefertigter Pfannen wird 1967 durchbrochen, und in ihrem 40. Geburtsjahr läuft bereits die zehnmilliardste Dachpfanne vom Band. Die Braas "Frankfurter Pfanne" entwickelt sich zu einem Marken- und Gattungsbegriff, was sich auch daran zeigt, dass selbst andere Dachsteine umgangssprachlich als Frankfurter Pfanne bezeichnet werden: Sie ist zu einem deutschen Standard der Baustoffbranche geworden.

Schon früh erweitert das Unternehmen seine Produktpalette. In den 80er Jahren wird damit begonnen, das Angebot um neuartige Dachpfannen-Modelle zu bereichern: Die Reihe der Neuheiten reicht heute von der Frankfurter Pfanne in „Star"-Qualität mit schmutzabweisender Wirkung über die Doppel-S, die Taunus-Pfanne und die Harzer-Pfanne 7 bis zum Trend-Dachziegel Smaragd.

Als Innovationsführer der Branche bietet der Dachspezialist aber nicht nur Dachpfannen-Modelle in verschiedensten Varianten an, sondern erweitert sein Angebot schon in den späten 60er Jahren um die Produktion von Dachsystemteilen. Zu seinen Produkten gehören nach und nach auch Dachrinnensysteme, Schneesicherungen, Lüftungen, Dachdurchgänge sowie dachintegrierte Thermokollektoren. Der Schritt von der Cement-Dachplatte zum Dachsystem war vollzogen. Deutschlands Dächer tragen Braas Dachpfannen, millionenfach.

Braas Dachpfannen sind mittlerweile zum Synonym geworden für Beständigkeit, Schönheit und Wertigkeit. Als eine starke Produktmarke hat sie sich sowohl in der Baustoffbranche als auch bei Bauherren und Hausbesitzern deutschlandweit etabliert. Seit 1997 gehört die Marke Braas zu Lafarge Roofing, dem weltweit tätigen und führenden Anbieter von Systemlösungen rund um das Dach. Unter dem Dach dieses internationalen Geschäftsbereichs von Lafarge wird die Marke Braas auch weiterhin eine zentrale Rolle in luftiger Höhe spielen, ganz nach dem Leitgedanken „Braas – Alles gut bedacht".

Firmenname	Klassiker	Gründung	Mitarbeiter	Erfinder und Gründer
Lafarge Dachsysteme	Braas Frankfurter Dachpfanne (seit 1954)	1953 in Frankfurt/Main	2.000 (Deutschland)	Rudolf H. Braas (1902–1974)

BRANDT | DER ZWIEBACK

Ein Mann, eine Idee, ein Erfolg: So lässt sich die Geschichte der BRANDT-Gruppe kurz und bündig umschreiben. Vom Anfang des 20. Jahrhunderts her besehen, würde sie ein außenstehender Betrachter nicht mehr wiedererkennen. Der Name ist zwar geblieben, aber ansonsten ... – hat sich die Gruppe zu einem Unternehmen entwickelt, das im Jahr 2000 rund 170 Millionen Euro umgesetzt hat; ein Unternehmen, das eine Reihe von Erzeugnissen auf den Markt bringt, die das Leben angenehmer machen; ein Unternehmen, das über Deutschland hinaus in ganz Europa bekannt ist.

Am Anfang des letzten Jahrhunderts, genauer gesagt 1912, war das anders. Damals räumte ein Mann mit einem alten Geht-nicht-Vorurteil auf. Das Vorurteil betraf Zwieback und lautete: „Kommt nicht in die Tüte!"

Zwieback, eigentlich „zweimal Gebackenes", gab es damals schon, viele Sorten sogar. Allerdings gab es keinen Zwieback, der einen Bäcker- und Konditormeister wie Carl Brandt, den schon fast legendären Gründer des Unternehmens, wirklich überzeugen konnte. Sein Ziel war: ein Zwieback von gleichbleibend hoher Qualität, der industriell hergestellt und zu einem erschwinglichen Preis vertrieben werden konnte. Eben ein richtiger Markenartikel, wie er zu jener Zeit in verschiedenen Bereichen aufzutauchen und die Welt zu verändern begann.

Hierfür entwickelte Carl Brandt das Rezept, und er erfand auch gleich eine Maschine, die zum wichtigsten Instrument der modernen Zwiebackherstellung avancieren sollte. Sie schnitt Zwieback und hieß auch so: Als „Zwiebackschneidemaschine" wurde sie patentiert. Es blieb aber immer noch das Hauptproblem. Zwieback hielt sich zu jener Zeit nur auf eine sehr teure und aufwendige Weise frisch und knusprig: in Wellblechdosen. In anderen Verpackungsformen wurde er schnell weich und pappig. Zwieback kam also nicht in die Tüte.

Carl Brandt glaubte an solche Vorurteile nicht, und er machte sich an die Arbeit, das Gegenteil zu beweisen. Er entwickelte einen Dreilagen-Frischhaltebeutel, in dem sein Zwieback lange Zeit knusprig frisch blieb. Heute würde man so etwas als Marketing-Leistung ersten Ranges mit einer Medaille auszeichnen. Eine Medaille bekam Carl Brandt nicht, wohl aber einen Bekanntheitsgrad von 90 Prozent für seinen Zwieback sowie einen rapide wachsenden Marktanteil, der bis heute unverändert hoch geblieben ist. Zudem half die neuartige Verpackung, den BRANDT Zwieback endgültig als Markenartikel zu positionieren. Schon bald hatte die neue Marke einen Nimbus, der noch heute, fast neun Jahrzehnte später, dafür sorgt, dass man, wenn man an BRANDT denkt, an Zwieback denkt. Viele von uns hatten BRANDT Zwieback schon in der Milch, als sie noch nicht lesen konnten, als sie allenfalls den lachenden Jungen auf der Packung erkannten – und ein Leben lang nicht wieder vergaßen.

Auch heute garantiert die Firmenphilosophie bei der Herstellung von Zwieback natürlichen Genuss durch ausgesuchte Zutaten und schonende Verarbeitung. Allein das Sortiment wurde größer, denn der Verbraucher verlangt nach Vielfalt. So gibt es den Vollkorn- und den Frühstücks-Zwieback, aber auch den Zwieback mit seiner Schokoladenseite oder die Kokosvariante mit leckeren und saftigen Kokosraspeln.

BRANDT Markenzwieback ist bei allen Verbrauchern als ein positives Stück Knusper-Vergnügen mit einem wehmütigen Gedanken an die sorglose Kindheit verankert. Dieses Vertrauen rechtfertigt BRANDT durch Qualität bei all seinen Produkten auch weiterhin. Zum 90-jährigen Firmenjubiläum im Jahr 2002 eröffnete das Unternehmen ein neues Zwieback-Werk im thüringischen Ohrdruf und sorgt mit der modernsten Produktionsanlage in Europa dafür, dass BRANDT auch in Zukunft für Qualität steht. Dort kommen die täglich sechs Millionen offenfrisch gebackenen Zwiebäcke wirklich nicht mehr in die Tüte: eine praktische Faltschachtel sorgt nun dafür, dass die knackigen Zwiebäcke auch unversehrt auf den Frühstückstisch kommen.

Mit Mehl aus kontrolliertem Getreideanbau +Jodsalz

Der Markenzwieback

℮ 250 g · 8.8 oz

Firmenname	Klassiker	Gründung	Mitarbeiter	Gründer	Vertrieb
BRANDT Zwieback-Schokoladen GmbH + Co. KG	BRANDT Der Markenzwieback (seit 1912)	1912 in Hagen	1.200	Carl Brandt	weltweit

BRAUN | DER RASIERER

BRAUN
designed to make a difference

Als 1950 der erste Braun Elektrorasierer auf den Markt kam, bevorzugten in Deutschland 95 Prozent aller Männer die Nassrasur. Die Idee des Trockenrasierens reicht zwar bis zur Jahrhundertwende zurück, doch waren die damals erhältlichen Apparate kaum geeignet, die Männer zum Verzicht auf das allmorgendliche Einseifen zu bewegen: Die Rasur war schmerzhaft, die Rasierer schoren den Bart nur unvollkommen und strapazierten die Haut. Heute hat sich das Bild deutlich gewandelt: Weit mehr als die Hälfte der Männer rasiert sich trocken. Entscheidend zu dieser Entwicklung trugen die Bestseller des Marktführers Braun bei.

Das Unternehmen mit Hauptsitz in Kronberg (Taunus) und Produktionsstätten in drei Erdteilen hält weltweit die Marktführerschaft bei Scherfolienrasierern, Produkten zur kosmetischen Haarentfernung, Stabmixern, Infrarot-Ohrthermometern und stromunabhängigen Haarstylern. Über den ganzen Globus verteilt fertigen circa 9.000 Mitarbeiter am Tag etwa 250.000 Geräte bei einem Produktprogramm von 200 Modellen.

Am Anfang der Braun Rasiererentwicklung stand der Vorsatz, mit dem Trockenrasierer nicht nur eine akzeptable Alternative zur Nassrasur zu bieten, sondern eine wirkliche, an praktischen Gesichtspunkten orientierte Verbesserung zu schaffen. Die Lösung dieser Aufgabe war das Scherfoliensystem, das Braun zur Marktreife brachte. Die hauchdünne und hochelastische Scherfolie auf dem Untermesser führt die wabenförmigen Scheröffnungen ganz nah an die Hautoberfläche heran, so dass auch feinste und kürzeste Barthärchen vollständig abgeschoren werden.

Gleichzeitig ist die Rasur hautfreundlich. Da diese Art der Trockenrasur den Säureschutzmantel der Haut kaum belastet, empfiehlt sie sich besonders für die oftmals empfindliche Haut jugendlicher Rasier-Einsteiger.

In den 60er Jahren gelang Braun mit dem „sixtant" der entscheidende Durchbruch bei dem Versuch, die Rasiergewohnheiten der deutschen Männer zu verändern. Seither stehen Braun Rasierer in Deutschland und weltweit für eine besonders gründliche, hautschonende und komfortable Art sich zu rasieren.

Die jüngste Entwicklungsstufe der bewährten Braun-Technologie ist mit dem Rasierer Braun Activator erreicht worden. Unter Heranziehung der fast simplen Berechnung, dass von 3,1 Milliarden männlichen Gesichtern ungefähr 1,2 Milliarden regelmäßig rasiert werden und dabei keines dem anderen gleicht, wurde eine neue Technologie gesucht: sie musste eine optimale Rasur ermöglichen und dabei verschiedene Gesichtsbeschaffenheiten und Unterschiede der Barthaare hinsichtlich Länge, Wuchsrichtung und Stärke berücksichtigen. Die Forscher von Braun stellten sich dieser Aufgabe und „bekämpften" einfach Gleiches mit Gleichem. Sie stellten der Unregelmäßigkeit des männlichen Bartwuchses die Unregelmäßigkeit der Technik entgegen. Das Braun-Team entwickelte ein vollkommen neues Scherfoliensystem, das – inspiriert durch eine mathematische Erkenntnis – ein geometrisches Muster von Folienlöchern mit vier unterschiedlichen Richtungen aufweist. Die neue Folie kann es also mit 20 unterschiedlichen Haarwuchsrichtungen aufnehmen – die normale Folie dagegen nur mit einer. Unterstützt wird diese Technologie durch den Schwingkopf des Rasierers, der sich in vier unterschiedliche Richtungen bewegt. Durch die Kombination von neuartiger Folientechnologie und Vier-Weg-Schwingkopf wird die effektive Rasurfläche um mehr als 70 Prozent vergrößert und so eine gründlichere, schnellere und länger anhaltende Rasur garantiert. Darüber hinaus bietet Braun mit Clean & Charge das weltweit einzige Gerät, das den Rasierer automatisch hygienisch reinigt und lädt.

So wie der Braun Activator zeichnen sich alle Braun Rasierer durch funktionales und ästhetisches Design, anspruchsvolle Ausstattung und die beste technologische Lösung ihrer Zeit aus, um so mit jedem einzelnen Gerät höchsten Rasierkomfort garantieren zu können.

Firmenname	Klassiker	Gründung	Erfinder und Gründer	Mitarbeiter	Jahresumsatz
Braun GmbH	Braun Rasierer (seit 1950)	1921 in Frankfurt/Main	Max Braun (1890–1951)	ca. 9.000 weltweit	1,06 Mrd. US-Dollar (2002)

BREITHAUPT | DER KOMPASS

Richtungsweisend: Dieser Ausdruck steht in unserer Zeit hoch im Kurs. Politiker erklären damit dem Wahlvolk die Bedeutung einer Entscheidung, Manager unterstreichen so ihren unternehmerischen Weitblick. Im Alltag weisen uns hingegen meistens leuchtend blaue oder gelbe Schilder die Richtung auf den Fernstraßen. Außerhalb der Ballungsräume, zum Beispiel in Wäldern oder im Gebirge, kann man aufgrund fehlender Beschilderung allerdings schon mal die Orientierung verlieren und sich ernsthaft verlaufen.

Und so kommt es, dass junge Menschen heute den Umgang mit dem Kompass vor allem als Pfadfinder oder während ihres Wehrdienstes lernen. Im Zeitalter globaler Marken ist es dabei sehr wahrscheinlich, dass Breithaupt auf dem Gehäuse steht. F.W. Breithaupt & Sohn GmbH & Co. KG Fabrik geodätischer Instrumente, wie es vollständig heißen muss. Der Hinweis auf den Sohn ist kein überkommener Zusatz, der in der Gegenwart ohne Bedeutung ist. Seit 241 Jahren hat stets ein Breithaupt-Sohn die Familientradition fortgesetzt und sich der hochkomplexen Feinmechanik der legendären Breithaupt-Produkte gewidmet.

Alles begann mit Johann Christian Breithaupt und einem Missgeschick. Der Förstersohn stürzte 1750 im dunklen Walde und zerbrach dabei den Kolben des väterlichen Gewehrs. Heimlich fertigte er einen neuen Schaft, der nicht nur den Vater besänftigte, sondern auch allerhöchste Gnade fand. Der Arbeitgeber des Vaters, der Landgraf von Hessen-Darmstadt, war von dieser Arbeit so begeistert, dass er den jungen Mann in die Lehre bei seinem Hofbüchsenmacher schickte.

Nach seinen Lehrjahren landete der Gründervater in Kassel in der mechanisch-optischen Werkstatt eines Professors, der dort an der ersten naturwissenschaftlichen Hochschule Europas lehrte und forschte. Hier vertiefte er seine feinmechanischen Kenntnisse bei der Anfertigung von Experimentiergeräten und astronomischen Beobachtungsinstrumenten. 1762 folgte der Schritt in die Selbstständigkeit. Seitdem steht

der Name Breithaupt für eine bürgerliche Erfolgsgeschichte, die in alle Herren Länder nachhallt. Geologenkompasse, Bergmanns- und Grubenkompasse, Vermessungskompasse und Marschkompasse: Stets waren diese Präzisionsgeräte aus Kassel richtungsweisend.

Heute produziert das Unternehmen etwa 100 verschiedene Präzisions-Messinstrumente. Dank eines optischen Präzisionslotgeräts von Breithaupt steht der CN-Tower in Toronto als höchstes Gebäude der Welt wirklich senkrecht. Und der ICE, der auch durch Kassel rast, bleibt in der Spur, weil die Schienen mit Gleismessinstrumenten verlegt und kontrolliert werden. Viele dieser Anwendungen haben weltweit Tradition, denn Gleisbauer in 60 Ländern verlassen sich seit 150 Jahren auf diese Genauigkeit made in Germany.

Erstaunlich bleibt, dass es über die Jahrhunderte in jeder Generation Nachfolger für das Familiengeschäft gab. Dabei schien schon der erste Generationswechsel scheitern zu müssen. Denn Friedrich Wilhelm, der Sohn des Firmengründers, wollte eigentlich Maler werden. Von der Mutter ließ er sich nach dem frühen Tod des Vaters in die Pflicht nehmen, und seine künstlerische Begabung korrespondierte von da an trefflich mit Erfindungsreichtum und Geschäftssinn.

So nimmt es nicht Wunder, dass Breithaupt-Geräte nicht nur ein Höchstmaß an technischem Fortschritt umsetzten, sondern zugleich auch ästhetische Maßstäbe beschrieben. Der Taschenkompass von 1923 aus Messing ist mit seinen ausklappbaren Anlegekanten von unübertroffener Eleganz. Heute ist so ein Kompass ein eher nüchternes, sehr funktionales Gerät aus magnetfreiem Leichtmetall. Bei extremen Temperaturen zuverlässig, absolut wasserdicht, auch in der Nacht abzulesen und nur 120 g leicht ist er der perfekte Begleiter, wenn es uns Mitteleuropäer abseits der Autobahnpfade zieht. Ob Grönland oder Sahara: Mit dem Marschkompass CONAT von Breithaupt findet man sein Ziel.

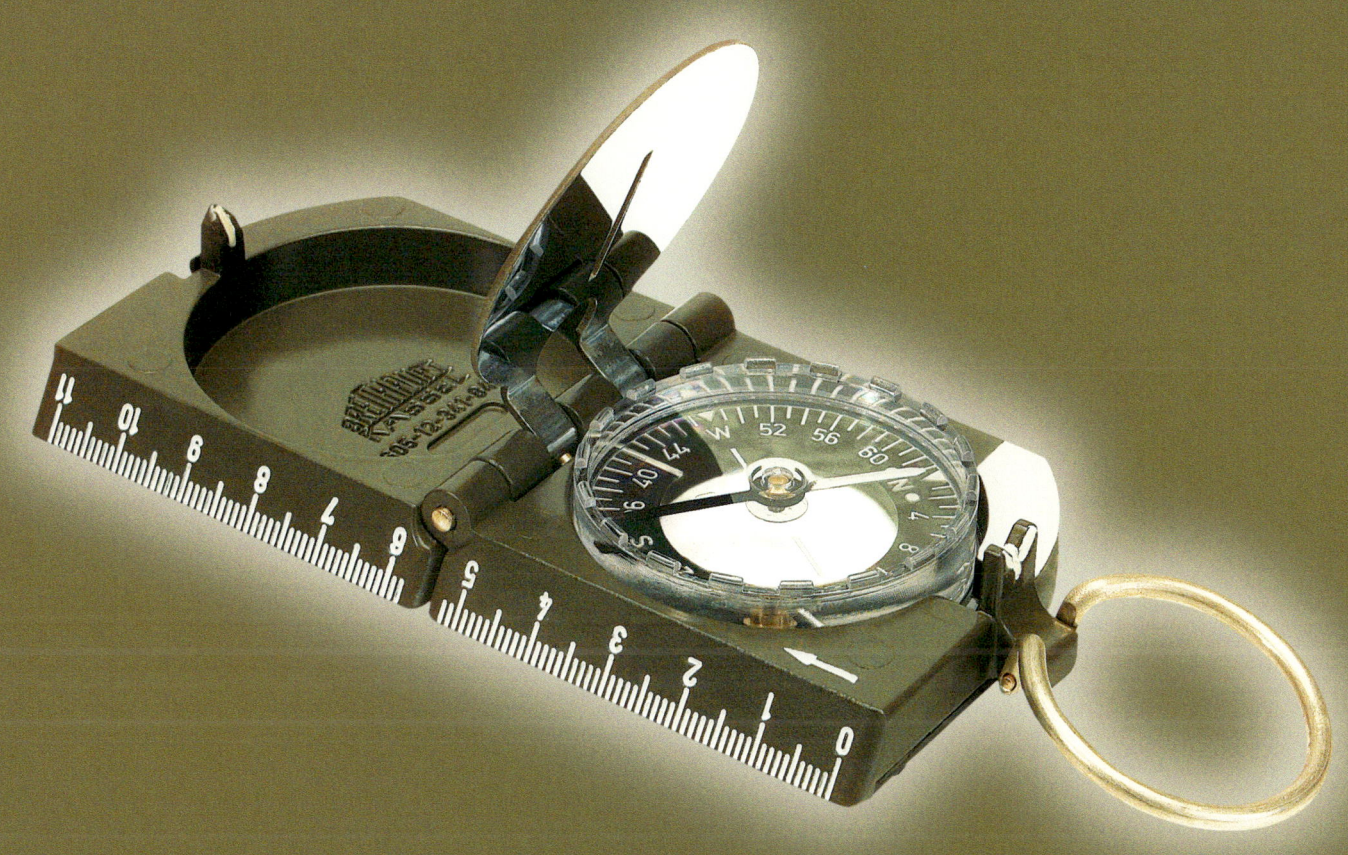

Firmenname	Klassiker	Gründung	Gründer	Vertrieb	Hauptfertigungsstätte
F.W. Breithaupt & Sohn	Marschkompass (seit 1958)	1762 in Kassel	Johann Christian Breithaupt (1736-1799)	weltweit	Kassel

 Den wahren Teegenießer erkennt man an der Auswahl von feinstem Porzellan für das edle Getränk. Und seit 1970 auch an seiner Küchenausstattung. Dort darf in keinem Fall ein Gegenstand fehlen, der für die perfekte Teezubereitung unerlässlich ist: der Tischwasserfilter. Heinz Hankammer nannte diese Erfindung BRITA nach seiner Tochter und hat damit die Jahrhunderte alte Teezeremonie revolutioniert.

Der harmlos wirkende Behälter leistet nämlich Unerhörtes. Er reduziert die Karbonathärte, d.h. Kalk, im Wasser und vermindert leitungsbedingte Schwermetallrückstände wie Blei und Kupfer sowie Chlor und Chlorverbindungen. Auf diese Weise werden nicht nur unschöne Ablagerungen und folglich Geräteverschleiß verhindert. Gleichzeitig beseitigt das Verfahren damit lästige Störenfriede des guten Geschmacks. Das gilt nicht nur für den ambitionierten Teetrinker. Auch Kaffeeliebhaber sind unbestrittene Nutznießer von BRITA, wie überhaupt alle Freunde von unverfälschtem Aroma und Fans intensiver Geschmackserlebnisse. Zimmerpflanzen bedanken sich übrigens ebenfalls mit kräftigem Grün für BRITA-gefiltertes Gießwasser.

Der Tischwasserfilter von BRITA beruht auf dem Prinzip des Ionenaustausches. Ein Apotheker entdeckte es vor über 100 Jahren im südenglischen York, ohne dass er auch nur hätte ahnen können, welche beglückenden Folgen der Vorgang für seine Tee trinkenden Landsleute haben würde. Er schichtete in einer Glassäule Ackerboden auf und versetzte ihn mit Ammoniumsulfat. Anschließend konnte er beobachten, wie die wasserhärtenden Stoffe des durchlaufenden Wassers als Gips ausfielen.

Das durch einen Aktivkohlefilter ergänzte System machte das Familienunternehmen BRITA GmbH mit Sitz im hessischen Taunusstein in fast 40 Jahren Firmengeschichte zum internationalen Marktführer. Die findigen Hankammers entwickeln und vertreiben mittlerweile mit rund 600 Mitarbeitern in über 35 Ländern Wasseraufbereitungsgeräte für die unterschiedlichsten Bedürfnisse ihrer Kunden. Produziert werden die handlichen Wasserfilter in Deutschland, Großbritannien und der Schweiz.

Aktuell kann der private Nutzer aus vier BRITA Tischfiltermodellen wählen. Aluna, Fjord, Atlantis und Cool heißen die in Design und Fassungsvermögen variierenden Filter, die alle automatisch anzeigen, wenn die Filterkartusche nach vier Wochen ausgewechselt werden muss. Erfolg verspricht darüber hinaus der Acclario-Wasserkocher, ein weltweit neues Produkt aus dem Hause BRITA, das die bewährten Eigenschaften des Haushaltswasserfilters mit den Funktionen eines Wasserkochers kombiniert. Zudem bietet BRITA inzwischen allerhand zielgerichtetes Zubehör für die gewerbliche Nutzung zur Entsalzung, Enthärtung oder auch Mineralisierung von Kaffeemaschinen, Heiß- und Kaltgetränkeautomaten oder Spülmaschinen. Mit der Rücknahme und Aufarbeitung der gebrauchten Filter und dem Recycling der Filtermedien leisten die auf ganz besondere Weise dem Wasser verbundenen Taunussteiner dabei ihren Beitrag zum Umweltschutz.

Der „Hidden Champion" von 1996, der gewissermaßen bescheidene Star unter den wirtschaftlichen Spitzenreitern Deutschlands also, hat nicht den geringsten Grund sich zu verstecken. Dafür spricht auch die Auszeichnung der BRITA GmbH 1992 durch das hessische Ministerium für Frauen, Arbeit und Soziales für die ihre beispielhafte Frauenförderung. Im selben Jahr wurde im Übrigen der firmeneigene Kindergarten gegründet. BRITA unterstützt zudem regionale Kultur- und Sportprojekte.

1999 tritt Britas Bruder, Markus Hankammer, mit gerade mal 33 Jahren in die Fußstapfen seines Vaters. Seither kümmert er sich als alleiniger Gesellschafter der BRITA Gruppe um die Entwicklung und Qualitätssicherung der BRITA Filtersysteme. Und er sorgt so dafür, dass sich der feine Geschmack eines First Flush Darjeelings weiterhin genauso entfalten kann wie das kräftige Aroma eines Assams.

Firmenname	Klassiker	Gründung	Mitarbeiter	Gründer	Hauptfertigungsstätten
BRITA GmbH	BRITA Wasserfilter (seit 1966)	1966 in Taunusstein	ca. 600 international	Heinz Hankammer	Deutschland, England, Schweiz

BROCKHAUS | DIE ENZYKLOPÄDIE

„Ein gutes treffliches Buch und ein herrlicher Artickel – bis hero hat es das Unglück gehabt, immer in schlechten Händen zu seyn und aus einer Hand in die andere zu wandern." Es war Liebe auf den ersten Blick, als Friedrich Arnold Brockhaus auf der Leipziger Buchmesse 1808 das halbfertige „Conversations-Lexicon" der Privatgelehrten Löbel und Francke entdeckte. 1.800 Taler setzte der Nachfahre einer Predigerfamilie und gelernte Tuchhändler aufs Spiel, um die Rechte an dem fragmentarischen Kompendium zu erwerben. Zusammen mit Freunden machte er sich ans Werk, selbst die noch fehlenden Beiträge zu schreiben. Als er das „treffliche Buch" endlich vollständig und um zwei Ergänzungsbände vermehrt herausbringen konnte, erwies es sich fürwahr als ein „herrlicher Artickel": Von Juni 1812 bis Dezember 1815 hatte Brockhaus 10.000 Exemplare seines Lexikons verkauft.

Brockhaus bewies mit dieser Tat großen verlegerischen Weitblick. Denn er erkannte in dem verunglückten Unternehmen seiner Vorgänger den Stoff zu einem Volksbuch mit ungeheuren Möglichkeiten: „Das Wissenswürdigste für allgemeine Bildung aus dem Umfange der Wissenschaft, der Natur, der Kunst und des öffentlichen Lebens auf eine der Gestalt, dem Charakter und dem Bedürfnisse der Zeit entsprechende Art kurz und deutlich darzustellen", lautete die Formel, mit der er den neuen Typ eines jedermann verständlichen Nachschlagewerkes entwarf. Diese Formel, die beispielgebend wurde in aller Welt, hat auch nach nunmehr fast 200 Jahren nichts von ihrer Gültigkeit verloren.

Wer heute „Brockhaus. Die Enzyklopädie", die inzwischen 20. Auflage des Großlexikons, zur Hand nimmt, ist fasziniert, wie rasch dieses Nachschlagewerk in seiner einmaligen Verknüpfung von Wort und Bild zu einer Informationseinheit den Zugriff zum Wissen unserer Zeit eröffnet. 40 Redakteure und rund 1.350 wissenschaftliche Mitarbeiter zeichnen verantwortlich für diese 24 Bände, die im wahrsten Sinne des Wortes die Welt bedeuten. Auf 17.500 Seiten mit rund 260.000 Stichwörtern und über 35.000 Abbildungen, Karten und Tabellen im Vierfarbdruck bieten sie die umfassendste Aufschlüsselung unserer komplexen Wirklichkeit. Auch von der buchbinderischen Qualität her hält der Benutzer ein Meisterstück in den Händen. Das Kalbsleder des schwarzen Einbandes garantiert eine lange Lebensdauer selbst bei intensiver Nutzung des Lexikons. Der Kopfgoldschnitt schützt die Blätter vor Umwelteinflüssen wie Luftfeuchtigkeit oder Staub, den natürlichen Feinden des gedruckten Wortes.

Jeder der aufwändig ausgestatteten Bände im klassischen Lexikonformat wird dabei bis zum Druckbeginn aktualisiert, um mit der Herausgabe den tatsächlich neuesten Wissensstand unserer Zeit zu gewährleisten. Doch findet der Leser im Brockhaus nicht nur ein Maximum an Detailinformationen, sondern auch eine enzyklopädische Zusammenschau, durch die der Einzelbegriff in einen übergeordneten Sachzusammenhang gestellt wird. Wer einmal der Fährte des praktischen Verweissystems nachspürt, begibt sich auf eine intellektuelle Abenteuerreise durch das gesammelte Wissen der Menschheit.

„Brockhaus. Die Enzyklopädie" in ihrer jüngsten Ausgabe ist die Summe von zwei Jahrhunderten erfolgreicher Informationsverarbeitung. Gerade in unserer Zeit, die geprägt wird von einer täglich wachsenden Informationsflut, bedarf es einer zuverlässigen Dokumentation, die es dem Benutzer ermöglicht, das Wesentliche vom Unbedeutenden zu unterscheiden. Und wer den Brockhaus aufschlägt, kann sicher sein, auf die meisten seiner Fragen eine bündige Antwort zu erhalten. Diese spezifische Qualität hat die Brockhaus Enzyklopädie zu der wohl bekanntesten und meistgelesenen Enzyklopädie der Welt gemacht. Seit dem Herbst 2002 gibt es die Enzyklopädie auch digital, und im Jubiläumsjahr 2005 werden mit der 21. Auflage neue Maßstäbe gesetzt.

BROCK
HAUS

DIE ENZYKLOPÄDIE

DIGITAL

Firmenname
F. A. Brockhaus; seit 1984:
Bibliographisches Institut & F. A. Brockhaus AG

Klassiker
Brockhaus Enzyklopädie
in 24 Bänden

Gründung
1805
in Amsterdam

Gründer
Friedrich Arnold
Brockhaus (1772–1823)

Bekanntheit
über 90 %

BULLRICH SALZ | DAS MITTEL GEGEN SODBRENNEN

Die Norddeutschen sagen Sohr, die Engländer heartburn, der Mediziner nennt es Pyrosis. Gemeint ist stets dasselbe: Sodbrennen. Jenes Leiden, dessen Bezeichnung vom Wortstamm her mit "sieden" verwandt ist und vom mittelhochdeutschen "sodem", dem "heißen Aufwallen", abstammt, hat die Menschen offenbar nicht erst seit der Erfindung des Fast Food geplagt. Und doch ist der brennende Schmerz von Magen und Speiseröhre, der von überschüssiger Magensäure durch Gewürze, Gebratenes, Kaffee oder Süßspeisen herrührt, in unserem Jahrhundert der hastigen Mahlzeit zweifelsohne zu neuer Blüte gelangt. Wie beruhigend, dass es da eine Linderung gibt, die schon unsere Ururgroßeltern kannten: das Bullrich Salz.

Dem Berliner Apotheker August Wilhelm Bullrich ist es zu verdanken, dass das darin enthaltene Natriumbikarbonat einen so einprägsamen Namen erhielt. Er hatte das charakteristische Zwacken des Sodbrennens oft genug am eigenen Leib erfahren müssen. Weil er es nicht tatenlos hinnehmen wollte, begann er, nach einer Lösung zu suchen. Nach Hinweisen aus der Literatur und etlichen Selbstversuchen erkannte er, dass Natriumbikarbonat ihm stets schnell geholfen hat, da es die überschüssige Magensäure zuverlässig binden konnte. Und was ihm selbst half, so schloss er flugs, müsste sich doch gut verkaufen lassen. So begann er bereits vor 1850 das Pulver in Tütchen zu füllen, mit "Orig. Bullrich Salz" zu beschriften und schuf einen der ältesten Markenartikel der Welt.

Als die Werbung für bekannte Namen immer größere Bedeutung erlangt hatte, gehörte Bullrich wieder zu den Werbe-Pionieren. Das war in den 30er Jahren. Und es war keine andere als Elli Heuss-Knapp (ihr Ehemann Theodor Heuss sollte später der erste Bundespräsident der Bundesrepublik werden), die einige der klassischen, im Stil der Zeit flott gereimten Sprüche schuf: "So wichtig wie die Braut zur Trauung, ist Bullrich Salz für die Verdauung" wirkt

heute fast schon rührend, aber fast jeder hat den Satz schon einmal gehört. Ein weiteres Beispiel: "Bei jedem Brand die Feuerwehr, bei Sodbrand aber Bullrich her." Auch deutsches Liedgut wurde verwendet: "Schon der Jäger aus Kurpfalz nahm oft und gerne Bullrich Salz."

Trotz der bewährten Tradition ging das Wirtschaftswunder zunächst spurlos an dem Berliner Produkt vorüber, das inzwischen weltweit zu einem Synonym für schnelle Hilfe geworden war. Doch das Bullrich Salz verschwand nicht vom Markt: Es schlummerte nur in einem Dornröschenschlaf, der aber nicht 100 Jahre, sondern nur einige Jahrzehnte dauern sollte. Der Prinz, der das Dickicht der Vergessenheit niederriss, kam in Form der Firma delta pronatura, deren Gründungsgeschichte ebenfalls in Berlin begann und die heute ihren Firmensitz bei Frankfurt am Main hat. Im Jahr 1981 kaufte das Unternehmen den bestehenden Berliner Firmenmantel A.W. & C.W. Bullrich auf und war damit im Besitz der weltweiten Markenrechte.

Der Instinkt, bei der neuen Vermarktung auf die kollektive, tief verwurzelte Erinnerung an eine gute Tradition zu setzen, erwies sich als richtig. In einer Zeit, in der sich viele Menschen wieder auf einfache Mittel mit probater Wirkung besannen und auch wissen wollten, was sie gegen ihre Wehwehchen tatsächlich schluckten, entsprach Bullrich Salz dem Bedarf nach Transparenz, Zuverlässigkeit und einem vernünftigen Preis-Leistungs-Verhältnis.

Gleichzeitig gelang es, das bewährte Image von Bullrich Salz mit einem modernen neuen Produkt zu verbinden, das dem gestiegenen Leistungs- und Körperbewusstsein Rechnung trägt. Seit 1995 gibt es "Bullrich's Vital", eine Natriumbikarbonat- und Mineralstoffmischung, die sich als Ergänzung zur täglichen Nahrung versteht und einer zu großen Säurebelastung des Körpers vorbeugt. So ist der stressgeplagte Mensch von heute gut versorgt. Und das dürfte ganz im Sinne August Wilhelm Bullrichs sein.

Firmenname

delta pronatura
Dr. Krauss und
Dr. Beckmann KG

Klassiker

Original
Bullrich Salz
(seit 1850)

Gründung

1934 in Berlin

Mitarbeiter

140

Erfinder

August Wilhelm
Bullrich

CARAMBA | DER ROSTLÖSER

Wir haben die Lösung.

„Ob schlimm, ob schlimmer, Caramba hilft immer." Dieser Werbeslogan aus den Fünfzigern dürfte vielen älteren Maschinen- und Fahrzeugtüftlern noch gut bekannt sein. Schon damals galt die Marke Caramba in Deutschland als der Inbegriff für Rostlöser, wobei Caramba, aus dem Spanischen übersetzt, eigentlich nichts anderes heißt als „Donnerwetter!".

Ob der Caramba-Namensgeber dies wusste, lässt sich nur erahnen. Als Max Elb im Jahre 1903 das Warenzeichen in Dresden eintragen ließ, hatte er jedenfalls noch kein bestimmtes Produkt vor Augen. Der Geschäftszweck seiner Firma war Produktion und Vertrieb einer Fülle unterschiedlichster Waren: Chemische und technische Produkte wie Polier-, Rostschutz- und Desinfektionsmittel, aber auch Genussmittel wie Honig, Schokolade, Kaffee und Bier. Die Frage, ob sich „Caramba" eher für ein chemisches Präparat oder ein Lebensmittel eignet, wurde ein Vierteljahrhundert später von einer Tochtergesellschaft der Max Elb AG entschieden: 1929 brachte die Deutsche Glühstoff GmbH unter dem Namen „Caramba" ein graphithaltiges Sprühöl auf den Markt. Seine schmierenden, schützenden und rostlösenden Eigenschaften machten es vor allem bei Automobilbesitzern schnell beliebt, da es sich zur Pflege der Federn, Gestänge und Gelenke unter den offenen Chassis bestens eignete. Aufgrund dieses Erfolgs bot die Deutsche Glühstoff einige Jahre später neben dem Sprühöl auch eine Caramba-Autopolitur an. Caramba etablierte sich als das Pflegemittel für jedes Fahrzeug.

Nach Kriegsende wurden die Deutsche Glühstoff und Max Elb AG in Dresden enteignet. Die Frankfurter Rütgerswerke AG, die bis dahin an beiden Unternehmen beteiligt war, entschloss sich 1948, die Produktion des Sprühöls in ihrer Duisburger Fabrik wieder aufzunehmen und die Marke fortzuführen. Dann, zu Beginn der Fünfziger, findet in Duisburg eine kleine Revolution statt: Angeregt von der Entwicklung in den USA beginnt man mit einer eigenen, patentierten Aerosolanlage als erstes Unternehmen in Deutsch-

land chemisch-technische Produkte in Druckgasdosen auf den Markt zu bringen.

Mit dem einmaligen Erfolg des VW-Käfers zum weltweit bekanntesten Wagen aus deutscher Herstellung geht auch der Wiederaufstieg des Caramba Rostlösers einher. Die Automobilbesitzer warten ihren kleinen Stolz am liebsten mit Caramba, was sicherlich mit ein Grund dafür ist, dass in den Sechzigern jährlich über eine Million Aerosoldosen im Duisburger Werk abgefüllt werden. Im September 1976, kurz nach der Eintragung der Caramba Chemie GmbH ins Handelsregister, verlässt bereits die fünfzigmillionste Sprühdose die Produktion, und 2003 sind es bereits mehr als eine Viertelmilliarde. Das Unternehmen, das mittlerweile von der WIGO-Werk Kreuznach Chemische Fabrik GmbH übernommen wurde, ist nach wie vor mit seinen Rostlösern Marktführer und die bekannteste Marke in diesem Segment.

Doch man setzt natürlich nicht nur auf den Erfolgsschlager. Von den Ursprüngen als Rostlöserexperte hat sich Caramba zu einem Komplettanbieter entwickelt, der neben seinen klassischen Rostlösern wie Super und Super PLUS chemisch-technische Produkte für Werkstatt, Gewerbe und Industrie sowie eine Vielzahl von speziellen Autoreinigungs- und Pflegemitteln herstellt. Dabei arbeitet man in der Entwicklungsabteilung eng mit der Automobilindustrie zusammen und garantiert durch großen Forschungsaufwand den bekannten hohen Qualitäts- und Innovationsstandard. Qualität und Innovation sind sicherlich auch die Gründe, warum die Marke ihre Zukunftsfähigkeit mit einer langen Tradition verbindet. Im Jahr 2003 feiert die Traditionsmarke ihren hundertsten Geburtstag.

Vor diesem Hintergrund wird so mancher deutsche Mechaniker und Freizeittüftler anerkennend gratulieren: „Caramba! Es läuft wie geschmiert."

Firmenname	Klassiker	Gründung	Mitarbeiter	Jahresumsatz	Hauptfertigungsstätte
Caramba Chemie GmbH & Co. KG	Caramba Super (seit 1972)	1975 in Duisburg	70	21 Mio. Euro	Duisburg

CARO | DER LANDKAFFEE

Es war Friedrich der Große, der dem Landkaffee vor 200 Jahren zu einem regelrechten Boom verhalf. Um seine Landbevölkerung nicht an den Kaffeegeschmack des „Türkentrunkes" zu gewöhnen und das Geld im Lande zu halten, belegte er die Einfuhr von Bohnenkaffee mit horrenden Schutzzöllen. Seine Rechnung sollte aufgehen: Aus der „Not" entstand der „Preußische Kaffee", eine Mischung aus Gerste, Gerstenmalz, Roggen und Zichorie, der bis zu 1.000 Gramm schweren Wurzel der gemeinen Wegwarte. Dieser preiswerte Landkaffee veränderte schnell die bisherigen deutschen Frühstücksgewohnheiten und löste Bier und Suppe als morgendliches Getränk ab.

Unter Landkaffee versteht man seit jener Zeit jedes kaffeeartige Heißgetränk, das alternativ oder als Surrogat, dementsprechend als Ersatz zum Kaffee getrunken wird. Meist handelt es sich dabei um eine Mischung aus verschiedenen, rein pflanzlichen Zutaten aus landwirtschaftlichem Anbau – von Natur aus ohne Koffein und bis heute ohne jeglichen Zusatz von Farb- und Konservierungsstoffen gewonnen.

Die wirklich richtige Mischung gelang 1828, als Johann Heinrich Franck aus Vaihingen an der Enz der Zichorie und dem Getreide zusätzlich noch Gerstenmalz beimengte und den Kaffee damit deutlich schmackhafter machte. Gemeinsam mit dreien seiner sechs Söhne stieg er in die Produktion ein und gründete die erste Landkaffee-Manufaktur, die 40 Jahre später nach Ludwigsburg verlegt wurde und den Weltruf der Stadt als „Hauptstadt der Cichoria" gründete. Durch die unverwechselbare Kennzeichnung und die gleich bleibend hohe Qualität seiner Waren gelangte Johann Heinrich Francks Landkaffee auch international zu Erfolg auf dem Frühstückstisch: Sein Unternehmen avancierte bis 1938 durch Bau und Gründung zahlreicher Fabriken in verschiedenen Ländern sowie Übernahme zahlreicher konkurrierender Kaffeemittelhersteller zu einem der führenden Landkaffee-Produzenten der Welt. Nach der Fusion mit Kathreiner, dem zweiten großen Kaffeemittelhersteller, entstand 1954 in Ludwigsburg die bis heute bekannteste und beliebteste Marke „Caro Landkaffee". 1970 fusionierte das inzwischen als Interfranck-Holding agierende Unternehmen mit der Ursina AG zur Schweizer Ursina-Franck AG, die 1971 dem Nestlé-Konzern beitrat. Seit 1990 ist das Werk in Ludwigsburg in die Nestlé Deutschland AG eingegliedert.

Von der Zugehörigkeit zur Nestlé-Gruppe profitierte nicht nur das Unifranck-Werk: In den internationalen Forschungszentren des weltgrößten Konzerns der Ernährungsindustrie entwickeln Spezialisten sowohl neue Rezepturen als auch innovative Produktideen, die dem wechselnden Wunsch des Landkaffeeverbrauchers gerecht werden: Als natürliches Getränk entspricht Caro Landkaffee gerade in jüngster Zeit dem gestiegenen Ernährungs-, Gesundheits- und Fitnessbewusstsein des Menschen. Von Natur aus koffeinfrei, kann er zu jeder Tageszeit und zu jedem Anlass von der ganzen Familie getrunken werden. Dabei treffen die verschiedenen Varianten der beliebtesten Marke Caro jeden Geschmack: Klassisch mit Caro Landkaffee, kräftig mit Caro Extra, zart-cremig mit Caro à la Crème oder mild-gesüßt mit Caro Choco und Caro Vanilla.

Nach strengsten Auflagen und Qualitätskriterien werden alle diese Nestlé-Landkaffees aus den besten Zutaten noch heute nach traditionellen Rezepten, aber mit Hilfe moderner, umweltverträglicher Verfahren und weitestgehend automatisiert hergestellt. So machen sich täglich allein etwa 40.000 Dosen Caro Landkaffee von Ludwigsburg auf den Weg auf den Frühstückstisch und in die Frühstückspause, wo der „kerngesunde Landkaffee" in Verbindung mit heißem Wasser und bloßem Umrühren immer mehr bisherige Frühstücksmuffel von seiner Bekömmlichkeit überzeugen konnte.

AUS GERSTE, MALZ, ZICHORIE UND ROGGEN

Firmenname	Klassiker	Gründung	Erfinder	Bekanntheit	Hauptfertigungsstätte
Nestlé Erzeugnisse GmbH	Caro Landkaffee (seit 1954)	1828	Johann Heinrich Franck (1792–1867)	90 %	Ludwigsburg

CERAN® | DIE KOCHFLÄCHE

SCHOTT CERAN®

„Nimm 60 Teile Sand, 180 Teile Asche aus Meerespflanzen und 5 Teile Kreide." Diese Rezeptur ritzte vor 7.000 Jahren ein unbekannter Erfinder auf eine Tontafel, als Herstellungs-Anweisung für den ältesten von Menschenhand geschaffenen Werkstoff: Glas. Doch hat er wohl kaum geahnt, welche Möglichkeiten in seiner Komposition keimten. Sie zu entfalten war insbesondere einem Mann vorbehalten: Dem Chemiker Otto Schott (1851–1935), Spross einer lothringischen Glasmacher-Familie, der aus dem uralten Handwerk seiner Vorfahren eine Wissenschaft machte. Fußend auf seinen Erkenntnissen ist die Forschung heute in der Lage, dem Glas nahezu jede gewünschte Eigenschaft zu geben.

Eines der erfolgreichsten Glaserzeugnisse unserer Tage aus dem Hause SCHOTT ist die Glaskeramik-Kochfläche, die unter der Marke CERAN® im Handel erhältlich ist: Fast 90 Prozent aller neuen Einbauküchen werden in der Bundesrepublik mit diesen glatten Kochflächen verkauft, die weltweit von SCHOTT angeboten werden. Durch diese Innovation der Mainzer Glasspezialisten wurde die moderne Küche in Aussehen und Technik gleichermaßen revolutioniert.

Ästhetisch fasziniert an Kochfeldern mit CERAN® Kochflächen – neben der Vielfalt der Dekor- und Design-Möglichkeiten – vor allem das Glühbild, das nach Einschalten der Beheizung durch die transparente Glaskeramik erscheint. In diesem Glühbild nimmt die vielleicht größte Kulturleistung der Menschheit, die Hegung des Feuers, sinnlich konkrete Gestalt an. Wichtiger aber für den praktischen Gebrauch sind die technischen Vorzüge, die dieser Herd mit der glatten Oberfläche ohne einzelne hervorstehende Kochstellen bietet. Glaskeramik ist ein Werkstoff, der sich durch extreme Temperatur-Belastbarkeit auszeichnet: Er bleibt bis ca. 750° C absolut beständig und zeigt sich auch gegen schroffen Temperaturwechsel völlig unempfindlich. Dank der Materialeigenschaften von CERAN® Kochflächen wird die Wärme fast zu 100 Prozent zum Topf

durchgelassen. Das bedeutet, dass nur wenige Zentimeter neben der beheizten Zone die Glaskeramik bereits deutlich kühler ist. Dadurch wird nicht nur vermieden, dass der Koch sich aus Unachtsamkeit die Finger verbrennt; er spart vor allem Energie, und die Ankochzeiten sind kurz.

Die CERAN® Kochfläche dominiert heute in modernen Küchen, weil SCHOTT mit ihr nicht nur ein neues Einzelprodukt auf dem Markt eingeführt hat, sondern dazu auch die Anwendungstechnik. Seit Beginn der Entwicklung von Glaskeramik-Kochfeldern hat die Unternehmensgruppe sich die Aufgabe gestellt, alle wesentlichen Komponenten des Gesamtsystems zu berücksichtigen und in die Optimierung einzubeziehen. Schon in der Anlaufphase vor etwa 30 Jahren bemühte man sich erfolgreich um die konzentrierte Zusammenarbeit mit den Herstellern von Küchen, Herden und Kochgeschirren, von Heiz- und Regelsystemen, auch mit dem Groß- und Einzelhandel, ja sogar mit Reinigungsmittel-Herstellern.

Geräte-Innovationen wie der Elektrogrill mit CERAN® Kontaktgrill-Fläche, die Gasgerätefamilie mit CERAN® oder auch der Prototyp einer Glaskeramik „Mulde" CERAN® Cook-In, in der man ohne Töpfe kochen kann, entstanden im Hause SCHOTT.

Den optimierenden Systemgedanken verfolgt SCHOTT bei allen aktuellen und künftigen Arbeiten zur Weiterentwicklung der CERAN® Kochfläche zum Beispiel bei Umweltverträglichkeit und Kochleistungssteigerung wie bei der anwendungstechnischen Unterstützung seiner Abnehmer. Denn dank dieser Firmenpolitik hat die Schott-Gruppe ihre führende Position als Spezialglas-Hersteller in Europa kontinuierlich ausgebaut und gehört auch weltweit zur Spitzengruppe. 2001 feierte SCHOTT den 30. Geburtstag von CERAN® und 2003 wird der Verkauf 60 Millionen Kochflächen überschreiten.

Firmenname	Klassiker	Gründung	Gründer	Vertrieb	Jahresumsatz
SCHOTT Glas	CERAN® Kochfläche (seit 1972)	1884 in Jena	Otto Schott, Ernst Abbe, Carl Zeiss	weltweit	ca. 2 Mrd. Euro weltweit

CHARITÉ | DAS KRANKENHAUS

Charité Die Geschichte der Charité geht zurück auf das Jahr 1710, als der preußische König Friedrich I. ein Pesthaus errichten ließ, die Pest aber Berlin verschonte. Das Haus wurde deshalb in den folgenden 17 Jahren als Hospiz für Arme, als Arbeitshaus für Bettler und Entbindungseinrichtung für unehelich Schwangere genutzt. 1727 begann seine medizinische Bedeutung, als es zum Militärlazarett und zur Lehranstalt für angehende Militärchirurgen aufgewertet, räumlich auf 400 Betten erweitert sowie mit ansehnlichen Finanzmitteln ausgestattet wurde. König Friedrich Wilhelm I. bestimmte, „es soll das Haus die Charité heißen."

Zu gleicher Zeit ordnete Preußen sein Medizinalwesen vorbildlich neu (1725) und ein „Collegium medico-chirugicum" sorgte als eine Art Medizinische Hochschule für die Ausbildung ziviler Ärzte. Angehende Militärärzte absolvierten ihre klinische Ausbildung ausschließlich an der Charité.

Zum Ende des Jahrhunderts (1785–1800) wurde die Charité zum ersten Mal abgerissen und als große Dreiflügelanlage neu erbaut mit nunmehr 680 Betten, aber immer noch ohne Wasserleitungen. Als 1810 in Berlin die Universität gegründet wurde, erschien die Charité als Klinikum der Universität ungeeignet, weil zu groß. Ihre Bedeutung wuchs trotzdem weiter, nicht zuletzt, weil ein militärärztliches Institut (Pépinière) und spätere Akademie die Grundausbildung der Militärärzte übernahm, und sie zur klinischen Ausbildung in die Charité schickte. Auf diese Weise kamen zahlreiche später berühmt gewordene Ärzte hierher. Dazu gehörten unter anderem Rudolf Virchow, Hermann von Helmholtz oder Emil von Behring.

Die Universität errichtete eigene Kliniken und 1818 ein großes Klinikum in der benachbarten Ziegelstraße, wo insbesondere Bernhard von Langenbeck, Ernst von Bergmann und August Bier weltberühmt wurden. Damit blieb aber die Zweigliedrigkeit der medizinischen Ausbildung in Berlin weiter zementiert: In der Charité die Militärs, am Universitätsklinikum die Zivilärzte. Beide Einrichtungen traten in belebenden

Wettbewerb, was der Entwicklung der berühmten „Berliner Medizin" sehr förderlich war. Beigetragen hat dazu auch die Ansiedelung des Kaiserlichen Reichsgesundheitsamtes (1876) direkt neben der Charité. Hier gelangte Robert Koch mit seinen Schülern später zu Weltruhm und Nobelpreisen.

Die zunehmende Spezialisierung der Medizin führte indessen dazu, dass auf dem ausbaufähigen Gelände der Charité neue medizinische Disziplinen der Universität etabliert wurden. Ab 1828 zogen auch Universitätskliniken aus der Ziegelstraße in die Charité um, zunächst die Medizinische Klinik. Es dauerte aber noch hundert Jahre, bis als letzte die Chirurgische Klinik unter der Leitung von Ferdinand Sauerbruch in die Charité verlagert wurde.

1896 bis 1917 wurde die Charité wiederum abgerissen und in rotem Backstein neu errichtet, jedoch schon im Zweiten Weltkrieg weitgehend zerstört. Der Wiederaufbau nach 1945, jetzt unter der DDR-Herrschaft, schloß Neubauten ein. Das Klinikum galt im Ostblock als Vorzeigeeinrichtung, verlor aber im Westen an Bekanntheitsgrad, von der westlichen Welt isoliert durch die Mauer (1961–1989). Nach deren Fall begann die Rekonstruktion der unter Denkmalschutz gestellten Backsteinbauten, die heute nahezu abgeschlossen ist. 1997/98 wuchs die Charité auf das Doppelte durch Fusion mit dem Rudolf Virchow Klinikum der Freien Universität (FU) und vergrößerte sich am 1. Juni 2003 nochmals durch Fusion mit dem Benjamin Franklin Klinikum der FU.

Damit ist die „Charité – Universitätsmedizin Berlin" mit nunmehr rund 3.500 Betten heute das größte Universitätsklinikum Europas. Es beschäftigt 15.000 Mitarbeiter, bildet 8.800 Studenten aus, behandelt jährlich 125.000 Patienten stationär und 400.000 ambulant und erreicht einen Umsatz von 1,02 Milliarden Euro. An die frühere Exzellenz hat die Charité seit Jahren wieder Anschluß gefunden und gehört in Forschung und Lehre sowie in der Krankenversorgung erneut zur Spitze der deutschen Medizin.

Firmenname	Klassiker	Gründung	Mitarbeiter	Gründer	Jahresumsatz
Charité – Universitätsmedizin Berlin	Krankenhaus (seit 1710)	1710 als Pesthaus vor den Toren Berlins	etwa 15.000	König Friedrich I. in Preußen	1,02 Mrd. Euro (2002)

CHIPSFRISCH | DAS KNABBERGEBÄCK

Als der amerikanische Eisenbahn-Magnat Cornelius Vanderbilt im Jahr 1853 in einem Hotelrestaurant im US-Bundestaat New York sein Essen zurückgehen ließ, weil ihm die servierten Kartoffeln nicht schmeckten, ahnte er nicht, was er damit auslösen würde: nichts weniger als die Erfindung der Kartoffelchips.

Bis heute sind Chips weltweit das Knabbergebäck Nummer 1 und gehören als Snack zu jeder Party wie kühles Bier und gute Musik. Auch bei einem gemütlichen Fernsehabend oder als Snack zwischendurch dürfen Chipsfrisch nicht fehlen. Wer einmal eine Tüte Chips öffnet, kann nur schwer wieder aufhören, bis nicht alles restlos vertilgt ist.

Ihren Siegeszug konnten die Chips nur antreten, weil sich vor 150 Jahren der Koch George Crum etwas völlig Neues für seinen unzufriedenen Gast hatte einfallen lassen. Crum schnitt für ihn die Kartoffeln in hauchdünne Scheiben und briet sie in heißem Öl, bis sie goldbraun und knusprig waren. Schließlich überzeugten sie so selbst den wählerischen Mr. Vanderbilt. Den deutschen Essern wurden die leckeren Kartoffelchips als Alternative zu allem Süßen erst viele Jahrzehnte später bekannt.

Das Kölner Traditionsunternehmen Pfeifer & Langen begann im Jahr 1968, sein neues Kartoffel-Produkt Chipsfrisch zu vertreiben. Im Jahr der Studentenunruhen nahm also auch eine kleine Revolution auf dem Feld der herzhaften Zwischenmahlzeiten ihren Lauf. Um die schmackhaften Knabberteilchen schnell bekannt zu machen, schickten Pfeifer & Langen damals 55 Reisende los, begleitet von Hostessen, die Gratisproben an Händler und Kunden verteilten. Werbespots im Fernsehen kurbelten den Vertrieb zusätzlich an. Der hohe Qualitätsanspruch, den sich das Unternehmen selbst auflegte, führte dazu, dass das salzige Knabbergebäck mit Frischegarantie angeboten wurde. Zu diesem Zweck ist auch der Frisch-Dienst mit ca. 300 Frisch-Dienst-Reisenden in Deutschland unterwegs, die in vielen Supermärkten die Frische von Chipsfrisch garantieren. Ein Service, der im deutschen Wettbewerbsumfeld einmalig ist.

Das Startprodukt „Chipsfrisch ungarisch" ist auch heute der Klassiker und Marktführer unter den im Handel erhältlichen Chips-Sorten. Mit weiteren Sorten hat Chipsfrisch seine Spitzenposition in Deutschland im Laufe der Jahre ausbauen und verfestigen können.

Pfeifer & Langen schlossen sich 1972 mit den Münchner Pfanni Werken zusammen, und ihr Kartoffelsnack befand sich von nun an unter dem Dach der Marke „funny-frisch". Fünf Jahre später wird funny-frisch gemeinsam mit Chio Teil der Convent-Gruppe, die sich 1995 mit dem Darmstädter Gebäck-Produzenten Wolf Bergstraße zu Intersnack vereinigt. funny-frisch präsentiert neben „Chipsfrisch ungarisch", den Geschmacksrichtungen „Peperoni", „Oriental" und „gesalzen" auch Produkte wie Frit-Sticks, Erdnuss Flippies, Jumpys und Riffels als weitere Teile des Sortiments.

Dass sich Chipsfrisch zum erfolgreichen Dauerbrenner unter den Snacks entwickelte, liegt vor allem an den hochwertigen Zutaten und der harmonischen Auswahl an Gewürzen. funny-frisch verwendet für die Verarbeitung nur beste Kartoffelsorten, um ein optimales Ergebnis zu erzielen. Für eine Tonne Chips werden vier Tonnen Kartoffeln benötigt. Die zunächst glatten Kartoffelschnitten wellen sich am Ende deshalb, weil ihnen Wasser entzogen wird. Der gesamte Produktionsvorgang dauert vom Waschen, Trocknen, Schneiden, Frittieren, Würzen bis zum Wiegen und Verpacken nur zwölf Minuten.

Zur Intersnack Knabber-Gebäck GmbH & Co. KG, die von ihrer Zentrale in Köln aus verwaltet wird, gehören mittlerweile vier Werke in Deutschland sowie acht weitere in Europa mit insgesamt ca. 3.750 Mitarbeitern. Ständige Innovationen im Snackbereich tragen zum Erhalt der branchenweiten Vorreiterrolle von Intersnack und seinen über 40 Produkten in 70 Geschmacksrichtungen bei.

Firmenname
Intersnack Knabber-
Gebäck GmbH & Co. KG

Klassiker
Chipsfrisch
(seit 1968)

Gründung
Firma Chipsfrisch
1968 in Köln

Bekanntheit
90 %

Hauptfertigungsstätte
Grevenbroich

CLAAS | DER MÄHDRESCHER

CLAAS Männer haben ein ambivalentes Verhältnis zum Mähdrescher. Für kleine Jungen rangiert der Fahrer eines dieser beeindruckenden Ungetüme auf einer Ebene mit dem Feuerwehrmann. Bei einer Überlandtour in späteren Jahren überkommt manchen Autofahrer ein gewisser Neid bei der Vorstellung, wie viele Pferdestärken den Koloss bewegen. Nur wenn das Erntefahrzeug, statt auf den Feldern seine Bahnen zu ziehen, auf dem Nachhauseweg Platz auf der Landstraße beansprucht und dabei zwar beharrlich, aber eben nicht spurtschnell vorankommt, schlagen die Gefühle schon einmal um.

Ein Name hat sich bei solchen Begegnungen auch ausgesprochenen Städtern in Gedächtnis gebrannt: Claas – leuchtend rot auf grünen Mähdreschern. Das ist kein Wunder, denn das Familienunternehmen aus dem westfälischen Harsewinkel hat nicht nur bereits 1930 den ersten europäischen Mähdrescher entwickelt, sondern in allen weiteren Jahrzehnten die Standards für dessen Weiterentwicklung in Europa gesetzt. Heute kommt jeder dritte Mähdrescher in Europa aus den Produktionshallen der Claas-Gruppe, die sich zu einem Landmaschinenkonzern mit über einer Milliarde Euro Umsatz entwickelt hat.

Begonnen hat die Unternehmensgeschichte vor 90 Jahren, 1913, als August Claas eine eigene Firma zur Herstellung und Reparatur von Strohbindern gründete. Schon sein Vater hatte sich als Landwirt mit der Technisierung beschäftigt und eine Milchzentrifuge patentieren lassen. August und seine beiden Brüder packten nach dem Ersten Weltkrieg in der nun gemeinsamen Firma an und produzierten mit zunehmendem Erfolg Maschinen für die Landwirtschaft.

Der Mähdrescher war zu diesem Zeitpunkt bereits erfunden und heißt so, weil er zwei Erntetätigkeiten in einem Arbeitsgang erledigen kann: mähen und dreschen. Doch die existierenden Mähdrescher waren auf die Bedingungen der großflächigen, nordamerikanischen Landwirtschaft abgestimmt. Fachleute bezweifelten, dass sich solche Riesenapparate konstruieren lassen würden, um sie auf den kleinteiligen Feldern Europas mit ihren sehr unterschiedlichen Böden und vergleichsweise kurzen Ernteperioden praktisch sinnvoll und wirtschaftlich rentabel einsetzen zu können.

Nachdem sich das erste Modell von 1931, ausgerüstet mit einem Frontschneider, als zu störungsanfällig erwiesen hatte, begann die Konstruktionsarbeit von neuem. So entstand ein Mäh-Dresch-Binder, der von den bereits vorhandenen Zugmaschinen übers Feld gezogen werden konnte. 1937 begann die Serienproduktion, 1939 verließ die hundertste und 1941 bereits die tausendste Maschine das Werk in Harsewinkel.

Nach 1960 setzten sich dann aber doch die selbst fahrenden Maschinen durch, bei denen über dem Mähwerk der Fahrer in seiner Kabine thront. Vor allem die Innovationsfreude und die Nähe zu ihren Kunden machten die Westfalen damals zu Europas Marktführer. Heute kann man nicht nur Roggen und Weizen mit den Claas-Großmaschinen ernten, sondern auch Raps, Mais und sogar Sojabohnen. Entsprechende Vorsatzgeräte wurden dazu entwickelt. In Regionen mit besonders engen Flurverhältnissen sieht man Mähdrescher von Claas, deren Schneidwerk sich zusammenklappen lässt, so dass es beim Wechseln des Feldes nicht umständlich ab- und anmontiert werden muss.

Beim größten Claas-Mähdrescher hat das Schneidwerk heute eine Breite von neun Metern und der Korntank fasst 9.600 Liter. Angetrieben wird das Wunderwerk von 320 PS, von denen auch ein paar für die Klimatisierung der Fahrerkabine abfallen, in der, vom Computer unterstützt, das Mähen und Dreschen ein High-Tech-Erlebnis geworden ist.

Wer jetzt ganz neugierig geworden ist: Die Claas Mähdrescher-Story gibt es auch als Buch, mit vielen technischen Details, gut erzählt und mit tollen Fotos versehen.

Firmenname	Klassiker	Gründung	Mitarbeiter	Gründer	Jahresabsatz
Claas KGaA mbH	Mähdrescher (seit 1936)	1913 in Harsewinkel	8.000 weltweit	August Claas (1887–1982)	4.300 Fahrzeuge

COMPO | DIE BLUMENERDE

Für Franz Emanuel August von Geibel – den Dichter des populären Volkslieds „Der Mai ist gekommen" – liegt im Blumenkelch nichts weniger als „das ganze Weltgeheimnis" verborgen. Kein Wunder also, wenn Menschen von üppiger Blütenpracht und schön gewachsenen Pflanzen fasziniert sind und Gärten, Balkone und Terrassen bewundernde Blicke auf sich ziehen.

Bis auf wenige Ausnahmen stimmt jedoch das im Gartenboden vorhandene Nährstoffangebot nicht mit den Ansprüchen der jeweiligen Pflanzen überein. Den sprichwörtlich „grünen Daumen" kann daher nur derjenige haben, der mit einem optimal vorbereiteten Boden arbeitet.

COMPO SANA Blumenerde stellt seit über 40 Jahren durch die harmonisch auf die Bedürfnisse der jeweiligen Pflanzenart abgestimmten Nährstoffzusammensetzungen eine der wichtigsten Grundlagen für ein gesundes Pflanzenwachstum dar. Neben der klassischen Qualitäts-Blumenerde mit hochwertigen Torfen, Langzeitdünger und so genannten Atmungsflocken aus Vulkangestein wird das Produktportfolio von COMPO SANA durch ein reichhaltiges Angebot an Spezialerden erweitert. Dazu gehören Mischungen mit anwendungsspezifischen Zusammensetzungen wie zum Beispiel Anzuchterde, Kräutererde und Zitruspflanzenerde. Dabei werden durch jeweils genau kalkulierte Komponenten optimale Wasser- und Luftspeicherkapazitäten erreicht. Patentierte Wachstumshilfen für Wurzeln, Blüten und Früchte sorgen ebenfalls für ein verbessertes Pflanzenwachstum.

Das 1956 in Münster unter der Bezeichnung Holländisch-Deutsche Düngemittel-Gesellschaft Todenhagen & Sprenger gegründete Unternehmen bietet als erstes Produkt Original Holländische Kompost-Blumenerde unter der Markenbezeichnung COMPO SANA an.

Die baldige Fokussierung auf den Markennamen Compo wird in der Umbenennung des Unternehmens in Salzdetfurth Compo-Werk und später in Compo Werke GmbH deutlich. Bereits seit den 60er Jahren

sorgen verschiedene Werbekampagnen im Print- und TV-Bereich für eine deutschlandweite Bekanntheit von COMPO SANA Blumenerde. Im Laufe der Jahrzehnte wird COMPO SANA in Deutschland durch die kontinuierlich zunehmende Markenpräsenz und durch neuentwickelte Zutaten wie den Wurzelaktivator Agrosil zum Inbegriff für Blumenerde. So wird 1967 eine stilisierte Primelpflanze als neues Compo-Logo eingeführt. In den 70er Jahren führt ein Fernsehspot mit dem durch zahlreiche Publikationen deutschlandweit bekannten Gärtner Pötschke zu einer erheblichen Steigerung der Markenbeliebtheit. Im folgenden Jahrzehnt sorgt eine weitere Kampagne mit einem aus blühenden Pflanzen gewachsenen Compo-Schriftzug ebenfalls für eine Steigerung der Markenbekanntheit.

Mit der Beteiligung der BASF AG an den Compo-Werken und der anschließenden 100-prozentigen Übernahme in den 80er Jahren wird eine weitere Stärkung der Marktposition erreicht. Bis zur Jahrtausendwende entsteht ein Vertriebsnetz mit Niederlassungen in fast ganz Europa. Zwischenzeitlich erfolgte die Umfirmierung in COMPO GmbH & Co KG.

Im Jahr 2000 übernimmt der K+S-Konzern die COMPO GmbH & Co KG und sichert sich damit die Spitzenposition auf dem grünen Markt. Weitere Akquisitionen wie der Kauf der französischen Algoflash führen zu einer weiteren Stärkung von COMPO SANA als führende Marke für Blumenerde. Im neuen Jahrtausend arbeiten rund 1.000 Mitarbeiter unter dem Dach der Compo-Gruppe.

Mit der neu entwickelten Compo-Dachmarkenkampagne positioniert sich die Compo-Gruppe weiterhin in ganz Europa an vorderster Stelle. Unter der Dachmarke Compo findet der Verbraucher heute innovative Produkte wie zum Beispiel Spezialdünger und Pflanzenschutzmittel, die den gesamten Hobby- und Profibereich abdecken. Das Vertrauen, das der Firma Compo heute entgegengebracht wird, lässt sich unter anderem daran messen, dass 70 Prozent aller Bundesliga-Rasenflächen mit Compo-Produkten gepflegt werden.

Firmenname	Klassiker	Gründung	Bekanntheit	Vertrieb	Hauptfertigungsstätten
COMPO GmbH & Co KG	COMPO SANA Blumenerde (seit 1956)	1956 in Münster	75 % (gest.)	Europa	Unternehmen in Europa und Übersee

DATEV | DER EDV-DIENSTLEISTER

Die DATEV ist in Europa die unangefochtene und konkurrenzlose Nummer 1 in Sachen Datenverarbeitung, Service und Software für Steuerberater, Wirtschaftsprüfer und Rechtsanwälte sowie deren Mandanten. Allein in Deutschland nutzen mehr als zwei Drittel der Unternehmen durch ihren Steuerberater die DATEV-Finanzbuchführung, und auch für jeden vierten Arbeitnehmer entsteht die monatliche Lohn- und Gehaltsabrechnung auf diesem Weg, so dass man mit Recht von einem deutschen Industriestandard sprechen kann.

Die Idee zur Gründung der DATEV stand im Zusammenhang mit dem immensen Wirtschaftswachstum in den 60er Jahren des vorigen Jahrhunderts, das bei zahlreichen mittelständischen Unternehmen den Wunsch nach einer verstärkten steuerlich-betriebswirtschaftlichen Beratung weckte. Gleichzeitig verlagerten die Betriebe wegen des Mangels an qualifiziertem Personal die Buchführung auf den Steuerberater. Den Beratern fehlten aber auch die Ressourcen für die zusätzlichen Aufgaben. So entstand der Einfall, die damals noch teure EDV gemeinsam für die Erledigung der Buchführung anzuwenden und sich dafür in einer Genossenschaft zusammenzutun: Aus diesem freiwilligen Schulterschluss von freiberuflich tätigen Steuerberatern wurde am 14. Februar 1966 die DATEV, deren Name aus dem Begriff Datenverarbeitung stammt.

Die Kernidee der Selbsthilfeeinrichtung ist bis heute unverändert. Gleichwohl musste sich der Dienstleister zu jeder Zeit als Pionier bewähren, um gerade die nutzbringenden Produkte, Technologien und Dienstleistungen für die anspruchsvolle Beratungsarbeit seiner Mitglieder herauszufiltern. Die neuen Möglichkeiten des technischen Fortschritts insbesondere bei der Telekommunikation und der Wandel in den Beratungsaufgaben bestimmen dabei auch heute den Weg.

Dementsprechend baute die DATEV ein Trustcenter auf, das ihre Mitglieder und deren Mandanten mit einer Chipkarte für den sicheren elektronischen Rechts- und Geschäftsverkehr im Internet versorgt. Die Steuerberater halten für ihre Mandanten sogar noch weitere Dienstleistungen bereit. Sie können ihnen ein Personalmanagement- oder Warenwirtschaftssystem anbieten, um sich ein umfassendes Führungs- und Steuerungsinstrument einzurichten.

Tochtergesellschaften in Tschechien, Österreich und Italien sowie demnächst auch in Polen sprechen für den Erfolg der genossenschaftlichen Idee, auch wenn die DATEV dabei zurückhaltend von ihren ersten Schritten zum europäischen Dienstleister spricht. Mit über 100 Programmen und mehr als 1.000 Mitarbeitern in der Softwareentwicklung ist die Genossenschaft nämlich längst eines der größten Branchen-Software-Häuser der Welt.

Die Zukunft stellt weitere immense Herausforderungen: Eine der wesentlichsten ist sicherlich das Angebot von Alternativen zur Softwarenutzung über das Internet oder zentrale Server in Nürnberg, die zusammengenommen die Umsatzstruktur der Genossenschaft weiter verändern werden. Bei allem kann die DATEV stolz darauf sein, dass sie seit bald 40 Jahren das Know-how für den effizienten Einsatz von Großrechnern besitzt, denn gerade was die Sicherheit angeht, ist das Rechenzentrum nach wie vor unschlagbar. Schließlich gehört der Datenschutz zu den Selbstverständlichkeiten beim Umgang mit sensiblen Unternehmensdaten. In diesem Bereich bietet die DATEV mittels kontinuierlich weiterentwickelter Verschlüsselungssysteme ein Höchstmaß an Sicherheit und Schutz vor unbefugtem Zugriff auf die von ihren Mitgliedern anvertrauten Daten, so dass sie auch in Zukunft die konkurrenzlose und unangefochtene Nummer 1 in Sachen Datenverarbeitung, Dienstleistung, Service und Software für Steuerberater, Wirtschaftsprüfer, Rechtsanwälte und deren Mandanten bleiben wird.

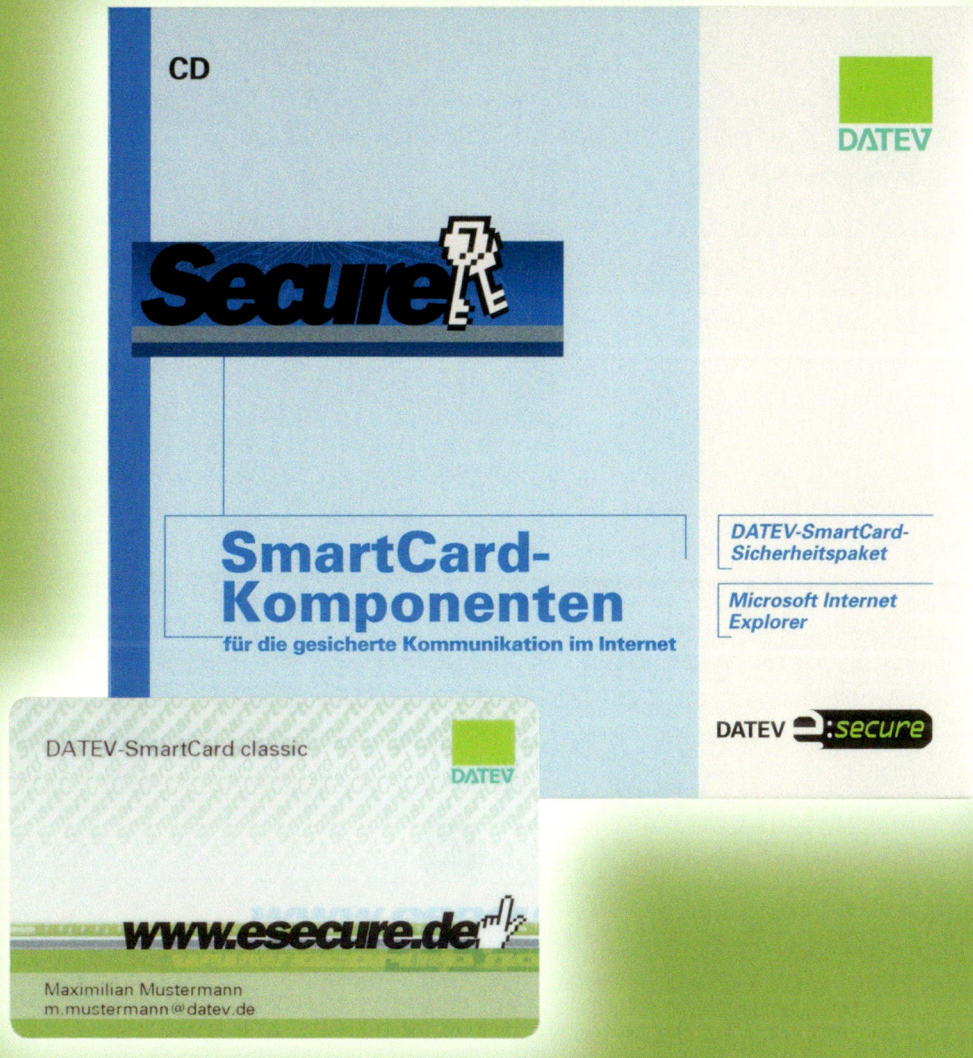

Firmenname	Klassiker	Gründung	Mitarbeiter	Gründer	Jahresumsatz
DATEV	DATEV (seit 1966)	1966 in Nürnberg	5.500	Dr. Heinz Sebiger	566 Mio. Euro

DELIAL | DIE SONNENMILCH

Die Sonne wärmt den Körper, kurbelt den Kreislauf, den gesamten Stoffwechsel und sogar die Hormonproduktion an – ganz zu schweigen von ihrer wohltuenden Wirkung auf die Seele, denn schließlich spricht man nicht ohne Grund von der „lachenden" Sonne. Auch ein altbekannter Kinderreim fordert die Menschen auf „Hab Sonne im Herzen ..." Sonne tut also rundum gut – allerdings in Maßen!

Ungeschützt reagiert die menschliche Haut sehr empfindlich auf ultraviolette Strahlung im Sonnenlicht – einen Sonnenbrand kennt jedes Kind. Weil aber niemand gerne ständig im Schatten sitzt und Sonnenbäder die Stimmung aufhellen und dem Körper Gutes tun, haben kluge Köpfe wirksame Lichtschutzfilter für die Haut erfunden. Wissenschaftler der Bayer AG gehören zu den Pionieren auf diesem Gebiet. 1933 wird ihr erster dosiert anwendbarer Lichtschutzfilter patentiert. Ein Jahr später bringt die Bayer-Tochter Drugofa eine Sonnencreme mit dieser Neuentwicklung auf den Markt: Sie heißt „delial". Ihr Name ist seitdem zu einem Begriff für zuverlässigen Sonnenschutz geworden.

Originelle Werbekampagnen machen die neue Creme im ganzen Land bekannt. Die klassische delial-Tube gehört bald zur Standardausrüstung für die Badeferien. Im Deutschland der Nachkriegsjahre entwickelt Drugofa ein ganzes Sonnenschutz-Sortiment, so dass der Lichtschutz auch als Öl, Spray, Hautmilch und Lippenstift angeboten werden kann. Das Zeitalter bruchsicherer Kunststoffflaschen beginnt, und in den frühen 70ern gibt es neben Kosmetik für die Hautpflege nach dem Sonnenbad auch Mittel für eine gesunde Bräune ganz ohne Sonne – die Selbstbräuner sind da.

Ein entscheidender Fortschritt im Sinne der Verbraucher ist 1973 die Einführung des Sonnenschutzfaktors. Die Zahl gibt an, um wie viel länger man mit einem Sonnenschutzmittel in der Sonne bleiben kann, ohne sich zu verbrennen.

Im Wettlauf um innovative Produkte hat delial stets die Nase vorn. In den 80er Jahren entwickelt das Unternehmen Sunblocker mit dem Schutzfaktor 20, den wasserfesten Sonnenschutz sowie Breitbandfilter gegen mittelwellige UVB-Strahlen und längerwellige UVA-Strahlung. Anfang der 90er Jahre werden die Rezepturen aller Erzeugnisse nochmals verändert, damit auch Menschen mit besonders empfindlicher Haut die Sonne mit Wonne genießen können.

Die von Bayer begonnene Erfolgsgeschichte wird seit April 1996 von der Sara Lee Deutschland GmbH fortgeführt. Wissenschaft und Forschung sind auch weiterhin die Erfolgsfaktoren, die Sonnenschutz auf dem neuesten wissenschaftlichen Stand gewährleisten. Die Qualität von delial würdigen dabei selbst kritische Prüfer. In Tests der unabhängigen Stiftung Warentest in Berlin erhalten zum Beispiel im Juni 2001 die delial Plus Vitamin-Sonnenmilch SF 20 und im Juni 2002 der delial Sensitive Vitamin-Sonnenbalm SF 20 beide das Qualitätsurteil „Sehr gut".

Intensive Forschung und Entwicklung sind seit nunmehr 70 Jahren die Basis der hohen Qualität und damit anhaltenden Beliebtheit von delial. Dies beweist auch die gestützte Markenbekanntheit von 78 Prozent. Auf ihren Lorbeeren ruhen sich die Wissenschaftler und Marketingexperten bei Sara Lee indes nicht aus. Seit Ende der 90er Jahre weist die Rezeptur der delial Sonnenschutzprodukte ein lang anhaltendes Schutzdepot aus den Vitaminen E und C auf. delial Plus wird zur Premium-Sonnenschutzserie mit einem leicht verständlichen Schutzklassensystem.

Ein Ende der Erfolgsgeschichte ist nicht in Sicht. Dank intensiver, aktiver Kommunikation ist die Menschheit heute aufgeklärt und weiß, was es bedeutet, bewusst mit Sonne umzugehen. Herrliche Sonnenbäder werden auch heute noch von vielen genossen. Der Unterschied zu früher: Man ist verantwortungsvoller und hält sich geschützt in der Sonne auf. delial gehört mit Sicherheit dazu.

Firmenname
Sara Lee
Deutschland GmbH

Klassiker
Delial Sonnenmilch
(seit 1933)

Erfinder
Bayer AG

DEUTSCHE BAHN | DIE BAHN

Die Bahn Als der Student Andreas mit dem Zug den Ort verlässt, an dem er seine große Liebe gefunden hat, da scheint es ihm, als sagten die ratternden Schienen leise ihren Namen: „Pi-rosch-ka, Pi-rosch-ka, Pi-rosch-ka …" Selten ist das Bahnfahren so wehmütig wie in der letzten Szene des Films „Ich denke oft an Piroschka". Doch der Blick aus dem Fenster, der Moment, in dem der Zug langsam den Bahnhof verlässt und sich auf den Weg macht, ist für die meisten Menschen mehr als nur eine praktische und komfortable Art, von Punkt A nach Punkt B zu reisen. Es ist das Gefühl des Unterwegs-Seins, die Melange aus Durchsagen, Abfahrtsignalen, vorbeiflitzender Landschaft und den anderen Menschen, die in die gleiche Richtung möchten. Es ist die Deutsche Bahn AG.

Den Zusatz „AG" sprechen allerdings die wenigsten Kunden mit. Für sie ist es ganz einfach „die Bahn", und meistens beziehen sie das auf den Personenverkehr, auch wenn der Güterverkehr keinen unwesentlichen Anteil im Schienenverkehr einnimmt.

Seitdem die „Ludwigsbahn", benannt nach dem regierenden bayerischen König, 1835 als erstes Eisenbahnunternehmen in Deutschland die Fahrt von Nürnberg nach Fürth aufnahm, hat die Bahn einen weiten Weg zurückgelegt. Die privaten Eisenbahngesellschaften wie in Nürnberg wurden im Laufe des 19. Jahrhunderts nach und nach verstaatlicht, so dass jedes größere Land im deutschen Bund seine eigene Bahn besaß.1920 vereinigten sich die Bahnen der jeweiligen Länder zur Deutschen Reichsbahn. Nach dem Zweiten Weltkrieg ging im Westen daraus die Deutsche Bundesbahn hervor, während die Eisenbahn in der DDR den alten Namen behielt. Doch die Wiedervereinigung Deutschlands im Herbst 1989 führte die beiden Bahnen wieder zusammen. Allerdings mussten sowohl die hochverschuldete Behördenbahn der Bundesrepublik als auch die planwirtschaftlich geführte Reichsbahn von Grund auf reformiert werden. Im Zuge der Bahnreform wurde am 4. Januar 1994 die Deutsche Bahn AG gegründet. Privatwirtschaftlich organisiert, sollte sie modernisiert werden, mehr Verkehr auf die Schiene bringen und kapitalmarktfähig werden. Den Beginn des neuen Bahn-Zeitalters signalisierte den Kunden ein neues Logo, auch wenn bereits auf den ersten Blick Vertrautes fortgesetzt wurde. Das bauchige Vorgängersignet der Deutschen Bundesbahn, 1955 von Konrad Ege entworfen, hatte längst Patina angesetzt wie ein lieb gewonnener, aber verschlissener Sessel, der irgendwann runderneuert werden muss – wenn die Grundkonstruktion auch erhalten bleibt. Bei dem neuen Entwurf für das DB-Logo von Prof. Kurt Weidemann blieben zwar die eingerahmten Buchstaben DB, sie wurden jedoch um etliche Bögen reduziert und so modernisiert. Und: Das Farbverhältnis kehrte sich um – aus Rot wurde Weiß, aus weiß wurde rot. Damit sind die roten Buchstaben auf weißem Grund besser zu erkennen. Das kompakte und dynamische Logo entsprach der Zielrichtung der Deutschen Bahn AG, die einen beispiellosen Sanierungs- und Modernisierungsprozess bewältigt. Mit der Eröffnung der ICE-Strecke zwischen Köln und Rhein/Main im Jahr 2002 bewältigte sie eine wichtige Etappe auf dem Weg zum modernen Mobilitätsdienstleister: Auf der Hochgeschwindigkeitsstrecke legt der ICE 3 diese Distanz bei bis zu 300 Stundenkilometern planmäßig in weniger als eineinviertel Stunden zurück – da können die Autofahrer auf der Autobahn A 3, die über weite Strecken parallel verläuft, nur noch neidisch hinterherblicken.

Die Deutsche Bahn AG, seit 1999 unter der Leitung von Hartmut Mehdorn, muss sich mehr denn je gegen die Konkurrenz von Auto und Flugzeug durchsetzen. Dabei beweist das Unternehmen seine hohe Leistungsfähigkeit jeden Tag aufs Neue: über 4,5 Millionen Menschen befördert die Bahn täglich, auf den Schienen verkehren pro Tag 35.000 Personen- und Güterzüge. Je mehr die Deutsche Bahn AG sich aber im Sinne eines modernen Mobilitätsverständnisses von der reinen Dienstleistung auf der Schiene hin zur gesamten Reise- und Logistikkette orientiert, desto mehr wird die Dachmarke „Die Bahn DB" schließlich für Mobilitäts- und Logistikangebote auch außerhalb der Schienen stehen.

Firmenname	Klassiker	Gründung	Bekanntheit
Deutsche Bahn AG	DB (seit 1955)	1994 in Frankfurt a.M.	95 % (GfK 2000)

DEUTSCHE BANK | DIE BANK

Deutsche Bank Die Deutsche Bank gehört zu den führenden internationalen Finanzdienstleistern. Mit rund 71.000 Mitarbeitern betreut die Bank weltweit über 13 Millionen Kunden in 76 Ländern; mehr als die Hälfte der Mitarbeiter arbeitet außerhalb Deutschlands.

Gegründet wurde die Deutsche Bank im Jahr 1870 in Berlin. In diesem Jahr war das Bankwesen in Deutschland im Umbruch. Im Zuge der Industrialisierung wuchsen die Finanzbedürfnisse der Industrie und verlangten nach einer Weiterentwicklung des traditionellen Bankgeschäfts. Eine Reihe von Berliner Privatbankiers erkannte die Zeichen der neuen Zeit; ihre treibende Kraft war Adelbert Delbrück, der als der „eigentliche Gründer" der Deutschen Bank gilt. Schon im Gründungsstatut wurde die Bedeutung des Auslandsgeschäfts hervorgehoben: „Der Zweck der Gesellschaft ist der Betrieb von Bankgeschäften aller Art, ins Besondere Förderung und Erleichterung der Handelsbeziehungen zwischen Deutschland, den übrigen Europäischen Ländern und überseeischen Märkten." Entsprechend wurden schon in den ersten vier Jahren – auch um sich bei der Finanzierung des deutschen Außenhandels von der Vorherrschaft der englischen Banken zu lösen – neben Dependancen in Bremen und Hamburg auch Auslandsfilialen in Yokohama, Shanghai und London gegründet.

Die nachfolgende Zeit war von rascher Expansion geprägt: Neben dem recht jungen Emissionsgeschäft war die Deutsche Bank wesentlich am Aufbau der deutschen Elektro-, Eisen- und Stahlindustrie beteiligt, leistete aber auch bedeutende Auslandsfinanzierungen – ein bekanntes Beispiel ist die Bagdadbahn. Die Gründung der Deutschen Ueberseeischen Bank 1886 sowie die Beteiligung an der Gründung der Deutsch-Asiatischen Bank drei Jahre später waren logische Konsequenzen des immer stärker wachsenden Auslandsengagements.

Der Wandel zum globalen Konzern war nicht mehr aufzuhalten. Gegenwärtige Meilensteine auf dem Weg zu allen wichtigen Finanzplätzen weltweit waren 1991 die Gründung der Deutsche Bank North

America Holding Corp., 1993 der Erwerb von Banken in Europa sowie 1999 die Übernahme der amerikanischen Investment Bank Bankers Trust. Am 3. Oktober 2001 erreichte diese Entwicklung einen Höhepunkt: Die Deutsche Bank wurde an der New York Stock Exchange gelistet und setzt damit ihr Streben zum „Global Player" konsequent fort.

Heute bietet die Deutsche Bank als Universalbank eine breite Palette moderner Bankdienstleistungen an. Den privaten Kunden steht sie mit einer Rundumbetreuung von der Kontoführung über die Beratung bei der Geld- und Wertpapieranlage bis hin zur Vermögensverwaltung zur Verfügung. Den Firmen- und institutionellen Kunden bietet sie das ganze Spektrum einer internationalen Firmenkunden- und Investmentbank – von der Zahlungsverkehrsabwicklung über die gesamte Bandbreite der Unternehmensfinanzierung bis hin zur Begleitung von Börsengängen und der Beratung bei Übernahmen und Fusionen. Darüber hinaus nimmt die Bank eine führende Stellung im Bereich des internationalen Devisen-, Anleihe- und Aktienhandels ein.

Ziel der Deutschen Bank ist es, der weltweit führende Anbieter von Finanzlösungen für anspruchsvolle Kunden zu sein und damit nachhaltig Mehrwert für die Aktionäre und Mitarbeiter zu schaffen. Diesen Anspruch bringt auch der neu entwickelte Claim „A Passion to Perform." bzw. in Deutschland „Leistung aus Leidenschaft" zum Ausdruck. Die Deutsche Bank zeichnet sich aus durch den Willen zum Erfolg für ihre Kunden und durch ihre weltweite Plattform, die gekennzeichnet ist durch globale Ressourcen und Spezialisten mit außergewöhnlichen Marktkenntnissen in allen Wirtschaftsregionen.

Der Name Deutsche Bank ist zur globalen Marke geworden. Weltweit steht das im Jahr 1973 vom Maler und Grafiker Anton Stankowski entwickelte Logo – der „Schrägstrich im Quadrat" – für die Deutsche Bank. Dabei symbolisieren die aufsteigende Diagonale und das umrahmende Quadrat dynamisches Wachstum in einem sicheren, stabilen Umfeld.

Firmenname	Klassiker	Gründung	Mitarbeiter	Gründer	Vertrieb
Deutsche Bank AG	Deutsche Bank (seit 1870)	1870 in Berlin	70.882 (weltweit 2003)	Adelbert Delbrück et al.	in 76 Ländern

So wie die Menschheit Kopernikus die Einsicht zu verdanken hat, dass die Erde eine Kugel ist und keine Scheibe, sollte sie Emil Berliner dafür bejubeln, auf musikalischem Gebiet den Sieg der Scheibe über die Walze ins Rollen gebracht zu haben.

Am 29. September 1887 erhält der gebürtige Hannoveraner, der schon 1870 in die Vereinigten Staaten ausgewandert ist, ein Patent für seinen „Apparat für Schallschwingungen in Flachschrift". Seine flache Schallplatte ist gegenüber der 1877 von Thomas Alva Edison vorgestellten Phonographen-Walze nicht nur deutlich verschleißfreier, sondern kann darüber hinaus auch vervielfältigt werden. Dies ist die Götterdämmerung einer neuen Epoche und die Geburtsstunde eines innovativen Industriezweigs, der die Welt verändern soll. Es spricht für den unternehmerischen Geist Emil Berliners, sich nicht mit seiner bahnbrechenden Erfindung zu begnügen.

So gründet er im Jahr 1898 die in seiner Heimatstadt ansässige Deutsche Grammophon Gesellschaft mbH, die ausschließlich Schallplatten fertigt und schon 1900 in eine Aktiengesellschaft umgewandelt wird. Seither steht die Deutsche Grammophon für die perfekte Symbiose von Tradition und Innovation im Klassik-Segment, und wohl keine Firma hat mehr dazu beigetragen, den Musikfreunden auf aller Welt die klassische Musik genussvoll zugänglich zu machen.

Einer der ersten Stars der Deutschen Grammophon wird Fedor Schaljapin. Er hat allerdings zunächst große Angst, mit der Plattenaufnahme seine Stimme zu verlieren und soll sich auch später noch vor jeder Aufnahme bekreuzigt haben. Doch er wie auch die legendären Opernstars Enrico Caruso und Nellie Melba tragen dazu bei, das neue Medium der seriösen Kunst zu öffnen. Schon 1913 nimmt Arthur Nikisch die 5. Symphonie von Beethoven komplett auf. Seitdem ist es der Deutschen Grammophon stets gelungen, die größten Solisten, Orchester und Dirigenten der Zeit für bedeutende Aufnahmen zu verpflichten.

Ein halbes Jahrhundert nach Gründung des Unternehmens entsteht das einzigartige Markenemblem der Deutschen Grammophon Gesellschaft: Die gelbe Kartusche mit der berühmten Tulpenkrone. Sie etabliert sich schnell als weltweit gültiges Synonym für exzellente Aufnahmen anspruchsvoller Klassikinterpretationen von Weltstars. In den 80er Jahren verewigen sich Leonard Bernstein und Vladimir Horowitz für die Deutsche Grammophon auf inzwischen legendären Aufnahmen. Und noch heute ist der Name Deutsche Grammophon untrennbar mit Herbert von Karajan verbunden, der schon 1938 als junger Dirigent an der Berliner Staatsoper seine erste Schallplattenaufnahme machte und mit den Berliner Philharmonikern bis zu seinem Tod im Jahre 1989 einen in seiner Vielfalt und Qualität einzigartigen Reichtum an Tonträgern aufgezeichnet hat.

Ungebrochen wird die lange Tradition der ältesten deutschen Schallplattenfirma – ob mit den Berliner Philharmonikern unter der Leitung von Karajan-Nachfolger Claudio Abbado oder mit anderen berühmten Interpreten wie Anne-Sophie Mutter, Maurizio Pollini, Pierre Boulez, Anne Sofie von Otter, Bryn Terfel, Christian Thielemann, Thomas Quasthoff und vielen mehr – auf höchstem Niveau fortgesetzt.

Im Zeitalter der CD und anderer digitaler Medien wandelt sich auch das Gesicht der Deutschen Grammophon Gesellschaft, die ihr hundertjähriges Bestehen 1998 mit zahlreichen Konzerten und Medienereignissen gefeiert hat. Neue Gestaltungskonzepte für Cover und Booklets, Sublabel für Spezialserien und zeitgenössische Musik wie „20/21 – Musik unserer Zeit", die Editionsidee „The Originals" mit legendären Klassikaufnahmen oder die „Yellow Lounge" – Klassik hält Einzug in Clubs – zeugen von der ungebremsten Kreativität und Innovationskraft des Unternehmens, das seit 1999 zur Universal Music gehört.

Firmenname	Klassiker	Gründung	Erfinder	Vertrieb	Hauptfertigungsstätte
Deutsche Grammophon GmbH	Die Klassik-CD (seit 1982)	1898 in Berlin	Emil Berliner (1851–1929)	weltweit	Emil-Berliner-Studios Hannover

DEUTSCHE POST | DIE POST

Deutsche Post Der wohl älteste deutsche Standard kann auf eine Geschichte zurückblicken, die über ein halbes Jahrtausend umfasst. Seit mehr als 500 Jahren organisiert die Deutsche Post den Briefverkehr in Deutschland und zählt damit zu den frühesten Dienstleistungsunternehmen der Neuzeit.

Angefangen hat alles mit dem ersten Postkurs zwischen Innsbruck und Mecheln im Jahre 1490. Diese Einrichtung ging zurück auf eine Idee des späteren Kaisers Maximilian I. (1493–1519), der die althabsburgischen Erbländer Österreich, Steiermark, Kärnten, Krain und Tirol mit den neu hinzugewonnenen Gebieten im heutigen Belgien durch einen regelmäßigen Kurierdienst verbinden wollte. Mit dem Ausbau eines umfassenden Netzes von Postkurieren wurde zunächst die aus Bergamo stammende Familie Tassi beauftragt, die bereits einige Erfahrungen im Postwesen gesammelt hatte. Erst ab ca. 1650 erhielt die Familie von Thurn und Taxis das Postprivileg.

Das neu angelegte Postwesen basierte auf einem Stamm von „aufrichtigen und frommen" Boten, die auf ihren Pferden quer durch Europa unterwegs waren. Zur Verständigung benutzten diese „ersten Zusteller" Hörner, wie man sie bereits seit dem frühen Mittelalter als Signalinstrument kannte.

Das von der Familie Thurn und Taxis immer weiter ausgebaute Netzwerk bekam schließlich mit dem Postmonopol auch das alleinige Recht auf Verwendung der Messinghörner zugesprochen. Ursprünglich hatten die Klänge des Posthorns einen bestimmten Zweck: Bei ihrem Klang hoben die Grenzwärter die Schlagbäume, Fährmänner mussten ihre Fähren rüsten, um die Boten kostenlos über die Flüsse zu bringen und auch nachts, wenn andere Fuhrwerke vor den verschlossenen Toren der Städte warten mussten, wurden die Stadttore für die Postboten geöffnet. Das erste deutsche Markenzeichen war geboren. Ungeachtet aller technischen, ökonomischen und politischen Wandlungsprozesse dient es bis heute als unverwechselbares Symbol des Unternehmens. Getrieben durch die fortschreitende Liberalisierung des Post-

marktes sowie durch den rasanten technischen Fortschritt der Kommunikation entwickelte sich die Deutsche Post von einer staatlichen Behörde zu einer erfolgreich an der Börse platzierten Aktiengesellschaft. Unter dem Namen Deutsche Post World Net führt der heute weltweit agierende Logistikkonzern die drei starken Marken Deutsche Post, DHL und Postbank.

Die Leistungsmarke Deutsche Post verknüpft die Erfahrungen, die sie aus der über 500-jährigen Tradition im Brieftransport gewonnen hat, auf innovative Weise mit den modernen Errungenschaften des 21. Jahrhunderts. So sorgen die in Deutschland flächendeckend vorhandenen 83 Briefzentren durch Nutzung modernster Technologie dafür, dass täglich 39 Millionen Haushalte und 3 Millionen Firmenkunden zuverlässig ihre Briefpost erhalten.

Unter der Marke DHL bündelt Deutsche Post World Net sämtliche Express- und Logistikleistungen. Neben schnellen und zuverlässigen Angeboten für den weltweiten Transport von Waren und Gütern aller Größen und Gewichte bietet DHL anspruchsvolle Lösungen für das Supply Chain Management.

Die Postbank ist Deutschlands führende Multi-Kanal-Bank. Von den zahlreichen Produkten vom Zahlungsverkehr bis zur Geldanlage können ihre Kunden via Internet, Telefon, Telefax, Brief oder in einer Filiale der Deutschen Post einfach und schnell profitieren. Innerhalb des Konzerns bildet die Marke Postbank den Eckpfeiler für seriöse Logistikfinanzierungen.

Logistik und Finanzdienstleistungen aus einer Hand, so aufgestellt ist der Konzern Deutsche Post World Net nicht nur in Europa auf dem Logistik-Sektor führend, sondern ist damit hervorragend gerüstet, in dieser Branche weltweit eine Spitzenposition einzunehmen.

Firmenname	Klassiker	Gründung	Mitarbeiter	Gründer und Erfinder	Produktionsstandorte
Deutsche Post AG	Logistik und Finanzdienstleistung	1490 Gründung neuzeitliches Postwesen	rd. 130.000 im Bereich Brief	Franz von Taxis (1459–1517)	83 in Deutschland

DEUTSCHES ROTES KREUZ | DIE HILFSORGANISATION

Deutsches Rotes Kreuz 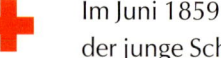 Im Juni 1859 kommt der junge Schweizer Kaufmann Henry Dunant während einer Geschäftsreise auch nach Solferino. Nach einer Schlacht zwischen Italien, Frankreich und Österreich mit mehr als 40.000 Verwundeten und Sterbenden gibt es für die zurückgelassenen Soldaten keinerlei Versorgung. Henry Dunant bleibt und organisiert mit behelfsmäßigen Mitteln Hilfsaktionen – der Impuls für eine weltbewegende, neue humanitäre Idee war gegeben.

Zurück im heimatlichen Genf formuliert er seinen Appell für eine bessere Versorgung und neutralen Schutz von Verwundeten in bewaffneten Konflikten in einem Erlebnisbericht – sein Buch „Erinnerungen an Solferino" rüttelt Politiker, Militärs und Mediziner zahlreicher europäischer Länder auf: Bereits 1863, im Gründungsjahr des „Internationalen Komitees der Hilfsgesellschaften für Verwundetenpflege", dem späteren „Internationalen Komitee vom Roten Kreuz, IKRK" einigen sich 16 europäische Länder in einer ersten internationalen Konferenz darauf, in jedem Land einen Ausschuss zu bilden, der in Kriegszeiten mit allen zur Verfügung stehenden Mitteln am Sanitätsdienst der Heere mitwirkt. Dazu sollen in Friedenszeiten freiwillige Helfer ausgebildet werden. 1864 unterzeichnen zwölf Staaten diese erste Genfer Konvention. In zehn Artikeln wird der Schutz von Verwundeten und Pflegenden geregelt – und das Rote Kreuz auf weißem Grund als offizielles Schutzzeichen anerkannt.

In den folgenden Jahrzehnten wird die erste Genfer Konvention durch die Abkommen der Haager Friedenskonferenzen von 1899 und 1907 sowie das Abkommen von 1929 ergänzt. Alle diese Vereinbarungen finden eine Zusammenfassung in den vier Genfer Abkommen. Seit 1977 wird auch der Schutz der Zivilbevölkerung durch die beiden Zusatzprotokolle definiert.

Mit Ratifizierung der Genfer Abkommen und der Zusatzprotokolle gelten diese für die Bundesrepublik Deutschland als innerstaatliches Recht: Das Deutsche Rote Kreuz ist heute als Teil der weltweiten Organisation Rotes Kreuz bzw. Roter Halbmond die größte und leistungsfähigste Hilfsorganisation in Europa. 4,8 Millionen Mitglieder, etwa 400.000 ehrenamtliche Mitarbeiter sowie etwa 90.000 hauptamtliche Beschäftigte leisten engagiert ihren Beitrag in vielfältigen sozialen Bereichen – vom Rettungs- und Blutspendedienst über die Betreuung in Altenheimen und auf Sozialstationen über Kinder- und Jugendhilfe, Familienarbeit und Behindertenhilfe bis hin zu Erster Hilfe am Unfallort.

19 Landesverbände, die im Wesentlichen den Bundesländern entsprechen, sowie der Verband der Schwesternschaften mit 35 an der Zahl bilden mit 538 Kreisverbänden und etwa 18.400 Ortsvereinen ein bundesweites Netzwerk für jegliche soziale Hilfestellung. Diese erfolgt stets nach den sieben Grundsätzen des Roten Kreuzes: Menschlichkeit, Neutralität, Freiwilligkeit, Unparteilichkeit, Unabhängigkeit, Einheit und Universalität. Entsprechend wird Menschen allein nach dem Maß der Not und Hilfsbedürftigkeit, ohne Rücksicht auf Staatsangehörigkeit, Rasse, Religion, soziale Stellung oder politische Zugehörigkeit Hilfe gewährt – so weit wie möglich nach dem Grundsatz Hilfe zur Selbsthilfe.

Neben nationalen Aufgaben nimmt das Deutsche Rote Kreuz auch internationale humanitäre Pflichten wahr. Unzählige freiwillige Helfer engagieren sich im Katastrophenschutz und in langfristigen Entwicklungshilfeprojekten.

Das DRK ist ein eingetragener Verein und achtet entsprechend seinen Grundsätzen auf finanzielle Unabhängigkeit. Es finanziert sich aus Mitgliedsbeiträgen, Spenden sowie öffentlichen und anderen Zuwendungen. Für Aufgaben im öffentlichen Interesse stellen Bundesregierung, Länder, Kommunen und die Europäische Gemeinschaft zweckgebundene Mittel zur Verfügung. Ein weiterer beträchtlicher Teil der Finanzierung der Rotkreuzaufgaben erfolgt durch die Kostenerstattung der gesetzlichen Sozial-, Kranken- und Pflegekassen.

DEUTSCHES ROTES KREUZ

Firmenname	Klassiker	Gründung	Mutterorganisation	Gründer	Engagement
Deutsches Rotes Kreuz	Hilfsorganisation (seit 1921)	1921 in Berlin	Internationales Rotes Kreuz, 1863 in Genf	Henry Dunant, Gründer der Rotkreuzbewegung	in 178 Ländern

„DEXTRO ENERGEN geht sofort ins Blut." Wer kennt ihn nicht, diesen Spruch, der alle Moden und Trends des letzten halben Jahrhunderts ebenso unverändert und souverän überstanden hat wie das Produkt selbst: ein eigenwilliger Würfel mit acht weißen, quadratischen Dextrose-Täfelchen. Generationen bekamen Deutschlands Energiepaket Nr. 1 als Kind von der Mama in den Ranzen gepackt, um sich in der Schule besser konzentrieren zu können. Wanderer meisterten Bergtouren mit seiner Hilfe und Sportler Rekorde.

Die etwas pharmazeutische Anmutung des DEXTRO ENERGEN-Würfels kam nicht von ungefähr. Angefangen hatte nämlich alles im Jahre 1927 mit einem Produkt, das unter der Bezeichnung „Nährzucker" in Apotheken eingeführt wurde und 1929 über die medizinische Benennung „Dextrose Purum" den Markennamen DEXTROPUR erhielt. Das weiße Pulver – identisch mit dem Blutzucker, dem wichtigsten Energielieferanten für Gehirn und Muskeln – machte in der Fachwelt durch seine effektive Wirkung sehr bald Furore: „… geht sofort in die Blutbahn, ohne verdaut werden zu müssen." DEXTROPUR wurde in das Deutsche Arzneimittelbuch aufgenommen, Ärzte verschrieben das wissenschaftlich anerkannte Kräftigungsmittel und Apotheken gaben es auf Rezept ab.

Wenige Jahre später, 1935, wurde dann DEXTRO ENERGEN über den Fachhandel eingeführt – und zwar eigentlich nur als Ergänzungsprodukt zu DEXTROPUR. Der Durchbruch erfolgte 1936, als der neuartige Fitmacher „offizielle Wettkampfverpflegung" bei der Olympiade in Berlin wurde. Bald lernte auch Otto Normalverbraucher die „natürliche Sofort-Energie für Körper und Geist" schätzen – nicht zuletzt aufgrund der kompakten Form. Das kleine Energiepaket ist einfach ideal für unterwegs. Und daran hat sich bis heute nichts geändert.

Lediglich die Verwendungsgelegenheiten passen sich dem Zeitgeist an. Stehen in den 50er Jahren noch die Anstrengungen der Nachkriegszeit im Mittelpunkt, in den 60er Jahren die Doppelbelastung durch Arbeit und Haushalt, konzentriert sich in den 70er Jahren alles auf den Freizeitbereich.

Und heute? Aus DEXTRO ENERGEN ist DEXTRO ENERGY geworden – der neue Name ist nicht nur einprägsamer, sondern bringt auch die Funktion als täglicher Energielieferant auf den Punkt. Die schnelle Energie für mehr Leistung und Konzentration ist für viele schlicht unentbehrlich geworden.

Das Sortiment von DEXTRO ENERGY ist inzwischen breit gefächert. Der klassische Würfel ist auch mit Calcium, Magnesium sowie in der Geschmacksrichtung „Zitrone + Vitamin C" zu haben. Als DEXTRO ENERGY Stange gibt es die Varianten „Orange + Vitamin A, C, E", „Tropical + 10 Vitamine" sowie das besonders munter machende „Cappuccino" mit Koffein. Viel Energie auf kleinste Fläche gepresst wurde schließlich bei den DEXTRO ENERGY Minis in der praktischen, wiederverschließbaren Packung, die als „Energie-Früchtchen für jeden Tag" in den Geschmacksrichtungen Johannisbeere, Kirsche und Pfirsich erfrischen.

Einen sofortigen Energieschub liefern auch die brandneuen Power Drinks: energiereiche Dextrose (Traubenzucker), erfrischender Fruchtsaft, pflanzliches Guarana und belebendes Koffein machen fit für Höchstleistungen. Dank des konsequenten Verzichts auf Zutaten wie Taurin, Inosit, Konservierungs- und Farbstoffe schmecken die DEXTRO ENERGY Power Drinks auch tatsächlich nach Blutorange-Mango beziehungsweise nach Orange-Maracuja und nicht – wie so manches Konkurrenzprodukt – nach Gummibärchen. Bei aller Vielseitigkeit haben die verschiedenen Produkte von DEXTRO ENERGY immer eines gemeinsam: ihre konzentrationsfördernde Wirkung, die unterdessen auch wissenschaftlich bewiesen ist. So wurde von einem unabhängigen medizinisch-wissenschaftlichen Institut mit Hilfe eines Brain-Mappings, das die Aktivität des Gehirns vor und nach dem Verzehr von Dextrose messen kann, über Farbkontraste eindeutig nachgewiesen: DEXTRO ENERGY geht sofort ins Blut.

Firmenname	Klassiker	Gründung	Mitarbeiter	Bekanntheit	Hauptfertigungsstätte
Unilever Bestfoods Deutschland GmbH	Dextro Energy Traubenzuckertafel	2000 (Zusammenschluss)	6.000 (Deutschland)	94 %	Krefeld

DIERCKE | DER WELTATLAS

Wer hat in jungen Jahren nicht an einem Regennachmittag vor seinem Atlas gesessen und geträumt: von fernen Ländern, ihren Bewohnern, ihrem Klima – mit brennendem Fernweh, während man beim Weiterblättern mit dem Finger nach der eigenen Heimatstadt suchte. Und wenn man den Atlas zuschlug, dann stand auf dem Einband meist der Name, der in Deutschland seit mehr als 120 Jahren die Welt bedeutet: Diercke.

1883 erschien im Westermann-Verlag der „Schul-Atlas über alle Teile der Erde" von C. Diercke und E. Gaebler. Der Diercke, wie das Werk bald kurz genannt wurde, war keineswegs der erste Atlas in Deutschland. Gerade der Westermann-Verlag, 1838 von dem 28-jährigen George Westermann in Braunschweig gegründet, hatte auf diesem Gebiet bereits große Erfahrungen und Erfolge gesammelt. Was war nun das Besondere am Diercke, dass er bis zur Jahrhundertwende in Deutschland zum führenden Gymnasialatlas wurde?

Im 19. Jahrhundert hatte die Geografie Eingang an Universitäten und Schulen gefunden – vor allem aus praktischen Gründen, etwa der weltweiten Ausdehnung des Handels und der verbesserten Reisemöglichkeiten. Westermanns Ziel war es, einen ganz neuen Atlas vorzubereiten, der diesen veränderten Ansprüchen der Schule wirklich entsprach und der – nach Westermanns eigenen Ausführungen – „fürs Leben genügte und billig sein musste, dass er jedem zu kaufen möglich war".

Dass Diercke eigentlich kein Atlas, sondern eine Person war, ist über den Erfolg fast in Vergessenheit geraten. Als Leiter des Lehrer-Seminars in Stade war Carl Diercke vom preußischen Kultusministerium damit beauftragt worden, Atlanten auf ihre Eignung für den Schulunterricht zu begutachten. Nach ersten Gesprächen wusste Westermann, dass er in diesem Mann den Pädagogen gefunden hatte, den er brauchte; einen Schulmeister im besten Sinne des Wortes.

„Eine Karte muss richtig, zweckmäßig und schön sein." Das war der Kern von Dierckes Richtlinien.

Heute mag man sich wundern, wieso diese Forderungen vor einem Jahrhundert so revolutionär anmuteten. Doch beweist gerade diese Frage, wie nachhaltig Dierckes Ansichten gewirkt haben. Die nach ihnen gearbeiteten Karten sind heute zur Selbstverständlichkeit geworden. Mit ihren Farbabstufungen lassen sie die physischen Verhältnisse der Erdoberfläche mit einem Blick erkennen: von den Blautönen für die Meerestiefen über das Grün der Niederungen, das helle Gelb der höheren Lagen bis zu den Braunfärbungen der Gebirge, deren Täler und herausragende Spitzen überdies durch Schraffierungen verdeutlicht werden. So entstehen plastische Bilder, in die sich selbst Kinder mühelos hineinsehen können.

In weit über 300 Auflagen mit insgesamt 15 Millionen Exemplaren prägte der Diercke für Generationen von Schülern das Bild von der Erde. Die jüngste, grundlegend überarbeitete Ausgabe mit ihren 239 Kartenseiten – darunter Hunderte von Spezialkarten – bietet eine derartige Fülle an Informationen, dass der Diercke seinen Besitzer nicht nur während der Schuljahre, sondern auch noch während des Studiums und darüber hinaus als ein wertvolles Nachschlagewerk begleitet. So ist er wirklich das geworden, was George Westermann und Carl Diercke vor über einem Jahrhundert geplant hatten: der Atlas fürs Leben.

Der blaue Atlas fürs Leben hat mittlerweile auch Geschwister bekommen: Schlicht „Diercke Weltatlas Ausgabe 2" nennt sich die grün eingebundene, abgespeckte und preiswertere Version nur für die Sekundarstufe I, der auf die thematischen Karten für die höheren Klassen verzichtet. Speziell für den naturwissenschaftlich oder gesellschaftswissenschaftlich orientierten Unterricht gibt es den „Diercke Drei": Sein inhaltlicher Schwerpunkt liegt weniger bei geographischen Fallbeispielen für die Oberstufe, sondern er fördert vielmehr bei vielfältigen fachlich-thematischen Zugriffen auf raumbezogene Sachverhalte und Probleme globale Sichtweisen.

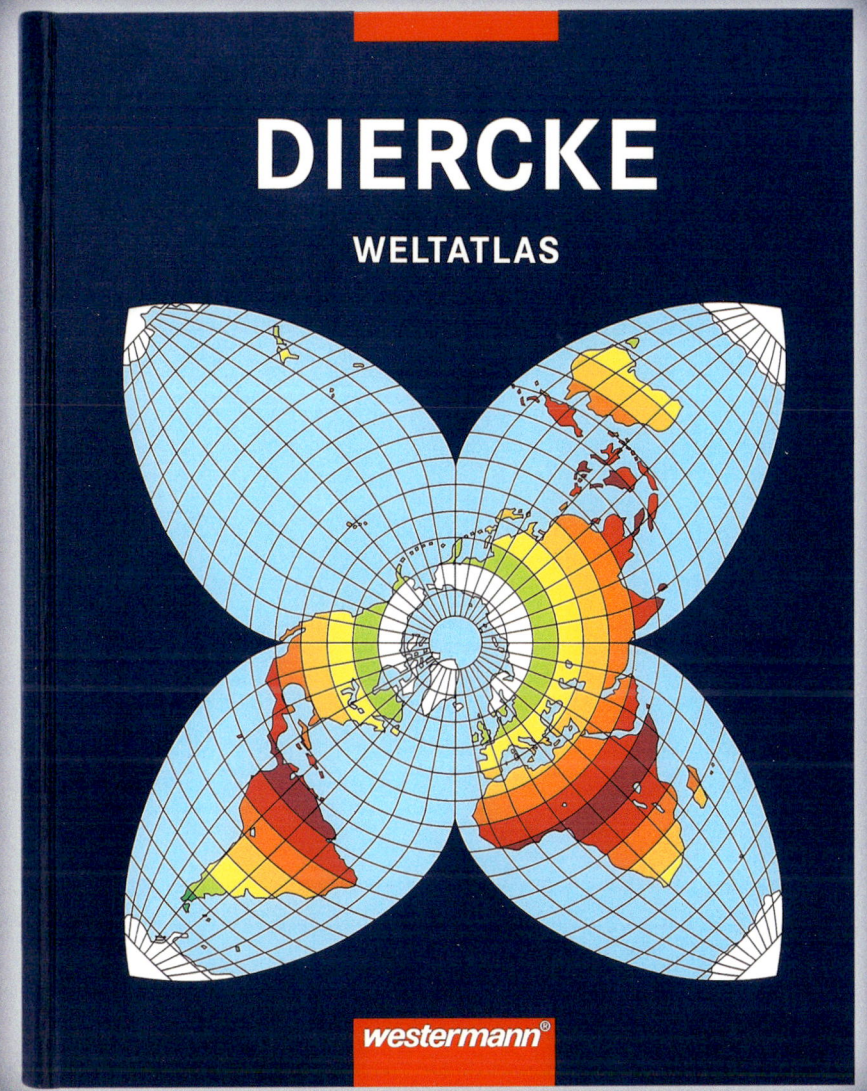

DIERCKE

WELTATLAS

westermann®

Firmenname	Klassiker	Gründung	Gründer
Westermann Schul- buchverlag GmbH	Schulatlas (seit 1883)	1883 in Braunschweig	George Westermann (1810–1879)

DR. BECKMANN | DER FLECKENTEUFEL

Dr. Beckmann ® Original

Selbst hartnäckigste Flecken wie Teer, Kleber, Kugelschreiber, Kaffee, Rost, Obst, Ketchup, Gras, Fett und Öl sowie Blut oder Tinte haben gegen Dr. Beckmann Fleckenteufel nicht den Hauch einer Chance: Die unterschiedlichen Fleckenspezialisten im Team des Dr. Beckmann haben seit Anfang der 70er Jahre für jedes Fleckenproblem die entfernende und reinigende Lösung parat, denn jeder Fleck erfordert eine spezielle Behandlung: Fleck ist nicht gleich Fleck, und jeder „Teufel" ist mit seiner jeweiligen Zusammensetzung optimal auf die Beschaffenheit verschiedenster Fleckentypen abgestimmt.

Dementsprechend bieten – wie dies bereits der schlichte und bekannte Werbeslogan besagt – die Fleckenteufel von Dr. Beckmann schon seit über 30 Jahren „für jeden Fleck das richtige Mittel". Die erfolgreiche Spezialproduktserie von Dr. Beckmann zur gezielten „Fleckentfernung" macht seitdem mit kompromissloser Konsequenz Flecken jeglicher Couleur und Konsistenz den Garaus.

Der mittelständische Betrieb delta pronatura in der Hand der Gründerfamilie entwickelt nun schon in der dritten Generation innovative und qualifizierte Lösungen im Bereich der Wasch-, Putz- und Reinigungsmittel. Hierbei zeichnet sich das Unternehmen durch seine traditionell fachliche Kompetenz, durch seinen Willen zur konsequenten Anpassung an die Wünsche und Bedürfnisse der Verbraucher sowie durch das Bestreben der Erschließung neuer Märkte aus. Die vor allem in den letzten Jahren verstärkte Konzentration auf eine europäisch ausgerichtete Geschäftspolitik wird unter anderem unterstützt durch Jointventures in Großbritannien und Frankreich. Mit der Gründung der Delta Carbona in den USA trägt das Familienunternehmen seit 1994 nicht nur der Internationalisierung, sondern auch einer zunehmenden Globalisierung der Märkte Rechnung.

Mehr als 120 Flecken lassen sich heute problemlos mit den 13 auf dem Markt befindlichen „Fleckenterminatoren" beseitigen und dies, ohne unerwünschte Spuren zu hinterlassen: Ihr schonender Umgang mit sämtlichen Arten von Stoffen und Materialien – waschbar und nicht waschbar – sowie ihre einfache Handhabung und Einsetzbarkeit machen Dr. Beckmann Fleckenteufel zu einer attraktiven, weil schnellen, sauberen, günstigen und darüber hinaus noch umweltfreundlichen und hautverträglichen Alternative zur ansonsten üblichen chemischen Reinigung.

Die Aspekte des Umweltschutzes und der Hautverträglichkeit stehen heute mehr denn je bei der Weiterentwicklung aller Dr. Beckmann-Produkte im Vordergrund der Aufmerksamkeit. Dementsprechend wird bei ihrer Herstellung auf den Einsatz von Chemikalien zugunsten natürlicher Inhaltsstoffe weitgehend verzichtet. Schon lange enthält kein Fleckenteufel mehr chlorierte Kohlenwasserstoffe (CKW), und inzwischen kommen fast alle Fleckenentferner von Dr. Beckmann ohne schädliche Lösungsmittel aus.

Gerade das konsequente Streben nach Produktverbesserungen und der Flexibilität der Forschungsabteilung bei delta pronatura ist es zu verdanken, dass das Unternehmen seine Produkte stetig an zeitgemäße Entwicklungen und Anforderungen anpassen kann. So wurde im Jahr 2002 das Produktsortiment von Dr. Beckmann um einen „Teufel" erweitert: Der Fleckenteufel gegen Window-Color- und Wandfarbe-Flecken beseitigt auf Textilien sowohl die sichtbaren Überreste des immer beliebteren Kinderspiels als auch unvermeidliche Arbeitsspuren beim Anstreichen. Darüber hinaus wurden vier Varianten der Fleckenteufel aufgewertet. Das Mittel gegen „Rost + Deo" zum Beispiel bekämpft Deo-Flecken, die durch die in Deos enthaltenen Aluminiumverbindungen verursacht werden. Und schließlich wurde auch das Äußere der kleinen Teufel überarbeitet und mit einem modernen und farbenfrohen Design versehen.

Die Einzigen, die von diesen Verbesserungen nicht profitieren, sind weiterhin selbst hartnäckigste Flecken, die nach wie vor gegen Dr. Beckmann Fleckenteufel nicht den Hauch einer Chance haben.

Firmenname	Klassiker	Gründung	Mitarbeiter	Erfinder	Bekanntheit
delta pronatura Dr. Krauss & Dr. Beckmann KG	Dr. Beckmann Fleckenteufel (seit 1971)	1934 in Berlin	140	delta chemie	63 %

DR. BEST | DIE ZAHNBÜRSTE

***Dr.* BEST** Lang sollen sie leben, möglichst strahlend weiß und schön gesund bleiben: die Zähne. Nun wusste man bis Ende der 80er Jahre in Deutschland zwar, wie wichtig die tägliche Zahnpflege ist, doch während die Zahncreme mit immer neuen Prophylaxe-Wirkungen das Interesse der Verbraucher auf sich zog, stand die Zahnbürste als wichtiges Instrument für die effektive Zahnreinigung eher im Abseits der zahnmedizinischen Forschung. Zwar war die Multituft-Beborstung inzwischen gängiger Standard, doch weitere nennenswerte Vorteile, die auf relevante Bedürfnisse eingingen, waren in der Zahnbürsten-Landschaft bis dato nicht zu finden.

Die Dr.-Best-Forschung der GlaxoSmithKline hatte es sich zur Aufgabe gemacht, einen Weg aus dieser Problematik zu suchen. Eine der Vorgaben für die Forschungs- und Entwicklungsabteilung waren verschiedene Studien deutscher und internationaler Universitäten. Diese konnten nachweisen, dass durch einen zu hohen Anpressdruck der Zahnbürste, der oft unbewusst praktiziert wird, sich viele Menschen Putzschäden an Zähnen und Zahnfleisch zufügen.

Die umfangreiche Studienarbeit der Dr.-Best-Forschung hatte Erfolg. Als Ergebnis konnte die Dr.-Best-Forschung in einem ersten Schritt das Dr.-Best-Flex-System vorstellen. Es war gelungen, mittels einer flexiblen Zone im Bürstenstiel die ungewollt auf Zähne und Zahnfleisch einwirkenden Kraftspitzen gewissermaßen zu kontrollieren. Eine zahnfleischschonende Reinigung war hierdurch möglich, was werbewirksam mit dem Slogan „Die klügere Zahnbürste gibt nach" auf den Punkt gebracht wurde.

Von den Verbrauchern wurden die zahnmedizinischen Vorteile dieser technisch ausgefeilten Lösung schnell erkannt. Zusätzlich führte das moderne Design mit seinen Handling-Vorteilen wie dem rutschfesten Griff zu einer hohen Akzeptanz des neuen Zahnbürsten-Typs. Der Prototyp einer neuen „intelligenten" Zahnbürsten-Generation konnte nun als Basis für weitere innovative Technologien genutzt werden. Denn es gab noch etwas zu tun. So war die Reinigung von schwer erreichbaren Stellen im Mund – besonders bei Fehlstellung der Zähne – wegen des starren Bürstenkopfes nicht grundsätzlich verbessert worden.

Bei der Dr.-Best-Forschung nahm man auch diese Herausforderung an. Alle verfügbaren Forschungs- und Entwicklungsressourcen intern bei der GlaxoSmithKline Consumer Healthcare sowie externe Produkt-Designer wurden nun darauf angesetzt, eine Lösung zu finden. Als Formel zur Lösung der Aufgabe war vorgesehen, die optimierte medizinische Funktion mit einer hohen Verbraucherakzeptanz bezüglich Design und Handling zu verbinden. Denn der optische Eindruck ist ein Teil der Motivation, die wiederum Voraussetzung für ein gutes Putzergebnis ist.

Durch computergestützte Technologien wurde es möglich, dass mit dem Schwingkopf und später mit dem ergänzenden Sensorkopf neue, zahnmedizinisch relevante Konstruktionsmerkmale entwickelt werden konnten, die bei individuellen Problemstellungen im Mund die Reinigungsleistung weiter optimieren können. Mittlerweile verfügt Dr. Best über ein Sortiment von sieben Erwachsenenzahnbürsten, die mit unterschiedlichen Entwicklungsschwerpunkten die differenzierenden Anforderungen der Verbraucher abdecken. In der Dr. Best X-Sensorkopf sind heute, neben den schräg angewinkelten Borsten für eine bessere Plaqueentfernung auch in den Zahnzwischenräumen, alle wesentlichen Dr.-Best-Konstruktionsmerkmale vereint.

In allen Stufen der Entwicklungsarbeit diskutiert die Dr.-Best-Forschung die Ergebnisse auch mit externen Fachleuten, die wie zum Beispiel die Zahnärzte tagtäglich mit den unterschiedlichen Patientenproblemen konfrontiert werden. Aus diesem Dialog ergeben sich immer wertvolle Hinweise für die zielorientierte Entwicklungsarbeit. Schließlich überprüft Dr. Best die Akzeptanz jeder Zahnbürsten-Innovation auch bei denen, für die die Arbeit geleistet wurde: bei den Verbrauchern, die möglichst ein Leben lang schöne und gesunde Zähne haben möchten.

Firmenname
GlaxoSmithKline
GmbH & Co. KG

Klassiker
Dr. Best X-Sensorkopf
(seit 2000)

Erfinder
Dr.-Best-Forschung

Dr.Hauschka
Kosmetik

„Was ist Leben?" Wie so viele beschäftigte auch den Chemiker Dr. Rudolf Hauschka diese Frage. 1924 richtete er sie an Dr. Rudolf Steiner (1861–1925), den Begründer der Anthroposophie, und bekam die wegweisende Antwort: „Studieren Sie die Rhythmen, Rhythmus trägt Leben."

Bezogen auf neue Wege der Arzneimittelzubereitung traf diese Antwort auf fruchtbaren Boden. Rudolf Hauschka gelang es, einen Pflanzenauszug mit Wasser herzustellen, der über viele Jahre ohne Zusatz von Konservierungsstoffen haltbar blieb. Er erreichte das, indem er Rhythmen der Natur in den Herstellungsprozess einfließen ließ und ein rhythmisches Herstellungsverfahren entwickelte, welches heute noch Gültigkeit hat: Unter Berücksichtigung natürlicher Polaritäten wie Licht und Dunkelheit, Bewegung und Ruhe, Wärme und Kälte werden Heilpflanzen zu Essenzen und Ölauszügen verarbeitet, die ohne Zusatz von Konservierungsstoffen haltbar sind. 1929 gewann er so aus Rosen den ersten, über 30 Jahre haltbaren wässrigen Pflanzenauszug. Die daraus hergestellten Arzneimittel fanden bei Ärzten so großen Anklang, dass 1935 das erste WALA-Laboratorium in Deutschland gegründet wurde. Die Initialen des neuen Unternehmens verwiesen dabei auf die rhythmischen Verfahrensweisen Wärme – Asche, Licht – Asche: WALA.

Eigentümerin der WALA Heilmittel GmbH ist heute die WALA Stiftung, beide mit Sitz in Eckwälden. In ihrer Verfassung ist festgelegt, dass die Gewinnmaximierung nicht ausschließlich das Ziel des Unternehmens sein kann, sondern lediglich ein Mittel zur Umsetzung der anthroposophisch geprägten Idee von WALA ist: „Im Erkenntnisvorgang und durch die Umwandlung der Naturstoffe in Arzneimittel erlöst der Mensch das im Stoff erstarrte Wesenhafte der Natur."

Einer ähnlichen Philosophie folgt WALA seit 1967 mit der Dr.Hauschka Kosmetik: Die sich wandelnden Hautzustände werden als vorübergehende Hautbilder betrachtet; entsprechend gibt es keine Einteilung in verschiedene, gleich bleibende Hauttypen wie „fett" oder „trocken". Indem sie die Haut als ganzheitliches Organ anspricht und ihre Eigenaktivität anregt, hilft Dr.Hauschka Kosmetik ihr, sich selbst zu regenerieren.

Für die besondere Qualität der Dr.Hauschka Kosmetik werden hochwertige Ingredienzien verwendet. Im eigenen großen Garten am Rande von Eckwälden, am Fuße der schwäbischen Alb und auf dem zugehörigen Demeter-Sonnenhof werden Heilpflanzen nach biologisch-dynamischer Methode angebaut. Weitere Pflanzen stammen aus kontrolliert-biologischem Anbau und betreuten Wildsammlungen. Sie werden von Hand geerntet, frisch verlesen und anschließend sorgfältig verarbeitet.

Seit 1998 glänzt Dr.Hauschka Kosmetik in einem neuen Erscheinungsbild: den bekannten Verpackungen mit apricotfarbenen, blauen, roten, grünen und gelben Banderolen auf weißem Grund. Gleichzeitig wurde das Sortiment erweitert, optimiert und kundenfreundlicher gestaltet. Doch immer bleiben die Kosmetikprodukte aus dem Hause WALA aus der Natur komponiert: aus wertvollen natürlichen Ölen wie Jojoba- und Avocadoöl, Wachsen wie Rosenblüten- und Bienenwachs, Heilpflanzenauszügen und echten ätherischen Ölen.

Einen ganz besonderen Stellenwert hat Dr.Hauschka Kosmetik in den letzten Jahren in den USA bekommen. Während hier zu Lande die über Naturkosmetikgeschäfte, Reformhäuser und Apotheken vertriebenen Kosmetika zwar einen hervorragenden Ruf genießen, aber quasi außer Konkurrenz laufen, stehen Produkte von Dr.Hauschka Kosmetik dort in der Fifth Avenue in den Nobelgeschäften neben den großen Marken. Da wundert es nicht, dass auch Stars wie Julia Roberts, Brad Pitt oder Madonna längst auf die heilsame Kraft der Naturpräparate mit Pflanzen aus biologisch-dynamischen Anbau aus Eckwälden schwören.

Firmenname	Klassiker	Gründung	Mitarbeiter	Gründer	Vertrieb
WALA Heilmittel GmbH	Dr.Hauschka Rosen-creme (seit 1967)	1935 in Ludwigsburg	über 450	Dr. Rudolf Hauschka (1891-1969)	weltweit in über 30 Ländern

DREI WETTER TAFT | DAS HAARSPRAY

1955 ist Deutschland im Rock-'n'-Roll-Fieber: Es ist die Zeit, als zunächst Bill Haley und schließlich Elvis Presley und James Dean zur Rebellion aufrufen – begleitet von Petticoats und Turmfrisuren. Diese erst möglich machte ein neuartiges Produkt von Schwarzkopf: „Taft" war der erste Haarfestiger Europas aus der Sprühdose und machte als „flüssiges Haarnetz" so schnell Furore, dass Schwarzkopf bereits nach einem Jahr nicht nur an Friseursalons, sondern auch an den Einzelhandel lieferte.

Kunstvolle Frisuren konnte man nun auf Knopfdruck vor Wind und Wetter schützen und haltbar machen – der Name Taft sollte nicht von ungefähr lautmalerisch an „Pffft", das charakteristische Sprühgeräusch, erinnern. Schnell sprach der nie um Wortneuschöpfungen verlegene Volksmund vom „taften" als Synonym für „sich die Haare in Form bringen" – der Ausdruck „Haarspray" sollte erst viel später den deutschen Wortschatz bereichern.

Anfang der 70er entwickelte sich Taft zum Drei Wetter Taft – die erste Haarstylingmarke, die die Frisur bei Wind, Sonne und Regen schützte, den ganzen Tag. Zum heutigen Erfolg des Haarsprays trug nicht nur der geniale Name bei, der die einzigartigen Produktvorteile direkt vermittelte, sondern auch der dazugehörige Werbespot: Die attraktive blonde Geschäftsfrau, die auf ihren Reisen in drei Städten auf drei unterschiedliche Wetter trifft, ist längst in die Werbegeschichte eingegangen – seit mehr als 15 Jahren darf sie die Allwettertauglichkeit des legendären Haarsprays demonstrieren und hat mit dazu beigetragen, Drei Wetter Taft zum Marktführer des Gesamtsegments Haarstyling in Deutschland, Österreich, der Schweiz und in ganz Osteuropa zu etablieren.

1999 wurde der Markenansatz modernisiert und es wurden neuartige Produkte im Segment Trendstyling und flexibles Styling unter dem Namen Taft Xpress eingeführt. Heute umfasst das klassische Drei Wetter Taft sieben große Produktlinien mit insgesamt 51 leistungsstarken Produkten, die Haarsprays und -lacke, Schaumfestiger, Flüssigfestiger, Gele und Wachse enthalten. Neben der silbernen „Classic"-Linie gibt es die blaue Linie „Fixierend" für ultrastarken Halt sowie die grüne Linie „Volumen" für bis zu 20 Prozent mehr Haarvolumen.

Der speziell für coloriertes Haar entwickelte Wirkstoff Color-Protectin in der „Color Glanz-Linie" mit UV-Schutz sorgt für den einzigartigen, lang anhaltenden Taft-Halt und schützt gleichzeitig die Haarfarbe.

„Flexibel" – die gelbe Linie für flexibles Styling im natürlichen Look – bietet langen und flexiblen Halt und Formstabilität für maximale Bewegungsfreiheit. Die rote Haarstyling-Linie „Glanz" sorgt mit dem Langzeitschutzwirkstoff Protectin für den besonderen Haarglanz.

Ähnlich wie am Sonnenschutzfaktor bei Sonnenschutzcremes kann sich der Verbraucher bei Drei Wetter Taft heute an einer Haltegrad-Skala orientieren: Den höchstmöglichen Haltegrad „5" mit extrem starkem Halt in jeder Situation bietet dabei die neue „Power"-Linie, die mit ihrer markanten schwarzen Verpackung besonders den dynamischen und aktiven Typ anspricht. Ob durchtanzte Nächte oder bewegungsintensiver Sport – mit dem Power Activity Gel von Drei Wetter Taft, das konsequenterweise nur mit Shampoo ausgewaschen werden kann, bringt wirklich nichts mehr die Frisur aus der Form.

Speziell für das extreme Trendstyling gibt es schließlich die Xpress-Linie, die mit ihren Unisex-Produkten je nach Tageszeit und Stimmung für ein extremes oder auch natürliches Styling sorgt. 14 leistungsstarke Produkte helfen, jeden gewünschten Look blitzschnell umzusetzen. „Xpress yourself!" lautet das Motto zum neuen Look-Konzept.

Doch ganz gleich ob Naturlook oder im wahrsten Sinne des Wortes haarsträubende Kreationen: Stets ist Verlass darauf, dass Regen, Wind und Sonne der Frisur nichts anhaben können. Gestern wie heute.

Firmenname	Klassiker	Gründer	Bekanntheit	Vertrieb	Hauptfertigungsstätten
Schwarzkopf & Henkel GmbH	Drei Wetter Taft (seit 1955)	Henkel KGaA	65 % (ungest.) 100 % (gest.)	Europa und Ferner Osten	Dülken und Wassertrüdingen

DUDEN | DAS WÖRTERBUCH

DUDEN Der Name Duden steht für Standardnachschlagewerke zur deutschen Gegenwartssprache und höchste lexikographische Kompetenz. Die Wörterbücher und Softwareprodukte von Duden zeigen nicht nur das breite Spektrum der deutschen Sprache, sondern sie geben insbesondere Sicherheit in allen sprachlichen Belangen. Der Star im heute umfangreichen Dudenprogramm ist nach wie vor der Rechtschreibduden, seit nunmehr fast 125 Jahren das deutsche Gebrauchswörterbuch schlechthin.

Am Anfang war das Wort – doch wie wird es geschrieben? Im ausgehenden 19. Jahrhundert war das hierzulande keine leicht zu beantwortende Frage. Bis in diese Zeit war die deutsche Rechtschreibung ohne verbindliche Regelung gewachsen. Jeder Verlag hatte seine Haus-Orthographie. Nicht einmal an den Schulen wurde das Schreiben nach einheitlichen Regeln gelehrt. Diesem Zustand wollte Konrad Duden mit seinem 1880 im Leipziger Verlag Bibliographisches Institut veröffentlichten „Vollständigen Orthographischen Wörterbuch der deutschen Sprache" abhelfen. Mit diesem „Urduden" legte er den Grundstein für eine einheitliche deutsche Rechtschreibung.

1901 diente die 6. Auflage des Wörterbuchs von Konrad Duden, das damals bereits ein Bestseller war, als Arbeitsgrundlage der nach Berlin einberufenen II. Orthographischen Konferenz. Diese markiert den Beginn einer einheitlichen amtlichen Rechtschreibregelung für ganz Deutschland. Um die Ergebnisse der Konferenz zügig in das „Vollständige Wörterbuch" einarbeiten zu können, stellte das Bibliographische Institut Konrad Duden einige Mitarbeiter zur Seite. Das war die Geburtsstunde der Dudenredaktion, die 1911, nach dem Tod Konrad Dudens, die Fortentwicklung seines Wörterbuchs übernahm.

In der Dudenredaktion arbeiten heute 20 wissenschaftliche Mitarbeiterinnen und Mitarbeiter. Sie stützen sich auf zwei Grundlagen: die (elektronische) Sprachkartei und die Sprachberatung. Die „Sprachkartei" umfasst viele Millionen Wortformen aus authentischen schriftlichen Quellen unterschiedlichster Art sowie aus dem ganzen deutschen Sprachraum. Die Quellentexte des Dudenkorpus reichen vom literarischen Werk über Gerätebeschreibungen, populärwissenschaftliche Schriften und Essays bis hin zu einer Vielzahl von Tages- und Wochenzeitungen und Special-Interest-Magazinen. Über die „Duden-Sprachberatung" steht die Dudenredaktion im engen Kontakt zur Sprachgemeinschaft. Zirka 40.000 Anfragen werden jährlich an die älteste Serviceeinrichtung dieser Art in Deutschland gerichtet. Die „Duden-Sprachberatung" erklärt Kommaregeln, ungewöhnliche Pluralbildungen, die Bedeutung und Herkunft von Wörtern und Wendungen und immer wieder Fragen zur Rechtschreibung. Außerdem bietet sie einen kostenlosen Newsletter an, der sich über die Homepage des Verlages abonnieren lässt.

Die aktuelle 22. Auflage des Dudens aus dem Jahr 2000 ist mit 120.000 Stichwörtern und 1.152 Seiten die umfassendste Ausgabe des Rechtschreibklassikers, die es je gab. 5.000 neue Wörter aus allen Lebensbereichen sind in die Neuauflage aufgenommen worden. Natürlich basiert der „Duden 2000" auf der neuen amtlichen Rechtschreibung. Alle neuen Schreibungen und Worttrennungen sind zur besseren Übersicht rot hervorgehoben. Das äußere Erscheinungsbild des gelben Klassikers hat eine Rundumerneuerung erfahren und wurde als erstes Wörterbuch von der Stiftung Buchkunst ausgezeichnet: Er zählt zu den schönsten deutschen Büchern 2000. Selbstverständlich gibt es den Duden auch als CD-ROM.

Längst ist der Duden mehr als nur ein Rechtschreibwörterbuch: Durch die Jahrzehnte hindurch spiegelt er technisch-wissenschaftlichen Fortschritt, kulturelle Entwicklung und alle gesellschaftlichen Wandlungen wider und erfasst jede sprachliche Veränderung.

Der Verlag ist stets dem Credo Konrad Dudens treu geblieben, ein Werk für die Praxis zu schaffen – für alle Menschen, die mit der deutschen Sprache leben und arbeiten.

DUDEN

Die deutsche Rechtschreibung

Das umfassende Standardwerk
auf der Grundlage
der neuen amtlichen Regeln

120 000 Stichwörter mit über
500 000 Beispielen, Bedeutungs-
erklärungen und Angaben
zur Worttrennung, Aussprache,
Grammatik und Etymologie

1

Firmenname	Klassiker	Gründung	Erfinder	Bekanntheit
Bibliographisches Institut; seit 1984: Bibliographisches Institut & F. A. Brockhaus AG	Duden – Die deutsche Rechtschreibung	Erscheinungsdatum „Urduden" 1880	Konrad Duden (1829–1911)	über 90 %

Wie hält man einen Stapel Papier zusammen? Eine scheinbar simple Frage, die dennoch nach einer spezifischen Problemlösung verlangt: Das traditionelle Lochen oder Abheften ist zeitraubend und hinterlässt auf wertvollen Dokumenten hässliche Spuren. Schnell und spurlos erledigt solche Aufgaben dagegen die Klemmmappe DURACLIP®. Auf den ersten Blick sieht die Mappe aus dem Hause des Iserlohner Büroorganisationsmittelherstellers Durable Hunke & Jochheim wie ein konventioneller Abhefter aus. Doch diese Mappe ist nicht aus Pappe. Ihr Geheimnis ist eine Klemme aus Spezialstahl: Die Klammer hält zusammen, was zusammengehört, und eine strapazierfähige Spezialfolie schützt die gesammelten Papiere vor allen Widrigkeiten des Büroalltags und des Transports.

Die Schöpfer der Klemmmappe blicken auf eine über achtzigjährige Geschichte ihres Familienunternehmens zurück. Bereits 1920 hatten Karl Hunke und Wilhelm Jochheim in Iserlohn eine Firma zur Herstellung von Kartenreitern gegründet. Die Firma gedeiht, übersteht den Zweiten Weltkrieg und wird nach 1945 von den Söhnen der Gründer weitergeführt. In den 50er Jahren erwerben Karl-Heinz Hunke und Hans Jochheim zunächst überschaubare 6.000 Quadratmeter Industrieland an der Iserlohner Westfalenstraße. 1956 beginnen die Bauarbeiten für eine neue Fabrikationsstätte, die schon sechs Jahre später zu eng wird. Doch das expandierende Unternehmen findet bald in Kamen-Methler ein fast dreimal so großes Gelände. 1993 kommt eine weitere Produktionsstätte in Gotha hinzu. Heute beschäftigt der Familienbetrieb an den Standorten Iserlohn, Gotha und Kamen-Methler rund 600 Mitarbeiter.

Durable ist einer der führenden Hersteller professioneller Büroorganisations- und Präsentationsmittel in Europa mit Tochtergesellschaften in England, Frankreich, Belgien, den Niederlanden, Österreich, Schweden und den USA. Erfolgreich zum einen, weil jahrzehntelange Erfahrung sowie der Einsatz von selbstkonstruierten Spezialmaschinen für Qualität bürgen. Andererseits hat es Durable geschafft, seine Produktpalette stets den aktuellen Kundenbedürfnissen anzupassen. Dafür ist die Klemmmappe selbst das beste Beispiel.

Die Mappe mit dem cleveren Clip kommt 1959 auf den Markt. Bis 1978 entsteht die DURACLIP® in aufwändiger Handarbeit, erst dann übernehmen Automaten diese Aufgabe. Im selben Jahr erhält die „Klemmmappe 2200" übrigens auch das Warenzeichen DURACLIP®.

Im Laufe der Jahre hat sich aus dem Ordnungs-, Aufbewahrungs- und Präsentationsmittel ein vielfältiges System entwickelt. Die DURACLIP®-Mappe wird mit transparentem oder farbigem Vorderdeckel in den DIN-Formaten A3, A4 und A5 sowie als Endlosformularmappe für Computerausdrucke angeboten. Der Kunde kann diese Mappen mittlerweile in sechzehn verschiedenen Farben erhalten.

Die Entwicklung geht jedoch voran. In den vergangenen Jahren ist das DURACLIP®-Sortiment nochmals erweitert worden. In verschiedenen selbstklebenden Taschen lassen sich jetzt auf und in den Mappen beispielsweise Disketten, Visitenkarten oder Fotos unterbringen. Und als Hommage an traditionelle Ablagesysteme ist die Klemmmappe nun auch selbst abheftbar. So einfach wie immer ist dagegen die Bedienung der Klemmmappe geblieben: Den Clip herausziehen, die Schriftstücke einlegen, den Clip zurückschieben, fertig. Dass dieser Vorgang zügig sowie beliebig wiederholbar in der Prozedur und gleichzeitig beständig und sicher in der Fortdauer ist, beweist Durable mit einem bisher einzigartigen Garantieversprechen: Ab 2003 gewährt das Unternehmen auf alle Stahlklemmen eine Garantie von fünf Jahren und unterstreicht dies mit dem neuen Werbeslogan „you clip – we care".

Auch mehr als 40 Jahre nach ihrer Erfindung ist die DURACLIP® das attraktive Original unter den Klemmmappen. Und angesichts des breiten Produktsortiments ist es sehr schwer, bei Durable Hunke & Jochheim keine passende Alternative zu fliegenden Blättern zu finden.

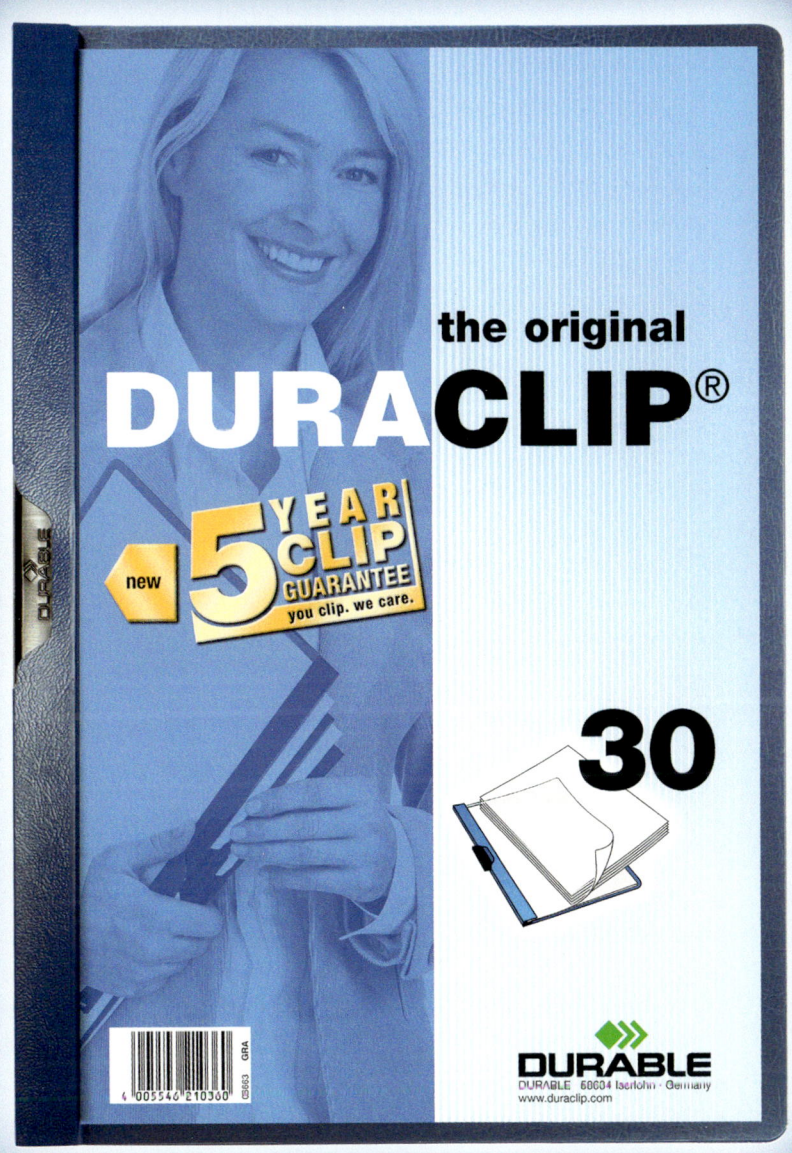

the original
DURACLIP®

new 5 YEAR CLIP GUARANTEE
you clip. we care.

30

DURABLE
DURABLE 68604 Iserlohn · Germany
www.duraclip.com

Firmenname	Klassiker	Gründung	Gründer	Vertrieb	Hauptfertigungsstätte
Durable Hunke & Jochheim GmbH & Co. KG	Duraclip (seit 1959)	1920 in Iserlohn	Karl Hunke und Wilhelm Jochheim	in über 70 Ländern	Iserlohn

DUSCHOLUX | DIE DUSCHWAND

Die Geschichte von Duscholux begann vor knapp 30 Jahren mit der Entwicklung einer einfachen Falt-Duschwand. Durch den konsequenten Ausbau der Angebotspalette sowie zahlreiche wegweisende Produkt-Innovationen entwickelte sich das Unternehmen seit dieser Zeit zu einem der weltweit führenden Hersteller von Sanitäreinrichtungen. Die international operierende Unternehmensgruppe hat ihren Hauptsitz in der Schweiz sowie Vertriebs- und Fertigungsgesellschaften in mehr als 30 Ländern. Sitz der deutschen Gesellschaft ist Schriesheim an der Bergstraße.

Heute verfügt Duscholux über ein international durchgängiges Markensortiment, das sich konsequent über die vier Kompetenzbereiche „Duschwände", "Bade- und Duschwannen", „Wellness" sowie „Raumkonzepte" erstreckt. Dabei wird das Lieferprogramm vom preiswerten Marken-Einstiegsmodell bis hin zur exklusiven Premiumserie jedem Anspruch gerecht. Individuelle, kundenorientierte Badlösungen sind die besondere Stärke des Unternehmens.

Besonders im Bereich der Raumkonzepte zählt Duscholux mit seinem Piccolo-Programm zu den Schrittmachern innovativer Bad-Ideen. Die im Jahr 1993 erstmals präsentierte Piccolo-Kollektion bedeutete seinerzeit ein völlig neues Konzept für die Gestaltung kleiner Bäder und brach konsequent mit dem gängigen Designverständnis. Piccolo brachte individuelle Anwendungsvielfalt durch beliebige Kombinierbarkeit der Elemente. Duschwand, Duschwanne und Badewanne passen sich den Räumen an – und nicht umgekehrt.

Verschiedene Programmerweiterungen mit so klangvollen Namen wie „Piccolo Sky", „Piccolo Twin" oder die Wannen- und Duschkombinationen „Piccolo Corner" und „Piccolo Duo" machen Piccolo besonders bei der Planung kleiner Badräume zum Nonplusultra. Systematisch wurde das Raumkonzept durch die Kollektion „Piccolo Plus" im Jahr 2001 ausgebaut. Die Duschwand „Collection 2 Piccolo" ergänzte ein Jahr später das Sortiment mit einer attraktiven rahmenlosen Variante. Hochwertiges Sicherheitsglas sowie das ansprechende Design der eleganten Scharnierformen vermitteln auch in kleinen Bädern den Eindruck von Transparenz, Eleganz und Weite. Die wertigen Pendelscharniere ermöglichen das wahlweise Öffnen der Türen nach innen oder nach außen. Eine Flexibilität, die sich gerade in kleinen Räumen als unschätzbarer Vorteil erweist – immerhin scheitert noch ein knappes Drittel der rund 34 Millionen deutschen Bäder an der 6-qm-Hürde.

Pünktlich zum zehnjährigen Jubiläum des Badklassikers stellt Duscholux mit „Piccolo City" die neueste Komplettserie im Piccolo-Programm vor. Drei Duschwand-Ausführungen sowie je drei Dusch- und Badewannen bieten noch mehr Variationsmöglichkeiten bei noch mehr Formenvielfalt. Duschwand und Dusch- bzw. Badewanne bilden bei „Piccolo City" eine formale und funktionale Einheit, können aber gleichwohl auch mit allen anderen Produkten der Piccolo-Serie kombiniert werden, was für die Bad-Planung eine nahezu grenzenlose Individualität bietet.

Auch für gehobene Loft-Lösungen bietet Duscholux das adäquate Ambiente, im Wellness-Bereich etwa mit Duscho-live: markantes Design, eindrucksvoll und klar, in einem gelungenen Mix aus hochwertigen Materialien und moderner Technik. Die Ausstattung der Duscho-live Dampfdusche bietet Duschgenuss vom Feinsten: Neben der Hand- und Kopfbrause verwöhnen seitlich angebrachte Massagedüsen den Körper. Dampf und eine softe Rückenmassage aktivieren schonend den Kreislauf und entspannen.

Die weltweite Anerkennung und Bekanntheit der Marke Duscholux wird begründet durch ein in seiner Konsequenz einzigartiges Markenprofil: Zeitgemäßes Design, regelmäßig bestätigt durch anerkannte Designauszeichnungen, eine gleichbleibend hohe Produktqualität und Funktionalität, lange Haltbarkeit sowie regelmäßige Produkt-Innovationen sind der Garant für den anhaltenden Erfolg der Marke Duscholux.

Firmenname
D + S
Sanitärprodukte
GmbH

Klassiker
Duscholux
Raumkonzept Piccolo
(seit 1993)

Gründung
1974 in
Schriesheim

Mitarbeiter
1.800
weltweit

Bekanntheit
50 % (Deutschland,
2003)

Vertrieb
weltweit –
in über 30 Ländern

DWS INVESTMENTS | DIE FONDSGESELLSCHAFT

Im Wesentlichen sind es drei Kriterien, die Anleger bei ihrer Kapitalanlage über alles schätzen: Wertsteigerung, Wertsteigerung und Wertsteigerung. Längerfristig gesehen gibt es kaum eine Anlageform, die dem Ziel der Wertsteigerung näher kommt als Investmentfonds. Gerade in turbulenten Zeiten und volatilen Marktlagen gelten seriöse, professionell und aktiv gemanagte Investmentfonds als eine beruhigende und sichere Alternative zu schwankungsfreudigeren und spekulativeren Einzelwerten. Eine Erwartung, die insbesondere bei Einzelwerten in den letzten Jahren nicht immer erfüllt werden konnte.

Aber neben dem wichtigen Kriterium der Wertsteigerung gibt es noch andere Aspekte, die bei der Entscheidung über eine Kapitalanlage berücksichtigt werden sollten, wie Servicequalität und Vertrauenswürdigkeit des Anbieters sowie ein hoher Innovationsgrad der Produkte. Genau diese Werte sind es, für die die DWS, Deutschlands und Europas erste Adresse für Investmentfonds, steht.

Als eine der ältesten, erfolgreichsten und wenigen international tätigen Fondsgesellschaften ist die 1956 gegründete DWS nach verwaltetem Geldvolumen in Höhe von rund 100 Milliarden Euro und mit mehr als 4 Millionen Kunden mit einem Anteil von rund 25 Prozent Marktführer in Deutschland, und mit weit mehr als 300 Fonds ist sie auch Europas größte Fondsgesellschaft. Aber die DWS ist nicht nur groß, sondern nachweislich auch gut. Ihr selbst gestecktes Ziel, aus dem Geld ihrer privaten Investoren ein Vermögen zu machen, verfolgt die DWS seit Jahren konsequent und erfolgreich, wie nicht nur Zahlen und Charts aus der Vergangenheit belegen. Vergleiche mit der jeweiligen Benchmark sprechen eine eindeutige Sprache und lassen nur wenig Spielraum für Interpretationen. Immer wieder ist es der DWS gelungen, auch unter schwierigsten Rahmenbedingungen den relevanten Vergleichsindex zu schlagen. Ein Erfolg, der belohnt wird: Als regelmäßiger Gewinner zahlreicher Preise und Auszeichnungen ist die

Tochtergesellschaft der Deutschen Bank der Primus der Branche. Regelmäßig nehmen Fonds der DWS in Rankings unabhängiger Fondsrating-Agenturen eine Spitzenposition ein. 2003 wurde der Seriensieger erneut von der renommierten Ratingagentur Standard & Poor's als „Beste Investmentfondsgesellschaft" ausgezeichnet. Sie erhielt damit zum 9. Mal in Folge den begehrten „Oscar" der Fondsbranche.

Damit lässt sich wahrscheinlich auch der Erfolg im Vertrieb erklären, der mittlerweile über alle Kanäle erfolgt: Deutsche Bank, Finanzmakler, Drittbanken, DWS Direkt und das Internet. Das in Deutschland bewährte Konzept wurde in gut einem Jahr in zehn Ländern Europas umgesetzt. Seither ist DWS Investments als Marke an den wichtigsten Finanzplätzen Europas etabliert.

Ausgezeichnet ist auch die Vielfalt der breit gestreuten Fonds-Palette. Alle relevanten Regionen und Branchen sind in ihnen abgebildet. Hinzu kommt, dass sie mit den unterschiedlichsten Anlageformen und -stilen sowohl für den chancenorientierten als auch für den eher konservativen Investor das passende Produkt anbieten kann.

Denn nicht nur nach Anlagevolumen und Wertsteigerung, sondern auch in Sachen Innovationskraft ist die DWS Marktführer. Permanent werden der aktuellen Marktsituation angemessene und den zukünftigen Erwartungen entsprechende neue Fondskonzepte entwickelt, die ganz auf die individuellen Interessen der Anleger zugeschnitten sind. Erfolg braucht Wissen, Zeit und Erfahrung. Alles Voraussetzungen, die Kleinanlegern vielfach fehlen. Immer wieder gelingt professionellen Fondsmanagern, woran private Investoren verzweifeln: breite Risikostreuung bei optimaler Renditechance. Und bei aller Unterschiedlichkeit verfolgen auch die Fonds der DWS im Interesse ihrer Anleger immer nur das eine Ziel: Wertsteigerung. Ganz nach dem Motto der DWS, das Anspruch und Versprechen gleichermaßen formuliert: „Ihr Geld ist ein Vermögen wert."

DWS INVESTMENTS

Firmenname
DWS
Investment GmbH

Klassiker
DWS Vermögens-
bildungsfonds I

Gründung
1956
in Frankfurt

Vertrieb
europaweit

Fondsvermögen
120 Mrd. Euro

Auszeichnung
9 Mal in Folge „Beste
Fondsgesellschaft"

edding | DER FILZSCHREIBER

edding Im Jahre 1959 machte Volker D. Ledermann bei einem japanischen Geschäftsfreund eine interessante Entdeckung: einen völlig neuartigen Universalschreiber mit einer Schreibspitze aus Filz. Von den Vorzügen solcher „Filzschreiber" konnte Ledermann sich sogleich eigenhändig überzeugen: Sie schreiben sofort, klecksen nicht, lassen sich breit, leicht und schwungvoll auf praktisch jedes Material auftragen, trocknen sekundenschnell und sind wisch- und wasserfest.

Volker D. Ledermann erkannte mit einem Blick, dass ein solches Produkt auch auf dem deutschen Markt große Erfolgschancen haben würde. Darum wandte er sich an seinen Freund Carl-Wilhelm Edding, der zu dieser Zeit bereits im Japanhandel tätig war. Mit ihm zusammen plante er, Import und Vertrieb dieses neuen Artikels aufzubauen. Obwohl der Geschäftsstart viel versprechend war, mussten die beiden Partner bald einsehen, dass es in Europa und besonders in Deutschland einer eigenen Marke bedurfte, um den Erfolg langfristig zu sichern. Gemeinsam entwickelten sie den importierten „Lion-Schnellschreiber" weiter und schufen so den Prototyp des legendären Allround-Markers edding No. 1, mit dem 1960 der Aufstieg zum Konzern begann.

Dem edding No. 1 wurde bald ein ganzes Sortiment an Modellen mit den unterschiedlichsten Schreibspitzen zur Seite gestellt. Das meistverkaufte und bekannteste ist der edding 3000. 1962 als so genannter Schnellschreiber eingeführt, erreichte er 1967 erstmals einen Absatz von mehr als einer Million Stück. Heute werden von diesem Modell jährlich viele Millionen in weltweit mehr als 40 Ländern verkauft.

Um das Abfallaufkommen zu reduzieren, war der edding 3000 – wie fast alle Schreibprodukte dieser Marke – von Anfang an nachfüllbar. Der Konzern handelte somit nach seinem umweltpolitischen Motto „Refill statt Müll", lange bevor Umweltfragen eine solch große Bedeutung beigemessen wurde wie heute. Für das Umweltengagement bekam die Firma edding im Jahr 1995 den begehrten B.A.U.M. Umweltpreis. Überall dort, wo brillante Farben und dauerhafte Beschriftungen gefragt sind, ist der inzwischen in 20 Farbtönen erhältliche edding 3000 als universeller Marker einsetzbar. Die Tusche hält wasserfest und lichtbeständig auf fast allen Oberflächen wie Glas, Kunststoff, Metall, Holz und natürlich Papier und Karton. Ob Industrie, Haushalt, Büro oder Grafikstudio – wegen seiner vielfältigen Einsatzmöglichkeiten ist der edding 3000 seit Jahren unschlagbarer Marktführer unter den Permanentmarkern in Deutschland. Dass der edding 3000 ein echter Klassiker ist, wurde ihm mit der Verleihung des „Busse Longlife Design Award" auch offiziell bestätigt. Diesen Preis erhalten nur Produkte, die sich durch besonders hohe Qualität und Zuverlässigkeit auszeichnen.

Daneben bietet edding ein hochwertiges Sortiment an Markern, Schreibgeräten und Büroartikeln, das auch Spezialmarker für ausgefallene und spezielle Anwendungsbereiche bereit hält, beispielsweise für den medizinischen Bereich, zur Präsentation am Flipchart, am Whiteboard oder auf der Overheadprojektor-Folie. So bietet edding stets Innovationen, wie die Kugelschreiber- und Druckbleistiftserie für ein seidenweiches Schreiben und ein formschönes Äußeres sowie eine Vielzahl an Paint- und Dekomarkern im Segment Hobby und Freizeit oder Gel-Roller. Brillante Farben setzen der Kreativität keine Grenzen. Unter der Marke Legamaster wird dem Verbraucher ein umfassendes Sortiment an Mitteln für die visuelle Kommunikation geboten, das von Schreibtafeln bis hin zu komplexen Wandschienensystemen und Komplettlösungen für Konferenzräume reicht.

Die edding-Gruppe ist heute ein Global Player mit einem internationalen Team aus weltweit 600 Mitarbeitern.

Qualität, Zuverlässigkeit, Kreativität – diese markanten Eigenschaften der Marke edding werden auch in Zukunft dazu beitragen, die führende Marktposition des Unternehmens global zu sichern.

Firmenname	Klassiker	Gründung	Mitarbeiter	Gründer	Vertrieb
edding AG	edding 3000 (seit 1962)	1960 in Hamburg	600 weltweit	Wilhelm Edding und Volker D.Ledermann	weltweit

EIKA | DIE KERZE

„Anstelle von Schmutz und Gift, bevorzugen wir unser Leben mit Honig und Wachs zu füllen, und dadurch die Menschheit mit den zwei nobelsten Dingen auszustatten – Süße und Licht." Jonathan Swift (1667–1745).

Ob philosophische Gedanken dieser Art in den Köpfen der Römer des 2. Jahrhunderts vorherrschten, mag bezweifelt werden. Jedoch ist bekannt, dass sie ihre Fackeln mit kerzenartigen Objekten ergänzten. Ziel war es, möglichst ohne lästigen Qualm, Licht ins Innere zu bringen. Obwohl die Kerze über Jahrhunderte immer mehr die Eigenschaften erlangte, die wir heute mit ihr verbinden – ein geflochtener Docht, von fester Brennmasse umschlossen – war der Abbrand nicht ganz einfach. Die Kerzen mussten ständig „geschneuzt", also geputzt werden. So nannte man es, wenn der Docht gekürzt und der Brennteller gereinigt wurde, um Tropfen und Rußen der Kerze zu verringern. Noch Goethe sagte im 18. Jahrhundert: „Wüßte nicht, was sie besseres erfinden könnten, als dass die Lichter ohne Putzen brennten."

Mit der Industrialisierung des 19. Jahrhunderts konnte sein Wunsch erhört werden. Die Entdeckung der Rohstoffe Paraffin und Stearin sowie die Entwicklung neuer Webtechniken für Dochte vereinfachten die Kerzenherstellung und erhöhten die Qualität. Die Kerze wurde damit, nachdem sie Jahrhunderte meist nur Kirche und Adel erleuchtete, auch den breiten Bevölkerungsschichten zugänglich.

Hier beginnt die Geschichte von EIKA. Als einer der ersten Kerzenhersteller Europas findet EIKA 1824 ihren Ursprung in der Firma Berta, gegründet von Franz Emil Berta. Durch ein weiteres Familienmitglied, Max Eickenscheidt, erwuchs ein zweiter Fertigungszweig, die Eickenscheidter Wachswarenfabrik. Ebenfalls mit Sitz in Fulda, entwickelte sie sich rasch zur Perle der Wachswarenindustrie. Mit dem Zweiten Weltkrieg stockte jedoch die Produktion, und Eickenscheidt stand zum Verkauf.

Zu diesem Zeitpunkt hatte der Neusser Öl- und Fetthändler Leo Brand eine Vision: seine Rohstoffe zu feinsten Kerzen zu verarbeiten. Er war von dieser Idee so überzeugt, dass er sogar während der Kriegsjahre die Fabrik übernahm. Mit dem femininen Namen EIKA und einem goldenen Etikett ausgestattet, sollten seine Kerzen den Markt und die Herzen der zu 90 Prozent weiblichen Kunden erobern. Das goldene Etikett steht auch heute noch als Symbol für Kerzen höchster Qualität und macht EIKA zur bekanntesten Kerzenmarke Deutschlands.

Stets war es EIKA ein zentrales Anliegen, die Kerzen im komplexen Zusammenwirken zwischen Docht und Material immer weiter zu optimieren. Der Docht, als die Seele der Kerze, dient als Transportmedium für das flüssige Wachs. Falls dieser in seiner Stärke und Flechtung der Garne für das ausgewählte Wachs fehldimensioniert ist, ist das Tropfen oder Verlöschen der Kerze vorbestimmt. Das heißt: jede Kerze braucht ihren eigenen Docht. Eine Herausforderung, der EIKA mit seiner eigenen Dochtherstellung begegnet. Eben dieses Know-how ist Teil des Geheimnisses der EIKA-Kerzen, die sogar Goethe ein Lächeln abringen würden.

Durch permanente Forschung und Neuentwicklung konnte sich EIKA über die Jahrzehnte erfolgreich am Markt behaupten, gliederte in den 80er Jahren den Zweig Berta-Kerzen wieder in das Unternehmen ein und ist nunmehr in der dritten Generation der Familie Brand einer der führenden europäischen Kerzenhersteller mit weltweiten Aktivitäten.

Ursprünglich mit Spitzkerzen, Stumpenkerzen und Baumkerzen assoziiert, steht die Marke heute für mehr. Mit Licht, Farben und Duft eine besondere Atmosphäre zu schaffen, die so individuell ist wie ihre Kunden. EIKA liefert über 5.400 gute Gründe, Antoine de Saint-Exupérys Gedanken immer wieder neu mit Leben zu füllen: „Das Wesentliche einer Kerze ist nicht das Wachs, das seine Spuren hinterlässt, sondern das Licht."

Firmenname	Klassiker	Gründung	Mitarbeiter	Erfinder der Marke	Hauptfertigungsstätte
EIKA Wachswerke Fulda GmbH	EIKA Kerzen (seit 1824)	1824 in Fulda	220	Leo Brand (1896–1982)	Fulda

eismann

Wie schafft man eine unverwechselbare Marke, die sich fest ins Bewusstsein der Verbraucher einprägt und beim Konsumenten für eine Reihe ganz bestimmter, charakteristischer Produkteigenschaften steht? Kaum eine Frage dürfte in der Beantwortung mit mehr finanziellem Aufwand verbunden sein, als diese. Jahr für Jahr bewerben sich Tausende neuer Produkte und Dienstleistungen beim Verbraucher um den Markenstatus, mit dem durchaus zweifelhaften Erfolg, dass sich die Etablierung neuer Marken, trotz Werbemillionen, an einer Hand abzählen lässt. Es muss sich also ein tiefer gehendes Geheimnis hinter dieser Frage verbergen.

Blickt man zurück auf die Entstehungsgeschichte der Marke eismann, so lernt man, dass durchaus auch der Zufall am Anfang einer erfolgreichen Markengeschichte stehen kann. Denn ursprünglich war die Firma eismann ein Molkereibetrieb, bei dem die Bauern ihre Milch abgaben, aus der dann Butter, Käse und Sahne produziert wurde. Sozusagen als Wegegeld bekamen die Bauern bei Abgabe ihrer Milch Naturalien ausgehändigt. Da eine der köstlichsten Veredelungsstufen von Milch das Eis ist, begann das Unternehmen vor über 30 Jahren mit der Produktion von Eiskrem. Mit einem folgenschweren Problem: Da Eiskrem naturgemäß gekühlt transportiert werden muss, konnte sie den Bauern beim Abliefern der Milch nicht einfach ausgehändigt werden. Das Eis musste also mit Kühlwagen zu den Höfen gebracht werden. Und genau hier schlägt die Geburtsstunde des Tiefkühl-Heimservice von eismann. Denn die gekühlten Leckereien fanden bald nicht nur Anklang bei den Milch-Produzenten, auch Nachbarn und Verwandte, bald ganz normale Haushalte, reagierten auf den Tiefkühl-Heimservice mit ausgesprochenem Zuspruch. Der langjährige Vorsitzende der Geschäftsleitung, Udo Floto, der als Projektleiter nicht nur die Idee „eismann" auf die Schiene brachte, sondern am Anfang selbst mit in den Wagen saß, erinnert sich: „Von ganz alleine, ohne ein sonderliches Zutun, vermehrte sich die Kundschaft." Mit der Dienstleistung, die das

Unternehmen in den folgenden Jahren zur Marktführerschaft bringen sollte, war auch bald der Markenname gefunden, eismann hieß eine Tochtergesellschaft, von der man den Namen übernahm. Eine passendere Wahl hätte man nicht treffen können: 1974 wird als 100-prozentige Tochter der Milchhof-Eiskrem GmbH die eismann Tiefkühl-Heimservice GmbH gegründet.

Mit dem Erfolg kam auch eine Ausweitung des Sortiments. Hier zeigt sich spätestens, dass Zufall allein keine Marke bildet. Konsequentes Qualitätsmanagement, Innovation und perfekter Service sind im Falle eismann Hauptzutaten des Marken-Rezeptes. Der Erfolg des Geschäftsmodells liegt – unabhängig von der stetig wachsenden Beliebtheit von Tiefkühlprodukten – auf der persönlichen Kundenansprache und Beratung durch die speziell geschulten Mitarbeiter. Die sympathischen Eismänner fahren von Haus zu Haus, nehmen Bestelllisten aus dem umfangreichen Schlemmerkatalog entgegen, liefern die gewünschten Produkte und geben auf Wunsch Rezepte und Menüvorschläge weiter.

Kurz vor ihrem 30-jährigen Firmenjubiläum im Jahr 2004 drückt sich der Erfolg der Marke eismann in Fakten so aus: Für das Unternehmen arbeiten heute rund 5.000 Beschäftigte in 90 deutschen und 110 europäischen Niederlassungen. Die Produktpalette des deutschen Katalogs umfasst mittlerweile 470 Artikel, europaweit werden insgesamt 1.350 Artikel tiefgekühlt vertrieben. Das Unternehmen beliefert international 2,5 Millionen Haushalte, davon allein in Deutschland 1,5 Millionen. Im Jahr 2002 konnte das Unternehmen mit Firmensitz in Mettmann einen Umsatz von über 510 Millionen Euro verbuchen. Ein Erfolg, den man in Mettmann auf den konsequenten und permanenten Bezug zur Firmenphilosophie zurückführt. Und die lautet schlicht: Top-Service und herausragende Qualität.

Firmenname	Klassiker	Gründung	Mitarbeiter	Vertrieb	Hauptfertigungsstätten
eismann Tiefkühl-Heimservice	Der Heim-Lieferservice (seit 1974)	1974 in Mettmann	5.000 weltweit	in 8 europäischen Ländern	Eis: Nürnberg, TKK, Backwaren: weltweit

ELEFANTEN | DER KINDERSCHUH

Der Elefant als Symbol für Robustheit und Dickhäutigkeit – und als Markenzeichen für Kinderschuhe, die diese Erwartungen erfüllen: Robust überstehen sie alle Erkundungsgänge der Kleinen, und gleich einer dicken Haut schützen sie den zarten Kinderfuß vor Schmutz, Kälte oder Unwegsamkeiten, ohne dabei jedoch den zur Kräftigung der Muskulatur so wichtigen Bewegungsfreiraum zu beeinträchtigen. Denn getreu der Elefanten-Schuhphilosophie „Schützen statt stützen" soll der Kinderschuh dem Barfußlaufen möglichst ähnlich sein, um eine optimale Entwicklung zu gewährleisten. Dies ist ein wichtiger Beitrag zur Gesundheit, auch des später Erwachsenen, bedenkt man, dass 98 Prozent der Kinder mit gesunden Füßchen auf die Welt kommen, aber zwei Drittel der Füße Erwachsener krankhafte Veränderungen aufweisen.

Und diese Verantwortung übernimmt Elefanten nun schon seit fast 100 Jahren: Im Jahre 1896 gründete der 24-jährige Gustav Hoffmann zusammen mit seinem Schwager im rheinischen Kleve die Kinderschuhfabrik „Pannier & Hoffmann". Vier Jahre später führte diese Fabrik eine Neuheit in der Kinderschuhproduktion ein: Erstmalig wurden serienmäßig linke und rechte Schuhe hergestellt. Vorher blieb es dem Kinderfuß selbst überlassen, sich den Schuh „zurechtzubiegen". Nach der beruflichen Trennung der beiden Schwager eröffnete Gustav Hoffmann 1908 unter seinem Namen eine eigene Fabrik und legte so den Grundstein für das heutige Unternehmen, das erst seit 1979 den Namen Elefanten trägt. Hoffmann zeigte großen Einsatz für kleine Füße und forschte beständig, Schuhe und Tragekomfort weiter zu optimieren. 1935 starb der verdienstvolle Firmengründer und sein Unternehmen ging in den Freudenberg Konzern über. Heute ist Elefanten eine 100-prozentige Tochtergesellschaft der C. & J. Clark Ltd.

Die Firma hat sich zwischenzeitlich als Europas führender Hersteller für Kinderschuhe etabliert: gehört doch der 1964 erstmalig produzierte Lauflernschuh „Elefanten el chico" zu den weltweit meistverkauften.

Zehn Jahre später wurde zudem unter maßgeblicher Mitwirkung von Elefanten das WMS – Weiten-Maß-System eingeführt. Dieses System ermöglicht eine Herstellung von Kinderschuhen in drei Weiten. Bis zum jetzigen Zeitpunkt exportiert Elefanten seine Schuhe in über 30 Länder der Welt.

Das Ergebnis von fast 100-jähriger Forschung ist heute eine herausragende Kompetenz bei sämtlichen Funktionsschuhen für Kinder. Darüber hinaus bietet Elefanten vom Lauflern- über Kindergarten- bis zum Schulalter für jede Entwicklungsstufe den passenden Schuh an. Jeder einzelne Schuh ist voll-flexibel, hat eine perfekte Passform nach WMS (weit, mittel, schmal) und ein Fußbett, das die natürlichen Bewegungsabläufe des Fußes unterstützt. Diese Ausstattungselemente sind aber „nur" die Mindestanforderungen, die Elefanten an Kinderschuhe stellt. Weitere Spezial-Systeme bieten dem Kinderfuß die Basis für ein gesundes Wachstum. So konnten im Jahr 2002 rund fünf Millionen Kinderfüße mit neu gekauften Schuhen die Welt entdecken, ohne dass der Schuh drückte.

Dass die Schuhe nicht nur bei gesundheitsbewussten Eltern beliebt sind, sondern auch bei den Kids, ist der fortschrittlichen Einstellung bei Elefanten zu verdanken: Man ist sich dort nämlich durchaus bewusst, dass Kinder schon früh ein ausgeprägtes Bewusstsein für „Chic" haben. Aus diesem Grund beschäftigt sich das Traditionsunternehmen intensiv mit jungem Design, um so die Wünsche der jungen Kunden erfüllen zu können. Frei nach der Devise „Discover your world" entwickelt Elefanten zeitgemäße Kinderschuhe mit perfekter Passform für aktive Kinder. Elefanten Schuhe unterstützen somit buchstäblich ab den ersten eigenen Schritten die körperliche und geistige Entwicklung der Kinder. Die eigene Welt entdecken – Schritt für Schritt seinen Radius erweitern und sich seinen Alltag aktiv, bunt und positiv gestalten. Mit Schuhen von Elefanten ausgestattet, geht der kleine Mensch auf eigenen – noch wachsenden – Füßen in jeder Form einer gesunden Entwicklung entgegen.

Firmenname	Klassiker	Gründung	Gründer	Bekanntheit	Vertrieb
Elefanten GmbH	Elefanten Kinderschuh (seit 1928)	1908 in Kleve	Gustav Hoffmann (1872–1935)	90 %	in über 25 Ländern weltweit

EMSA | DAS FRISCHHALTESYSTEM

 Wer sich schon immer fragte, wie das Gemüse knackig, die Milch frisch oder die Flakes knusprig bleiben und wie die unübersichtlichen Verpackungen und Folien aus dem Kühlschrank verschwinden können, der findet die Antwort im gut sortierten Handel – mit EMSA SUPERLINE.

Die unverwechselbaren transparenten Frischhalteschalen mit dem blauen Deckel haben den voll gestopften Kühl- oder Küchenschrank klassischer Prägung revolutioniert. Ob rund, quadratisch oder in rechteckigen Formen, mit diesen Boxen lassen sich sämtliche Lebensmittel sicher und frisch aufbewahren. Durch die Sichtfenster ist sofort erkennbar, welche Lebensmittel in den Boxen von 0,4 bis zu 8,5 l Platz gefunden haben. Vorbei sind also die Zeiten des wütenden Wühlens durch die (Kühl-)Schranketagen – alles ist auf den ersten Blick übersichtlich und wird geschmackssicher und geruchsneutral aufbewahrt. Des Weiteren zeichnet diese Boxen aus, dass sie durchweg spülmaschinen-, mikrowellen- und gefriergeeignet sind.

Die SUPERLINE Systembox, eine weitere Linie der SUPERLINE Serie, bietet ebenfalls clevere Lösungen für Vorrat, Aufschnitt & Co. Die Systemboxen sind Platz sparend stapelbar und benötigen daher bis zu 70 Prozent weniger Stauraum. Nur die oberste der Boxen wird mit einem Deckel verschlossen. So schmeckt die Wurst nicht nach Käse und kann nach Sorten getrennt bei aromadichter Lagerung frisch bleiben.

SUPERLINE ist das Ergebnis einer kontinuierlichen Entwicklung aus dem Hause EMSA, das seit über 50 Jahren praktische wie formschöne Haushaltswaren herstellt. Als aufmerksamer Beobachter des Zeit- und Marktgeschehens erkannte der Unternehmensgründer Franz Wulf aus Greven früh die Vorteile des neuen Werkstoffes Kunststoff als Ersatz für konventionelle Materialien wie Holz, Glas und Keramik. Die Vielseitigkeit und Robustheit des Materials sowie die Möglichkeiten seiner Formgebung faszinierten ihn. Aus dem Ziel, Produkte des täglichen Bedarfs zu schaffen, welche die Arbeit erleichtern sollten, wurde eines der führenden Unternehmen der Haushaltswarenbranche, dessen Produkte heute in keinem Haushalt fehlen dürfen.

1949 gründete Franz Wulf die Franz Wulf & Co. Plasticwarenfabrik zur Herstellung und zum Vertrieb von Haushaltsartikeln. Die ersten Produkte waren von Hand genähte Spritzbeutel mit Metalltüllen, Teigrädchen und der legendäre Tropfenfänger für Kaffeekannen. 1954 wurde die Firma ins Handelsregister eingetragen und ihre Produkte führen, angelehnt an den Namen des norddeutschen Flusses, seit Anfang der fünfziger Jahre den Markennamen EMSA. Die Nachfrage stieg ständig, und entsprechend schnell erweiterte sich das Produktsortiment um Tischserien, Küchenausstattungen sowie Isolierkannen. So bietet EMSA heute neben kleinen Küchenhelfern ganze System-Lösungen für die Küche an und hat auch komplette Tischserien im Programm.

Die internationale Beachtung ließ nicht lange auf sich warten und beschleunigte das ohnehin schon dynamische Wachstum. Bereits 1951 wurden EMSA Produkte ins Ausland exportiert. Heute beträgt der Exportanteil am Umsatz ca. 30 Prozent. 1977 sind schließlich aus der einstigen Plasticwarenfabrik die heutigen EMSA Werke entstanden. Die gesamte Produktion des Unternehmens verdichtet sich im Standort Emsdetten auf einem Areal von 120.000 qm bebauter Fläche. 1999 wurde mit dem Kauf von ADDIS, dem britischen Marktführer für Haushaltswaren aus Kunststoff, die EMSA Holding AG gegründet, in der inzwischen über 700 Mitarbeiter dafür sorgen, dass die Bedürfnisse des Verbrauchers in erfolgreiche Produktideen umgesetzt werden. Praktisch, funktional und formschön im Design sowie umweltfreundlich in der Produktion – EMSA ist längst zum Begriff für Qualität geworden. Dies geschieht heute wie vor 50 Jahren getreu der Unternehmensleitlinie: „Unser Kunde bestimmt Qualität und Leistung unseres Handelns."

Firmenname
EMSA Werke
Wulf GmbH & Co. KG

Klassiker
Frischhaltesystem
SUPERLINE

Gründung
1949 in Greven

Gründer
Franz Wulf

Vertrieb
weltweit

Hauptfertigungsstätte
Emsdetten

Mit mehr als 20-jähriger Erfahrung in der Vermarktung von hochwertigen Immobilien in erstklassigen Lagen gehört Engel & Völkers heute zu den führenden bankenunabhängigen Universalmaklern in Deutschland.

Das 1977 von Dirk C. Engel gegründete Unternehmen Engel & Cie. ist zunächst auf den Verkauf von amerikanischen Immobilien an deutsche Interessenten spezialisiert. Anfang der 80er Jahre findet Engel in Christian Völkers einen kongenialen Partner. Im sehr überschaubaren, aber nicht minder lukrativen Villenmarkt der Elbvororte erlangt das junge Unternehmen, welches nun in der repräsentativen Elbchaussee residiert, bald die Marktführerschaft. 1986 übernimmt nach dem Tod von Dirk Engel Christian Völkers die Leitung der nun unter Engel & Völkers GmbH firmierenden Gesellschaft, 1988 wird das Büro Alster eröffnet. Die ersten Courtage-Umsätze und erfolgreichen Verkäufe von Stadtvillen und Penthäusern rund um die Alster untermauern das Image von Engel & Völkers als Spezialist für hochwertige Immobilien in erstklassigen Lagen.

Ihren Ausnahmestatus unterstreichen Engel & Völkers 1988 mit ihrer ersten Tochtergesellschaft, dem Grund Genug Verlag. Das gleichnamige, vierteljährlich erscheinende Lifestyle- und Architektur-Magazin kann in seiner Art wohl als einmalig bezeichnet werden. In edler Aufmachung werden neben ausgesuchten Reportagen, Homestorys und Reisetipps die schönsten Immobilien weltweit zum Ansehen und Kaufen präsentiert – eine den Erwartungen der gehobenen Zielgruppe mehr als adäquate Form der Produktpräsentation. Heute erscheinen in dem Verlag auch ausgesuchte Bildbände zum Thema, etwa „Herrenhäuser & Gärten in Portugal" oder „Landsitze & Stadtpalais auf Mallorca".

Ein strategisch wichtiger Schachzug war auch die Übernahme der Exklusivvertretung von Sotheby's International Realty, dem Tochterunternehmen des bekannten Londoner Auktionshauses: Ein ähnliches Produktportfolio, das ausgebaute internationale Netz-

werk und nicht zuletzt der traditionsreiche und wohlklingende Name fügten sich synergetisch in das ambitionierte Unternehmenskonzept von Engel & Völkers ein.

Die 90er Jahre waren geprägt durch weitere Büroneueröffnungen in Hamburg unter anderem im Alstertal und im Sachsenwald, aber auch im übrigen Bundesgebiet, etwa in Berlin, München und Düsseldorf. Schon bald wurde das Angebot auch um Gewerbeimmobilien erweitert, die Bereiche Laden-, Büro- und Handelsflächenvermietung, Betreuung von institutionellen Anlegern, Projektentwicklung, Research und Verkauf von Anlagenimmobilien und Grundstücken kamen hinzu.

Den Wünschen der betuchten Stammkundschaft folgend, wurden bald auch Büros an klassischen Ferien- und Zweitwohnsitzstandorten eröffnet. Ob am Tegernsee oder auf Sylt, auf Mallorca oder auf Gran Canaria – geht es um Premium-Wohnlagen, ist der Weg zum nächsten Engel & Völkers-Büro nie weit. Wegweisend war dabei die Mitte der 90er durchgeführte Einführung des „Immobilien-Shop"-Konzepts: Die im einheitlichen Corporate Design gestylten „Shop-Büros" in 1a-Lauflagen schafften deutlich größere Kundennähe und ermöglichten interessante Cross-Selling-Effekte bezüglich der klassischen Ferienregionen.

Nicht zuletzt diese Präsenz vor Ort hat bewirkt, dass es Engel & Völkers wohl als einziges Dienstleistungsunternehmen der Immobilienbranche geschafft haben, ihren Namen erfolgreich und nachhaltig als „Marke" zu etablieren. Es gibt Makler – und es gibt Engel & Völkers. Nur konsequent ist, dass das erfolgreiche Unternehmen unterdessen auch im In- und Ausland Lizenzen an selbstständige Unternehmer vergibt, die so die Chance bekommen, den bundesweit bekannten Markennamen Engel & Völkers sowie die bewährten Erfolgskonzepte und Netzwerke des Marktführers zu nutzen, der seit 1999 als Aktiengesellschaft firmiert.

Firmenname	Klassiker	Gründung	Kooperation	Kundenservice	Aus- und Weiterbildung
Engel & Völkers Immobilien GmbH	Vermittlung hoch-wertiger Immobilien (seit 1977)	1981 in Hamburg	mit Sotheby's Inter-national Realty (S.I.)	hauseigenes Magazin „Grund Genug"	Engel & Völkers Immobilienakademie

ERDAL | DIE SCHUHCREME

Eine sachgemäße Schuhpflege war bis zum Ende des 19. Jahrhunderts unbekannt. Erst als feinere Lederarten in unterschiedlichen Farben bei der Schuhherstellung Verwendung fanden, widmete man auch den Pflegemitteln größere Aufmerksamkeit. Dass aber sachgemäße Schuhpflege in Deutschland zur alltäglichen Selbstverständlichkeit wurde, dafür hat ein gekrönter Frosch gesorgt: Erdal.

Wolfgang Werner legte 1794 mit seinem Amt als Glöckner von St. Quintin und seinen Fertigkeiten in der Wachsbearbeitung den Grundstein für das heutige Unternehmen Werner & Mertz. 1867 gründeten seine Enkel die erste eingetragene Firma zur Herstellung von Kerzen und Wachsstöcken, die 1887 mit dem neuen Teilhaber Georg Mertz ihren endgültigen Namen erhielt. Dessen Schwager, Adam Schneider, hatte dann die bahnbrechende Idee einer neuartigen Schuhcreme, die das Leder schützen, färben und pflegen sollte. Das Problem bestand darin, die pflegenden Wachsbestandteile in Ölen zu lösen und so zu konservieren, dass sie bis zum Endverbraucher erhalten blieben. Nach vielen Experimenten fand Schneider die Lösung: die „Stiefelwichse" in einer Blechdose.

Bei der Einführung des neuen Schuhpflegemittels im Jahre 1901 wählte man als Markennamen den Namen des Produktionsortes: die Erthalstraße, in Mainzer Mundart „Erdal". Bald darauf wurde die Wortmarke durch die Bildmarke eines grünen naturalistischen Frosches ergänzt, der wahrscheinlich grün geblieben wäre, wenn man nicht während des Ersten Weltkrieges mangels geeigneter Rohstoffe Ersatzware hätte liefern müssen. So glaubte man nach dem Krieg, das Erzeugnis mit dem grünen Frosch sei diskreditiert, und wählte für die wieder gute Ölware statt seiner den Rotfrosch, ergänzt um den Hinweis „Qualität wie vor August 1914". Eine groß angelegte Werbekampagne, ein einheitlicher Markenauftritt und ein flächendeckendes Vertriebsnetz machten dann Erdal bereits 1921 zur meistverkauften Schuhpflegemarke in Deutschland und schließlich so populär,

dass seitdem kaum noch von der Firma Werner & Mertz gesprochen wird, sondern häufig nur noch von „der Erdal".

Neben der beliebten Schuhcreme in Dosen wurden bereits 1919 die erste Feinschuhpflege in der Tube sowie „Erdal flüssige weiße Pasta" in der Glasflasche eingeführt, und in den folgenden Jahren wurde das Sortiment der Tubencremes um weitere Farben sowie Lackschuhcreme ergänzt. Mit Einführung der flüssigen Selbstglanzpflege „Erdal Pflegeglanz" im Jahr 1980 erhielt der Schuhpflegemarkt einen immensen Nachfrageimpuls, der Markt wuchs innerhalb von zwei Jahren um fast 60 Prozent. 1992 wurde schließlich mit „Erdal 1-2-3 Glanz", einem vorgetränkten Schuhschwamm, der Schuhen sofortigen Glanz gibt, indem man einfach mit dem Schwamm über das Leder wischt, erneut ein Convenience-Produkt eingeführt, das seither aus den Regalen des Handels nicht mehr wegzudenken ist.

Das nach wie vor bekannteste und nachfragestärkste Produkt, die Dosencreme, gibt es natürlich immer noch, wenn auch in verbesserter Qualität. 1999 wurde mit Einführung der nunmehr lösemittelfreien Schuhcreme ein weiterer Meilenstein in der Firmengeschichte gelegt – statt dem ehemals stechenden Geruch von Lösemitteln schlägt einem heute angenehmer Bienenwachsduft entgegen und die Umwelt wird erheblich entlastet.

Mit diesem Sortiment ist Erdal – seit nunmehr über 100 Jahren in den Regalen zu finden – mit 75 Prozent Marktanteil unangefochtener Marktführer und erfreut sich fast 100-prozentiger Markenbekanntheit. Erdal Produkte werden heute auf hochmodernen Anlagen in einer Kompaktfabrik mit geschlossenen Kreisläufen erzeugt und erobern Wachstumsmärkte innerhalb und außerhalb Europas. Im Jahr 2002 bekam die Schuhpflegeserie zudem ein neues Produktdesign: die lebendige, rote Optik liefert eine übersichtliche Sortimentsgestaltung nach Anwendungsbereichen und Farbvarianten. Kein Wunder also, dass der Rotfrosch lachend in die Zukunft schaut.

Firmenname	Klassiker	Gründung	Mitarbeiter	Bekanntheit	Hauptfertigungsstätte
Erdal-Rex GmbH	Erdal Schuhcreme (seit 1901)	1876 in Mainz	845 (europaweit)	98 %	Mainz

ERGOLINE | DAS SOLARIUM

Ergoline Mit dem Solarium „Bermuda" fing alles an, denn es brachte Anfang der 70er Jahre erstmals in deutsche Haushalte, was zuvor Seltenheitswert besaß: gesunde und schöne Bräune „Made in Germany".

Auf der Suche nach innovativen Produktlinien war die heutige Ergoline GmbH im Solarienbereich fündig geworden. Eine Entscheidung, die gut in das Sortiment des 1927 von Josef Kratz gegründeten Unternehmens passte. Denn bis man sich schließlich ganz und gar auf Produktion, Entwicklung und Vertrieb von hochwertigen Solarien konzentrierte, produzierte das Unternehmen mit Sitz in Windhagen Sauna-Systeme. Eine Produktreihe, die erst 1991 aufgegeben wurde.

Dem Wellness-Bereich ist man allerdings bis heute treu geblieben. Mit beachtlichem Erfolg: Allein 2002 konnte das Unternehmen, in dessen Firmenverbund über 850 Mitarbeiter beschäftigt sind, einen konsolidierten Gesamtumsatz von über 240 Millionen Euro erwirtschaften, das erfolgreichste Ergebnis in der über 70-jährigen Firmengeschichte. Mit Auslandsgesellschaften in den USA, der Schweiz, Frankreich, Polen, England, den Niederlanden und Italien exportiert Ergoline heute in über 40 Länder der Erde.

Unter dem Markennamen Ergoline versammelt man mittlerweile eine ganze Flotte von hoch entwickelten Solarien. Neueste Schöpfung aus der Profi-Bräuner-Schmiede ist die Ergoline Excellence Serie. Wie es der Name schon andeutet, ist dieses Top-Modell mit allem ausgestattet, was das Bräunen zum Erlebnis macht. So kann während des Bräunens ein so genanntes Aqua-Fresh-Programm aktiviert werden, das eine fein vernebelte Essenz auf die Haut sprüht, die sogar den typischen UV-Geruch der gebräunten Haut neutralisiert. Clou dabei ist, dass der Kunde diese erfrischende Dusche auch noch mit vitalisierenden bzw. entspannenden Aromen kombinieren kann. Eine hoch entwickelte Bräunungs-Technologie sorgt für ein genau kontrolliertes UV-Spektrum und hervorragende Bräunungsergebnisse. Speziell auf den Körper abgestimmte Luftströme umspülen den gesamten Körper mit angenehm kühler Luft. Schwitzen unter der künstlichen Sonne gehört so längst der Vergangenheit an. Überhaupt wird Bequemlichkeit groß geschrieben: Ein ergonomisches Grundkonzept sorgt für angenehmes Liegen und umfassende Entspannung. Keine unangenehmen Betriebsgeräusche stören den Kunden, der zudem auf Wunsch sein Sonnenbad auch musikalisch genießen kann. Dank innovativer Vibra-Sound-Technologie, die eine spezielle Acrylfläche als Resonanzboden nutzt, gibt Ergoline auch in punkto Klangqualität den Ton in der Branche an.

Zum technologischen Standard der Ergoline Solarien gehört darüber hinaus auch eine benutzerfreundliche Bedienung: Ob Climatronic, Schulter- oder Gesichtsbräuner – über die Steuerkonsole im Solarien-Cockpit kann der Kunde die Intensität und Variation im Bräunungsvorgang selbst bestimmen. Der hohe Komfort wird zudem durch ein unverwechselbares Design abgerundet: Die avantgardistische Optik der Ergoline-Produkte ist längst zu einem Markenzeichen des Unternehmens geworden.

Wichtige Grundlage des unternehmerischen Erfolges von Ergoline ist ein langfristig angelegtes Programm zur Entwicklung und Qualifizierung der vergleichsweise jungen Branche. So hat der Marktführer Ergoline wesentlichen Anteil daran, dass Bräunen mit Solarien heute für Bräunungs-Fans aller Altersgruppen selbstverständlich geworden ist. Um eine qualifizierte Beratung in Studios mit Ergoline-Ausstattung sicherzustellen, werden Solarien-Betreiber mit regelmäßigen Schulungen im firmeneigenen Info-Center zu Fachleuten im sensiblen Bereich „Sonne und Haut" ausgebildet.

Was als einfache Höhensonne angefangen hat, ist heute zu einem High-Tech-Produkt geworden, dessen verantwortungsvolle Nutzung buchstäblich eines verspricht:

Wohlfühlen in der eigenen Haut.

EXCELLENCE 900 TURBO POWER CLIMATRONIC

Ergoline

Firmenname	Klassiker	Gründung	Gründer	Bekanntheit	Vertrieb
Ergoline GmbH	Ergoline	1927 in Troisdorf	Josef Kratz sen.	28 %	weltweit

Eucerin®

Zugegeben, wir muten ihr ganz schön viel zu. Im Sommer soll sie uns mit angenehmer Bräune schmücken, sie soll für uns Licht und Wärme aufnehmen und uns mitteilen, ob es um uns herum zu heiß oder zu kalt ist. Dabei strapazieren wir sie täglich mehr, als ihr gut tut: mit zu viel Sonne, mit zu viel Stress, mit trockener Heizungsluft, mit täglichem Duschen. Und dann wundern wir uns, wenn sie nicht so funktioniert, wie sie sollte. Die Haut ist das größte Sinnesorgan des Menschen und steht, was die tägliche Bewältigung des Alltags angeht, stets an vorderster Front. Da ist es beruhigend, wenn die richtige Versorgung helfen kann, sie gesund zu erhalten. Dazu gibt es eine medizinische Hautpflege: Eucerin.

Im Grunde war jene Erfindung, die Isaac Lifschütz im Jahr 1900 zum Patent anmeldete, die Voraussetzung dafür, dass feuchtigkeitshaltige Substanzen die Haut überhaupt pflegen können. Denn „das schöne Wachs", so die Bedeutung des Namens Eucerin, diente zuerst als Emulgator, also als Hilfsmittel für eine stabile Verbindung zwischen Wasser und Öl. Die Firma Beiersdorf kaufte die Patentrechte 1911 und brachte Eucerin-Pulver auf den Markt. Nach der Eucerin-Seife, seit 1930 im Handel, war es jedoch vor allem die Innovation des Jahres 1950, die den weiteren Weg für Eucerin weisen sollte: die pH5-Eucerin-Salbe. Damit sind der natürliche Säureschutzmantel der Haut und seine große Bedeutung für deren Gesundheit erstmals zum Thema geworden.

Dabei ist das Offensichtlichste auch das Entscheidende: die äußere Hornschicht der Oberhaut, die allen Einflüssen an erster Stelle ausgesetzt ist. Sie hat einen pH-Wert von 5,5, ist also leicht sauer. Dieses Milieu sorgt dafür, dass die Hornschicht ihre Barrierefunktion aufrecht erhalten und den Körper dadurch vor Umwelteinflüssen und Austrocknung schützen kann. Bereits häufiger Kontakt mit heißem Wasser, pH-neutrale oder -alkalische Reinigungsprodukte, aber auch Hautpflegemittel können diesen Wert beeinflussen. Ist er gestört, kann die Haut Ihre Hornschicht schließlich nicht mehr selbst reparieren – was

vor allem Menschen mit trockener Haut empfindlich zu spüren bekommen.

Dagegen hat Eucerin etwas. Zum Beispiel Lipide, die schon beim Waschen für eine intensive Rückfettung der Haut sorgen und die in ihrer Zusammensetzung den natürlichen Lipiden ähneln, so dass sie besonders gut in die Hornschicht eindringen. Zum Beispiel Vitamin E, das gegen Zellschäden vorbeugt, und Dexpanthenol, das von der Haut aufgenommen und in Vitamin B5 umgewandelt wird – ein wichtiger Bestandteil der Hautregeneration. Und Urea, Harnstoff also, der Feuchtigkeit nachhaltig bindet und so auch Juckreiz lindert. Damit können sogar Neurodermitis-Patienten auf Linderung hoffen. Für sie und für Kunden mit sehr trockener Haut war Anfang der 90er Jahre die Serie Laceran entwickelt worden, die 1998 mit der Marke Eucerin vereint wurde. Zuvor hatte Beiersdorf mit dem Eucerin-Duschöl, das gleichzeitig reinigt und die Haut mit Fett und Feuchtigkeit versorgt, gar ein komplett neues Marktsegment geschaffen – eines, das inzwischen viele Nachahmer gefunden hat.

Heute gibt es mit Eucerin ein umfassendes medizinisches Hautpflege-Programm für Gesicht und Körper, das stets ein bißchen mehr bewirkt, als man erwarten könnte. Es werden medizinisch ausgewählte Wirkstoffe verwendet, die effektiven Schutz und Pflege gewährleisten. Die ausgezeichnete Hautverträglichkeit und Wirksamkeit sind in klinischen Studien bewiesen. Die Q10 Active Gesichtscreme zum Beispiel pflegt nicht nur, sie reduziert auch die Faltentiefe. Und das Sonnenschutz-Programm hilft, Sonnenbrand zu verhindern, und bietet zugleich wirksame Prophylaxe gegen Sonnenallergie – eine Wohltat für alle, die sonst unter diesem Hautproblem leiden würden.

EMPFINDLICHE
HAUT

pH5

ANTI-AGE
BODY LOTION

Strafft die Haut

Schützt vor Zeichen
vorzeitiger Hautalterung

MEDIZINISCHE HAUTPFLEGE

Firmenname	Klassiker	Mitarbeiter	Vertrieb	Produktinnovation	Marken-Strategie (Konzern)
Beiersdorf AG	Eucerin Salbe (seit 1950)	über 18.000 (Konzern 2002)	weltweit	Eucerin ist das erste Öl zum Duschen	Konzentration auf 10 Marken

EUNOVA | DAS VITAMINPRÄPARAT

EUNOVA® Wer jemals mit seinem Wagen wegen eines leeren Tanks am Straßenrand liegen geblieben ist, wird sich wohl vor allem über sich selbst geärgert haben. Denn dass Autos ohne Kraftstoff nicht fahren können, ist allgemein bekannt, und zur Sicherheit gibt es ja auch eine Tankuhr, die signalisiert, dass es Zeit ist, den Tank aufzufüllen. Mit dem Körper ist es ähnlich. Auch er versagt dem Menschen irgendwann den Dienst, wenn er nicht das bekommt, was er braucht: Vitamine, Mineralstoffe, Spurenelemente. All das sollte ihm eine ausgewogene Ernährung liefern. Doch für Nährstoffe gibt es keine Tankuhr, an der sich Mangelerscheinungen unmittelbar ablesen lassen. Weil viele Menschen wissen, dass sie es nicht immer schaffen, sich optimal zu ernähren, greifen sie zu den Multivitaminpräparaten von Eunova – dem kleinen Reservetank des Wohlbefindens.

Was sind eigentlich Vitamine? Es handelt sich um organische Verbindungen, die an lebenswichtigen Funktionen beteiligt sind. Der menschliche Körper kann sie jedoch gar nicht oder nur in ganz geringen Mengen selbst herstellen. Er ist deshalb auf eine regelmäßige Versorgung mit Vitaminen von außen angewiesen. Insgesamt gibt es dreizehn verschiedene Vitamine, die sich sowohl chemisch als auch funktionell voneinander unterscheiden. Bis auf wenige Ausnahmen können diese Vitamine vom menschlichen Körper nicht lange gespeichert werden.

Schon seit 1956 vertrauen die Kunden auf das Extra an Vitaminen von Eunova. Insbesondere zu Zeiten eines erhöhten Vitaminbedarfs kann die eigene Vitaminversorgung nicht immer über die normale Mischkost gedeckt werden. Zur Unterstützung einer ausreichenden Vitaminzufuhr auch über eine gesunde Ernährung hat Eunova zudem einen „Eunova Ernährungs-Check" entwickelt, der hilft, die eigene Ernährung auf Ausgewogenheit zu überprüfen. Ist dann etwa der Fettanteil zu hoch, werden gleich Tipps geliefert, wie sich Fett sinnvoll einsparen lässt.

Mit dem in 2000 eingeführten Eunova Langzeit-Vitamin nutzt GlaxoSmithKline die Zeitperlentech-

nologie für eine optimierte Vitaminabgabe an den Organismus. Denn der Körper kann die 13 Vitamine, die er braucht, nur unterschiedlich lang speichern. Vitamin C beispielsweise, das nicht benötigt wird, wird ungenutzt wieder ausgeschieden. Die in den Eunova Langzeit-Vitaminen enthaltenen Zeitperlen setzen die nicht speicherfähigen Vitamine in kleinen Dosen über den ganzen Tag hinweg frei und sorgen so für eine kontinuierliche Zufuhr – ideal in der Erkältungszeit oder wenn Stress den Körper besonders schwächt.

Heute bietet Eunova drei Präparate zur Nahrungsergänzung an: Neben dem Langzeitvitamin sind dies zum einen die klassischen Multivitamindragees für die ganze Familie mit 13 Vitaminen und 17 weiteren Nährstoffen. Sie unterstützen die Personengruppen, die auf eine regelmäßige Nährstoffzufuhr achten müssen, da sie einen erhöhten Bedarf oder eine verminderte Aufnahmefähigkeit dieser essenziellen Nährstoffe haben. Den Dragees wird inzwischen auch Lutein zugesetzt, ein Stoff, der die Augen vor Schäden durch energiereiches Licht schützt und so hilft, gegen die weit verbreitete altersbedingte Makula-Degeneration vorzubeugen. Eunova supra deckt bis zu 150 Prozent des Tagesbedarfs an zwölf Vitaminen ab und eignet sich damit für alle, deren Vitaminbedarf überdurchschnittlich hoch ist. Für den Sportler zum Beispiel, dessen Körper in der Erholungsphase Vitamine, Mineralstoffe und Spurenelemente benötigt, um die Zellen wieder aufzubauen – nicht von ungefähr wirbt die amtierende Biathlon-Doppel-Olympia-Siegerin und überzeugte Eunova-Konsumentin Andrea Henkel für den Multivitamin-Klassiker. Kein Wunder also, dass nach einer repräsentativen Umfrage Eunova das in Apotheken meistempfohlene Multivitamin-Präparat ist. Es ist eine konstante Reserve, die hilft, gesund zu bleiben.

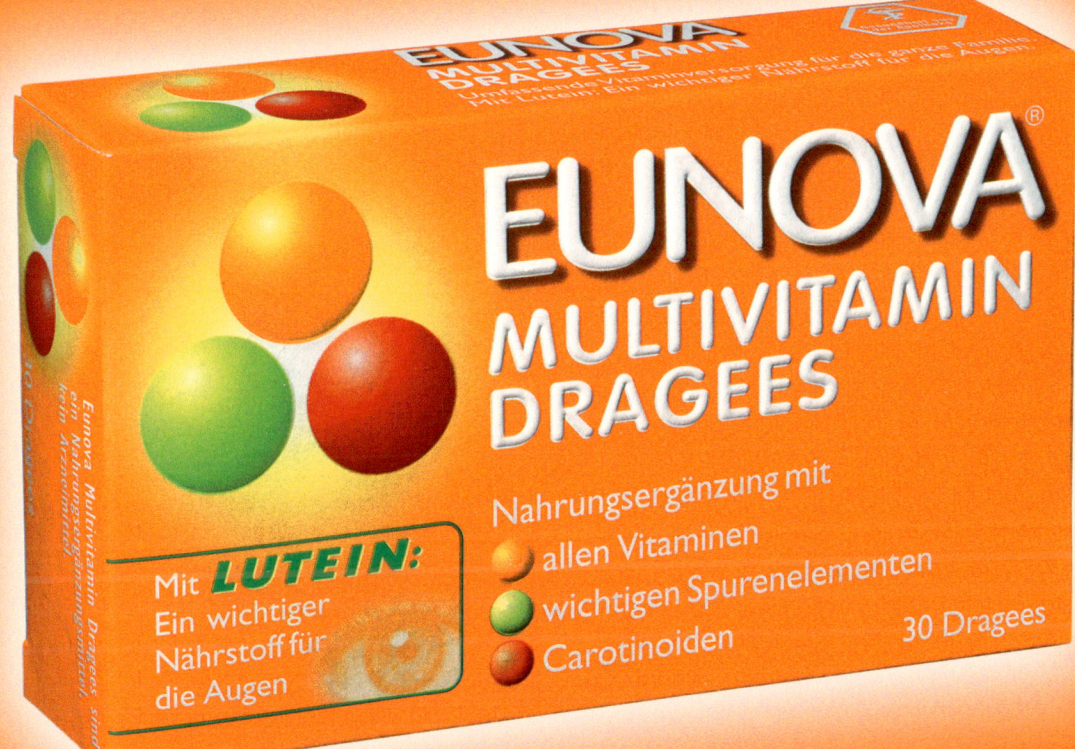

Firmenname
GlaxoSmithKline
GmbH & Co. KG

Klassiker
Vitaminpräparat
(seit 1956)

Inhaltsstoffe
Vitamine, Mineralien
und Spurenelemente

F.A.Z. | DIE TAGESZEITUNG

Frankfurter Allgemeine
ZEITUNG FÜR DEUTSCHLAND

Jeder kennt sie. Viele betrifft sie. Und wer sie hört, denkt sofort an spektakuläre Fotos. „Dahinter steckt immer ein kluger Kopf", die Werbebotschaft der Frankfurter Allgemeinen Zeitung.

Fotos kluger Köpfe – waren das nicht: Banker Hilmar Kopper inmitten von Erdnüssen? Autovermieter Erich Sixt im Kassenhäuschen eines Karussells? Nadja Auermann, das Model, bei den Giraffen im Zoo? Alles richtig! Seit 1995 verbargen zahlreiche Prominente für die Werbekampagne der F.A.Z. ihre Köpfe hinter dieser Zeitung aus Frankfurt am Main.

Bedenkenlos vertrauten Betrachter der Auflösung des Bilderrätsels am Bildrand. Pure Glücksfälle als Ergebnis einer cleveren Kampagne? Wohl kaum. F.A.Z.-Leser sind es gewohnt, von ihrer Zeitung anspruchsvoll und zuverlässig informiert zu werden. Schließlich zählt sie zu den besten Tageszeitungen in Deutschland und der Welt.

„Zeitung für Deutschland", so lautete bereits der Untertitel der Frankfurter Allgemeinen an ihrem ersten Erscheinungstag, dem 1. November 1949. Das ganze Deutschland sollte sich täglich in der F.A.Z. widerspiegeln – ohne eine bestimmte Meinung zu favorisieren. Eine politische Haltung, die sich 1989, dem Jahr der Mauer- und Grenzöffnung, vortrefflich bestätigte.

Rund 9.000 Abonnenten lasen die F.A.Z. bereits 1949 täglich. Diese stolze Zahl sollte in den nächsten Jahren gehalten und im Laufe der Zeit erheblich ausgebaut werden. Erste Werbeideen keimten in den frühen Fünfzigern auf, inspiriert durch ein ganz bestimmtes Foto. Es zeigte einen Mann mit übereinandergeschlagenen Beinen, der die F.A.Z. vor sich hielt. Dieses Motiv wurde grafisch abstrahiert und bekam in der Werbung den folgenden Text hinzugefügt: „Wes Geistes Kind er ist, das zeigt die Zeitung, die er liest!" Ein Genitiv, der viele Leserbriefe nach sich zog. Er sei falsch, schrieben die einen. „Diese Metrik!", mahnten die anderen. Man formulierte neu: „Dahinter steckt immer ein kluger Kopf." Das gefiel – und blieb. Vorerst jedoch nur im Verborgenen. 1954 überschritt die

Auflage die Hunderttausendergrenze. Der „Kluge Kopf" in Wort und Bild wurde indes erst 1972 das allgemein gültige Verlagssignet – auch in der weiblichen Variante mit eleganten Damenbeinen.

1995 wurden diese beiden Logos zum Leben erweckt. Berühmte Personen hielten seither ihre klugen Köpfe für die Anzeigenkampagnen der F.A.Z. hin. Diese Akzeptanz bei Werbepartnern ist kein Wunder, denn: Die F.A.Z. hat täglich eine verkaufte Auflage von über 380.000 Exemplaren und erreicht damit rund eine Million Leser in 148 Ländern der Erde. Sie ist im Besitz der gemeinnützigen Fazit-Stiftung. Ihre Unabhängigkeit steht fest, vertraglich und dank des wirtschaftlichen Erfolgs. Fünf Herausgeber leiten ihre Redaktion, zu der rund 300 Redakteure zählen, mehr als 1.000 freie Mitarbeiter und das größte Korrespondentennetz aller deutschen Zeitungen.

Viele namhafte Literaten haben sich im Laufe der Geschichte der F.A.Z. an ihrem Inhalt beteiligt. So wurden im Feuilleton unter anderem Artikel von Martin Walser, Günter Grass und Hans Magnus Enzensberger veröffentlicht. Weitere kluge Köpfe also, die in einem anderen Sinne hinter der erfolgreichen Zeitung stecken.

Im September 2001 erschien erstmalig die Frankfurter Allgemeine Sonntagszeitung. Eine ebenso interessante wie anregende Sonntagslektüre für anspruchsvolle Leserinnen und Leser. Zum Wochenauftakt sorgt sie mit Farbbildern, sorgfältig recherchierten und leicht aufbereiteten Hintergrundberichten, Reportagen, Porträts und Interviews aus Politik, Sport, Wirtschaft und Kultur für geistige und sinnliche Freuden. Das neue Konzept der F.A.Z. wurde in beeindruckender Weise angenommen, wie mehr als eine Million Leser jede Woche beweisen.

Als Fels in der Brandung der modernen Medien zeigt sich die Zeitung für Deutschland professionell zurückhaltend. Dennoch verschließt sie sich nicht vor Neuerungen: Die F.A.Z. erscheint täglich im Internet (www.faz.net) in nahezu originalgetreuer Online-Fassung. So ist sie ständig zugänglich für alle klugen Köpfe der Welt, die Zeitung für Deutschland.

Frankfurter Allgemeine
SONNTAGSZEITUNG

Herausgegeben von Dieter Eckart, Berthold Kohler, Günther Nonnenmacher, Frank Schirrmacher, Holger Steltzner

Schwimmen, laufen, jubeln
Grit Breuer auf den Spuren von Franziska van Almsick
SPORT, S. 13

Das Comeback
Ali kommt ins Kino
FEUILLETON, S. 49

Fonds-Anlage
Strategien für die Krise
GELD & MEHR, S. 35

Zum Trinken viel zu schade
Der Kult um das edle Mineralwasser
GESELLSCHAFT, S. 39

Frankfurter Allgemeine
ZEITUNG FÜR DEUTSCHLAND

Herausgegeben von Dieter Eckart, Berthold Kohler, Günther Nonnenmacher, Frank Schirrmacher, Holger Steltzner

Gesteht Libyen Schuld an Lockerbie-Anschlag?

30 Milliarden Dollar für Brasilien
Größter Kredit in der Geschichte des IWF
Unterstützung für „langfristig soliden politischen Kurs" / Etatüberschuß für 2003 gefordert

Hilfspaket

Saddam Hussein warnt Amerika
„Angreifer landen im Mülleimer der Geschichte" / Bush und Cheney versprechen Konsultationen

Schröders Krieg
Von Berthold Kohler

BUNDESLIGA

Cottbus – Leverkusen	1:1
Nürnberg – Bochum	1:3
Gladbach – FC Bayern	0:0
Schalke 04 – Wolfsburg	1:0
Stuttgart – Kaiserslautern	1:1
Dortmund – Berlin	2:2

Fünf Seiten Sport ab Seite 9

Aufsteiger Bochum vorne

MIT RHEIN-MAIN-SEITEN
Der „King" lebt: Der Kult um Elvis Presley und seine Milieriarist in der Wetterau

---

Firmenname
Frankfurter Allgemeine Zeitung GmbH

Klassiker
F.A.Z. (1.11.1949)

Gründung
1949 in Frankfurt

Vertrieb
weltweit in 148 Ländern

FA | DAS DUSCHGEL

Wer kennt sie nicht, die überraschend-erfrischende Werbung von Fa, der internationalen Körperpflegemarke von Henkel. Bis in die 50er Jahre hinein sah die Körperpflege recht trist aus: Pflegemittel Nummer eins war die Seife, und Waschen sollte vor allem sauber machen. Was ja auch nicht verkehrt ist – bloß die Hautpflege war bei aller Reinigung nachrangig. Das sollte sich bald radikal ändern: 1954 hebt die Firma Dreiring KG in Krefeld, eine Tochterfirma von Henkel, die erste „Feinseife neuen Stils" aus dem Siedetopf – Fa reinigt und, das ist die entscheidende Neuerung, pflegt. Wobei der Produktname schlicht und ergreifend als Kürzel für „„Fa'belhafte Seife" steht.

Bereits Ende der 60er Jahre begeisterte Fa in der Werbung und sorgt seitdem für die ultimative Frische. War die Bühne der deutschen Werbewelt bis 1968 meist das Wohnzimmer, entführen die aufwändig produzierten Fa-Werbespots den Fernsehzuschauer zu den weißen Sandstränden der Karibik und betören ihn mit einer langhaarigen Blondine, exotischer, leidenschaftlicher, eigens von Klaus Doldinger für Fa komponierter Musik und der „wilden Frische der Limonen". Ab sofort ist Fa mehr als nur eine Seife. Fa ist ein Gefühl, eine Stimmung und ein neues Symbol für Freiheit und Vitalität.

Ganz Deutschland lässt sich von der belebenden Fa stimulieren. Eine frische Brise weht durch die Körperpflegewelt und trägt Fa bis 1972 in zwölf Länder auf zwei Kontinenten. Heute gibt es Fa in 146 Ländern zu kaufen.

In den 80er Jahren wird die Produktfamilie von Fa nochmals entscheidend verbessert: Neue Inhaltsstoffe wie Vitamine und zusätzliche natürliche Pflegestoffe werden hinzugefügt – Schaum- und Duschbad vitalisieren nun noch milder. In den 90ern kommt das Duschbad für die besonders empfindliche Haut, außerdem reüssiert Fa 2 in 1, eine Kombination aus Duschbad und Körperlotion. Das Hydro-Balance-System von Fa schützt die Haut noch besser vor Austrocknung. Später spendet die Lamesoft-Formel extra viel Feuchtigkeit und macht selbst raue Haut sanft und

glatt, und der HydrOxygen-Komplex beschert ein belebendes Frische-Erlebnis.

Da die Geschmäcker verschieden sind, blieb es natürlich auch nicht lange bei der legendären wilden Limonenfrische: Weitere Düfte und Pflegebestandteile aus der unberührten Natur kamen hinzu, etwa ein belebender Kiwi-Mix, karibisches Zitronengras, fruchtige Honigmelone oder das exotische Ylang-Ylang. Die ultimative Frische für Körper und Seele: „The Wild Freshness" heißt das Erfolgsrezept, und längst ist aus Fa eine große Produktfamilie in den Sparten „Fresh Body Care" und „Freshness Control" geworden, so dass der aktuelle Slogan „Wie Fa willst Du gehen?" absolut Berechtigung hat: Schaumbad und Duschgel, Seife und Deodorant künden gleichermaßen von der Fa-Welt der Frische und Freiheit, und mit Fa Kids und Fa Men zeigt sich die Körperpflegemarke auf die ganze Familie abgestimmt.

Deos, die rund um die Uhr wirken, den ganzen Tag extrakühl erfrischen und keine Rückstände auf Haut oder Kleidung hinterlassen, Duschgels, die mit noch besserer Hautpflege mehr Feuchtigkeit spenden und mit dem ultimativen Frischeschub stärker vitalisieren als je zuvor: Längst ist Fa zum nicht mehr wegzudenkenden Bestandteil der heutigen Körperpflegewelt und unseres Alltags geworden.

Nicht zuletzt dank des Erfolgs von Fa hält der Unternehmensbereich von Henkel für Kosmetik und Körperpflege heute eine führende Position in Europa und gehört weltweit zu den Top Ten der Kosmetikanbieter. Gleichzeitig ist Fa ein Musterbeispiel dafür, wie Werbung um ein Produkt herum eine ganze Erlebniswelt schaffen kann: Erst durch die Kernkompetenz der Frische verankerte sich Fa nachhaltig in den Köpfen der Verbraucher und erhielt ein den Qualitäten des Produkts kongenial entsprechendes Image. Auch die zeitgemäße Produktkommunikation aus dem Jahr 2003 festigt diesen Eindruck. Ähnlich wie bereits in den 70er Jahren wird Spontaneität und Individualität in den Vordergrund gerückt und durch entsprechende Fernsehwerbung untrennbar mit dem Fa-Erlebnis der Frische verknüpft.

Fa

VITALISIEREND
DUSCHGEL

HYDROXYGEN
KOMPLEX

WASSERPFLANZEN
EXTRAKT

THE WILD FRESHNESS

NEU

Firmenname	Klassiker	Gründer	Bekanntheit	Vertrieb	Hauptfertigungsstätte
Schwarzkopf und Henkel GmbH	FA Seife (seit 1954)	Henkel KGaA	96 % (Deutschland)	weltweit	Wassertrüdingen

FABER-CASTELL | DER BLEISTIFT

Nach wie vor ist der scheinbar „ewig junge" Bleistift das wirtschaftlichste Schreibgerät der Welt. Seine Wiege stand allem Anschein nach in Nürnberg. Dort findet sich im 17. Jahrhundert erstmals die Berufsbezeichnung „Bleystefftmacher" urkundlich belegt. Die entscheidenden Impulse aber empfing die Bleistiftherstellung durch den Freiherrn und Reichsrat Lothar von Faber, der 1839 in Stein bei Nürnberg die Bleistiftfirma A. W. Faber in vierter Generation übernahm. Mit ihm begann die Geschichte und die weltweite Verbreitung des deutschen Qualitätsbleistifts, wie man ihn heute kennt: als grünen „Castell 9000" – das Flaggschiff im Faber-Castell-Bleistiftsortiment.

Die Qualität eines Bleistifts – seine Schreibhärte und Bruchfestigkeit, Gleitfähigkeit und Deckkraft – hängt entscheidend von der stofflichen Zusammensetzung seiner Mine ab. Dabei hat der „Bleistift" mit Blei nie etwas zu tun gehabt. Graphit ist vielmehr der Stoff, der für den dunklen Abstrich sorgt, während Ton als Bindemittel der Mine Form und Festigkeit verleiht.

Um einen qualitativ hochwertigen Bleistift zu schaffen, griff Lothar von Faber auf Versuche des Franzosen Conté zurück, gemahlenen Graphit und Ton zu mischen und aus dieser Masse geformte Minen zu brennen. Durch dieses Verfahren war es erstmals möglich, Bleistifte in verschiedenen Härtegraden herzustellen, die den unterschiedlichsten Anforderungen beim Schreiben und Zeichnen genügten.

Durch die Einführung rationeller Fertigungstechniken ermöglichte Lothar von Faber die industrielle Herstellung von Bleistiften im großen Stil. In Sibirien erwarb er ein Bergwerk mit dem besten Graphit der Welt. Auf dem Rücken von Rentieren wurde das „schwarze Gold" erst über weites, unwegsames Land, dann auf dem Seeweg nach Nürnberg herbeigeschafft.

Um den Absatz seiner Produkte sicherzustellen, legte Faber schon damals Maßstäbe fest, die nach und nach von allen Bleistiftherstellern der Welt über-

nommen wurden. Die sechseckige Form des Stifts gilt als seine Idee, ebenso die Schaffung der heute noch gültigen Härteskala. In nur wenigen Jahren wurden die Faber-Qualitätsbleistifte im In- und Ausland zu einer begehrten Handelsmarke. Um sie vor zahlreichen Nachahmern zu schützen, kennzeichnete Faber sie mit seinem Namen und reichte beim Deutschen Reichstag 1874 die Petition „zur Schaffung eines Markenschutzgesetzes" ein. Dieses Gesetz, dem die deutsche Industrie viel zu verdanken hat, trat ein Jahr später in Kraft. Faber(-Castell)-Bleistifte zählen damit zu den ersten Markenartikeln der Welt.

1898 heiratete Lothar von Fabers Enkelin Ottilie den Grafen Alexander zu Castell-Rüdenhausen. Durch diese Vermählung entstand der neue Name des inzwischen weltumspannenden Unternehmens: Faber-Castell, das auch nach acht Generationen in gleicher Familienhand ist. Dank neuer Produktionsverfahren gelang es den Nachfolgern Lothar von Fabers, die Qualität der Stifte nochmals deutlich zu verbessern. Versehen mit einem Gütestempel im neuen Corporate Design, zeichnen sie sich durch unübertroffene Bruchfestigkeit bei gleichbleibend hoher Minenqualität aus.

Als größter Stifthersteller auf dem Weltmarkt wendet Faber-Castell darüber hinaus in seiner deutschen Produktion nur neuartige, umweltfreundliche Wasserlacke an. Darum gilt für all die Stifte, die Faber-Castell heute in einer Stückzahl von über 1,8 Milliarden pro Jahr produziert, was der Maler Max Liebermann bereits um die Jahrhundertwende feststellte: „Die besten Bleistifte macht in Deutschland immer noch Faber(-Castell)."

CASTELL 9000

Firmenname	Klassiker	Gründung	Mitarbeiter	Gründer	Vertrieb
Faber-Castell AG	Bleistift „Castell 9000" (seit 1905)	1761 in Stein bei Nürnberg	5.500 weltweit	Kaspar Faber (1730–1784)	weltweit in über 120 Ländern

FAG KUGELFISCHER | DAS WÄLZLAGER

 „Industrie und Kunst" ist auf den braunen Metalltafeln, die an deutschen Autobahnen auf regionale Besonderheiten aufmerksam machen, zu lesen, wenn sich der Reisende rund um die unterfränkische Stadt Schweinfurt bewegt. Und zumeist weiß er schon, was sich hier hinter der Industrie verbirgt: Kugellager. Kaum eine Stadt in Deutschland ist so eng verwoben mit den Entwicklungen und der Geschichte einer Technik wie Schweinfurt mit den „Präzisionswälzlagern" – so die genaue Bezeichnung – und der FAG Kugelfischer, einem der weltweit führenden Hersteller von Wälzlagern für die Automobilindustrie, den Maschinenbau und die Luft- und Raumfahrt.

Längst allerdings hat das Unternehmen die unterfränkischen Grenzen überschritten und sich im globalen Wettbewerb bestens aufgestellt. Im Jahr 2002 wurde ein Umsatz von über 2,2 Milliarden Euro erwirtschaftet. An 25 Standorten weltweit sind über 18.000 Mitarbeiter beschäftigt. Die Konzernzentrale und mit ihr rund 5.000 Arbeitsplätze sind jedoch in Schweinfurt geblieben.

Ein entscheidender Schritt in Richtung Zukunft dürfte gewesen sein, dass die FAG Kugelfischer seit dem 1. Januar 2002 zur INA-Schaffler Gruppe gehört. INA ist ein international erfolgreiches High-Tech-Unternehmen der Wälzlager- und Automobilzuliefererindustrie mit einem breiten Spektrum an Präzisionsprodukten. Gemeinsam stehen beide Unternehmen weltweit auf Rang zwei der Wälzlagerproduzenten. Und: Beide Unternehmen können in ihrer Geschichte auf bahnbrechende Erfindungen verweisen, die den Beginn einmaliger High-Tech-Entwicklungen markieren. Den historischen Meilenstein setzte Friedrich Fischer, der „Kugelfischer", im Jahr 1883, als es ihm erstmals gelang, Stahlkugeln sehr genau und in großer Stückzahl fabrikmäßig herzustellen. Mit seiner Kugelschleifmaschine verhalf er dem Kugellager zum wirtschaftlichen Durchbruch. Das Warenzeichen „FAG" der Fischer Aktien-Gesellschaft wurde 1905 registriert, sechs Jahre nach dem Tod Friedrich Fischers. Es sollte die Geburtsstunde einer nunmehr weltweit

verbreiteten Marke werden. Vergleichbar und von ähnlichen Konsequenzen für die Entwicklungsmöglichkeiten der INA-Schaeffler KG war die Erfindung des Nadelkranzes durch Georg F. W. Schaeffler im Jahre 1949. Auch hier sollte ein genialer Gedanke Ausgangspunkt sein für ein breites Spektrum von Präzisionsprodukten, die vor allem der Automobil- und Werkzeugmaschinenindustrie neue Möglichkeiten an Präzision und Lebensdauer erschlossen.

Das, was Fischer und Schaeffler einstmals erdachten und realisierten, bewegt heute die Welt – und geht längst über diese hinaus. Schließlich vertraut auch der amerikanische Spaceshuttle bei neuen Missionen auf FAG-Triebwerkslager, ebenso wie die europäische Trägerrakete „Ariane". Irdischer hingegen und für uns alle erfahrbar sind die Radlager, die den ICE und Millionen von Automobilen ins Rollen bringen – und das auch noch sicher, wenn eine integrierte ABS-Sensorik ihre Arbeit verrichtet. Ein weiteres Einsatzfeld mit wachsender Bedeutung ist durch den Boom der Windkraftanlagen entstanden. Auch hier gehören FAG- und INA-Lager, -Schmierstoffe und -Dienstleistungen inzwischen zum Standard.

Alle Anwendungsgebiete gehen dabei stets von der basalen Frage aus: Wie lassen sich die Reibungswiderstände zwischen zwei bewegten Flächen so gering wie möglich halten? Diese Frage beschäftigte schon Leonardo da Vinci bei seinen Experimenten mit Achsenlagerungen, sie inspirierten Friedrich Fischer und Georg F. W. Schaeffler und sie leitet heute die Ingenieure von FAG und INA, wenn es darum geht, innovative Produkte für eine schneller werdende Welt zu entwickeln.

So stehen die Marken FAG und INA eben auch für einen technischen Standard, für vertraute Präzision und das Vertrauen in diese.

Den süßen Beweis dafür finden wir dann auch wieder in Unterfranken, wo findige Konditoren das „Schweinfurter Kugellager" als lokale Süßwaren-Spezialität offerieren, volkstümliche Hommage an ein „Wälzlager" und sicheres Zeichen dafür, dass ein Produkt längst zur Marke geworden ist.

Firmenname	Klassiker	Mitarbeiter	Hauptfertigungsstätte	Jahresumsatz	Werke und Vertretungen
FAG Kugelfischer AG/ INA Schaeffler KG	FAG (seit 1905)/INA (seit 1949)	18.000 (INA-Schaeffler Gruppe 54.000)	Schweinfurt/ Herzogenaurach	2,2 Mrd. (INA-Schaeffler Gruppe knapp 7 Mrd.)	180 in 39 Ländern (INA-Schaeffler Gruppe)

FALK | DER STADTPLAN

Als Gerhard Falk Ende 1945 – gerade aus der Gefangenschaft zurück – in einer überfüllten, dahinrumpelnden Straßenbahn in Hamburg laut ausrief „Ich hab's", wurde er von den anderen Fahrgästen erstaunt angeschaut. Was weder Gerhard Falk noch die umstehenden Personen in diesem Augenblick wissen konnten: Es war die Geburtsstunde oder besser der Geburtsaugenblick eines der großen deutschen Markenartikel – des Falkplanes. Falks zündende Idee: Er erfand eine Projektion, die es ermöglichte, eine Stadt in ihrem Kern in einem größeren Maßstab darzustellen, der aber nach außen hin – in die Außenbezirke – immer kleiner wurde. Man nannte es auch einen verlaufenden Maßstab, mit anderen Worten einen Maßstab, der den baulichen Gegebenheiten einer Großstadt besonders gerecht werden konnte und dabei gut lesbar war. Die zweite zündende Idee war die Art der Faltung, die sich Gerhard Falk umgehend patentieren ließ. Sie ermöglichte es, einen Stadtplan wie ein Taschenbuch durchzublättern und zu benutzen.

Der Falkplan von Hamburg (erschienen im Jahr 1946) war so erfolgreich, dass schon kurz danach Falkpläne von Hannover, Frankfurt, Berlin, München, Düsseldorf und Nürnberg erschienen. 1950 erschien zum Heiligen Jahr mit Rom zudem der erste Auslandsplan. In den 50er und 60er Jahren publizierte der Verlag in schneller Folge Falkpläne von Städten im In- und Ausland, bald gab es mehr als 100 verschiedene Pläne, und schon 1961 wurde Falk die Bezeichnung „Europas größter Stadtplan-Verlag" zuerkannt. Dabei blieb es, und Falk kann heute darüber hinaus für sich beanspruchen, der größte Stadtplan-Verlag der Welt zu sein.

Das Falzen der jährlich in Millionenauflagen hergestellten Falkpläne erfolgte bis in die frühen 80er Jahre in Handarbeit. Im Auftrag von Falk entwickelte Alfred Vogtländer eine Falzmaschine, die in einem außerordentlich komplizierten technischen Verfahren die Falkpläne maschinell falzte. Um wirklich alle Wünsche des Benutzers erfüllen zu können, erschienen

die Falk Stadtpläne auch in konventioneller Leporellofalzung, und schon 1984 kamen die ersten Falk Stadtatlanten auf den Markt.

Nach Öffnung der deutschen Grenze und der Wiedervereinigung erschienen nacheinander Falkpläne von allen größeren Städten der neuen Bundesländer. Schließlich wurde die Schallgrenze von 100 Millionen verkauften Falkpläne überschritten. Heute umfasst die große Serie der Falk Extrapläne rund 500 Titel von Aachen bis Zwickau und ca. 60 Auslandspläne. Im Zentrum der Falk Publikationen aber steht nach wie vor der patentgefaltete Falk Stadtplan mit seinen typischen Erkennungsfarben Gelb, Rot und Blau. Es gibt ihn heute von ca. 100 Städten der Welt.

1996 verkauften die Erben von Gerhard Falk, der 1978 überraschend verstarb, den Falk Verlag an Bertelsmann. Im November 1998 verkaufte Bertelsmann den Falk Verlag an die durch Produkte wie Marco Polo, Baedeker, Shell Atlas, Generalkarte und Kompass bekannte Mair-Gruppe. Der Sitz und die Betriebsstätte des Falk Verlags wurden an den Sitz der Mair-Gruppe nach Ostfildern bei Stuttgart verlegt.

Die Jahre 2000 und 2001 waren durch die in der Geschichte des Falk Verlages größte Initiative gekennzeichnet. Mit der Vision, Falk vom Stadtplanexperten zur führenden Marke für sämtliche Informationen, die der mobile Mensch benötigt, auszubauen, wurden die Produkte aktualisiert und zusätzlich eine Vielzahl neuer Produkte im modernisierten Markendesign auf den Markt gebracht. Das Angebot beschränkt sich aber nicht nur auf klassische Verlagsprodukte. Die Falk Marco Polo Interactive GmbH entwickelt sich mit europaweiten Mobilitätsdiensten und seinen Reise- und Mobilitätsinhalten zum führenden Anbieter elektronischer Dienste und Produkte. Egal, ob Fahrer mit einem BMW-Navigationssystem unterwegs sind, sich auf den Aral- oder T-Online-Routenplaner verlassen, die Reiseplanung auf ihrem Pocket PC vornehmen oder mit dem Mobiltelefon das verlagseigene Portal benutzen, Falk zeigt immer den richtigen Weg – heute und auch in Zukunft.

FALKPLAN *Falk-Faltung*

HAMBURG

Falk

www.falk.de

HAMBURG

Mit Cityplänen von
Blankenese · Langenhorn · Garstedt
Duvenstedt · Neu Wulmstorf
Neugraben-Fischbek
Harburg · Bergedorf
Straßenverzeichnis
mit Postleitzahlen

Firmenname	Klassiker	Gründung	Erfinder und Gründer	Vertrieb
Falk Verlag	Falk Stadtplan Hamburg (seit 1946)	1945 in Winterhude	Gerhard Falk (1922–1978)	weltweit

FALKE | DER HERRENSTRUMPF

F A L K E Schon die große Dichterin Anette von Droste-Hülshoff wusste vom Sauerländer zu sagen, dass er, im Unterschied zum verschlossenen Westfalen, tüchtig sei, intelligent und über einen gewissen Geschäftssinn verfüge. Sicherlich ist es auch diesen Eigenschaften zu verdanken, dass die Industrialisierung im Sauerland besonders erfolgreich verlief und bis heute das wunderschöne Naherholungsgebiet auch ein wichtiger Standort großer deutscher Unternehmen ist. Im letzten Viertel des 19. Jahrhunderts jedenfalls ist auch im Sauerland Gründerzeit. Es schlägt die Stunde der Fleißigen, und zu jenen gehört Franz Falke-Rohen mit Sicherheit. Leicht ist der Anfang nicht, der Urgroßvater der heutigen Inhaber der Falke Gruppe hat immerhin acht Kinder zu versorgen, für deren Lebensunterhalt er als Tagelöhner sorgt. Handwerklich begabt, arbeitet er im Sommer auf den Dachfirsten der Umgebung und nagelt die typischen Sauerländer Schieferplatten auf die Dächer. Im Winter verdient er als Saison-Stricker seinen Tagelohn. Seine technische Begabung entdeckt Anfang der 1890er Jahre die Schmallenberger Strickerei Stern, bei der der Unternehmensgründer zunächst als Arbeiter, später dann als Werkmeister seine Karriere beginnt.

1895 legte er den Grundstein für das zukünftige Weltunternehmen mit einer kleinen Lohnstrickerei. Mit acht Angestellten werden Strümpfe hergestellt, die mit den heutigen Produkten kaum vergleichbar sind: Grob gestrickt und einfarbig sind sie nicht schön, aber praktisch – allerdings zeitraubend und kompliziert in der Herstellung. Nicht mehr als zwei Dutzend Socken können pro Mann an einem 10-Stunden-Tag hergestellt werden. Erst 1920 bringt eine britische Firma den vollautomatischen Doppelzylinder-Strumpfautomaten auf den Markt, der es ermöglicht, die gar nicht so einfachen Produktionsschritte der Fertigung von Fußteil und Rundstrick in einem Arbeitsgang herzustellen. Von solchen technischen Finessen ist Franz Falke-Rohen – zeitlich zumindest – noch weit entfernt. Vorerst bleibt der Weg buchstäblich steinig: Mit einem Fußmarsch von 18 Kilometern bringt er

die fertige Ware erst nach Altenhundem, nimmt dann den Frühzug nach Essen, von wo er auf dem Rückweg circa 25 Kilo Garn wieder mit nach Hause bringt. Nach Rückschlägen entwickelt sich das Unternehmen zu Beginn des 20. Jahrhunderts mit Kontinuität. Die Söhne werden ins Geschäft eingebunden, allen voran Franz junior, den die Mutter den „ersten richtigen Kaufmann in der Familie" nennt. 1918 wird die erste Spinnerei übernommen, die den Grundstein für das zweite Standbein des Unternehmens darstellt: FALKE GARNE.

Von Sohn zu Sohn gehen nun in den folgenden Generationen die Geschicke des Unternehmens und es scheint, rückblickend betrachtet, als läge Unternehmertum in den Genen der Familie Falke. Heute wird die FALKE GRUPPE von den Urenkeln des Gründervaters Paul und Franz-Peter geführt. Die FALKE-GRUPPE ist heute, nach dem zweiten Jahrhundertwechsel in der Firmengeschichte, ein in über 30 Ländern aufgestelltes Unternehmen mit über 2.800 Angestellten.

In für die gesamte Textilbranche beispielhaften Shop-in-Shop-Konzepten und eigenen Flagshipstores der Spitzenklasse, unter anderem in Köln, Berlin und Paris, zeigt Falke heute eine umfassende Produktpalette im Strumpf- und Textilbereich. Dazu gehören ein breites Sortiment von Strickbekleidung, Strickstrümpfen, Damenfeinstrümpfen und -strumpfhosen, Garnen und Vorprodukten für die Teppichindustrie sowie für technische Textilien. Nach dem Motto „Für jeden Anlass die richtige Empfehlung" beweist Falke mit seinen zahlreichen Kollektionen, dass das richtige Outfit erst mit dem passenden Strumpf perfekt ist. Neben der hochfunktionalen Sportstrumpf-Kollektion sorgt in jüngster Zeit vor allem die FALKE LUXURY COLLECTION für Aufsehen. Das Konzept dahinter ist denkbar einfach: Die besten Strümpfe herstellen, die derzeit machbar sind. Chinesisches Kaschmir, australische Merinowolle, japanische Seide und ägyptische Karnak-Baumwolle – die erlesenen Materialien werden nach dem Manufakturprinzip in der Schmallenberger Traditionsstrickerei verarbeitet.

WOOL·COTTON·MIX

F A L K E
AIRPORT

41-42
UK 7-8 · US 8-9

Firmenname	Klassiker	Gründung	Mitarbeiter	Gründer	Vertrieb
Falke	Der moderne Qualitätsstrumpf	1895 in Schmallenberg	2.857	Franz Falke (1859–1928)	weltweit

 Als Edwin und Hermann Faller sich 1946 in Stuttgart treffen, reden sie über die Zukunft. Edwin hat der Krieg härter getroffen als seinen Bruder. Hatte er bis zu seiner Einberufung beim Zoll gearbeitet, so steht er nun ohne Arbeit da. Hermann hat zwar seine Anstellung als Mechaniker wieder – aber so richtig zufrieden ist auch er nicht. Und so kreisen die Gedanken der beiden Brüder aus dem Schwarzwald immer und immer wieder um die Zukunft. Bis sich Hermann an den kleinen Bauernhof erinnert, den er einmal für seine Tochter Ursula gebaut hat.

Edwin, der Bastler, und Hermann, der Tüftler – was sie in der Nachkriegszeit in dem badischen Flecken Gütenbach aufbauten, sollte sich zwischen Flensburg und Garmisch zum Inbegriff für alle Freunde von Bausätzen für Modelleisenbahnen, Modellflugzeugen und Modellautos entwickeln: die „Gebr. Faller GmbH" mit dem unverwechselbaren schwarz-rot-goldenen Balken auf jeder Verpackung.

Es ist eine pittoreske Traumwelt, die sich auftut, wenn man in dem 350 Seiten starken Produktkatalog von Faller blättert. Da gibt es – natürlich – Bahnhöfe zu bewundern, etwa jenes kleine Kunstwerk mit über 700 Plastikteilen, das dem Bonner Bahnhof originalgetreu nachgebildet ist. Man findet Häuser in schier unerschöpflicher Vielfalt: vierstöckige Gründerzeitbauten, gemütliche Gasthäuser, ehrwürdige Patriziervillen. Oder Ausgefallenes wie die Wildwasserbahn „Pirateninsel" – voll funktionsfähig mit schwimmfähigen Booten auf richtigem Wasser.

Acht Millionen Haushalte begeistern sich hierzulande für Modelleisenbahnen – über 60 Prozent der Bastler haben die 21 Jahre bereits hinter sich. Ist es das Schöpferische, das den Reiz dieses Hobbys ausmacht? Ist es die Mischung aus Klebstoff, Zange und Messer beim Zusammenbauen der Modelle oder die Tatsache, dass man nur hier zugleich Architekt, Schreiner, Elektriker und Zugführer sein kann?

Wenn es von allem ein bisschen ist, dann haben die Faller-Brüder den richtigen Riecher gehabt, als sie im Keller ihres Familienhofes begannen, ihrem Traum ein Gesicht zu geben – etwas zum Spielen zu schaffen und etwas für kreative Geister. Dabei mussten sie anfangs selbst mehr als kreativ sein. Denn die ersten „Geschäftsräume" hatten nicht einmal eine Heizung, geschweige denn Maschinen. Doch Edwin, der Bastler, und Hermann, der Tüftler packen an: Aus Teilen eines Flugzeugwracks bauen sie einen Tisch für Kreissägen, Buchenholz für die Modelle holen sie mit einem Karren aus dem Wald. Und was wären die beiden ohne Mutter Hilda gewesen, die von Hof zu Hof geht, um für ihre fleißigen Söhne Nahrung zu erbitten?

Der Fleiß wird bald belohnt: Schon das erste Modell namens „Marathon" aus Holz und Karton geht weg wie warme Semmeln. Faller wird zum Begriff auf der Nürnberger Spielwarenmesse und in den Geschäften. 1956 zählt die Firma über 60 Mitarbeiter. Heute ist das Werk in Gütenbach ein High-Tech-Unternehmen mit computergesteuerten Maschinen, das rund 190 Menschen Arbeit gibt und Handelspartner in mehr als 60 Ländern beliefert.

Doch nicht immer war der Weg nach oben so selbstverständlich für die schwäbischen Modell-Häuslebauer: Als 1948 die Währungsreform kommt und die Deutschen über Nacht nur 40 Mark in der Tasche haben, droht das Aus. Die Brüder entlassen die Belegschaft, produzieren zeitweise Wäscheklammern. Doch dann endlich der Boom: Die Firma wird zum Paradebeispiel für das Wirtschaftswunder, führt Anfang der 60er Jahre Weihnachtsgeld ein, gründet eine Sozialkasse. Aus zwölf Tagen Urlaub werden drei Wochen. Da wundert es kaum, wenn die Gebr. Faller GmbH heute auch in anderer Hinsicht auffällt: 41 Prozent der Beschäftigten sind ihrer Firma schon seit mehr als 25 Jahren treu. Ein Arbeitsplatz mit „Modell-Charakter"...

Firmenname	Klassiker	Gründung	Mitarbeiter	Vertrieb	Produktionsstandort
Gebr. FALLER GmbH	FALLER Modellhäuschen	1946 in Gütenbach/ Schwarzwald	190	in über 60 Ländern	ausschl. Deutschland

Noch in den Fünfzigern waren sie gang und gäbe: Holzklötzchen, mit Gips verspachtelt oder Blechhülsen, gefüllt mit Hanf – die Rede ist vom Dübel. Seit über 50 Jahren erledigt jedoch ein grauer Kunststoff diesen Job : Nylondübel „made by fischer".

Ihr Ursprung liegt im Schwarzwalddorf Tumlingen. Dort wird Artur Fischer angeboten, die Herstellung eines Spezialbolzens zur Befestigung von Geländern zu übernehmen. Das Produkt besteht aus einer Mutter, einem Zwischenstück aus Gummi und einer Metallhülse samt Schraube. Es stammt aus England, verkauft sich aber nicht besonders gut, da die Gummiwülste, die eigentlich die vollkommene Unverrückbarkeit der Schraubenhülse in der Wand garantieren sollen, in der Frühlingssonne einfach dahinschmelzen.

Der gelernte Schlosser macht sich flugs an die Entwicklung eines eigenen Dübels. Als Erfinder und Produzent des so genannten Synchron-Blitzes kennt er die Vielseitigkeit des Werkstoffes Kunststoff und fertigt daraus eine Hülse fürs Bohrloch, die sich beim Eindrehen der Schraube so unnachgiebig wie nur möglich verspannt: 1958 kommt der graue fischerdübel S aus Nylon auf den Markt. Manche Bauexperten schütteln den Kopf, weil ein so wertvoller Kunststoff einfach in der Wand verschwinden soll, doch Fischer weiß, was er tut. Nylon zeichnet sich durch hohe chemische und thermische Beständigkeit, enorme Dauerbelastbarkeit, gute Alterungsbeständigkeit und neutrales Korrosionsverhalten aus. Und damit bietet der Nylon-Dübel die ideale Voraussetzung für eine dauerhaft sichere Verankerung.

Mittlerweile ist der S-Dübel mit seinen charakteristischen Sperrzungen der meistproduzierte und -kopierte Dübel der Welt. „fischerdübel" ist nicht nur in Deutschland, sondern auch in vielen anderen Ländern das Synonym für Befestigen. Neben Kunststoffdübeln gibt es heute eine Vielzahl von Stahlankern für den Schwerlastbereich. Darüber hinaus haben in den vergangenen Jahren die chemischen Befestigungen immer mehr an Bedeutung gewonnen. Seit über 40 Jahrzehnten setzt fischer nun schon Maßstäbe in der Dübeltechnik und nimmt damit eine Spitzenstellung ein. Das mittelständische Unternehmen, das seit 23 Jahren erfolgreich in zweiter Generation durch Gründersohn Klaus Fischer geführt wird, besitzt den Ruf einer „Ideenfabrik". Untermauert wird dies durch 1933 Patente (Stand: 31. Dezember 2002), und im Schnitt meldet das Unternehmen in Deutschland 20 Patente (ausschließlich Arbeitnehmererfindungen) pro 1.000 Mitarbeiter an – der deutsche Industriedurchschnitt liegt bei 1,5.

Der mit Abstand größte Umsatzträger ist der Befestigungsbereich. Hier entwickelt und produziert das Unternehmen als weltweit einziger Hersteller in allen drei Segmenten selbst: im Kunststoff-, Stahl- wie auch chemischen Bereich.

Profis wie Heimwerker nutzen das rund 7.000 Produkte umfassende Programm in über 100 Ländern dieser Erde. Und heute – wie früher – geht es fischer vor allem darum, mit seinen Produkten eine möglichst hohe Sicherheit zu bieten. Kein anderes Unternehmen verfügt folgerichtig über mehr bauaufsichtliche Zulassungen für Dübel und Anker durch das „Deutsche Institut für Bautechnik" (DIBT) in Berlin sowie über mehr „Europäische Technische Zulassungen" (ETA).

Neuester Coup ist der Langschaftdübel fischer SXS: Er ist weltweit der erste Kunststoffdübel, der eine bauaufsichtliche Zulassung zum Einsatz in gerissenem Beton erhalten hat. Er ist zugleich der erste Kunststoffdübel, der im Bohrloch nachspreizt, was vor allem der besonderen Wirkungsweise der ebenfalls bei fischer entwickelten CONA-Schraube zu verdanken ist. Anwendungen im leichten Lastbereich, also etwa die Befestigung von Markisen, Toranlagen oder von großen Fenster- und Fassadenelementen, die bislang Stahlankern vorbehalten waren, sind nun auch mit einem Kunststoffdübel möglich.

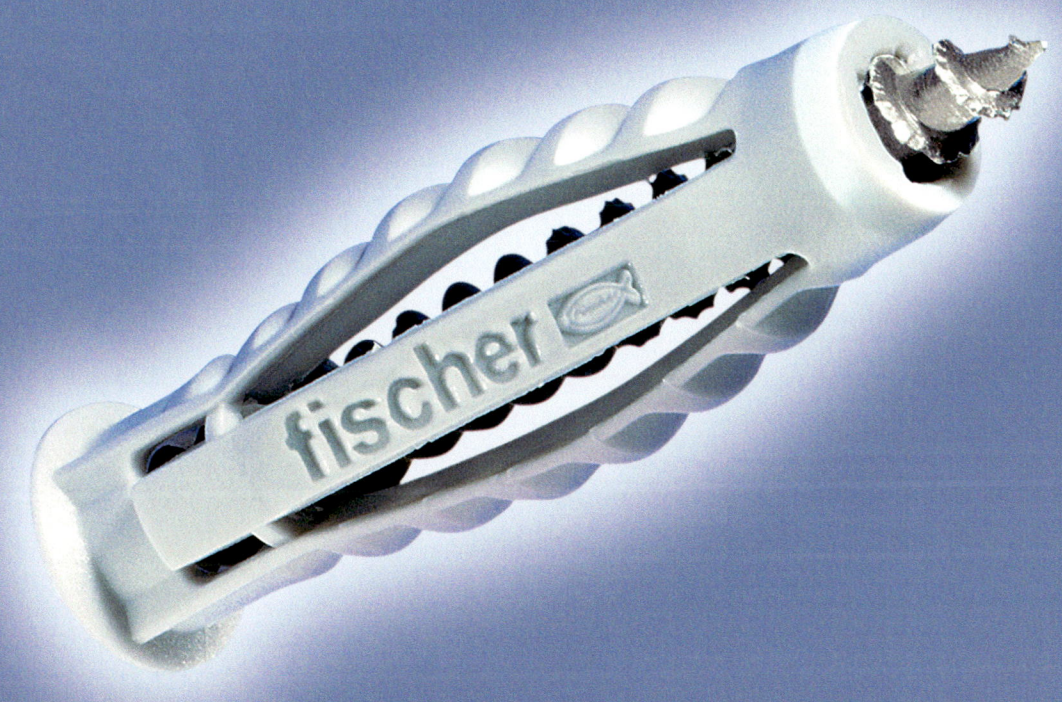

Firmenname
Unternehmensgruppe
fischer

Klassiker
fischer-Dübel
(seit 1958)

Gründung
1948 in Tumlingen/
Schwarzwald

Mitarbeiter
3.400 weltweit

Vertrieb
22 Landesgesellsch.,
über 100 Importeure

Jahresumsatz
400 Mio. Euro 2002

FISSLER | DER SCHNELLKOCHTOPF

Gesundheitsbewusste Menschen nutzen ihren Schnellkochtopf schon seit langem zum Vitamine und Nährstoffe schonenden Garen von Speisen. Wenn heute die Zubereitung von Gerichten im Schnellkochtopf in deutschen Haushalten zur Selbstverständlichkeit geworden ist, so ist das vor allem einem Hersteller zu verdanken: dem Kochgeschirrhersteller Fissler aus Idar-Oberstein, der vor 50 Jahren den ersten Schnellkochtopf mit patentiertem, mehrstufigem Kochventil auf den Markt brachte. Mit dem Bestseller Fissler vitavit royal entwickelte das Unternehmen einen Pionier unter den Schnellkochtöpfen.

Im Zuge des Trends zur gesunden und leichten Wellness-Küche erleben die Fissler Schnellkochtöpfe eine regelrechte Renaissance. Während diese Töpfe früher vor allem mit „schnellem Kochen" gleichgesetzt wurden, weiß man heute die Vitamine und Nährstoffe schonende Zubereitung von gesunden und trotzdem schmackhaften Wellnessgerichten zu schätzen.

Eine schonende Zubereitung der Speisen ohne viel Wasser und Fett ermöglicht eine gesunde Ernährung. Dies geschieht durch Dämpfen, Dünsten oder leichtes Anbraten der Nahrungsmittel. Das Prinzip des Schnellkochtopfes ist denkbar einfach: Durch das Garen im eingeschlossenen Dampf des Schnellkochtopfes bei leichtem Überdruck entweicht der Sauerstoff aus dem Topf. Die Vorteile liegen auf der Hand: Zum einen verkürzen sich durch diesen Effekt die Garzeiten und der Verbraucher spart Zeit und Energie. Der Strom- und Gasverbrauch sinkt bis zu 50 Prozent, während die Kochzeiten sich sogar auf ein Drittel reduzieren lassen. Zum anderen bleiben lebenswichtige Vitamine, Mineralsalze und Spurenelemente und damit auch das Aroma, Duft und Farbe empfindlicher Speisen bei der Zubereitung im Schnellkochtopf wesentlich besser erhalten.

Mit dem Fissler vitavit royal entwickelte der Kochgeschirrhersteller einen Schnellkochtopf mit besonders leichter Handhabung, der Sicherheit und ein gutes Gelingen aromatischer Speisen garantiert. Für das automatisch richtige Ankochen und die hohe Sicherheit bei der Anwendung sorgt die bewährte Fissler Euromatic, auch Nulldrucksicherheit genannt. Sie schließt den Topf selbstständig im richtigen Moment – genau dann, wenn der Luftsauerstoff aus dem Topf entwichen ist. Die spezielle Restdrucksperre lässt ein Öffnen des Topfes erst dann zu, wenn der Druck vollständig entwichen ist.

Jeder Fissler Schnellkochtopf besitzt zwei unterschiedliche Kochstufen zum Garen verschieden empfindlicher Lebensmittel bei der jeweils optimalen Temperatur: die Schonstufe mit 109 Grad für zartes Gemüse, Geflügel, Obst und Fisch und die Schnellstufe mit 116 Grad für Fleisch und andere lang garende Lebensmittel. Der vollgekapselte Thermicboden ist zudem für alle Herdarten geeignet. Er nimmt die zugeführte Energie ideal auf, speichert und verteilt sie gleichmäßig. Der heutige Schnellkochtopf Fissler vitavit royal ist das Ergebnis von fast 50 Jahren Erfahrung und wurde weit über 10 Millionen Mal verkauft. Im Rahmen kontinuierlicher Produktpflege wurde er zum Vorreiter in punkto Technik und Innovation.

Seit 1845 bürgt das traditionsreiche Unternehmen Fissler für innovative Premiumprodukte, die in Qualität, Funktionalität und Design neue Maßstäbe setzen. Über 200 Patente allein in den letzten 50 Jahren sind das Ergebnis dieser „Pionierarbeit". Zahlreiche Fissler-Innovationen wie die magic line mit Abgießfunktion, die Antihaft-Versiegelung Protectual Plus für Pfannen, die Saft-O-Matic zur automatischen Flüssigkeitszufuhr während des Bratvorgang im Bräter und der CookStar-Allherdboden haben die Welt des Kochens und Genießens revolutioniert. Durch durchdachte Produktideen und gleichbleibend hohe Qualität „Made in Germany" und ausgezeichnet mit zahlreichen Designpreisen ist Fissler seit Jahrzehnten die Nummer eins im Kochgeschirrmarkt. Der weltweite Erfolg des heutigen Marktführers zeigt: Fissler setzt Trends und bietet immer neue, bedarfsgerechte Produkte auf höchstem Niveau für die aktuelle Küchentechnik und einen modernen Lebensstil.

Firmenname	Klassiker	Gründung	Bekanntheit	Vertrieb	Produktionsstandort
Fissler GmbH	Fissler vitavit royal (seit 1953)	1845 in Idar-Oberstein	96 %	in über 40 Ländern	Deutschland

FRANCOTYP-POSTALIA | DIE FRANKIERMASCHINE

Wie viele Damen Anfang des Jahrhunderts Überstunden machen mussten, um Briefmarken auf die Post zu kleben, ist nicht überliefert. Fest steht, dass sich im Jahre 1923 mit Zulassung der weltweit ersten echten Frankiermaschine mit einstellbaren Portowerten, dem legendären Modell „Francotype A", für die Postorganisation in Behörden und Unternehmen viel geändert hat.

Ein gelungener Einstieg für die im selben Jahr durch die Anker Werke AG, Bielefeld, und die Bafra Maschinen GmbH, Berlin, gegründete Vertriebsgesellschaft Postfreistempler GmbH, Bielefeld, die zwei Jahre später in Francotyp GmbH umbenannt wurde. Sieben Jahre nach seiner Gründung im Jahre 1931 setzte ein weiteres Unternehmen Zeichen: die Postalia. Als 1938 die Zulassung und Produktionsaufnahme für die kleinste Frankiermaschine der Welt, die „Postalia D2", durch die Freistempler GmbH erfolgte, ahnte allerdings wohl noch niemand, dass sich die kleine mobile „D2" zur meistverkauften Frankiermaschine der Welt entwickeln sollte. Bis heute wurden allein von der „D2" mehr als 500.000 Stück verkauft. Francotyp und Postalia konnten zu dieser Zeit Firmen jeder Art und Größenordnung ideal abgestimmte Frankierlösungen anbieten. Ein Jahr, nachdem mit der „Francotype CC" die erste Nachkriegsentwicklung vorgestellt wurde, führte 1950 die Entwicklung eines elektrischen Antriebs für die „D2" zu dem auf der Welt einmaligen Postalia-Baukastensystem. Zehn Jahre nach dieser vorausschauenden Entwicklung setzte Francotyp mit dem Vollautomaten „A 9000" neue Maßstäbe bei der maschinellen Postbearbeitung in Großbetrieben.

Um auf dem Markt noch schlagkräftiger zu werden, wurden 1972 die Francotyp GmbH, die Bafra Maschinen GmbH sowie die zuvor von der Bafra erworbene Okafold Briefkuvertiermaschinen GmbH unter dem Namen Francotyp vereinigt. Ein Jahr darauf erfolgte die Umbenennung der Freistempler GmbH in Postalia GmbH. Immer mehr wurde nun deutlich, dass bei Entwicklungen für die maschinelle Postbearbeitung zwei Unternehmen ihre Nasen ganz vorne hatten: Francotyp und Postalia. Mit der 1983 erfolgten Gründung der Dachgesellschaft Francotyp-Postalia GmbH, Berlin/Offenbach, war der Weg zu einer erfolgreichen Zusammenarbeit beschritten.

Sechs Jahre, nachdem die Zulassung und Markteinführung des ersten volltastaturgesteuerten Frankiersystems der Welt – EFS/NEF – für Schlagzeilen sorgte, wurde 1991 die Einführung einer gemeinsamen Firmenmarke und Unternehmenskultur bekannt gegeben: der „FP Francotyp-Postalia".

Noch im selben Jahr kam es zur Sensation: Die erste vollelektronische Frankiermaschine der Welt mit nichtmechanischem Druckwerk, die „T 1000", kam auf den Markt. Dem Anspruch eines weltweit agierenden Unternehmens gerecht werdend, wurde Francotyp-Postalia 1995 in eine AG umgewandelt. Gleichzeitig erfolgte innerhalb der Zugehörigkeit zum Röchling Konzern die direkte Anbindung an die Konzernobergesellschaft.

Über all die Jahre der Unternehmensgeschichte lässt sich eines festhalten: Bei der maschinellen Postbearbeitung entscheiden sich zwei von drei Anwendern in Deutschland und in Europa jeder dritte für Francotyp-Postalia. Und das aus gutem Grund: Mit der 1997 präsentierten „JetMail" stellte das Unternehmen erneut seine Innovationsfähigkeit unter Beweis. Erstmals arbeitete eine Frankiermaschine mit digitalem Ink-Jet-Druck und damit flüsterleise. Mit der gleichen Technologie druckt das 2001 auf den Markt gebrachte Modell „mymail", die kompakte Frankiermaschine mit integrierter Waage, bei der man das Porto per Modem nachladen kann. Das so genannte Teleporto beherrscht auch die 2002 eingeführte „optimail", deren Thermotransfer-Drucktechnik stets gestochen scharfe Abdrucke liefert.

Das Produkt-Highlight des Jahres 2003 – die „ultimail" – ermöglicht schließlich durch ihr neuartiges Großdisplay die einfache Bedienung und Kontrolle aller Prozesse. Hätten die Bürodamen Anfang des Jahrhunderts bereits die elektronische Briefmarke gehabt, sie hätten sicher eher Feierabend machen können.

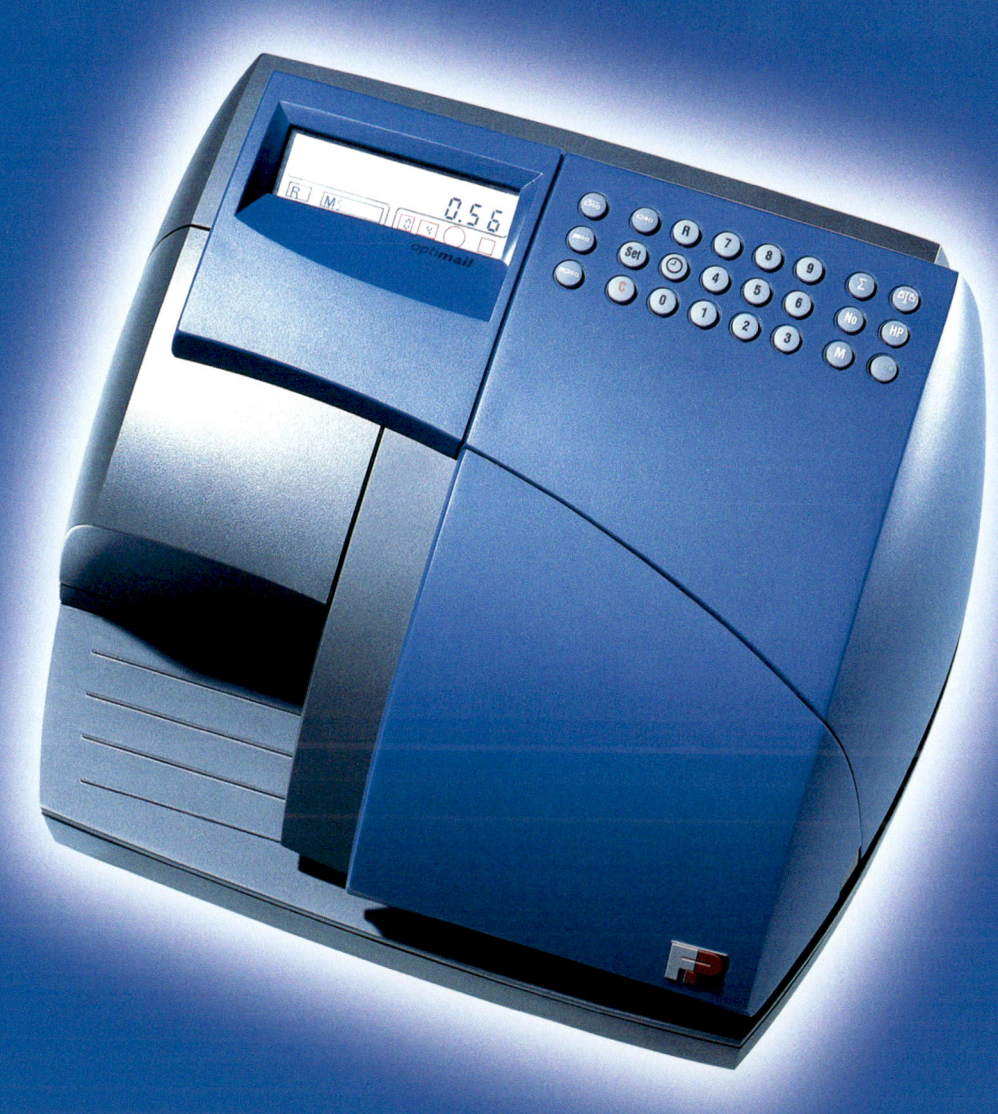

Firmenname
Francotyp-Postalia
AG & Co.

Klassiker
Frankiermaschine
(seit 1923)

Gründung
1923 in Bielefeld

Mitarbeiter
über 850 weltweit

Vertrieb
12 Tochtergesell-
schaften weltweit

Hauptfertigungsstätte
Birkenwerder
bei Berlin

FROSCH | DAS ÖKO-PUTZMITTEL

Am 12. Dezember 1985 machte ein Foto Schlagzeilen: Der neue hessische Minister für Umwelt und Energie ließ sich in Turnschuhen, Jeans und Sportsakko vereidigen. Trotz seines lässigen Äußeren entwickelte sich dieser Mann in den folgenden Jahren zu einem der wichtigsten Politiker Deutschlands: Joschka Fischer brachte es 1998 sogar zum Vizekanzler. Die Grünen etablierten sich nicht zuletzt dank seiner Person als dritte Kraft im Staat – reines Profitstreben auf Kosten der Natur wich ökologischem Verantwortungsbewusstsein.

Das Traditionsunternehmen Werner & Mertz aus Mainz erkannte diese Zeichen der Zeit und ging kurz nach der Vereidigung Fischers im Jahre 1986 mit einem neuen Haushaltsreiniger auf den Markt. Der Neutral-Reiniger trug den Namen Frosch. Das Tier war seit über einem Jahrhundert aus der hauseigenen Erdal-Serie bekannt und spiegelte in einer Phase, in der Jugendliche und Erwachsene Sonnenblumen- und Baumsticker auf ihren Jacken trugen, den Zeitgeist adäquat wieder. Der Frosch stand für ein selbstbewusstes und sympathisches Wesen, das jedoch hochsensibel auf ökologische Veränderungen seiner Umwelt reagiert. Die Assoziation der Mütter an ihre Kinder lag nahe: Die Kleinen sollten sich wohl und sicher im Haushalt fühlen und nicht den Gefahren schädlicher Chemie ausgesetzt sein. Diesem Denken trug Frosch Rechnung. Bei den Frosch-Produkten hieß es nicht mehr, je stärker, desto besser, sondern: weniger ist mehr. Die Paradigmen hatten sich gewandelt. Putzmittel sollten wirksam sein, aber auch umweltschonend und ökologisch abbaubar.

Der Frosch-Neutral-Reiniger und die gesamte, rasch folgende Produktpalette vom Glas- und Essig-Reiniger über das Spülmittel zur Scheuermilch bis hin zum Waschmittel erfüllten zwei wichtige Kriterien: Sie waren umweltfreundlich, formaldehyd-, phosphat- und lösungsmittelfrei und die Tenside bis zu 98 Prozent abbaubar – und der Kunde konnte sie überall beziehen. In Supermarktketten und Drogeriemärkten: Der Frosch lachte ihm aus allen Regalen entgegen und begann seinen Siegeszug. Denn ökologisches Denken war längst nicht mehr nur die Sache von einigen wenigen, die in ausgesuchten Reformhäusern einkaufen gingen, der Umweltgedanke wurde vielmehr zum gesellschaftlichen Allgemeingut.

In den 90er Jahren stand wieder ein Paradigmenwechsel an. Die Verbraucher konzentrierten sich wieder mehr auf ihr Zuhause, das als Ort der Ruhe und der Entspannung zum Wohlfühlen einlud. Die Wellness-Welle begann und ist bis heute prägend für den Zeitgeist. Auch diesen Wandel meisterte Frosch bravourös. Die Verpackung wurde zeitgemäßer und mit zurückhaltender natürlicher Attraktivität gestaltet, die TV-Werbung zielt auf das Naturwirkkonzept der Produkte ab, die sowohl eine gute Reinigungsleistung als auch die Schonung von Mensch und Natur bieten, und damit auf das Wohlbefinden innerhalb der Familie.

Trotz dieser zeitgemäßen Anpassungen verlor Frosch jedoch eines nicht aus den Augen: seine ökologische Glaubwürdigkeit. Seine Produkte basierten immer noch auf natürlichen Substanzen wie Zitrone oder Essig. Der Orangen-Universal-Reiniger von Frosch etwa spricht für die Innovationskraft des Unternehmens und steht symbolisch für die Bedürfnisse der Menschen in den 90er Jahren: Auf rein pflanzlicher Basis löst er extrem hartnäckigen Schmutz. Er ist hochwirksam und trotzdem biologisch voll abbaubar. Der Reiniger kommt dem Wohlfühltrend entgegen, indem er beim Reinigen einen tollen Duft nach Orangen verbreitet.

Auch wenn der Frosch zeitgemäß agiert, wird er nach wie vor seinen ökologischen Grundanforderungen gerecht und sichert sich somit das Vertrauen der Verbraucher und bis heute seine positiven Marktanteile im Haushaltsreinigermarkt. Rangiert Joschka Fischer laut Umfrage seit Jahren auf Platz 1 der beliebtesten Politiker Deutschlands, steht ihm die Marke Frosch in nichts nach: Schon zum zweiten Mal sicherte sich Frosch 2003 den Most Trusted Brand bei einer Umfrage unter den Lesern von Reader's Digest als vertrauenswürdigste Marke bei den Putzmitteln.

Firmenname	Klassiker	Gründung	Bekanntheit	Vertrieb	Hauptfertigungsstätte
Erdal-Rex GmbH	Frosch Neutral-Reiniger (seit 1986)	1876 in Mainz	über 80 % (Deutschland)	europaweit	Mainz

GARDENA | DAS GARTENSYSTEM

 Garten bzw. Gärtnern hat in unserem Land nicht nur eine lange Tradition, sondern ist auch ein Thema mit Zukunft. 27 Millionen Gartenbesitzer und weitere 17 Millionen, die von einem eigenen Garten träumen, deuten das große Potenzial allein in Deutschland an.

Maßgeblichen Anteil an der Realisierung dieser Träume hat seit über 40 Jahren die starke Marke GARDENA, deren Erfindungen Epoche gemacht haben. Jeder Hobbygärtner kennt und schätzt es, kein Gartenfreund möchte in seinem „grünen Wohnzimmer" auf seinen Einsatz verzichten: das Original GARDENA System, das Ende der 60er Jahre eine neue Ära der Gartenbewässerung eingeleitet hat. An die Stelle einer bis dahin lästigen und aufwendigen Montage mit Messinghülsen, Schlauchklemmen, Schrauben und Gewindeanschlüssen ist eine ebenso einfache wie intelligente Lösung getreten: Ein Schlauchanschluss- und Verbindungssystem aus thermoplastischem Kunststoff, das ohne Verwendung zusätzlicher Werkzeuge schnell und einfach zusammen gesteckt werden kann. Mit diesem in Form und Funktion überzeugenden und qualitativ hochwertigen Produkt gelingt GARDENA 1969 der Durchbruch am Markt.

Was 1961 als ein kleines Handelshaus für Gartengeräte von Werner Kress und Eberhard Kastner gegründet wurde, hat sich mittlerweile zu einem weltweit bekannten und anerkannten Hersteller attraktiver, innovativer und pfiffiger Produkte und Systeme rund um den Garten entwickelt. GARDENA, zugleich Markenbegriff und Konzernname, plant, gestaltet und pflegt „naturverbundenen Lebensraum" und profitiert dabei von seiner hohen Beliebtheit und Kompetenz. Nicht umsonst ist GARDENA mit einem gestützten Bekanntheitsgrad von über 90 Prozent in Deutschland weiterhin die Premiummarke im Gartensektor und kann zugleich auch in den anderen europäischen Märkten auf deutliche Zugewinne bei Marktanteilen und Markenbekanntheit verweisen. Mit über 20 Tochtergesellschaften ist GARDENA in mehr als 85 Ländern der Welt präsent und setzt mit seiner Marke und seinen Produkten internationale Standards.

Der Wille zur Innovation hat GARDENA nie verlassen und dokumentiert sich in zahlreichen Erfindungen. Die Kette der Produktneuheiten reicht dabei von dem Viereckregner mit Turbogetriebe und der Accu Rasenschere mit Gleitkufe über die Elektropumpe, von der Gießbrause FlowerShower und der CombiMax Spatengabel bis hin zur computergestützten Bewässerungssteuerung und zum AquaMotion-Teich-Sortiment. Mit der jüngsten Weltneuheit, dem GARDENA Bewässerungscomputer C 1060 profi/solar, ist der europäische Marktführer für Gartengeräte nun in die innovative und umweltfreundliche Solartechnologie vorgestoßen.

Konsequent und mit System hat sich GARDENA am Markt positioniert und ist dabei, den eingeschlagenen Weg weiter erfolgreich zu beschreiten. Aus den 120 Mitarbeitern, die der Firma 1968 angehörten, sind inzwischen rund 3.200 geworden, die im Geschäftsjahr 2002/2003 stolze 440 Millionen Euro Umsatz erwirtschaften werden. In einer konjunkturellen Lage, in der sich auch einer der weltweit führenden Hersteller des grünen Marktes nicht auf seinen Lorbeeren ausruhen kann, beeindruckt das Ulmer Unternehmen durch zweistellige Wachstumsraten.

Unterstützt wird die GARDENA AG in dieser Hinsicht durch ihren neuen Mehrheitseigner, die schwedische Private Equity Gesellschaft Industrie Kapital. Der Vorstandsvorsitzende Dr. Wolfgang Jahrreis formuliert seinen Ausblick auf die Entwicklung der nächsten Jahre entsprechend: „Wir halten an unserer Zielsetzung fest, uns international zum führenden Anbieter von Qualitäts- und Markenprodukten im Gartenbereich zu entwickeln. Auf der Basis organischen Wachstums wollen wir dabei in drei Jahren einen Gruppenumsatz von mehr als 500 Millionen Euro erreichen und dieses Umsatzziel durch strategische Akquisitionen ausweiten."

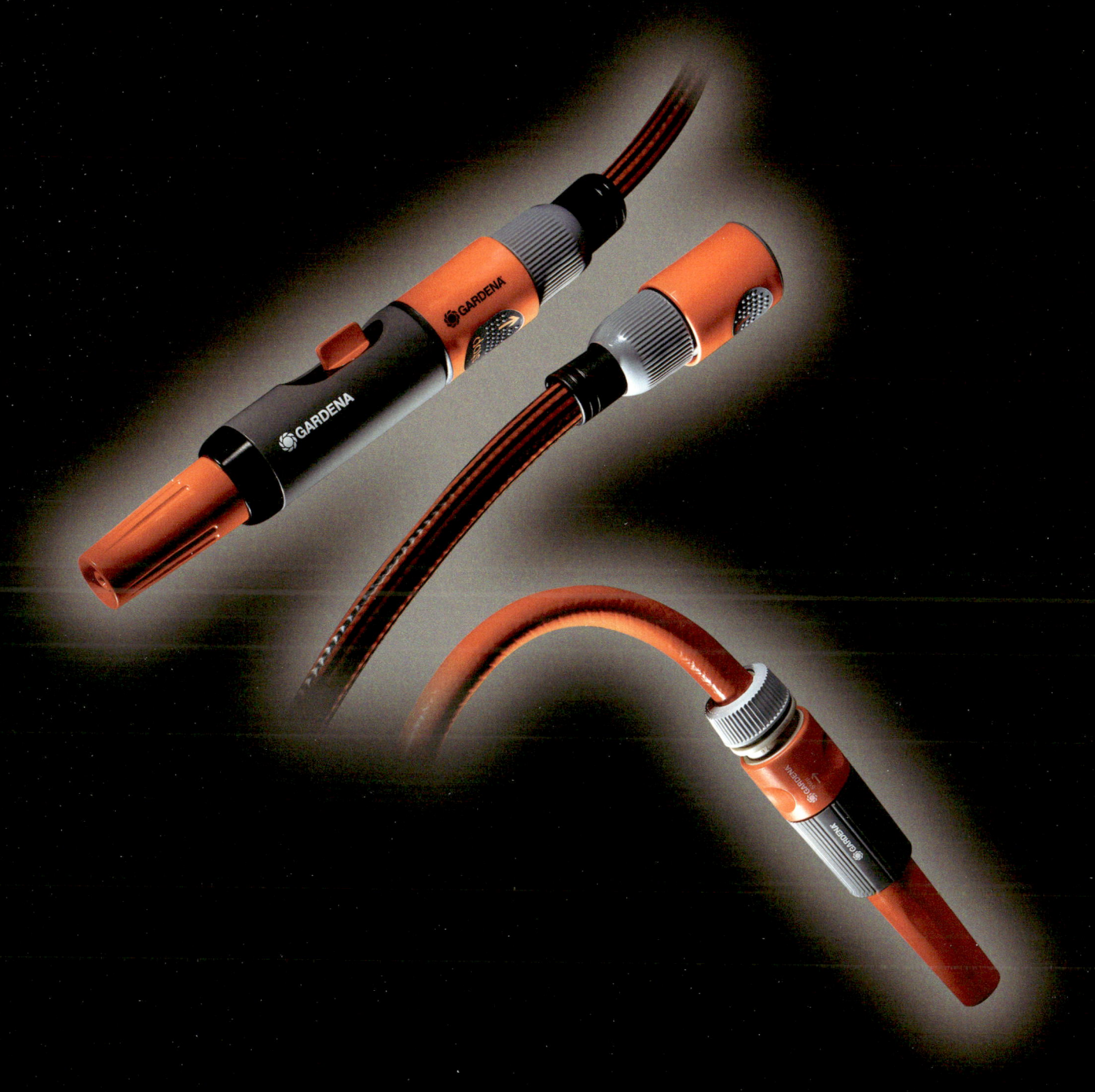

Firmenname	Klassiker	Gründung	Bekanntheit	Vertrieb	Produktionsstandorte
GARDENA AG	GARDENA (Marke seit 1966)	1961 in Ulm	94 % (gest.), 82 % (ungest.)	weltweit in über 85 Ländern	Deutschland, Tschechien, USA, Australien

■ GEBERIT

Es gibt Produkte im Leben, über die man nicht nachdenkt. Auch wenn ihre Benutzung morgens oftmals die einzige Motivation liefert, den Weg aus dem Bett zu finden. Doch wenn dieses Produkt nicht richtig funktioniert oder im öffentlichen Bereich nicht hygienisch sauber ist, dann schränkt dies gravierend den persönlichen Komfort und das individuelle Lebensgefühl ein. Nicht Schein, sondern Sein ist sein Metier. Es ist eher „eine Leistung dahinter", deren Dasein und Perfektion meist erst dann geschätzt wird, wenn man erfahren hat, was es bedeutet, wenn sie einmal nicht funktioniert. Deshalb wird Top-Qualität hier auch besonders geschätzt. So dürfte es niemanden verwundern, dass dieses Produkt millionenfach nachgefragt und bewährt ist.

Worüber wir sprechen? Über das Herzstück des privaten Bades oder des öffentlichen Sanitärraumes. Allein in Deutschland lebt jeder zweite Haushalt mit ihm: dem Geberit Spülkasten, dem zentralen Produkt der Marke Geberit. Geberit-Produkte, das sind neben Spülkästen aber auch Freiraum schaffende Installationssysteme, Hygiene bewahrende Trinkwasser- sowie schallschluckende Abwassersysteme oder Akzente setzende Betätigungsplatten. Abgerundet wird die Angebotspalette durch das Wellness-zertifizierte DoucheWC Geberit bodyLux.

Was die Produkte der Marke Geberit nicht nur unter Kennern begehrlich macht, ist ihre Langlebigkeit, die ausgesprochen hohe Qualität sowie die Sicherheit, die sie noch nach jahrzehntelangem Gebrauch bieten. Und schließlich gilt es ihre – im wahrsten Sinne des Wortes – Preiswürdigkeit herauszustreichen. Das gute Gefühl, das sie bei täglichem Gebrauch dem Benutzer geben, ist das des absoluten Komforts und des ruhigen Gewissens, eine vernünftige und langfristig sichere Entscheidung getroffen zu haben. Ein Blick in das Bad zeigt zudem, dass eine solche gute Wahl auch sehr designorientiert getroffen werden kann, denn technische oder gestalterische Innovationen kann man mit Geberit nicht verpassen. Geberit-Produkte setzen Benchmarks, die Orientierung bieten im Dschungel des (noch) Low-interest-Bereichs der Sanitärtechnik.

1874 gegründet, startete Geberit gleich mit dem, wofür die Marke noch heute bekannt ist: Innovationen. 1905 entstand in der Ideenschmiede des Gründervaters Caspar David Melchior der erste mit Blei ausgeschlagene und mit Bleiarmaturen versehene Holzspülkasten. 1935 stieg das Unternehmen in eine vollkommen neue Technologie ein: Für korrosionsfeste Rohre und Spülkastenteile wurde erstmals Kunststoff verwendet, das Material, dem Geberit bis heute überzeugend treu geblieben ist. 1952 dann wurde das Verfahren zur Herstellung von kompletten Spülkästen aus Kunststoff entwickelt. Der rasante Aufstieg des Unternehmens konnte beginnen. Ein Jahr später, 1953, erfolgte der Eintrag des Markennamens Geberit als Schutzmarke.

Um beispielsweise Wasserspülungen zu entwickeln, die ökologisch und wirtschaftlich effizient sind und vor allem leise arbeiten, wird bei Geberit zum Nutzen des Kunden ein beachtlicher Aufwand getrieben. In eigenen Laboren werden Produkte Dauertests unterworfen und neue Standards entwickelt, so dass Geberit-Produkte weltweit für ihre höchste Qualität bekannt sind.

Anfang der 1990er Jahre zogen sich die Vertreter der Gründerfamilie aus dem Unternehmen zurück. Im Jahr seines 125-jährigen Bestehens, 1999, unternahm Geberit den Schritt an die Börse und beteiligt seitdem seine Mitarbeiter am wirtschaftlichen Erfolg.

Aus den Einzelprodukten von Geberit haben sich unterdessen komplette Systeme entwickelt, welche die baulichen Anforderungen bereits integrieren und höchsten Komfort und Mehrwert bieten. Produkte von Geberit sind heute in über 40 Ländern weltweit im Einsatz – und überzeugen durch ihre hohe Qualität und Zuverlässigkeit –, damit es jeden Morgen eine Freude ist, den Weg aus dem Bett ins Bad zu finden.

Firmenname	Klassiker	Gründung	Vertrieb	Jahresumsatz	Produktionsstätten
Geberit AG	Der Spülkasten (seit 1905)	1874 in Rapperswil (CH)	weltweit in über 40 Ländern	1,3 Mrd. CHF weltweit	14 in 8 Ländern, darunter CH und D

GLASBAU HAHN | DIE VITRINE

 „Ein Kunstobjekt ist unwiederbringlich und sollte optimal präsentiert und geschützt werden." Isabel Hahn, die Ururenkelin des Unternehmensgründers Jean Heinrich Hahn, formuliert mit diesem Satz den hohen Anspruch des Hauses.

Als einfache Glaserei wird das Unternehmen 1836 gegründet. Zu den Söhnen des Firmengründers gehört auch der Physik-Nobelpreisträger Otto Hahn. Die Kunst des Weglassens ist es, die seinen gleichnamigen Neffen und späteren Firmeninhaber fasziniert und schließlich dazu antreibt, die erste rahmenlose Ganzglaskonstruktion zu erfinden.

Angeregt durch einen USA-Aufenthalt, experimentiert der junge Glasbauer mit einem Spezialkleber aus Glaszement und optimiert diesen so, dass er sich zum unsichtbaren Verkleben von Glaskanten eignet. Als Hahn 1935 die erste fünfseitige Ganzglashaube ohne störende Rahmenelemente erbaut, weiß er noch nicht, dass er damit die museale Ausstellungstechnik revolutionieren wird. Die elegante Sturzvitrine ist nämlich zunächst nur für Kaufhäuser vorgesehen. Ihren eigentlichen Siegeszug tritt sie jedoch in den wichtigen Kunstzentren rund um den Globus an.

Die Begeisterung, mit der viele Ausstellungsmacher die neue Glasbautechnik knapp 150 Jahre nach dem Bau des ersten öffentlichen Museumsgebäudes – dem Kasseler Fridericianum – begrüßen, ist vor allem auf die schlichte Schönheit dieser Präsentationsform zurückzuführen. Ohne den Blick verstellende Leisten und Schattenwürfe können Objekte nun viel besser zur Geltung gebracht werden. Hahns Erfindung führt zu einer engen Zusammenarbeit des Hauses mit Museumsleitern, Konservatoren, Ingenieuren und Architekten. Diese strikte Orientierung an musealen und Design-Anforderungen bestimmt in den folgenden Jahrzehnten in vielfältiger Weise die Weiterentwicklung von Otto Hahns ersten „Glashauben" und mündet in zahlreiche, international ausgezeichnete Innovationen.

Zunächst nutzt Hahn die Sockel- und Aufsatzbereiche der Vitrinen für die unauffällige Integration von technischen Details. So bleibt er seiner ursprünglichen Idee treu, den eigentlichen Präsentationsraum frei zu halten, und kann zugleich alle konservatorischen und sicherheitstechnischen Vorgaben erfüllen.

Bei dem von Hahn erfundenen 3-Wege-Öffnungsmechanismus, mit dem Schiebetüren sowohl leichtgängig geöffnet als auch wieder luftdicht verschlossen werden können, werden beispielsweise die dazu notwendigen Führungsschienen in Sockel und Aufsatz integriert.

Heute ermöglichen pneumatische Systeme und Spindelmotoren im Sockel der Vitrine das ferngesteuerte Anheben von raumgreifenden Glaskästen sowie das Öffnen und Schließen wandgroßer Schiebetüren mit einem Knopfdruck.

Form, Größe und Design der Vitrinen können dabei problemlos auf das jeweilige Exponat und die Architektur der Ausstellungsgebäude abgestimmt werden.

Temperatur- und Luftfeuchtigkeitsschwankungen sowie UV-und IR-Strahlen, die Veränderungen in den organischen Bestandteilen eines Kunstwerks hervorrufen können, werden durch technische Innovationen aus dem Hause Hahn ebenfalls vermieden. Dazu gehören modular einsetzbare Klima- und Reinluftsysteme, UV-Schutz-Beschichtungen und strahlungsarme Lichtfasersysteme.

1999 stellt das Familienunternehmen, das inzwischen über 140 Mitarbeiter in zwei Werken beschäftigt, auf der Museumstechnikmesse in München eine weitere Weltneuheit vor: Bei der so genannten Stickstoffvitrine wird Sauerstoff durch Stickstoff verdrängt. So können sowohl Oxidationsvorgänge als auch der Befall durch Parasiten verhindert werden.

Der einfache Glaskasten von Otto Hahn ist über Jahrzehnte zu einem High-Tech-Gerät weiterentwickelt worden, das mehr denn je der Aufgabe gerecht wird, die Kulturschätze der Welt auch für künftige Generationen zu bewahren und zugänglich zu machen.

Firmenname	Klassiker	Gründung	Gründer	Vertrieb	Hauptfertigungsstätten
Glasbau Hahn GmbH & Co. KG	Hahn Vitrine (seit 1936)	1836 in Frankfurt/Main	Jean-Heinrich Hahn	weltweit mit 29 internat. Partnern	Frankfurt und Stockstadt am Main

GOLDEN TOAST | DAS TOASTBROT

1963: Der amerikanische Präsident John F. Kennedy spricht in Berlin seine berühmten Worte „Ich bin ein Berliner", eine noch unbekannte Band mit dem Namen Rolling Stones katapultiert sich mit „Come on" in die englischen Charts, und die sowjetische Kosmonautin Valentina W. Tereschkowa startet als erste Frau in den Weltraum. Die Deutschen sind nach den Mangeljahren der Nachkriegsjahre offen für Neues und entdecken Cola, Cornflakes und – den Toast.

Nacht für Nacht trafen sich in jenem Jahr heimlich Persönlichkeiten der deutschen Backwarenbranche. Ihnen erschien es nicht mehr zeitgemäß, Weißbrotscheiben auf dem Herd zu rösten. Sie träumten von quadratischen, feinporigen und röstfähigen Brotscheiben. Der Teig aus Qualitätsweizen, den die amerikanische Farmervereinigung Great Plain Wheat geliefert hatte, war nur eine Facette ihres Erfolgs. Letztlich führten vor allem ihre umtriebigen Bemühungen und die Sorgfalt bei der Teigherstellung und den Backvorgängen zu einer Revolution im Brotregal: Toastbrot als nationales Produkt.

Revolutionär waren auch die folgenden Schritte. Unter dem Namen „Golden Toast" vermarktete die eigens gegründete „Arbeitsgemeinschaft zur Förderung des Toastbrotverzehrs e.V." die Innovation. Mit dem Toaster-Hersteller Rowenta wurde bald ein Werbepartner gefunden, mit dem man die Vorteile des neuen Produktes bei den Verbrauchern äußerst erfolgreich herausstellte. Schon nach kurzer Zeit nannten deutsche Verbraucher „Golden Toast" mit anderen bekannten Marken in gleichem Atemzug, inzwischen liegt der Bekanntheitsgrad bei 95 Prozent. Für die Führung der Marke ist heute Europas führender Brot- und Backwarenspezialist Kamps verantwortlich.

Erstmals war es in der regional zersplitterten Bäckerbranche gelungen, mit „Golden Toast" ein Produkt nach höchsten standardisierten Anforderungen und Eigenschaften zu backen und national flächendeckend zu liefern. Auf den Einsatz des amerikanischen Weizens konnte schon bald verzichtet werden, da entsprechende Qualitätsweizensorten bald auch heimisch verfügbar waren.

Toast ist mehrere Tage haltbar und erspart den häufigen Gang zum Bäcker, damals wie heute. Toastbrot schmeckt zu allen Gelegenheiten und mit allen Belägen, ob süß oder herzhaft. Außerdem bietet es nahezu unendlich viele Möglichkeiten der Zubereitung. Toast Hawaii für den Freund schneller Küche oder Kaviar auf gebuttertem Toast für den Gourmet, der Vielfalt und der Kreativität sind keine Grenzen gesetzt. Das Frische- und Dufterlebnis, wenn die goldbraune Scheibe frisch aus dem Toaster springt, scheint für viele nicht minder wichtig zu sein. Inzwischen liegt der Umsatzanteil von Toastbrot am gesamten Markt für verpackte Brot- und Aufbackwaren bei rund 25 Prozent.

Natürlich blieb es nicht lange beim „Ur-Weizentoast". Mitte der 70er Jahre kletterte der Golden Toast Buttertoast in der Beliebtheitsskala ganz nach vorne, in den gesundheitsbewussten 80ern verstärkten der Dreikorn- und Vollkorntoast das Sortiment. Golden Toast hat sich inzwischen zur imagestarken Premiummarke entwickelt, unter der es – immer im typisch sonnig-goldgelben Design – derzeit 30 Einzelprodukte gibt. Im reichhaltigen Sortiment werden unter anderem Artikel wie Aufbackbrötchen, Ciabatta, Sandwiches, Hamburger- und Hotdog-Brötchen geführt.

Jetzt feiert Golden Toast seinen 40. Geburtstag, für die Marke ein Jubiläum und eine Erfolgsstory ohnegleichen im Brotbereich. Die Deutschen verzehren in einem Jahr immerhin so viel Golden Toast, dass die Scheiben aneinandergelegt 4,5-mal um den Äquator reichen würden. Wenn die fleißigen Bäcker von einst geahnt hätten, wie beliebt ihr Toastbrot einmal werden würde, hätten sie vor lauter Ehrfurcht kaum noch backen können. Oder vielleicht doch, denn im Geburtsjahr von Golden Toast hatten alle ein Lied von Elvis im Ohr: „It's now or never".

Firmenname	Klassiker	Gründung	Durchschnittsverzehr	Jahresabsatz
Kamps Brot- und Backwaren GmbH & Co.KG	Toastbrot (seit 1963)	Arbeitsgemeinschaft zur Förderung des Toastbrotverzehrs e.V.	Golden Toast Toastscheiben 2.500 pro Mensch im Leben (in Deutschland)	Golden Toast Toastscheiben nebeneinandergelegt: 4,5 x um den Äquator

GOLF | DER VOLKSWAGEN

 Der Golf, das erfolgreichste deutsche Auto aller Zeiten – und ein klassenloses wie kein anderes Automobil – erscheint im Herbst 2003 in fünfter Generation. Und wieder einmal ist er der Maßstab seiner Klasse.

Bis zu diesem aktuellen Modell haben sich in der Geschichte des Wolfsburgers stets der gewachsene Wohlstand und die gestiegenen Ansprüche der Deutschen gespiegelt, deren liebstes Kind auf vier Rädern er seit seinem Erscheinen ist. Der Golf von Volkswagen ist so erfolgreich, weil jede Modellgeneration zu ihrer Zeit Standards gesetzt hat, ohne sich dem Zeitgeist zu beugen.

Dabei wurde das vor 30 Jahren revolutionäre Grundkonzept über alle Generationen gewahrt: Eine selbsttragende Karosserie mit ausreichend bemessenen Knautschzonen, großer Heckklappe und erweiterbarem Gepäckraum. Dazu Frontantrieb, wassergekühlte, sparsame Vierzylindermotoren und ein straffes Fahrwerk mit leicht untersteuernd ausgelegter Lenkung.

Diese Abkehr vom Prinzip Käfer war Ende der 60er Jahre schon absehbar. Vor allem den immer strengeren amerikanischen Abgas- und Sicherheitsvorschriften konnte der bis dahin schon seit über drei Jahrzehnten gebaute Volkswagen nicht mehr genügen. Der Nachfolger macht 1974 alles anders – und besser. Der Golf hatte von Anfang an alles, was ihn zum Vorbild der Kompaktklasse prädestinierte und auch werden ließ.

So viele Neuerungen in einem Automobil hat es bis zu diesem Zeitpunkt bei Volkswagen nicht gegeben. 1974 wird der erste Golf der internationalen Presse vorgestellt. Die Motorjournalisten ziehen den Hut vor der Entwicklungsleistung und auch die Kundschaft zeigt sich begeistert. Weniger als zwei Jahre nach dem Verkaufsstart läuft der 500 000. Golf vom Band. 1976 schreibt Volkswagen mit zwei neuen Golfmodellen Automobilgeschichte: Der 110 PS starke Golf GTI überholt die Konkurrenz mit links, während der Golf Diesel Tankstellen rechts liegen lässt.

Wenig später eröffnet das Golf Cabrio die Freiluftsaison. Auch mit diesen Modellvarianten wird Volkswagen zum Pionier.

Wie fortschrittlich der Golf der ersten Generation gewesen ist, zeigt seine lange Laufzeit. Erst 1983 erscheint die zweite Baureihe und lässt in allen Bereichen Weiterentwicklungen und Neuerungen erkennen. Seine Väter geben ihm eine größere, gegen Rost geschützte Karosserie mit auf den Weg, haben die Unfallsicherheit erhöht und die Qualität verbessert. Der ungebrochene Markterfolg gibt ihnen Recht: Bis 1988 sind bereits 10 Millionen Golf vom Band gelaufen – der neue ist wie einst der Käfer zum Volkswagen im Sinne des Wortes geworden. Ausnahmemodelle vom Schlage eines Golf G60 oder der hochgesetzte Golf Country mit Allradantrieb bestätigen diese Regel nur.

Daran ändert sich auch nichts, als 1991 die dritte Auflage des Erfolgswagens vom Band läuft. Wieder gewachsen und gereift, aber innerlich und äußerlich ganz Golf geblieben. Im November 1991 erscheint der erste Sechszylinder in der Kompaktklasse – in einem Golf. Im Jahr 1993 läutete Volkswagen mit der Vorstellung des Golf TDI dann den Siegeszug der sparsamen und durchzugsstarken Diesel-Direkteinspritzer ein.

Für die vierte Generation hat Volkswagen erneut einen hohen Maßstab bei Sicherheit und Komfort in der Kompaktklasse definiert: Ob eine vollverzinkte Karosserie, Spaltmaße von nicht mehr als drei Millimetern oder die auf Sportwagenniveau verzögernden Scheibenbremsen vorn und hinten, die Konkurrenz erhielt im Herbst 1997 wieder eine neue Benchmark.

Mittlerweile hat Volkswagen mehr als 22 Millionen Golf produziert und ein Ende dieser Erfolgsgeschichte ist nicht abzusehen. Die fünfte Generation bietet nicht nur viele Ausstattungsoptionen der Oberklasse, sondern auch die Fertigungsqualität weiß in jeder Hinsicht zu überzeugen. So ist sie damit einmal mehr der Maßstab jener Klasse, die nach ihm benannt wurde: Golf – der Volkswagen.

Firmenname	Klassiker	Mitarbeiter	Vertrieb	Jahresabsatz	Hauptfertigungsstätte
Volkswagen AG	Golf (seit 1974)	325.000	weltweit	805.000	Wolfsburg

GRAEF

Mit Graef … immer einen Schnitt voraus! – das ist der Slogan, der einprägsam für ein Produkt steht, das der Verbraucher unweigerlich mit immer gleichen Attributen verbindet: Präzision, Qualität und Sicherheit.

Was in den 60er Jahren mit der ersten elektrischen Allschnittmaschine in Metall-Ausführung begann, wird heute mit zwei breiten Produktlinien für den Haushalt und den gewerblichen Einsatz fortgeführt. Seit über 40 Jahren produziert Graef ausschließlich am eigenen Standort im sauerländischen Arnsberg ein umfangreiches Programm von Schneidemaschinen.

Der Gründer des Unternehmens, Hermann Graef, war als ausgesprochener Tüftler bekannt. Als er 1921 seine erste Werkstatt eröffnete, entwickelte und produzierte er die unterschiedlichsten Artikel: von Gardinenstangen über Spielzeug bis zu Automaten für die Herstellung von Heftzwecken. Bei einem Rundgang über die Kölner Haushaltswarenmesse wurden im Jahre 1952 die Söhne des Firmengründers auf handbetriebene Schneidemaschinen aufmerksam. Da sie über weitreichende Erfahrungen in der Metallverarbeitung verfügten, begannen sie mit der Konstruktion einer flachliegenden Maschine zum Schneiden von Wurst und Schinken.

Aus diesen Versuchen entstand gleichsam die Ur-Graef, das Modell G-160, das schnell zu einem durchschlagenden Erfolg wurde. Doch die Brüder Graef gaben sich damit nicht zufrieden. Da es Mitte der 60er Jahre noch keine Elektro-Allesschneider für den Haushalt gab, beauftragten sie ihre Entwicklungsabteilung mit der Konstruktion eines motorgetriebenen Geräts speziell für die private Küche. 1967 brachte Graef dann die erste elektrische Haushalts-Allschnitt-Maschine in Metallausführung auf den Markt, die EH 170T. Diese Maschine zeichnete sich besonders dadurch aus, dass der Motor schräg zum Messer angebracht war und so das Zerbrechen der Scheiben am Gehäuse verhindert wurde – eine Konstruktionsidee, die vom Deutschen Patentamt geschützt wurde, und ein Produkt, das bereits heute ein moderner Klassiker ist.

Die hohen Anforderungen des Unternehmens an Qualität, Funktionalität, Sicherheit und Design zeigen sich vor allem in der präzisen Schnittleistung und der langen Lebensdauer der hergestellten Maschinen. Neue Ideen und Modifikationen werden durch das Fachpersonal kundenorientiert umgesetzt.

So auch beim Modell Design Zentro: bei dieser Allschnittmaschine galt die Zielsetzung, eine Kombination von hochwertiger Schneidetechnik mit ausgesuchten Holzmaterialen unter Berücksichtigung von Umwelt und Design in Verbindung zu setzen. Die Konstrukteure wurden ihrer Aufgabe mehr als gerecht: ein massives Buchenschneidebrett macht die Design Zentro zu einem attraktiven Blickfang in der Küche. Unterstrichen wird dieser Eindruck durch die integrierte Schublade aus massiver Buche mit fünf eingefassten Fächern, die individuell mit verschiedenen Messern bestückt werden, die so immer griffbereit und platzsparend verwahrt werden. Ausgezeichnet wurde die Gestaltung der Design Zentro Aufschnittmaschine mit begehrten Designpreisen, unter anderem mit dem iF-Produkt-Design-Award und dem Roten Punkt im Jahr 1998.

Wieder hat es Graef geschafft, den eigenen hohen Qualitätsansprüchen gerecht zu werden. Zudem sprechen der bewusste Einsatz von umweltfreundlichen Materialien, die sehr hohe Produktlebenszeit sowie die leichte Trennbarkeit der Bauteile für die Entsorgung für das angewandte Umweltbewusstsein des Unternehmens.

In einer gut sortierten Küche gehört eine echte Graef heute zu den wenigen Geräte-Marken, die sich im Zuge eines steigenden Qualitätsbewusstseins einen Statussymbol-Charakter erworben hat.

Ob Schinken, Käse, Wurst oder Gemüse, jede Schneidemaschine aus dem Graef-Programm ist ein handliches Allround-Talent, das sich in jeder Küche durch seine lange Lebensdauer bewährt.

Firmenname
Gebr. Graef
GmbH & Co KG

Klassiker
Aufschnitt-
Schneidemaschinen

Gründung
1921 in Arnsberg

Mitarbeiter
160

Erfinder
Christoph Bergmann

Hauptfertigungsstätte
Arnsberg

GROHE | DIE BADARMATUR

 Im Rückblick verbinden wir vergangene Jahrzehnte oft mit typischen Marken und Produkten. Wer seine Kindheit in den 70er Jahren in Westdeutschland verbrachte, lächelt wehmütig beim Gedanken an die Pril-Blumen, mit denen zum Entsetzen der Eltern die heimischen Badfliesen verziert wurden. Allgemein gültiger, weil generationenübergreifend, ist das Design von Automobilen, mit dem Zeitzeugen ebenso wie die Nachgeborenen eine ganze Epoche verbinden.

Die prägende und Zeiten überdauernde Wirkung von Marke und Design gelingt naturgemäß nur wenigen Unternehmen. Einerseits setzt es ein Produkt voraus, das von seiner Funktion her zeitlos ist, andererseits bedarf es einer ausgeprägten Innovationskraft, um nicht nur die Zeichen der Zeit rechtzeitig zu verstehen und auf das eigene Produkt anzuwenden, sondern im besten Falle die Epoche mitzuprägen.

Beim Durchblättern des GROHE Design-Magazins wird schnell deutlich, dass dem weltweit führenden Armaturenhersteller dieses Kunststück gelungen ist. Dort trifft man einerseits auf Klassiker, die die Badezimmer der Republik nach dem Krieg prägten. Andererseits sieht man Produkte, mit denen GROHE beispielgebend in seiner Branche war. Zuverlässigkeit und technischen Fortschritt verband man schnell mit den Produkten aus dem sauerländischen Hemer. In den Swinging Sixties, als die Ansprüche an Einrichtung und Ambiente zu steigen begannen, stattete GROHE die Bäder mit den damals noch revolutionären Einhandmischern aus. Einfache Bedienung mit nur einer Hand und schnelle Einstellung der gewünschten Wassertemperatur setzten neue Standards.

GROHE ist es gelungen, sich mit einer Kombination aus technisch fortschrittlichen und wohl geformten Produkten die Position der führenden Weltmarke seiner Branche zu erarbeiten. Das lässt sich an nüchternen Zahlen ablesen. 2002 setzte die Gruppe annähernd 900 Millionen Euro um und erreichte damit einen Anteil am Weltmarkt von zehn Prozent. Aber auch zahlreiche internationale Design-Preise sprechen

für sich. Bei GROHE steht Made in Germany eben für mehr als solide Machart. Diese Tatsache wird von den Kunden weltweit honoriert und macht GROHE zur global am stärksten verbreiteten Sanitärmarke überhaupt.

Auf diesen Lorbeeren kann sich ein zukunftsorientiertes Haus nicht ausruhen, denn die Markentreue der Verbraucher ist generell eher rückläufig. „Wirkliche Markenpersönlichkeiten bieten Identifikation für bestimmte Lebensbereiche", so das Credo von Peter Körfer-Schün, dem GROHE Vorstandsvorsitzenden. Die Kunden müssen mit einer überzeugenden Produkt-Nutzen-Kombination gewonnen werden, die anspruchsvoll inszeniert wird. Ein Beispiel dafür ist das GROHE Konzept Articulation.

Es erlaubt Menschen, die ihren eigenen Stil gefunden haben, diesen auch im Badezimmer umzusetzen. GROHE bietet die Mittel zur exklusiven Gestaltung, indem es sortimentsübergreifend ein Angebot macht, das dem individuellen Gestaltungswillen der Kunden zahlreiche Möglichkeiten bietet. Designarmaturen und Accessoires, Brausen und Duschsysteme sowie Sanitärsysteme verbinden gestalterische Eigenständigkeit mit ausgereifter Technik und hoher Funktionalität. So werden die Kernkompetenzen in der GROHE Gruppe zu einer umfassenden und faszinierenden Angebotslogik verknüpft.

Das bedeutet zum Beispiel, dass eine Vielzahl von Formensprachen kultiviert wird, die jedem Einsatzbereich gerecht werden und mit ihrer Umgebung harmonieren. Ein weiteres Ziel ist, dass GROHE Produkte einen sparsamen Umgang mit Wasser und Energie ermöglichen und gleichzeitig modernen Hygieneanforderungen gerecht werden. Das Bauhaus-Motto, dass die Funktion die Form prägen müsse, übersetzt GROHE in unsere Zeit: „Das Design macht unsere Qualitätsansprüche sichtbar und erfahrbar!"

Firmenname	Klassiker	Gründung	Mitarbeiter	Bekanntheit	Vertrieb
GROHE Water Technology AG & Co.KG	GROHE Badarmatur (seit 1936)	1936 in Hemer	5.800 weltweit	Weltmarke (Sanitärmarkt)	in 140 Ländern

GRÜNER PUNKT | DAS RECYCLINGSYSTEM

Vom frühen Morgen, wenn wir die Brötchen aus der Tüte nehmen oder Kaffee aufgießen, über den Tag, wenn wir uns Saft aus der Flasche einschütten, bis zum Abend, wenn wir uns die Zähne putzen – die ganze Zeit begleiten uns Verpackungen. Sie sagen uns, welches Produkt wir in Händen halten, und sie schützen das Produkt. Wenn sie den Grünen Punkt tragen, dann ist klar: Auch ihre umweltgerechte Entsorgung ist geregelt, vorausgesetzt der Konsument trennt seine Verpackungen.

Die Geschichte des Grünen Punkts beginnt in den 80er Jahren, dem Jahrzehnt sichtbarer Auswirkungen unserer Wohlstandsgesellschaft: Verschmutzte Flüsse, Smog, schließlich Tschernobyl.

Im Jahr 1990 steht Deutschland vor dem Müllkollaps. Die Müllberge wachsen beständig und die Müllkippen drohen überzuquellen. Bundesumweltminister Klaus Töpfer reagiert mit einer Verpackungsverordnung. Die Idee: Wer Verkaufsverpackungen in den Wirtschaftskreislauf bringt, muss sie nachher auch entsorgen. Handel und Industrie werden in die Pflicht genommen, ihre Verpackungen zurückzunehmen, der Endverbraucher soll sie nicht mehr in die Restmülltonne werfen. Dann geht alles sehr schnell. Der Bundesverband der Deutschen Industrie und der Deutsche Industrie- und Handelstag präsentieren ihr Konzept eines dualen Systems. Kurze Zeit später wird die „Der Grüne Punkt – Duales System Deutschland Gesellschaft für Abfallvermeidung und Sekundärrohstoffgewinnung mbH" als Non-Profit-Unternehmen gegründet.

Heute sind rund 600 Unternehmen aus Handel, Konsumgüter- und Verpackungsindustrie sowie Vormateriallieferanten an der privatwirtschaftlichen Initiative beteiligt, aus der mittlerweile eine Aktiengesellschaft geworden ist. Ein so komplexes Unterfangen braucht eine Marke mit hohem Wiedererkennungswert, die vor allem das Unternehmensziel symbolisiert: Das wurde der Grüne Punkt mit den beiden Pfeilen im Rund, die als Finanzierungszeichen für das effektive Kreislaufwirtschaftssystem stehen.

Der Grüne Punkt zeigt den Verbrauchern, dass vom Hersteller ein Entgelt an das Duale System für die Entsorgung der Verpackung entrichtet wurde. Damit darf die nicht mehr benötigte Hülle über die Gelbe Tonne entsorgt werden. Die Duales System Deutschland AG lässt die gebrauchten Verkaufsverpackungen einsammeln, sortieren und dem Recycling zuführen – und finanziert das über Lizenzentgelte für den Grünen Punkt. Da die Lizenzentgelte wesentlich von Material, Größe und Gewicht der Verpackung abhängig sind, ist so manche Verpackung abgespeckt oder materialsparend neu entworfen worden. So spart der Grüne Punkt Ressourcen und schont die Umwelt.

Ob Joghurtbecher, Gurkenglas oder Konservendose: 77.000 Lizenznehmer in aller Welt verwenden das Markenzeichen, europaweit wird es jährlich auf 460 Milliarden Verpackungen gedruckt. In Deutschland hat der Grüne Punkt die Sammelleidenschaft geweckt: Ausländische Gäste bestaunen die Sorgfalt, mit der hierzulande der Müll getrennt wird – und übernehmen das System. Inzwischen wird der Grüne Punkt in 19 Staaten als Finanzierungszeichen für das Verpackungsrecycling genutzt.

Durch hochtechnisierte Sortier- und Verwertungsverfahren wird der frühere Müll zum wertvollen Rohstoff. Aus Milchtüten und Zahnpastatuben können wieder neue Produkte entstehen. Dieser ökologische und wirtschaftliche Erfolg ist ohne die Marke undenkbar. Sie steht für verantwortungsvolles Handeln in allen Bereichen des Wirtschaftskreislaufs. Vom Produzenten über den Handel bis zum Konsumenten: Der Grüne Punkt – das Recyclingsystem.

DER GRÜNE PUNKT

Firmenname	Klassiker	Gründung	Mitarbeiter	Bekanntheit	Jahresumsatz
Der Grüne Punkt – Duales System Deutschland AG	Der Grüne Punkt (seit 1990)	1990 in Bonn	ca. 400	99 %	1,9 Mrd. Euro (2002)

GUTENBERG | DER GUMMIERSTIFT

Gutenberg „Schon seit jeher", so weiß es die Familienchronik der Unternehmensgruppe Gutenberg, „sei erzählt worden, Scholz habe als eines Försters Sohn sich auf das Zurichten und Schneiden von Federkielen zu Schreibfedern besonders verstanden, und daher rühre es, wenn sein Betrieb mit der Herstellung und dem Verkauf von Schreibwaren begonnen habe."

Ob es nun tatsächlich seine Verbundenheit zur Fauna des Waldes war, die Joseph Carl Scholz 1793 in Wiesbaden einen Großhandel für Papier- und Schreibwaren gründen ließ, mag zweifelhaft erscheinen. Wahrscheinlicher ist, dass der gebürtige Peterwitzer seine Verbindungen zur schlesischen Heimat nutzte, um von dort seine Gänsekiele günstig beziehen zu können.

Scholz ist bald erfolgreich. Zu den Gänsefederkielen gesellt sich schnell eine Siegellackproduktion, und 1829 siedelt das Unternehmen nach Mainz in die ehemalige Wirkungsstätte des Namenspatrons und Buchdruckererfinders Johannes Gutenberg um. Vier Jahre später übernimmt der Sohn Christian Scholz die Leitung der Firma und erweitert sie um eine Druckerei und einen Verlag, der bald mit künstlerisch hochwertigen Bilder- und Malbüchern für Kinder, inspiriert von Friedrich Justin Bertuch, der in dieser Zeit mit einem gigantischen, zwölfbändigen, lexikonartigen „Bilderbuch für Kinder" Maßstäbe gesetzt hatte, von sich reden machen lässt.

Vieles, was uns heute so selbstverständlich und unverzichtbar erscheint, nahm damals gerade erst seinen Anfang – vom Bleistift bis zur Stahlfeder, von der Büroklammer bis hin zum Durchschlagpapier. Die Brüder Christian Karl und Rudolf Scholz – Enkel des Firmengründers – erkannten die Zeichen der Zeit und gründeten 1924 gemeinsam mit dem Mainzer Seifenfabrikanten Wilhelm Hochgesand die Siegellackfabrik Jos. Scholz GmbH; nach und nach werden die Büroprodukte unter dem Markenzeichen „Gutenberg" vertrieben. 1935 erhält die Mainzer Fabrik schließlich ihren auch heute noch gültigen Namen: „Gutenberg - Werk für Bürobedarf mbH". Was für ein Name, was für ein Anspruch! Die Tinten, Klebstoffe, Tuschen, Farbbänder und Stempelkissen der Firma profitierten natürlich vom hehren Klang des berühmten Namens vom Mainzer Stadtsohn Gutenberg.

Doch vor allem hatte man blitzschnell eine Marktlücke erkannt und zugleich geschlossen: die mit der Verbreitung moderner Schreibmaschinenbüros rapide zunehmende Nachfrage nach Büro- und Schreibzubehör. Den größten Wurf aber stellte ein auf den ersten Blick eher unscheinbares Produkt dar: der 1934 vorgestellte „Gummierstift", eine markant und schlank geformte Glasflasche, gefüllt mit natürlichem „Kristall-Gummi" (Gummi arabicum in Wasser), versehen mit einem Klebstoffverstreicher an der Deckelkappe. „Klebt ohne Pinsel!" versprachen damalige Werbeplakate vollmundig: „Sauber und praktisch!" Dies konnte nicht zuletzt die Deutsche Bundespost bestätigen, an die der Gummierstift jahrzehntelang geliefert wurde.

Obgleich 1972 eine zeitgemäßere Variante des Gummierstiftes auf den Markt kam – die ihrerseits heute wieder einen modernen Klassiker darstellt –, tastete das Unternehmen die altbewährte Glasflasche nicht an - sie ist auch heute noch erhältlich und unterscheidet sich von ihrem Urahn nicht wesentlich. So hat sich die Firma Gutenberg ein kleines Denkmal innerhalb ihrer Produktpalette geschaffen, denn kaum jemandem, der berufsmäßig mit Redaktionen, Litho- und Druckanstalten zu tun hat, ist der praktische Gummierstift unbekannt.

Hinzu kommt, dass die pfiffige Glasflasche auch ökologisch ein hervorragendes Image hat: Sie ist nachfüllbar, und als Klebstoff und Lösungsmittel werden nur Pflanzengummi und Wasser verwendet – beste Voraussetzungen also, um auch im neuen Jahrtausend seinen Stammplatz auf deutschen Schreibtischen als sympathisches und zugleich sehr funktionales Hilfsmittel halten zu können.

Firmenname	Klassiker	Gründung	Erfinder	Gründer	Vertrieb
GUTENBERG Werk für Bürobedarf mbH	Gummierstift (seit 1934)	1793 in Wiesbaden	Wilhelm Hochgesand	Joseph Carl Scholz	weltweit

GÜTERMANN | DAS NÄHGARN

Gütermann creativ

Die Kaiserstadt Wien war im vergangenen Jahrhundert einer der bedeutendsten Umschlagplätze für Seide in Europa. Große Handelshäuser boten beste Möglichkeiten zur kaufmännischen und technischen Ausbildung in der Branche. Hier sammelte Max Gütermann die notwendigen Erfahrungen, bevor er 1864 seine eigene Firma gründete.

Zunächst ließ Gütermann Seidenzwirn im Auftrag fertigen und kümmerte sich nur um den Vertrieb. Doch entwickelte sich das Geschäft so rasch, dass der junge Unternehmer sich bald nach einem günstigen Ort für eine eigene Produktionsstätte umsah.

1867 verlässt Max Gütermann Wien und geht nach Gutach. Er tauscht die Weltstadt gegen das Dorf im Breisgau. Denn die kleine Ortschaft hat wichtige Vorzüge zu bieten: Das weiche Wasser an der Elz eignet sich hervorragend zum Färben, des Weiteren ist Wasserkraft in reichlichem Maße vorhanden, ebenso die Möglichkeit zur Expansion.

„Wir wollen die beste Nähseide auf die wirtschaftlichste Weise herstellen und sie so verkaufen, dass der Verbraucher sie so billig wie möglich erhalten kann." Mit diesem Leitsatz nimmt Gütermann die Produktion auf. Schon bald wird aus „Gütermann's Nähseide" eine Weltmarke, die ihrer guten Qualität wegen gerne gekauft wird.

Die große Nachfrage war aber auch auf die Entscheidung zurückzuführen, mit dem damals üblichen Brauch zu brechen, Nähseide nach Gewicht zu verkaufen. Viele Konkurrenten beschwerten ihre Seide mit Metallpulver, um durch größeres Gewicht den Anschein besonderer Preiswürdigkeit zu erwecken. Gütermann zog es vor, sich diesem betrügerischen Verhalten nicht anzuschließen. Stattdessen bot er den Seidenstrang meterweise an – die Verbraucher wussten das zu schätzen und brachten Gütermann Vertrauen entgegen. Auf diese Weise konnte es Gütermann gelingen, am Markt Fuß zu fassen und sein Geschäft erfolgreich zu etablieren.

In die Gründerzeit fiel auch die systematische Neugestaltung der Aufmachungen, in denen Gütermann seine Nähseide verkaufte. Auf dem Markt wurden seit jeher ausschließlich Strängchen, Holzspulen oder bewickelte flache Pappkärtchen angeboten.

Anlass genug für Gütermann, die heute Allgemeingut gewordene gemusterte Kreuzwicklung auf Papphülsen zu entwickeln. Im Einzelhandel wurden diese Röllchen in einer Verkaufskommode angeboten, die 180 Dutzend Nähseidenröllchen in ebenso vielen Farben fassen konnte und in Zehntausenden von Exemplaren in alle Welt versandt wurde.

Nach dem Zweiten Weltkrieg stand Gütermann vor der Aufgabe, aus den neuen synthetischen Fasern einen Nähfaden zu entwickeln, dessen Zugfähigkeit und Elastizität auch höchsten Ansprüchen genügte. Man wandte sich dem Verkauf von Erzeugnissen aus synthetischen Fasern aber erst zu, als sie produktionstechnisch auch tatsächlich ausgereift waren. Als dann die ersten vollsynthetischen Nähfäden von Gütermann angeboten wurden, fanden sie gleich einen solchen Absatz, dass die Produktion mit der Nachfrage kaum Schritt halten konnte. Heute sind die Nähfadenspulen von Gütermann mit einem in Langfaser-Technologie hergestellten Nähfaden aus 100 Prozent Polyester bewickelt.

1995 konnte der Gütermannfaden seine hohe Qualität auf ganz besondere Weise demonstrieren: Christo nähte seine spektakuläre Umhüllung des Reichtages mit Nähgarn aus dem Hause Gütermann.

1997 wurde das Familienunternehmen in eine Aktiengesellschaft umgewandelt und ist heute der führende Lieferant von Haushaltsnähfäden, gleichzeitig begann das Unternehmen, in den Bereich der kreativen Freizeitgestaltung zu expandieren. Mittlerweile steht „Gütermann creativ" als Dachmarke für ein breites Kreativ-Programm, das die Felder Nähen und Basteln miteinander verbindet und auf eine nunmehr zwei Jahrhunderte während Firmengeschichte zurückblickt, durch die sich der Erfolg wie ein roter Faden zieht.

Gütermann

200 m – 220 yds/v

Firmenname	Klassiker	Gründung	Mitarbeiter	Vertrieb	Produktionsstandorte
Gütermann AG	Gütermann (seit 1864)	1864 in Gutach im Breisgau	1.350 weltweit	in über 80 Ländern weltweit	Deutschland/ Spanien/Mexiko

HAEBERLEIN METZGER | DER LEBKUCHEN

„Knusper, knusper Knäuschen, wer knuspert da an meinem Häuschen?" Schon Hänsel und Gretel wussten zur „Es war einmal"-Zeit der Brüder Grimm, was gut ist. Fast wie im Märchen beginnt auch die wahre Geschichte des würzigen Lebkuchens in Deutschland.

Feiner Honig aus „Des Deutschen Reiches Bienengarten", dem riesigen und dichten Reichswald rund um die mittelalterliche Kaiserstadt, sowie über die alten Salz- und Handelsstraßen rollende „Pfeffersäcke" lieferten die Zutaten für die Blüte der Nürnberger Lebküchnerei. Im Germanischen Nationalmuseum zu Nürnberg wird das älteste schriftliche, aus dem 16. Jahrhundert stammende Lebkuchen-Rezept aufbewahrt: „1 Pfd. Zucker, 1/2 Seidlein oder 1/8erlein Honig, 4 Loth Zimet, 1 1/2 Muskatrimpf, 2 Loth Ingwer, 1 Loth Caramumlein, 1/2 Quentlein Pfeffer, 1 Diethäuflein Mehl – ergibt 5 Loth schwer."

Urkundlich erwähnt wurde der erste Lebküchner in Nürnberg bereits im Jahre 1395. Aber erst im 17. Jahrhundert durften sich die Lebküchner zu einer Innung zusammenschließen. Bis zwei der ältesten Oblaten-Lebkuchenbäcker Nürnbergs ihre Talente vereinigten und in aller Herren Länder zum Begriff für die begehrten Nürnberger Spezialitäten wurden, sollten aber noch viele Lebkuchen „getrennt" gebacken werden.

Aus den Kirchenbüchern des Jahres 1492 geht zweifellos hervor, dass ein Lebküchner namens Junkmann von der Äußeren Laufer Gasse als der erste nachweisbare Vorgänger der späteren Firma Heinrich Haeberlein gelten muss, nachdem im alten Nürnberg nur zwölf Meister das Recht zur Ausübung des Lebküchnergewerbes hatten, welches mit den betreffenden Häusern verbunden war. Noch viele Kirchenbuchseiten sollten vollgeschrieben werden, bis im Jahre 1864 die Lebkuchenbäckerei in der Laufer Gasse an Heinrich Haeberlein überging.

Bis in die industrielle Zukunft konnte seine Familie den traditionsreichen Betrieb mit allen Erfahrungen und Rezeptgeheimnissen bringen. Mehrfache Erweiterungen des 1875 in der Nürnberger Flaschenhofstraße errichteten Fabrikgebäudes bewiesen, wie beliebt die Oblaten-Lebkuchen des Hauses geworden waren.

Die Linie Metzger wird erstmals im Jahre 1586 erwähnt. Ein Geselle namens Hans Baum ließ sich zu dieser Zeit in Nürnberg nieder und kaufte das Haus Hauptstraße 29. Damit bekam er das „Realrecht", also die Erlaubnis, Lebkuchen zu backen. Ein Inserat aus dem Jahre 1816 dokumentiert erstmals das Bestehen der Firma Metzger. Am 5. Juni 1920 war es dann soweit: Die traditionsreichen Firmen Haeberlein und Metzger schlossen sich zu den Vereinigten Nürnberger Lebkuchen- und Schokolade-Fabriken zusammen. Fortan wurde mit vereinten Kräften gebacken.

Nach einem Intermezzo als Tochterfirma des Speiseeisherstellers Schöller wurde Haeberlein-Metzger 1999 von der Lambertz GmbH & Co. KG übernommen. Das Aachener Traditionsunternehmen, das seinerseits auf eine über 300 Jahre alte Firmenhistorie zurückblicken kann, hat insbesondere seit der Führung durch ihren Alleininhaber und Geschäftsführer Prof. Dr. Hermann Bühlbecker in den letzten 25 Jahren für einen weltweiten Siegeszug deutscher Traditionsgebäckspezialitäten gesorgt. Mit einem Umsatz von über 378 Millionen Euro, über 3.200 Beschäftigten und insgesamt 117.000 t hergestellten Backwaren ist die Lambertz-Gruppe der größte und zugleich älteste Printenhersteller der Welt.

Nach der Übernahme erfolgten durch eine moderne Sortimentsausrichtung und einen aufwändigen neuen Markenauftritt die Weichenstellungen dafür, dass die Marke Haeberlein-Metzger auch in Zukunft ihre Bedeutung behalten kann. Dabei wird auch weiterhin sichergestellt, dass die Geschmackstradition der ältesten Lebküchner erhalten bleibt.

Firmenname	Klassiker	Gründung	Mitarbeiter	Vertrieb
Haeberlein Metzger	Haeberlein Metzger Lebkuchen	1920; Zusammenschluss der Traditionsfirmen Haeberlein und Metzger	ca. 3.200	weltweit

HAILO | DIE ALUMINIUMLEITER

„Leiter, die: Steiggerät." So knapp beschreibt das Lexikon die Funktion und nennt drei Beispiele: die sich nach oben verjüngende Baumleiter, die Strickleiter und die Stehleiter. Stehleitern, erfahren wir noch, haben zwei gelenkig miteinander verbundene Ständer, so dass sie frei stehen können. Darauf gestanden hat wohl jeder schon einmal: beim Deckenstreichen oder Gardinenaufhängen. Und sehr wahrscheinlich war es eine Aluminium-Leiter mit dem roten Punkt von Hailo. Das ist nicht weiter verwunderlich, denn im Bereich Steiggeräte ist das Unternehmen aus dem hessischen Haiger marktführend in Europa.

Ohne Leitern wäre das alte Rom, das ja bekanntlich nicht an einem Tag erbaut wurde, noch später fertig geworden. Also muss man schon etwas Besonderes bieten, um ein so altes Produkt erfolgreich zu vermarkten. Und etwas Neues fiel Rudolf Loh, dem Unternehmensgründer, immer ein. Das war 1947 im kriegszerstörten Haiger auch bitter notwendig. Sanitätsmöbel und Metallbetten, wie sie der Jungunternehmer produzierte, wurden allenthalben gebraucht, aber einen Namen als innovativer Hersteller von Haushaltswaren machte er sich mit Bettwärmflaschen, die in den kalten Nachkriegswintern reißenden Absatz fanden.

Da die Zeiten schnell besser wurden und statt der Wärmflasche die Heizung wieder ihre Funktion erfüllte, verlegte sich Hailo auf die Ausrüstung deutscher Haushalte mit allen erdenklichen Gerätschaften, die die Hausarbeit leichter machen. Bei Leitern ist Leichtigkeit neben der Standfestigkeit ein wichtiger Pluspunkt. Denn welche Hausfrau will zum Bewegen des Steiggerätes schon auf den Gatten warten müssen. Deshalb brachte Hailo 1960 als erstes Unternehmen eine Aluminium-Leiter für den Haushalt auf den Markt. Trendsetter war man schon in den 50er Jahren mit der ersten Haushaltsleiter aus Stahl gewesen sowie mit der Erfindung des Treppenhockers zum Steigen und Sitzen. Solche Platz sparenden Ideen kamen in den beengten Nachkriegsverhältnissen gut an. 1971 entwickelte Hailo die erste Sprossenleiter aus Aluminium.

Auf den Namen Step-ke® taufte man 1978 den ersten Klapptritt, und das Leitern-Sortiment wurde durch immer neue Modelle in allen Längen erweitert. Wer es variabler braucht, bekommt seine Alu-Leiter auch als Schubmodell, was Freunde des Altbaus zu schätzen wissen.

Dabei profitiert das Haushaltswaren-Geschäft auch vom Know-how, das Hailo bei der Betreuung der Profis sammelt. Handwerk und Industrie beziehen Sprossen- und Stufenleitern aus verschiedenen Werkstoffen ebenso wie Steig- und Fallschutzsysteme. Spezielle Befahranlagen entwickelte Hailo zum Beispiel für die Wartung von Windkraftanlagen. Weniger spektakulär, aber mindestens so originell ist auch das praktische „Gerüst+Leiter", ein Produkt, das vier verschiedene Funktionen in einem bietet. So innovativ wie praktisch ist zudem das in 2003 vorgestellte Aluminium-Leitergerüst.

Die große Markenbekanntheit verdankt sich auch anderer Produkte. Über zwei Drittel der Deutschen kennen den roten Punkt mit dem Schriftzug Hailo. Der steht für Qualität nicht nur bei Leitern. Innovationskraft bewies die Firma mit seinen Dampfbügeltischen und bietet heute den höchsten Bügeltisch der Welt an. Seit 1994 entwickelt und vertreibt Hailo mit großem Erfolg Dampfbügelsysteme. Aber auch der Deutschen unermüdliche Leidenschaft beim Mülltrennen und -sammeln wird von Hailo mit durchdachten Systemen unterstützt. Hier schaut man ebenfalls auf eine lange eigene Tradition zurück: Vor 50 Jahren bot man den ersten Abfallbehälter für Einbauküchen an. Heute ist Hailo marktführend bei Einbau- und Standabfalleimern aus Metall.

Um solche Ideen nicht dem Zufall zu überlassen, praktiziert das Unternehmen ein professionelles Innovationsmanagement. Innovations-Manager werden aus den eigenen Reihen quer durch die Hierarchie rekrutiert. Mit ausgiebigem Jammern über die schlechten Rahmenbedingungen des Standorts Deutschlands wolle man sich nicht aufhalten, sagt das Management und motiviert lieber die Mitarbeiter, um auf der Leiter des Erfolgs nach oben zu klettern.

Firmenname	Klassiker	Gründung	Erfinder und Gründer	Vertrieb	Hauptfertigungsstätte
Hailo-Werk Rudolf Loh GmbH & Co.KG	Der rote Hailo-Punkt (seit 1961)	1947 in Haiger	Rudolf Loh (1913–1971)	weltweit in über 60 Ländern	Hailo-Werk in Haiger

HANHART | DIE STOPPUHR

„Die Zeit geht hin, und der Mensch gewahrt es nicht", schrieb einst der italienische Dichter Dante Alighieri. Und doch gibt es Momente, im Sport zum Beispiel, da ist der Mensch sehr wohl auf die präzise Erfassung der Zeit angewiesen, zuweilen bis auf Hundertstelsekunden genau. Dann kann er sich auf eine Hanhart-Stoppuhr bedingungslos verlassen. Wenn er zudem die Uhr mit ihrem verchromten Gehäuse in die Hand nimmt, das Ehrfurcht gebietende Gewicht spürt und das traditionelle Ziffernblatt betrachtet, dann könnte er fast das Gefühl bekommen, die Zeit sei stehen geblieben.

Im Jahr 1924, um genau zu sein – dem Jahr, in welchem die Firma Hanhart mit der Herstellung von Stoppuhren begann. Bereits 1882 hatte der Schweizer Adolf Hanhart seine Uhrenmanufaktur gegründet und sie 20 Jahre später vom schweizerischen Diessenhofen nach Schwenningen im Schwarzwald verlegt. Die Idee, die das Unternehmen bis heute prägen sollte, stammte jedoch nicht vom Firmengründer, sondern von seinem Sohn: Wilhelm Julius Hanhart, den sein Vater 1920 als 18-Jährigen in den Betrieb aufgenommen hatte. Hanhart junior war ein sportbegeisterter junger Mann. Nur: Stoppuhren Schweizer Fabrikation kosteten in jenen Tagen ein Vermögen. Also konstruierte Wilhelm Hanhart gemeinsam mit einem Uhrmacher die erste preiswerte Stoppuhr, die 1924 auf den Markt kam und der Grundstein für die Zukunft des Unternehmens sein sollte.

Dieses lenkte der Gründersohn bald in neue Bahnen. Er gab nach dem Tode seines Vaters 1932 das Einzelhandelsgeschäft auf und beschränkte sich mit den damals 30 Mitarbeitern ganz auf die Fabrikation, die 1934 auf die Gemeinde Gütenbach erweitert wurde. Im Jahr 1939, damals beschäftigte die Firma bereits 200 Angestellte, wurden acht Stoppuhr-Modelle hergestellt. Die Neuheit jenes Jahres war der Superschnellschwinger, auch Schnellläufer genannt, der zum ersten Mal Messungen von Hundertstelsekunden möglich machte und der bis heute Bestand im Programm hat.

Nach dem Zweiten Weltkrieg – das Unternehmen war dazu verpflichtet worden, neben seiner Uhrenproduktion Zeitzünder für Marine-Torpedos herzustellen – sah es so aus, als sei die Zeit der Firma abgelaufen. Das Werk wurde demontiert; Hanhart, der vor Kriegsende in die Schweiz geflohen war, verhaftet. Als er kurz nach seiner Freilassung erneut festgenommen werden sollte, suchte er 1947 ein zweites Mal Zuflucht in der Schweiz, deren Staatsangehörigkeit er nach wie vor besaß. In diesen Jahren war es an seiner Frau, den Betrieb in Gütenbach wieder aufzubauen. 1949, mit Hanharts Rückkehr, nahm das Werk die Herstellung von Taschen- und Armbanduhren wieder auf.

Nach einem Jahrzehnt beständigen Aufschwungs zog sich die Firma in den 60er Jahren aus der Produktion von Armbanduhren zurück. Zur Stoppuhr in klassischer und digitaler Ausführung, nun das Zentrum des Geschäfts, kamen Quarzwecker und Türsprechanlagen. Doch der Boom der japanischen Billigprodukte in den 80er Jahren brachte Hanhart ins Wanken. Stoppuhren wurden zum Ramschartikel; Qualitätsprodukte, in traditioneller Aufmachung zumal, hatten es schwer. Den Verkauf der Firma 1992 erlebte Wilhelm Julius Hanhart allerdings nicht mehr: Er starb 1986 mit 84 Jahren.

Er hätte vielleicht seine Freude daran gehabt, wie das Unternehmen sich doch noch nachhaltig stabilisieren konnte. Denn der neue Firmenchef Klaus Eble setzte konsequent auf die Stärken, die das Traditionsunternehmen von jeher ausgezeichnet hatten. Und das ist neben der elektronischen Stoppuhr, wie sie etwa in der Wissenschaft benötigt wird, auch das mechanische Meisterstück in klassischer Optik, das nicht nur Sammler gern in die Hand nehmen. Einfach so, auch in Momenten, in denen es nicht auf Hundertstelsekunden ankommt – und man beim Betrachten des guten Stücks ein bisschen Gefahr läuft, die Zeit zu vergessen.

Firmenname	Klassiker	Gründung	Erfinder	Vertrieb	Hauptfertigungsstätte
Adolf Hanhart GmbH & Co. KG	Stoppuhr (seit 1882)	1882 in Gütenbach	Wilhelm Julius Hanhart (1902–1986)	weltweit	Gütenbach

HANSAPLAST | DAS PFLASTER

Seit der Einführung von Hansaplast im Jahre 1922 wurden rund 15,5 Milliarden Meter Pflaster produziert. Dies entspricht einer Länge, mit der sich die Erde rund 430 Mal umspannen ließe. Rund 50 cm verbraucht davon allein jeder Bundesbürger im Durchschnitt. So nimmt es nicht Wunder, dass der hohe Verbrauchernutzen und die erfolgreiche Etablierung der Marke seit über 80 Jahren zu einer Markenbekanntheit von über 90 Prozent in Deutschland führen.

Angefangen hat diese Erfolgsgeschichte mit den Forschungen des Hamburger Apothekers Carl Paul Beiersdorf. Aus dem Milchsaft einer malaiischen Baumart entwickelt Beiersdorf 1882 das erste gestrichene Pflaster und lässt seine Erfindung patentieren. Das Guttaplast-Pflaster wird von Beiersdorf mit unterschiedlichen medizinisch wirksamen Zusätzen versehen und findet aufgrund seiner einfachen Anwendbarkeit reißenden Absatz.

Bereits 1890 wird Dr. Oscar Troplowitz der neue Eigentümer des Unternehmens. Sein Anliegen ist es, eine noch hautverträglichere Alternative für das von Beiersdorf entwickelte Klebematerial aus Naturharz zu finden. Erst über ein Jahrzehnt später und nach vielen Versuchen gelingt es Troplowitz, ein Produkt herzustellen, das sich durch ein ausgewogenes Verhältnis aus Haftfähigkeit, Haltbarkeit und Hautverträglichkeit auszeichnet. Aus Kautschuk und einer weißen Zinkoxyd-Pulverbeschichtung entsteht eine neue Pflaster-Generation, die nach den griechischen Bezeichnungen für ‚weiß' und ‚geformt' Leukoplast getauft wird. Das neu entwickelte reizfreie Produkt wird innerhalb weniger Jahre weltweit mit Produktionsstätten und Handelsvertretungen in Süd- und Mittelamerika, den USA, Russland und Australien sowie in mehreren europäischen Ländern erfolgreich vermarktet. Doch erst vier Jahre nach dem Tod von Oscar Troplowitz, der 1918 im Alter von 55 Jahren stirbt, gelingt es, ein Leukoplast-Pflaster mit einer saugfähigen Mullauflage für die Versorgung von offenen Wunden zu versehen und zur Serienreife zu

bringen. 1922 kommt Hansaplast auf den Markt und wird zum unentbehrlichen Helfer in der alltäglichen Wundversorgung.

Die ersten Versuche in der Hamburger Apotheke von Beiersdorf markieren zugleich den Beginn eines heute weltumspannenden Konzerns. Die unternehmerische Überzeugung von Oscar Troplowitz, dass eine Marke von überzeugendem Nutzen für den Verbraucher und zu einem angemessenen Preis angeboten werden muss, um erfolgreich zu sein, ist heute noch die Grundlage für die Philosophie und die Markenpolitik des Unternehmens. Der Ausbau der drei Kernkompetenzen Hautpflege, Wundversorgung und Klebetechnologie, die sich allesamt auf die Entstehungsgeschichte des ersten Pflaster-Schnellverbandes zurückführen lassen, und ein weltweit ausgerichtetes Werbekonzept ermöglichen den internationalen Erfolg von Beiersdorf. Heute beschäftigt das Unternehmen weltweit über 17.000 Mitarbeiter in 90 Tochtergesellschaften. Zur Wachstumsstrategie von Beiersdorf gehört neben der systematischen Erschließung neuer Märkte und der Erhöhung von Marktanteilen auch die Entwicklung neuer Produktkategorien.

Zu den jüngsten Innovationen aus dem Hause Beiersdorf zählt das Hansaplast Aktiv Gel-Pflaster. Das wasserfeste und flexible Material klebt lediglich an der Haut und nicht an der Wunde. Somit wird die Bildung von Wundschorf verhindert und der Heilungsprozess um 50 Prozent im Vergleich zu herkömmlichen Produkten beschleunigt. Narben und Infektionen treten so gut wie nicht auf.

Hansaplast Narbenreduktion, ein weiteres Spezialprodukt aus der Hansaplast-Markenfamilie, verbessert das äußere Erscheinungsbild von bereits vorhandenen Narben und wird erfolgreich zur Narbenprävention eingesetzt. Produkte zum Schutz und zur Pflege von Füßen, Gelenkbandagen, Gehörschutzhilfen und ABC-Wärmepflaster runden das Produktportfolio von Hansaplast ab. Grund genug, die Welt demnächst 440 Mal zu umspannen.

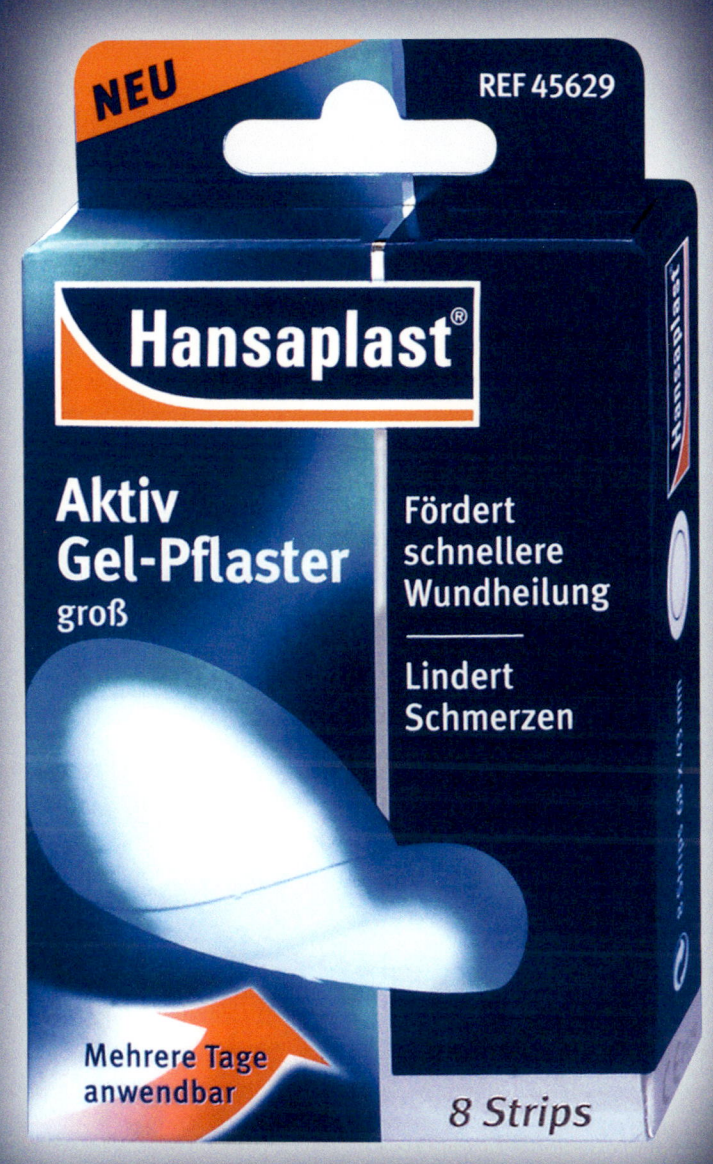

Firmenname	Klassiker	Gründer	Mitarbeiter	Vertrieb
Beiersdorf AG	Pflaster (seit 1922)	Oscar Troplowitz (1863–1918)	über 18.000 (Konzern 2002)	weltweit

HARIBO In England und Amerika heißt er Gold Bear, in den Niederlanden Goud-Beertje und in Frankreich Ours d'Or. Die Heimat aber dieser meistverbreiteten Bärenart der Erde liegt im deutschen Bonn am Rhein. Dort erblickte im Jahre 1922 das erste Gummibärchen das Licht der Welt.

Die Geburtsstätte war die zwei Jahre zuvor gegründete Firma HARIBO. Um die Produkte seines Unternehmens auf einprägsame Weise kenntlich zu machen, hatte der Firmengründer die Anfangssilben seines Namens und seiner eigenen Adresse miteinander verschmolzen und zum Markennamen gemacht: Hans Riegel Bonn. Was in einer Hinterhofküche in einem Bonner Vorort begann, entwickelte sich schnell zu einem soliden, mittelständigen Unternehmen. Nahezu 400 Mitarbeiter sorgten in einer neuen Fabrikationsanlage ab den 30er Jahren dafür, dass Kinder mit Gummibären und Lakritzstangen versorgt wurden. Zu Recht wurde damals „HARIBO macht Kinder froh" als Werbspruch gewählt – auch heute noch der bekannteste Slogan der Republik. Während des Zweiten Weltkriegs blieb die Bonner Fabrik zwar nahezu unbeschädigt, aber die massive Rohstoffknappheit führte zu einem starken Rückgang der Geschäfte.

1946 kehrte Hans Riegel junior, der Sohn des Firmengründers und jetzige Mitinhaber von HARIBO, aus der Kriegsgefangenschaft zurück. Der ehemalige Zögling des Jesuiten-Kollegs zu Bad Godesberg hatte in Russland als Sanitätsgefreiter gedient. Gerade 23 Jahre alt, sollte er nun die Fabrik seines verstorbenen Vaters übernehmen. Bei seiner Heimkehr fand er 30 Angestellte und zehn Sack Zucker vor. Doch er und sein Bruder Paul wussten, wie man Gummibärchen herstellt.

Ursprünglich gelangten die Gummibärchen von HARIBO unter der Bezeichnung „Tanzbären" auf den Markt. Damals waren sie zwar etwas größer als die heutigen Goldbären, doch hatten sie von Anfang an die gleiche drollige Form, an der nun schon seit Generationen Kinder ihre Freude haben. Ihren leckeren Geschmack verdanken sie der Rohmasse, aus der sie geformt werden. Gummibärchen bestehen aus Fruchtgummi, einer aus hochwertigen Rohstoffen hergestellten Süßware. Glukose, Zucker, Gelatine, Zitronensäure und natürlicher Farbstoff (Auszüge aus Früchten und Planzen) werden mit Aromastoffen gemischt. Diese Masse wird so lange erhitzt, bis sie sich verflüssigt, und dann in eine Negativform aus Stärkepuder gegossen wird. Nach der Verfestigung schließlich werden die Goldbären mit Bienenwachs auf Hochglanz gebracht, mit dem zusätzlichen Effekt, dass sie in der Tüte nicht zusammenkleben.

Nicht nur Kinder, auch zahllose Erwachsene gehören zu den Liebhabern von HARIBO-Goldbären. Manche Frauen fürchten aber um ihre schlanke Linie, wenn sie sich mit ihnen das Leben versüßen. Doch sind solche Sorgen überflüssig. Denn der Kaloriengehalt von Fruchtgummi liegt mit 340 Kalorien pro 100 g weit unter dem Kaloriengehalt vieler anderer Nahrungsmittel. Zudem besteht die bei der Herstellung verwendete Glukose aus verschiedenen Zuckern und damit aus leicht verdaulichen Kohlehydraten. Und die Gelatine, die zur Flüssigkeitsverfestigung benötigt wird, ist ein gut verwertbares Nahrungseiweiß.

HARIBO ist heute der größte Hersteller von Fruchtgummi- und Lakritzartikeln weltweit mit fünf Fabriken in Deutschland und 13 Auslandsbetrieben. 150 verschiedene Süßigkeiten umfasst das Programmangebot in Deutschland. Aus den 30 Angestellten der Nachkriegszeit sind allein im Hauptwerk in Bonn 1.350 Mitarbeiter geworden. Sie sorgen dafür, dass HARIBO-Produkte – nicht zuletzt zur Freude deutscher Urlauber – fast überall in Europa und in vielen Ländern der Erde erhältlich sind.

Wenn HARIBO heute in aller Munde ist, so hat das Unternehmen dies vor allem seinen Goldbären zu verdanken. Täglich werden 80 Millionen Stück von ihnen hergestellt. Und würden all die Gummibärchen, die pro Jahr allein in Deutschland vernascht werden, eine Kette bilden, so könnten sie dreieinhalbmal den gesamten Erdball umspannen.

Firmenname	Klassiker	Gründung	Gründer	Bekanntheit	Vertrieb
HARIBO	HARIBO-Goldbären	1920 in Bonn	Hans Riegel	über 90 %	weltweit
GmbH & Co. KG	(seit 1922)		(1893–1945)		(in ca. 110 Ländern)

HAWESTA | DIE FISCHKONSERVE

Bereits der legendäre römische Feldherr Lucullus wusste die lebensspendende Kraft von Fisch und Meeresfrüchten zu schätzen. Das antike Vorbild heutiger Gourmets scheute nicht davor zurück, für seine legendären Festgelage riesige, mit Meerwasser durchflutete Seen rund um seine Villenanlage am Golf von Neapel anzulegen. Was dem römischen General und seinen Gästen bereits mundete, ist heute ernährungswissenschaftlich fundiert: Fisch und Seemuscheln gehören zu den wertvollsten Lebensmitteln überhaupt.

Seit über 90 Jahren stehen die schonende Verarbeitung fangfrischer, bester Rohware und die Entwicklung raffinierter Rezepturen auch im Mittelpunkt der Produktionsphilosophie von Hawesta. Als das junge Ehepaar Hans und Maria Westphal 1909 in Lübeck eine handelsgerichtliche Eintragung zur Gründung eines fischverarbeitenden Betriebes vornimmt, ahnt sicherlich noch niemand, dass daraus die bekannteste und meistverkaufte Fischdauerkonservenmarke Deutschlands hervorgehen wird.

Obwohl der erste Vorläufer der Konservendose bereits 1810 vom späteren Leibkoch Napoleons erfunden wurde, setzt sich die Massenherstellung von Konserven erst im 20. Jahrhundert durch. Die Westphals gehören Anfang der 30er Jahre zu den ersten Unternehmern, die die so genannte Fischvollkonserve in Deutschland einführen. Nur wenig später führt die erfolgreiche Vermarktung aller Produkte aus dem Hause Westphal unter dem einprägsamen Markennamen Hawesta zu einem rasanten Anstieg der Marktanteile.

Das schnelle Wachstum von Hawesta wird durch den Zweiten Weltkrieg zunächst jäh unterbrochen. Nach der Teilung Deutschlands behauptet sich das Lübecker Unternehmen trotz der Standortbedingungen als Zonenrandgebiet auf dem deutschen Markt. In den 50er Jahren entwickelt sich Hawesta vom Familienbetrieb zu einem Aushängeschild der florierenden deutschen Wirtschaft. Hauptverantwortlich für den Erfolg von Hawesta ist der unternehmerische Weitblick Hans Westphals, der die massenmedialen Vermarktungsmöglichkeiten wie Zeitungsanzeigen und Werbespots konsequent zu nutzen weiß und Hawesta damit zur beliebtesten Fischkonserve Deutschlands macht. Die geschickt umgesetzte Markenpolitik und die hohen Qualitätsstandards führen nicht nur zu einer Spitzenposition in diesem Marktsegment, sondern auch zu zahlreichen Produktprämierungen. 1955 wird der Firmengründer für seine Leistungen bei der Entwicklung der deutschen Wirtschaft mit dem Bundesverdienstkreuz am Bande ausgezeichnet. Nach dem Tode Hans Westphals im Jahre 1970 wird das Unternehmen von seinem Adoptivsohn und Neffen Peter Westphal-Langloh erfolgreich weitergeführt und ausgebaut.

In den 70er Jahren werden mit weiteren Expansionen die Voraussetzungen für den langfristigen Erfolg des Unternehmens geschaffen. So wird das Stammwerk in Lübeck erheblich erweitert. Damit konnte der wachsenden Nachfrage nach Produkten von Hawesta Rechnung getragen werden. Auch nach der Wiedervereinigung konnte der Betrieb wieder erheblich erweitert werden. Die Fertigungskapazitäten haben sich seitdem mehr als versechsfacht. So werden heute täglich rund 300.000 Dosen Fischdauerkonserven hergestellt und rund 70 Tonnen Fertigware in 50 Länder ausgeliefert. Das Hawesta-Sortiment umfasst heute über 40 Geschmacksvarianten bei den Herings- und Makrelenspezialitäten sowie ein Spezialitätenprogramm mit Fischcocktails, Lachs- und Muscheldelikatessen.

Hawesta-Qualität ist nicht zuletzt durch die kontinuierliche Pionierarbeit des Unternehmens bei der Konserventechnik sprichwörtlich geworden. Dazu gehört beispielsweise ein Sterilisationsverfahren, dass eine nahezu unbegrenzte Haltbarkeit ohne Konservierungsstoffe und ohne Kühlung ermöglicht. Weitere Qualitätsgaranten sind die elektronische Kontrolle der Füllmengen und nicht zuletzt ein kontinuierlich verbesserter Verschluss, der den Dosenöffner seit vielen Jahren überflüssig macht.

Firmenname	Klassiker	Gründung	Gründer	Jahresumsatz	Hauptfertigungsstätte
Hawesta-Feinkost GmbH & Co. KG	Heringsfilet in Tomaten-Creme (seit 1909)	1909 in Lübeck	Hans und Maria Westphal (Hawesta)	63 Mio. Euro	Lübeck

HEIDELBERG | DIE DRUCKMASCHINE

HEIDELBERG Johannes Fust war ein Schlitzohr, ein Geschäftsmann und jemand, der erkannte, wenn ein anderer Talent hatte. Und der Mann, der ihn jetzt zum zweiten Mal um 800 Gulden anging, hatte eine Menge Talent. Und er hatte gute Ideen und in genau diese Ideen investierte Fust, obwohl er es seinem Schuldner so direkt nicht sagte. Fust ließ einen Vertrag aufsetzen, so verklausuliert, dass Johannes Gutenberg ihn kaum verstehen würde. Der war hoch verschuldet, dem Wein zugeneigt, aber voller Tatendrang. Gutenberg unterschrieb, weil er das Geld brauchte, um das Alphabet beweglich zu machen und es in seine Bestandteile zu zerlegen. Jedes Zeichen sollte eine Letter werden, aus Blei und wiederverwendbar – das war Gutenbergs Traum. Als Werk von höchstem Ansehen lag die Bibel nah, aber vor allem aus marktwirtschaftlichen Gründen entschied sich Gutenberg 1456 für die heilige Schrift. Er teilte jede Seite in 42 Zeilen, das bedeutete einen Umfang von 1.282 Seiten bei einer Gesamtauflage von rund 180 Exemplaren. In Kalbsleder ließ er das gedruckte Werk einbinden, das heute in gut erhaltenem Zustand einen Marktwert von mehr als zwei Millionen Euro besitzt.

Das entspricht auch ungefähr der Summe, die man investieren muss, wenn man sich eine Heidelberger Druckmaschine aus der Speedmasterserie zulegen möchte. Die Ausgabe lohnt, denn dann bietet sich einem die Möglichkeit, bis zu 15.000 Drucke mit acht verschiedenen Farben und Lackierung in nur einem Durchgang im Schön- und Wiederdruck zu fertigen. Das Erstellen von 180 Einzelexemplaren in Farbe nimmt so keinen ganzen Vormittag in Anspruch.

Die „schwarze Kunst", wie das Druckgewerbe früher in Deutschland bezeichnet wurde, wäre ohne Gutenberg genauso wenig vorstellbar wie das moderne Druckzeitalter ohne die innovative Kraft der Firma mit dem blauen Schriftzug auf hellem Grund. Die Heidelberger Druckmaschinen AG. Seit über 150 Jahren steht dieses Unternehmen für den Fortschritt im Druck. Über den Buchdruck berühmt geworden, mit dem legendären „Heidelberger Tiegel" steht das Unternehmen aber vor allem im Bogen-Offsetdruck mit einem Produkt als Synonym für das Flachdruckverfahren weltweit: der Heidelberger Speedmaster.

Beim Offsetdruck sind das Druckbild und die nicht farbführenden Schichten auf fast gleicher Höhe, und der eigentliche Abdruck der Farbe aufs Papier geschieht über einen Zylinder, der mit einem Tuch aus Gummi umwickelt ist. Unter dem Gummituchzylinder befindet sich ein weiterer rotierender Zylinder. Er sorgt für den Gegendruck zum Papier. Mit Wasser, das die Farbe von den unbeschichteten Flächen hält, und dem Farbwerk, mit dem das Druckbild letztendlich entsteht, sei das Konzept einer Offset-Druckmaschine wie auch das der Speedmasterserie in groben Zügen umrissen.

Was die Heidelberger jedoch aus diesem Konzept haben entstehen lassen, ist schon einzigartig in der Druckgeschichte. Sie liefern nicht nur ein hervorragendes Design, das 2002 mit der Vergabe des Bundespreises für Design durch Bundespräsident Johannes Rau für die Heidelberger Speedmaster CD 74 seine Bestätigung gefunden hat, sondern das Unternehmen steht auch immer für die Integration innovativer Ideen in die traditionelle Kunst des Druckens. So hat sich Heidelberg vom Druckmaschinenlieferanten zum weltweit größten Anbieter von Print-Media-Lösungen gewandelt und manifestiert dies seit der Druckfachmesse drupa 2000 mit einem neuen Produkt-Corporate-Design. Die Wirkung des Corporate Design ist modern und innovativ und unterstützt die Markenwerte Heidelbergs.

Gutenberg konnte seine Schulden zeitlebens nicht zurückzahlen und verstarb unbemerkt 1468. Aber mit der Erfindung des Buchdrucks eröffnete er den Aufbruch in ein neues Zeitalter. Die Heidelberger Druckmaschinen AG macht heute einen Umsatz von mehr als vier Milliarden Euro. 1.600 Gulden an offenen Rechnungen legten dazu den Grundstein.

Firmenname	Klassiker	Gründung	Mitarbeiter	Bekanntheit	Jahresumsatz
Heidelberger Druckmaschinen AG	Speedmaster (seit 1974)	1850 in Frankenthal	24.000 weltweit	100 % in der relevanten Gruppe	4.130 Mio. Euro (2002/2003)

HENGSTENBERG | DAS SAUERKRAUT

Beim Stichwort Sauerkraut fallen jedem sofort zwei Gerichte ein: Mutters Kassler mit Sauerkraut und Kartoffelbrei – und Sauerkrautsuppe zum Abnehmen. Zu beiden Rezepten hat Mildessa Sauerkraut aus dem Hause Hengstenberg entscheidend beigetragen. Dabei lässt sich die Geschichte des Sauerkrauts bis zu den Griechen zurückverfolgen: Schon zu Zeiten des Arztes Hippokrates war das Einsäuern von Kohl bekannt. Auch in China und im alten Rom stellte man Sauerkraut her und bewahrte es in Tonkrügen auf. Aber wer hat heute noch die Zeit, sein eigenes Kraut einzulegen? Noch dazu im Keller!

Firmengründer Richard Alfried Hengstenberg erkennt 1876 die Zeichen der Zeit und kauft sich mit 18.000 Mark in eine kleine Essigfabrik ein. Essig und Gurken sind auch die ersten Produkte, die das Unternehmen produziert. 1893 wird das Sortiment um Senf erweitert. Aufgrund der hohen Nachfrage zieht die Fabrik nach zwei Jahren auf ein größeres Gelände um. Während mit zunehmender Industrialisierung viele Unternehmer auf Billigprodukte setzen, wird bei Hengstenberg von Beginn an auf Qualität geachtet. Neben der Entwicklung eines patentierten Verfahrens zur Herstellung von hochwertigem Essig gibt Richard Alfried Hengstenberg mit seinem „Reinheitsgebot" für Weinessig auch einen entscheidenden Anstoß für das deutsche Lebensmittelgesetz.

1932 bringt der Enkel des Firmengründers, Dr. Richard Hengstenberg, das weltweit erste pasteurisierte Sauerkraut auf den Markt. 1950 – der Einzelhandel beginnt gerade, auf Selbstbedienung umzustellen – füllt man bei Hengstenberg bereits Essig in kleinen Flaschen ab. Nach und nach wird auch Senf, Rotkraut und Sauerkraut in familiengerechten Packungen angeboten. Zwei Jahre später, 1953, schlägt die Geburtsstunde von „Mildessa". Das saure Kraut entwickelte sich ob seiner Milde schnell zum Verkaufsschlager, der Slogan „vitaminstark – immerfrisch" tut sein Übriges.

Innovation und Qualität werden auch heute groß geschrieben. Beispielsweise entwickelte man in den vergangenen Jahren eine Technologie, mittels der Sauerkraut besonders schonend hergestellt werden kann. Denn Sauerkraut ist eine Gesundheitsbombe: Mit dem Verzehr von nur 200 Gramm kann ein wesentlicher Teil des Tagesbedarfs an lebenswichtigen Vitaminen, Mineralstoffen und Spurenelementen wie Kalium, Kalzium, Magnesium, Eisen, Vitamin C, B6 und Folsäure abgedeckt werden. Deshalb ist es bei der Zubereitung wichtig, das Sauerkraut gut abtropfen zu lassen, aber nicht auszudrücken oder gar zu wässern: Das würde den Vitamin-C-Gehalt stark verringern. Es genügt, Sauerkraut kurz zu erhitzen. Darüber hinaus ist Mildessa eine wahre Diät-Wunderwaffe: 100 Gramm enthalten gerade einmal 17 Kilokalorien. Einen „Besen für den Darm" nannte der berühmte Theologe und Naturarzt Sebastian Kneipp das Sauerkraut, denn es beeinflusst auch positiv die Verdauung: Die Kombination aus Ballaststoffen und Milchsäure im Sauerkraut wirkt sich reinigend auf unseren Magen aus und regt die Darmtätigkeit an.

Mildessa Sauerkraut gibt es heute neben der klassischen Rezeptur in verschiedenen Packungsgrößen auch in den Sorten Champagner Kraut, Ananas Kraut, Riesling Gourmet Kraut und Weinkraut mit Speck. Die neueste Variante ist Mildessa 3 Minuten für die schnelle Küche. Aus dem kleinen schwäbischen Familienbetrieb ist ein erfolgreicher und renommierter Spezialist für feinsaure Markenprodukte geworden, der auch auf dem internationalen Markt zu Hause ist und seine Produkte in über 40 Ländern der Welt vertreibt. Mildessa hat mit knapp 30 Prozent den größten Anteil am Gesamtumsatz, der im Jahr 2002 über 143 Millionen Euro betrug.

HENKELL TROCKEN | DER SEKT

Keineswegs zufällig ist die wohl eleganteste Gestalt der deutschen Literatur – Thomas Manns „Felix Krull" – Sohn eines Sektfabrikanten. Denn Sekt ist nicht nur ein Getränk, sondern zugleich Ausdruck kultivierter Lebensart. Die Kunst zu leben aber ist in Deutschland mit einem ganz bestimmten Namen verknüpft: HENKELL TROCKEN.

Ein Pater und Kellermeister der Abtei von Haut-Villiers soll als Erster um 1700 das Geheimnis der Sektherstellung entdeckt haben. Dieser Mönch und seine Brüder gerieten vermutlich auch als Erste in jene ausgelassene Stimmung, die wir heute so treffend als Sektlaune bezeichnen. Den Namen „Sekt" führte hierzulande der Schauspieler Ludwig Devrient ein, der sich bei Bestellungen in der Berliner Weinschänke Lutter & Wegner gern der Redeweise von Shakespeares Falstaff bediente und wie dieser „a cup of sack" verlangte, wenn er Schaumwein trinken wollte.

Inzwischen haben die Deutschen so viel Gefallen an dem temperamentvollen Getränk gefunden, dass bei uns öfter als irgendwo sonst auf der Welt ein leises Plopp oder ein lauter Knall festliche Stunden und kribbelnden Genuss ankündigen. Und dass wir auf dieses Vergnügen unterwegs genauso wenig wie daheim verzichten müssen, dafür sorgt maßgeblich das Haus Henkell. Denn jede zweite Flasche deutschen Sektes, die im Ausland auf die feine oder fröhliche Art geöffnet wird, ist ein HENKELL TROCKEN.

Die Geschichte der traditionsreichen Sektkellerei geht auf das Jahr 1856 zurück, in dem Adam Henkell mit der Sektproduktion begann. Die Geschäfte ließen sich gut an, doch der Durchbruch sollte dem Familienunternehmen erst in der dritten Generation gelingen. Gerade gut 20 Jahre alt, fuhr Otto Henkell I. in die USA, um das Auslandsgeschäft kennen zu lernen. Zurück kam er mit einer damals revolutionären Idee: Er wollte nicht mehr wie zuvor viele verschiedene Lagensekte herstellen, sondern einen einzigen, unverwechselbaren Qualitätssekt, der, unterstützt von intensiver Werbung, überall in gleicher Aufmachung

mit dem gleichen Geschmack erhältlich sein sollte. Mit diesem Konzept war der deutsche Markensekt geboren, dessen Name kurze Zeit später Synonym für deutschen Sekt schlechthin werden sollte.

Bei der Namensgebung entschied man sich für eine Kombination des Familiennamens mit der Angabe der Geschmacksrichtung: HENKELL TROCKEN. Und „trocken" war damals wie heute „in" – Kenner bevorzugen herb dosierte Sekte. Als „trocken" bezeichnet man heute einen gut abgestimmten, eleganten Sekt mit einer relativ niedrigen Dosage. Die Weine, aus denen HENKELL TROCKEN komponiert wird, sind Naturprodukte, die alljährlich unterschiedlich ausfallen. Durch geschickte Zusammenstellung der Weine aus verschiedenen Jahrgängen und Lagen wird jedoch eine Cuvee erreicht, die über Jahre hinweg den gleich bleibenden Charakter und die unverändert hohe Qualität von HENKELL TROCKEN garantiert.

In der Zeit nach dem Zweiten Weltkrieg war Sekt für viele unerschwinglich. Doch da erinnerte sich ein Enkel aus der vierten Generation, Otto Henkell jun., an Versuche seiner Vorgänger: Die hatten in Zeiten knappen Geldes ihren Henkell Trocken einfach in Viertelflaschen abgefüllt. Was 1925 noch Experiment war und zehn Jahre später unter dem Namen „Pikkolo" geschützt wurde, ist während der 50er Jahre zum Begriff geworden. Der Pikkolo der 50er Jahre war das Gebinde für alle Gelegenheiten. Ob vor dem neuen Deutschen Fernsehen oder mit der ebenso neuen Lufthansa in alle Welt, der Pikkolo lief und läuft. Und erneut ist ein Henkell Sekt zum Begriff für eine Gattung geworden: für das Viertel Sekt schlechthin. Dieses kleinste und jüngste Kind der Kellerei wurde auch gleich das „demokratischste", denn der Pikkolo mit seinen zwei Glas Inhalt war und ist „für jedermann erschwinglich".

Bis heute ist HENKELL TROCKEN die bekannteste und eine der beliebtesten deutschen Sektmarken. Und solange HENKELL TROCKEN in unseren Sektkelchen perlt, prägen auch weiterhin Eleganz und Lebensart unsere festlichen Stunden.

Firmenname	Klassiker	Gründung	Erfinder	Bekanntheit	Vertrieb
Henkell & Co	Henkell Trocken (seit 1894)	1856 in Wiesbaden	Otto Henkell I. (1869–1929)	83,6 % (GfK 2003)	weltweit in über 70 Ländern

HERLITZ | DAS SCHULHEFT

„Wer schreibt, der bleibt bei Herlitz." Ob der Buchhändler Carl Herlitz diesen Satz im Kopf hatte, als er 1904 in Berlin-Schöneberg eine Großhandlung für Papier- und Schreibwaren eröffnete, lässt sich nicht mehr nachvollziehen. Aber es muss etwas Ähnliches gewesen sein, denn der Name Herlitz wird bis heute mit dem Schulheft eng verbunden.

Als Günter Herlitz 1935 die Großhandlung von seinem Vater übernahm und mit sechs Mitarbeitern in die Nähe des Spittelmarktes in Berlin-Mitte zog, gehörte die Firma zum Mittelfeld der Berliner Schreibwaren-Großhandlungen. Bis zum eigentlichen Aufstieg des Unternehmens sollten aber noch einige Jahre vergehen. 1943/44 wurden die Geschäftsräume zweimal völlig ausgebombt. Mit „Gelegenheitsangeboten aller Art", 30 Mitarbeitern und einem Fahrrad „ausschließlich für geschäftliche Zwecke" ging es im Sommer 1945 in Berlin-Charlottenburg quasi noch einmal von vorne los. Nach der Beendigung der Blockade hieß es 1949 auch für das volle Sortiment des Papier- und Schreibwarengroßhändlers: „Freie Fahrt". Die inzwischen 50 Mitarbeiter beschäftigende Firma zählte schon bald zu den wichtigsten Großhandlungen ihrer Branche im Bundesgebiet.

Vier Jahre später begann für Herlitz und für Generationen von Schulkindern in der Bundesrepublik ein neues Zeitalter. In einem 70 qm großen Laden in Wilmersdorf wurden 1953 mit drei gebrauchten Maschinen neben Notizblöcken, Briefblöcken, Karteikarten und Buntpapierheften auch die legendären Herlitz-Schulhefte gefertigt. Wer hat in seiner Schulzeit nicht in einem Herlitz-Schulheft geschrieben oder gerechnet?! Auf dem westdeutschen Markt gelang 1960 der Durchbruch mit Diarien und Zeichenblöcken, bebildert mit Tier- und Sportmotiven. Der Aufstieg des Unternehmens war nicht mehr aufzuhalten.

1972 wurde das Einzelunternehmen, das zu dieser Zeit im Zentrum Berlins bereits über ein Areal von 33.000 qm verfügte, in eine Aktiengesellschaft umgewandelt. 1976 entstand aus der „Carl-Herlitz AG" die „Herlitz AG".

In den 70er und 80er Jahren baute Herlitz sein Produktprogramm und seine Marktstellung kontinuierlich aus. Durch den Erwerb nationaler Tochtergesellschaften und der Gründung von Produktions- bzw. Vertriebsgesellschaften in 13 europäischen Ländern entwickelte sich das Unternehmen in den 90er Jahren immer stärker zu einem Marktführer von Papier- und Schreibwaren in Zentral- und Osteuropa. Mit seinem heute über 15.000 Artikel zählenden Sortiment bietet Herlitz seinen europäischen Handelspartnern ein komplettes Papier-, Büro- und Schreibwaren-Sortiment an.

Aus den drei gebrauchten Maschinen von einst ist ein hochleistungsfähiger, computergesteuerter Maschinenpark geworden. Aus der Ladentheke von damals hat sich ein geschlossenes Warenwirtschaftssystem entwickelt. Mit einem umfangreichen Dienstleistungsangebot bietet Herlitz seinen europäischen Handelspartnern Unterstützung bei der Planung, der Sortiments- und Layoutoptimierung bis hin zum Full-Service-Category-Management an. Sein 100-jähriges Jubiläum feiert Herlitz 2004 deshalb mit dem Slogan „100 Jahre volles Programm!", denn auch heute gilt „Wer schreibt, der bleibt bei Herlitz".

Herlitz zeigt zudem bei all seinen Aktivitäten gesellschaftliche Verantwortung. Das spiegelt sich zum einen in der umweltverträglichen Produktion total chlorfrei gebleichter Hefte wider, die zudem das Siegel „AQUA PRO NATURA – Weltpark Tropenwald" tragen und damit garantieren, dass Herlitz keine Zellstoffe oder Papiere aus tropischen Regenwäldern verarbeitet. Zum anderen ist sich Herlitz seiner sozialen Verantwortung bewusst und hat mit der gemeinnützigen Initiative „BildungsCent e.V." einen Verein ins Leben gerufen, der sich aktiv für die Verbesserung der Lehr- und Lernkultur in Deutschland einsetzt und Projektarbeit an Schulen fördert: www.bildungscent.de informiert im Internet über die Initiative und lädt unter dem Motto „Jeden Tag einen Cent für die Bildung" dazu ein, sich an dieser wichtigen Aufgabe zu beteiligen.

80g/qm
holzfreies Schreibpapier
chlorfrei gebleicht

AQUA PRO NATURA
Schont unser Wasser

WELTPARK TROPENWALD

Jeden Tag ein Cent für die Bildung
www.bildungscent.de
BildungsCent e.V.

Lineatur 2

Name:

Schulheft A5 · 16 Blatt

herlitz

Firmenname
Herlitz PBS AG

Klassiker
Schulhefte (seit 1904)

Mitarbeiter
3.000 weltweit

Bekanntheit
94 % (2003)

Jahresumsatz
376 Mio. Euro (2002)

Soziales Engagement
www.bildungscent.de

HIRSCHMANN | DER BANANENSTECKER

HIRSCHMANN

Ohne gute Verbindungen läuft in der Welt der Elektrotechnik nichts. Damit das Radio tönt oder der Fernseher flimmert, müssen die Kontakte stimmen. Das hört sich leicht an, ist es aber nicht. 1926 erfand Richard Hirschmann im schwäbischen Esslingen einen Winzling, der mit genialer Einfachheit für stets zuverlässige Verbindungen sorgte. Der Ingenieur konstruierte einen aus nur zwei Teilen bestehenden Bananenstecker. Hirschmanns rund drei Zentimeter langer „Eins-Zwei-Stecker" ersetzte allerlei störanfällige Klemm- und Schraubkonstruktionen zwischen Radio und Antennenanschluss. Der Stecker wurde damit zum Fundament für die Entwicklung eines weltweit erfolgreichen Unternehmens, das heute als Tochtergesellschaft der Aditron AG zum Düsseldorfer Technologiekonzern Rheinmetall gehört.

Wie so häufig im tüftelnden Südwesten Deutschlands hat alles ganz klein angefangen. Als Richard Hirschmann 1924 in Esslingen sein Ingenieurbüro gründet, erledigt er zusammen mit seiner Frau und den Schwiegereltern noch alles selbst: Konstruktion, Montage, Versand und Korrespondenz.

Sein kompakter Bananenstecker mit Kupferelektrode und Bakelit-Isolierung, am 26. April 1926 unter der Nummer 481296 als „Stecker mit Klemmvorrichtung für den Anschluss an Isolierkörper" patentiert, ist Urgroßvater einer breiten Palette von Steckverbindern, die schon bald in vielen Ländern gute Kontakte garantieren.

1930 beginnt in Esslingen die industrielle Fertigung. Heute gehören zur Hirschmann-Electronics-Gruppe ca. 1.790 Beschäftigte am Hauptstandort Neckartenzlingen sowie in neun Auslandsgesellschaften in Europa, den USA und Asien. Hirschmann-Technik zum Senden, Übertragen und Empfangen wird in über 75 Staaten der Welt geliefert. Etwa 60 Prozent des Umsatzes kommen aus dem Exportgeschäft.

Wer im Auto Radio hört oder telefoniert, empfängt den Sender oder Gesprächspartner seiner Wahl wahrscheinlich mit einer Hirschmann-Antenne, denn das Unternehmen zählt zu Europas größten Herstellern von mobilen Sende- und Empfangssystemen für Kraftfahrzeuge. Das Unternehmen stellte die ersten Teleskopantennen für Automobile auf der Funkausstellung im Jahr 1939 vor.

In vielen Häusern genießen Fernsehzuschauer ihren sprichwörtlichen Platz in der ersten Reihe, weil Hirschmann-Produkte wie Antennen für terrestrische Programme, Satellitenanlagen mit Parabolantennen oder Kabelanschlüsse für glasklaren Empfang sorgen. Bereits im Jahr 1933 präsentierte das Unternehmen die erste Zimmerantenne. Aber auch eine breite Produktpalette für den Aufbau von Netzwerken im industriellen Bereich, in denen Datenströme mit Lichtgeschwindigkeit unterwegs sind, liefert Hirschmann Electronics.

Steckverbinder sind weiterhin ein wichtiges Standbein des Unternehmens. Das Prinzip des „Eins-Zwei-Steckers" ist dabei unverändert geblieben, denn noch immer werden in allen Elektrolabors, Werkstätten, Reparaturabteilungen oder an Hobby-Arbeitsplätzen einpolige Stecker gebraucht, um gleiche elektrische Potenziale miteinander zu verbinden. Nur reicht der vergleichsweise simple Bananenstecker allein natürlich nicht mehr aus.

Die Anforderungen des Marktes und die technischen Möglichkeiten haben sich gewandelt. Hirschmann bietet ein umfangreiches Produktprogramm von verschiedenen Steckverbindertypen an, sei es für den Einsatz im industriellen Umfeld, in Kraftfahrzeugen oder im Labor. Angefangen vom Hirschmann'schen Bananenstecker im Jahr 1924 bis hin zu heutigen High-Tech-Produkten in Massenfertigung, die alle wichtigen internationalen Normen erfüllen, gilt nach wie vor der Satz: Ohne gute Verbindungen läuft in der Welt der Elektrotechnik nichts.

Firmenname
Hirschmann Electronics
GmbH & Co. KG

Klassiker
Hirschmann Bananen-
stecker (seit 1924)

Gründung
1924 in Esslingen

Mitarbeiter
1.790 weltweit

Vertrieb
weltweit in 75 Ländern

Jahresumsatz
306 Mio. Euro weltweit

HOHNER Die kleinste Mundharmonika der Welt ist drei Zentimeter lang und wird serienmäßig von der Hohner Musikinstrumente GmbH & Co. KG in Trossingen hergestellt. In den unterschiedlichsten Musikbereichen, vom Volkslied über die Klassik, den Blues bis zum Jazz, beweist die Mundharmonika ihre Vielseitigkeit.

Ihre Geschichte ist relativ gesehen recht jung. 1821 erfand der Thüringer Christian Friedrich Buschmann, angeregt und inspiriert durch die ostasiatische Mundorgel, ein neues Blasinstrument. Dieses Instrument, das Mundäoline oder Aura genannt wurde, bestand aus zwei parallel liegenden Metallplatten, auf denen Metallzungen in einem Kästchen so angeordnet waren, dass jeweils ein Zungenpaar in einem Luftkanal, der so genannten Kanzelle, lag. Das Ein- bzw. Ausatmen versetzte die Metallzungen in Schwingungen und erzeugte auf diese Weise den Ton. In Wien und Böhmen entstanden dann die ersten Werkstätten, die diese kleinen Instrumente bauten. Da sie einfach zu spielen und leicht mitzunehmen sind, kann man überall und an jedem Ort für musikalische Unterhaltung sorgen. So nimmt es nicht Wunder, dass die neuen Instrumente schnell beliebt wurden und weite Verbreitung fanden.

Matthias Hohner, gelernter Uhrmacher und Uhrenhändler im schwäbischen Trossingen, begann 1857 mit der Herstellung der Mundharmonikas. Mit zwei Gesellen und seiner Frau fabrizierte er im ersten Jahr 650 Stück. Nur 20 Jahre später waren es bereits 85.000 Instrumente. Im Gegensatz zu den übrigen Mundharmonikaherstellern in Trossingen und Umgebung ließ er die Einzelteile für seine Instrumente von anderen Handwerksbetrieben anfertigen. Ein Schreiner fassonierte die Hölzer in immer gleicher Größe, der Messingdraht für die Tonzungen wurde nicht von Hand gehämmert, sondern in einem Walzwerk gleichmäßig dünn ausgewalzt. Auch verwendete Hohner für die Deckplatten, die bisher aus Blei, Zink und Zinn gegossen wurden, Messing. Dadurch erreichte er eine schnellere Herstellung, vor allem aber eine gleich bleibende Qualität.

1860 kennzeichnete er seine Instrumente mit dem Namen Hohner, dem bis heute gültigen Qualitäts- und Markenzeichen. Fünf Jahre später wurden die ersten Mundharmonikas in die USA exportiert.

1878 stellte Hohner die handwerkliche Fertigung auf industrielle Herstellung um. In einem neuen Fabrikgebäude teilte er die einzelnen Arbeitsschritte auf. Es gab Fräser, Nieter, Stimmer, Aufdeckler, Löser, Aufholzer und Aufnagler. Dadurch stieg die Produktion schon bald in Millionenhöhe. Um die Jahrhundertwende verließen 3,5 Millionen Mundharmonikas pro Jahr das Werk.

Mit der Produktion von Handharmonikas und Akkordeons wurde im Jahr 1903 begonnen. Innerhalb von 100 Jahren wurde die Marke Hohner damit auch ein Synonym für das Akkordeon. Die Firmenphilosophie des Hauses lautet: „Musik ist eine der wichtigsten Ausdrucksformen der Menschheit. Durch die Entwicklung zeitgemäßer Hohner-Musikinstrumente setzen wir uns dafür ein, dass Menschen ihre musikalische Kreativität entdecken und die kommunikative und spirituelle Kraft der Musik fühlen können. In jedem Hohner-Instrument steckt das Know-how und die Erfahrung unserer fast 150-jährigen Tradition – zur Freude und Zufriedenheit unserer Kunden in der ganzen Welt. Musik verbindet – dafür arbeiten wir!"

Die Produktpalette der Marke Hohner reicht heute von den traditionellen Instrumenten Mundharmonika und Akkordeon über Melodicas, Blockflöten und Gitarren bis hin zu Kinderinstrumenten der Produktreihe „Play and Learn". Rund 600 Mitarbeiter an verschiedenen Standorten in Deutschland und im Ausland fertigen unter dem Einsatz hochmoderner Präzisionswerkzeuge und ständig modifizierter Fertigungsmethoden Musikinstrumente, die in über 85 Ländern weltweit vermarktet werden. Damals und heute gilt die Marke Hohner weltweit als Garant für Musikinstrumente von höchster Qualität und Präzision.

Firmenname	Klassiker	Gründung	Gründer	Vertrieb	Modelle
HOHNER Musikinstru-mente GmbH & Co. KG	HOHNER Meisterklasse 580	1857 in Trossingen	Matthias Hohner (1833–1902)	in 85 Ländern	ca. 100

HÖRZU | DIE PROGRAMMZEITSCHRIFT

 Geht man davon aus, dass Medien zentrale Elemente der bundesdeutschen Kultur und Geschichte sind, so kann die Bedeutung der Programmzeitschrift HÖRZU kaum hoch genug eingeschätzt werden. Als Funkzeitschrift 1946 ins Leben gerufen, entwickelten Gründungschefredakteur Eduard Rhein und Verleger Axel Springer HÖRZU von Beginn an zur beliebten Familienillustrierten, die es wie kaum eine andere Publikation verstand, den Zeitgeist der frühen Bundesrepublik einzufangen. Die populäre Lebenshilferubrik „Fragen Sie Frau Irene" gab – um ein Beispiel zu nennen – Ratschläge zu zeittypischen Problemen und erlangte bald einen solchen Bekanntheitsgrad, dass ihr Titel zu einem umgangssprachlichen Synonym für die Lösung von Problemen im Alltag schlechthin avancierte.

Der vielseitig begabte Eduard Rhein (1900-1993), der als Schriftsteller ebenso erfolgreich war wie als Ingenieur, war nicht nur umtriebiger Chefredakteur, sondern auch Romanautor und Erfinder des Füllschriftverfahrens, durch das Schallplatten zu Langspielplatten wurden. Zahlreiche populäre HÖRZU-Romane wie „Suchkind 312", die zum Markenzeichen des Blattes, zu Bestsellern auf dem Buchmarkt und zu beliebten Kinofilmen wurden, stammen aus seiner Feder. Den ersten Frühling nach Kriegsende verbrachte Rhein im heimischen Königswinter, als sich Axel Springer an ihn wendete. Er wollte ihn für sein Vorhaben gewinnen, eine neue Rundfunk-Programmzeitschrift zu gründen. Eduard Rhein war begeistert dabei, „wenn es gilt eine neue, moderne, quicklebendige Funkzeitschrift herauszugeben". Damit war der Grundstein für eine fruchtbare Zusammenarbeit gelegt.

Ursprünglich sollte HÖRZU eigentlich „HÖRT MIT!" heißen, doch die britischen Militärbehörden lehnten den Titel aufgrund der Ähnlichkeit zu dem Schlagwort „Feind hört mit" ab. Nachdem die Hürden der Lizenzpolitik mit dem Titel „HÖR ZU!" genommen wurden, erhielt Springer im Sommer 1946 die ersehnte Zeitschriften-Lizenz. Am 11. Dezember 1946 erschien die erste Ausgabe: 12 Seiten mit farbigem Titel in einer Auflage von über 250.000 Exemplaren – mit einer damals von nur wenigen ernst genommenen Prophezeiung Eduard Rheins: „HÖR ZU! hält den Rundfunk nur für eine Vorstufe des farbigen, plastischen Fernsehrundfunks."

Mit der Währungsunion 1948 zerbrachen Fesseln, mit denen HÖRZU zuvor geknebelt war: Papier konnte jetzt auf dem freien Markt besorgt werden. Die Auflage erhöhte sich noch im gleichen Jahr um 100.000 Exemplare, 1950 überschritt sie bereits die Millionengrenze. Das Wirtschaftwunder brach an und das Magazin traf mit Tipps für Mode, Küche und Haushalt den Puls der Zeit. Begeistert unterstützten die Leser eine Kampagne gegen die fast ausschließlich amerikanische Tanzmusik im NWDR und Redaktionsigel „Mecki", populäre Werbe- und Comicfigur, bereicherte die Modewelt um eine neue Frisur: den „Mecki"-Schnitt.

Mit dem Durchbruch des Fernsehens zum Massenmedium Anfang der 60er Jahre erschienen in Berlin, Frankfurt, München, Stuttgart und auch in Österreich eigene Ausgaben. Und Hans Bluhm, der Eduard Rhein 1965 als Chefredakteur folgte, initiierte angesichts des neuen Leitbildes häuslicher Freizeit den begehrten Fernsehpreis „Goldene Kamera". Mit einer Auflage von über vier Millionen Exemplaren erreichte die HÖRZU im Unruhejahr 1968 ihren Höhepunkt.

Im Zeitalter der Medienvielfalt ist der Boden steiniger geworden. Immer neue Programmzeitschriften ringen um die Gunst der Leser. HÖRZU, 50 Jahre nach ihrer Geburt von Grund auf renoviert, trat der Konkurrenz mit einem ausgefeilten redaktionellen Konzept entgegen, das die inhaltlichen Schwerpunkte auf die besser gebildete Generation zwischen 35 bis 59 Jahren setzt. Die im ersten Quartal 2003 erzielte wöchentliche Auflage von knapp zwei Millionen Exemplaren bestätigt das Zielgruppenkonzept. HÖRZU baute ihre Spitzenposition als stärkste Marke aller Programmzeitschriften weiter aus.

Firmenname	Klassiker	Gründung	Erfinder	Gründer	Bekanntheit
Axel Springer AG	HÖRZU (seit 1946)	1946 in Hamburg	Eduard Rhein (1900–1993)	Axel Springer (1912–1985)	89,2 %

HOTEL ADLON | DAS GRAND-HOTEL

Hinter der imposanten Fassade offenbart sich den Gästen die glanzvolle Lobby eines Grand-Hotels. Fast 90 Jahre nach der Eröffnung seines legendären Vorgängers, am 23. August 1997, weiht Bundespräsident Roman Herzog das neu errichtete Hotel Adlon ein. Kunstvolle Marmorsäulen verleihen der 200 Meter langen Halle elegante Großzügigkeit, die gewölbten Kassettendecken sind nach dem Vorbild des historischen Adlon mit goldenen Intarsien gefüllt. Gold und royal-blau leuchtet das Mosaik der großen Glaskuppel über der Bel Etage. Der weltweit gerühmte Glanz des alten Adlon kennzeichnet auch das neue.

Die Geschichte des ersten Adlon beginnt mit dem geschäftlichen Aufstieg von Lorenz Adlon. Der gelernte Tischler hatte sich als Gastronom in Berlin einen großen Namen gemacht. Das gewonnene Kapital investierte er in sein Lebenswerk – das Hotel Adlon. Knapp zwei Jahre und 20 Millionen Goldmark benötigten die Architekten Carl Gause und Robert Leibniz, um direkt am Brandenburger Tor eines der schönsten und modernsten Hotels ihrer Zeit zu errichten.

Schon unmittelbar nach der Eröffnung durch Kaiser Wilhelm II. am 23. Oktober 1907 war das Adlon in aller Munde. Es bildete den Rahmen für das mondäne internationale Leben. Luxus, der bis dahin nur Fürsten vorbehalten war, wurde der bürgerlichen Welt zugänglich. 1921 übernahm Lorenz' Sohn Louis die Leitung des Hotelbetriebs. Unter seiner Führung wurde das Adlon mehr und mehr zu einem beliebten Treffpunkt von Persönlichkeiten aus Politik, Wirtschaft, Kultur und Wissenschaft.

Das Hotel beherbergte Künstler wie Thomas Mann, Enrico Caruso und Greta Garbo, Staatsmänner wie Theodore Roosevelt, Friedrich Ebert und Aristide Briand oder Wirtschaftsführer wie Henry Ford und David Rockefeller. Dabei war das Hotel nicht nur Bühne des Sehens und Gesehenwerdens. Es war „neutrales Terrain", auf dem die Vertreter der Nationen ihre politischen Ansichten austauschten. Vor und während des Zweiten Weltkrieges entwickelte

sich das Adlon so zur „kleinen Schweiz" innerhalb Berlins.

Der Krieg selbst ging fast spurlos an dem Haus vorbei, bis man hier im April 1945 ein Lazarett errichtete. Beinahe hätte das Adlon den Krieg sogar gänzlich unbeschadet überstanden, wenn nicht ein Brand in der Nacht vom 2. auf den 3. Mai 1945 den Prachtbau bis auf einen Seitenflügel zerstört hätte. Nach dem Krieg wurde dort zunächst ein Hotel eingerichtet, das 1964 sogar renoviert wurde. In den 70er Jahren war es dann allerdings mit dem Glanz des einstigen Luxushotels vorbei. Aus dem verbliebenen Flügel wurde ein Lehrlingswohnheim. Und 1984 verschwand auch noch dieser letzte Teil des Adlon, um dem geplanten Neubau eines Wohnkomplexes Platz zu machen.

Für den Fall, dass jemals wieder die Möglichkeit bestünde, das Hotel an historischer Stelle wiederaufzubauen, übertrug die Witwe von Louis Adlon das Ankaufsrecht für das Grundstück der Kempinski Hotelbetriebsgesellschaft. Denn eines war ihr klar: An einer anderen Stelle als gegenüber dem Brandenburger Tor sollte es kein neues Adlon geben. Als dann am 9. November 1989 die Mauer fiel, stand der Umsetzung dieser Vision nichts mehr im Wege.

Das neue Haus mit seinen 336 Zimmern auf sechs Etagen knüpft an die alten Traditionen an, um eine neue Legende zu schreiben. Aber es nutzt dabei auch moderne Elemente. Wie die im Versailler Schlossstil, aber mit fortschrittlichster Technik ausgestatteten Kongress- und Ballsäle im neu errichteten Anbau „Adlon-Palais". Oder der elegante Butler-Service, der dem Gast in einer der Präsidentensuiten rund um die Uhr zur Verfügung steht. Die Gästeliste ist die Bestätigung, dass das Adlon dabei erfolgreich ist: Ob Michail Gorbatschow, Königin Margarete von Dänemark, David Rockefeller, Robert de Niro oder Pamela Anderson – sie und viele andere Weltstars haben einen legendären Ausspruch des Maharadscha von Patiala überprüfen können. Dieser hatte in den zwanziger Jahren nach seinem Besuch in Berlin erklärt: „Wer das Adlon nicht kennt, kennt Deutschland nicht."

Firmenname	Klassiker	Gründung	Initiator des Adlon-Fonds	Gründer	Zimmeranzahl
Hotel Adlon Kempinski Berlin	Historisches Adlon (seit 1907)	Neues Adlon 1997 in Berlin	Anno August Jagdfeld	Lorenz Adlon (1849–1921)	336 davon 80 Suiten

hülsta „Eine Marke ist eine Persönlichkeit, die von Persönlichkeiten geschaffen wird" (Karl Hüls). Wie wahr. Wie kein anderer sollte Karl Hüls den Erfolg des Unternehmens und der Marke HÜLSTA beeinflussen und voranbringen: Von der Gründung im Jahr 1940 durch Vater Alois bis zur Übernahme durch Sohn Karl im Jahr 1961 ist die Möbeltischlerei Hüls zunächst ein prosperierendes, mittelständisches Unternehmen unter vielen.

Geschäftssinn bewies der Junior von Anfang an: Eine Anekdote erzählt vom jungen Holzingenieur Karl, der seinen Vater überzeugt, die Produktion von Küchenbüffets zugunsten von Schlafzimmermöbeln einzustellen. Schließlich habe jede Wohnung nur eine Küche, aber in den geburtenstarken Nachkriegsjahren brauche jede Familie gleich mehrere Betten und Kleiderschränke.

Nach der Übernahme der Geschäftsleitung ging es Schlag auf Schlag: Die HÜLSTA-Werke werden gegründet und das Warenzeichen HÜLSTA, eine Wortschöpfung aus dem Namen Hüls und Stadtlohn, eingetragen. Man nimmt Schwung und bereits 1968 revolutioniert das Unternehmen den Möbelmarkt mit der „allwand", einem Wohnmöbelprogramm in Systembauweise. Die „allwand" ließ sich in Endlosbauweise grenzenlos erweitern und ergänzen. Damals eine Weltneuheit, heute eine Selbstverständlichkeit. Im gleichen Jahr ist der Markt erneut verblüfft: Einzelne Baukästen dienen als Module, die sich in beliebigen Anordnungen stapeln und aneinanderreihen lassen. Damit eröffnet man den Möbelkäufern Gestaltungsfreiheiten, von denen bis dahin niemand zu träumen wagte.

Das mehrfach von der Stiftung Warentest ausgezeichnete Jugendzimmer-Programm „bonny" ist seit 1979 ist auf dem Markt, „now! by HÜLSTA", das erste Markenmöbel-Programm zum Mitnehmen, markierte 1994 einen weiteren Meilenstein in der Produktentwicklung. Aber was ist das Geheimnis von HÜLSTA? Der ausgewogene Einsatz des gesamten Marketing-Instrumentariums. Eine Produktpolitik, die seit 1961 auf erstklassige Qualität, höchste Funktionalität und große Innovationskraft setzt. Als eine der ersten Marken beginnt HÜLSTA, mit Hilfe von Wohnbüchern sein Image aufzuwerten. Der hohe Stellenwert und die Tatsache, dass Bücher im Vergleich zu Zeitschriften und sonstigen Druckwerken nicht weggeworfen, sondern im Gegenteil gerne zu Präsentationszwecken auf Tische und Ablagen gelegt werden, trägt zum großen Erfolg der Kommunikationsstrategie bei. So zeigt „Das Ideenbuch vom Wohnen" eine HÜLSTA-Welt auf rund 450 Seiten, während andere Bücher wie zum Beispiel „Das Buch vom Schlafen", „Mein Zimmer wird erwachsen" oder „Das Wohnbüro", um nur einige zu erwähnen, sich auf klar abgegrenzte Themen konzentrieren.

Abgerundet wird das Portfolio durch hochwertige Produktkataloge, ein Ausstellungs-Video sowie eine CD-ROM zur Raumplanung. Alle Marketinginstrumente kommen zum Zuge: HÜLSTA investiert von Anfang an in seine Distributionskanäle, konzentriert sich ausschließlich auf den Fachhandel, um das Marken-Image mittels hochwertiger Studio-Präsentation bei seinen Fachhandelspartnern in Szene zu setzen. Distributionsunterstützende Fach- und Endverbraucher-Kampagnen sowie eine ausgewogene Preispolitik runden das Programm ab.

Dem Standort im Münsterland ist man bis heute treu geblieben: Die Möbel werden ausschließlich in den vier Werken in Stadtlohn, Ottenstein, Heek und Coesfeld hergestellt. Die Furniere stellt das HÜLSTA-Werk Hobb in Bad Bentheim her. Während der letzten 50 Jahre hat sich HÜLSTA zu einem der weltweit renommiertesten Möbelhersteller und -lieferanten mit rund 1.400 Mitarbeitern entwickelt. Um mit einem Zitat von Karl Hüls zu schließen: „Mögen die Zweifel an der Stabilität mancher Werte auch zunehmen; der Wert einer kultiviert eingerichteten Wohnung und ihre Ausstrahlung auf das Lebensgefühl bleiben unbestritten."

Firmenname	Klassiker	Gründung	Gründer	Vertrieb	Hauptfertigungsstätte
hülsta-werke Hüls GmbH & Co. KG	Wohnmöbel in Systembauweise	1961 in Stadtlohn	Karl Hüls	weltweit	Stadtlohn/Westfalen

≡HYMER Die 50er Jahre waren in Deutschland reich an Wundern. Da gab es das „Wirtschaftswunder"; es war die Rede von „Wunderkindern"; bei der Fußballweltmeisterschaft 1954 gelang das „Wunder von Bern"; später gesellte sich noch das „Fräuleinwunder" hinzu. Außer diesen vielen Wundern wurde Nachkriegsdeutschland aber auch von zahlreichen Wellen heimgesucht: Nach der „Bekleidungswelle" wurden die Bürger von der „Fresswelle" erfasst. Und dann gab es noch die „Reisewelle".

Diese ist bis heute nicht abgeebbt. Die Deutschen sind Reiseweltmeister. Die touristischen Anfänge aber liegen in den 50ern, als sich zumindest die Westdeutschen im großen Maßstab die Welt – zunächst beschränkt auf Österreich und Italien – erschlossen. Eine entscheidende Rolle spielte das Automobil, das schnelles und individuelles Reisen ermöglichte. Mit ihm kam rasch der Wohnwagen, der ältere Bruder des heute so beliebten Reisemobils. Bereits im Jahre 1956 konstruierte der Flugzeugbauer Erich Bachem seinen ersten Wohnwagen. Ein Jahr später, als sich das Hobby-Produkt als Marktlücke herausgestellt hatte, begann im oberschwäbischen Bad Waldsee bei der etablierten Wagenbaufirma Alfons HYMER die systematische Fertigung.

Die Caravan-Branche wächst, HYMER ist dabei – mit dem ersten Reisemobil, dessen Rufname Caravano lautet. Doch es ist seiner Zeit voraus, die Borgward-Pleite verhindert den Erfolg. Im Jahre 1972 konnte dann die erfolgreiche Ära der HYMER-Reisemobile starten. Das HYMERMOBIL auf der Basis von Mercedes-Benz-Fahrgestellen war geboren. Der Auftakt geriet so erfolgreich, dass das Werk schon bald alle Mühe hatte, der regen Nachfrage gerecht zu werden. Der Name HYMERMOBIL wurde innerhalb kürzester Zeit zu einem Markenzeichen und Gattungsbegriff für das Reisemobil schlechthin. Es folgten Jahrzehnte stürmischer Entwicklung, in denen sich das Unternehmen große Teile des deutschen Wohnwagen- und Reisemobilmarktes eroberte. Der heutige HYMER-Konzern beschäftigt mit der Niesmann+Bischoff GmbH, der Bürstner GmbH und Laika Caravans S.p.A. mehr als 2.600 Mitarbeiter, die jährlich über 22.000 Caravans und Reisemobile produzieren. HYMER bietet mit 116 Modellvarianten die größte Reisemobilpalette Europas und ist in diesem Segment Marktführer.

Die auf einem Mercedes-Benz-Chassis aufgebaute HYMERMOBIL S-Klasse, längst ein Klassiker, repräsentiert die Spitzenklasse im HYMER-Repertoire. Das HYMERMOBIL steht für komfortables Arrangement, Luxus auf Rädern, Qualität bis ins Detail und Service bei Vertragshändlern in ganz Europa. Dieser Servicegedanke floss auch in die Entwicklung der 1993 für HYMER-Kunden eingeführten ersten Kundenkarte der Branche ein. Mittlerweile sorgen HymerCard, TankCard, HYMER-europass, HYMER-assistance, HYMER-rent und HYMER-finance für kundenfreundliche Top-Service-Leistungen aus einer Hand.

Jährlich bestätigen die Leser der Fachzeitschrift „promobil" der Marke HYMER in den Kategorien permanent die ersten Ränge. Ein Grund hierfür ist die HYMER-spezifische PUAL-Bauweise, die hohe Stabilität, lange Lebensdauer und höchste Isolationswerte gewährleistet, gleichzeitig wird der Qualitätsanspruch, den HYMER an seine Produkte stellt, garantiert. Es war daher fast selbstverständlich, dass sich die HYMER AG als erstes Unternehmen in der Caravan-Branche der Zertifizierung nach dem Qualitätsprüfungssystem DIN EN ISO 9001 unterzog und die Zertifizierung am 09.06.1995 erhielt. Diese Auszeichnung, das von der DEKRA erteilte GS-Zeichen und der ausgeprägte Servicegedanke dokumentieren eindrucksvoll den hohen Qualitätsanspruch bei HYMER.

Und so sorgt HYMER mit seinen bewährten HYMERMOBILEN seit bald einem halben Jahrhundert dafür, dass den Urlaubern die Lust am Reisen nicht vergeht, sondern dass sie bequem und sicher und auf den eignen vier Rädern an ihrem Ferienort ankommen und sich dort so einrichten und bewegen können, wie sie es sich wünschen.

Firmenname	Klassiker	Gründung	Mitarbeiter	Jahresumsatz	Jahresabsatz
HYMER AG	HYMERMOBIL (seit 1972)	1923 in Bad Waldsee	über 2.600	590,6 Mio. Euro	4.708 Reisemobile

IDEALSPATEN | DER SPATEN

Nur mit Mut, Ausdauer und Gottesvertrauen weiter ans Werk! Dann, so hoffe ich, werden die nun bald hier entstehenden Gebäulichkeiten für Arbeitgeber und Arbeitnehmer ein Hort gemeinschaftlicher, zufrieden stellender und somit gesegneter Tätigkeit sein." Das waren die Worte von Emil Eckardt, dem Gründer der Spaten- und Schaufelfabrik, anlässlich der Grundsteinlegung für das Fabrikgelände am 15. April 1899. Der Bau ging rasch voran, und schon zehn Monate später konnte der Produktionsbetrieb mit 84 Mitarbeitern aufgenommen werden. Zum Produktionsprogramm gehörten Schaufeln, Pflugriester und Spaten.

Spaten waren es, die sich schnell zu dem Verkaufsschlager entwickelten, der sie auch noch heute sind. Der 1903 auf den Markt gebrachte Idealspaten ist nach wie vor das gefragteste Produkt des Unternehmens. Es war der erste Spaten – und das macht auch heute noch seine Besonderheit aus –, der industriell aus einem Stück hergestellt wird. Blatt und Federn sind nicht vernietet, was den Idealspaten praktisch unzerbrechlich macht. In einem Katalog aus dem Jahre 1905 heißt es: „Unser geschlossener, konisch gewalzter, also verstärkter Idealspaten ist ohne Frage das Vollkommenste, was bis jetzt in geschlossenen Spaten produziert wurde, und wir sind die einzigen Fabrikanten, die denselben in dieser unerreicht hohen Vollendung herstellen. Nicht aus mehreren Stücken besteht er, nicht etwa ist er zusammengeschweißt oder zusammengenietet, wie sämtliche bisherigen Konkurrenzfabrikate, sondern mit Blatt und Federn ist er aus einem einzigen Stück hergestellt und bildet so ein einziges geschlossenes Ganzes."

Diese Qualität wusste schon bald im wahrsten Sinne des Wortes die ganze Welt zu schätzen: Das Unternehmen exportierte bereits ganz zu Anfang des 20. Jahrhunderts in damals noch als fast unerreichbar geltende Länder wie Ägypten, Westafrika und China. Schon 1905 wurde etwa ein Drittel der in Herdecke produzierten Spaten und Schaufeln auf den ausländischen Märkten verkauft. Ein Grund für den Erfolg

im Ausland war unter anderem die spontane Anpassung der Werkzeuge an die unterschiedlichsten geografischen Bedürfnisse. Für den sibirischen Markt gab es beispielsweise eine „sibirische Grubenschaufel", die den „eisigen" Bedingungen vor Ort gerecht werden konnte. Konsequenterweise wurden die Kataloge in alle erdenklichen Sprachen übersetzt.

Das alles führte das Unternehmen aus Herdecke, einem am Ende des 19. Jahrhunderts schon bedeutenden Industriestandort, zu weltweitem Erfolg, der allerdings nach dem Tod von Firmengründer Emil Eckardt erst einmal gestoppt werden sollte. Die Produktion musste für ein Jahr ruhen, nachdem das Unternehmen unter Leitung des Sohnes von Emil Eckardt in eine Existenzkrise geraten war und Konkurs anmelden musste.

1929 wurde die Firma von fünf Gesellschaftern aufgekauft und die Produktion und der Vertrieb wieder in die Wege geleitet. An diesem geglückten „Revival" war der Erfolg des nach wie vor gefragten Idealspatens maßgeblich beteiligt. Aus diesem Grunde wurde der Produktname dann in den Firmennamen integriert, der von da ab lautete: Idealspaten- und Schaufelwalzwerke vorm. Eckardt & Co. GmbH.

Weitgehend unbeschadet durch die Wirtschaftskrise und den Zweiten Weltkrieg hat das Unternehmen im Jahr 1999 sein 100-jähriges Jubiläum gefeiert. Unter dem Namen Idealspaten-Bredt, der durch die Fusion mit einer benachbarten Firma entstand, produziert das Unternehmen am Standort Herdecke mit rund 100 Mitarbeitern immer noch mit unverändertem Erfolg den Idealspaten. Der Idealspaten feiert 2003 seinen hundertsten Geburtstag und wird nach wie vor mit großer Sorgfalt in Deutschland angefertigt. Allein seit Ende des Zweiten Weltkrieges wurden mehr als zehn Millionen Idealspaten verkauft: Ein eindrucksvoller Beweis dafür, dass sich die Ausdauer, die Emil Eckardt einst zur Firmengründung eingefordert hatte, gelohnt hat.

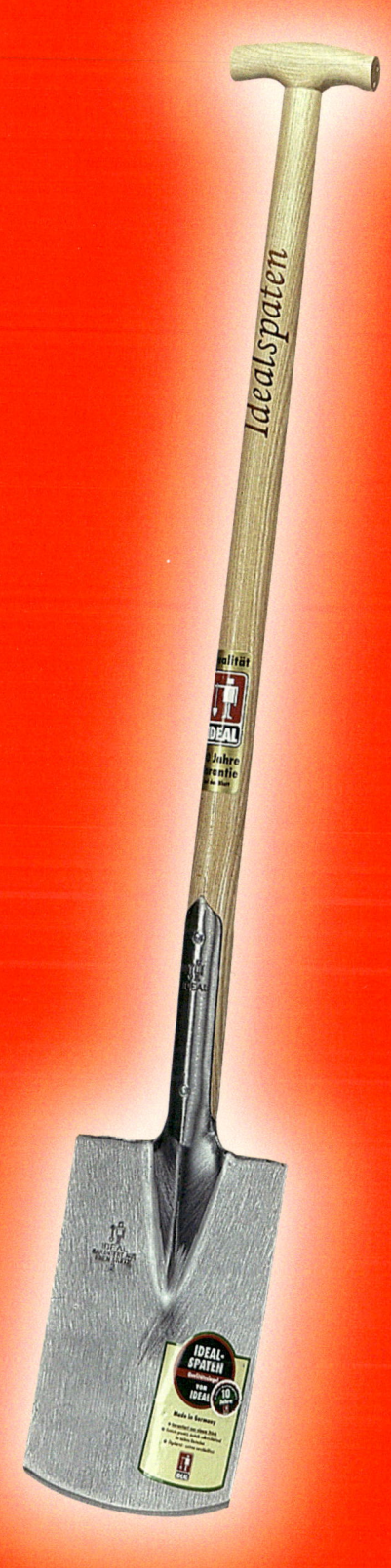

Firmenname	Branche	Gründung	Mitarbeiter	Gründer	Hauptfertigungsstätte
Idealspaten-Bredt GmbH & Co.KG	Werkzeugproduktion	1899 in Herdecke	100	Emil Eckardt	Herdecke

Die Jahre, Monate, Stunden und Minuten seines Lebens sind der kostbarste Besitz eines jeden Menschen – und damit das wertvollste Kapital von Unternehmen. Denn in einer Welt voller Waren und Dienstleistungen, die sich zunehmend gleichen, wird die effiziente Nutzung menschlicher Arbeitszeit zum entscheidenden Wettbewerbsfaktor nach innen und außen: Arbeitgeber müssen ihre Produktionsmittel möglichst gut auslasten, Arbeitnehmer wünschen sich ein flexibles Arbeitsleben. Dazu reicht nicht mehr nur eine Stechuhr. Die Herausforderungen der Gegenwart erfordern eine moderne Zeitwirtschaft. Die Werkzeuge dazu liefert Interflex.

Das 1976 gegründete Stuttgarter Unternehmen hat sich auf Komplettlösungen für die Bereiche Zeitwirtschaft, Betriebsdatenerfassung und Zutrittskontrolle spezialisiert. Interflex entwickelt und produziert Computersysteme, deren wesentliche Eigenschaften Intelligenz und Integrationsfähigkeit quer durch alle gängigen Betriebssystemplattformen und umgebende Managementapplikationen sind. Während Konkurrenten oft nur Teilbereiche abdecken, sind die Stuttgarter bei Hardware, Software und Service gleichermaßen leistungsfähig.

Die Lösungspalette ist das Ergebnis der Erkenntnis, dass „Zutritt, Zeit und Daten" miteinander zusammenhängen. Denn Zeitwirtschaft heißt für Betriebe heute mehr als das Kommen und Gehen ihrer Mitarbeiter im Griff zu haben.

Die zunehmende Entkoppelung von Arbeits- und Betriebszeiten hat für einen kaum überschaubaren Dschungel individueller Arbeitszeit- und Tarifmodelle gesorgt. Dazu kommen alltägliche Herausforderungen. Ein Urlaub muss rückwirkend in krankheitsbedingte Abwesenheit umgewandelt werden, ungeplante Schichtwechsel sind entstanden, der neue Tarifvertrag steht ins Haus, oder der Finanzminister hat mal wieder das Steuerrecht geändert. Fast gleichgültig was passiert, Interflex-Systeme behalten im Interesse von Arbeitgebern und Arbeit-nehmern den Überblick, geben beiden Seiten umfassend und permanent Auskunft. Doch das ist noch längst nicht alles.

Wo Wissen zunehmend zur Wirtschaftsmacht wird, gewinnen für Unternehmen Zutrittssicherungen an Bedeutung. Interflex-Lösungen sorgen dafür, dass niemand dort ist, wo er nicht hingehört. Die Systeme erlauben Anwendern, eine Vielzahl von Bedingungen zu Strategien zu verknüpfen. Etwa das Vier-Augen-Prinzip, nach dem mindestens zwei autorisierte Personen in einem sensiblen Betriebsbereich sein müssen, zeitlich begrenzte Aufenthaltsgenehmigungen und dergleichen mehr.

Im Ernstfall helfen die Sicherheitslösungen von Interflex auch der Feuerwehr und dem Werksschutz bei ihrer Arbeit: Die Retter wissen ganz genau, wer wo steckt. Ihre logische Vollendung finden die Komplett-Lösungen der Stuttgarter Denkfabrik in der Erfassung von Produktionsinformationen. Ob es nun um Auftragszeiten, Maschinen oder Prozessdaten geht – für jede dieser Kategorien schließt sich der Regelkreis zwischen Planung, Disposition und Ausführung.

Das Wissen um die Herausforderungen moderner Zeitwirtschaft hat Interflex erfolgreich gemacht. Mit heute mehr als 400 Mitarbeitern, über 13.000 installierten Systemen und 4,5 Millionen Benutzer ist das baden-württembergische Unternehmen europaweit führend.

Das Know-how von Interflex bei der Entwicklung, Integration – auch von biometrischen Erkennungsverfahren –, Organisationsberatung, Projektierung, Support und Schulung ist in Deutschland genauso gefragt wie in den meisten Ländern Europas und in den USA.

Die Kundenliste von Interflex reicht heute vom Großkonzern ABB über mittelständische Unternehmen wie das Freiberger Brauhaus bis hin zur Zürich Versicherung. Wobei die Computerterminals von Interflex noch einen weiteren Vorteil gegenüber der guten alten Stechuhr haben. Ihr preisgekröntes Design ist schöner, und sie rattern nicht.

Firmenname	Klassiker	Gründung	Vertrieb	Jahresumsatz	Produktionsstandort
Interflex Datensysteme	Zeitwirtschafts-terminal	1976 in Stuttgart	21 Vertriebsstandorte europaweit	rd. 50 Mio. Euro	Deutschland

JACOBS KRÖNUNG | DER KAFFEE

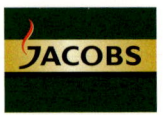

In Deutschland ist Kaffee vor Bier und Mineralwasser das meistgetrunkene Getränk. Weltweit importieren heute nur die USA noch mehr Kaffee als die Deutschen. Doch bis hierher war es ein weiter Weg, zumal unsere Vorfahren – im Gegensatz zu ihren Nachbarn – einige Zeit benötigten, bis sie den stimulierenden Extrakt der braunen Bohnen in ihren Kulturkreis aufnahmen.

Denn die Wildpflanze Coffea arabica, auf die alle heute gängigen Kaffeesorten zurückgehen, stammt aus dem afrikanisch-arabischen Raum, wo sie vermutlich zwischen dem 11. und 13. Jahrhundert domestiziert und kultiviert wurde. Erst durch die Kolonialisierungen ab dem 16. Jahrhundert gelangte der Kaffee von dort nach Europa. Hier trat das schwarze Getränk nun seinen Siegeszug an: zunächst in Kaffeehäusern, die in den Metropolen der Kolonialmächte eröffneten, das erste in Venedig 1647. Schließlich erreichte das schwarze Getränk auch das kolonial kaum engagierte Deutschland, wo sich beispielsweise das erste Kaffeehaus in Berlin erst 1721 etablierte. Der Handel mit dem neuen Luxusgetränk entwickelte sich in Deutschland vor allem in den Hansestädten. In Bremen eröffnete im Jahre 1895 Johann Jacobs sein „Specialgeschäft in Caffee, Thee, Cacao, Chocoladen, Biscuits". Was hieraus wurde, weiß (fast) jeder Deutsche: Denn mit dem Namen Jacobs assoziieren heute 98 Prozent der Bundesbürger „Kaffee".

Mit eigenem Röstbetrieb und mithin gleichbleibend gutem Geschmack gelang es der Familie Jacobs schon vor dem Zweiten Weltkrieg, unter die vier größten deutschen Röster aufzusteigen. Doch das Wirtschaftswunder vollbrachte Jacobs im Nachkriegsdeutschland:

Der geschickte Einsatz von Fernsehwerbung und eine kluge Markenpolitik für die 1966 eingeführte Marke Jacobs KRÖNUNG führte Jacobs Kaffee zum unangefochtenen Marktführer. Mit der KRÖNUNG als wiedererkennbare Marke reagierte Jacobs vor allem auf das Aufkommen moderner Supermärkte mit Selbstbedienung: Um nicht in der Warenflut unterzugehen, musste hier das Produkt durch Name und Verpackung für sich selbst werben. Und dies gelang der Marke KRÖNUNG mit dem unverwechselbaren „Verwöhn-Aroma". Zudem etablierte Jacobs als Werbefigur der 80er Jahre Karin Sommer, die Frau von nebenan, mit der weitbekannten Botschaft: „Mühe allein genügt nicht. Wenn's drauf ankommt, muss es schon der Beste von Jacobs Kaffee sein."

In der DDR galt die KRÖNUNG gar als eine Art „Zweitwährung". So berichtete der Fernsehjournalist Dieter Zimmer, dass seine Familie der Großmutter in Leipzig regelmäßig ein Paket Jacobs Kaffee schickte. Sie trank die begehrte KRÖNUNG aber nicht selbst, sondern benutzte die KRÖNUNG zum Tauschhandel. Mit den Neueinführungen KRÖNUNG Balance, KRÖNUNG free und KRÖNUNG mild ist aus der KRÖNUNG inzwischen eine Produktfamilie geworden. Sie steht in Deutschland für besten Kaffeegenuss mit dem Verwöhnaroma, bei jungen genauso wie bei älteren Kaffeeliebhabern.

Auch im neuen Jahrtausend setzt Jacobs KRÖNUNG Impulse. Im Rahmen des Millenium Relaunches im September 2000 wurde eine neue Produktionstechnologie eingeführt. Diese Technologie sorgt für „Noch mehr Verwöhnaroma" in der Tasse, so dass der Konsument das Verwöhnaroma nun noch mehr genießen kann. Gleichzeitig mit dieser Innovation wurde das Packungsdesign moderner und noch hochwertiger gestaltet.

Nach fast 40 Jahren zählt die KRÖNUNG zweifellos zu den traditionsreichsten Markenartikeln der deutschen Wirtschaftsgeschichte – und zu den erfolgreichsten dazu: Innerhalb des deutschen Einzelhandels ist sie bis heute die umsatzstärkste Marke.

Firmenname	Klassiker	Gründung	Erfinder und Gründer	Hauptfertigungsstätte
Kraft Foods Deutschland	Bohnenkaffee gemahlen (seit 1966)	1895 in Bremen	Johann Jacobs (1869–1958)	Berlin

JUNGHEINRICH | DER GABELSTAPLER

JUNGHEINRICH Warenströme bilden das Rückgrat unserer Wirtschaft. Der schnelle und reibungslose Transport unterschiedlichster Waren und Produkte sorgt für lebhaften Handel und eine funktionierende Produktion. Dabei leisten Flurförderzeuge wie zum Beispiel Gabelstapler die Intralogistik. Damit ist der schnelle und zuverlässige Materialfluss innerhalb der Unternehmen gemeint. Die Gabelstapler transportieren die Waren aus den Lagern in die Fahrzeuge, bevor es auf die Straße, die Schiene, in die Luft oder aufs Wasser geht. Sie befördern die Waren direkt an den Arbeitsplatz in der Produktion oder bringen die Produkte zu den Supermarktregalen. Und sie bestücken für Menschenhand unerreichbare Hochregale – präzise und bis in Schwindel erregende Höhen.

Den klassischen Gabelstapler nennen Fachleute auch Gegengewichtsstapler. Zu seinem Bauprinzip gehört eine schwere Heckpartie, die das Gegengewicht bildet. Es sorgt dafür, dass der Stapler beim Anheben der Last nicht nach vorne kippt. Allerdings macht ein solches Gegengewicht den Gabelstapler sehr lang, so dass er zum Manövrieren viel Platz braucht und deshalb nicht überall einsatzfähig ist.

Dem Ingenieur Dr. Friedrich Jungheinrich ließ dieses Problem keine Ruhe. Er tüftelte so lange, bis es ihm gelang, einen anderen Ausweg als die voluminöse Heckpartie zu finden: „Retrak" nannte er 1956 seinen ersten serienreifen Schubmaststapler. Ein Schubmaststapler verfügt über einen horizontal verschiebbaren Hubmast, mit dem die Last nach Aufnahme in den Fahrzeugschwerpunkt, also zwischen die Vorderräder, zurückgezogen wird. So kann er auf ein voluminöses Gegengewicht verzichten und ist entsprechend kurz und wendig.

Die Idee, Entwicklung und Perfektionierung dieser Schubmaststapler stand bald nach der Firmengründung der H. Jungheinrich & Co. Maschinenfabrik 1953 im Hamburger Stadtteil Billbrook im Vordergrund. Doch zuvor setzte Jungheinrich 1955 einen weiteren Meilenstein, als er die „Ameise 55" auf den Markt brachte, den ersten elektrogetriebenen Gegengewichtsstapler. Mit dieser Bezeichnung prägte das Unternehmen für Jahrzehnte einen Gattungsbegriff. Die Ameise wurde zum Synonym für Flurförderzeuge. Elektro- und Schubmaststapler hat Jungheinrich selbstverständlich auch noch heute im Programm. Doch nicht nur die: Jungheinrich ist ein Vollsortimenter; denn das Unternehmen bietet Handgabelhubwagen ebenso wie Dieselstapler, Kommissionierer, Hochregalstapler, Regale, Lagerverwaltungssoftware und umfassende Beratungs- und Serviceleistungen.

Dr. Friedrich Jungheinrich kümmerte sich nicht nur um die Entwicklung und Konstruktion der Maschinen, sondern er hatte von Beginn an erkannt, dass sich ein technisch komplexes Produkt wie der Gabelstapler am besten im Direktvertrieb, also ohne den vermittelnden Händler, vermarkten lässt. Und er dachte über die Grenzen Deutschlands hinaus. Bereits 1956 gründete er in Österreich die erste Auslands-Vertriebsgesellschaft. Bis heute sind 25 hinzugekommen, von Portugal bis Russland, von den USA bis nach Singapur.

Aus der kleinen Werkstatt in Billbrook ist der viertgrößte Anbieter von Flurförderzeugen weltweit geworden. Rund 750.000 Jungheinrich-Fahrzeuge sind heute überall im Einsatz. Der Konzern beschäftigt rund 9.200 Mitarbeiter und hat 2002 fast 1,5 Milliarden Euro Umsatz erwirtschaftet. Dabei hat sich der Konzern zum produzierenden Logistikdienstleister gewandelt. Nahezu die Hälfte der Mitarbeiter arbeitet in der Kundendienstorganisation. Jungheinrich verkauft heute komplexe Logistiklösungen, bei denen der Kunde vom Konzept über die Fahrzeuge, Regale und die Software bis zur individuell zugeschnittenen Finanzierung alles aus einer Hand bekommt.

Aber wie schon in den Anfangsjahren des Unternehmens kann man bei Jungheinrich natürlich auch einfach einen robusten und verlässlichen Gabelstapler bekommen.

Firmenname	Klassiker	Gründung	Mitarbeiter	Gründer	Direktvertrieb
Jungheinrich AG	Der Retrak (seit 1956)	1953 in Hamburg-Billbrook	mehr als 9.200	Dr. Friedrich Jungheinrich	in 26 Ländern

KÄFER | DER PARTY-SERVICE

 Feinkost. Dieses Wort drückt nichts Alltägliches aus, vielmehr schwingt hier Gediegenheit mit. Eine Mischung aus guter alter Zeit und einem Hauch von Luxus. In Verbindung mit dem Namen Käfer ist daraus ein Synonym für Qualität und Gastlichkeit geworden.

Im Wortsinne geht es bei dem Münchener Traditionsunternehmen um feine Kost. Schlicht Feinkost Käfer nannten Paul und Käthe 1930 ihr Kolonialwarengeschäft mit Weinen, Likören und Flaschenbier, ohne zu ahnen, dass sie damit eine Wortmarke prägten, die – von Werbestrategen erdacht – heute viel Geld kosten würde.

Und hier liegt der Unterschied zu einer anonymen Publikumsgesellschaft: Persönlichkeit. Michael Käfer verbürgt in dritter Generation als Alleingesellschafter, dass der Familienname für hochwertige Produkte und durchdachte Dienstleistung steht. An seine Arbeit legt er hohe Maßstäbe: „Mein Ziel ist es, die Erwartungen unserer Gäste immer wieder aufs Neue zu übertreffen und für sie jedes Event zu einem unvergesslichen Ereignis zu machen."

Man kann den Erfolg des Hauses auch als ein Stück bundesrepublikanische Geschichte lesen. Einsatzbereitschaft und Innovationsfähigkeit heißen die Chiffren. Jeder Generation gelang es mit neuen Ideen, die deutsche Gastronomiebranche zu bereichern.

Heute können Münchens kulturinteressierte Bürger und Besucher jeden Museums- oder Theaterbesuch mit einem Schmankerl von Käfer abrunden. Das Unternehmen sorgt für die Verpflegung im Nationaltheater, im Kulturzentrum im Gasteig, im Deutschen Museum und im Haus der Kunst.

Die Erfahrungen in der Theatergastronomie nutzte Gründersohn Gerd Anfang der 60er Jahre, um eine völlig neue Dienstleistung zu etablieren: den Party-Service. Bis heute setzt Käfer für die Branche als europäischer Marktführer die Maßstäbe. Kaum ein bedeutendes Unternehmen im Lande, das auf die Dienste der Münchener verzichten wollte, wenn es etwas zu feiern gibt. Zu einer Zeit, als die meisten Deutschen Toast Hawaii mit einer Scheibe Ananas aus der Dose noch für einen Ausweis von Savoir vivre hielten, setzten Käfers ganz neue Maßstäbe für einen gelungenen Abend. Die Dünenpartys auf Sylt machten in den 70er Jahren Furore.

Zwanzig Mal in der Woche feiert man heute in Europa und lässt sich dabei von Käfer beliefern – rund 1.000 Veranstaltungen mit über 250.000 Gästen werden von den Münchener Feinkost-Profis pro Jahr ausgestattet. Das bedeutet schmackhafte Speisen, erlesene Getränke und nicht zuletzt einen Service, der dem Gastgeber Zeit und Muße lässt, sein Fest auch selbst zu genießen. Da fehlt kein Dessertlöffel, und auch den ausgefallensten Dekorationswunsch setzen die hauseigenen Schreiner in die Realität um. Eine Küchenbrigade von 180 Spezialisten kreiert ständig neue Gaumenfreuden und erfand so manchen Klassiker der Speisekreationen. Kein Wunder, dass die englische Queen genauso wie der König des Pop, Michael Jackson, die Fußballgötter des FC Bayern München wie die Leinwandgöttin Liz Taylor der besonderen Gastlichkeit vertrauen, die aus München kommt.

Inzwischen muss allerdings niemand mehr in die bayerische Metropole fahren oder das Glück haben, auf der Einladungsliste einer Party zu stehen, deren Gastgeber ihren kulinarischen Erfolg in die Hände des renommierten Familienunternehmens legt, um bei Feinkost Käfer zu Gast zu sein. Der Gründerenkel begann Lizenzen zu vergeben, so dass heute überall vom Joghurt über Wein bis zum Lachs ein Stück Lebensart zu erwerben ist, auf dem nicht nur Käfer draufsteht, sondern das auch Käfer-Qualität hat, weil es unter der Kontrolle der Münchener hergestellt wird.

Und wer gerne reist, aber dem weiß-blauen Himmel über München den preußisch-blauen der Bundeshauptstadt vorzieht? Der verbindet den Besuch der Reichstagskuppel mit einem Besuch im Dachgartenrestaurant der Käfer Berlin GmbH. Auf Qualität von Feinkost Käfer muss wirklich niemand irgendwo verzichten.

Firmenname	Klassiker	Gründung	Mitarbeiter	Erfinder	Jahresumsatz
Feinkost Käfer GmbH	Käfer Party-Service	1930 in München	840	Gerd Käfer	90 Mio. Euro

KAFFEE HAG | DER ENTCOFFEINIERTE KAFFEE

Dunkel, fast schwarz, ergießt sich das heiße, aromatische Getränk in die Tasse. Vor hundert Jahren trank man ihn so, denn Kaffee gehörte schwarz und stark, und es war nicht die Zeit, in der die Deutschen sich viele Gedanken über eine schonende Behandlung ihrer Gesundheit machten.

Doch der Kaffee-Kaufmann Ludwig Roselius stellte sich der Aufgabe, diesen Zustand zu ändern. Leidenschaftlich widmete er sich der Idee, ein gesundes Leben ohne Verzicht auf Genuss zu führen. 1905 gelang es ihm, dem Kaffee das Koffein zu entziehen, ohne – und das unterschied seine geniale Methode von anderen bereits bestehenden Verfahren – eine Beeinträchtigung des Geschmacks in Kauf nehmen zu müssen. Nur ein Jahr später sicherte er sich dafür das Patent und gründete die Kaffee-Handels-Aktien-Gesellschaft (Kaffee HAG), die gleichzeitig Namensgeber für sein Produkt war.

Kaffee war um die Jahrhundertwende sehr teuer, die Kaufkraft hingegen schwach – Roselius brachte sein Produkt daher in kleinen 100-Gramm-Packungen auf den Markt. Zu seiner Überraschung war es aber zunächst nicht der normale Kaffeetrinker, sondern eine Gruppe von Chemikern, Medizinern und Pharmazeuten, die ihm zum Erfolg verhalfen. In Fachzeitschriften und Magazinen ließen sie sich äußerst wohlwollend über die schonende Wirkung von Kaffee HAG für Herz und Magen aus.

Von der Anerkennung aus der wissenschaftlichen Ecke ermutigt, fasste Roselius den kühnen Entschluss, für seinen koffeinfreien Kaffee Anzeigen zu schalten. Kühn deshalb, da Anzeigenwerbung Anfang des letzten Jahrhunderts noch verpönt war – nur schlechte Produkte, so meinte man, hätten es nötig, so marktschreierisch angepriesen zu werden. Indem Roselius für seine Printmotive die besten Grafiker und Designer seiner Zeit beschäftigte, etwa Eduard Scotland und Bernhard Hoetger, die heute längst Künstlerstatus erreicht haben, machte er die Anzeigenwerbung salonfähig und schrieb so nebenbei noch ein Stück Werbegeschichte.

Unermüdlich betonten die Anzeigen die wohltuende Wirkung von Kaffee HAG auf die Gesundheit bei gleichzeitig vollem Genuss. Setzte anfänglich ein Rettungsring im Logo Signale, wich dieser zu Beginn der 60er Jahre dem heute noch aktuellen roten Herzen. Mit dem wirtschaftlichen Aufschwung verschwand schließlich auch die kleine Packung, und man reihte sich ein in die heute bekannten Konfektionierungen von 250 und 500 Gramm.

Den schnelllebigen Zeitgeist der 60er Jahre traf HAG mit einem neuen Produkt, dem löslichen Kaffee. Das patente Heißgetränk für Büro oder unterwegs, aufbewahrt im praktischen Glasbehälter, erfreute sich bald großer Beliebtheit. Das lösliche Pulver wurde einfach in die Tasse gegeben, heißes Wasser dazu, fertig.

1982 wird zusätzlich zu der bekannten Sorte Klassisch Mild die Variante Kaffee HAG Herzhaft Kräftig – damals noch unter dem Namen „Würzig" – für Liebhaber von kräftigem Kaffeegenuss eingeführt. In der Werbung sagt derweil ganz Deutschland „JA" zu Kaffee HAG, ein Motto, welches durch alle Berufs- und Bevölkerungsgruppen kommuniziert wird. In ihrer Beliebtheit wird diese Werbekampagne nur übertroffen vom „Tassentausch", der erstmals 1991 im Werbefernsehen Premiere feierte: Ein skeptischer Kaffeetrinker wird vom vollen und aromatischen HAG-Geschmack überzeugt, indem ihm von seiner Begleiterin heimlich eine Tasse Kaffee HAG „untergeschoben" wird. Die Botschaft ist klar: Geschmack braucht kein Koffein.

Im Laufe seiner Produktgeschichte wurde der „Auftritt" von Kaffee HAG immer wieder behutsam variiert und modernisiert: 1977 etwa erhielten die Verpackungen das im Prinzip noch heute gültige weiße Oval mit schwarzem Schriftzug und rotem Herzen. Im neuen Jahrtausend präsentiert sich Kaffee HAG mit abermals verjüngtem Verpackungsdesign und neuer TV-Kampagne, in der Kaffee HAG als „richtiger" Kaffee gegenüber allzu modernen Coffeeshop-Kreationen überzeugt.

Firmenname	Klassiker	Gründung	Erfinder und Gründer	Bekanntheit
Kraft Foods	Kaffee HAG	1906 in Bremen	Ludwig Roselius	85 %
Deutschland	Klassisch mild		(1874–1943)	

KALDEWEI | DIE BADEWANNE

KALDEWEI „Nach alter Tradition bringt man in einem Bad seine Gedanken wieder in Ordnung." Der renommierte Designer Ettore Sottsas artikuliert mit diesen Worten den Stellenwert, den das Bad als wichtiger Ruhepol im alltäglichen Leben einnimmt. Mit Sottsas Associati in Mailand und Phoenix Product Design in Stuttgart und Tokio arbeitet die Franz Kaldewei GmbH mit zwei der weltweit renommiertesten Designbüros zusammen. Die bestechenden Entwürfe für die Kaldewei-Badewannen wurden bereits 14 Mal mit bedeutenden Designpreisen prämiert.

Die Anfänge der modernsten Produktionsstätte für Badewannen in Europa gehen auf das Jahr 1918 zurück. Franz Kaldewei, der Großvater des heutigen Inhabers, gründet in Ahlen eine Gießerei, die zunächst Rohwaren für die Emailindustrie wie zum Beispiel Waschwannen, Bratpfannen, Milchkannen und Molkereigeräte herstellt.

Unter der Leitung von Heinrich Kaldewei, dem Sohn des Unternehmensgründers, wird in den 30er Jahren die erste Kaldewei-Badewanne hergestellt. 1958 entwickelt Kaldewei ein Verfahren zur Herstellung der ersten nahtlosen Badewanne. Dieses neue, aus einem einzigen Stahlblech gezogene Badewannen-Modell verdrängt im folgenden Jahrzehnt die bis dahin marktbeherrschenden Gussbadewannen.

In den 70er Jahren übernimmt Franz Dieter Kaldewei die Leitung und baut das Unternehmen zum weltweit größten Produzenten seiner Branche aus. Kaldewei ist heute mit einer Produktion von jährlich mehr als 2 Millionen Bade- und Duschwannen Marktführer in Deutschland und Europa. In den Segmenten Baden, Duschen, Whirlness und Zubehör beschäftigt das Unternehmen rund 700 Mitarbeiter. Das in über 80 Jahren angesammelte Know-how in der Metallverarbeitung ermöglicht die umweltfreundliche Herstellung von Produkten mit jahrzehntelanger Lebensdauer. Kaldewei-Produkte werden auf der Basis von natürlichen und recyclingfähigen Materialien und mit ressourcenschonenden Technologien hergestellt. Zum Produktportfolio von Kaldewei gehören allein im Bereich Badewannen über 200 Modelle in verschiedenen Luxus-, Komfort- und Standardlinien.

Ausgangsmaterial für alle Kaldewei-Badewannen sind tiefziehfähige Stahlplatten, die in besonderen Stahlpressen mit einer Druckleistung von über 1.000 t in die entsprechende Wannenform gebracht werden. Für die Emailschicht werden mineralische Rohstoffe wie Quarz oder Felsspat in einem aufwändigen Verfahren zu feinem Glasgranulat verarbeitet. Unter Zugabe von Wasser und Farbpigmenten wird daraus ein spritzfähiger Emailschlicker, der mit Hilfe von computergesteuerten Robotern auf die Stahlrohlinge aufgetragen und eingebrannt wird. Stahl und Email gehen dabei eine so feste molekulare Verbindung ein, dass diese mechanisch nicht mehr getrennt werden kann. Mit dem Auftragen der Deck-Emailschicht wird schließlich die gewünschte Optik sowie die hohe chemische und mechanische Widerstandsfähigkeit der Oberfläche erreicht. Übrigens betreibt Kaldewei als einziger Hersteller eine eigene Emailentwicklungsabteilung und eine eigene Emailproduktion. Der Emaillierbrand findet in den größten Umkehröfen der Welt statt.

Zu den jüngsten Weltneuheiten aus dem Hause Kaldewei gehört Kaldewei-Email mit selbstreinigendem Perleffekt. Die Oberflächeneigenschaften ermöglichen das Abperlen von Wasser, Schmutz und Kalk. Aggressive Reiniger werden dadurch überflüssig.

Dass Innovation der Motor des Unternehmenserfolges ist, zeigt das Ahlener Unternehmen auch mit seiner aktuellen Neu-Entwicklung: Mit Kaldewei-Starylan präsentiert man erstmals eine Materialkombination aus Stahl und Acryl. Dabei ist die Stahl-Basis der Wanne mit einer Acrylschicht verbunden. Die Verbindungsschicht zeichnet sich unter anderem durch ihre besonderen Dämpfungseigenschaften aus.

Firmenname	Klassiker	Gründung	Gründer	Bekanntheit	Hauptfertigungsstätte
Franz Kaldewei GmbH & Co. KG	Badewannen (seit 1918)	1918 in Ahlen/ Westfalen	Franz Kaldewei (1872–1952)	44 % (ungest.)	Ahlen

KÄTHE KRUSE | DIE PUPPE

Käthe Kruse ®

Annerl, Peter oder Mäxchen – jede Puppe hat ihren Namen. Unter all diesen freundlichen Gesichtern gibt es jedoch eine, die bereits bei unseren Großmüttern liebevolle Erinnerungen an die eigenen Kindertage weckt. Nicht zuletzt, weil sie seit Jahrzehnten ein Synonym für Wärme und Natürlichkeit einer ganzen Welt von Puppen ist – Käthe Kruse.

Ihre Geschichte begann um Weihnachten 1905. Mimerle, die dreijährige Tochter der damals 22-jährigen jungen Schauspielerin und Mutter Käthe Kruse, wünscht sich ein Baby. Eben so eines wie das kleine Schwesterchen, das von der Mutter gepflegt, gebadet, gewickelt und lieb gehalten wird.

Mimerles Vater Max lehnt die Bitte seiner Frau ab, eine Puppe zu kaufen. Vielmehr spornt der bekannte Berliner Bildhauer sie dazu an, sich selbst künstlerisch zu verwirklichen: „Ich nahm ein Handtuch, füllte seine Mitte mit (warmem!) Sande, machte Knoten aus den Ecken (das wurden die Arme und Beine) und band in ein Stückchen Längsseite des Handtuchs eine Kartoffel. Das war der Kopf. Mit einem abgebrannten Streichholz erhielt er Augen, Mund und Nasenlöcher." Das „Dings" hält nicht lange. Also entstehen zwangsläufig neue Puppen – nicht zuletzt, weil auch die Familie wächst. Bereits 5 Jahre später erregen die Puppen von Käthe Kruse auf der Berliner Ausstellung „Spielzeug aus eigener Hand" ein derart großes Aufsehen, dass die junge Mutter mit Hilfe eines Malers und fünf Näherinnen in ihrem Wohnzimmer in filigraner Handarbeit Käthe-Kruse-Puppen in kleinen Serien fertigt, die in alle Welt gingen. Aus dem Wohnzimmer zog man um in eine erste Werkstätte in Bad Kösen an der Saale, aus der ersten Werkstätte in eine geräumige Werkstatt im schwäbischen Donauwörth, wo heute wie vor fast 100 Jahren nach dem kruseschen Grundsatz in Handarbeit gefertigt wird: „Die Hand geht dem Herzen nach, nur die Hand kann erzeugen, was durch die Hand wieder zum Herzen geht."

Neben der berühmten Puppe I mit dem Fiamingo-Kopf standen vor allem die 7 Kinder von Käthe Kruse Pate für die Entwicklungen: Schlenkerchen, „die einzig schöne nackte Puppe" mit einem Skelett voller Beweglichkeit, entstand 1922, als das jüngste Kind Max geboren wurde. Es folgten Träumerchen, ein 5 Pfund schweres Baby mit locker fallenden Gliedern, sowie Soldaten- und Puppenstubenfiguren. Aus dem Auftrag eines Münchner Kaufhauses, Schaufensterpuppen zu entwickeln, wurde in wesentlicher Verkleinerung die Spielpuppe „das deutsche Kind" nach dem Kopfmodell des 1918 geborenen Sohnes Friedebald. Als ihre Puppen zum ersten Mal Perücken bekamen, die man richtig kämmen konnte, wurden die Käthe-Kruse-Puppen ein Riesenerfolg.

Die traditionelle Herstellung mit Liebe zum Detail lassen Käthe-Kruse-Puppen auch heute wie vor fast 100 Jahren so lebendig werden – weiche, warme und kindliche Geschöpfe, die man einfach lieb haben muss: Augen, Mund und Nase werden von Hand gemalt, die Köpfchen sind drehbar, die Beinchen durch Scheibengelenke in den Hüften beweglich. Ein Großteil der Puppenkörper wird auch heute noch handgestopft mit Reh- und Rentierhaaren, die durch die Berührung mit der Hand warm werden. Alle Babies haben lockere Beinchen. Der Däumlinchen- und der Schummelchenkörper haben ein Drahtskelett, das mit Schaumstoff und Trikot überzogen ist. Dies ermöglicht eine hohe Beweglichkeit.

Die Echthaare werden in Handarbeit zu Perücken geknüpft und fachgerecht von einer Friseurin in Form gebracht. Sämtliche Kleidchen werden in der Donauwörther Manufaktur entworfen und aus ausgesuchten Materialien in Heimarbeit genäht, gestrickt und bestickt. Dabei werden fast ausschließlich Naturfasern, meist Baumwollstoffe, verwandt. Käthe Kruse geht selbstverständlich auch mit der Mode, und so kann jedes Kleidermodell sowie Schuhe und Strümpfe auch einzeln bestellt werden. Schließlich wollen Hans und Aurelia auch bei Regenwetter im Regenmantel mit passendem Schirm und Tasche, dunkelblauer Hamburgerjacke und knallroten Gummistiefeln eine gute Puppenfigur abgeben.

Firmenname	Klassiker	Gründung	Bekanntheit	Vertrieb	Hauptfertigungsstätte
Käthe Kruse Puppen GmbH	Die Puppe (seit 1910)	1910 in Berlin	über 80 %	weltweit	Donauwörth

KATJES | DAS LAKRITZ

Schwarze Katzen, die im ersten Licht des frühen Tages über die Straßen huschen, haben für abergläubische Menschen eine ganz besondere Symbolik. Eine ganz andere, wenn auch weniger dramatische Bedeutung haben da die kleinen schwarzen Kätzchen von Katjes. Besonders für Kinder. Denn: Mit einer raschelnden Tüte Katjes in der Tasche kann der Tag eigentlich nur noch gut werden. Davon waren und sind jedenfalls Generationen von Kindern überzeugt, denen Lakritzspezialitäten von Katjes, was im Niederländischen „kleine Kätzchen" bedeutet, schon den Tag versüßt haben.

Dass die kleinen, kessen Kätzchen mit dem herben Nachgeschmack gestern wie heute so populär sind, sich zum bekannten Markensymbol des Unternehmens entwickeln konnten und ihm damit den ersten Platz im Lakritzmarkt einbrachten, kommt nicht von ungefähr. Hat sich doch die Qualitätsphilosophie, nur ausgewählte und hochwertige Zutaten zu verwenden, beim Verbraucher längst herumgesprochen. Statt künstlicher Farbstoffe oder anderer synthetischer Zutaten setzt man bei Katjes-Lakritzen auf echten Süßholzsaft. Durch den eingedickten Saft der Süßholzwurzel als wert- und geschmacksgebender Bestandteil wird Katjes zur „gesünderen" Süßware für große und kleine Feinschmecker. Eigentlich eine ganz logische Entwicklung, denn schon seit Jahrtausenden ist die Süßholzwurzel in vielen Kulturen ein gefragtes Mittel zum Würzen und Heilen.

Dass Süßholz bei Husten und Katarrh, bei Heiserkeit und Bronchitis eingesetzt wird, ist auf die Wirkung des Glycyrrhizin zurückzuführen. Auch bei Magenbeschwerden und als Geschmacksverbesserer in der Medizin findet Süßholz Anwendung. Mit einer Süßkraft, die rund 50 Mal größer ist als bei normalem Rohr- oder Rübenzucker, bildet der Saft des Süßholzes aber nicht nur in der Medizin, sondern auch für Naschereien eine ausgezeichnete Grundlage. Und: Naschereien, die gesund sind und zugleich auch schmecken, haben, nicht zuletzt Katjes, auf der ganzen Welt ihre Freunde.

Die Entstehungsgeschichte des Hauses Katjes, das mit seinen Produkten heute weltweit den Menschen das Leben versüßt, ist im wahrsten Sinne des Wortes kosmopolitisch. Nur ein Jahr, nachdem 1920 Xaver Fassin das Geheimnis der Lakritzherstellung aus Sizilien mitgebracht hatte, legte er mit der Gründung seines ersten Unternehmens den Grundstein für den inzwischen schon legendären Erfolg am Lakritzmarkt.

Der Sohn des Firmengründers, Klaus Fassin, nutzte erstmalig im Jahre 1950 dieses alte Rezept und stellte kleine Lakritzkätzchen her. Der Erfolg war so überwältigend, dass das Unternehmen in Emmerich nahe der niederländischen Grenze den Namen „Katjes" erhielt. Seitdem stehen der Name Katjes und die Katze als Synonym für Markenqualität.

Mit der Herstellung von Fruchtgummi im Jahre 1971 wurde ein weiterer Meilenstein für den Erfolg des Unternehmens gelegt. Mit Yoghurt-Gums®, dem ersten Fruchtgummiprodukt, startete eine Erfolgsstory in einem stetig wachsenden Markt. Yoghurt-Gums® ist seit Jahren das bedeutendste Produkt für das Haus Katjes. Insgesamt wurde durch die Aufnahme der Produktion von Fruchtgummiprodukten das Angebot deutlich vielfältiger mit neuen Formen, Farben und Geschmacksrichtungen.

Bei allen Wandlungen und Veränderungen wurde stets ein hoher Qualitätsanspruch gelebt und umgesetzt. Nach dem Motto „beste Zutaten für beste Produkte" wird bei den Rohstoffen immer die natürliche Alternative gewählt. Bei Katjes kommen keine künstlichen Farbstoffe in die Tüte. Eingesetzt werden nur Fruchtmark, Fruchtpüree, färbende Auszüge aus Früchten und Pflanzen und der wertvolle Süßholzsaft.

Durch die Übernahme und Integration der Marken Dr. Hillers (1997), Villosa (2000) und Ahoj-Brause (2002) wurde die Bedeutung von Katjes im Zuckerwarenmarkt deutlich ausgebaut – das Familienunternehmen ist also bestens für die Ansprüche der Zukunft gerüstet.

Firmenname	Klassiker	Gründung	Mitarbeiter	Erfinder und Gründer	Vertrieb
Katjes Fassin GmbH & Co. KG	Katjes-Kinder (seit 1950)	1950 in Emmerich/ Niederrhein	450	Klaus Fassin	weltweit

KETTCAR | DAS KINDERFAHRZEUG

Für ein Kind gibt es nichts Aufregenderes als den Moment, in dem sich sein Aktionsradius spürbar erweitert. Wenn nicht mehr jeder Weg außerhalb der Wohnung an der Hand von Mama oder Papa absolviert wird, sondern wenn es seine eigene kleine Welt selbst erkunden kann. Dies soll, das ist für die Eltern das Wichtigste, natürlich möglichst sicher geschehen, und hervorragend dafür geeignet ist ein Kinderfahrzeug auf vier Rädern, für Mädchen und Jungen gleichermaßen: das Kettcar.

Damit wird in einer Zeit, in der Kinder schon sehr früh mit elektronischen Medien konfrontiert werden, die körperliche Koordination und Fitness des Kindes auf sportliche, bewegungsreiche Art bestens geschult. Inzwischen ist es wohl schon die zweite oder gar dritte Generation von Kindern, die sich nichts sehnlicher wünschen als ein Kettcar. Und das nicht nur, weil der Aufstieg vom Drei- zum Vierrad einen ersten kleinen Schritt in Richtung „Großwerden" verspricht. Kettcar fahren ist rasant, ohne gefährlicher zu sein als Dreiradfahren, und macht Spaß, ohne die Eltern in Sorge zu stürzen. Inzwischen ist der Name zum Begriff einer ganzen Gattung geworden: Im Duden kommt er nach dem Kettbaum, einem Teil des Webstuhls, und wird mit „Kinderfahrzeug" erklärt.

Bei diesem Klassiker, der mit seinen Spieleigenschaften schon Generationen von Kindern und Eltern begeistert hat, ist Qualität und vor allem Sicherheit heute wie damals von großer Bedeutung. Stabiles Stahlrohr, Kettenantrieb im geschlossenen Kettenkasten, auf beide Hinterräder wirkende Handbremse, rutschfeste Pedale und verstellbarer Sitz – damit sind die Kettcars dem Alltag eines aktiven Kindes gewachsen, dokumentiert durch das TÜV/GS-Symbol für alle KETTLER-Kettcars. Immer aktuelle Design- und Farbvarianten bieten auch dem Auge für jeden Geschmack das Richtige.

Als Heinz Kettler seine Firma 1949 in Ense am Rande des Sauerlandes gründete, war an solchen Luxus wie gekauftes Kinderspielzeug freilich noch nicht zu denken. Gebraucht wurden ganz andere Dinge. Die Frauen, denen in jener Zeit der Löwenanteil des Wiederaufbaus zukam, weil viele der Männer noch in Kriegsgefangenschaft waren, brauchten preiswerte, aber haltbare Haushaltsgegenstände. Und Kettler lieferte sie: vom Teller bis zur Milchkanne, vom Sieb bis zum Brotkorb – alles aus Aluminium- und Eisenblech. Der Bedarf war riesig. Nur ein Jahr nach seiner Gründung beschäftigte das Unternehmen bereits 17 Mitarbeiter.

Von den Haushaltsgegenständen der ersten Tage war es nur ein kurzer Weg bis zur Produktpalette rund um das Camping, die erste Form von Tourismus, den sich auch junge Leute mit wenig Geld leisten konnten. Das erste Element war 1951 der Spirituskocher „Cobold", mit dem man in KETTLER-Töpfen auch unterwegs sein Essen zubereiten konnte. Zu jenem Zeitpunkt war die Produktion bereits derart angewachsen, dass Kettler eine eigene Fabrikhalle gebaut hatte. Die ersten internationalen Geschäftskontakte ließen nicht lange auf sich warten. Exakt 1960, im selben Jahr, in dem auch das Kettcar auf den Markt kam, knüpfte Heinz Kettler die ersten Kontakte nach Italien und in die USA. Neun Jahre später sollte die Tochterfirma in New Jersey, USA, für Heinz Kettler die Erfüllung eines langgehegten Wunsches werden. Heute hat KETTLER 3.000 Mitarbeiter und seine Produkte sind in über 60 Ländern auf allen fünf Kontinenten erhältlich.

Inzwischen ist die Produktpalette von Kettler auf die gesamte Bandbreite von Freizeitprodukten wie Gartenmöbel, Heimsportgeräte, Kinderschaukeln und -fahrzeuge, Solarien, Tischtennis-Tische und die berühmten „Alu-Räder" angewachsen. Es wird wenige Familien geben, deren Lebensweg nicht verschiedene Produkte der Firma KETTLER begleitet haben. Aufgrund dieser Tatsache entstand der Slogan „Von Anfang an KETTLER".

Firmenname
HEINZ KETTLER
GmbH & Co. KG

Klassiker
Kettcar
(seit 1960)

Gründung
1949 in
Ense-Parsit

Gründer
Heinz Kettler

Vertrieb
weltweit

Produktionsstätten
10 Werke in
Deutschland

Als die Grünen 1983 erstmals in den Bundestag einzogen, wurden sie von vielen Parlamentskollegen belächelt. Damals konnte es noch niemand verstehen, wie ein Abgeordneter mit dem Fahrrad zur Arbeit kommen konnte. Bis zum Fahrrad als selbstverständlichem Verkehrsmittel – genutzt auch von Besserverdienenden und geschätzt wegen seiner Umweltfreundlichkeit, seiner positiven Wirkung auf die Gesundheit und seiner Bequemlichkeit – war es noch ein weiter Weg.

Doch vor allem, was die Bequemlichkeit anbelangt, kommt dem Aluminium-Rahmen der Firma KETTLER ein besonderes Verdienst zu – und das nicht nur, weil der tägliche Weg aus dem Fahrradkeller nun keine Schwerstarbeit mehr ist. Das Alu-Rad hat die Konstruktion und auch das Ansehen des Fahrrades generell nachhaltig beeinflusst. Dabei hat Heinz Kettler, der das Unternehmen 1949 in Ense im Sauerland gründete, zwar nicht das Rad neu erfunden, aber er hat es wieder „schick" gemacht. Und er hat gezeigt, dass es zwischen Lenkstange, Rahmen und Gepäckträger immer wieder etwas zu verbessern gibt.

Aluminium: Was gibt es darüber zu sagen? Es ist das häufigste Metall der Erdkruste und macht dort einen Anteil von 7,6 Prozent aus. Gewonnen wird es aus Bauxit, einem Gemenge von Aluminiumhydroxidmineralen. Das Verfahren klingt wissenschaftlich, ist aber notwendig, um das sehr dehnbare Aluminium herstellen zu können, das außerdem den Vorteil in sich birgt, leicht und dennoch genauso fest wie andere Metalle zu sein. Diese Eigenschaften haben es zu einem der wichtigsten Stoffe im Fahrzeug- und Flugzeugbau gemacht. Aber auch im Alltag bewährt es sich. So stellte Heinz Kettler nach dem Krieg vor allem Haushaltsgeschirr aus Aluminiumblech her. Später kam dann die Camping-Ausrüstung für den neu erwachenden Tourismus dazu.

Populär wurde Aluminium aber erst mit den Alu-Rädern. Das hatte einen weiteren wichtigen Grund: Aluminium rostet nicht. Und getreu dem Grundsatz, dass es eigentlich kein schlechtes Wetter gibt, sondern nur solches, auf das man ungenügend vorbereitet ist, schien für die Benutzer des KETTLER-Alu-Rades also nur noch die Sonne.

Nun hätte sich der komfortabelste Leichtmetall-Rahmen auf dem Markt wohl nicht durchsetzen können, wäre er nicht von der entsprechenden Technik begleitet worden. Denn das Fahrrad sollte ja schließlich nicht nur beim Treppe-hinauf-Tragen Spaß machen, sondern in erster Linie beim Fahren. Um diesen Spaß inklusive der notwendigen Sicherheit dauerhaft zu garantieren, sind KETTLER-Alu-Räder in den vergangenen Jahren immer wieder auf Herz und Nieren geprüft und unter Zuhilfenahme von Computertechnik mit der größtmöglichen Präzision weiterentwickelt und gebaut worden. Der fertig montierte Rahmen wird, wie eine Sportwagenkarosserie, kugelgestrahlt und polyesterbeschichtet und hält damit Schlägen und schlechter Witterung mühelos stand. Trotz dieser „optimalen Rahmenbedingungen" sucht das Unternehmen nach weiteren Verbesserungsmöglichkeiten. Der heutige Clou ist ein asymmetrisch geformtes Unterrohr, das in Tests eine 15- bis 20-fach höhere Festigkeit aufwies. Der Grund: Rein physikalisch ist die Belastung von Gewicht pro Zentimeter bei asymmetrischen Rohren höher als bei runden.

Der Lohn: Erstens hat KETTLER inzwischen mehr als zwei Millionen seiner Alu-Räder verkauft. Zweitens werden die verschiedenen Modelle, vom Trekkingrad „Paramount" über den Touring-Klassiker „Windsor" bis hin zum „City-Cruiser" und zum Mountainbike „Adventure", in unabhängigen Tests immer wieder mit besten Ergebnissen benotet. Und drittens lieferte der Abenteurer Tilmann Waldtaler dem Unternehmen die wohl eindrucksvollste Werbung: Auf KETTLER-Alu-Mountainbikes fuhr er über 50.000 km durch alle Kontinente der Welt, davon allein fünf Monate lang rund um 14 Achttausender des Himalajas.

Firmenname	Klassiker	Gründung	Gründer	Vertrieb	Produktionsstätten
HEINZ KETTLER GmbH & Co. KG	KETTLER-Alu-Rad (seit 1977)	1949 in Erne-Parsit	Heinz Kettler	weltweit	10 Werke in Deutschland

Es ist spannend, es ist köstlich und es ist gar nicht teuer: das Kinder Überraschungs-Ei, auch kurz Ü-Ei genannt. Die geniale Idee, ein kleines Spielzeug in einer gelben Kapsel zu verstecken, das Ganze mit leckerer Kinder Schokolade zu umhüllen und dann schön zu verpacken, ist im italienischen Piemont geboren. Als das Überraschungs-Ei im Jahre 1974 auch in Deutschland eingeführt wurde, eroberte es unter dem Motto „Spannung, Spiel und Schokolade" die Herzen der kleinen und großen Kinder im Sturm.

Mittlerweile finden jährlich über 150 verschiedene Überraschungen in mehreren 100 Millionen Eiern ihre begeisterten Abnehmer. Bevor jedoch die Schleckermäuler, Bastelkünstler oder Sammler loslegen können, ist das Ferrero-Entwicklerteam gefragt; ein Team von Industriedesignern und Technikern, die mit Comiczeichnern und Modellbauern zusammenarbeiten.

Circa zwei Jahre vergehen von der ersten Idee bis zum fertigen Produkt, denn jede einzelne Figur, jedes Spielzeug soll Kindern Spaß machen, sie verzaubern, etwas ganz Besonderes sein. Bei einem anerkannten Institut wird das Spielzeug getestet und schließlich genehmigt für Kinder ab drei Jahren – nach oben ist die Grenze offen. Dabei unterliegen alle Spielzeuge sowohl nationalen als auch europäischen Sicherheitsvorschriften. Jedoch: Nur was die Kinder begeistert, wird anschließend auch in großer Zahl hergestellt.

Beim Kauf teilt sich die Fan-Gemeinde in Sammler von Figuren – in jedem siebten Ei ... – und Tüftler. Fast alle eint der Wunsch, das Richtige zu treffen. Sie schütteln oder wiegen; Eier mit Figuren sind meist etwas schwerer, aber Garantien gibt es keine. Schon Kinder zeigen sich erstaunlich geschickt darin, die Spielzeuge zusammenzubauen – teilweise sind sie geschickter als ihre älteren Geschwister oder Eltern. Beim Basteln ist oft die ganze Familie gefragt. Ob jung oder alt, ob im Freundeskreis oder allein, die Tüftler widmen sich den raffinierten Konstruktionen mit großem Eifer. Echte Profis versuchen es schon mal ohne Anleitung ...

Die Figuren lassen hingegen vor allem Sammlerherzen höher schlagen. Zweimal im Jahr findet eine neue Serie den Weg ins Ei. Die kleinen, lustigen Kerle, die sich in TV- und Radiospots so gerne frech outen, heißen Happy Hippos, Tapsy Törtels, Peppy Pingos oder Mega Mäuse – die Reihe ließe sich beliebig fortführen.

Neben diesen Eigenentwicklungen überrascht Ferrero hin und wieder auch mit beliebten Lizenzserien, wie beispielsweise mit Figuren aus „Asterix und die Römer" oder mit den wichtigsten Helden aus der Film-Trilogie „Herr der Ringe".

Mit dem Stichtag für die neue Serie beginnt auch schon die Jagd nach den noch fehlenden Exemplaren der vorherigen. Spätestens mit dem „1. Deutschen Ü-Ei-Preiskatalog" aus dem Jahre 1991 kam es zu einem regelrechten Sammler-Boom. Inzwischen gibt es zahlreiche Kataloge, die auf mehreren 100 Seiten jede Figur en detail beschreiben. Die beliebtesten und auch kostbarsten Figuren sind wohl der Stelzenschlumpf, der Eierlaufschlumpf und der Regenkobold. Sie haben sogar einen Handelswert um die 500 Euro erreicht.

Und längst werden die begehrten Objekte nicht mehr nur auf Flohmärkten, Börsen oder in Auktionshäusern gehandelt. Die Ü-Ei-Sammelleidenschaft hat auch das Netz erobert. Zahllose Internet-Seiten bieten der Fan-Gemeinde des Überraschungs-Eies alles von der Tauschbörse über Infoseiten bis hin zu Newslettern und hochfrequentierten Chatforen. Ferrero antwortet auf diese Entwicklung mit einem weiteren Schritt: www.magic-kinder.de. Mit der Internet Überraschung und dem dazugehörigen Magic Code steht für Kinder und Junggebliebene eine Spielwelt sondergleichen bereit. Jedes Überraschungs-Ei enthält einen Magic Code, der für zwanzig Minuten die Tore des Spielplatzes im Netz öffnet. Kindgerechtes Spielen erleichtert dabei den Umgang mit dem Computer und dem Internet. Das Ü-Ei hat den Sprung ins 21. Jahrhundert erfolgreich gemeistert!

Firmenname	Klassiker	Markteinführung (D)	Sortiment	Sonderserien	Bekannteste Figurenserie
Ferrero oHG mbH	Kinder Überraschung	1974	ca. 150 Überraschungen pro Jahr	seit 1983 pro Jahr ca. 2 Serien	Happy Hippos

KLEPPER | DAS FALTBOOT

„Ich schaffe es – nicht aufgeben – Kurs West – nimm keine fremde Hilfe an" – diese vier, immer und immer wieder wiederholten autosuggestiven Vorsätze waren es, die bereits im Vorfeld entscheidenden Einfluss auf das Gelingen einer der berühmtesten und legendärsten Expeditionen in der Geschichte der Bootsfahrt ausübten. Gesprochen wurden sie von Dr. Hannes Lindemann, der sich so monatelang auf seine geplante Atlantiküberquerung mental vorbereitete. Am 20. Oktober 1956 sticht er dann in Las Palmas auf den Kanarischen Inseln in einem nur 5,20 m langen und 0,87 m breiten Boot in See; nach 72 so extrem strapaziösen wie gefährlichen Tagen und Nächten, nach 5500 km und nach über 1728 Stunden, die Dr. Lindemann allein in seinem Boot mit einer enorm reduzierten, beinahe primitiv zu nennenden Ausrüstung verbringt, erreicht er tatsächlich St. Martin in der Karibik.

Sein unglaublicher Erfolg hatte neben psychischen vor allem auch physische Gründe, nämlich das serienmäßig hergestellte KLEPPER-Faltboot vom Typ Aerius II, das bis heute kleinste und fragilste Boot, welches jemals über den „großen Teich" gesegelt ist. Dass KLEPPER-Faltboote seit den Anfängen bis heute immer wieder für aufsehenerregende Unternehmungen benutzt werden, hat ihren Ruf als besonders zuverlässige Fahrzeuge durch die Jahrzehnte gefestigt. KLEPPER-Faltboote sind auf Flussfahrten sowie bei der Atlantiküberquerung zum Inbegriff von Unverwüstlichkeit und Sicherheit geworden.

Nicht nur der Legende nach begann alles im Jahr 1907, als der aus Rosenheim stammende Schneidermeister Johann Klepper von Alfred Heurich, dem Erfinder und Urheber des modernen Faltbootes, die Lizenz für die Alleinfabrikation des Bootstyps Delphin erwarb und sich damit seinen langjährigen Traum realisierte, ein zusammenklappbares und dadurch problemlos mitnehm- und transportierbares Holzboot herzustellen. Aus dieser ursprünglichen Idee entfaltete sich ein inzwischen seit über 90 Jahren bestehendes Unternehmen.

Eine wohl durchdachte und im Laufe der Zeit stetig verbesserte Konstruktion, erstklassiges Material und eine kompromisslos auf höchste handwerkliche Qualität ausgerichtete Fertigung von Einzelstücken – das sind die realen Zutaten zum Mythos KLEPPER-Boot. Und so entstehen heute wie vor Jahrzehnten auf der Faltbootwerft in Rosenheim jene Boote, zu denen nicht nur der Verstand Ja sagt.

Ein Original-KLEPPER-Faltboot ist unter ökologischen Gesichtspunkten ein überaus umweltfreundliches Produkt, da es größtenteils aus natürlichen Materialien – Holz – Baumwolle – Kautschuk – besteht. Es ist eines der wenigen Produkte, die in Handarbeit in Deutschland hergestellt werden. Aufgrund der besonders hochwertigen, ausgesuchten Materialien ist ein KLEPPER-Faltboot ein sehr langlebiges Produkt. Das Holzgerüst ist ungefähr 20 bis 30 Jahre haltbar, die Bootshaut etwa 10 bis 20 Jahre, fachgerechte und regelmäßige Pflege vorausgesetzt. Die Boote lassen sich rasch und ohne Werkzeug aufbauen. Das Gerüst fügt sich mit dem patentierten Steck- und Schnappsystem logisch und ohne Kraftanstrengung zusammen. Ihre Spannung erhält die Bootshaut erst zum Abschluss des Aufbaus. KLEPPER-Faltboote liegen dank ihrer über die volle Länge in die Bootshaut integrierten Luftschläuche kippstabil im Wasser und vertragen eine enorme Zuladung. Der zusätzliche Auftrieb der Luftschläuche macht KLEPPER-Faltboote unsinkbar.

Die KLEPPER-Faltbootwerft hat inzwischen über 20.000 Faltboote in unterschiedlichen Ausführungen gefertigt. Für das Faltboot sprechen eine ganze Reihe von guten und vernünftigen Gründen: Das zerlegte Boot lässt sich auch auf Fernreisen mit dem Flugzeug mitnehmen. Zwischen wechselnden Einsatzorten transportiert man es genauso einfach in der Bahn wie bequem und sicher im Kofferraum eines Autos. Ein KLEPPER-Faltboot bietet die Mobilität, die zu einem modernen Lebensstil passt. Das KLEPPER Museum e.V. dokumentiert den Werdegang und die Geschichte der KLEPPER-Faltboote seit 1907. Im Ausstellungsraum können zahlreiche Exponate und Dokumente aus der Vergangenheit besichtigt werden.

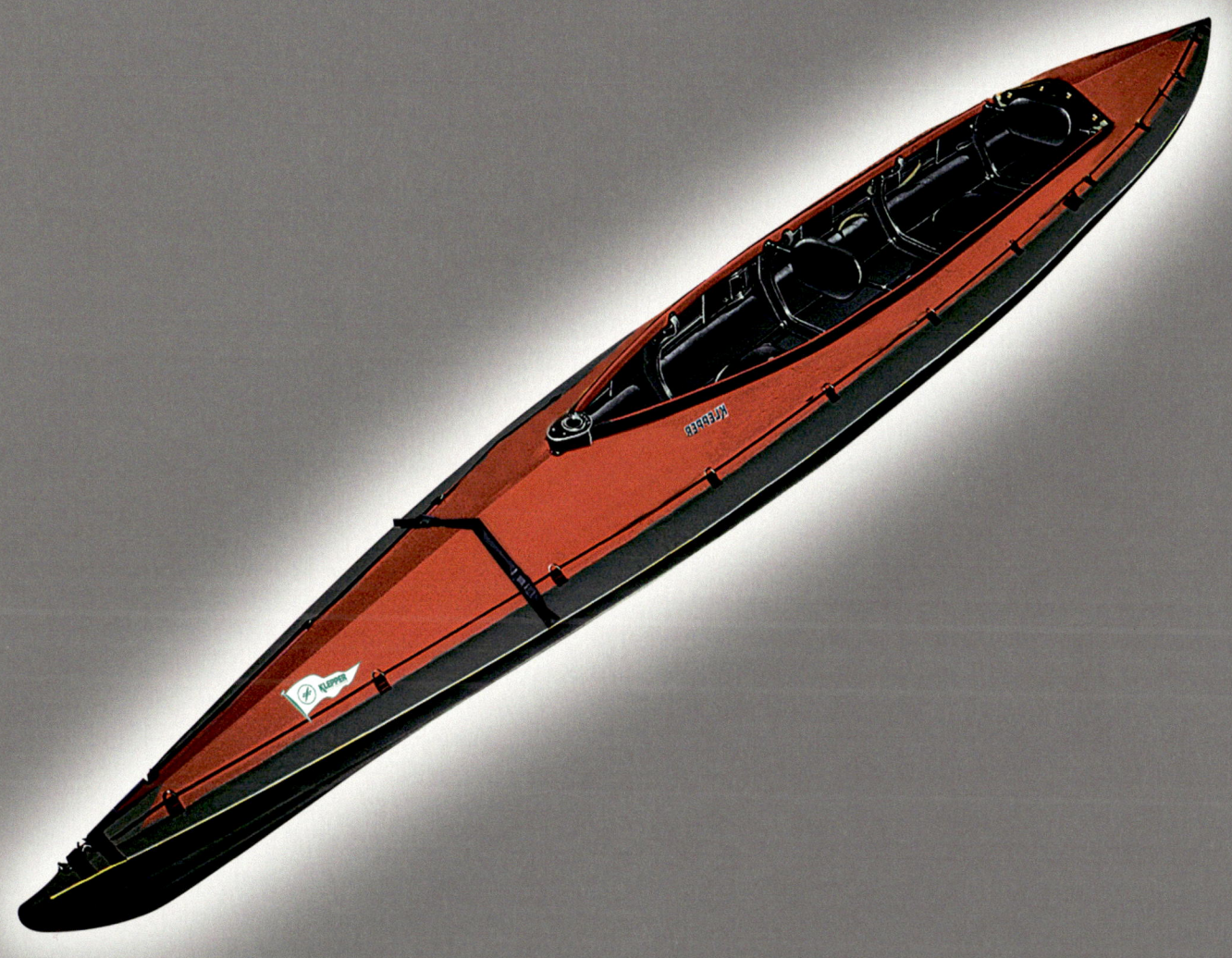

Firmenname	Klassiker	Erfinder	Bekanntheit	Jahresabsatz	Hauptfertigungsstätte
KLEPPER Faltbootwerft AG	KLEPPER-Faltboote seit 1907	Johann Klepper	ca. 70 %	ca. 1.200 Faltboote im Jahr	Rosenheim

KNAUF

Gips: Schon beim Bau der Türme von Jericho vor 7.000 Jahren kam diese Erfindung der Natur zum Einsatz. Aber erst im 20. Jahrhundert wird der weiße Stoff zum Motor für das moderne Bauen. 1932 gründen Alfons N. und Karl Knauf die Gebrüder Knauf, Rheinische Gipsindustrie und Bergwerksunternehmen. Ihre Idee ist es, Gips so umzuwandeln, dass die Menschen schneller, besser und günstiger bauen können.

Die Grundlage ihrer Vision ist ein Naturgestein. Gips entstand in mehreren erdgeschichtlichen Epochen vor 100 bis 200 Millionen Jahren. Es sedimentiert beim Verdunsten von Wasser in flachen Meeresbuchten rund um die Erde. Sobald dieses wasserfreie Gestein wieder mit Wasser in Berührung kommt, verwandelt es sich langsam zurück in Gips. Diese Eigenschaft nutzen die Brüder Knauf aus. Denn auch wenn der Gips nur eine dünne Schicht zwischen Wand und Raum bildet, sind die Putze für das Gebäude ähnlich wichtig wie die menschliche Haut für den Körper. Sie verbessern das Raumklima, gleichen den Feuchtigkeitsgehalt aus, schaffen Behaglichkeit und sie sparen Energie. Damit ist Gips ein idealer Baustoff.

An der Obermosel starten die Brüder Knauf 1932 mit ihrer ersten Gipsgrube. Ein Jahr später eröffnen sie ihr erstes Gipswerk. Der Grundstein für ein rasantes Wachstum ist gelegt. Aus dem Familienunternehmen mit Sitz im fränkischen Iphofen entwickelt sich eine Unternehmensfamilie mit Tochtergesellschaften und Beteiligungen überall auf der Welt. Ob Tagebau oder Bergbau – Knauf baut den Rohstoff auf dem gesamten europäischen Kontinent ab. Und da der Gipsabbau im Gegensatz zur Ausbeutung anderer Rohstoffe relativ kleine Flächen benötigt, bleiben die Eingriffe in die Natur räumlich und zeitlich begrenzt.

Das Unternehmen beschränkt sich aber nicht auf Abbau und Vermarktung des weißen Gesteins. 1958 eröffnet Knauf die erste Gipsplattenfertigung am Stammsitz Iphofen. Damit legt das Unternehmen die Grundlage für ein Bausystem, das heute bei fast jedem Bau zum Einsatz kommt. Der so genannte Trockenbau beruht auf der Idee, dass die Gipsplatten, die in der Fabrik gefertigt werden, dann nur noch vor Ort auf ein Ständerwerk aufgebracht werden. Auf diese Weise entstehen überall dort, wo die Mauern keine tragenden Funktionen erfüllen müssen, variable und preiswerte Wände.

Den ersten Handputz Rotband entwickelte Knauf 1962. Bis heute sind die weißen Säcke mit dem roten Band im Baustoffhandel und in jedem Baumarkt zu kaufen. Sie kommen heute bei fast jeder Renovierung zum Einsatz. Zwei Jahre später schließlich entsteht der erste Maschinenputz. MP 75 – so sein Markenname – wird maschinell gerührt und in Schläuchen direkt bis zu der Wand gebracht, die verputzt werden soll. Auch die notwendigen Maschinen entwickelte Knauf. Die Handwerker müssen den Gips nur noch auf die Wand spritzen und glattstreichen. Säcke schleppen, Gips rühren und mit der Hand auftragen gehört damit der Vergangenheit an. Das spart nicht nur Handwerkerschweiß, sondern auch Zeit und damit Geld. Der weiße Silo mit dem Knauf-Symbol wird mittlerweile auf fast jeder Baustelle aufgestellt.

Ausgangsmaterial ist heute nicht mehr ausschließlich der natürlich entstandene Naturgips. Innerhalb weniger Stunden entsteht in den Rauchgasentschwefelungsanlagen moderner Kraftwerke sogenannter REA-Gips. Dieser dem natürlichen Gips identische Rohstoff entsteht mit einer von Knauf-Ingenieuren entwickelten Techologie nach den gleichen Gesetzmäßigkeiten wie Naturgips. Nur läuft dieser Prozeß im Zeitraffertempo in wenigen Stunden ab, während die Natur Millionen Jahre zur Bildung der Gipslagerstätten benötigte. Auf diese Weise trägt das Unternehmen dazu bei, dass Bauen umweltschonend und bezahlbar bleibt – und dass beim Hausbau der Zukunft der Name Knauf eine bedeutende Rolle spielt. Überall auf der Welt, wo Menschen besser und schöner wohnen wollen, wächst auf der Bedarf nach Gipsbaustoffen. Deshalb umfasst der Aktionsradius des Unternehmens heute die ganze Welt.

Firmenname	Klassiker	Gründung	Mitarbeiter	Vertrieb	Jahresumsatz
Knauf Gips KG	MP 75 (seit 1964)	1932 in Perl an der Mosel	18.000 weltweit	über Baustoff-fachhandel	3 Mrd. Euro

KNIRPS® | DER REGENSCHIRM

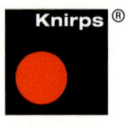 Not macht erfinderisch: Behindert durch eine Verletzung aus dem Ersten Weltkrieg, konnte der Bergassessor a.D. Hans Haupt keinen Langschirm mehr mit sich führen. Deshalb machte er sich ans Werk, um einen Schirm mit zusammenschiebbarem Gestell zu konstruieren, den man einfach in die Tasche stecken konnte. Die Schirmbranche aber tat diesen Knirps®, wie der Erfinder seine Konstruktion bald nannte, als technische Spielerei ab, bis Haupt Anfang der 30er Jahre bei einem Mann vorsprach: Fritz Bremshey.

Die Schirmindustrie galt zur damaligen Zeit als sterbender Wirtschaftszweig ohne Zukunft. Regenschutzkleidung war groß in Mode, und in den aufkommenden modernen Verkehrsmitteln wurde der Langschirm als unpraktisch empfunden. Angesichts dieser Marktlage bewies Fritz Bremshey ein sicheres Gespür für die bahnbrechende Neuerung. Er erkannte im Knirps® sogleich den „Schirm für alle Fälle", den man bei gutem Wetter bequem in der Tasche tragen konnte und der dennoch bei Regen vollwertigen Schutz bot. Energisch setzte Bremshey sich für die Übernahme und Verbreitung des neuen Taschenschirms ein, der zuerst und vor allem das schöne Geschlecht beglücken sollte. Folglich kam 1932 der erste Damen-Knirps® in den Handel.

Die Knirps®-Idee war so neu, dass sie bei den Schirmhändlern zunächst auf Skepsis stieß. Doch dann brachte ein gerade aus Amerika zurückgekehrter Mitarbeiter Bremsheys den entscheidenden Einfall ins Spiel: Die lebende Vorführung des Knirps® in den Schaufenstern des Einzelhandels. Der Einfall erwies sich als ein voller Erfolg. Vor den Vitrinen des Konsums bildeten sich Menschentrauben und bald war der Bann gebrochen. Schon nach wenigen Jahren war in Deutschland ein neues Wetter in aller Munde: Das „Knirpswetter". Nach dem Zweiten Weltkrieg brachten amerikanische Soldaten den Knirps® als deutsches Souvenir erstmals in die USA. Doch aus dem eigenen Erfolg erwuchs zugleich die größte Gefährdung des Unternehmens. Der Name Knirps® hatte

sich zum Gattungsbegriff für alle Taschenschirme ausgeweitet. Größte Anstrengungen waren deshalb nötig, um den Knirps® als Pionier und Standard seines Segments nicht in einer unverdienten Anonymität untergehen zu lassen. Zur Markenaktualisierung wurde darum der „Rote Punkt" geschaffen, der fortan als das Knirps®-typische Markensymbol und Qualitätssiegel breiteste Anerkennung gefunden hat und findet.

Im Laufe der Jahre brachte Knirps® immer neue Modelle heraus. 1938, als das Tragen eines Schirms noch als unmännlich galt, wurde bereits der erste Herren-Knirps® lanciert. Nach Einführung der Automatik im Jahr 1965 sorgten bald der flache Etui-Knirps®, der Mini und immer weitere Variationen des klassischen Prinzips für neue Aufmerksamkeit.

Und wofür steht Knirps® heute? Nach dem Verkauf aller Schutzrechte im Jahre 2000 an die neu gegründete Knirps GmbH steht bei Knirps® weiterhin die Umsetzung der genialen Idee, die für mehr Flexibilität und Mobilität sorgt, im Vordergrund. Mit der stets optimierten Ausführung konnte die Marke zu einer weltweit erfolgreichen Größe in modischem Design, Innovation und Qualität heranwachsen. Mit einem Bekanntheitsgrad von 95 Prozent ist Knirps® bis heute die einzige internationale Schirmmarke mit Weltgeltung. Die neue Geschäftsführung setzt ebenso auf neue Marketingstrategien und die Erneuerung des Markenimages, etwa durch das Re-Design des Knirps®-Logos. Das Produktsortiment wurde reduziert und nach Zielgruppen neu positioniert. Pro Jahr erscheinen zwei neue Knirps®-Kollektionen, die durch klare Linien, hochwertige Materialien und technische Perfektion, orientiert an aktuellen Mode- und Farbtrends, überzeugen.

Knirps®, das ist mittlerweile nicht nur ein praktischer Regenschutz, sondern ein begehrtes Modeaccessoire und Trendprodukt, welches das äußere Erscheinungsbild mobiler Menschen stilvoll ergänzt.

Knirps®

Firmenname	Klassiker	Erfinder	Vertrieb	Besonderheiten
Knirps GmbH	Damen-Knirps® (seit 1932)	Hans Haupt	weltweit mit Schwerpunkt Europa	Knirps® Fiber T1 Automatic, Gewinner des reddot design awards, 2003

KÖLLN | DIE HAFERFLOCKEN

Seit über 200 Jahren steht der Name Kölln für besonders hochwertige Hafererzeugnisse. Begründet wurde dieser Ruf von Hans Hinrich Kölln, einem Elmshorner Müller und Keksbäcker.

Er erwarb im Jahre 1795 eine pferdegetriebene Grützmühle und begann, aus Hafer eine Vielzahl gesunder und schmackhafter Erzeugnisse herzustellen, mit denen er die Besatzungen der Walfangschiffe mit Hafergebäck und Hafergrütze als Proviant versorgte – eine hervorragende Idee, denn gerade Seefahrer waren während ihrer monatelangen Fahrten bei stürmischer See auf eine kräftigende Ernährung angewiesen. Und bereits zu dieser Zeit wusste man die gesunden Eigenschaften des Hafers zu schätzen.

Das nachhaltige Zukunftskonzept entwickelte aber erst Sohn Peter Kölln mit dem Ausbau der Mühle im Jahre 1820. Er legte als Namensgeber den Grundstein für das heutige Industrieunternehmen.

Er war es auch, der zu Beginn der Industrialisierung Anfang des 19. Jahrhunderts mit kaufmännischer Weitsicht die Chance des technischen Fortschritts durch den Einsatz von Dampfmaschinen erkannte und für sich nutzte. Nun wurde es möglich, dass Tag und Nacht dampfgetriebene Räder und Walzen rotierten, um das „Gold, das auf den Feldern wuchs", zu verarbeiten. Verständlich, dass das alte Göpelwerk und der Einsatz von Arbeitspferden nunmehr als Relikte aus der Vergangenheit galten.

Die Zeit war reif, weltweite Beziehungen anzuknüpfen. Der Vertrieb konnte über viele Grenzen hinweg ausgedehnt werden. Die zu jener Zeit noch gesackte Ware ging per Schiff nicht selten bis nach Russland, Chile oder Peru.

Das aufwändige technische Verfahren, das es braucht, um die Haferkörner zu Haferflocken zu walzen, wurde allerdings erst nach 1900 entwickelt. Damit begann eine neue Ära: Kölln startete die Produktion „flockigen Hafers" und füllte diese ersten Köllnflocken in Kleinpackungen ab.

Aber nicht genug mit dieser zu ihrer Zeit „revolutionierenden" Neuerung. Frühzeitig erkannte Peter Kölln den Nutzen der Produktprofilierung durch Originalität als Werbemittel.

Aus diesem Grund erhielten die Packungen als Markenzeichen ein „blaues Kleid". Das in hell- und dunkelblau gehaltene Muster wurde in Anlehnung an die historischen friesischen Küchenkacheln entwickelt. Bis heute ist es das charakteristische Markenzeichen aller Köllnflocken. Damit war die Geburt der Marke „Kölln" eingeläutet. Seitdem „lebt" sie im Bewusstsein der Verbraucher und ist aktuell wie eh und je.

Heute bieten die Haferspezialisten aus Elmshorn neben den traditionellen Produkten, wie etwa „Blütenzarte Köllnflocken", „Köllns Echte Kernige" und „Kölln Schmelzflocken", auch ein umfangreiches Müsli-Programm mit vielen geschmacklichen Variationen an.

Ergänzt wird die Produktpalette durch Bio-Spezialitäten, und der cholesterinbewusste Verbraucher kann auf Haferkleie-Erzeugnisse zurückgreifen. Als „Renner" erweisen sich neuerdings die Hafersnacks „Kölln Cakes", die Assoziationen zu dem ursprünglichen Schiffszwieback wecken.

Die inzwischen zwei Jahrhunderte alte Tradition des Hauses Kölln wurde nie als Bürde verstanden, sondern galt – und gilt auch in heutiger sechster Generation – stets als Antrieb für Neues.

Tradition oder Innovation? Das ist keine Frage des Entweder-oder, sondern der richtigen Dosierung. Bei dem Familienunternehmen stimmt die Mischung: „Kölln begleitet seine Anhänger vom blütenzarten bis ins kernige Alter!"

Dabei ist die Maxime anspruchsvoll, denn man ist nur mit höchster Qualität zufrieden. „Gesunder Genuss" gilt als Richtschnur bei der Gestaltung des Kölln-Sortiments, allen voran das „Flaggschiff" aller Angebote, nämlich die Blütenzarten Köllnflocken in der köllnblauen Packung.

Firmenname	Klassiker	Gründung	Mitarbeiter	Erfinder	Gründer
Peter Kölln KGaA, Köllnflockenwerke	Blütenzarte Köllnflocken	1820 in Elmshorn	300	Hans Hinrich Kölln (1770–1812)	Peter Kölln (1796–1858)

KRUPS | DAS HANDRÜHRGERÄT

KRUPS Zivilisationskrankheiten zeichnen sich dadurch aus, dass sie den Menschen bei fortschreitender Entwicklung seiner Lebenswelt heimsuchen. Jedoch vermag der Mensch mitunter, diese Krankheiten durch einen erneuten Entwicklungsschritt zurückzudrängen und ihnen damit ein technisch innovatives Schnippchen zu schlagen, wie man gleich lesen wird: Mit der Sehnenscheidenentzündung verhält es sich nun folgendermaßen: Monotone Wiederholungsbewegungen reizen das begrenzt elastische Gewebe der Sehne bis zur chronischen Entzündung. Ein schmerzhaftes Leiden, dem außer Tennisspielern bis vor einiger Zeit besonders Hausfrauen aufgrund täglichen Rührens, Schlagens und Knetens mit mechanischen Küchengeräten ausgesetzt waren – bis vor einiger Zeit.

Das Jahr 1960 wurde für viele Leidensopfer zum Segensjahr, denn eine Produktneuheit wurde eingeführt: das elektrische Handrührgerät 3Mix, entwickelt und auf den Markt gebracht von der Robert Krups KG. Im Sturm eroberte das kleine Kraftpaket deutsche Küchen und die Herzen der Verbraucher. In den 60er Jahren avancierte der Krups 3Mix zum Inbegriff des modernen Küchengerätes und seit 1960 haben sich über 30 Millionen Exemplare verkauft. In jedem zweiten deutschen Haushalt dreht der 3Mix heute seine Kreise.

Das handliche und erschwingliche Gerät war Meilenstein und Symbol zugleich für die rasante Wirtschaftsentwicklung der Nachkriegszeit. Denn der 3Mix war nicht nur ein höchst willkommenes und dabei ungefährliches Mittel gegen die lästige Sehnenscheidenentzündung. Ob beim Schlagen von Sahne, Verrühren von Teigen, Zerkleinern oder Pürieren von Gemüse – der kleine Helfer verrichtet diese für menschliche Hände aufwändigen Aufgaben rasch, gleichmäßig und ohne großen Kraft- und Energieverbrauch. Er bedeutete eine kleine Revolution in der Küche, die fortan weit schneller und effizienter zu managen war, ohne dass man dabei Qualitätseinbußen hinnehmen musste.

Dabei wandelte die Firma anfangs auf ganz anderen Pfaden. Als Josua Corts 1846 nahe Solingen-Wald seinen Kleinbetrieb gründete, war die Produktion ganz auf Waagen ausgerichtet. Einige Jahre darauf übernahm sein Neffe und Mitarbeiter Robert Krups die Firma. Nach dem Heranwachsen seiner Söhne und Teilhaber Fritz, Carl, Walter und Eugen entwickelte sich Krups zu einer der führenden deutschen Haushaltswaagenfabriken mit Schwerpunkt auf Küchenzeiger- und Tafelwaagen, später auch Personenwaagen.

Nach dem Zweiten Weltkrieg ging das Unternehmen auf die dritte Familiengeneration über. Nach energischer Modernisierung startete Krups 1956 mit einer elektrischen Kaffeemühle die Ära der Elektro-Küchengeräte. Allmählich erweiterte man das Programm um Kleinmixer, Handrührgeräte, Toaster und Kaffeemaschinen. In Zahlen umgerechnet: 1961 betrug der Umsatz das 30-fache von 1950, die Belegschaft war von 150 auf 1.750 angewachsen. Der Krups 3Mix hatte daran erheblichen Anteil. Langlebigkeit, Nachkaufgarantie und nicht zuletzt vielseitige Ausbaustufen und Zubehör machten ihn zum unverzichtbaren Kücheninstrument.

Dass Krups seine Geräte stets innovativ weiterentwickelt, dafür steht die jüngste Krups 3Mix Generation. Die neusten 3Mix Modelle (Einführung März 2003) erkennt man an der modernen, offenen Griffform. Die Modelle der 8000/8008er Serie sind mit 350 Watt ausgestattet. Aber auch der Klassiker, der 3 Mix 7000, ist nach wie vor noch im Sortiment.

Durch umfangreiches Zubehör vom Schnitzelwerk mit verschiedenen Trommeln über Schneebesen, Schnellmixstäbe aus Edelstahl oder Kunststoff bis hin zum Rührständer können die 3Mix zu einer kleinen Küchenmaschine ausgebaut werden.

Die Geschichte des 3Mix macht Hoffnung für alle Opfer der Sehnenscheidenentzündung. Wer weiß – vielleicht werden selbst die Tennisspieler eines Tages durch eine clevere Erfindung von diesem Fluch erlöst.

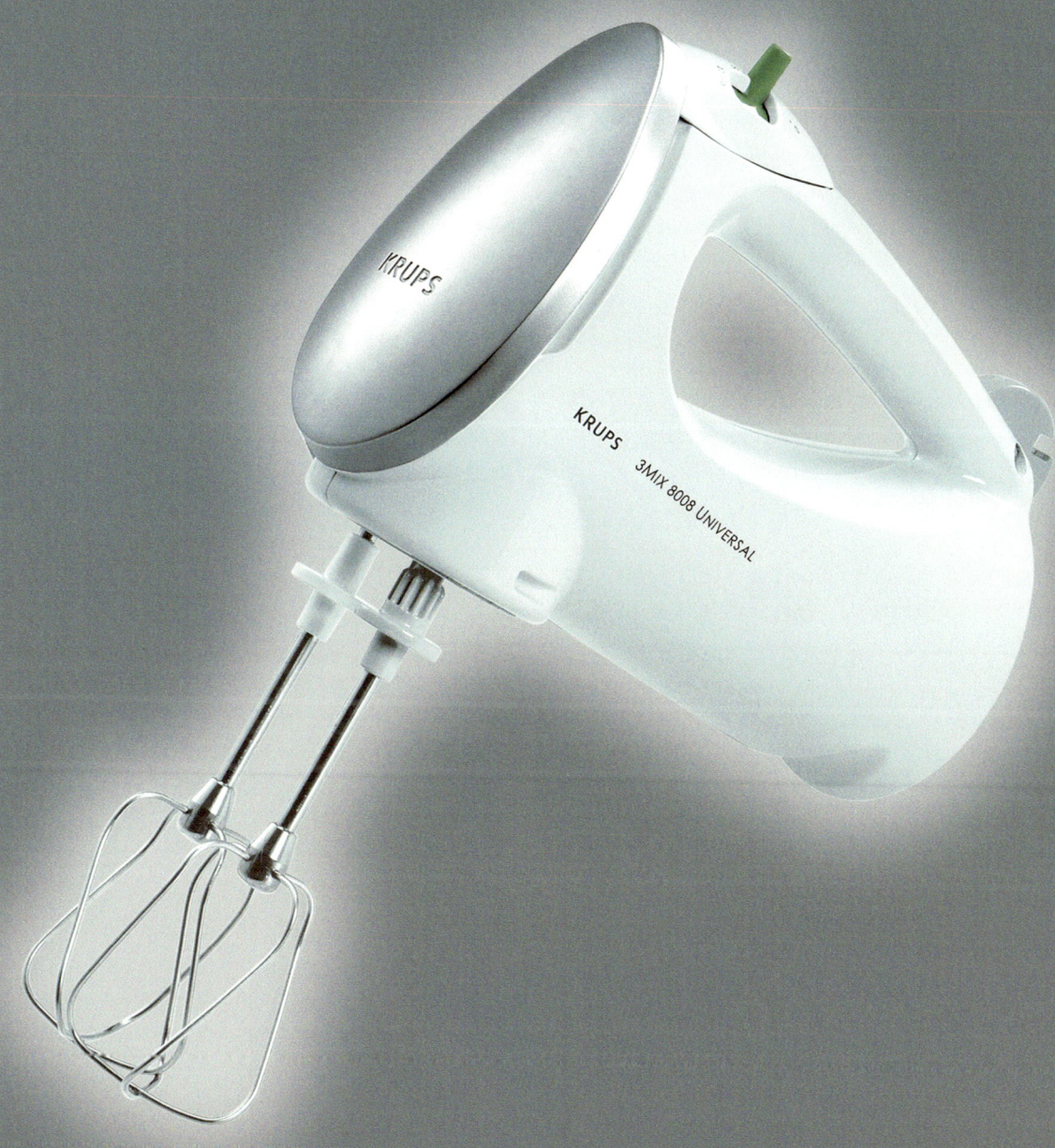

Firmenname	Branche	Klassiker	Gründung	Erfinder und Gründer
Krups GmbH	Haushaltsgeräte	Krups 3Mix	1846 in Solingen	Robert Krups

KUNERT | DER DAMENSTRUMPF

KUNERT Ganze 20 Gramm feinst gesponnener Fäden, verstrickt zu 2,4 bis 2,6 Millionen Maschen, geben Frauenbeinen Wärme und Schutz, stützen und formen sie und zaubern nicht zuletzt Schönheit auf ihre Haut. Doch ob glatt oder gemustert, mit Naht oder ohne: Zur ersten Wahl bei Damenstrumpfhosen gehört hierzulande Kunert.

Bis weit in unser Jahrhundert hinein wurden feine Strümpfe aus reiner Seide gewirkt und waren deshalb ein unerschwinglicher Luxus, der einer kleinen zahlungskräftigen Klientel vorbehalten war. Für die normale Verbraucherin konnten feinere Strümpfe erst ein Posten auf ihrer Einkaufsliste werden, als in den 20er Jahren Kunstseide auf den Markt kam.

Einer der ersten Unternehmer, der die Bedeutung dieses Garns richtig erkannte, war Julius Kunert. Von Anfang an setzte er mit seiner 1924 gegründeten Feinstrumpffabrik J. Kunert & Söhne auf Kunstseide.

Der Erfolg sollte ihm Recht geben: schon 14 Jahre, nach dem er seine erste Feinstrumpfhose an die Dame gebracht hatte, war es Kunert gelungen, die ganze Konkurrenz zu überflügeln.

Der Wiederaufstieg nach dem Zweiten Weltkrieg war vor allem mit dem Erfolg der Feinstrumpfhose verknüpft. 1965 hatten die Frauen das neue Produkt der Strumpfindustrie entdeckt und begeistert aufgenommen, denn es befreite sie von störenden Hüft- und Strumpfhaltern.

Aber nicht nur das. Die Kunert-eigene Entwicklung von Chinchillan trug zu dieser Begeisterung maßgeblich bei, denn dieses Spezialgarn verband erstmals höchste Elastizität mit einer glatten, mattglänzenden Oberflächenoptik. „Faltenfrei, seidenweich und exquisit" – ein Versprechen, dass die Kunertstrumpfhosen schon in den 60er Jahren geben und halten konnten.

Und so überrascht es kaum, dass aus dem neuen Garntyp im Laufe der Jahre eine ganze Chinchillan-Familie entstand. Seit Chinchillan am 11. November

1966 als Markenzeichen angemeldet wurde, gehören die Produkte aus diesem Garn zu den erfolgreichsten im Kunert-Sortiment. Im Laufe der Jahre konnte auch dieses besondere Garn noch weiter verbessert werden: Dank einer innovativen Herstellungstechnik gelang Kunert mit der neuen Chinchillan-Feinstrumpfhose ein Ergebnis, das in Feinheit, Transparenz und Passform einzigartig ist. Kunerts Chinchillan ist mit 62 Prozent das bekannteste Garn für Beinbekleidung in Deutschland.

Seit den 80er Jahren hat sich das Bekleidungsverhalten der Damen entscheidend geändert. Röcke mussten zugunsten von Hosen deutlich zurücktreten, und damit verlor auch das Produkt Feinstrumpfhosen an Bedeutung. Zeitgleich sind Söckchen und Kniestrümpfe in der Kombination mit Hosen wichtiger geworden.

Das Bein der Frau ist nach wie vor im Mittelpunkt – auch wenn die Anlässe, es zu zeigen, rückläufig sind. Diesen Herausforderungen ist Kunert mit der Entwicklung neuer Strumpfgenerationen begegnet, die sich ganz auf die gewandelten Ansprüche seiner Kundinnen konzentrieren.

So spezialisiert Kunert sich auf diese kleiner gewordene Zielgruppe und bietet Produkte, die ganz besondere Zusatzleistungen haben: pflegen, formen, schöner machen. Dabei steht der Wellness-Gedanke vor der vordergründigen Leistung der Garne. So lassen die Strümpfe Wohlfühlen und gut aussehen Hand in Hand gehen und geben den Trägerinnen Sicherheit.

Alle Produkte haben heute Zusatzausrüstungen wie aloe-vera oder ginkgo, natürliche Feuchtigkeitsspender, die die Haut pflegen und regenerieren. So ist aus einer Produktionsstätte für Strumpfhosen eine Beauty-Farm für Beine geworden.

Kunert – wellnessorientierte Beinbekleidung in Strick und Fein. Mit dieser Ausrichtung konnte Kunert seine Position im deutschen Markt festigen und wendet sich der internationalen Expansion zu. Vom Standort Immenstadt im Allgäu in alle internationalen Märkte.

Firmenname	Klassiker	Mitarbeiter	Gründer	Bekanntheit	Vertrieb
Kunert	Feinstrumpfhosen aus Chinchillan	ca. 2.000	Julius Kunert (1900–1993)	ca. 65 %	Europa, USA, Asien

LAMBERTZ | DIE PRINTE

Ein Gebäck hat die ehrwürdige Kaiserstadt Aachen mindestens ebenso bekannt gemacht wie der Dom: die Printe. Dass aber aus dieser zunächst nur im Rheinland beliebten Leckerei ein Gebäck wurde, bei dem jeder hierzulande an die Freuden der Weihnachtszeit denkt, geht vor allem auf den Erfolg des Hauses Lambertz zurück, der wohl ältesten Marke in der deutschen Wirtschaftsgeschichte.

Weit über 300 Jahre ist es her, dass im Jahre 1688 Heinrich Lambertz vom Rate des königlichen Stuhles und des Heiligen Römischen Reiches die „Gerechtsame" erteilt wurde, am Markt No. 7 zu Aachen ein Backhaus zu errichten. Dort wetteiferte der Bäckermeister mit anderen Vertretern seiner Zunft um die Herstellung der schönsten Bildprinten. Der Name dieses Gebäcks leitete sich her von dem Verb „printen", was so viel hieß wie „ausdrücken" und besagte, dass man mit Hilfe von Gebäckformen, so genannten Modeln, Teig zu kunstvollen „Gebildbroten" ausformte. Denn vorrangig ging es um die Gestalt der Printe, weniger um ihren Geschmack.

Das änderte sich von Grund auf, als um 1820 Henry Lambertz als erster Bäcker Zucker in den Printenteig mischte und diesen dann in rechteckige Streifen schnitt. So entstand die Schnittprinte, wie wir sie heute noch kennen. Mit diesem würzigen Süßgebäck traf Lambertz den Geschmack einer breiten Käuferschicht. Die neuen Printen ließen sich zudem wesentlich preisgünstiger herstellen, wodurch sie zu einer erschwinglichen Handelsware wurden. Von 1865 an firmierte der einstige Handwerksbetrieb denn auch als „Aachener Printen- und Dampfschokoladenfabrik Henry Lambertz". Printen gehörten von nun an zu den Weihnachtssymbolen wie der Tannenbaum.

In diese Zeit fiel eine weitere Neuerung der Printengeschichte: Die Tochter des späteren Inhabers Christian Geller tauchte eine Kräuterprinte in den Schokoladenkübel der Fabrik und sorgte damit für das erste Gebäck in Deutschland mit Schokoladenüberzug. Mandeln, Nüsse, Marzipan und andere leckere Zutaten konnten nun mitverarbeitet werden. Kein Wunder, dass bald auch die Könige von Preußen und Belgien auf den Geschmack kamen und Lambertz zum Hoflieferanten avancierte.

Im Jahre 1938 wurde dann eine weiche Variante der bis dahin nur knusprig harten Printe entwickelt. Unter der Bezeichnung „Saftprinte" trat die Aachener Spezialität ihren Siegeszug auch außerhalb der traditionellen Absatzgebiete an. Da die Bezeichnung patentamtlich geschützt ist, erkennt man bis heute echte Saftprinten einfach an dem Namen Lambertz.

„Haus der Sonne" hieß das Gebäude, in dem vor 300 Jahren Heinrich Lambertz seine Bäckerei einrichtete. Auch heute noch ist die Sonne das Wahrzeichen des Hauses Lambertz. Seit Übernahme der Geschäftsführung durch den Alleininhaber Prof. Dr. Hermann Bühlbecker im Jahre 1977 wurde aus der einstigen Traditionsbäckerei allerdings ein im wahrsten Sinne des Wortes ausgezeichnetes mittelständisches Unternehmen.

Traditionsbewusstsein, unternehmerische Flexibilität, ständige Innovationskraft und die Fähigkeit zur Marktanpassung bestimmen heute mehr denn je das Marketing- und Vertriebskonzept der Lambertz-Gruppe. Nicht nur Printen, sondern auch andere Traditionsgebäcke aus dem Hause Lambertz wie aus seinen Tochterunternehmen Weiss, Kinkartz und Haeberlein-Metzger gehen heute als Exportartikel in viele Länder Europas und die USA, ja sogar nach Japan, China und Afrika. Die Lambertz-Gruppe ist damit nicht nur der älteste, sondern auch der größte Printenhersteller der Welt. Aufgrund der Sortimentsvielfalt, die von Dominosteinen, Spekulatius, Spitzkuchen und Kokosmaronen bis hin zu Ganzjahres-Gebäckspezialitäten reicht, zählt Lambertz zu den führenden Gebäckherstellern Deutschlands.

Firmenname	Klassiker	Gründung	Mitarbeiter	Gründer	Vertrieb
Henry Lambertz GmbH & Co. KG	Lambertz Printe	1688 in Aachen	ca. 3.200	Bäckermeister Henry Lambertz	weltweit

LANGE | DIE UHR

Jeder, der heute nach Glashütte kommt, passiert das Denkmal zu Ehren von Ferdinand Adolph Lange. Voll Dankbarkeit haben es die Bürger 1895 zum fünfzigsten Geburtstag seines Unternehmens errichtet. Mit seiner Manufaktur hatte der bekannteste Bürger seiner Stadt den Ort zum Zentrum der Uhrmacherkunst in Deutschland gemacht. Die Zeitmesser von A. Lange & Söhne zählten schon damals zu den begehrtesten der Welt – er und seine Nachkommen hatten neue Maßstäbe beim Bau feinster Uhren gesetzt und tun dies auch noch heute.

Den Erfolg des Unternehmens konnten auch Weltkrieg und Wirtschaftskrise nicht aufhalten. Nach dem Zweiten Weltkrieg begann dennoch eine über fünfzig Jahre dauernde Zwangspause für hochfeine mechanische Uhren aus Sachsen. Walter Lange, der Urenkel des genialen Ferdinand Adolph Lange, musste nach der Enteignung der elterlichen Firma 1948 aus Glashütte fliehen. Als Walter Lange am 7. Dezember 1990, und damit auf den Tag genau 145 Jahre nach der ersten Gründung, die Firma in der sächsischen Heimat wieder anmelden konnte, existierte außer dem guten Namen und einer treuen Sammlergemeinde praktisch nichts mehr. Mit Hilfe von Kooperationspartnern und den hervorragend ausgebildeten Fachkräften der Region entstand aber in nur vier Jahren die erste Kollektion der neuen deutschen Armbanduhr.

Die Uhren von Lange waren vom Stand weg ein Erfolg – und sie fordern den Vergleich mit den nobelsten Schweizer Marken heraus. Denn sie transportieren nicht nur den Mythos vergangener Zeiten, sondern warten mit uhrmacherischen Merkmalen auf, die so entweder noch nie eingesetzt wurden oder heute nur noch in den seltensten Ausnahmefällen realisiert werden. Solche Uhren hätte auch Ferdinand Adolph Lange genau so gefertigt, wenn er heute noch leben würde. „Made in Germany" wurde damit dank Lange im Bereich der Haute Horlogerie weltweit wieder zum Begriff.

Die Meisterwerke der Neuzeit sind, dem hohen handwerklichen Fertigungsaufwand entsprechend, nur in sehr geringen Stückzahlen erhältlich. Ihre gemeinsamen Ausstattungsmerkmale setzen einen Qualitätsstandard, wie er in der Feinuhrmacherei einzigartig ist: Alle Gehäuse werden ausschließlich in 18-karätigem Gold oder in Platin gefertigt und sorgfältigst von Hand poliert. Die massiv goldenen Aufzugskronen und alle Drücker sind gegen Feuchtigkeitseintritt geschützt. Beim Blick durch den Saphirglas-Sichtboden einer jeden Uhr präsentiert sich ein kostbares mechanisches Uhrwerk mit einer Dreiviertelplatine aus naturbelassenem Neusilber, Schwanenhals-Feinregulierung auf handgraviertem Unruhkloben und verschraubten Goldchatons. Alle Einzelteile des Uhrwerks werden aufwändig vollendet, selbst jene, die dem Auge des Betrachters verborgen bleiben.

Mit ihrem Ideenreichtum gelingt es der Manufaktur aus Sachsen immer wieder, die Uhrmacherkunst um nützliche Erfindungen zu bereichern. So wird mit der als Weltneuheit patentierten Großdatums-Anzeige von Lange zum ersten Mal bei Armbanduhren eine außerordentlich große, gut ablesbare Datums-Anzeige realisiert. Der patentierte Zeigerstell-Mechanismus Zero-reset im Uhrwerk der LANGEMATIK vereinfacht das Einstellen der Uhr synchron zu einem Zeitzeichen: Beim Herausziehen der Krone zum Zeigerstellen wird das Uhrwerk angehalten und der Sekundenzeiger springt automatisch auf Null. Nach dem Hineindrücken der Krone läuft der Sekundenzeiger augenblicklich wieder an.

Die einzigartigen Zeitmesser werden heute international mit Preisen und Auszeichnungen überhäuft. A. Lange & Söhne vertritt als exklusives Manufakturerzeugnis auf allen Weltmärkten die sächsische Feinuhrmacherei. Damit löst das Unternehmen den Anspruch ein, den Walter Lange beim ersten Produktauftritt 1994 öffentlich vertreten hat: „Wir wollen wieder die besten Uhren der Welt bauen."

Firmenname	Klassiker	Gründung	Gründer	Vertrieb	Hauptfertigungsstätte
Lange Uhren GmbH	A. Lange & Söhne (seit 1845)	1990 in Glashütte	Walter Lange	weltweit	Glashütte/Sachsen

LANGENSCHEIDT | DAS ZWEISPRACHIGE WÖRTERBUCH

Ganz selbstverständlich besitzen wir heute Wörterbücher, mit Sicherheit befinden sich darunter Langenscheidts Taschenwörterbücher, vielleicht für Französisch oder Englisch, vielleicht aber auch für Arabisch oder Kroatisch. Die gelben Bände mit dem plakativen blauen „L" sind längst ein Synonym geworden für die Sprachen der Welt, sind Zeichen auch des eigenen Sprachinteresses und Ausdruck der Sehnsucht nach Entdeckung dieser Welt. Ganz selbstverständlich greifen wir immer wieder nach ihnen – und doch steht hinter all dieser Selbstverständlichkeit die einmalige Idee und ihre Geschichte, die das etablierte Werk in seiner ganzen Bedeutung erst begreifbar machen.

„Es ist ein wahrhaft peinliches Gefühl, unter Menschen nicht Mensch sein und seine Gedanken austauschen zu können." Eine überaus nachvollziehbare Erfahrung, die Gustav Langenscheidt um 1850 in seinem Reisetagebuch zu Papier bringt. Er ist siebzehn Jahre alt, hat seine Heimat Berlin verlassen und sich auf einen Fußmarsch durch Europa begeben. Annähernd 5.000 Kilometer legt er in sieben Monaten zurück. Wissens- und Erfahrungshunger sind es, die ihn treiben, Zeichen einer Zeit, die sich die Erkundung der ganzen Welt zum Ziele gesetzt hat. Und dann in England die Erfahrung, an die eigenen Grenzen gekommen zu sein, weil einem schlicht die Sprache fehlt. „Die Sprache", sagte Heinrich von Ofterdingen, „ist eine Welt in Zeichen und Tönen. Wie der Mensch sie beherrscht, so möchte er gern die große Welt beherrschen, und sich frei darin ausdrücken können." Die Überwindung der sprachlichen Grenzen wird schließlich auch zur Leidenschaft und – wie sich zeigen wird – zur lebenslangen Aufgabe Gustav Langenscheidts sowie des Unternehmens, das er im Jahre 1856 gründen wird.

Von seiner Reise nach Berlin zurückgekehrt, arbeitet der junge Langenscheidt unermüdlich an der Idee eines Lehrsystems zur praktischen Vermittlung von Sprachkenntnissen. Ein Desiderat, sind doch bereits existierende Kurse alles andere als lebensnah oder gar praktikabel. In der Zusammenarbeit mit Charles Toussaint entwickelt er die „Methode Toussaint-Langenscheidt", deren revolutionäre Basis eine gänzlich neuartige Lautschrift darstellt. „Brieflicher Sprach- und Sprechunterricht für das Selbststudium der französischen Sprache" heißt das abgeschlossene Werk, das schnell als eine der „geistreichsten Erfindungen der Neuzeit" gefeiert wird. So kommen schon bald erste Anfragen, ob nicht auch ein ganzes Wörterbuch nach dem Prinzip der neuen Lautschrift möglich sei. Begeistert greift Langenscheidt den Gedanken auf, gewinnt namhafte Partner für das Projekt und beginnt 1863 mit der Umsetzung. Als Schlusstermin der Herstellung wird der Oktober 1866 festgelegt. Doch es fehlt die Erfahrung, um realistisch das Ausmaß an Arbeit einschätzen zu können, das ein solches Projekt erfordert. Tatsächlich kann das „Encyklopädische Wörterbuch der französischen und deutschen Sprache" 1880 abgeschlossen werden – vierzehn Jahre später als geplant. Der immense Einsatz von Zeit und Arbeit jedoch legt den Grundstock für ein ganzes Verlagsprogramm, das bis heute stetig wächst. Der heutige Senior-Verleger, Karl Ernst Tielebier-Langenscheidt, steht für die Entwicklung des heutigen Markenbildes mit dem berühmten blauen „L" auf sonnengelbem Hintergrund. Er war es auch, der das Unternehmen erfolgreich durch die schwierigen Nachkriegsjahre führte und die Basis für den Aufbau der Verlagsgruppe schuf. Heute, wo in vierter Generation Andreas Langenscheidt die Weichen für die Entwicklung des Unternehmens stellt, sind der Anspruch der durch Gustav Langenscheidt begründeten Idee und die Erfordernisse einer rasanten Internationalisierung Movens einer ganzen Verlagsgruppe, die unter dem traditionsreichen Familiennamen 37 Firmen in elf Ländern eint. Längst gehören neben Wörterbüchern Lexika und kartographische Werke, Reiseführer und elektronische Medien zu festen Bestandteilen des Programms. Und doch bleiben auch sie der einen Idee verpflichtet, sich in dieser Welt „frei ausdrücken" zu können – und damit Menschen zu verbinden. Ganz selbstverständlich.

Blaue Stichwörter und Info-Fenster

Langenscheidt

Taschenwörterbuch
Englisch

@ NEU:
LANGENSCHEIDT
SERVICE
GARANTIE

Englisch–Deutsch
Deutsch–Englisch

Firmenname	Klassiker	Gründung	Mitarbeiter	Gründer und Erfinder	Jahresumsatz
Langenscheidt-Verlag KG	Taschenwörterbuch Englisch	1856 in Berlin	ca. 1.500 weltweit	Gustav Langenscheidt (1832–1895)	ca. 250 Mio. Euro weltweit

LANGNESE | DER HONIG

„Gehandelt wird mit dem Kopf, der Bauch hat im Geschäft nichts zu suchen." Diese eherne Regel hanseatischen Kaufmannstums hatte der junge Importeur Karl Rolf Seyferth wohl im Kontor gelassen an diesem Frühsommertag des Jahres 1925, der ihn an die Hamburger Börse führte. Vielleicht war es die Sommerstimmung, der Gedanke an blühende Blumen und summende Bienen, die den Inhaber der Deutsch-Chinesischen Eiprodukten Gesellschaft zu dem spontanen Kauf von 5.000 kg kalifornischen Honigs veranlassten.

Doch aus dem spontanen Geschäft an der Börse entwickelte sich bald ein regelrechter Gewerbebetrieb an der Hamburger Wendenstraße, wo Honig probiert und schließlich in handliche Gläser gefüllt wurde. Bereits zwei Jahre nach dem impulsiven Einstieg an der Börse hatte sich ein gut florierender Honig-Handel entwickelt.

Schon bald war Karl Rolf Seyferth klar, dass er sein neues Produkt mehr profilieren musste, um langfristig Erfolg zu haben. So inserierte er 1927 im „Hamburger Fremdenblatt", dass er einen Firmenmantel suche. Damit setzte er den Grundstein für eine große Zukunft seines Honigs: Denn er bekam auch ein Angebot des Exportkaufmanns Vincent Emil Hermann (V.E.H.) Langnese, der zu dieser Zeit in Hamburg eine Biskuit-Fabrik mit hervorragendem Ruf leitete.

Die Herren Langnese und Seyferth trafen sich im berühmten „Ehmke", dem ältesten Hamburger Schlemmer-Restaurant. Bei Kaviar, Hummer und Bordeaux legte V.E.H. Langnese das weitere Geschick seiner Traditionsfirma zu einem nur symbolischen Preis in die Hände des jungen Unternehmers. Seyferth hatte die Chance seines Lebens erhalten!

Schon in den 30er Jahren ließ Seyferth – künstlerisch begabt – das typische Langnese-Glas entwickeln. Von ihm stammt die markenprofilierende Idee des wabenförmigen Sechseck-Glases mit dem schräg gestellten Langnese-Schriftzug in Verbindung mit der Farbe Gold. Doch zunächst bereitete der Krieg allen weiteren Expansionsplänen ein jähes Ende.

1948, als alles noch in Trümmern lag, bescherte der Marshallplan den Hamburgern unverhofft eine Schiffsladung Bienenhonig. Im Nu hatte Seyferth in einem Fabrikkeller eine provisorische Abfüllerei installiert; und bald konnte er seine Erfolgsgeschichte weiter fortschreiben: Die Menschen rissen sich förmlich um das „flüssige Gold", und bereits 1951 zog die Firma Langnese in größere Produktionsräume um.

Nun sollte Langnese Honig endgültig als Marke platziert werden. Wichtig war hierbei: Wie kann man bei dem Naturprodukt Honig einen gleichbleibenden, unverwechselbaren Geschmack garantieren? Langnese erwarb eigene Imkereien in Guatemala, Salvador und Mexiko und baute umfassende Qualitätskontrollen auf. Gleichzeitig führte man in Lebensmittelgeschäften zahlreiche Geschmackstests durch, bis schließlich mit viel Fleiß und feinem Gespür ein Honig aus besten ausgewählten, sonnigen Landschaften, nahezu gleich bleibend in Geschmack, Farbe und Konsistenz, gefunden war.

Schon 1958 war Langnese mit einem Umsatz von 6.500 t Honig und 20 Millionen DM Marktführer. Karl Seyferth, inzwischen 65 Jahre alt, hatte sein Lebensziel erreicht und suchte einen würdigen Käufer, den er in Rudolf August Oetker fand. Am 1. April 1959 übernahm Dr. Oetker mit V.E.H. Langnese eine Firma, die längst den Kinderschuhen entwachsen war: „Langnese Honig aus Bargteheide" etablierte sich in den folgenden Jahren endgültig als zeitloser Markenartikel und Synonym für Honig schlechthin.

Auch heute hat die Marke nichts von ihrer Vitalität eingebüßt. Und schon gar nicht von der Qualität: der goldklare Langnese Feine Auslese, Sommerblüten Honig erhielt durch die Zeitschrift Ökotest im Frühjahr 2002 das Prädikat „sehr gut". Langnese Honig verkörpert als „das Meisterstück der Natur" den harmonischen Gleichklang von Produkt und Marke und beantwortet so die Frage, was den Erfolg großer Marken ausmacht: „Sie finden den Weg zum Herzen des Verbrauchers."

Firmenname	Klassiker	Mitarbeiter	Bekanntheit	Vertrieb	Hauptfertigungsstätte
Langnese Honig KG	Sommerblüten Honig goldklar (seit 1928)	ca. 100 Mitarbeiter	94 % (gest.) 74 % (ungest.)	in derzeit 76 Ländern	Bargteheide

LÄUFER | DER RADIERGUMMI

Vor rund 1.600 Jahren empfahl ein römischer Maler seinen Schülern, Bleistiftstriche mit Brot auszuwischen. Dies bedeutet eigentlich nichts anderes, als dass der erste Radierer offensichtlich ein Brot war? – Nun denn. Der britische Naturforscher Priestley kam dem ersten richtigen Radiergummi da wohl ein ganzes Stück näher auf die Spur, als er im Jahre 1770 vorausschauend darauf hinwies, dass sich kleine Kautschukwürfel vorzüglich zum Radieren eignen ...

Die eigentliche Geburtsstunde des Gummis schlug im Jahre 1839, als Charles Goodyear versehentlich eine Mischung aus Kautschuk und Schwefel auf eine heiße Herdplatte fallen ließ. Der Stoff brachte phantastische Möglichkeiten mit sich und sollte auch die Welt des Schreibens verändern. Die revolutionären Möglichkeiten des per Zufall entdeckten neuen Stoffs begeisterten auch Martin Renner und Hermann Schwerdt, die im Hannover der Goldenen 20er 1922 die Läufer Gummiwarenfabrik gründeten. Mit dem publikumswirksamen Slogan „Für Gummi mit dem Läufer – ist jeder Kenner Käufer" eroberten die ersten Läufer Radiergummis fortan den Markt und begannen eine beispielhafte Karriere. Aber nicht nur mit Radiergummis hatte das junge Unternehmen in den 20er Jahren Erfolg. Auch die Gummiringe, mit denen Läufer 1925 auf den Markt kam, entwickelten sich zu „Rennern" in der Gunst der Käufer. Ob 1927 mit Schreibunterlagen aus Gummi, ob ein Jahr darauf mit dem Klebkraft spendenden Markenanfeuchter: Im Hause Läufer hatte man schon damals immer wieder pfiffige Produktideen und „Süße Einfälle". Als 1953 „Süße Läufer", Pralinen in Radiererform, in die Geschäfte kamen, sprach davon die ganze Branche. Schließlich kannte man die Marke Läufer nicht zuletzt durch die Hannover Messe 1947 und ihre Auslandsvertretungen in aller Welt.

Das Unternehmen Läufer hat es immer wieder verstanden, das passende Produkt zur rechten Zeit auf den Markt zu bringen. Obwohl die Produktpalette des Unternehmens so mit den Jahren immer vielseitiger wurde, steht ein Produkt seit bald 80 Jahren im Mittelpunkt: der Radierer von Läufer. Wohl jeder hat in seiner Schulzeit mit einem Radiergummi von Läufer über seinen Heften gesessen und wegradiert, was weg sollte – oder später im Büro.

Will man einen Radiergummi aus dem großen Radiererangebot aus Naturkautschuk, thermoplastischem Kautschuk, Kunststoff oder recyceltem Material hervorheben, dann sollte dies der beliebte, ja legendäre Doppel-Läufer Universal 0440 sein. Der bekannte Universalgummi, bei dem die rote Seite Bleistifte und alle Kopier- und Farbstifte, die blaue Seite Tinte, Tusche und Schreibmaschinenschrift radiert, ist der Klassiker von Läufer, einer, den man in Büro, Schule und Haushalt kennt.

Obwohl Läufer sich bei der Produktion auf einen Schatz an altbewährten Artikeln stützen kann, ist es im Unternehmen Tradition, stets neue Wege zu gehen. So etwa 1979, als das Läufer Ambiente Sortiment eingeführt wurde, hochwertige, handgefertigte Schreibtischserien aus feinstem Leder, handgebürstetem Aluminium oder geschliffenem Acryl, oder 2000, als die Firma die business line startete, hochexklusive Reise-Accessoires, die bei einem guten Preis-Leistungs-Verhältnis Geschäftsreisenden alles bieten, was sie wünschen und brauchen. Das Sortiment von business line reicht dabei vom Reisewecker oder vom Federhalter aus Sterling-Silber über Reise- und Aktentaschen bis hin zum Hemdenetui oder Schuhputzset. Seine Kompetenz im Bürobereich und das gewonnene Kundenvertrauen überträgt Läufer so erfolgreich in die Welt von Stil und Luxus – auch wenn die bekanntesten Produkte wohl neben dem Radiergummi diejenigen bleiben werden, die in keinem Büro fehlen, auch wenn man sie kaum noch bewusst wahrnimmt. Dazu zählen vermeintliche Kleinigkeiten wie Gummibänder, Blattwender, Schreibunterlagen oder Anfeuchter, die gar nicht mehr auffallen und trotzdem unentbehrlich sind.

Schrittweise kommt das Unternehmen aus Burgdorf seinem großen Ziel so näher: dass eines Tages rund um den Globus Produkte von Läufer verwendet werden – vor allem der Radiergummi.

Firmenname	Klassiker	Gründung	Gründer	Vertrieb	Produktionsstandort
Läufer-Werk AG	Doppel-Läufer Universal (seit 1922)	1922 in Hannover	Martin Renner und Hermann Schwerdt	weltweit	Deutschland

„Was ißt die Menschheit unterwegs? Na selbstverständlich ‚Leibniz Cakes'!" So begann der Text einer Zeitungsannonce im Jahr 1898. „Cakes" hieß es damals noch, denn das uns geläufige Wort Keks wurde zwar 1911 durch Hermann Bahlsen eingeführt, aber erst 1915 offiziell in den Duden aufgenommen. Hermann Bahlsen hatte sich mit seiner sprichwörtlichen Dickköpfigkeit gegen die Sprachwissenschaftler durchgesetzt.

Ursprünglich jedoch hatte der Exportkaufmann mit Keksen gar nichts im Sinn, und es ist einem Zufall zu verdanken, dass er zum größten „Plätzchenbäcker" der Nation wurde. Im Zuckerhandel für eine englische Firma tätig, lernte er die Bedeutung des Produktes „Cakes" kennen und erkannte die Chance für feine Kekse in der Heimat. Über die Geschäftsanteile seiner Mutter stieg er in das Fabrikgeschäft „Englische Cakes und Biskuits" eines Herrn Schmucklers ein. Deutsches Kleingebäck gab es nur in sehr einfacher Art, und es spielte im Lebensmittelhandel kaum eine Rolle. H. Bahlsen erkannte die Marktlücke und wurde Schmucklers Teilhaber. Nach einem Jahr zahlte er diesen aus und gründete am 1. Juli 1889 die „Hannoversche Cakes-Fabrik H. Bahlsen". Seine Idee war es, einen hochwertigen deutschen Keks herzustellen, der schmackhaft, haltbar und preisgünstig sein sollte.

Ab 1891 wird der „H.C.F.-Butter-Cakes", der bereits im ersten Jahr die Goldmedaille auf der Nahrungsmittelausstellung in Brüssel gewann, vertrieben. Das Rezept wurde sorgfältig gehütet, ausschließlich H. Bahlsen und seine Mutter durften den Keksteig anmischen.

Nicht nur der feine Buttergeschmack, auch die Tütenverpackung war völlig neu; denn Kleingebäck wurde meist aus großen Tonnen und Kisten lose verkauft. 1892 taufte H. Bahlsen seinen Butterkeks nach dem berühmten Philosophen Gottfried Wilhelm Freiherr von Leibniz. Auf der Weltausstellung in Chicago erhielt der Leibniz-Cakes 1893 die „Höchste Auszeichnung".

Die Ausstattung der Hannoverschen Keksfabrik war für damalige Zeiten hochmodern. 15 Meter lange Kettenöfen produzierten allein für den deutschen Bedarf eine Million Stück pro Woche.

1904 wurde das TET-Zeichen, das altägyptische Wort für „ewig, dauernd", auf die Packung gedruckt. Die neue, patentierte TET-Packung garantierte knusprige Frische über lange Zeit. 1956 erhält der Keks eine „thermoplastische Steifpackung", in der die Leibniz-Kekse luft- und wasserdicht verpackt sind. 1927 wurde dem TET-Zeichen noch der Bahlsen-Schriftzug hinzugefügt. Seit 1962 ist diese Kombination das unverwechselbare Markenzeichen des Hauses Bahlsen.

Als einer der ältesten und bekanntesten deutschen Markenartikel hat sich der Leibniz Butterkeks immer wieder dem Wandel der Zeit angepasst. So wurde 1971 die Variante „extra locker" in gelber Verpackung eingeführt, die Assoziationen zu „Butter"-Keks auslösen sollte. Mittlerweile ist die gelbe Farbe für kein Produkt der Leibniz Familie mehr wegzudenken.

Und diese Familie ist im Laufe der Zeit gewachsen: Neben den klassischen Leibniz Butter und Choco, die es auch als Diätvarianten zu kaufen gibt, ist der Leibniz Vollkorn getreten. Speziell für den knackfrischen Knabberspaß gibt es seit 1996 die Leibniz Minis – pur als Butterkeks oder mit Schokolade, seit 2001 auch aus Vollkorn.

Milch und Honig fließen bei Bahlsen seit 2002: Mit der Produkteinführung des Leibniz Milch & Honig wird die Hannoveraner Firma den Bedürfnissen des Verbrauchers nach bewusster Ernährung und gleichzeitigem Geschmackserlebnis weiterhin gerecht. Ebenso mit dem Leibniz Milchsnack, dessen hoher Milchanteil nicht nur für Kinder gesund ist. Und schließlich beweist Bahlsen mit dem Leibniz Waffel & Nougat erneut, dass die kleinen „Leibniz-Cakes" in neuen Kompositionen eine wahre Gaumenfreude sind. So kann man auch in Zukunft auf die weitere Entwicklung der Marke Leibniz gespannt sein.

LEICA | DIE KAMERA

 Man wird auf der Welt wohl kaum einen Fotografen finden, der bei dem Wort Leica nicht leuchtende oder gar begehrliche Augen bekommt. Die bei der Leica Camera AG in Solms bei Wetzlar gebauten Präzisionskameras genießen nun schon über 75 Jahre einen wahrhaft legendären Ruf. Dabei war, wie so oft bei genialen Einfällen, auch die ursprüngliche Idee zur LEICA ebenso einfach wie logisch.

Oskar Barnack, legendärer Leiter der Entwicklungsabteilung der Optischen Werke Ernst Leitz, brauchte bei seinen Belichtungsproben für Kinofilmaufnahmen ein handliches Hilfsgerät mit feststehender Belichtungszeit von 1/40 Sekunden. Dabei zeigte sich, dass der damals schon relativ feinkörnige Kinofilm recht brauchbare Postkarten-Vergrößerungen vom Kinoformat 18 x 24 mm ergab. Diese Resultate ermutigten Barnack, seine alte Lieblingsidee – eine Kamera in Taschenformat – wieder aufleben zu lassen. Da nun der Filmstreifen in seiner Länge unbeschränkt nutzbar war, verdoppelte er ein Bildfenster auf 24 x 36 mm, und das klassische Kleinbildformat war geboren.

Heute hat dieses Format den weitaus größten Umsatzanteil. Der Bogen spannt sich von Kompaktkameras mit fest eingebautem Objektiv bis hin zur hochwertigen Präzisionskamera mit umfassendem Zubehör.

Die Vorteile des Kleinbildkamerasystems liegen in einer erheblichen Gewichtsersparnis und in der schnellen und einfachen Bedienung. Sie wurden für dynamische Reportagefotos und Schnappschüsse schnell erkannt und sind heute genauso gültig wie vor über 75 Jahren, als die erste LEICA auf dem Markt erschien.

Vorerst aber war die 1913 konstruierte „Ur-Leica" noch ein privates Hobby ihres Erfinders, denn der Ausbruch des Ersten Weltkrieges brachte dem Hause Leitz vordringlichere Aufgaben. 1924 endlich entschied Leitz gegen nicht unerheblichen Widerstand aus dem eigenen Haus und auch Kreisen der Fotografen: „Barnacks Kamera wird gebaut."

Unter der geschützten Warenbezeichnung LEICA für LEITZ Camera stellte die Firma auf der Leipziger Frühjahrsmesse 1925 das erste Serienmodell der Kamera vor. Schon bald erwies sich die LEICA als unverzichtbar bei Expeditionen, Forschungsreisen und vor allem bei der Presseberichterstattung. In Verlagen und Bildagenturen entstanden Fotolabors eigens für das Kleinbildformat.

In den 50er Jahren machte besonders die LEICA M3 als erste Kleinbildkamera der Welt mit Sucher für drei Brennweiten von sich reden: 50, 90 und 135 mm. Zudem besaß sie einen Mess-Sucher mit automatischem Parallaxenausgleich über den gesamten Einstellbereich. Mit der LEICA M3 gab es daher keine abgeschnittenen Füße und Köpfe mehr. Die 1967 erscheinende LEICA M4 – mittlerweile waren schon weit mehr als eine Million LEICA Kameras verkauft – basierte in Größe und Konzeption auf der LEICA M3 und bot zusätzlich ein sehr schnelles, spulenloses Filmeinlegen. Eine eingebaute Rückspulkurbel erleichterte darüber hinaus das Wechseln des Films. Der Sucher besaß nun Leuchtrahmen für die Brennweiten 35, 50, 90 und 135 mm.

Das aktuelle Modell LEICA M7 ist eine kompakte, professionelle Messsucher-Systemkamera mit automatischer Belichtung und selektiver Lichtmessung durch das Objektiv. Überall da, wo es um unauffälliges Fotografieren mitten im Geschehen geht, wo selbst unter schlechtesten Lichtbedingungen noch exakt scharf gestellt werden muss, wird die LEICA M7 eingesetzt. Durch gezielte Investitionen in die Asphärenherstellung hat die Leica Camera AG ein breites Know-how von der Fertigung, der optischen Berechnung bis hin zur Objektivkonstruktion und -montage von asphärischen Linsensystemen erarbeitet. Handlich leicht und praxisgerecht bieten LEICA M-Objektive optische Spitzenleistungen: von 21 bis 135 mm Brennweite und einer Lichtstärke bis 1:1,0.

So versteht es das deutsche Unternehmen bis heute, modernste Technik mit jener Präzision zu verbinden, die LEICA Kameras so berühmt gemacht haben – weltweit.

Firmenname	Klassiker	Gründung	Erfinder	Vertrieb	Hauptfertigungsstätte
Leica Camera AG	Leica M-Serie	1849 in Wetzlar	Oskar Barnack	weltweit	Wetzlar/Solms
	(seit 1954)		(1879–1936)		

Leitner

Dem Wunsch nach einem individuellen Erscheinungsbild steht heute meistens auch der Anspruch an umweltbewusste und kostengünstige Lösungen gegenüber. Dennoch lassen sich Messebausysteme und Kreativität bestens miteinander verbinden – vorausgesetzt, das genutzte Messebausystem ist wandlungsfähig und das System ist in der Lage, die besondere Wirkung von Licht, Farben und Materialien bei der Messegestaltung zu berücksichtigen.

Für die 1963 in Stuttgart gegründete Leitner GmbH gehörte das Thema Wandlungsfähigkeit von Anfang an zum Alltag. Schon die ersten Aufträge verlangten nach einer außergewöhnlichen Flexibilität und stellten eine enorme Herausforderung dar, die Leitner aber so einfach wie genial zu bewältigen wusste: Und zwar mit der Erfindung des Knotenpunktes.

Seit der Entwicklung des Knotenpunktes und der ersten Leitner Stellwand hat das ideenreiche Unternehmen immer wieder richtungsweisende Messebausysteme geschaffen, die dem Kunden Gestaltungsfreiraum lassen. So hat Leitner 1966 mit dem Universalsystem L1 einen wahren Meilenstein entwickelt. Das vielfältig einsetzbare System bietet durch sein Baukastenprinzip individuelle Grundriss- und Aufbaulösungen, und das bei einem äußerst geringen Zeitaufwand: Die einzelnen Elemente lassen sich im Handumdrehen und ohne jegliches Werkzeug ganz einfach zusammenstecken. Zudem kann der Kunde aus einem umfangreichen Zubehörprogramm wählen, das beispielsweise Ablageflächen, Leuchten und Prospekthalter beinhaltet.

Inzwischen sind fast 40 Jahre seit der Entwicklung des noch immer aktuellen und vielfach ausgezeichneten Verbindungsknotens des Systems L1 vergangen, und Leitner hat noch mit vielen weiteren Systemen Maßstäbe gesetzt. So auch mit dem kommunikativen Ausstellungssystem L80. 1994 wurde Leitner mit dem mobilen und ausgesprochen flexiblen Ausstellungssystem aus dem Koffer, L4, Ausstatter der Wanderausstellung des European Design Prize. L22 ist im wahrsten Sinne des Wortes das Glanzlicht unter den Ausstellungssystemen, da Licht hier eine tragende Rolle spielt. Es schafft Atmosphäre, inszeniert Exponate und setzt visuelle Zeichen. Und obwohl L22 maximale Variabilität zulässt, ist es, wie alles aus dem Hause Leitner, aus Prinzip einfach.

Das aktuellste System, L26, dürfte insbesondere Messe-Einsteiger interessieren: Es ist kostengünstig, unkompliziert und sehr variabel – ermöglicht aber trotzdem einen anspruchsvollen Auftritt.

Um welches der Leitner-Systeme es sich auch handelt – eines verbindet sie alle: höchste Ansprüche an das Material, die Funktion und die Gestaltung. Denn für eine wirklich gelungene Optik zählt auch das Design im Detail. Darauf legt man im Hause Leitner ebenso großen Wert wie auf eine benutzerfreundliche Konstruktion. Längst ist das Unternehmen, das heute rund 70 Mitarbeiter beschäftigt, über die Grenzen Deutschlands und Europas hinausgewachsen. Und die Tatsache, dass Leitner als einziger Messesystemhersteller weltweit sowohl im Metall- als auch im Holzbereich alle wesentlichen Teile seiner Produktion selbst herstellt, ermöglicht äußerst flexible Lieferzeiten und nahezu jede Sonderlösung.

Um den Kunden optimal zu präsentieren und der wachsenden Nachfrage nach Komplettlösungen gerecht zu werden, hat Leitner das bestehende Angebotsspektrum um die Leitner-Services ergänzt. Über die Entwicklung, die Produktion und den Vertrieb hinaus wird nun die gesamte Dienstleistung rund um den Messeauftritt angeboten: Beratung, Konzeption, Planung, Vermietung und Realisierung – kurzum: alles aus einer Hand für einen noch erfolgreicheren Messeauftritt, denn schließlich kann Leitner auf 40 Jahre professionelle Erfahrung zurückgreifen. Diese Leistung wissen nicht nur die Kunden zu schätzen: Das Unternehmen kann auf Auszeichnungen mit 18 nationalen und internationalen Designpreisen stolz sein.

Firmenname	Klassiker	Gründung	Mitarbeiter	Vertrieb	Hauptfertigungsstätte
Leitner GmbH	Messebausysteme (seit 1966)	1963 in Stuttgart	weltweit 70 Mitarbeiter	in 33 Ländern	Waiblingen/ Baden-Württemberg

LEITZ | DER ORDNER

LEITZ Drei von vier Deutschen ist der Leitz Ordner ein Begriff – eine Bekanntheit, von der so mancher Promi-Star nur träumen kann. Mehr als 25 Millionen Leitz Ordner werden jährlich an ordnungsliebende Deutsche verkauft, kaum ein Büro hierzulande, in dem kein Leitz Ordner steht. Diese beeindruckenden Zahlen kommen nicht von ungefähr. Der Leitz Ordner ist durch seine einzigartigen Qualitätsmerkmale ein echtes Marken-Original: robust, langlebig, aus umweltfreundlichen Materialien – und natürlich mit der patentierten Ordnermechanik.

Heute wie vor 132 Jahren gelten in der Stuttgarter Produktionsstätte besondere Ansprüche. Hier werden alle Produkte in mehreren Etappen auf Strapazierfähigkeit und Lebensdauer kontrolliert. Dies gilt in besonderem Maße für den Ordner, der permanenten Funktionstests unterzogen wird. Bis zum Extremeinsatz wird die Hebelmechanik getestet: 10.000 Mal „Auf und zu", bis der Ordner das Werk verlassen darf. 100.000 Ordner laufen jeden Tag in Stuttgart vom Band.

Als Louis Leitz 1871 in Stuttgart die „Werkstätte zur Herstellung von Metallteilen für Ordnungsmittel" gründete, ahnte er nicht, dass er 25 Jahre später mit der Erfindung des Ordners die deutsche Bürowelt revolutionieren würde. Die Zeit dafür war reif, denn in Amtsstuben und Kontoren nahm als Folge zunehmender Bürokratisierung in den Aufschwungjahren des 19. Jahrhunderts das Papierchaos stetig zu. Als „Mechaniker und Faktura-Bücherfabrikant" hatte Louis Leitz die Zeichen der Zeit erkannt und sich mit ganzem Herzen der Büro-Ordnung verschrieben.

Sein erstes Produkt waren die Biblorhapten, zu deutsch: „heftende Bücher". Bei dem aus Frankreich stammenden „starren" Ablagesystem wurden die Briefe in einem Ordner fortlaufend aufgespießt. Doch Leitz unternehmerische Vision ging weiter. Ganz Wirtschaftspionier seiner Zeit, setzte er seine ganze Kraft und sein gesamtes Vermögen ein, um über zwanzig Jahre rastlos an Verbesserungen und Neukonstruktionen zu tüfteln. 1893 gelang ihm die Erfindung der ersten Ordnermechanik mit einem Umlegehebel, der Vorläufer der noch heute millionenfach bewährten Hebelmechanik. Die Mechanik wurde in einen Buchband eingenietet und löste den ein Jahr zuvor erfundenen „Leitz-Registrator auf Holzbrett" ab. Nach einer weiteren Verbesserung der Bedienung ging das Jahr 1896 als Geburtstunde des Leitz Ordners in die Firmenchronik ein. Der neue Ordner trat seinen Siegeszug nicht nur in Amtsstuben und Kontoren, sondern auch in Privathaushalten und Klassenzimmern an.

Und das gilt bis heute: Wenn in Sachen Design und Technik inzwischen auch nichts mehr an die Arbeitswelt des 19. Jahrhunderts erinnert – eines ist geblieben: der Leitz Ordner. Trotz aller elektronischer „Massenablage" im Zeitalter des Computers ist das Ordnersystem von Louis Leitz bis heute die am meisten verbreitete Registraturart in Deutschland.

Anlässlich des 100. Geburtstages des Ordners wurde 1996 eine noch weiter optimierte Hebelmechanik eingeführt. Sie funktioniert noch präziser bei noch längerer Lebensdauer. Und: Leitz ist der einzige Hersteller, der drei Jahre Garantie auf diese Ordnermechanik gewährt.

Auch für die Zukunft ist man gut gerüstet. Mit einem modernen Logo präsentiert sich die Ordner-Marke – seit 1998 im starken Verbund mit Esselte – mit perfekt durchdachter „Bürologistik" und bietet Unternehmen in Deutschland und weltweit Lösungen, die dem Chaos im Büro Einhalt gebieten. Auch auf die Ansprüche und Bedingungen, die eine mobile Arbeitswelt mit sich bringt, ist man bei Leitz bestens eingerichtet und offeriert seinen Kunden eine Produktpalette, die sich nach dem Baukastensystem individuell zusammenstellen lässt. Maßgeschneidert – ganz nach der Leitz-Losung: Perfektion durch Präzision – und das seit über 132 Jahren!

Firmenname	Klassiker	Gründung	Erfinder	Bekanntheit	Hauptfertigungsstätte
Esselte Leitz GmbH & Co KG	Leitz Ordner (seit 1896))	1871 in Stuttgart	Louis Leitz (1846–1918)	76 %	Stuttgart

Leuchtturm Die Entscheidung des Post-reformators Sir Rowland Hill sollte Geschichte machen: Am 6. Mai 1840 wurde im Zuge der englischen Post- und Portoreform erstmals die Briefmarke eingeführt – mit durchschlagendem Erfolg: Unaufhaltsam setzte sich die kleine Marke mit dem unterschiedlichen Wert durch.

Bereits 1849 kam die erste Briefmarke in Deutschland heraus. Sie hatte einen Wert von einem Kreuzer und dürfte als „Bayerns Schwarzer Einser" die Krönung jeder Briefmarkensammlung sein. Heute, nach über 160 Jahren Briefmarkengeschichte, zählt man weltweit mehr als 350.000 verschiedene Marken. Die Grundlage für eines der verbreitetsten und schönsten Hobbys der Welt: die Philatelie.

Als der Steindrucker und Lithograph Paul Koch 1917 in Aschersleben einen Verlag für Briefmarkenalben gründete, da wusste er eines ganz sicher: Das A und O einer schönen und wertbeständigen Sammlung ist die richtige Aufbewahrung und optimale Präsentation der oft kostbaren Stücke.

Neben Einsteckbüchern und Kunststoffhüllen zur Archivierung von Briefmarken gelten die Leuchtturm-Vordruckalben als Vorzeigeprodukt des international agierenden Unternehmens.

Nach Serien und Ländern geordnet, sind fast alle Marken philatelistisch bedeutsamer Länder auf starkem, hochwertigem Karton schwarz-weiß vorgedruckt. Auf einen Blick erkennt der Sammler damit, welche Stücke noch fehlen. Die Leuchtturm-Länderalben werden Jahr für Jahr durch Nachträge ergänzt, die den bestehenden Sammlungen hinzugefügt werden. Die angebotenen Vordruckblätter umfassen die ganze Welt der Philatelie. Von Andorra bis Zypern – 140 verschiedene Sammelgebiete werden laufend von der Leuchtturm-Redaktion betreut.

Neben der Übersichtlichkeit steht der Schutz der oftmals kostbaren Marken an erster Stelle. Selbstverständlich sind die verarbeiteten Kartonagen säurefrei, und auch die handverklebten, weichmacherfreien Polysterol-Schutztaschen sind der individuellen Größe der Marke angepasst.

Ob Pinzetten, Lupen oder Ultraviolett-Lampen zur Überprüfung der Sammelobjekte – die Produktpalette des Unternehmens bedient umfassend nicht nur den Bedarf der Philatelisten. Auch Sammler von Münzen finden bei dem norddeutschen Unternehmen das numismatische Zubehör für ihr schönes Hobby.

Der Leuchtturm Albenverlag wurde 1948 ebenfalls von Paul Koch in Hamburg gegründet. 1997 wurde Leuchtturm mit dem 1917 gegründeten KABE Verlag verschmolzen. Heute ist der Leuchtturm Albenverlag der größte Exporteur von Briefmarken-Sammelzubehör weltweit. Neben Tochtergesellschaften in den USA und in Kanada pflegt das Traditionsunternehmen Geschäftsverbindungen in 80 Ländern auf fünf Kontinenten.

Allein im Stammhaus in Geesthacht vor den Toren Hamburgs beschäftigt das Familienunternehmen 170 Mitarbeiter. Zusätzlich kleben etwa 70 Heimarbeiter in sorgfältiger Handarbeit die Schutztaschen auf die Vordruckblätter, denn trotz eines hohen Automatisierungsgrades bei Leuchtturm werden bestimmte Aufgaben immer noch am besten vom Menschen selbst erfüllt.

Sammler können sich mit ihren Fragen rund um die Philatelie zudem an die erfahrene Redaktion von Leuchtturm wenden, die in einer eigens eingerichteten Sammler-Service-Abteilung tätig sind.

Mit einem Produkt der besonderen Art wird das Produkt-Sortiment abgerundet. Zum 40-jährigen Bestehen des Unternehmens wurden 1988 die Informationsblätter „MEMO" entwickelt: Für die Sammelgebiete „Bundesrepublik" und „Berlin" kann das Briefmarkenalbum um auf Transparentpapier gedruckte Blätter ergänzt werden, die detailliert über Daten, Fakten, Ausgabeanlass und Hintergrund informieren.

So werden Leuchtturm Briefmarkenalben zu einer Enzyklopädie der deutschen Briefmarken und damit auch der deutschen Geschichte.

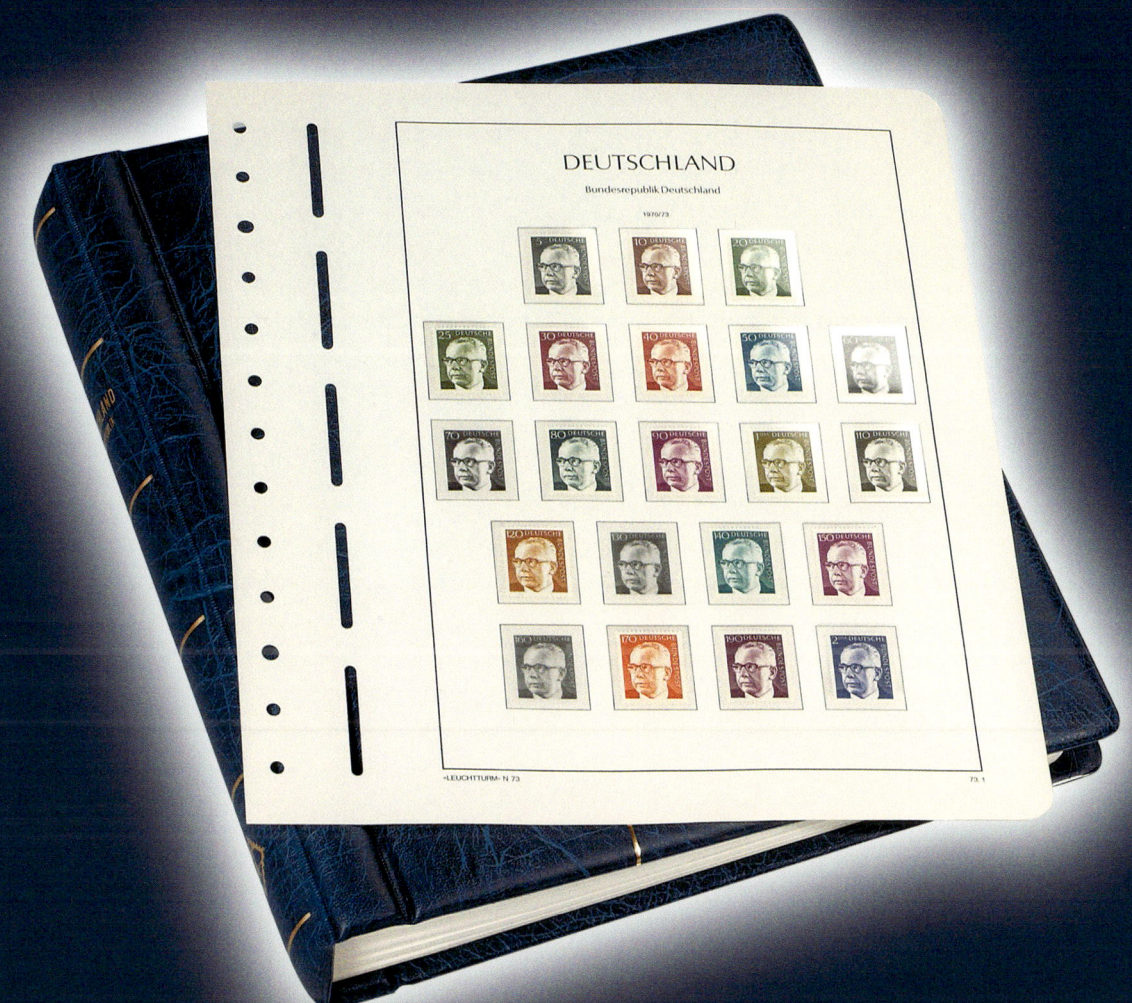

Firmenname	Klassiker	Gründung	Mitarbeiter	Vertrieb	Hauptfertigungsstätte
Leuchtturm Albenverlag GmbH & Co KG	Leuchtturm Briefmar-kenalbum (seit 1917)	1917 in Aschersleben	240	weltweit	Geesthacht bei Hamburg

Was ist Freiheit? Vielleicht ist es das Gefühl, von heute auf morgen zu einer Flugreise nach Rom aufbrechen zu können. Oder die Freiheit des anders Denkenden, wie es Rosa Luxemburg formulierte. Manchmal ist es aber auch einfach die Gewissheit, jederzeit eine Treppe hinauf- oder hinuntergelangen zu können. So, wie es früher selbstverständlich war. Dieses Stückchen Selbstverständlichkeit zu bewahren, gerade jenen Menschen, die plötzlich weniger mobil sind als gewohnt, hat sich Lifta mit ihrem Treppenlift zur Aufgabe gemacht.

Dabei stand das Urprinzip des Aufzugs, der Transport von Menschen über Höhenunterschiede hinweg, auch am Anfang dieses Unternehmens. Im Jahre 1883 wurde das Kölner Aufzugsunternehmen L. Hopmann gegründet und produziert seitdem Tausende von Aufzügen, die bis heute unermüdlich ihren Dienst versehen. Der strombetriebene Treppenlift jedoch, 1930 erstmals vom Kanadier Will Cheney für einen Nachbarn konstruiert, führte in Deutschland lange ein Schattendasein. Das war auch 1977 noch so, als Hopmann die Schwesterfirma Lifta Lift und Antrieb GmbH gründete, und so die seit 1883 bestehende Tradition des Aufzugsbaus um Aufzüge für die Treppe erweiterte.

Das simple Prinzip des Treppenliftes und die wiedergewonnene Mobilität überzeugte die Kunden auf Anhieb, so dass viele das Produkt auch ihren Freunden empfahlen. Wurden im ersten Jahr gerade einmal neun Treppenlifte verkauft, so waren es im zweiten Jahr bereits 50 und im dritten Jahr mehr als 200. Heute – das Unternehmen ist unangefochtener Marktführer in Deutschland und Lifta ein Synonym für Treppenlifte – kann Lifta auf weit mehr als 40.000 Kunden verweisen, die die Treppe ihres Hauses mit ihrem Lifta nun leicht überwinden. Mit dem einzigen Unterschied, dass sie bequem Platz nehmen können, in einem Sitz, der durch seine schmale Konstruktion und Einklappbarkeit wenig Platz in Anspruch nimmt. Aufgestellt wird der Lifta auf der Treppe im eigenen Haus, in dem die Bewohner nicht selten mehr als

die Hälfte ihres Lebens verbracht haben – und das sie auf keinen Fall verlassen möchten, solange das einzige Problem die Treppe ist.

Aufgebaut wird der Lifta-Treppenlift in der Regel im Laufe eines halben Tages. Dem voraus geht eine eingehende Beratung, in der die Mitarbeiter von Lifta exakt errechnen, wie der Lifta optimal konstruiert und aufgestellt werden kann. Die Schiene mit robuster Zahnstangentechnik, die den Sitz transportiert, wird nicht an der Wand, sondern auf den Stufen befestigt, und zwar unabhängig davon, ob die Treppe gerade, gewunden oder gar gewendelt ist. Das Frappierende an diesem System: Es ist so flexibel, dass es auf fast jede Treppe passt. Der Lifta kann sowohl an der Außen- als auch an der Innenseite der Treppe angebracht werden, die Sitzfläche und die Armlehnen sind klappbar und passen sich so auch beengten Raumverhältnissen an. Sensoren sorgen bei Hindernissen für einen automatischen Stopp, zum Beispiel, wenn die Enkelkinder mal wieder ihr Spielzeug auf der Treppe haben liegen lassen. Die Modellvarianten sowie die verschiedenen Farbdekore gewährleisten, dass nach wie vor jeder Lifta der individuellen Einrichtung und dem Geschmack seiner Besitzer entspricht. Sie sehen den Lifta nicht als Notbehelf, sondern als einen dezenten Helfer, der ihre häusliche Mobilität sicherstellt. Dies gilt im Übrigen nicht nur für die eigenen vier Wände: Neben den Lifta-Events, die seit vielen Jahren im gesamten Bundesgebiet den Lifta-Kunden einen schönen Tag bescheren, bietet das Unternehmen seit dem Jahr 2000 auch Reisen an.

All dies sorgte dafür, dass Lifta im Jahr 2001 erstmals in die „Top 100", die Liste der 100 innovativsten mittelständischen Unternehmen Deutschlands, aufgenommen wurde. Auch in punkto Kundenzufriedenheit und Servicequalität ist Lifta vorbildlich und wurde mit dem TÜV-Zertifikat für Kundenzufriedenheit und Servicequalität ausgezeichnet. Aber die wertvollste Auszeichnung von allen ist der Satz, den fast jeder zweite Kunde beim ersten Gespräch äußert: „Sie sind uns empfohlen worden."

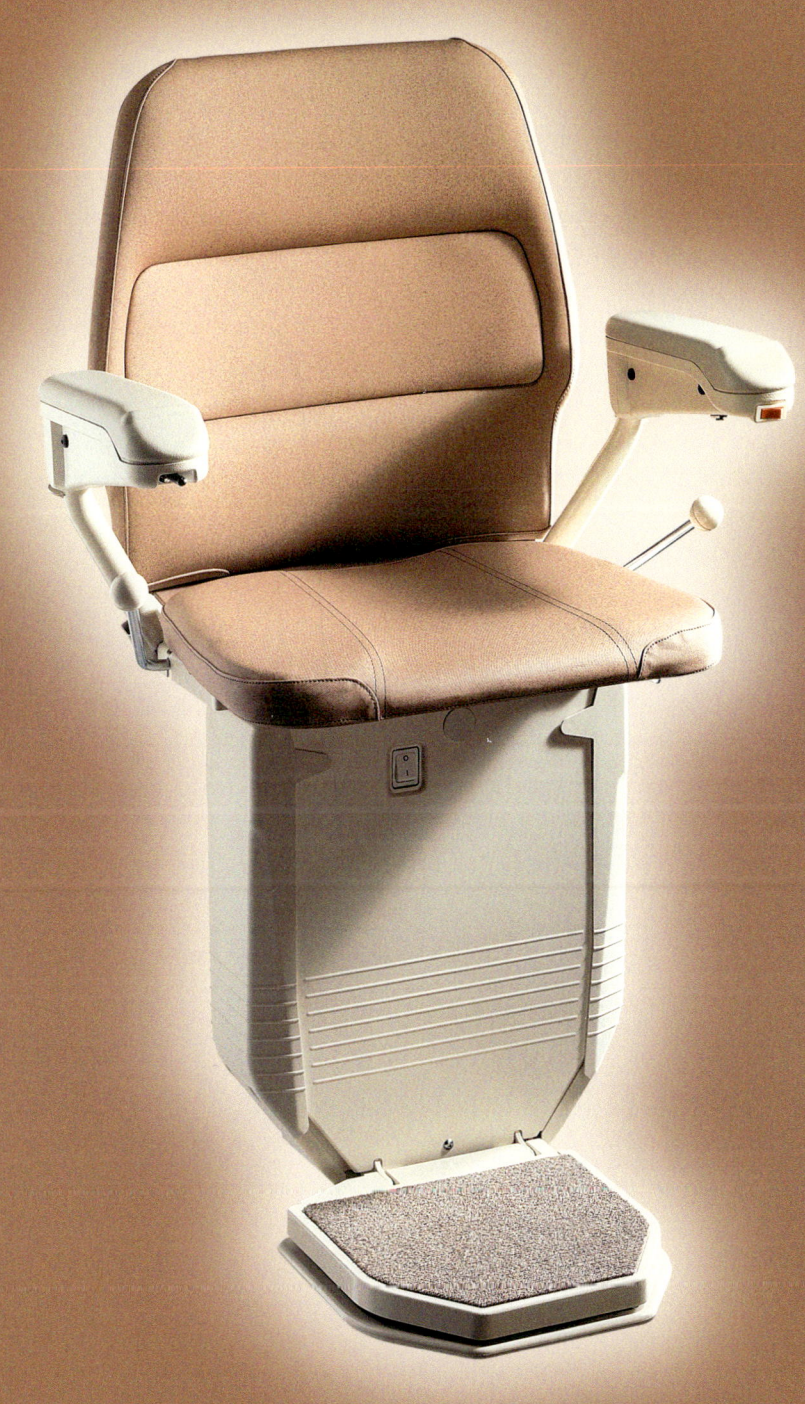

Firmenname	Klassiker	Gründung	Bekanntheit	Jahresabsatz	Mitarbeiter
Lifta Lift und Antrieb GmbH	Der Treppenlift	1977 in Köln	über 80 % in der Generation 50plus	über 5.000 Stück pro Jahr	160

LODENFREY | DER LODENMANTEL

LODENFREY „Lodo" oder „Lodium" – im Althochdeutschen gleichbedeutend mit „grobes Wollzeug", „zotteliger Mantel" – nannten die Tiroler Bauern um 950 ihre neueste Erfindung. Es war ihnen gelungen, die Wolle der Schafe zu einem besonders festen und strapazierfähigen Tuch zu verarbeiten, dem Loden. Durch das Walken, einer Methode des Verfilzens, erhielt der Lodenstoff seine Dichte. Eine einfache Strickstruktur ließ – ähnlich den übereinandergeschichteten Lagen eines Strohdaches – das Regenwasser leichter ablaufen und schützte so vor schnellem Durchnässen. Bis ins 19. Jahrhundert waren Mäntel und Umhänge aus Loden die zweckmäßige, wetterfeste Bekleidung für Jäger, Bauern und Hirten.

Johann Georg Frey, gelernter Tuchmacher aus Württemberg, kam 1842 nach München und erwarb dort für 250 Gulden die „Webergerechtsame", seine erste Lizenz. Mit zehn Webstühlen eröffnete er seine Werkstatt, in der er einfache, glatte Lodenstoffe fertigte. 1854 stellte Frey auf der Pariser Weltausstellung eine absolute Weltneuheit vor, einen wasserabweisenden Loden, für den er prompt die Goldmedaille erhielt. Mit Paraffin, das er der Wolle beim Walken zusetzte, hatte er diese Wirkung erreicht.

Johann Baptist Frey, Sohn des Firmengründers, arbeitete weiter an den Ideen seines Vaters und entwickelte 1878 den ersten wirklich wasserfesten Lodenstoff, den Strichloden. Die gewelkte und geraute Ware erhielt in der Appretur eine in Strich gelegte Haardecke und wurde zusätzlich wasserabweisend ausgerüstet.

Bis heute ist Lodenfrey seinem Produkt treu geblieben. Aus Strichloden entstand auch der erste modische Lodenmantel. Im Stil des damals beliebten Havelock, einem langen ärmellosen Herrenmantel mit pelerineartigem Umhang, wurde er schon bald wie der englische Trenchcoat oder das Tweedsakko zum festen Bestandteil der klassischen Garderobe.

Königliche bzw. kaiserliche Häupter machten den Loden hoffähig. Ging Kaiser Franz Josef zur Jagd, trug er einen Loden, und der Prince of Wales, der spätere Eduard VIII., bekannt als einer der bestangezogensten Männer der Welt, erschien mitunter im Lodenanzug. Der Siegeszug des Loden ließ sich nicht mehr aufhalten.

Die ersten Lodenmäntel wurden in rein handwerklicher Arbeit gefertigt. Erst 1927 entschloss sich Lodenfrey zum Bau einer eigenen Konfektionsfabrik.

Trotz tief greifender Einbrüche durch Inflation und die beiden Weltkriege gelang dem Unternehmen die internationale Expansion. Die „Lodenfrey Corporation of America" wurde 1948 gegründet, kurz darauf eine Tochterfirma in Frankreich und 1956 die „Lodenfrey in Austria". In den 50er Jahren exportierte das Unternehmen in mehr als 50 Länder. In dieser Zeit fiel auch der Entschluss, sich nicht nur auf Herrenoberbekleidung zu beschränken, sondern auch Damenmäntel zu konfektionieren.

Heute bietet Lodenfrey weltweit eines der größten Sortimente an Trachten und Lodenbekleidung für Damen und Herren. Längst umfasst das Angebot dabei auch komplette Kollektionen für Büro und Freizeit, etwa die lässigen Mäntel aus der Kollektion Country Frey oder die elegante Tofana-Serie. Die Materialien werden zugekauft, die Schnitterstellung und Konfektionierung erfolgt unter eigener Regie. Die Führung der Firma liegt auch nach über 160 Jahren in Händen der Familie Frey, derzeit in der 5. Generation. Lodenfrey kann dabei schon auf eine Reihe von Auszeichnungen zurückblicken, 1968 erhielt man etwa den begehrten Modeoskar Pokal des Comité du Bon Goût Francais, und 1979 wurde Lodenfrey – in einer Reihe prominenter Namen wie Karl Lagerfeld, Cerruti oder Missoni – der Modepreis der Stadt München verliehen.

Der Lodenmantel von Lodenfrey mit seinen natürlichen Materialien in hochwertiger Verarbeitung leistet schützende und wärmende Funktion. Als zeitloser Klassiker findet der Lodenmantel seinen Platz nicht nur in den Regalen traditionsbewusster Trachtenfans, sondern setzt auch immer häufiger in der Garderobe modebewusster Trendsetter einen besonderen Akzent. Denn: Qualität hat immer Saison.

Firmenname	Klassiker	Gründung	Mitarbeiter	Erfinder und Gründer	Bekanntheit
Münchener Lodenfabrik Joh. Gg. Frey GmbH	Lodenmantel (seit ca. 1870)	1842 in München	250	Joh. Gg. Frey	30 % (lt. Spiegel-Image)

LOEWE | DER FERNSEHER

LOEWE. „Drahtloses Sehen. Erfinder eines Apparates wünscht Mitwirkung für Herstellung brauchbaren Modells." Dieses Inserat steht 1923 in der „Times". Es ist das Jahr, in welchem in Deutschland das Radio eben erst zu sprechen lernt und erstmals ein Rundfunkprogramm ausgestrahlt wird. An der Idee einer gleichzeitigen Übertragung von Ton und Bild arbeiten in diesen Jahren verschiedene Erfinder mit unterschiedlichen Konzeptionen. Einer von ihnen ist Dr. Siegmund Loewe, der 1923 eine kleine Firma gründet. Radios will er bauen. Aber es dauert nicht lange, bis 1929, und man widmet sich ebenso eifrig der Fernsehentwicklung.

Nur zwei Jahre später gelingt es Loewe, den entscheidenden Durchbruch zu schaffen: Auf der Berliner Funkausstellung präsentiert Loewe die erste öffentliche Filmübertragung mit Braunschen Röhren. Als Empfänger dient der Loewe Kathodenstrahlfernseher, konstruiert nach dem System Manfred von Ardennes. Und eben dieser Fernseher gelangt schon zwei Jahre später zur Serienreife. Damit ist ein Meilenstein gesetzt worden, der den Beginn des elektronischen Medienzeitalters markiert.

Nach diesen Pionierleistungen sind freilich noch viele Innovationen, Entwicklungen und gute Ideen notwendig, um den heutigen Stand der Fernsehtechnik zu erreichen. Auch in der weiteren Geschichte des Fernsehens sind großen Etappen eng mit dem Namen Loewe verbunden: Der tragbare Fernseher, der erste Fernseher mit Einplatinenchassis und der erste Stereoton-Fernseher wurden im oberfränkischen Kronach entwickelt. Die Firma hatte es während des Krieges hierher verschlagen, weil die Produktion vor den alliierten Luftangriffen gerettet werden sollte. So mussten damals Standortfragen entschieden werden!

Schon früh setzte Loewe auf die zukunftsweisende Digitaltechnologie, die in alle Stereoton-Fernseher eingebaut wurde, und bewies damit beindruckendes Gespür für die zukünftige Technikentwicklung. Eine bemerkenswerte Leistung war denn auch die Integration der damals noch sehr jungen Satelliten-Empfangs-technik in die TV-Geräte. Als in den 70er Jahren elektronische Massenware aus Fernost die Märkte überschwemmte, setzte man bei Loewe voll und ganz auf die besonderen Qualitäten des Hauses und nutzte die Beweglichkeit des mittelständischen Unternehmens, um neue Technik früher als andere in leistungsfähige Geräte umzusetzen. Dabei kamen Loewe seine Erfahrungen aus den frühen Tagen zugute, schließlich war das Unternehmen stets Pionier in seinem Bereich.

In den 80er Jahren formulierte Loewe seine neue Produkphilosophie: fortschrittliche Technik in fortschrittlichem Design. Gerade weil der Fernseher inzwischen zum alltäglichen Gebrauchsgegenstand geworden war, sollte er zugleich als Ausdruck individueller Wohnkultur gestaltet werden. Denn ein Fernseher muss auch ein gutes Bild abgeben, wenn er gerade nicht läuft. Eine Philosophie, die mit den Fernsehgeräten der Loewe Art Serie konsequent umgesetzt wurde.

Dem Vorreiter und heute schon Design-Klassiker Art 1 folgte eine ganze Produktfamilie freistehender und von allen Seiten gestalteter Fernseher, deren Formensprache in ihrer ästhetischen Schnörkellosigkeit neue Maßstäbe setzte. Wie eine Skulptur im Raume stehend, gleichzeitig flächig klar strukturiert in der Vorderansicht, besitzen diese Geräte durchweg Objektcharakter.

Das Flaggschiff des Loewe Sortiments ist heute das Plasma-Fernsehgerät Spheros. Mit 106 Zentimetern Bildschirmdiagonale ist Spheros nur wenige Zentimeter tief und kann wie ein Bild an die Wand gehängt werden. Er ist mit allen technischen Möglichkeiten aufrüstbar – vom Zugang zum Internet bis zum Empfang analoger und digitaler Programme. Auch das Abo-TV Premiere ist bereits integriert. Zum kompletten System wird Spheros mit DVD-Player und HiFi-Anlage, die in Technik und Design perfekt harmonieren. Spheros wurde mit dem deutschen Design-Oskar, dem Bundespreis Produktdesign, ausgezeichnet.

Firmenname	Klassiker	Mitarbeiter	Gründer	Vertrieb	Hauptfertigungsstätte
Loewe AG	Loewe Art 1 (seit 1985)	1.250	Dr. Siegmund Loewe (1885–1 ?)	in 50 Ländern	Kronach/Bayern

LORENZ VON EHREN | DIE BAUMSCHULE

Lorenz von Ehren

Auch wenn ein Sprichwort behauptet, „Alte Bäume kann man nicht verpflanzen", so ist doch die Stichhaltigkeit und Standhaftigkeit dieser These von der Baumschule Lorenz von Ehren schon längst mit fachlichem Know-how grün(d)lich widerlegt worden; denn bereits seit über 130 Jahren hat sie es sich mit Erfolg zur Aufgabe gemacht, Bäume jeder Größe und jeden Alters zu kultivieren und damit regelmäßig zu verpflanzen. Allerdings ist die Verpflanzung beziehungsweise die „Verschulung" von alten Bäumen nur unter bestimmten Voraussetzungen möglich: Sie basiert auf und hängt ab von einer intensiven und arbeitsaufwändigen Vorbereitung seitens der fachkompetenten und sachkundigen „Baumlehrer". Die Grenzen der Verpflanzung werden dabei weder durch das Alter noch durch die Größe, sondern vielmehr durch die Transportfähigkeit des Baumes gesteckt.

Die historischen Wurzeln der Baumschule Lorenz von Ehren reichen zurück in das 19. Jahrhundert: Es war im Jahr 1865, als Johannes von Ehren das Traditionsunternehmen vor den Toren der Städte Hamburg und Altona in den Elbvororten ins Leben rief. Einen ersten Wachstumsschub erfuhr die junge Baumschule während der Zeit der „Gründerjahre" im Anschluss an die Reichsgründung 1871, als in Deutschland ein immenser wirtschaftlicher Aufschwung und eine enorme Bautätigkeit begannen sowie parallel hierzu eine gestiegene Nachfrage nach seltenen und kostbaren Pflanzen einsetzte.

Im Jahr 1898 übernahm Lorenz von Ehren die Baumschule seines Vaters und setzte den Wachstums- und „Veredlungsprozess" des Betriebes fort; denn er erweiterte nicht nur das Angebot der Baumschule um größere Bäume und Sträucher, sondern auch den Kreis seiner Kunden, zu dem unter anderem die Höfe in Kopenhagen und in St. Petersburg gehörten. Der Erste Weltkrieg und die folgende Wirtschaftskrise markierten einen vorübergehenden Einschnitt in der Entwicklungsgeschichte der Baumschule, die erst nach dem Ende des Zweiten Weltkriegs mit der

nächsten Generation wieder erfolgreich fortgesetzt werden konnte. Johannes und Lorenz von Ehren kultivierten auf vorbildliche Art und Weise sowohl die Bestände der Baumschule als auch die Handelsbeziehungen mit internationalen Geschäftspartnern. An diese Traditionen anknüpfend, übernahmen 1970 Lorenz und Bernd von Ehren in der nun vierten Generation die Unternehmensleitung; als auch heute noch amtierende „Schuldirektoren" gründeten beide schon in den 70er Jahren einen Zweigbetrieb im niedersächsischen Bad Zwischenahn und erweiterten die Kulturfläche der Baumschule auf die derzeitige Größe von etwa 400 Hektar.

Im Laufe der Zeit wurde so ein sehr umfangreiches Sortiment aufgebaut, welches vom Junggehölz bis zum sechzigjährigen Großbaum sowie von exklusiven Raritäten über Formpflanzen bis zu 10 m hohen Großkiefern reicht. „Kompetenz in Sachen Grün" zeigt Lorenz von Ehren mit seinen exklusiven und aufwändigen Schauanlagen im Beratungszentrum, die Architekten und Kunden aus ganz Europa Anregungen für die optimale Umsetzung ihrer Planungen bieten. Lorenz von Ehren liefert Pflanzen in den gesamten nordeuropäischen Raum. Dabei werden private Gärten ebenso beliefert wie Großprojekte – beispielsweise: die Docklands in London, das Porschewerk in Leipzig, Euro-Disney in Paris, Castle Hill Garden des Windsor Castle und die Linden beim Brandenburger Tor in Berlin. Man muss jedoch nicht zwangsläufig einen Schlossgarten besitzen, um die edlen Gewächse der Baumschule von Ehren sein Eigen nennen zu können: Auch kleinere Bäume und Pflanzen sind in der gewohnten Qualität zu beziehen.

Die langjährige Erfahrung im Umgang mit Pflanzen und das hierbei erworbene Wissen um das komplexe Zusammenspiel von Boden, Baum und klimatischen Bedingungen sowie das hohe Maß an Verantwortungsbewusstsein für Mensch und Natur stellen auch für die Zukunft sicher, dass von der Baumschule Lorenz von Ehren auch weiterhin (alte) Bäume verpflanzt und geliefert werden können.

Firmenname	Klassiker	Gründung	Mitarbeiter	Vertrieb	Hauptfertigungsstätten
Pflanzenhandel Lorenz von Ehren GmbH	Verpflanzung gewachsener Bäume	1865 in Hamburg	130	Europa, Russland, China	Hamburg und Bad Zwischenahn

LOWA | DER WANDERSCHUH

 Zu wissen, „wo jemanden der Schuh drückt", gilt allgemein als große Tugend. Als weitaus größere Tugend ist es allerdings wohl anzusehen, wenn der Schuh gar nicht erst drücken kann, sondern durch jahrzehntelange Forschung und Verbesserung so bequem geworden ist, dass sein Träger ihn auch nach Stunden nicht schmerzhaft spürt. Diese Qualitätsmaßstäbe hat sich ein Unternehmen ganz besonders zueigen gemacht: die Firma LOWA im bayerischen Jetzendorf bei München.

Dort ist das Unternehmen seit seinen ersten Tagen verwurzelt. Noch bevor das Wandern erst des Müllers und dann des Touristen Lust wurde, wusste der Namensgeber LOrenz WAgner, was die Menschen der Berge brauchten: festes, zuverlässiges Schuhwerk zu einem angemessenen Preis. Die Gründung des Betriebes geht bis auf das Jahr 1923 zurück. Langsam vergrößerte sich das Unternehmen über die Heimarbeit für eine Münchner Firma zu den ersten eigenen Maschinen bis hin zur Erweiterung der Betriebsräume. In diesen Betrieb kam 1929 der gerade mal 14-jährige Josef Lederer als Lehrjunge, der sehr bald wusste, wie viel Arbeit in einem guten Paar Schuhe steckte.

Als der Zweite Weltkrieg vorüber war, musste Lorenz Wagner ganz von vorne anfangen. Nur ein Jahr nach der Wiedereröffnung, 1949, war auch der aus Kriegsgefangenschaft zurückgekehrte Josef Lederer wieder dabei. Schnell wurde der tüchtige junge Mann zum Betriebsleiter befördert, und durch die Heirat mit Berti Wagner gehörte er schließlich sogar zur Familie. Als Lorenz Wagner 1953 starb, übernahm Josef Lederer das Geschäft. Unter seiner Führung wurde das Unternehmen besonders in den 60er und 70er Jahren stetig erweitert. Der größte und weitreichendste Schritt war wohl, zu den legendären Wanderschuhen, die heute gerne auch Trekkingschuh genannt werden, den Skistiefel hinzuzunehmen. In beiden Bereichen gehört LOWA heute zu den ersten der Branche.

Auf welche Weise LOWA nicht nur mit der Entwicklung des Marktes Schritt gehalten hat, sondern ihn entscheidend mitbestimmte, zeigt ein Blick auf die aktuelle Kollektion: LOWA bietet Schuhe für jeden Bedarf und Geschmack, vom steigeisenfesten Bergstiefel über den wasserfesten und atmungsaktiven Goretex-Schuh – ein Material, das LOWA mit als erster einsetzte – bis hin zu leichteren Wander- und Freizeitschuhen sowie besonders stabilen Sandalen. Für den Alpin-Urlaub, für die Weltumrundung, für das Wochenende im weichen, raschelnden Herbstlaub: Den richtigen Schuh dazu gibt es von LOWA. Durch die neue, patentierte C-4-Lasche, die asymmetrisch gepolstert ist und eine spezielle Knickstelle hat, können Druckstellen, der Fluch eines jeden Wanderers, nun noch besser vermieden werden.

Auch im Bereich der Skistiefel ist der Name LOWA für seine Qualität bekannt. Kein Wunder: Lederer hatte seine Neuentwicklungen stets am eigenen Leib ausprobiert, beim Urlaub mit seiner Frau und mit Bekannten. Und wenn er wieder einmal an seinen Schuhen herumtüftelte, mussten ihn die anderen vor neugierigen Blicken möglicher Konkurrenten schützen. Inzwischen ist der Bereich der Skischuhproduktion ausgelagert, und zwar zur italienischen Partnerfirma Tecnica, die 1993 den Betrieb übernahm, ihn aber unter der bewährten Leitung von Geschäftsführer Werner Riethmann beließ.

Noch immer arbeiten im Jetzendorfer Werk 210 Mitarbeiter. Durch kluge Strategien konnten die Umsätze weiter gesteigert werden. Dazu gehörte auch, einzelne Produkte wie Sandalen oder den Trekking Light Schuh zwar noch zu entwerfen und die Entstehung zu kontrollieren, aber nicht mehr selbst herzustellen. Auch zusammen mit Tecnica hat LOWA seine Linie beibehalten. Und mit dem Leitbild von gleichbleibender Qualität zu angemessenen Preisen lässt es sich leicht bei den sprichwörtlichen Leisten bleiben.

Firmenname	Klassiker	Gründung	Gründer	Vertrieb	Produktionsstätten
Lowa Sportschuhe GmbH	LOWA Trekker (seit 1983)	1923 in Jetzendorf	Lorenz Wagner (1893–1953)	weltweit	europaweit

LÖWENSENF | DER SENF

Um dem Geheimnis der unverwechselbaren Qualität und des einzigartigen Geschmackserlebnisses der gelben, würzigen Paste auf die Spur zu kommen, die bei uns im Kühlschrank steht und auf deren Etikett ein Löwenkopf prangt, lohnt ein Blick in die Geschichte von Löwensenf, der Düsseldorfer Spezialität.

Die ursprüngliche Heimat des Löwensenf liegt allerdings nicht am Rhein, sondern in Lothringen. In Metz gründeten 1903 Otto und Frieda Frenzel die „erste lothringische Essig- und Senffabrik". Als nach dem verlorenen Ersten Weltkrieg deutsche Staatsbürger die französisch gewordene Stadt verlassen mussten, entschied man sich für Düsseldorf als neuen Standort des Werkes, denn die Rheinmetropole war damals die führende Senf-Stadt des Reiches. Doch das bedeutete auch zahlreiche und vor allem erfahrene Konkurrenten. Familie Frenzel musste sich darum etwas Besonderes einfallen lassen, wollte sie sich an diesem Markt behaupten. Manche schlaflose Nacht verging, bis der Löwensenf in der Komposition gefunden war, die nun seit vielen Jahrzehnten den Handel in immer gleichbleibender Qualität versorgt. Das Erfolgsrezept, mit dem sich Familie Frenzel schließlich durchsetzen konnte, bewährt sich bis heute: „Man nehme nur Zutaten der allerbesten Qualität, achte peinlich genau auf naturreine Zubereitung und verzichte auf alle naturfremden Zusätze." Die Einzelheiten von Rezept und Produktionsverfahren aber bleiben stets ein wohlgehütetes Betriebsgeheimnis.

Der 1920 entwickelte Löwensenf Extra, der aufgrund seiner einzigartigen Schärfe und unverwechselbaren Würze jedem in unvergesslicher Erinnerung bleibt, ist mittlerweile ein echter Klassiker. In allen Küchen der Welt greifen Feinschmecker zu der pikanten Spezialität vom Rhein, wenn es gilt, ihren Speisen die besondere Würze zu verleihen. Um dieses spezielle Aroma ganz bewusst ohne Konservierungsmittel schützen zu können, führte Löwensenf als erstes deutsches Unternehmen Glasverpackungen und Abfüllungen unter Vakuum ein. Da jedoch nicht nur die moderne Küche unterschiedliche Anforderungen an Senf stellt, sondern auch die Geschmäcker der Menschen höchst verschieden sind, ist die Löwensenf-Familie kontinuierlich gewachsen. Der Löwensenf Medium ist die würzige Delikatesse unter den Tafelsenfen und immer die richtige Wahl für die ganze Familie, und der Löwensenf Bayerisch Süß schmeckt nicht nur zu Weißwürsten ausgezeichnet. Für den etwas ausgefalleneren Geschmack gibt es die Spezialitäten Löwensenf Sherry, Honig-Dill, Pfeffer-Mix sowie Rotisseur vin blanc in den 100-ml-Tönnchen, die sich besonders zum Kochen und Veredeln anbieten. Auch der Schritt zu senfverwandten Produkten wurde mit Bravour gemeistert: Die im Jahre 1999 unter dem Namen Löwensenf Rouladen Traum geborene erste fertige Rouladenfüllung verfeinert das Traditionsgericht deutscher Küche traumhaft und im Handumdrehen. Mit dem Hackfleisch und Krusten Traum kann der ambitionierte Hobbykoch unterdessen auf zwei weitere hochwertige Convenience-Produkte zurückgreifen. Den Wunsch nach ausgefallenen, besonderen Rezepturen für moderne Verzehranlässe wie Sandwiches, Hotdogs, aber auch Gegrilltem und Fondue erfüllte Löwensenf mit seinen Senfcremes, die es wahlweise mit Chili, Sauerrahm, Honig oder mit Gürkchen und Paprika gibt. Besonders praktisch zum schnellen Verzehr ist dabei die neue Squeeze-Flasche, bei der es kein Kleckern oder Tropfen mehr gibt. Wie alle großen Marken hat Löwensenf nicht nur eine spannende Geschichte, sondern nimmt auch die Verpflichtung für die Zukunft an. Denn Tradition zu bewahren, bedeutet keineswegs, gegenüber Neuem verschlossen zu sein. Mit seinem Know-how und seiner unbestrittenen Senfkompetenz arbeitet Löwensenf schon heute an Produkten von morgen, etwa an der Variante Crème-Dijon, die exklusiv in Frankreich hergestellt werden soll. Denn der hohe Anspruch der Marke nach „100 % Geschmack" liefert immer wieder Ideen für Innovationen von Löwensenf. Dass diese stets von hoher Qualität und bestem Geschmack sein werden, dafür bürgt auch in Zukunft das Zeichen des Löwen.

Firmenname	Klassiker	Gründung	Gründer	Bekanntheit	Hauptfertigungsstätte
Düsseldorfer Löwensenf GmbH	Löwensenf „extra"	1903 in Düseledorf	Otto und Frieda Frenzel	89,9 %	Düsseldorf

Lufthansa Als Otto Lilienthal 1891 zu seinem ersten Gleitflug ansetzte, konnte er kaum ahnen, dass eine deutsche Luftfahrtgesellschaft gut 100 Jahre später mehr als 42 Millionen Passagiere in aller Welt befördern sollte. Doch eben diese Zahl von Gästen konnte die Deutsche Lufthansa AG im Jahr 2000 an Bord ihrer Maschinen begrüßen.

Die Geschichte des deutschen Nationalcarriers begann am 6. Januar 1926. An diesem Tag wurde die „Deutsche Luft Hansa AG" als Zusammenschluss der „Junkers Luftverkehr AG" mit der „Deutschen Aero Lloyd AG" ins Leben gerufen. Damals war es durchaus keine Selbstverständlichkeit, dass sich Flugzeuge einer deutschen Fluggesellschaft in die Lüfte erheben durften. Nach dem verlorenen Ersten Weltkrieg hatte es zäher Verhandlungen bedurft, um für Deutschland im internationalen Flugverkehr die gleichen Rechte wie für die Siegermächte durchzusetzen.

Mit acht Flugstrecken nimmt die Lufthansa ihren Betrieb auf. Doch schon bald fliegen die Maschinen mit dem Symbol des aufsteigenden Kranichs in die ganze Welt hinaus. Am 1. Mai 1926 wagt die Lufthansa den ersten Passagierlinienflug der Geschichte bei Nacht. Geführt von Signalfeuern findet die Maschine sicher ihren Weg von Berlin nach Königsberg. Die Reisezeit nach Moskau verringert sich auf sensationelle 15 Stunden. Und nur ein halbes Jahr nach Gründung der Gesellschaft starten zwei Junkers G 24 in Berlin nach Peking, um am 30. August in der alten Kaiserstadt zu landen.

Mit dem Zusammenbruch des Deutschen Reichs erlebt auch die Lufthansa ein vorläufiges Ende. Auf Beschluss des Kontrollrats muss sie 1945 den Betrieb einstellen. Erst sechs Jahre später, am 29. Mai 1951, betraut Bundesverkehrsminister Seebohm den Verkehrsleiter der alten Gesellschaft, Hans M. Bongers, mit der Aufgabe, die Möglichkeiten einer künftigen deutschen Luftfahrt zu sondieren. Knapp zwei Jahre später ist es so weit: Am 6. Januar 1953, dem Geburtstag der deutschen Lufthansa, wird in Köln die neue nationale Fluggesellschaft aus der Taufe gehoben.

Schon zwei Jahre später nimmt die Lufthansa ihre Linienflüge wieder auf. Mit der Einführung der Boeing 707 beginnt 1960 das Jet-Zeitalter. Zehn Jahre später fliegt auch die 747 – der Jumbo-Jet – in den Farben der Lufthansa.

Die Heimatbasis der heute 378 Flugzeuge umfassenden Lufthansa-Flotte ist Frankfurt, wo sich auch mit dem Lufthansa Cargo Center der größte Frachtflughafen der Welt befindet. Das Durchschnittsalter der Maschinen, die über 300 Ziele in aller Welt anfliegen, liegt mit nur 8,4 Jahren unter dem Branchendurchschnitt.

Im harten Wettbewerb des internationalen Fluggeschäfts setzt Lufthansa konsequent auf die Zufriedenheit ihrer Passagiere. Sicherheit, Zuverlässigkeit, Komfort und hohe technische Kompetenz bestimmen ihren Ruf – nach einer weltweiten Befragung von 10.000 Personen gilt Lufthansa als die stärkste Marke im gesamten internationalen Luftverkehr. Diese Position zu halten, erfordert Innovationen im Service, eine hohe Betreuungsintensität der Kunden während der gesamten Reise und die ständige Verbesserung des Komforts und Entwicklung neuester Technologien an Bord, wie zum Beispiel Internet an Bord. „Erlebnisgastronomie" heißt das erfolgreiche kulinarische Konzept: Prominente, international anerkannte Köche präsentieren auf ausgewählten Flügen Spitzengastronomie, begleitet von exquisiten Weinen, ausgesucht vom Weltmeister der Sommeliers, Marcus Del Monego.

Längst ist die Lufthansa mehr als eine reine Fluggesellschaft. Unter dem Zeichen des Kranichs ist ein Konzern mit den unterschiedlichsten Geschäftsfeldern wie Catering, Charter, Abfertigung und Consulting entstanden, die alle durch ein gemeinsames Bemühen zusammengehalten werden: den hohen Ansprüchen an „Made in Germany" überall auf der Welt gerecht zu werden.

Firmenname	Klassiker	Gründung	Mitarbeiter	Betrieb	Jahresabsatz
Deutsche Lufthansa AG	Die Fluggesellschaft (seit 1926)	1926 in Köln	94.135 (2002)	mehr als 300 Destinationen weltweit	43,9 Mio. Passagiere (2002)

LÜRSSEN | DIE YACHT

Schöner, schneller, besser, Erster: Das sind die Tugenden, welche die Fr. Lürssen Werft seit mehr als 125 Jahren über Generationen hinweg kultiviert und die sie in den Olymp der Schiffbauer gehoben haben. Der 1875 vom Firmengründer Friedrich Lürssen formulierte Anspruch, als führender Schiffskonstrukteur in die Geschichte einzugehen, kann längst als erfüllt angesehen werden. Von Anfang an gelten Qualität, Leistung und Innovation als die Merkmale, welche die Fr. Lürssen Werft zu dem gemacht haben, was sie heute ist: ein international renommierter, kompletter Schiffsbauer mit Verkauf, Design, Herstellung und Entwicklung, Service und Logistik.

Das selbst gesteckte Ziel, erster und bester aller Klassen zu sein, wird früh und dann immer wieder erreicht: So konstruiert Fr. Lürssen 1886 zusammen mit den legendären Gottlieb Daimler und Wilhelm Maybach das erste Motorboot der Welt, die „Rems". Die Firma gehört zu den Pionieren für Sport- und Motorboote: „Donnerwetter" heißt das frühe und erfolgreiche Speed Boat von 1905, das die Erfolgsserie der Werft auf allen europäischen Motorbootsrennen eröffnet; ein echter Renner war auch die „Saurer-Lürssen" von 1912, die mit Otto Lürssen am Steuer bei dem renommierten „Preis von Monte Carlo" eine Reihe von Trophäen gewinnen konnte. Mit 32 Knoten war er damals inoffizieller Weltrekordhalter, ein echter Meister des Meeres. Weitere Innovationen und Rekorde folgen, immer wieder gelingt es Lürssen, in den verschiedensten Bereichen vor allen anderen Maßstäbe zu setzen. Wo Lürssen ist, ist vorne. Frühzeitig erwirbt sich Lürssen auch Kompetenz und Erfolg mit luxuriösen Motoryachten. Die erste familieneigene Yacht „Onkel Fidi" folgt 1920, und zwischen 1924 und 1934 werden bereits eine Vielzahl von Yachten in die USA exportiert, ein Kontakt, der über die Jahre hinweg gepflegt und ausgebaut wird.

Die Erfolgsgeschichte vom bescheidenen Hersteller kleiner Arbeits- und Rennboote hin zum führenden Hersteller von Luxusyachten und hochqualitativen Spezialschiffen hat begonnen. Kontinuierlich werden auch technologische und innovative Kompetenzen erweitert, stets werden die Herausforderungen angenommen, die sich durch den Bau unterschiedlichster Schiffstypen stellen. Kleine Boote haben die Fr. Lürssen Werft groß und weltberühmt gemacht. Als Familienunternehmen in der vierten Generation verbindet es Tradition und Innovation. Zu seinen internationalen Kunden gehören Regierungen, Industrielle und Privatpersonen. Neben Motor-, Renn- und Schnellbooten stellt Lürssen nicht nur Patrouillenboote, Korvetten, Fregatten, Minensucher sowie spezialisierte Forschungsschiffe und Schutzboote, sondern auch Yachten für den individuellen und gehobenen Geschmack her. Von damals bis heute haben insgesamt rund 13.000 Schiffe die Fr. Lürssen Werften verlassen. Jedes einzelne von ihnen ist ein echtes Original und ein echtes Prachtexemplar.

Ein besonderes Augenmerk verdienen dabei die gigantischen Yachten, die mehr als nur einen Hauch von Luxus verbreiten. Die stilvolle und höchsten Ansprüchen genügende Ausstattung sowie die einzigartige Qualität dieser Schiffe setzen auch hier Standards. Ein sinnlicher Genuss in Reinkultur. Lebensart von ihrer schönsten Seite. Die Namen der Yachten „Maalana", „Mipos", „Izanami", „Limitless", „Coral Island", „Be Mine" oder „Xenia" stehen für Geschmack, Perfektion, Reinheit, Anmut, Würde, Schönheit und Charakter. Weltberühmte Architekten und Ingenieure wie Sir Norman Foster, Jon Bannenberg, Tim Heywood oder Espen Oeino standen Pate bei dem mehrfach ausgezeichneten Design. Nicht nur die Yachten, sondern alle Schiffe von Lürssen sind insgesamt zu Synonymen geworden für formvollendete Ästhetik, einzigartige Qualität und ausgereifte Hochtechnologie. Die Tugenden, die damals für Fr. Lürssen galten und die für den Geist der Werft stehen, haben auch heute noch, vier Generationen später, Gültigkeit.

Firmenname	Klassiker	Gründung	Gründer	Vertrieb	Hauptfertigungsstätte
Fr. Lürssen Werft GmbH & Co KG	Schiffbau (seit 1875)	1875 in Bremen	Friedrich Lürssen (1851–1916)	weltweit	Bremen

MAGGI | DIE SUPPENWÜRZE

 Sein Vater stammte aus der Lombardei, die Mutter war eine Zürcher Lehrertochter: Julius Maggi, der am 9.10.1846 im schweizerischen Kanton Thurgau zur Welt kam, verkörperte eine glückliche Mischung aus südlichem Wagemut und nördlicher Gründlichkeit, ein Pionier der Lebensmittelindustrie, der sich in die Situation der Verbraucher versetzen konnte und deshalb erfolgreich war. 1886 brachte der Müllersohn die ersten kochfertigen Suppen aus Gemüsemehlen auf den Markt. Und im gleichen Jahr gelang ihm eine Erfindung, die eigentlich nur als eine Zutat gedacht war, doch seinen Namen in kurzer Zeit weltberühmt machen sollte: „Maggis Suppenwürze".

Maggi-Würze wird aus Eiweiß hergestellt, weitere Zutaten sind Wasser, Salz, Aroma, Glutamat und Hefeextrakt. Das Pflanzeneiweiß wird in einem biologischen Gärprozess in seine Bausteine – die Aminosäuren – aufgeschlossen. Dabei entsteht das charakteristische Aroma der Würze, das dem Geschmack des Liebstöckels sehr ähnlich ist.

Dies brachte dem Würzkraut im Volksmund den Namen Maggi-Kraut ein, der sogar schon Eingang ins Lexikon gefunden hat. Für die Herstellung von Maggi-Würze wird Liebstöckel aber nicht verwendet.

Eine Würzdosis von fünf bis zehn Spritzern genügt, um einem Gericht den angenehm würzigen Geschmack zu geben. Ein wichtiger Grund für die Beliebtheit der Maggi-Würze ist dabei ihre universelle Verwendbarkeit: Sie würzt Suppen, Soßen, Fleischspeisen, Gemüse, Eintöpfe, Beilagen und Salate und kann sowohl während der Zubereitung der Speisen als auch zum Abschmecken oder Nachwürzen bei Tisch verwendet werden.

Julius Maggi beschränkte sich jedoch nicht allein auf die Erfindung seiner Würze. Persönlich entwarf er die typisch viereckige Form der braunen Flasche und bestimmte für die Etiketten die Farben Gelb und Rot, die noch heute die Maggi-Hausfarben sind. 1886 richtete er ein „Reclame- und Press-Büro"

ein, als dessen „Vorsteher" kein Geringerer als der später gefeierte Dramatiker Frank Wedekind fungierte.

Das Ansehen und Vertrauen der Marke Maggi könnte besser nicht sein. Über 800 Millionen Mal im Jahr greifen die deutschen Verbraucher zu den Produkten der hierzulande bekanntesten Lebensmittelmarke: Der Bekanntheitsgrad liegt bei sagenhaften 100 Prozent, die Käuferreichweite bei 87 Prozent.

Doch ein modernes Unternehmen wie Maggi muss sich mit seinem Sortiment ständig den veränderten Verbraucherwünschen anpassen – inzwischen gibt es über 300 verschiedene Artikel. Die Produktpalette umfasst Würze, Würzmittel und Bouillons, Brühen, Suppen, Beilagen, Soßen, Fix-Produkte sowie Fertiggerichte. Bei der Produkt- und Rezeptentwicklung steht der Verbraucher mit seinen Wünschen und Anregungen im Zentrum.

Insbesondere durch das Maggi Kochstudio, den Maggi Kochstudio Treffs in Frankfurt und Leipzig und nicht zuletzt durch den Maggi Kochstudio Club besteht ein intensiver und praxisnaher Dialog mit dem Verbraucher. Das seit über 40 Jahren bestehende Maggi Kochstudio ist längst zu einer feststehenden Service- und Beratungsinstanz geworden: Mehr als 65.000 schriftliche Verbraucheranfragen, über 25.000 telefonische Beratungsgespräche, 25.000 E-Mails jährlich und eine Million verschickte Rezeptbroschüren pro Jahr zeigen dies deutlich.

Auch wenn sich die Ernährungs- und Konsumgewohnheiten wandeln, was bleibt ist der traditionell hohe Qualitätsanspruch der Marke Maggi und die Umsetzung des von Julius Maggi geprägten Leitsatzes „Helfen und Dienen".

Firmenname	Klassiker	Würzmischung	Gründer	Bekanntheit	Hauptfertigungsstätten
Maggi	Maggi Suppenwürze (seit 1887)	Rezept seit jeher geheim!	Julius Maggi (1846–1912)	100 %	Singen, Lüdinghausen

MALLEBRIN | DAS HALSSCHMERZKONZENTRAT

Krewel Meuselbach

Von nur ganz wenigen Arzneimitteln wird man mit Fug und Recht behaupten wollen, dass sie ein Kapitel in der Geschichte der Pharmazie geschrieben haben. Das Konzentrat Mallebrin, das in Deutschland und weit darüber hinaus seit nunmehr achtzig Jahren mit konstantem Erfolg verkauft und angewendet wird, ist ein solches Medikament. Aber es ist noch mehr.

Denn auch die Geschichte der Werbung für pharmazeutische Produkte, die Entwicklung von Form und Sprache der Arzneireklame spiegelt dieser Klassiker unter den Halsschmerzmitteln in anschaulicher und zugleich amüsanter Manier wider. So heißt es in der allerersten Broschüre von 1922: „Mallebrin beeinflusst in günstiger Weise die menschliche Stimme, weshalb es Sänger, Geistliche, Lehrer und Abgeordnete zur Beseitigung stimmlicher Indisposition anwenden." Wie sehr sich der Zeitgeist seit damals gewandelt hat, illustriert eine aktuelle Anzeige, in der schon die Headline – anspielend auf die wirkungsvolle, aber eben nicht besonders schmackhafte Zusammensetzung von Mallebrin – selbstironisch droht: „Der Schrecken aus dem Medizinschrank."

Dabei korrespondieren die Veränderungen in der Mallebrin-Werbung nicht nur mit den Zeitströmungen, sondern auch mit dem notwendigen Wandel, den der Mallebrin-Hersteller, die Krewel-Werke GmbH, in diesen achtzig Jahren erfahren hat. Ihre Gründung verdanken die Krewel-Werke einzig der konsequenten ethischen wie wissenschaftlichen Haltung eines Mannes: Dr. Georg Ernst Blank. Als Arzt, Pharmakologe und Chemiker erforschte und entwickelte er eine ganze Reihe neuer Therapeutika; aber erst vielfältige äußere Widerstände zwangen ihn dazu, diese Heilmittel selbst herzustellen.

Am 24. Februar 1922, just an seinem dreißigsten Geburtstag, begann Blank mit der industriellen Produktion seiner Arzneimittel in Eitorf bei Bonn. Die hohe pharmazeutische und therapeutische Qualität der Krewel-Produkte führten bald zur Ausweitung des Geschäfts sowie zu zahlreichen internationalen Kontakten. Mit seinem unternehmerischen Mut, mit enormer Disziplin und Überzeugungskraft führte Blank den jungen, mittelständischen Betrieb sowohl durch die Weltwirtschaftskrise als auch durch die Kriegsjahre, an deren Ende die völlige Zerstörung der Werksgebäude stand.

Doch das Unternehmen hatte in den 50er Jahren schon wieder seine Vorkriegsgröße erreicht und ist seitdem, mittlerweile geführt von Blanks Tochter Inge Viefhues, stetig gewachsen. Heute ist das Unternehmen mit seinen Produkten in über 20 Ländern vertreten. Vor allem im osteuropäischen Bereich hat Krewel Meuselbach strategisch wichtige Märkte erschlossen. Die Schwerpunkte der unternehmerischen Aktivitäten im Ausland liegen auf Präparaten im Indikationsgebiet Erkältungskrankheiten, Magen-Darm-Erkrankungen, Schmerzleiden und Herz-Kreislauf-Krankheiten.

Den Erfolg verdankt das Unternehmen nicht zuletzt dem gleichsam zeitlosen Medikament mit dem Namen Mallebrin. Für das traditionsreiche Halsschmerzmittel zum Gurgeln, das heute auch als Lutschtablette erhältlich ist, stellt Krewel den Wirkstoff selbst her – und zwar wie ehedem in gewaltigen Behältern aus Steingut. Während der produktionstechnische Ablauf modernisiert wurde, blieb indes die Rezeptur des Konzentrats seit der Zeit des Firmengründers nahezu unverändert.

Diese milde wirkende Rezeptur auf der Basis von Aluminiumchlorid sorgt dafür, dass Halsentzündungen – verursacht durch Viren und Bakterien – schnell gelindert und gebessert werden. Zugleich beseitigt Mallebrin Schwellungen und Schmerzen, indem es die oberen Schichten der Schleimhäute reinigt, strafft und schützt. Eben diese umfassende, direkte und dennoch nachhaltige Wirkungsweise ist es, die Mallebrin nun schon seit Generationen einen festen Platz in jedem häuslichen Arzneischränkchen einnehmen lässt. In diesem Sinne hat Mallebrin nicht nur die Entwicklung der Pharmazie, sondern auch die ganz persönliche Geschichte vieler Menschen seit Kindertagen begleitet.

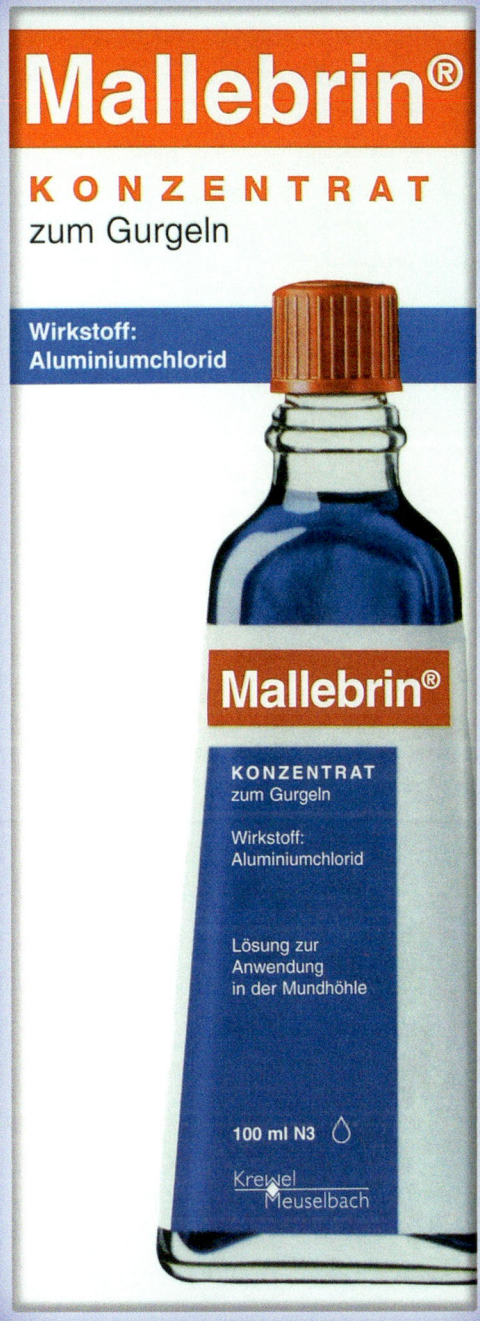

Firmenname	Klassiker	Gründung	Mitarbeiter	Gründer	Hauptfertigungsstätte
Krewel Meuselbach GmbH	Mallebrin (seit 1924)	1922 in Eitorf/Sieg	300	Dr. phil. Ernst Blank	Eitorf

märklin

Was haben Ronald Reagan, Gilbert Bécaud und Luis Trenker miteinander gemein? Alle drei waren begeisterte Modelleisenbahner – und sie bekannten sich auch dazu.

Bereits von der ersten deutschen Lokomotive, der „Adler", die am 7. Dezember 1835 auf der Strecke Nürnberg – Fürth hierzulande die Ära der Eisenbahn einleitete, gab es kurz nach ihrer Jungfernfahrt ein Miniaturmodell.

Der entscheidende Schritt zur Systemeisenbahn aber wurde 1891 getan, als die württembergische Spielwarenfabrik Märklin auf der Leipziger Messe dem staunenden Publikum ein voll ausbaufähiges Eisenbahn- und Schienenprogramm vorstellte. Noch ließ ein Uhrwerk im Innern der Lokomotive den Zug über die Schienen schnurren. Vier Jahre später brachte Märklin die erste elektrisch betriebene Eisenbahn – eine Straßenbahn – heraus. Allerdings barg dieses Modell beim Spiel kaum weniger Gefahren als die sonst vielfach verbreiteten Spiritus-Lokomotiven – nicht immer war ein „Jauchzer" aus der Kinderstube ein Freudenschrei.

Die Stromzuführung erfolgt über eine Mittelschiene und den Mittelschleifer unter den Lokomotiven, die Rückleitung über beide Außenschienen. Dieses klare System macht den Aufbau auch komplizierter Gleisanlagen ohne technische Kunstschaltungen möglich.

Größte Sorgfalt legte man bei Märklin von Anfang an auf den Zubehörbereich, um dem Modellbauer die ganze Welt der Eisenbahn zu erschließen. Symbolisch stand zunächst wenig mehr als ein Blechbahnhof an den Schienen, um „Umwelt" zu markieren. Doch da Märklin von Hause aus ja Blechspielzeug herstellte, kamen schon bald Landschaften und Tunnel hinzu, ölbeleuchtete Signale, Bahnübergänge und buntlackierte Feuerspritzen. Nach und nach entstand so eine liebenswerte Welt im Kleinen.

Mit der Industrialisierung und der Entwicklung großer Städte wurden auch die Wohnungen kleiner, schließlich lebten mehr Menschen auf engerem Raum.

Dieser Umstand hatte auch Auswirkungen auf die Produzenten bei Märklin, denn die Modelle mit größerer Spurweite wurden immer weniger nachgefragt und verloren zunehmend an Bedeutung. Märklin fällte darum die Entscheidung, die Produktion einer Tischbahn aufzunehmen, die seit 1935 unter der Bezeichnung „Miniaturbahn Spur 00" angeboten wurde. Mit einer Spurweite von 16,5 mm war sie nur halb so groß wie die Spur 0. Nach dem Zweiten Weltkrieg wurde sie darum in H0 („Halb-Null") umbenannt. Zwei Gründe trugen zum Siegeszug dieser Bahn bei: Sie war relativ preiswert und brauchte vor allem wenig Platz. Damit konnten sich auch einfache Bürger ein Produkt aus dem Hause Märklin leisten, und in vielen Familien legte der Vater dem Nachwuchs eine elektrische Eisenbahn unter den Weihnachtsbaum.

Die beliebteste H0-Lok – nicht nur bei Einsteigern – ist zweifellos das Modell 3000, die kleinste und zugleich erfolgreichste Lok. Wie jedes Modell von Märklin wurde sie nach den Plänen und Fotos des großen Vorbilds gebaut, um eine möglichst hohe Übereinstimmung mit dem Original zu erzielen.

1979 führte Märklin als Weltneuheit den Prototyp einer vollständig digitalisierten Modellbahnanlage Spur H0 vor.

Zum 125-jährigen Firmenjubiläum erfolgte 1984 die Präsentation des ausgereiften, elektronischen Modellbahn-Steuerungssystems „Märklin Digital". Der konsequente Ausbau der digitalen Modellbahn und weitere Neuerungen in der Antriebs- und Steuerungstechnik werden auch in Zukunft für die Attraktivität der Märklin-Modellbahnen sorgen. „Spiel: eine oft gesellige Tätigkeit, die ohne den Zwang einer Pflicht, meist aus Funktionslust und Freude an ihrer Ausübung, ihrem Inhalt oder Ergebnis, aber auch als Zeitvertreib, ausgeübt wird." – so steht es im Lexikon geschrieben und so ist es Antrieb für Märklin, mit seinen Produkten ein Stück Lebensfreude zu verkaufen.

Firmenname	Klassiker	Gründer und Erfinder	Bekanntheit	Vertrieb	Hauptfertigungsstätten
Gebr. Märklin & Cie GmbH	Metallspielwaren (seit 1859)	Theodor Friedrich Wilhelm Märklin (1817–1866)	knapp 90 %	weltweit	Göppingen, Sonnenberg, Nürnberg, Györ

MAYBACH Eine Freundschaft, drei ganze Kilometer und ein halbes PS Leistung legten am 10. November 1885 den Grundstein für eines der herausragendsten Kapitel deutscher Automobilgeschichte. Vor den beiden Männern, die sich jetzt gegenüberstanden, lag die kurze Strecke von Cannstatt nach Untertürkheim. Gottlieb Daimler, der ältere mit den ruhigen Gesichtszügen, sah freundlich in die Augen des hochtalentierten, ehrgeizigen Konstrukteurs. Er hatte die Begabung dieses jungen Meisters in der Maschinenfabrik des Bruderhauses von Reutlingen entdeckt, wo der Waise nach dem frühen Tod seiner Eltern aufgenommen wurde. Dort erhielt er auch seine Ausbildung zum technischen Zeichner, um anschließend als Detailkonstrukteur unter der Leitung Gottlieb Daimlers zu arbeiten. Als Daimler dann nach Deutz in die Gasmotorenwerke wechselte, folgte der junge Konstrukteur ihm und brachte den dort vorhandenen Otto-Viertaktmotor mit erheblichen Verbesserungen bis zur Serienreife. Auch nach Gottlieb Daimlers Trennung von Deutz blieben sie zusammen, machten sich selbstständig und errichteten im Gartenhaus der frisch erworbenen Daimler-Villa eine Werkstatt. Nur drei Jahre sollte es dauern, bis sich an diesem Morgen ihre Zusammenarbeit auszahlen würde. „Viel Glück!" wünschten sich Gottlieb Daimler und sein Freund und Partner Wilhelm Maybach, denn an diesem Tag sollte der erste Motorradausflug der Welt auf dem selbst konstruiertem Zweirad „Reitwagen" erfolgreich enden.

Über hundert Jahre später verneigt sich einer der größten Automobilhersteller vor seinem talentiertesten Konstrukteur mit einem Wagen, der dessen Namen trägt. Der Maybach. Mit über sechs Metern Länge und einem Fertigungsniveau, welches dem 1929 verstorbenen „König der Konstrukteure" seine Referenz erweist, sichert sich dieser Wagen den Platz im höchsten Luxussegment. Mindestens 359.600 Euro Grundpreis und ein nach oben offenes Gefüge kostet diese Verbeugung. Der Daimler Konzern, den Wilhelm Maybach 1907 nach Querelen und Streitigkeiten mit

dem Aufsichtsrat verließ, sieht den im Genfer Automobilsalon 2002 erstmals vorgestellten Wagen als eine Hommage an den Meister. Und die kann sich sehen lassen: 5,5 l Hubraum, 550 PS und 900 Newtonmeter Drehmoment. Die Biturbo-Aufladung beatmet den 12-Zylinder so effektiv, dass der Fahrer schon bei geringer Drehzahl über eine enorme Kraft verfügt.

Aber auch außerhalb des Motorraums findet man an keiner Stelle den Ansatz eines Kompromisses. Command-System für Fahrer und Beifahrer, einzelne TFT-Colordisplays für die Fond-Insassen, DVD, Internet, interne Kommunikationsanlage, drahtlose Fernbedienung zur Steuerung der einzelnen Komponenten. Nubuk- und Nappaleder, bis zu 100 verschiedene Teile feinsten Edelholzes, ein Panoramadach aus Polymer-Kunststoff, welches durch Wechselspannung eine regelbare Transparenz erhält. Ein Teil des Daches enthält Solarzellen, welche die vordere Klimaanlage mit Strom versorgen. Der Insasse im Fond kann sich die neuentwickelten Einzelsitze mit Knopfdruck in seine bevorzugte Ruhestellung bringen und sich dann aus dem hinter Edelholz verborgenen Kühlfach mit eigenem Kompressor Champagner in extra angefertigten Sektkelchen aus Sterlingsilber zu Gemüte führen.

Rund 1.800 Luxuswagen wurden von Anfang der 20er bis Anfang der 40er Jahre im Hause Maybach gefertigt. Das entspricht nicht einmal einer einzigen Arbeitsschicht heutiger großer Produzenten. Doch sie galten als das Beste, was Deutschland im Automobilbau zu bieten hatte. Der neue Maybach von DaimlerChrysler aus der Manufaktur Sindelfingen, dessen Herstellung gleichermaßen durch Handarbeit und durch Hightech geprägt ist, folgt diesem Ruf und erweist der Marke Maybach alle Ehre: Jedes Fahrzeug ist ein Einzelstück. Rund 2,2 Millionen Variationsmöglichkeiten eröffnet das umfangreiche Individualisierungsprogramm der Serien- und Sonderausstattungen. Soweit technisch realisierbar, können Maybach-Kunden dabei beliebige Sonderwünsche einbringen. Jeder Kunde hat damit die Möglichkeit, zu seinem ganz individuellen Maybach zu kommen, den es so nur einmal auf der Welt gibt.

Firmenname	Klassiker	Erfinder	Vertrieb	Mitarbeiter	Jahresumsatz
DaimlerChrysler AG	Maybach (seit 1929)	Wilhelm und Karl Maybach	weltweit	365.571 weltweit	149,6 Mrd. Euro (Konzern)

MAYSER | DER HUT

Gut behütet fühlten sich die Menschen schon vor mehr als 2.000 Jahren wohl. Wer aber die ersten „Behauptungen" gefertigt hat, liegt im Dunkel der Geschichte. Kein Geheimnis dagegen ist, wer in Deutschland seit fast 200 Jahren die Hutmode bestimmt: MAYSER, der Hutmacher für die große Welt.

Wenn genaue historische Kenntnisse fehlen, bilden sich Legenden. So haben auch die Hutmacher zur frommen Erzählung gegriffen und ihren Schutzpatron, den Heiligen Clemens, zum Erfinder des Filzes erklärt. Der Legende zufolge bettete der Heilige Werg und Wolle in seine Sandalen, um sich vor Schmerzen zu schützen. Abends in der Herberge aber entdeckte er, dass die Einlage unter dem Einfluss von Feuchtigkeit, Druck und Reibung zu einem festen Tuch zusammengewachsen war. Das soll, der Legende nach, die Geburtsstunde des Filzes gewesen sein und damit des Stoffes, der den Hutmachern Lohn und Brot gibt und den Menschen einen feinen und hochwertigen Kopfschutz.

Nach dem vom Heiligen Clemens entdeckten Prinzip wird auch heute noch Filz hergestellt. Im Gegensatz zur Wollfaser mit ihrem schuppenartigen Aufbau ist das feine Kanin- und Hasenhaar aber glatt und besitzt keine natürliche Kräuselungsfähigkeit. Erst als man im 18. Jahrhundert auf die Idee kam, Kanin- und Hasenhaare durch Beizen mit Säuren und Wasserstoffperoxyd filzbereit zu machen, konnten sie zu Hüten verarbeitet werden.

Napoleon belagerte die Stadt, als im Jahre 1800 der Meister Leonhard Mayser in der Ulmer Sterngasse einen Hutladen nebst Werkstatt eröffnete. Trotz allen Fleißes ging das Geschäft anfangs nicht recht voran. Schuld daran hatten die engen Vorschriften der Zunftordnung, wonach kein Meister mehr als einen Gesellen halten durfte. Das änderte sich erst, als Mayser 1830 Oberzunftmeister wurde und seinen Einfluss geltend machte, dieses Hemmnis aufzuheben und die Zunft damit von einer ebenso unvernünftigen wie überflüssigen Vorschrift zu befreien.

Fertigte Leonhard Mayser zunächst den Zweispitz als bevorzugten Modeartikel, trat diese Fabrikation in den Hintergrund, nachdem die Armee den Tschako eingeführt hatte und der Zweispitz nur noch zur Uniform der Diplomaten und hohen Staatsbeamten gehörte und damit relativ selten nachgefragt wurde. Dafür brachte die Herstellung von runden Hüten und Zylindern dem jungen Unternehmen Arbeit und Brot.

Der Durchbruch aber kam in den 40er Jahren mit der Etablierung des Filzhuts. Anfangs politisch anrüchig und von der Polizei verfolgt, legte er seine Staatsgefährlichkeit ab, als selbst Fürst Bismarck sich zu ihm bekehrte. 1872 beschäftigten „F. Mayser & Sohn" bereits 200 Arbeiter in ihrem Betrieb. Die Zahl der verkauften Hüte belief sich nun auf stattliche 110.000.

Während im frühen 19. Jahrhundert die Hutherstellung ausschließlich in Handarbeit erfolgte, wird sie heute von Maschinen unterstützt. Doch nach wie vor sind zahlreiche Arbeitsgänge erforderlich, bis aus Kanin- und Hasenhaar ein Filzstumpen entsteht. Und ihn zu einem MAYSER-Hut zu formen, bleibt auch in Zukunft eine hohe Kunst.

Nach dem Zweiten Weltkrieg wurde der MAYSER-Hut zum unverzichtbaren Statussymbol: Mit Hut war man mehr. Im Rekordjahr 1963 verarbeitete MAYSER pro Tag das Haar von 20.000 Kaninchen zu Filzhüten. In jüngerer Vergangenheit weitete MAYSER sein Programm auf Hüte und Mützen aus Leder, Pelz und Stoff sowie Kopfbedeckungen für den Freizeitbereich aus.

Außerdem hat MAYSER aus dem Hut heraus drei neue Bereiche erschlossen, die sich mit Sicherheits-, Verformungs- und Schaumstofftechnik beschäftigen und an den langjährigen Erfahrungen des Unternehmens anknüpfen. Mit diesen Strukturmaßnahmen konnte der branchenbedingte Nachfragerückgang bei Filzhüten erfolgreich aufgefangen werden, so dass MAYSER heute mit wachsenden Produktionszahlen zuversichtlich in die Zukunft blickt.

Firmenname	Klassiker	Gründung	Gründer	Jahresumsatz	Standort
Mayser GmbH & Co.	Mayser Filzhut (seit 1800)	1800 in Ulm/Donau	Leonhard Mayser	30 Mio. Euro weltweit	Deutschland

MEGGLE | DIE KRÄUTERBUTTER

 Butter als Produkt aus Milch ist schon seit etwa 4.000 oder 5.000 Jahren bekannt – Ägypter, Syrer oder Inder waren schon damals mit der Butterherstellung vertraut. Allerdings diente dieser Vorläufer unserer heutigen Butter noch nicht als Lebensmittel, sondern als heilende Salbe oder als heilige Opfergabe. Wie so vieles, wurde auch die Butter nicht „erfunden", sondern eher zufällig entdeckt: Bauern und Hirten führten Milch als Reiseproviant mit sich, und durch das Gerüttel und Geschüttel ihrer Karren entstand die „Butter" von ganz allein.

Als Handelsprodukt und Nahrungsmittel etablierte sich Butter hierzulande erst ab dem 12. bis 13. Jahrhundert. In den großen europäischen Küchen entstanden mit Hilfe des Streichfetts leckere Soßen, Mehlspeisen und buttrige Kuchen. Gegen Ende des Mittelalters bekam die Butter dann auch ihren heutigen Namen, abgeleitet aus dem griechischen „boutyron" für „Kuhquark". Als „Putterpomme" hörte man in dieser Zeit auch erstmals vom Butterbrot, auch heute noch Synonym substanzieller und gleichzeitig wohlschmeckender Ernährung.

Bis ins 19. Jahrhundert hinein war die Herstellung von Butter allerdings sehr mühsam: Aus großen Schüsseln Milch schöpfte man den Rahm ab und stampfte ihn in Butterfässern so lange, bis Butter entstand. Ab 1877, durch die Erfindung der Zentrifuge, trennte sich der Rahm dann viel leichter von der Milch. Pasteurisiert und im Butterfertiger, einem rotierenden Zylinder, geschlagen und gestoßen, bis die letzte Buttermilch heraus war, entstand daraus gute Butter. Doch erst im 20. Jahrhundert sollte Butter in großem Stil hergestellt werden – die ersten Butterfabriken entstanden.

Auch Josef Anton Meggle, der 1913 die im malerischen Wasserburg 55 km von München entfernt gelegene, bereits 1887 gegründete Käserei seines Vaters übernahm, machte sich das neue Herstellungsprinzip zunutze und entwickelte es weiter: Als einer der ersten im Milchgeschäft arbeitete er bei der Herstellung seiner Milchprodukte mit elektrischen Zentrifugen. 1930 besitzt er mit seiner „Milchverwertungsgesellschaft Bayerische Landwirte" bereits den größten Münchner Molkereibetrieb. Ab dem gleichen Jahr erkennt man die Molkereiprodukte von Meggle – hauptsächlich Rahmkäse, Stangenkäse und Romadur – auch am heute noch verwendeten Firmenzeichen, dem blauen Kleeblatt. In den 50er Jahren führt Meggle dann mit seiner „Kleeblatt Markenbutter" die erste Premium-Marke im Buttersegment ein.

Ein entscheidender Wendepunkt in der Firmengeschichte wird 1960 durch den 37. Eucharistischen Weltkongress in München markiert: Die Besucher in der bayerischen Hauptstadt sollen mit Portionsbutter verpflegt werden. Die Meggle GmbH erhält den Zuschlag und wird zum marktführenden Lieferanten des kleinen Butterstücks mit dem Kleeblatt. Dieser Innovation sollte bald eine neue, für Meggle noch bedeutendere folgen: die berühmte Kräuterbutter in der Rolle, damals die erste fertig zu kaufende Kräuterbutter überhaupt und heute längst ein Klassiker im Kühlregal.

Die Marke Meggle steht für frischen Genuss, Convenience und moderne Esskultur. Durch innovative Produkte wie zum Beispiel gekühlte Butter-Baguettes, Brotaufstriche auf Basis der besonders leichten Kräuter-Joghurt-Butter oder auch JoBu, ein neuartiger Trinksnack, der frischen Joghurt mit reiner Buttermilch kombiniert bietet Meggle dem Handel und den Endverwendern immer wieder etwas Neues.

Die erste und damit traditionsreichste Buttermarke in Deutschland hat sich unter der Führung von Anton „Toni" Meggle zur international agierenden Unternehmensgruppe entwickelt. Die Meggle AG stellt heute neben den Frischprodukten auch Funktionale Produkte für die weiterverarbeitende Pharma- und Lebensmittelindustrie her. Berühmt ist und bleibt Meggle aber für seine Kräuterbutter in der charakteristischen Rolle.

Firmenname	Klassiker	Gründung	Mitarbeiter	Bekanntheit	Jahresumsatz
Meggle AG	Kräuterbutter (seit 1968)	1887 in Wasserburg	1.500 weltweit	76,4 % (gest.)	500. Mio. Euro

MEISSEN | DAS PORZELLAN

Europas erstes Porzellan wird seit 1710 im Tal der oberen Elbe in der mittelalterlichen Stadt Meißen hergestellt. In diesem Jahr ließ der sächsische Kurfürst und polnische König „August der Starke" (1670 – 1733) auf der Albrechtsburg zu Meißen die erste Porzellan-Manufaktur Europas einrichten. Er verwertete damit die Erfindung Johann Friedrich Böttgers (1682 – 1719): Dem „Goldmacher" war es gelungen, das „Chinesische Geheimnis" um die Porzellanherstellung zu entschlüsseln. Mehr noch, er erfand das weiße, europäische Hartporzellan, welches einen höheren Kaolinanteil aufweist als das ostasiatische. China und Japan übten in den Anfangsjahren der „Churfürstlich-Sächsischen-Königlich-Polnischen Porzellan-Manufaktur" einen spürbaren Einfluss auf Meissener Form- und Dekorgestaltungen aus.

Die Meissener Manufaktur belieferte in den ersten Jahrzehnten ihrer Existenz neben dem sächsischen vorrangig andere deutsche und europäische Höfe. Dabei prägten vor allem zwei Persönlichkeiten den „Meissener Porzellanstil", von dem eine entscheidende Vorbildwirkung auf alle nachfolgend gegründeten Porzellan-Manufakturen ausging.

Der Maler und Chemiker Johann Gregorius Höroldt (1696 – 1775) schuf eine breite Palette brillanter Porzellanfarben, deren Rezepte die Grundlage für die heutige Farbherstellung im manufaktureigenen Labor bilden. Darüber hinaus besaß Höroldt die Fähigkeit, Farben in kostbare Dekore zu verwandeln.

Johann Joachim Kaendler (1706 – 1775) kreierte in seiner über 40-jährigen Tätigkeit für die Meissener Manufaktur über 2.000 Figuren und unzählige Serviceformen. Sie haben die gesamte europäische Porzellanindustrie bis heute geprägt. Kaendler gilt deshalb als der „Vater" der europäischen Porzellanplastik schlechthin.

Seit 1722 markiert man Meissener Porzellane mit dem aus dem kursächsischen Wappen entlehnten Schwerterpaar. In der Heraldik von roter Farbe bürgen die bekannten „Gekreuzten Schwerter" als ältestes deutsches Warenzeichen seit über 275 Jahren für die

außergewöhnliche Qualität Meissener Handarbeit. Wie damals werden sie auch heute in Kobaltblau per Hand auf den einmal gebrannten Scherben aufgebracht und von der Glasur geschützt. In die wohl populärste Meissener Dekoration überhaupt, das „Zwiebelmuster", sind sie seit 1888 fest integriert. Am Fuße des stilisierten Bambusstabes des Dekors künden sie bildhaft von der Herkunft des Porzellans.

Insgesamt umfasst das aktuelle Meissen-Sortiment die unvorstellbare Zahl von über 175.000 Artikeln. Etwa die Hälfte davon ist Serviceporzellan, der Rest Atelier- und Zierporzellan, Figuren und Unikate. Um das hohe Niveau der kunsthandwerklichen Tätigkeit zu halten und auszubauen, durchlaufen seit Generationen Meissener Maler- und Bossiererlehrlinge eine fundierte, umfangreiche Berufsausbildung vor Ort. Sorgfalt und Solidität der Ausbildung bilden eine Plattform, auf der die Qualität der Erzeugnisse aus dem Hause Meissen basiert. Die Staatliche Porzellan-Manufaktur Meissen ist am 26. Juni 1991 in das Eigentum des Freistaates Sachsen zurückgekehrt. Als Pflegerin jahrhundertealter Traditionen bewahrt sie der Welt kunsthandwerkliche Fertigkeiten, die anderswo schon ausgestorben sind. Genannt seien stellvertretend die Meissener Blumenmalerei, die Landschafts- und Figurenmalerei oder die Indischmalerei. Impulse aus verschiedenen Kulturkreisen fanden ihren Niederschlag im Formenschatz und Dekorreichtum der Mutter der europäischen Porzellan-Manufakturen.

Jahr für Jahr besuchen über 300.000 Gäste aus aller Welt das manufaktureigene Museum „Schauhalle", den öffentlich zugänglichen Teil des umfangreichen Museumsbestandes der Staatlichen Porzellan-Manufaktur Meissen, der insgesamt mehr als 20.000 Porzellane umfasst. Aus dem riesigen Bestand werden alljährlich etwa 3.000 Exponate ausgewählt und in der Schauhalle ausgestellt. Die Exposition verändert sich somit jedes Jahr. Der Schauhalle ist eine Schauwerkstatt angeschlossen, in der die vier Arbeitsbereiche „Drehen und Formen", „Bossieren" (zusammenfügen), „Unterglasurmalerei" und „Aufglasurmalerei" vorgeführt werden.

Firmenname
Staatliche
Porzellan-Manufaktur
Meissen GmbH

Klassiker
Gekreuzte Schwerter
(seit 1722)

Gründung
1710 in Meißen

Gründer
August der Starke
(1670–1733)

Vertrieb
weltweit

Hauptfertigungsstätte
ausschließlich
Meißen

MELITTA | DER KAFFEEFILTER

„Lieblicher als tausend Küsse" – ein alter Melitta-Werbespruch setzt Prioritäten. Vollendeter Kaffeegenuss schlägt für so manchen alle anderen Versuchungen aus dem Feld, und eben dafür steht der Markenname Melitta schon seit fast einem Jahrhundert.

Als das temperamentvolle Heißgetränk im Europa des 17. Jahrhunderts beliebt wurde, waren fünfminütiges Köcheln oder der Kannenaufguss gängige Praxis, bis eine Dresdner Hausfrau namens Melitta die Kunst des Kaffeekochens revolutionierte. Melitta Bentz hatte sich schon immer über den Rest an Kaffeesatz, der bei den herkömmlichen Zubereitungsarten anfiel, geärgert. Im Jahre 1908 fand sie die Lösung, wie sie ihren Kaffee ganz satzfrei halten konnte: Durch einen mit Filtrierpapier arbeitenden Kaffeefilter trennte sie das Kaffeemehl vom fertigen Getränk. Den Boden eines Messingtopfes durchlöcherte sie siebartig und legte darauf ein Löschblatt aus dem Schulheft ihres ältesten Sohnes: Das Prinzip der modernen Kaffeezubereitung war gefunden.

Melitta und ihr Mann Hugo Bentz erkannten schnell die Tragweite ihrer Erfindung. Noch im selben Jahr gründeten sie eine Firma und meldeten ihr Produkt beim Kaiserlichen Patentamt zu Berlin an, und zwar als ein mit „Filtrierpapier" arbeitender „Kaffeefilter mit auf der Unterseite gewölbtem und mit Vertiefung versehenem Boden sowie mit schräg gerichteten Durchflusslöchern". Die Firma startete mit 73 Reichspfennigen Kapital, hatte unmittelbar Erfolg – sie gewann etwa auf der internationalen Hygieneausstellung 1910 goldene und silberne Medaillen – und wuchs in den 20er Jahren zu einem international bedeutsamen Unternehmen. Zum Schutz vor den zahlreichen Nachahmern wurde 1925 die bis heute für Markenqualität stehende rot-grüne Farbkombination der Packung eingeführt; 1932 kam der typische Melitta-Schriftzug als Synonym für Kaffeezubereitung nach der Filtermethode dazu.

Bedurfte der Kaffeefilter selbst keiner grundlegenden Verbesserung mehr, veränderte sich jedoch im Laufe der Jahrzehnte das äußere Erscheinungsbild der Melitta-Filter. So wurde anfangs der Filter aus weißem Porzellan hergestellt, bis in den 50er Jahren dann farbig glasierte Schnellfilter aus Steingut in Mode waren; ab 1963 gab es sie auch aus bruchfestem Kunststoff. Seit 1963 gibt es das 1x4 Filtergrößen-System, das die Dosierung erleichterte. „1x4" stand ursprünglich für „1 Schnellaufguss von Hand ergibt 4 Tassen Kaffee". Moderne Kaffeemaschinen filtern die doppelte Menge: „1x4" eignet sich für acht bis zehn Tassen Kaffee.

Die 1x4-Tüte stellte sich dabei mit der Zeit als die gebräuchlichste Größe im Haushalt heraus. Ständig verbessert wurde auch die Qualität der Filtertüten. Wichtige Weiterentwicklungen waren 1989 die naturbraunen, ungebleichten Filtertüten und 1992 das umweltschonend mit Sauerstoff gebleichte, weiße Filterpapier. Seit 2001 gibt es Filtertüten Mild und Filtertüten Kräftig. Das spezielle Filterpapier von Filtertüten Mild bewirkt eine kürzere Brühzeit für aromatisch-milden Geschmack. Filtertüten Kräftig verlängern die Brühzeit, das Kaffeearoma wird besonders intensiv.

Stets wird die Marke Melitta den Anforderungen der Zeit gerecht. So auch, was ihre Marketingkonzepte betrifft. Aus dem kleinen Handwerksbetrieb der Kaiserzeit ist eine seit 1929 in Minden ansässige, international in vielen Geschäftsfeldern arbeitende Unternehmensgruppe geworden, die auch eine ganze Produktpalette rund um den Kaffee anbietet – vom gemahlenen und vakuumverpackten Kaffeepulver (ebenfalls eine Melitta-Erfindung) bis hin zu Kaffeeautomaten.

Auch wenn der Kaffee heute meist aus der Maschine kommt: Gefiltert wird immer noch nach dem Prinzip der Dresdner Hausfrau, die ihr Schicksal nicht im Kaffeesatz lesen mochte, sondern es tatkräftig selbst in die Hand nahm, indem sie eben diesem Kaffeesatz den Garaus machte.

Firmenname	Klassiker	Gründung	Mitarbeiter	Erfinder	Hauptfertigungsstätte
Melitta Unternehmensgruppe	Filtertüten 1x4	1908 in Dresden	3.648 weltweit	Melitta Bentz (1873–1950)	Minden

MENSCH-ÄRGERE-DICH-NICHT | DAS FAMILIENSPIEL

Ohne Ärger kann der Mensch nicht leben. Wer sich nicht dann und wann Luft macht, wird bald für sich und andere ungenießbar. Doch nirgendwo kann man sich so schön ärgern wie bei einem Spiel, das genau dies verbieten will: Mensch-ärgere-Dich-nicht.

Das neue Jahrhundert ist gerade fünf Jahre alt, und wieder einmal stehen lange, kalte Winterabende bevor. Das Fernsehen gibt es noch nicht, und die ersten Radios können sich nur wenige leisten. Josef Schmidt, ein städtischer Angestellter aus dem Münchner Arbeiterviertel Giesing, muss sich also Gedanken machen, wie er seinen drei kleinen Söhnen die Zeit vertreibt. Diesen und allen nachgeborenen Familien zur Freude, war der findige Vater ein ausgemachter Hobbytüftler, der Problemen mit Erfindungsgeist und Ideenreichtum begegnet. Und was ihm nun zur häuslichen Unterhaltung einfällt, wird 13 Jahre später als Jahrhunderterfindung gefeiert. Und die ist es auch heute noch: Mensch-ärgere-Dich-nicht, der Familienspaß auf dem Pappbrett, feierte 1987 nicht nur seinen 75. Geburtstag, sondern auch eine neue Auflagenhöhe von 55 Millionen Spielen.

Dabei hatte Josef Schmidt, als er die ersten Spielbretter aus alten Hutschachteln schnitt, außer von seinen Söhnen und Nachbarskindern nur wenig Beifall bekommen. Und selbst als der kleine Angestellte 1912 in der Münchner Lindenstraße eine Werkstatt aufmachte, um seine Erfindung fortan in Serie zu produzieren, wollte sich der große Erfolg zunächst nicht einstellen. Grund dafür war damals sicherlich der Ausbruch des Ersten Weltkriegs – in dieser Zeit stand den wenigsten Menschen der Sinn nach Spielen. Dennoch kam während dieser düsteren Zeit der Durchbruch. Um verwundeten Frontsoldaten eine Freude zu machen, verschenkte Josef Schmidt 3.000 Mensch-ärgere-Dich-nicht-Spiele an die Lazaretts in Deutschland. Eine wohltätige Idee, die zugleich den Bekanntheitsgrad des Spieles erheblich steigerte, denn von den Krankenlagern aus drang das Würfelspiel mit den bunten Holzkegeln sogar bis in die Schützen-

gräben vor. Und als der Krieg dann endlich vorüber war, wollte jeder das tun, was man laut Spieltitel eigentlich nicht tun sollte: sich ärgern!

Der Spaß am Ärger überzog das ganze Land, und schon 1920 waren weit über eine Million Spiele verkauft – zu einem Stückpreis von 35 Pfennigen. Der fröhliche Ärger hielt an, und heutzutage gibt es kaum eine Familie, in der das Spiel um Vorrücken und vor allem Hinauswerfen nicht für abendfüllende Unterhaltung sorgt. In drei von vier bundesdeutschen Haushalten steht der knallrote Karton mit dem finster blickenden Herrn im Regal. Kein anderes Gesellschaftsspiel konnte sich an Popularität jemals mit Mensch-ärgere-Dich-nicht messen.

Und nicht nur hierzulande: Die Franzosen spielen auf dem Pappquadrat mit den 72 Kreisfeldern ebenso begeistert wie zum Beispiel auch die Italiener. Und da Spiele nur schwer zu schützen sind, feiert das „Spiel der Spiele" – wenn auch in etwas geänderter Aufmachung – heute überall dort Erfolge, wo Menschen sich so richtig ärgern wollen. Dabei geben die Titel der ausländischen Versionen einen interessanten Aufschluss über die Eigenart der verschiedenen Völker. Während der Amerikaner beim Hinauswurf des Mitspielers nur „Sorry" sagt, strebt der Schweizer eher bedächtig dem Ziel entgegen: „Eile mit Weile".

Aus der einst kleinen Werkstatt von Josef Schmidt ist mit den Jahren ein führendes Unternehmen am Spielemarkt geworden: Die bunte Schleife der „Schmidt Spiele Berlin" ziert heute die Verpackungen von rund fünfhundert verschiedenen Spielen und führt damit als roter Faden durch ein Programm, das für gesellige Unterhaltung sorgt und Erwachsenen und Kindern Freude am Spielen bereitet. Ein Beweis dafür, zu welchen Erfolgen Ärger beflügeln kann!

Firmenname	Branche	Erfinder und Gründer	Vertrieb	Jahresumsatz	Standort
Schmidt Spiele GmbH	Gesellschaftsspiele	Josef Friedrich Schmidt (1871–1948)	deutschlandweit	32,5 Mio Euro.	Deutschland

Mercedes-Benz

Die Söhne von Gottlieb Daimler saßen um eine alte Postkarte, die der inzwischen verstorbene Vater ihnen vor langer Zeit geschrieben hatte. Sie sahen sich an und waren sich einig, das Markenzeichen für die Firma ihres Vaters gefunden zu haben. Auf der Karte war die Daimler-Villa zu sehen, und über das Dach hatte der Unternehmer einen dreizackigen Stern gezeichnet und die Zeile darunter geschrieben: „Dieser Stern wird einmal segensreich über meinem Lebenswerk aufgehen."

Heute steht der Mercedes-Stern weltweit als Zeichen für eine Elite, die Erfolg mit Qualität und Sicherheit mit Luxus verbindet. Der Stern weckt auf der ganzen Welt Begehrlichkeiten, auch bei denen, die ihn sich nicht leisten können. Vielleicht ist er deswegen eines der am häufigsten bestellten Ersatzteile bei DaimlerChrysler. Jedes Automobil, welches die dreizackige Figur auf die Spitze des Kühlers bekommt, ist damit der Verpflichtung nach Höchstleistung unterworfen und setzt Standards in Sachen Sicherheit, technischer Innovation und exzellentem Fahrverhalten.

Die S-Klasse meistert diese Aufgabe bravourös und gilt als der Star unter den Luxusautomobilen. Überschüttet mit Auszeichnungen wie „Innovativste Limousine", „Bestes Auto" oder „Höchste Designqualität", gehört die S-Klasse zu dem Automobiltyp, der sich schnell in den Führungsetagen von Politik und Wirtschaft als Dienstfahrzeug etabliert hat. Über sechstausend Fuhrparkmanager bewerteten bei einer Umfrage im Jahr 2002 die S-Klasse mit den besten Leistungen, und rund 320.000 Käufer haben der Luxusklasse ihre Zustimmung gegeben.

Sicher liegt das auch an den Innovationen, die mit jeder neuen S-Klasse richtungweisend in den Markt eingeführt werden. Überschlagsensor, 4MATIC, Active Body Control, Bi-Xenon-Scheinwerfer, Up-Front-Sensoren oder das wegweisende Sicherheitskonzept PRE-SAFE. Da finden sich pro Wagen schnell mal über 30 technische Erneuerungen wieder, jede

für sich ein Novum in der Automobilgeschichte. Für das neueste Modell der Luxusserie wurden alleine 340 Patente, angemeldet die sich unter dem formschönen Blechkleid verstecken. Die S-Klasse ist vom Design her schon immer ein zukunftsweisender Erfolg gewesen und gilt als die klassische Limousine. Trotz neuer Wettbewerber ist sie weltweit das erfolgreichste Automobil ihrer Klasse.

Mit dem W 220, dem jüngsten Kind der S-Klassenserie, setzte Mercedes-Benz seine Tradition des formschönen Designs fort. Dafür stehen so legendäre Wagen wie der von 1951 bis 1962 gebaute W 186, im Volksmund auch als Adenauer-Mercedes bekannt. 1979 war dann die Zeit reif für das überaus erfolgreiche Modell W 126, das bis Anfang der neunziger Jahre über 800.000 zufriedene Käufer fand.

Weil die hoch spezialisierten DaimlerChrysler-Ingenieure einen immer währenden Traum verfolgen, die Vision vom „unfallfreien Fahren", steht die S-Klasse auch immer dafür ein, dass Visionen machbar sind. Denn keine andere Automobilfirma weltweit hat zur Erfüllung dieser Vision vom sicheren Fahrgenuss mehr geleistet als die Spezialisten aus Sindelfingen. Sensoren überwachen das Fahrverhalten, erkennen die Unfallwahrscheinlichkeit, straffen die Gurte, bringen die Sitze in die richtige Position, lösen Airbags aus, entriegeln Türen, und das Notrufsystem Teleaid ist in der Lage, automatisch Hilfe zu holen. Sechs Jahre intensive Entwicklung der Ingenieure, die sich in einem Sekundenbruchteil auszahlen kann. Der Fahrer einer S-Klasse ist deswegen auch mehr als nur der Lenker eines Fahrzeugs. Er ist immer auch ein wenig Chauffeur deutscher Automobilgeschichte.

Firmenname	Klassiker	Erfinder	Vertrieb	Mitarbeiter	Jahresumsatz
DaimlerChrysler AG	Mercedes-Benz S-Klasse (seit 1979)	Gottlieb Daimler und Karl Benz	weltweit	365.571 weltweit	149,6 Mrd. Euro (Konzern)

MESTEMACHER | DER PUMPERNICKEL

„Nichts ist köstlicher als die Raffinesse des Einfachen", meinte schon Heinrich Heine, der mit dieser Einschätzung auch zutreffend die in aller Welt bekannte und in aller Munde beliebte westfälische Spezialität mit dem außergewöhnlichen Namen „Pumpernickel" hätte charakterisieren können; denn seit Jahrhunderten wird das tiefschwarze Kastenbrot aus Roggenschrot von dunkler Krume nach der gleichen Rezeptur gebacken und ist damit traditionell „Einfach vom Besten".

Weniger klar und einfach als die Herstellung und Zusammensetzung des Schwarzbrotes ist die Entstehung des Wortes „Pumpernickel": Als gesichertes Wissen gilt lediglich die erstmalige Nennung und Erwähnung des Begriffs während des Westfälischen Friedens im 17. Jahrhundert; der Rest ist Anekdote und ungesicherte Spekulation: So erzählt etwa eine Geschichte von einem französischen Soldaten, der das dunkle Brot mit dem Hinweis abgelehnt habe, dass es lediglich gut für sein Pferd namens „Nickel" sei („C'est bon pour Nickel"); eine andere Version glaubt zu wissen, dass ein Osnabrücker Bischof für die hungernde Bevölkerung ein schwarzes Brot habe backen lassen, welches er „bonum panicum" (gutes Brötchen) nannte, woraus sich dann ebenfalls im Laufe der Zeit das Wort „Pumpernickel" entwickelt habe. Von Sprachforschern eindeutig favorisiert wird allerdings die Variante, nach der sich „Pumpernickel" zurückführen lässt auf „polternder Geist" – semantisch verweisend und hindeutend auf die nicht nur verdauungsfördernde Wirkung des Brotes.

Wesentlich zuverlässiger (und auch seriöser) als vorstehende etymologischen Überlegungen sind die Informationen über die Firma Mestemacher GmbH aus dem westfälischen Gütersloh, welche seit inzwischen mehr als 125 Jahren mit der Geschichte des „Pumpernickels" aufs Engste „zusammengebacken" ist, nachdem der Bäckermeister Wilhelm Mestemacher im Jahr 1871 seine Bäckerei eröffnete, in der von Anfang an der Pumpernickel zu finden war. Trotz historisch bedingter tiefer Einschnitte und Zäsuren, wie den beiden Weltkriegen oder der Brandkatastrophe im Jahr 1990, kann das Unternehmen mit Stolz auf eine erfolgreiche Entwicklung zurückblicken: Aus einem kleinen Handwerksbetrieb im Herzen Westfalens ist mittlerweile eine moderne Großbäckerei mit Weltniveau entstanden. Gestützt auf die hohe Qualität seiner Brotspezialitäten und nicht zuletzt auch motiviert durch die Übernahme des Unternehmens durch die Brüder Albert und Fritz Detmers im Jahre 1985, erhielt das Unternehmen in den letzten Jahren einen imponierenden Wachstumsschub. Gefördert wurde die unternehmerische Entwicklung auch durch die Wirtschaftsprofessorin Dr. Ulrike Detmers. Als Ehefrau des geschäftsführenden Gesellschafters Albert Detmers agiert sie im Unternehmen als wissenschaftliche Beirätin und Miteigentümerin.

Neben dem Traditionsprodukt „Pumpernickel" basiert der enorme Erfolg des Familienbetriebs vor allem auch auf einer konsequenten Ausrichtung an modernen Ernährungs- und Gesundheitstrends. Neben Ethnic-Food-Artikeln und Convenience-Produkten wie Pizzabroten, Pita-Taschen oder dem ballaststoffreichen Fitness Toast-Brötchen bilden den Sortimentsschwerpunkt des Unternehmens traditionell westfälische Vollkornbrote, die mit rund 35 Prozent stärkster Umsatzträger sind; größtes Einzelprodukt allerdings ist der „Pumpernickel", mit dem Mestemacher Marktführer in Deutschland ist. Bereits seit 1985 vertreibt das Unternehmen erfolgreich Produkte aus biologisch-dynamischem Anbau: Neben sieben verschiedenen Sorten Bio-Vollkornbroten werden auch Bio-Müslis angeboten. Gesellschaftliche Verantwortung und Kreativität beweist Mestemacher mit seiner Brot- und Kunst-Edition „Panem et Artes". Seit 1994 werden in diesem besonderen Kunstförderprojekt Brotdosen von engagierten Künstlern gestaltet. Und wenn auch zukünftig sicherlich noch die eine oder andere ausgefeilte Brot-Kuriosität den Markt bereichern wird, so muss sich dennoch der Feinschmecker um die Zukunft des „Pumpernickels" keine Sorgen machen, denn wie wusste schon Heinrich Heine: „Nichts ist köstlicher als die Raffinesse des Einfachen."

METYLAN | DER TAPETENKLEISTER

Wenn in Deutschland – und mehr als 30 anderen Ländern der Welt – eine Wohnung renoviert wird, ist höchstwahrscheinlich Metylan im Einsatz. 50 Jahre nach seiner Markteinführung hat sich aus dem 1953 entwickelten, neuartigen Tapetenkleister eine der erfolgreichsten Marken etabliert. Heute ist Metylan Marktführer. Die Packung öffnen, das Metylan-Pulver in einen Eimer mit kaltem Wasser geben, gut umrühren – und fertig ist der Tapetenkleister. Was heute für jeden Heimwerker eine Selbstverständlichkeit ist, war 1953 zunächst nur dem Maler- und Tapezierhandwerk vorbehalten. Dank der leichten Verarbeitungsmöglichkeit, der hohen Klebkraft sowie der Kalk- und Zementbeständigkeit setzte sich der „Kleister für den Meister" im Handwerk schnell durch. In den 60er Jahren öffneten die ersten Baumärkte – das Do-it-yourself-Zeitalter war geboren. Neben den professionellen Anforderungen des Handwerks rückten nun auch die Bedürfnisse der Heimwerker in den Blickpunkt der Henkel-Forschung. Das bedeutete, die Verarbeitung einfacher und sicherer zu machen.

Heute steht Metylan für höchste Qualität, einfaches Tapezieren für Jedermann und für Modernität. Unter dem Motto „Schönheitskur für Deutschland" setzt Metylan in allen relevanten Marktsegmenten starke Impulse und hilft dem Verbraucher und Maler, Deutschland zu verschönern. Neben TV-Präsenz, Lkw-Werbung und Anzeigen in auflagenstarken DIY- und Wohn-/Ambiente-Titeln rollt ein Metylan-Truck 2003 ganzjährig durch Deutschland. Mit den Jubiläumsaktionen will sich Metylan auch beim Malerhandwerk bedanken für fünf Jahrzehnte, in denen Generationen von Malern Metylan ihr volles Vertrauen entgegengebracht haben.

50 Jahre Metylan: Aus dem Pulver von einst hat sich heute längst eine umfangreiche Produktfamilie entwickelt, die mit Kleister, Ablöser, Spachtelmassen, Tapeziergrundierung und Kleber alle Anwendungsgebiete rund ums Tapezieren abdeckt. Das klassische Metylan bietet universelle Klebkraft für Struktur-, Präge-, schwere Papier- und Vinyl-Tapeten sowie für Raufaser. Der hochwertige Spezial-Kleister zeichnet sich durch seine universelle Klebkraft aus, die auch schweren Tapeten dauerhaft sicheren Halt gibt. Lange Wartezeiten müssen dabei nicht mehr in Kauf genommen werden. Klumpenfrei anrührbar, ist Metylan spezial in 15 Minuten gebrauchsfertig. Ein weiteres Produkthighlight stellt Metylan direct dar: Der hochwertige, spritzarme Rollkleister mit Spezial-Additiv ist ideal für eine saubere, schnelle und sichere Verklebung von allen Vliestapeten – mit glattem und geprägtem Rücken. Der Clou: Tapeten können unmittelbar an der Wand aufgebracht werden und lassen sich später ganz einfach wieder abziehen. So kann man ohne viel Aufwand immer wieder neue Farbakzente in seinem Zuhause setzen.

Metylan pink, der erste Papiertapetenkleister mit eingebauter Auftragskontrolle, löst hingegen ein altes Problem: Wo hat man Kleister schon aufgetragen und wo noch nicht? Metylan pink wird – der Name sagt es schon – beim Anrühren pink und trocknet erst nach dem Auftragen transparent. Das Ergebnis: Keine Fehlstellen, offenen Nähte und hoch stehenden Kanten mehr. Aus der Grundausstattung begeisterter Hobby-Tapezierer ist das Kleisterpulver in der signifikanten lilafarbenen Verpackung bald genauso wenig wegzudenken wie aus dem Handwerkszeug der Profis.

In seiner 50-jährigen Geschichte kann Metylan eine stolze Bilanz vorweisen: 150.000 Tonnen des Kleisterpulvers wurden bisher produziert. Dies entspricht rund 750 Millionen verkauften Päckchen. Mit dieser Menge sind etwa fünf Milliarden Tapetenrollen verklebt worden. Metylan haftet nicht nur perfekt an der Wand, sondern auch in den Köpfen. Die Bekanntheit der Henkel-Marke liegt in Deutschland bei 60 Prozent, bei Heimwerkern sind es über 70 und bei Malern 90 Prozent. Damit ist Metylan die unangefochtene Nummer eins im Tapeziermarkt.

Firmenname	Klassiker	Gründer	Bekanntheit	Vertrieb	Hauptfertigungsstätte
Henkel KGaA	Metylan Tapeten-kleister (seit 1953)	Fritz Henkel (1843–1930)	60 % (Gesamtbevölkerung)	in ca. 33 Ländern	Düsseldorf

Miele Der Urahn des elektrischen Geschirrspülers, den Miele 1929 als erster Hersteller Europas auf dem Markt einführte, zeigte keine große Ähnlichkeit mit den heutigen, hochtechnischen Geräten zum maschinellen Geschirrspülen: Der Bottich war rund und die Bestückung des Gerätes erfolgte von oben. Teller, Tassen, Gläser und Besteck wurden in zwei Körben verteilt und in die Maschine gestellt. Das heiße Wasser musste schließlich per Hand eingefüllt werden. Unterhalb des Bottichs saß ein Elektromotor. Dieser trieb einen Propeller im Inneren des Metallbottichs an, der das Wasser über das Geschirr schleuderte und es somit reinigte. Nach Beendigung des Spülprogramms musste das Wasser dann über einen Auslauf abgelassen werden.

Erforderte dieser erste Geschirrspüler noch viel manuelle Arbeiten, so machte er dennoch den täglichen Abwasch bequemer. Heute geht alles noch leichter und vollautomatisch. Raffinierte Technik bietet eine Vielzahl von Programmen an, Geschirrspüler können auch mit halber Beladung ökonomisch sinnvoll arbeiten, darüber hinaus sind sie so leise, dass die treue Küchenhilfe nicht mehr zu hören ist, und die vollintegrierten Modelle sind auch gar nicht mehr zu sehen.

Den ersten Schritt in Richtung Vollautomatik brachte der Miele-Geschirrspüler von 1960: Im Gegensatz zu dem Gerät von 1929 wurde er von vorne bestückt und hatte zwei herausziehbare Geschirrkörbe. Diese boten ausreichend Platz für das Geschirr von bis zu acht Personen. Die gründliche Geschirr-Reinigung von oben und unten geschah durch zwei rotierende Doppelsprüharme, deren Wasserstrahlen jeden Winkel des Gerätes erfassten. Die drei Spülvorgänge liefen automatisch ab und dauerten 24 Minuten, der sich anschließende Trockenvorgang drei Minuten. Jetzt war der tägliche Abwasch auf wenige Handgriffe reduziert – und es blieb mehr Zeit für andere Aufgaben.

Über 40 Jahre sind seit der Einführung des vollautomatischen Geschirrspülers vergangen, doch die Zeit ist nicht stehen geblieben – und Miele-Techniker entwickelten eifrig weiter, um den Geschirrspüler noch weiter zu perfektionieren. Die High-Tech-Geräte von heute sind wahre Wunderwerke der Technik, und der Benutzer braucht eigentlich gar nichts weiter zu tun, als sein Geschirr einzuräumen und ein entsprechend der Verschmutzung geeignetes Programm zu wählen. Den Rest erledigt der Geschirrspüler selbstständig – und Geschirr und Gläser werden nicht nur blitzsauber, sondern haben auch einen Glanz, der edles Glas besonders gut zur Geltung bringt: Elektronik und Sensortechnik erkennen eigenständig die Härte des Leitungswassers und dosieren die optimale Wasserhärte des Spülwassers – ganz gleich, welche Wassermischung das Leitungswasser hat. Und auch stärkere Verschmutzungen des Geschirrs erkennen die Sensoren an der Trübung des Spülwassers, und das Programm passt sich automatisch an. Eine besondere intelligente Lösung sind die beiden Automatikprogramme: Die Temperatur, Wassermenge, Laufzeit und Verbräuche passen sich automatisch der Verschmutzung an.

Moderne Geräte zeichnen sich aufgrund technischer Entwicklungen durch geringste Verbrauchswerte aus. Lag der Wasserverbrauch für einen Spülgang im Jahre 1980 noch bei 43 l Wasser, sind heute lediglich 13 l Wasser erforderlich, um die gleiche Menge Geschirr zu spülen (zwölf Maßgedecke bzw. etwa 140 Teile). Im gleichen Zeitraum konnte der Stromverbrauch ebenso deutlich gesenkt werden: von 2,3 kWh auf 1,05 kWh.

Neben der Programmvielfalt, die Spültemperaturen für feines Geschirr von 45° C bis hin zu Intensivprogrammen mit 75° C bietet, gibt es auch eine umfangreiche Gerätevielfalt, die dem Benutzer zur Auswahl steht: Unterschiedliche Breiten und Höhen lassen keine Wünsche offen und bieten eine Lösung für alle Haushalts- und Küchengrößen, denn die Geräte haben entsprechend der Größe Platz für acht bis 14 Maßgedecke.

Firmenname	Klassiker	Gründung	Mitarbeiter	Erfinder	Hauptfertigungsstätte
Miele & Cie. KG	Geschirrspülmaschine (seit 1927)	1899 in Gütersloh	über 15.000	Carl Miele und Reinhard Zinkann	Gütersloh

MIELE | DER STAUBSAUGER

Fast jeder kennt ihn noch: Omas Teppichklopfer aus biegsamen, geflochtenen Weidenruten. Das nostalgische Werkzeug ist noch bis weit in die 50er Jahre hinein in vielen Haushalten das vorherrschende Teppichreinigungsinstrument. Kaum vorstellbar, wenn man bedenkt, wie selbstverständlich der Staubsauger heute in jeden Haushalt gehört. Die Geschichte der Staubsaugertechnik beginnt bereits 1901 in England, als H. Cecil Booth einem amerikanischen Erfinder zuschaute, der in der Empire Music Hall in London einen Kompressorreiniger vorführte. In Deutschland sind es ab 1927 die Miele-Werke, die diese Entwicklung fortführen.

Die ersten auf Rollen fahrbaren Kesselstaubsauger von Miele hatten eine hohe Leistung und waren vor allem für geräumige Wohnungen, Büro- und Praxisräume gedacht. Doch nicht nur dort bestand großer Bedarf an diesen Haushaltshelfern, auch in Privathaushalten wurden Staubsauger benötigt. Und so kann Miele bereits 1928 mit dem Modell „Melior" den ersten für den Stadthaushalt geeigneten Kesselstaubsauger vorstellen. In den 30er Jahren sorgt das „Modell L" mit seiner kompakten Zigarrenform für Furore, kommt zwischenzeitlich auf Kufen statt auf Rollen daher und macht die Anschaffung eines Gerätes auch für Kleinwohnungen rentabel. Die 50er Jahren bedeuten schließlich den Durchbruch und der Staubsauger wird flächendeckend zum beliebten Haushaltsgerät. Die staubige Teppichklopfer-Ära gehört endgültig der Vergangenheit an.

Viele kleine und große Verbesserungen bestimmten und bestimmen weiterhin die Entwicklung des Staubsaugers und markieren seine Entwicklung von der ursprünglichen Idee eines „saugenden Besens" hin zu einem rundum durchdachten, auf maximale Saugleistung, Bedienerfreundlichkeit, Multifunktionalität, Langlebigkeit und Ressourcenschonung konzipierten High-Tech-Gerät.

Dabei leistet Miele immer wieder Pionierarbeit. So stellt das Gütersloher Unternehmen Ende der 60er Jahre den ersten praktischen Kunststoffstaubsauger vor. Mitte der 80er Jahre wird die Beweglichkeit der Geräte noch einmal entschieden durch den Einsatz von rundum drehbaren Lenkrollen optimiert. Der Miele-Staubsauger folgt seinem Benutzer nun problemlos auch über Schwellen, Ecken und Kanten. Bei den 700er und 800er Baureihen sorgen besonders feine Mikro-Filter für extrem niedrige Emissionswerte und verhelfen auf diese Weise auch Stauballergikern zu adäquaten Raumluftverhältnissen. Starke Saugkraft und perfekte Luftführung sorgen hier zugleich für maximale Reinigungsleistung. Mit dem dreiteiligen Teleskoprohr „ComfortSkop", das je nach Körpergröße und Reinigungsanforderung ausgefahren werden kann, gelingt es Miele, die ergonomischen Qualitäten seiner Staubsauger erneut deutlich zu verbessern.

Miele-Geräte fallen durch ihr funktionsorientiertes und zugleich zeitlos edles Design ins Auge. Nicht umsonst gehören Miele-Staubsauger zur Riege der preisgekrönten Design-Klassiker und werden beispielsweise im Museum of Modern Art in New York ausgestellt. Ausgediente Geräte könnten also durchaus auch, statt einfach entsorgt zu werden, als private Ausstellungsstücke die Aufmerksamkeit auf sich lenken.

Konsequenterweise spielt die Bezeichnung „ART by Miele" für die jüngste Staubsaugergeneration auf die gestalterischen Qualitäten der Haushaltshilfen an. Bei diesen Geräten handelt es sich ebenso wie beim Jubiläumsmodell „Seventy-five", das zum 75. Geburtstag des Staubsaugers entworfen wurde, um ausgesuchte Designerstücke, die auch noch platzsparend und handlich sind.

Die schon sprichwörtliche Miele-Qualität hat natürlich auch bei der Staubsaugerherstellung oberste Priorität. So werden sämtliche Modelle auf einen Betriebszeitraum von rund 20 Jahren hin entwickelt und entsprechenden Prüfungen unterzogen. Verbrauchertests bestätigen ebenfalls immer wieder, dass die Kernaussage des frühen Werbeslogans „Nur Miele, Miele sprach die Tante ..." heute so vernünftig ist wie einst.

Firmenname	Klassiker	Gründung	Mitarbeiter	Erfinder	Hauptfertigungsstätte
Miele & Cie. KG	erster Staubsauger 1924	1899 in Gütersloh	über 15.000	Carl Miele und Reinhard Zinkann	Gütersloh

Miele

Wer heute in den Waschkeller geht, seine vollelektronische Waschmaschine mit schmutziger Wäsche belädt und diese nach kurzer Zeit sauber, gepflegt und fast trocken geschleudert wieder entnimmt, kann sich kaum vorstellen, was Wäsche waschen einst ohne die Hilfe einer Waschmaschine bedeutete. Vor rund 100 Jahren wurde der mühseligen Plackerei der Hausfrau am Waschtag ein Ende bereitet: Carl Miele und Reinhard Zinkann, die Gründer des Unternehmens Miele & Cie., brachten ihre erste Waschmaschine auf den Markt. Diese Waschmaschine hatte einen hölzernen Bottich „aus bestem und teuerstem Eichenholz", in dessen Mitte sich ein Drehkreuz befand, mit dem die im Wasser schwimmenden Wäschestücke hin und her bewegt wurden.

Heutige Waschmaschinen haben mit dem Wasch-Urahn nicht nur äußerlich wenig gemeinsam. In den zurückliegenden 100 Jahren haben zahlreiche Entwicklungen und Innovationen das Wäschewaschen revolutioniert und kinderleicht gemacht. Moderne Waschmaschinen von heute sind Hightech-Geräte der Spitzenklasse. Ein Jahrhundert Waschmaschinengeschichte ist ein prall gefüllter Schaukasten technischer Errungenschaften.

Die erste Miele-Waschmaschine befreite die Waschfrau von der immensen Mühe des Waschtages. Zwar erforderte sie noch enormen Körpereinsatz, da die Wäsche mit dem Drehkreuz manuell im Wasser hin und her bewegt werden musste. Doch die Arbeitserleichterung zum Waschen im Zuber war bereits deutlich spürbar. In den Anfangsjahren der Waschmaschine waren alle Forschungen und Entwicklungsschritte auf das Thema fokussiert, wie sich das Drehkreuz möglichst kraftsparend bedienen lassen konnte. Transmissionsriemen, Elektromotor, Wassermotor hießen die Zauberwörter, die weitere Erleichterungen brachten. In den 30er Jahren ergänzte der Metallbottich den bis dahin üblichen Holzbottich, und es kamen Geräte mit Elektroheizung auf den Markt, die den Vorteil hatten, dass das Wasser in der Maschine erwärmt werden konnte. In den 50er Jahren

fand die Waschmaschine zunehmend Eingang in die Wohnküchen – die Geräte wurden kleiner und technisch ausgereifter: Teilautomaten und so genannte Schnellwaschmaschinen wurden populär. 1956 stellte Miele seinen ersten Waschvollautomaten vor, und fortan hieß es: Wäsche waschen und schleudern in einem Gerät!

Stets der Unternehmensphilosophie „Immer besser" folgend, forschten und entwickelten die Miele-Techniker weiter an neuen Programmen und technischen Lösungen. 1978 kam mit der Einführung von Sensorelektronik und Mikro-Computern ein weiterer entscheidender Durchbruch. Die Elektronik – von Miele im eigenen Elektronikwerk produziert – ist heute das Herzstück der Waschmaschine. Ihr verdanken wir viele Lösungen zur perfekten Wäschepflege und auch für die Senkung des Wasser- und Energieverbrauchs: Benötigten Waschmaschinen Anfang der 80er noch über 140 l Wasser, so liegt der Verbrauch heute bei unter 50 l pro Waschgang. Entsprechend konnte im gleichen Zeitraum auch der Energieverbrauch von fast 3 auf unter 1 kWh reduziert werden.

Die Elektronik machte und macht vieles möglich. Moderne Waschmaschinen von heute waschen selbst wertvolle Wollpullover und empfindliche Seide so schonend, dass in der Regel auf die mühselige Wäsche per Hand verzichtet werden kann. Die Schontrommel ist das Nonplusultra der Wäschepflege: Die Wäsche gleitet in der Trommel auf einem Wasserfilm und wird selbst bei 1.800 Schleuderumdrehungen in der Minute sanft behandelt. Und die Beladungserkennung zeigt an, ob das programmtypische Trommelvolumen ausgenutzt wird. Entsprechende Dosierempfehlungen sorgen zudem dafür, dass weder zu viel noch zu wenig Waschmittel genutzt wird. Eine aktuelle Innovation und zudem Weltneuheit ist die „medicwash": die erste Waschmaschine für Allergiker. Und schließlich kann das „Update" selbst eine ältere Waschmaschine wieder auf den neuesten technischen Stand bringen, denn eine Miele-Waschmaschine hält über Jahrzehnte.

Firmenname	Klassiker	Gründung	Mitarbeiter	Erfinder	Hauptfertigungsstätte
Miele & Cie. KG	erste Waschmaschine 1924	1899 in Gütersloh	über 15.000	Carl Miele und Reinhard Zinkann	Gütersloh

MILRAM | DER FRÜHLINGSQUARK

Es war ein Urlaub des Chefs, der die Speisequarkzubereitung revolutioniert hat. Von Bornholm bringt Fritz Pahlke 1964 die entscheidende Anregung mit, den bis dato nur in reiner Form hergestellten Quark mit Früchten zu veredeln. Sofort macht er sich mit Rührschüssel und Rührlöffel auf die Suche nach delikaten Mischungen, und das, obwohl die Fachleute damals warnten, die Verbindung von „dickgelegter Milch" mit Zucker und Frucht würde eine „deckelsprengende" Zeitbombe ergeben. Doch der Erfolg gab ihm Recht: Mit Kirschquark beginnt 1965 die Erfolgsgeschichte des Milram-Quarks aus dem Hause Nordmilch.

Pahlke, der als ein ausgewiesener Molkereifachmann am 1. Juni 1953 die Geschicke des sechs Jahre zuvor in Zeven gegründeten Dauermilchbetriebes Nordmilch übernimmt, richtet die „Zentralmolkerei" von Anfang an strategisch völlig neu aus und sucht sie auf mehrere Standbeine zu stellen. Neben Milchpulver entwickelt sich Kondensmilch in Dosen zum zweiten Vertriebszweig von Nordmilch. Mit dem Erwerb einer Kondensmilchfabrik gelangt die Nordmilch 1954 auch in den Besitz des Markennamens Milram, der klanglich die angenehme Assoziation von Milch und Rahm weckt.

Aber auch auf zwei Beinen lässt es sich noch nicht richtig sicher stehen: Erst 1963, als der Milram-Speisequark in den zwei Fettstufen Gold (40 Prozent Fett) und Silber (Magerstufe) auf den Markt kommt, ist endlich das dritte Standbein gefunden. Bereits ein Jahr später muss die Nordmilch ihre Kapazitäten für die Herstellung von Speisequark verdoppeln. Der besagte Urlaub des Chefs läutet dann 1964 endgültig eine neue Ära in der Firmengeschichte ein. Nach dem Kirschquark folgen regelmäßig neue Speisequark-Varianten, die Experimentierlust kennt kaum Grenzen, bis dann die Beimischung von ganz speziellem Schnittlauch schließlich den Durchbruch schafft und einen Klassiker gebiert: Im April 1967 kommt der Milram FrühlingsQuark auf den Markt und erobert sofort die Kühlregale und den Gaumen gleichermaßen.

Die Karriere des Milram FrühlingsQuarks hat begonnen und wird nicht mehr aufzuhalten sein. In der Folgezeit entwickelt sich Quark in allen Spielarten zur Spezialität der Nordmilch. Frischkäse gibt es jetzt nicht mehr nur pur, sondern auch versüßt oder pikant, sahnig oder cremig, als Diät-Hilfe oder Zwischenmahlzeit sowie als „Freche Früchtchen". Leicht, locker, lecker: Für jeden Geschmack ist etwas dabei. Ein Quark ist in aller Munde.

Der von Pahlke eingeschlagene Weg wird ab 1974 von seinem Nachfolger Dr. Manfred W. Tag ebenso konsequent wie erfolgreich fortgesetzt. Unter seiner Ägide werden mehrere historische Meilensteine gesetzt. So erweitert Nordmilch kontinuierlich seinen Tätigkeitsradius und wird 1989 mit dem milliardsten Verzehr eines Milram FrühlingsQuarks belohnt.

Einen weiteren Höhepunkt der Firmengeschichte stellt der Zusammenschluss der Nordmilch mit vier weiteren Anbietern der Region im Jahr 1999 dar, durch den das größte milchwirtschaftliche Unternehmen Deutschlands entstanden ist. Seitdem richtet sich der Blick der Nordmilch nicht mehr nur auf den deutschen und europäischen, sondern man mischt auch erfolgreich im globalen Markt mit. Ab 2002 erscheint der Milram FrühlingsQuark schließlich in einem neuen zeitgemäßen Design mit praktischer Aufreißlasche und Frische-Deckel. Zusätzlich wird das Sortiment um verschiedene Geschmackssorten und Ausführungen erweitert, womit erneut veränderten Ernährungsvorlieben Rechnung getragen wird. Genuss gibt es nach wie vor in vielen Varianten, von probiotisch über italienisch-tomatig oder griechisch angerührt als Tsatsiki bis hin zu Oliven und Feta, Gurken und Dill sowie Pesto und Pinienkernen. Auch in Zukunft wird Milram für frische und variationsreiche Impulse im Kräuter- und Gewürzquarkmarkt sorgen, ganz nach dem aktuellen Slogan: „essen für's ich".

Firmenname	Klassiker	Gründung	Mitarbeiter	Bekanntheit	Jahresumsatz
NORDMILCH eG	MILRAM Frühlings-Quark (seit 1967)	1947 in Zeven	4.381	77 %	2.307 Mrd. Euro (Konzern)

MIRACEL WHIP | DIE SALATMAJONÄSE

Ein englischer Lord liebte das Spiel mit den Karten so sehr, dass er darüber oft das Essen vergaß. Als wieder einmal das Gefühl des Hungers in ihm aufstieg, orderte er zwei Scheiben Toast, ließ sich Schinken und Käse dazwischen legen und fertig war eine Mahlzeit, die nicht allzu lange vom Spiel ablenkte. Sein Name war John Montagn, Earl of Sandwich. So soll ein Engländer die berühmte Mahlzeit erfunden haben, welche ein Amerikaner Jahre später zur Perfektion reifen ließ.

James Lewis Kraft, Gründer der Kraft Food Company, drückte den Sandwichs und Salaten dieser Welt seinen Stempel auf:. „A Sandwich just isn´t a Sandwich without Miracel Whip!" lautet die prägnante Überschrift für sein Produkt, das inzwischen auch in Deutschland als Synonym für Majonäse steht. Der fast mittellose Farmersohn aus den USA muss ein gutes Blatt in der Hand gehabt haben, als er 1903 in Chicago einen Laden für Käsespezialitäten eröffnete. Was mit rund 60 Dollar Startkapital begann, ist heute ein weltumspannendes Unternehmen für Lebensmittel.

Mit innovativen Ideen sorgt das Unternehmen in den Küchen dieser Welt immer wieder für Furore. 1954 führt Kraft den Tomatenketchup in Deutschland ein, wenig später erobert Philadelphia Frischkäse den hiesigen Markt, der Reis im Kochbeutel kommt aus dem gleichen Hause und ab 1972 heißt es in Deutschland „Whippen, statt rühren – das ist das Geheimnis!"

Miracel Whip erobert die hiesigen Küchen und Salate und hält sich nun seit mehr als 30 Jahren an der Spitze. Eigentlich ist Majonäse ein schlichtes Produkt, eine Emulsion aus Eidotter, Zitronensaft und Öl. Dazu kommen dann je nach Geschmack die entsprechenden Zutaten der Saison. Doch Miracel Whip ist mehr als nur eine Anhäufung von Komponenten. Seine einzigartige Würze und seine lockere Konsistenz machen es zu etwas Besonderem. Mit nur 32 Prozent Fettgehalt auf 100 g ist es außerdem ein echtes Leichtgewicht, verglichen mit der klassischen Majonäse.

Weil eine Majonäse aber ohne Ideen immer nur eine Majonäse bleiben wird, gibt es für Miracel Whip neben einer Unmenge von hausgemachten Rezepten auch ein spezielles Ideencenter für den Umgang mit der leckeren weiße Creme. Da werden in einem Atelier oder, schlichter benannt, Kochstudio verschiedene Kreationen ausprobiert, getestet, verworfen oder für gut befunden. Da tauchen Fragen auf, welches Gemüse sich besonders gut zu Miracel Whip verhält, welches Fleisch oder welcher Fisch und wie dies alles zubereitet werden muss, um am Ende auf ganzer Linie in Harmonie mit der cremigen Zutat zu liegen. Kaum ein Rezept, das nicht seinen Weg auf die Büffets dieses Landes gefunden hätte.

Miracel Whip hat sich seinen festen Platz im Kühlschrank der Deutschen erobert und so den Weg freigemacht für die unzähligen Sandwichs und Salate mit ihren verschiedensten Geschmacksrichtungen und Zutaten. Die hohe Markenloyalität bei Majonäse und der erste Platz für Miracel Whip verweisen auf die hohe Qualität des Produktes aus dem Hause Kraft Foods.

Als James Lewis Kraft sich damals auf den Weg nach Chicago machte, hätte er sich sicher an seinem Sandwich verschluckt, wenn man ihm gesagt hätte, wie viele Verbraucher einmal seine Majonäse zur Verfeinerung ihrer Mahlzeiten verwenden würden. So aber kaute er wahrscheinlich sein Sandwich unzufrieden weiter und fragte sich, warum dieses so trocken schmecken musste. Bis darauf die richtige Antwort gefunden war, sollten aber noch einige Jahre vergehen. Doch 1933 war es dann soweit. Miracel Whip erblickte in den USA das Licht der Märkte und Tausende von zu trockenen Sandwichs und kraftlosen Salaten nahmen stillschweigend Abschied.

MIRÁCOLI | DAS NUDELFERTIGGERICHT

„Wir wollen Marken schaffen, die täglich Freude bereiten." So lautet das Leitmotiv von Kraft Foods, dem weltweit zweitgrößten Lebensmittelhersteller. Der frühere Name des Unternehmens, Kraft Jacobs Suchard, verweist dabei noch direkt auf die Gründerväter James Lewis Kraft, Johann Jacobs und Philippe Suchard, die als anerkannte Pioniere des modernen Unternehmertums und als Wegbereiter der industriellen Herstellung hochwertiger Nahrungsmittel Marken schufen, die seit vielen Jahrzehnten bekannt und beliebt sind.

Ursprünglich aus einem Chicagoer Käsegeschäft entstanden, ist Kraft seit 1927 mit einer eigenständigen Tochtergesellschaft in Hamburg vertreten. Im Jahr 1937 beginnt Velveta – ein Schmelzkäse auf Chestergrundlage – seinen Siegeszug in Deutschland, der erst durch den Zweiten Weltkrieg vorübergehend gestoppt wurde.

Im Deutschland der ausklingenden 50er Jahre herrscht dann wieder Hochstimmung, die Wirtschaft boomt und mit wachsendem Vermögen wächst auch die Lust aufs Reisen. Das ultimative Abenteuer lockt gleich nebenan, die beginnende Motorisierung eröffnet vielen Familien neue Perspektiven: Bald reisen endlose Kolonnen von urlaubslustigen Deutschen mit dem VW Käfer oder der BMW Isetta über den Brennerpass, hin zu O Sole Mio, auf nach Italien. Und während noch so mancher Rom- oder Neapel-Tourist rätselt, wie man nun korrekt einen Espresso bestellt, überrascht Kraft 1961 mit einem neuartigen Produkt, welches perfekt in diese Zeit des Fernwehs passt: Mirácoli! Italienisches Essen erkämpft sich, wenn auch noch mehr oder weniger ungewohnt, gerade seinen festen Platz auf den heimischen Speiseplänen, und besonders schnell erobern sich die Spaghetti – die Kartoffeln des Südens – einen Stammplatz auf deutschen Tellern. Kraft erkennt die Trendwende, das Verlangen der jüngeren Bevölkerungsschichten nach mehr Erlebnis und mehr Freizeit und das langsame Wegbrechen alter Strukturen. Die jungen Familien werden zur anvisierten Zielgruppe, denn sie sind wie geschaffen für den Konsum eines schnellen Fertiggerichts. Und Mirácoli entspricht genau der Idealvorstellung von einem leckeren, typisch italienischen Essen im Kreis der Familie.

Der Erfolg beruht sicher auch auf der enormen Vorbereitung, die Mirácoli für sich in Anspruch genommen hat: Hunderte von Kochversuchen mit italienischen Hartweizennudeln und ein neues Abfüllverfahren für Tomatenmark waren notwendig, um aus einem einfachen Nudelgericht die typisch italienische Pasta zu machen. Auch das Konzept von Einzelkomponenten, die später eine Mahlzeit ergeben, ist bis dahin völlig unbekannt. Schließlich aber soll Mirácoli nicht nur so schmecken wie in Italien, sondern es soll auch schwer zu imitieren sein. Wesentlichen Anteil daran hat die „unnachahmliche" original Würzmischung, deren Zusammensetzung streng geheimgehalten wird und die Mirácoli erst das gewisse wiedererkennbare Etwas und eben den unnachahmlichen Geschmack gibt.

Es gibt Dinge, die kann man einfach nicht verbessern, und so kommt Mirácoli Spaghetti mit Tomatensauce seit mehr als 40 Jahren mit unveränderter Rezeptur auf den Markt. Längst aber hat Kraft sich unter der Marke Mirácoli auch anderer Pasta-Spezialitäten der italienischen Küche angenommen, die alle eines gemeinsam haben: Hochwertige Zutaten, allen voran die einzigartige „Original-Mirácoli-Würzmischung", werden in kürzester Zeit zu einer leckeren Mahlzeit kombiniert. Ob klassische Spaghetti oder lieber Cravattini oder Tortellini, ob Tomaten-Basilikum-, Käse-Kräuter-, Carbonara-, Pikante oder Bolognese-Sauce, bestimmen dabei den Geschmack und den Wunsch nach Abwechslung. Und immer entsteht mit Mirácoli neben einer leckeren Mahlzeit eine vertraute, familiäre Atmosphäre. Auch wenn die Zeit zum „richtigen Kochen" nicht reicht, bringt Mirácoli die Familie für eine leckere Mahlzeit schnell an den Tisch. So entpuppt sich gerade heute, wo der Wert der Familie wieder höher geschätzt wird, Mirácoli erneut als Trendsetter.

Firmenname	Klassiker	Bekanntheit	Vertrieb	Hauptfertigungsstätte	Firmensitz
Kraft Foods	Mirácoli Nudeln	95 % (gest.)	europaweit	Fallingbostel	Bremen
Deutschland	(seit 1961)				

MOECK | DIE BLOCKFLÖTE

MOECK Die Unternehmensgeschichte der Firma Moeck Musikinstrumente + Verlag beginnt im Jahre 1930, als die Blockflöte sehr populär wurde. Seit dieser Zeit ist ihre Geschichte nicht mehr zu erzählen ohne die Nennung des Familienunternehmens Moeck.

Es waren drei Strömungen, in denen die Firmengründung zu verorten ist: Zum einen war damals die Blockflöte zu dem Lieblingsinstrument der Jugendbewegung avanciert; parallel hierzu etablierte sich in den 30er Jahren eine Musikkultur, die sich durch den Wunsch charakterisieren lässt, vermehrt in kleineren oder größeren Gruppen zu musizieren, um so Musik nicht nur passiv in Konzerten, sondern auch aktiv selbst spielend zu erleben. Darüber hinaus fand die Blockflöte zunehmend Eingang in den Musikunterricht der allgemein bildenden Schulen.

1960 setzte sich der Gründer der Firma Moeck mit 64 Jahren zur Ruhe und sein Sohn Hermann wurde Alleininhaber; unter seiner Leitung erlangte die Firma mit ihren Blockflöten und historischen Holzblasinstrumenten die Marktführerschaft. Mit dem Leitmotiv, „auf dem Weg zum Neuen immer auch die Bindung an das Alte suchen", ist es Moeck auch gelungen, gerade in der schwierigen Instrumentenfertigung die „Intuition des Handwerkers mit der Präzision der Maschine" zu verbinden. Dieses harmonische Ineinandergreifen von Tradition und Innovation zeigt sich unter anderem auch im Verlagsprogramm: Hier finden sich sowohl Werke alter Musik für Schule und Unterricht als auch Veröffentlichungen zeitgenössischer Musik sowie Bücher über den Musikinstrumentenbau.

Seit etwa den achtziger Jahren des 20. Jahrhunderts hat sich der Instrumentalunterricht von den allgemein bildenden Schulen immer mehr auf die professionellen Musikschulen verlagert, und hier sind die Blockflöten nach dem Klavier das meistunterrichtete Instrument. Und das mit beachtlichem Niveau, was ein jeder selbst hören kann, wenn er den Wettbewerben „Jugend musiziert" lauscht. Aber nicht nur unter Nachwuchskünstlern werden die mittlerweile allgemein verbreiteten Moeck Rottenburg-Flöten als besonders zuverlässige Instrumente sowohl für das Solo- als auch für das Ensemblespiel geschätzt. Auch die „Königin der Blockflöte" Michala Petri spielt diese Flöten aus dem Hause Moeck sehr häufig in ihren Konzerten und hat ihren Klang auf Schallplatten verewigt.

Die Blockflöte ist heute aus dem Konzertleben nicht mehr wegzudenken, und das Blockflötenspiel hat sich auch als Studienfach an den Hochschulen etablieren können.

Der Flötenbau selbst ist ein äußerst kniffliges und schwieriges Metier. Bei der Fertigung geht es um Toleranzen von hundertstel Millimetern, um das Instrument gut zum Klingen zu bringen, da Windkanal und Labium genauestens aufeinander abgestimmt werden müssen, eine Aufgabe, die auch viele junge Leute anzieht.

Aber nicht nur die geblasene Luft und die komplizierte Innenstruktur einer Flöte haben Einfluss auf den Klang. Auch die Holzart spielt eine entscheidende Rolle. So ist der feinporige Ahorn recht elastisch und damit eher grundtönig, während zum Beispiel Honduras Palisander wegen seiner Härte und Schwere einen obertonreichen Klang hat. Die den Mittelmeerländern entstammende Olive besticht dagegen wiederum mit einem sehr offenen Klang. Das Flötenspiel wird also nicht nur durch die Wahl des Modells bestimmt, sondern auch durch die Entscheidung für eine bestimmte Holzart. Der Spieler hat also viele Möglichkeiten, ein Instrument zu finden, das seinen Wünschen optimal entspricht.

In der Bundesrepublik spielen mehr als eine Million Menschen Blockflöte, und der Trend geht über Europa weit hinaus bis nach Amerika und Japan. Dieser Sachverhalt erklärt sich leicht aus der Tatsache, dass hierzulande die Blockflöte im Laufe der letzten beiden Generationen zum beliebtesten Instrument nach dem Klavier geworden ist. Gute Aussichten also für Moeck, dass dies auch in Zukunft so bleiben wird.

Firmenname	Klassiker	Gründung	Gründer	Vertrieb	Hauptfertigungsstätt
Moeck Musik-instrumente + Verlag	Die Blockflöte (seit 1930)	1930 in Celle	Hermann Moeck, sen. (1896–1982)	weltweit	Celle/Niedersachsen

MONDAMIN | DIE SPEISESTÄRKE

„Ich sah Körner, die mahiz genannt werden." Mit diesem Satz, den Christoph Columbus schrieb, nahm gegen Ende des 15. Jahrhunderts die europäische Maiskultur ihren Anfang. Lange vor Columbus, nämlich vor ungefähr 5.000 Jahren – wie Archäologen schätzen –, kannten die Indianer Mexikos bereits die goldgelben Körner. Mais, der in der indianischen Mythologie ein Geschenk der Götter war, entspringt aus der Begegnung des Hiawatha, Sohn des Westwindes, mit dem Gott Mon-da-min, dem Freund des Menschen. In der Indianer-Saga geschieht, nachdem Mon-da-min im Kampf gegen Hiawatha gefallen war, ein Wunder, als der besiegte Gott sich in ein lebensspendendes Maisfeld verwandelt. Über Jahrtausende schenkte Mais dem Reich Mittelamerika die Kraft, die das Leben bestimmt. So ist es neben dem Gold der Mais, auf den sich der Wohlstand Mexikos, des sagenumwobenen Reiches der Azteken, gründete.

Zwar wird in Deutschland bereits im Jahre 1539 im „Neuen Kräuterbuch" des Naturwissenschaftlers Hieronymus Bock von Mais Notiz genommen. Es dauert aber noch rund 300 Jahre, bis der Wert der in Mittelamerika so bedeutenden Kulturpflanze auch in Europa geschätzt wird: Erst Mitte des 19. Jahrhunderts kommt die Speisestärke aus Mais durch den Schotten John Polson jr. nach Europa, der 1854 „Brown & Polson's Patent Corn Flour" erfolgreich in England anbietet.

In Deutschland beginnt man die Vermarktung von Mondamin um 1860. In einem Inseratenanhang aus Henriette Davidis Kochbuch von 1887 ist über die Vorzüge des erfolgreichen Produkts der Firma Brown & Polson, Hoflieferanten I. Maj. der Königin von England, unter anderem Folgendes zu lesen: „... Mondamin ist ein Maisprodukt, absolut entölt, von außerordentlicher Reinheit, Feinheit und Ergiebigkeit, ist vielfach prämiert worden, – auf der Kochkunst-Ausstellung zu Berlin im Jan. 1885 mit dem ersten Preis seiner Klasse, der silbernen Medaille, auf der Internationalen Kochkunst-Ausstellung im Januar 1887 mit dem Ehrenpreis der Stadt Leipzig." Überzeugt von der Zukunft des vielgepriesenen Produkts, gründet 1913 J. A. Brown als alleiniger Gesellschafter in Deutschland die Mondamin GmbH. Eine in Berlin zu dieser Zeit schon existierende offene Handelsgesellschaft der Fa. Brown & Polson wird bei der Gründung in die neue Firma mit eingebracht.

Anfang des 20. Jahrhunderts setzt man sich auch im fernen Chicago ein hohes Ziel. Ein aufstrebendes amerikanisches Unternehmen namens Corn Products Company will den europäischen Markt für seine Stärke-Erzeugnisse erobern. So kommt es, dass die Corn Products Company bereits 1905 in Hamburg ihr erstes Verkaufsbüro eröffnet. Der vorrangige Wunsch des Unternehmens, „dass diese Wohltat aller Klassen ihren Platz im täglichen Speisezettel findet", sollte sich bald erfüllen.

„Alle guten Sachen muss man mit Maizena machen." Getreu dieser Devise steigt Maizena nach Ende des Ersten Weltkrieges im Jahre 1920 durch Beteiligung an der Mondamin GmbH in Berlin in die Produktion von Backpulver und Pudding – neben Speisestärke – ein. 1953 fusioniert die Mondamin GmbH schließlich mit der Deutschen Maizena Werke GmbH.

Mondamin ist heute ein Markenartikel mit langer Tradition, der auf vielfältige Weise beim Kochen und Backen hilft. Mondamin wird für die Zubereitung von Flammeris und Kuchen ebenso verwendet wie zum Binden von Cremes, Suppen, Soßen und vielen anderen Gerichten. Mit Feine Speisestärke, Fix-Soßenbinder, Klassische Mehlschwitze, Teigen, süßen Gerichten wie Milchreis oder Kaiserschmarrn sowie Pudding ist Mondamin in vielen Küchen das, was der indianische Name sagt: der Freund des Menschen.

Mondamin®

Feine Speisestärke

Für feine Kuchen, Plätzchen, Torten und Desserts

Firmenname	Klassiker	Gründung	Gründer	Bekanntheit	Vertrieb
Unilever Bestfoods Deutschland GmbH	Mondamin Feine Speisestärke	1913	J. A. Braun	96 %	deutschlandweit

 **Hapag-Lloyd** Um 1880 war die Firma
Kreuzfahrten Morris & Co. die erfolg-
reichste Auswanderer-Agentur in Hamburg. Sie wurde
von dem 23-jährigen Albert Ballin geleitet, der sie
1879 nach dem Tod seines Vaters übernommen hatte.
1883 waren es schon stolze 16.000 Passagiere, die mit
Ballins Carr-Linie den Atlantik überquerten – eine
ernsthafte Konkurrenz für die 1847 gegründete
Hamburg-Amerikanische-Packetfahrt-Actien-Gesell-
schaft, kurz Hapag genannt. Diese kaufte im Jahr
1886 die Carr-Linie auf, und im Jahre 1899 schließlich wurde Albert Ballin zum Generaldirektor der
Hapag ernannt.

Was indes heute unter dem internationalen
Begriff „Cruise Industry" von Jahr zu Jahr neue Rekorde bricht, geht auf recht bescheidene Anfänge
zurück. Albert Ballin hatte die Idee, ein Passagierschiff
in den Wintermonaten, wenn der Transatlantik-
Liniendienst ruhte, auf eine „Exkursion" in sonnige
Gefilde zu schicken. Und schon am 22. Januar 1891
dampfte die „Augusta Victoria", deren Interieur als
„Rokoko zur See" gepriesen wird, von Cuxhaven zur
ersten Vergnügungsreise ins Mittelmeer.

Mit dem neuen Jahrtausend brach dann die Zeit
der großen Rekorde an. 1900 erlangte die Hapag mit
dem Schnelldampfer Deutschland das Blaue Band
für die schnellste Transatlantik-Überquerung. Als Ergebnis eines „Wettrüstens" mit der englischen Reederei Cunard („Aquitania") und der White Star Line
(„Titanic" und „Olympic") lief am 23. Mai 1912
der „Imperator" vom Stapel, zu seiner Zeit das größte
Schiff der Welt. Der für Schiffe eigentlich unüb-
liche männliche Name war eine Hommage an Kaiser
Wilhelm II.

Als würdiger Nachfolger gibt sich die 1999 in
Dienst gestellte EUROPA in ihren Abmessungen deutlich bescheidener, liegt aber mit einer Größe von
28.000 BRT für nur 408 Passagiere an der Spitze beim
Raumangebot pro Passagier. Besser als jede Zahl
vermittelt ein Blick in das zentrale Atrium die Atmosphäre von Luxus und Großzügigkeit, die das Fünf-
Sterne-plus-Schiff auszeichnet: Mit seiner Höhe über

alle sieben Passagierdecks, gläsernen Fahrstühlen,
einem Steinway-Flügel in der Piano-Bar und einem
Fußboden aus poliertem italienischen Granit bildet es
den repräsentativen Mittelpunkt des außergewöhnlichen Schiffes.

Auch sonst herrscht auf dem innovativen Life-
style-Schiff nur Luxus und Service vom Feinsten: Die
Passagiere verfügen über Suiten von 27 bis 85 qm,
die multimedial mit einer riesigen Audio- und Film-
auswahl ausgestattet sind und natürlich auch Inter-
net-Anschluss bieten. Jeder Passagier erhält dabei
seine ganz persönliche E-Mail-Adresse, die er sein
Leben lang behalten kann – ein schönes elektronisches
Souvenir. Außerhalb der Suite können die Passagiere
auf ein riesiges Sport-, Wellness- und Freizeitangebot
zurückgreifen und bekommen von der engagierten
Crew praktisch jeden Wunsch erfüllt – beispielsweise
ein individuell zugeschnittenes Fitnessprogramm
vom eigenen „Personal Trainer".

Eine Flanierpromenade mit edlen Boutiquen,
Spitzengastronomie in vier verschiedenen Restaurants,
ein 20 Meter langer Swimmingpool, Sauna, Dampf-
bad, Massage und Wärmetherapie, Joggingparcours,
Shuffleboard, Golf-Simulator und ein 24-Stunden-
Room-Service, dazu ein hochrangiges Unterhaltungs-
programm mit exklusiven Bord- und Land-Events
und bekannten Namen wie Gloria Gaynor, Milva oder
Armin Mueller-Stahl – sich an Bord der EUROPA zu
langweilen, ist praktisch unmöglich. Das laut Berlitz
Cruise Guide beste Kreuzfahrtschiff der Welt befährt
dabei auf allen Meeren die schönsten Routen. Im
Sommer kreuzt sie „vor der Haustür" auf Nordland-
und Ostseekurs, in den Wintermonaten folgt sie der
Sonne zu exotischen Zielen.

Schließlich setzt die EUROPA auch technisch
neue Maßstäbe: Der neuartige diesel-elektronische
Antrieb lässt das 198 m lange und 24 m breite Schiff
bei einer Geschwindigkeit von 21 kn (ca. 40 km/h)
nahezu laut- und schwerelos über die Wogen gleiten.

Firmenname	Klassiker	Indienststellung	Besatzung 1891	Besatzung 2003	Jahresumsatz
Hapag-Lloyd Kreuzfahrten GmbH	Europa Nr. 6 (seit 1999)	1891 Europa Nr. 1	Crew: 24 und 220 Gäste	Crew: 270 und 408 Gäste	152 Mio. Euro (2002)

MÜLLER | DER MILCHREIS

Schon Thomas Alva Edison lobte die weiße Flüssigkeit als Gabe Gottes: „Milch ist die einzige ausgeglichene Nahrung, zusammengestellt von dem großen Chemiker, der über uns ist." Louis Pasteur – ein Kollege, der weiter unten arbeitete – hatte Mitte des 19. Jahrhunderts ein Verfahren entwickelt, Milch durch Erhitzen haltbar zu machen, und so der Entwicklung moderner Milcherzeugnisse Vorschub geleistet.

Dass auch der Zimt von weit oben kommt, glaubten noch die alten Griechen. Die arabischen Händler ließen sie lange im Unklaren darüber, woher sie das begehrte Gewürz importierten. So berichtete der Geschichtsschreiber Herodot, dass große Vögel ihre Nester aus Zimtstangen bauen und diese hoch oben in die Felsen hängen. Nur mit einigen Tricks könne man die Vögel überlisten, um an die kostbaren Stangen zu gelangen.

Und der Reis? Ein bodenständiges Grundnahrungsmittel, das schon seit 4000 vor Chr. auf dem Speiseplan der Menschheit steht. Es ist nicht überliefert, wer ihn als erstes in die heiße Milch gerührt und mit der eingängigen Alliteration aus Zimt und Zucker kombiniert hat. Fest aber steht, dass die häusliche Produktion der Aufmerksamkeit einiges abverlangt. Der zirka halbstündig währende Kochvorgang muss stetig überwacht werden, will man nicht am Ende ein Drittel der Speise als fest mit dem Topfboden verwachsen zurücklassen.

Die Alternative steht seit 1980 in den Kühlregalen der Supermärkte: der Original Milchreis von Müller. Die Innovation kam aus Aretsried, einem Ort in der Nähe von Augsburg, wo sich seit ihrer Gründung die Alois Müller GmbH & Co von der Dorfmolkerei zu einem modernen Großunternehmen entwickelt hatte. Ludwig Müller hatte sie 1896 gegründet und 1938 an seinen Sohn, den gelernten Käser Alois Müller, übergeben. 1971 übernahm dessen Sohn Theo, der noch heute geschäftsführender Gesellschafter ist, mit vier Mitarbeitern den Betrieb seines Vaters.

Mit neuen Verfahrenstechniken und einer nationalen Logistik gelang es dem Unternehmen in den 70er Jahren als erste deutsche Molkerei, Milchfrischprodukte bundesweit erfolgreich anzubieten. Seit Anfang der 80er legten ein eigenes Becher-Werk und eine Kühlspedition den Grundstock zu einer Unternehmensgruppe unter der Führung der Unternehmensgruppe Theo Müller GmbH & Co. KG, zu der neben der Molkerei Alois Müller heute sechs weitere Tochterunternehmen zählen, die alle eigenständige Marken bilden. 1987 trat das Unternehmen auf den englischen Markt, und seit 1995 kann man Joghurt, Milch und Butter mit dem rot-weißen Müller Logo auch in Italien kaufen. Heute rangiert Müller in beiden Ländern auf Spitzenplätzen im Joghurtsegment. Die Produkte sind den jeweiligen nationalen Geschmäckern angepasst worden, aber auch marktspezifische Neuheiten wurden entwickelt.

Die Marke MÜLLER bildet den Kern der Unternehmensgruppe mit rund 4.200 Mitarbeitern, die an fünf Produktionsstandorten im In- und Ausland das Sortiment aus Milch- und Sauermilchprodukten, Milchmischerzeugnissen und Fruchtdrinks herstellen.

Der hohe Bekanntheitsgrad des Sortiments von fast 100 % hierzulande basiert nicht zuletzt auf der Lippen-geschürzten Vermarktung eines seiner Milchmischerzeugnisse: dem Mmmilchreis von Mmmüller im müllertypischen Becher.

Herodot übrigens vermutete den Zimt auch auf dem Grund eines geheimnisvollen Sees. Und ganz tief unten findet sich auch im vertrauten Müller Becher – immer da, wenn der kleine Hunger kommt – die Lösung aus Zucker und Zimt. Mancher hebt sie sich bis zum Schluss auf. Andere hieven die Schichten zu ausgewogenen Teilen auf den Löffel. Man kann auch einfach alles zusammenrühren. Für die Puristen jedenfalls ist der Reis mit der klassischen Z&Z-Kombination eine Leibspeise, der wohl keine der fruchtigen oder schokoladigen Weiterentwicklungen der letzten Jahrzehnte den Rang ablaufen wird, denn: Zimt macht glücklich. Das wussten schon die alten Griechen.

Firmenname	Klassiker	Gründung	Erfinder	Bekanntheit	Hauptfertigungsstätte
Molkerei Alois Müller GmbH & Co.	Original Milchreis (seit 1980)	1896 in Aretsried	Theo Müller	knapp 100 %	Molkerei Müller, Aretsried

MUNDORGEL | DAS LIEDERBUCH

 Sie kommt im roten Einband daher, passt in jede Hemdtasche und hat ein buntes Repertoire in sich: Die Mundorgel mit ihren Liedern für Lagerfeuer und Bibelarbeit. Vor 50 Jahren entstand das beliebte Liederbuch, das mittlerweile rund 14 Millionen Mal verkauft wurde und bei keinem anständigen Zeltlager fehlen darf: 1951 setzten sich die vier jungen Kölner Studenten und Mitglieder des Evangelischen Jungmännerwerkes Kreisverband Köln (dem heutigen CVJM Kreisverband Köln) Peter Wieners, Dieter Corbach, Hans-Günther Toetemeyer und Ulrich Iseke im Keller des Wieners'schen Elternhauses zusammen, um Liedertexte aufzuschreiben.

Alle vier betreuten damals als Gruppenleiter jüngere Mitglieder auf ihren Fahrten ins Zeltlager. Und immer, wenn bei solchen Gelegenheiten ein gemeinsames Lied angestimmt wurde, kam man nicht über die erste Strophe hinaus. Also musste ein Textbuch her. Aus eigener Erinnerung, aus Erzählungen von Freunden, Eltern und Geschwistern sowie aus alten Büchern kamen die Texte und wurden 1953 als Manuskript an die Druckerei übergeben, um daraus ein preiswertes und praktisches kleines Heft zu machen, das ohne schlechtes Gewissen auf der Fahrt verschlissen werden konnte.

Dem Namen des Liederbuches lagen nicht etwa werbestrategische Überlegungen zugrunde. Er war – hergeleitet vom Musikinstrument Mundharmonika – als eine Referenz an den damaligen CVJM-Kreisvorsitzenden Horst Mundt gedacht. Zunächst sperrte sich der Vorstand gegen dieses „Sammelsurium" von Liedtexten. Doch gerade auf diese bunte Mischung aus Texten für die Bibelstunde und Liedern für das Lagerfeuer kam es den vier jungen Studenten an, und sie beharrten auf ihrem Konzept, das sie notfalls auch auf eigene Kosten realisieren wollten. Der Vorstand besann sich eines Besseren und war in letzter Minute doch überzeugt – die Druckkosten für die ersten 500 Exemplare vom „Liederbuch für Fahrt und Lager" wurden komplett vom CVJM übernommen.

Die ersten druckfrischen Exemplare wurden noch vom Drucker selbst per Fahrrad in ein Zeltlager bei Altburg im Nistertal im Westerwald ausgeliefert. Waren es damals noch 132 Lieder, hat sich seither einiges verändert: Lieder, die während der Nazizeit durch die Hitlerjugend vereinnahmt wurden, fielen bei Überarbeitungen ebenso heraus wie Texte, die diskriminierend oder allzu militaristisch daherkamen. Von den 132 Texten der ersten Ausgabe sind in der zuletzt erschienenen Neubearbeitung noch 54 übrig geblieben. Heute zählt die Mundorgel 278 Lieder und ist mit einer kompletten Neubearbeitung aus dem Jahr 2001 auf dem aktuellen Stand mit neuer Rechtschreibung, mit altbewährten und neuen Liedern und in der bekannten Zusammenstellung aus Morgen- und Abendliedern, Spirituals und geistlichen Liedern, Volks- und Wanderliedern sowie Folklore, Spiel- und Ulkliedern.

Seit 1964 gibt es neben der reinen Textausgabe auch eine Notenausgabe, die neben den Liedern zusätzlich die einstimmige Melodie und Gitarrengriffe enthält sowie viele Hinweise und Erklärungen zu Autoren und zur Entstehungsgeschichte der einzelnen Lieder liefert.

Von den bis heute 14 Millionen verkauften Exemplaren der Mundorgel entfallen rund elf Millionen auf die Textausgabe und drei Millionen auf die Notenausgabe.

Lag der Preis für die Textausgabe in den ersten Jahren bei 50 Pfennig, so ist das „preiswerte Liederbuch für den Gebrauch in Familie, Schule, Gemeinde und Verein" mit einem Preis von 3 Euro bis heute mehr als nur eine günstige Gelegenheit, endlich wieder einmal gemeinsam ein Lied anzustimmen. Und vor allem: es ab der zweiten Strophe mal nicht mehr nur beim Mitsummen zu belassen.

die mundorgel

Firmenname	Klassiker	Gründung	Herausgeber		Vertrieb
mundorgel verlag gmbh	mundorgel (seit 1953)	1966 als GmbH in Köln (vorher nur CVjM)	D. Corbach / U. Iseke / H.-G. Toetemeyer / P. Wieners		weltweit

MUSTANG | DIE JEANS

Mit sechs Flaschen gutem Hohenloher Schnaps fing alles an. Gegen die nämlich tauschte Albert Sefranek nach Ende des Zweiten Weltkrieges mit einem amerikanischen GI sechs Hosen unterschiedlicher Größen, die unter dem Namen Blue Jeans Geschichte schreiben sollten. In weiser Voraussicht hatte der Kleiderfabrikant aus Künzelsau erkannt, dass die amerikanische Befreiung auch ein Neuanfang in Sachen Mode war. Denn neben Kaugummi und Coca-Cola gehörte auch die berühmte „Blaue" zu den Attraktionen, die amerikanische GIs mit nach Deutschland brachten.

Mit der Adaption des neuartigen Röhrenschnittes war 1948 ein erster Grundstein gelegt. Bereits ein Jahr später konnte die weltweit erste außerhalb Amerikas produzierte Jeans „Made in Germany" hergestellt werden. Zum Original fehlte der damals noch züchtig genannten „Röhrleshose" allerdings das Entscheidendste: der indigogefärbte Denim – der Urstoff, der aus einer Hose erst eine Jeans macht.

Die Beschaffung des unerlässlichen Materials stellte eine für die damalige Zeit beinahe unüberwindliche Hürde dar. Trotz restriktiver Einfuhrbestimmungen und noch längst nicht entwickelter internationaler Beschaffungsmärkte gelang es Sefranek schließlich, die beachtenswerte Menge von 40.000 Yards des strapazierfähigen Grundstoffes zu importieren – eine Pionierleistung an sich, die Maßstäbe für das Wirtschaftswunder Deutschland setzte; ein Symbol aber auch für den Aufbruch in eine neue Zeit, in der vieles anders werden sollte. Die enorm hohe Summe von 84.000 Dollar bei einem Kurswert von 4,20 DM für die erste Bestellung steht für den Glauben an einen Erfolg, dem die rasante Expansion des Unternehmens inzwischen Recht gegeben hat.

Heute gehören die MUSTANG Bekleidungswerke zu den größten Jeanswear-Herstellern Europas. Mit über 1.200 Mitarbeitern und zwei europäischen Produktionsstätten vermarktet das schwäbische Unternehmen seine Kollektion mittlerweile auf der ganzen Welt. Ein Unternehmen mit einer Tradition, die über den internationalen Erfolg der MUSTANG-Jeans weit hinausgeht.

Bereits 1932 gründete Luise Hermann, die Großmutter des heutigen Firmeninhabers Heiner Sefranek, eine Kleiderfabrik, in der zunächst nur Arbeitsanzüge produziert wurden. Mit Fleiß, Selbstvertrauen und Durchsetzungsvermögen begründete sie den stetigen Erfolg ihres Unternehmens – Tugenden, die auch halfen, den Zweiten Weltkrieg zu überstehen.

Dass das von ihr gegründete Unternehmen mal den Namen eines amerikanischen Wildpferdes tragen würde, konnte die Unternehmerin freilich noch nicht ahnen. MUSTANG – das war zunächst der Name des Produktes, das den internationalen Durchbruch des Jeansherstellers ermöglichte. Ein Markenname, der eine Reihe von Vorzügen vereinte: gut auszusprechen, international einzusetzen und prägnant; ein Leitbild aber auch, das gut zum Wesen der gesamten Firma passte. Denn rasant galoppierend wie ein amerikanischer Mustang hat sich das Familienunternehmen zu einer internationalen Firmengruppe entwickelt.

Seit MUSTANG 1975 auch als Firmenname etabliert wurde, symbolisiert seine Geschwindigkeit und Dynamik auch eine beständige Kraft zur Innovation – unternehmerischer Weitblick, der stets Meilensteine in der Geschichte des Jeans- und Bekleidungsmarktes setzen konnte. So wurde etwa 1953 die erste Damenjeans Europas entwickelt, 1955 die erste Cordjeans herausgebracht und 1961 die europaweit erste Stretchjeans erfunden – Innovationen, die auch heute der Schlüssel für eine gesicherte unternehmerische Zukunft sind. Beständige Sortimentserweiterungen im Oberbekleidungs- und Accessoirebereich, visionäre Shopkonzepte und weltweite Lizenzvergaben sind auf dem Weg in die Zukunft gute Gründe für weiteren Optimismus.

Firmenname	Klassiker	Gründung	Gründer	Erfinder	Vertrieb
Mustang Bekleidungs-werke GmbH & Co. KG	Mustang Jeans (seit 1949)	1932 in Künzelsau	Luise Hermann	Albert Sefranek	weltweit

NATREEN | DER SÜSSSTOFF

 Der Brauch, sich gewisse Nahrungsmittel zu versüßen, ist weit älter als die Kenntnis des Zuckers. Erst im 17. und 18. Jahrhundert wurde Zucker durch die zunehmende Verwendung von Schokolade, Tee und Kaffee in breiten Teilen der Bevölkerung zu einem Volksnahrungsmittel. Doch wird heute so mancher süße Genuss durch die Erkenntnis getrübt, dass Zucker nicht nur nährt, sondern auch negative Auswirkungen auf die Gesundheit haben kann – von der schlanken Linie ganz zu schweigen. Deshalb gewinnt eine moderne Form des Süßens, die der Gesundheit und der Figur gleichermaßen entgegenkommt, hierzulande täglich neue Freunde: natreen Feine Süsse.

Bereits seit über 40 Jahren gibt es natreen Feine Süsse in der Bundesrepublik. Die Geschichte dieser leichten Süße reicht aber viel weiter zurück. 1884 brachte der deutsche Chemiker Constantin Fahlberg in Leipzig ein Süßungsmittel unter dem Namen „Saccharin" auf den Markt. Dieser erste Süßstoff hatte eine Süßkraft, die 450 Mal über der des Zuckers lag und dabei den Körper mit keiner einzigen Kalorie belastete. 1897 nahmen die Friedrich Bayer & Co. Farbenfabriken die Produktion auf und vertrieben die neue Süße unter dem Handelsnamen „Sykose". 1902 musste die Produktion jedoch eingestellt werden, weil die einflussreichen Zuckerproduzenten ein Gesetz durchsetzten, wonach im Reichsgebiet kein Süßstoff mehr vermarktet werden durfte. Bis 1945 dauerte die unfreiwillige Produktionspause. Nach dem Zweiten Weltkrieg entschloss man sich, den herrschenden Zuckermangel durch die Wiederaufnahme der Saccharin-Produktion auszugleichen. Als es dann wieder genug Zucker auf dem Markt gab, wurde es allerdings stiller um das Saccharin. Denn in der Zeit des Wiederaufbaus freuten sich die Bürger über jedes zusätzliche Pfund an ihrem Körper, und Süßstoff galt als Ersatzmittel für Menschen, die keinen Zucker zu sich nehmen durften.

Kurz vor dem Krieg war Cyclamat entdeckt worden. Dadurch konnte der Geschmack von Süßstoff in den USA schon in den 50er Jahren wesentlich verbessert werden. Nach der Zulassung von Cyclamat in der Bundesrepublik im Jahre 1963 startete die Bayer-Tochter Drugofa ihre Süßstoff-Offensive: Die natreen Feine Süsse eroberte den deutschen Markt. Das Erfolgsrezept war eine Mischung von Saccharin und Cyclamat im Verhältnis von 1:10. Zahlreiche Geschmackstests haben seitdem immer wieder bewiesen, dass diese Süßstoff-Rezeptur dem Zucker ebenbürtig ist. Mit der Einführung der natreen Feine Süsse ging ein grundlegender Wandel im Konsumverhalten der Bevölkerung einher. Wurde in den 50er und frühen 60er Jahren das Süßen mit Süßstoff noch mit „Verzicht" und „Krankheit" assoziiert, so legten die Verbraucher inzwischen Wert auf eine leichte und kalorienbewusste Ernährung, die zur Gesundheit und zum Wohlbefinden beiträgt.

Diese Bedürfnisse der Konsumenten hat natreen konsequent aufgegriffen und in seine Produkte einfließen lassen. Dabei versüßt natreen längst nicht mehr nur Tee und Kaffee, sondern bietet seit über 25 Jahren ein umfassendes Sortiment für die ausgewogene, kalorienbewusste Ernährung. Inzwischen gibt es neben den bewährten natreen-Tabletten und der natreen Feine Süsse flüssig dank der Zusammenarbeit mit ausgewählten kompetenten Partnern mehr als 120 Fertigprodukte: natreen-gesüßte Fruchtsaftgetränke, Milchprodukte, Obstkonserven, Puddings, Instantdesserts, Konfitüren, Eiscremes und vieles mehr.

Einen wichtigen Entwicklungsschritt machte natreen auch 1999: Nicht nur, dass alle Produkte in ein neues Design eingekleidet wurden, die altbewährte natreen-Rezeptur wurde außerdem – als erster Süßstoff – mit dem natürlichen Süßstoff Thaumatin abgerundet und geschmacklich verbessert. Im Vergleich zu Zucker ist Thaumatin etwa 2.000 bis 3.000 Mal so süß. Neben der Süßkraft besitzt Thaumatin auch geschmacksabrundende Eigenschaften, die bereits in geringsten Konzentrationen wirksam werden. Beide Eigenschaften nutzt natreen auch in der neuen Rezeptur – und so erhält die alte Tradition des Süßens ein modernes Gesicht.

Firmenname	Klassiker	Bekanntheit	Vertrieb	Jahresabsatz	Sortiment
Sara Lee Deutschland GmbH	natreen Feine Süsse (seit 1963)	98 % (gest., 2002)	weltweit	8 Mio. Packungen	kalorienreduzierte Lebensmittel seit 1976

 Warum nur treffen sich alle Gäste einer Party irgendwann immer in der Küche? Vielleicht ist es das Erbe der Steinzeit, sich dort zu versammeln, wo die Feuerstelle Schutz und Wärme bietet. Wie diese Feuerstelle heute aussieht, hat freilich nichts mehr mit der Steinzeit zu tun. Und immer dann, wenn es galt, eine neue Ära der Kochherde einzuleiten, der Feuerstellen von heute, war damit vor allem ein Name verbunden – und er ist es noch heute: Neff.

Es war 1877, als der Schlossermeister Carl Andreas Neff mit sechs Gesellen die „Carl Neff Herd- und Ofenfabrik" gründete und mit der Produktion von Kohleherden begann. Zu jener Zeit diente der Herd nach wie vor dem Heizen genauso wie dem Kochen – und die Energiequelle jener Tage waren Kohle und Holz. Doch das Zeitalter der Elektrizität stand bereits vor der Tür, spätestens seit Thomas Alva Edison 1878 die Glühbirne erfunden und damit die Kraft der Elektrizität für den Hausgebrauch gezähmt hatte. So stellte Carl Neff, der 1914 seine Produktion bereits um Gasherde erweitert hatte, seit 1930 auch verstärkt Elektroherde her.

Es sollte nicht die letzte Innovation gewesen sein, der andere Hersteller sich schließlich anschlossen – wenn es auch oft Jahrzehnte dauerte, bis eine von Neffs Entwicklungen sich auf breiter Front durchsetzte. Die einheitliche optische Linie für alle Geräte, auch Corporate Design genannt? Führte Neff bereits 1955 ein. Der Mikrowellenherd, der seinen Siegeszug in den 80er Jahren antrat? Stellte Neff 1957 vor – übrigens den ersten in Europa, wenn er auch damals noch „Elektronenherd" hieß. Die Einbauküche als Einrichtungsstandard? Die Geräte dazu gab es bei Neff bereits ab 1960.

All dies zeigt zum einen, dass das Unternehmen seiner Zeit oft voraus war. Und zum anderen, was seit jeher seine Leitlinie ist: die Arbeit in der Küche von unnötiger Last zu befreien und so die Konzentration auf das Wichtige zu ermöglichen – die Freude am Kochen. Dazu tragen seit 1988 die Teleskopauszüge, die das Backen und Garen auf drei Ebenen gleichzeitig erlauben, genauso bei wie die Neuerungen „Slide" und „Hide" des Modells SL, das Neff im Jubiläumsjahr 2002 präsentierte. So schwenkt der Türgriff „Slide" in Abhängigkeit zum Neigungswinkel mit, wenn man den Backofen öffnet, und folgt so den Bewegungen der Hand. Und wenn man die Backofentür wieder schließt, ist der Griff vorn und nicht unter der Tür. Apropos Backofentür: Die lässt sich durch ihre ausgeklügelte Kulissenführung ähnlich eines Garagentors bei der Ausführung „Hide" bei Bedarf ins Gerät einschieben, wenn man zum Beispiel die Weihnachtsgans begießen oder aber nach dem Fest den Ofen reinigen möchte, ohne über die Tür hinweggreifen zu müssen. Und das Easyclean-System nimmt der Reinigung des Backofens den Schrecken. Gleiches gilt für die Stromrechnung: Mit der Energie-Effizienzklasse A gehören die Neff-Herde zu den energiesparendsten.

Da liegt es auf der Hand, dass die übrigen Details der Neff-Herde, ganz gleich ob Elektro- oder Gas-Ausführung, ebenso durchdacht sind. Voll versenkbare Bedienknebel verhindern, dass der Herd im Vorbeigehen versehentlich eingeschaltet wird, und tragen so auch zum gelungenen Design des Frontpanels bei. Nicht zuletzt fügen sich die Geräte mit klarer Gestaltung dezent und doch prägnant in die Küche ein, ob man nun eine Edelstahlfront bevorzugt, klassisches oder Pastell-Weiß, Aluminium, Braun oder Schwarz. Neff Herde gibt es in vielen Formen und Maßen, mit unterschiedlicher Ausstattung, aber immer höchsten Ansprüchen an Qualität und Bedienkomfort.

Neff von A bis Z: Auf der Website des Unternehmens www.neff.de kann man sich über alle Produkte und Entwicklungen stets aktuell informieren. Neuerungen, die die möglichst einfache Bedienung der Technik in den Vordergrund stellen und so Neff-Herde zu dem machen, was sie sind: ein Stück Zuhause.

Firmenname	Klassiker	Gründung	Erfinder	Vertrieb	Hauptfertigungsstätte
NEFF	Herde (seit 1877)	1877 in Bretten	Carl Andreas Neff	in 20 Ländern	Bretten/Baden

NESTLÉ SCHÖLLER | DAS EIS

Napoleon, George Washington und Goethe – drei große Männer und Gourmets, die alle der Leidenschaft Eis verfallen waren. Aber sie waren längst nicht die Ersten, die den kühlen und erfrischenden Genuss zu schätzen wussten.

Bereits 3.000 Jahre vor unserer Zeitrechnung wurde in China Eis gegessen. Der exaltierte antike Kaiser Nero (37-68 n. Chr.) ließ sich sogar von einer eigenen Eisstafette regelmäßig Schnee aus den Bergen bringen. Eis war damals als Süßspeise bei den Römern groß in Mode. Man genoss es vermischt mit Honig, Zimt und Koriander, Rosenwasser und Veilchen. Beliebt war auch das Garnieren mit Datteln, Feigen oder Mandeln. Kurz, mit Eis ließ man es sich schon immer gut gehen.

Im Jahre 1935 probierte dann ein junger Mann bei einem Besuch im Berliner Varieté „Scala" etwas, das in den 30er Jahren noch als recht neuartig galt: Eis am Stiel. Der Name des Mannes, der auf Anhieb am Eisgenuss große Freude fand, war Theo Schöller. Als er kurz darauf bei einem Autorennen erlebte, dass sich Eis am Stiel bestens verkaufte, war dies für ihn und seinen Bruder der Auslöser, selbst ein Unternehmen zur Herstellung von Speiseeis zu gründen. Von Beginn an lautete der Grundsatz des kleinen Unternehmens, „stets erstklassige Qualität zu bieten".

Das eine rechteckig und „Standard" genannt, das andere rund: So sah das erste Stieleis aus, das in der kleinen, im Jahre 1937 auf dem elterlichen Grundstück in Nürnberg gegründeten Eisfabrik hergestellt und anschließend in Wachspapier und Gold- oder Silberfolie eingewickelt wurde – natürlich alles in Handarbeit. Die Menge betrug in etwa 10.000 bis 12.000 Eis am Stiel, das war seinerzeit die Tagesproduktion der rund 25-köpfigen Belegschaft. Während das runde Stieleis überwiegend als Zitronenfruchteis angeboten wurde, gab es das Milcheis „Standard" in den Geschmacksrichtungen Vanille, Schokolade und Erdbeere.

Das kleine Unternehmen prosperierte und folglich wuchs die Kundenzahl und auch die Zahl der

Produkte beständig. So wurde 1961 äußerst erfolgreich das Orangenfruchteis „Caretta" eingeführt. In all den Jahren hat dieses erfrischende Eis nichts an seiner Beliebtheit verloren. Im Gegenteil, es zählt heute zu den Eisklassikern und ist bei Erwachsenen und Kindern gleichermaßen begehrt.

Seit der Unternehmensgründung sind inzwischen mehr als 65 Jahre vergangen, in denen sich das Unternehmen dank seines hohen Qualitätsanspruchs, seines Ideenreichtums und seines Know-hows europaweit einen Namen gemacht hat. Heute gehört es zu dem weltweit größten Nahrungsmittelhersteller Nestlé und firmiert unter Nestlé Schöller GmbH & Co KG.

Schon für die Kleinsten ist das Nestlé Schöller-Logo auf dem bekannten Swimming-Pool-Fond das Symbol für leckeren Eisgenuss. Denn das Unternehmen weiß, was ihnen schmeckt, und sorgt alljährlich mit neuen Ideen für strahlende Kinderaugen. Und auch die erwachsenen Eisgenießer lassen sich gerne verwöhnen, denn Nestlé Schöller erfüllt ihre Wünsche nach Abwechslung und Genuss.

Das Nestlé Schöller-Sortiment reicht vom Kleineis bis zur Familienpackung, von cremig bis fruchtig und von klassisch bis trendig. Das Zusammenspiel von über 65 Jahren Erfahrung, Kompetenz, Kreativität und Aufgeschlossenheit für Trends sorgt für ein Produktsortiment, das höchsten Qualitätsansprüchen unterliegt, immer und überall zugänglich ist, eine große Vielfalt bietet und dem Lebensstil der Konsumenten entspricht.

Mit immer neuen Sorten und Eiskompositionen bietet Nestlé Schöller für jeden Gaumen das Richtige. Und oft werden dann aus diesen kühlen Eisideen richtige Dauerbrenner – wie eben Caretta.

Firmenname	Klassiker	Eissorte	Gründung	Gründer	Hauptfertigungsstätten
Nestlé Schöller GmbH & Co. KG	Caretta Orange (seit 1961)	Fruchteis Orange	1937 in Nürnberg	Dr. h.c. Theo Schöller	Nürnberg, Uelzen

NIEDEREGGER | DAS MARZIPAN

Der Name Niederegger-Marzipan steht für Qualität aus Leidenschaft. Nur ausgesuchte Zutaten werden seit 1806 zu einer Spezialität verfeinert, die Ihresgleichen sucht.

Johann Georg Niederegger kam Ende des 18. Jahrhunderts als junger Geselle nach Lübeck. Kurze Zeit, nachdem er in die Konditorei Maret eingetreten war, verstarb sein Lehrherr, und die Witwe übertrug dem Gesellen 1806 das Geschäft auf eigene Rechnung. Niederegger wusste so gut zu wirtschaften, dass er 1822, als der inzwischen erwachsene Sohn Marets die väterliche Konditorei wieder übernahm, ein eigenes Haus erwerben konnte.

In diesem Gebäude an der Breiten Straße 89, gegenüber dem alten Rathaus der Stadt, befindet sich noch heute das Café Niederegger, von dem aus das berühmte „Niederegger Marzipan" in alle Welt versandt wird.

Einer Sage zufolge soll das Marzipan in der Hafenstadt an der Ostsee entstanden sein: Marci panis, zu deutsch Markusbrot, habe den Einwohnern Lübecks im Jahr 1407 über eine schlimme Hungersnot hinweggeholfen. Doch wurde wohl erstmals in Arabien die süße Leckerei aus zerriebenen Mandeln, gestoßenem Zucker und Rosenwasser hergestellt. Schon 1000 n. Chr. ließen Kalifen die feine Süßigkeit ihren Gästen reichen. Mit der arabischen Vorherrschaft in Spanien gelangte das Marzipan dann nach Mittel- und Nordeuropa, wo es als eine erlesene Kostbarkeit – manchmal mit echtem Blattgold überzogen – höchsten Würdenträgern als Geschenk dargebracht wurde. Lange Zeit war es allein Apothekern vorbehalten, Marzipan herzustellen und zu verkaufen. Marzipan galt als ein „Kraftbrot", das mit zerstoßenen Edelsteinen und Perlen, aber auch mit Thymian und anderen Kräutern versetzt wurde, um Krankheiten zu heilen.

Erst im 18. Jahrhundert ging die Herstellung des Marzipans in die Hände von Zuckerbäckern über. Zu den Zeiten J.G. Niedereggers bedeutete die Zubereitung von Marzipan harte körperliche Arbeit.

Zunächst mussten die Mandeln geschält, verlesen und gewaschen werden. Dann stieß sie ein Arbeiter in einem Granitmörser, dem so genannten Reibstein, mit einem Holzstößel zu Brei. Die Mandelmasse wurde zu einem Drittel mit Staubzucker vermengt. Dieses Gemisch wurde anschließend in kupfernen Pfannen unter ständigem Rühren geröstet, bevor der so zubereiteten Rohmasse nach dem Erkalten nochmals Puderzucker beigefügt wurde.

Niederegger Marzipan war bald weit über die Landesgrenzen hinaus berühmt. Großer Beliebtheit erfreuten sich besonders die Vexiersachen, süße Nachbildungen von Früchten und Tieren. Selbst der Zar von Russland wollte nicht auf diese „artigen Betrügereien" aus Lübeck verzichten: Jahr für Jahr bestellte er ein Dutzend Marzipangänse in Lebensgröße.

Heute dürfen Marzipanbrote und das rosa Glücksschweinchen auf keinem Gabentisch mehr fehlen. Täglich werden bei Niederegger viele Tonnen Marzipan hergestellt und in über 32 Länder der Erde exportiert. Das Geheimnis des althergebrachten Rezeptes für Niederegger-Marzipan liegt in der genauen Mischung von Mandeln und Zucker und einer mit Rosenwasser vergleichbaren Zutat. Noch heute wird die Herstellung täglich vom Konditormeister persönlich überwacht.

Der Grundstoff des Marzipans ist die Mandel und bei Niederegger werden ausschließlich aromatische Mittelmeer-Mandeln verwendet, wobei man auf eine besonders gründliche Auswahl der Sorten und Anbaugebiete achtet. Durch persönlichen Einkauf in Spanien, Italien und anderen Mittelmeerländern kommt nur erstklassige Ware nach Lübeck, wo Niederegger daraus gleichmäßige Marzipan-Spitzenqualität herstellt.

„Das Geheimnis des Niederegger Marzipans geben wir in unserem Familienunternehmen seit 1806 von Generation zu Generation weiter." Diese Qualität können die Kunden von Niederegger mit jedem Marzipan, das sie verzehren, schmecken und das seit bald 200 Jahren.

Firmenname	Klassiker	Gründung	Erfinder	Vertrieb	Hauptfertigungsstätte
J.G. Niederegger GmbH & Co KG	Niederegger Marzipan Schwarzbrot	1806 in Lübeck	Johann Georg Niederegger (1777–1856)	weltweit	ausschließlich Lübeck

NIROSTA® | DER EDELSTAHL ROSTFREI

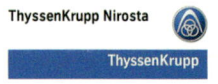

In der etwa 5.000-jährigen Geschichte der Nutzung des Eisens, von der prähistorischen Eisenzeit bis heute, hat die Gewinnung von Eisen und Stahl eine beachtliche Entwicklung erfahren. Einen besonderen Schritt nach vorne machte die Verhüttung und Erzeugung von Eisen und Stahl im Zuge der Industrialisierung seit Mitte des vorletzten Jahrhunderts. Die Firma Krupp, die seit 1811 hochwertigen Gussstahl herstellte, hatte hieran maßgeblichen Anteil. Als bahnbrechend für die Massenstahlerzeugung erwiesen sich die Einführungen des Bessemer- und des Siemens-Martin-Verfahrens, bei Krupp 1862 bzw. 1869. Trotz aller wissenschaftlichen Bemühungen blieb jedoch ein Problem zunächst noch ungelöst: die Korrosionsschäden durch Rost.

Im Werk Essen gründete Friedrich Alfred Krupp Ende des 19. Jahrhunderts ein chemisch-physikalisches Institut für die wissenschaftliche Stahlforschung, das sich auf dem Felde der Edelstahlproduktion zu einem international anerkannten Forschungszentrum entwickelte. Der Erfolg blieb nicht aus: Am 17. Oktober 1912 meldete die Fried. Krupp AG beim Reichspatentamt in Berlin die „Herstellung von Gegenständen, die hohe Widerstandskraft gegen Korrosion erfordern" zum Patent an. Durch Zulegieren höherer Chromgehalte (über zwölf Prozent) allein oder in Kombination mit Nickel wurde eine neue und überaus wichtige Eigenschaft von Stahl beliebig produzierbar: die Korrosionsbeständigkeit. Diese charakteristische Eigenschaft des nicht rostenden Stahls führte bereits einige Jahre nach Beginn der Produktion zur anschaulichen Wortbildung NIROSTA®, die seit 1922 als weltweit geschütztes Warenzeichen für Edelstahlprodukte der Firma Krupp fungiert.

In den folgenden Jahren hat die rasante technische Entwicklung bei der Herstellung des nicht rostenden Stahls diesen Werkstoff immer preiswerter und insgesamt vielfältiger einsetzbar gemacht. Mit der Einführung der Vielwalztechnik der Bauart Sendzimir – für Edelstahlbreitband in Deutschland erstmals von Thyssen in dem Krefelder Kaltwalzwerk

angewendet – gelang in den 50er Jahren der endgültige Durchbruch zu einem Werkstoff für die breite Massennutzung: Nicht nur in Töpfen, Waschmaschinen, Bestecken und Spülen, auch im Eisenbahnbau, als Werkstoff in der Umwelttechnik sowie in Kunst und Design findet NIROSTA® inzwischen Verwendung. An Festigkeit und Beständigkeit zeigt er sich anderen Materialien weit überlegen, mit Eigenschaften, die nicht nur in der Bauindustrie und für den Automobilleichtbau von entscheidender Bedeutung sind. In der Lebensmittelindustrie ist Hygiene, in der chemischen Industrie die Korrosionsbeständigkeit das ausschlaggebende Argument für NIROSTA®.

Das Chrysler-Building in New York mit seinem Dach aus rostfreiem Stahl ist eines der besten Beispiele für die Beständigkeit des verwendeten Materials. Seit 1929 gehört das makellose Dach zu den bedeutendsten Wahrzeichen Manhattans. Der rostfreie Stahl schützt Gebäude vor Umwelteinflüssen und mutwilligen Beschädigungen. Deshalb werden NIROSTA® Stähle auch vermehrt in der Altbausanierung verwendet.

Weltweit werden heute rund 19 Millionen Tonnen Edelstahl Rostfrei erschmolzen und mehr als die Hälfte hiervon als Rostfrei Flacherzeugnisse vermarktet. In diesem Wachstumsmarkt besetzt ThyssenKrupp Nirosta eine Top-Position und gibt mit modernster Fertigungstechnologie die Richtung an. So wird in Krefeld in einem hochinnovativen Verfahren die weltweit erste Bandgießanlage für Edelstahl Rostfrei betrieben und in den nachgeschalteten Stufen durch die Verkettung von Anlagen die Abläufe zunehmend kontinuierlich gestaltet. Dies führt zu einer erheblichen Verkürzung der Produktionsprozesse und ermöglicht eine noch höhere Gleichmäßigkeit in den Eigenschaften der NIROSTA® Werkstoffe.

Firmenname	Klassiker	Mitarbeiter	Vertrieb	Jahresumsatz	Jahresabsatz
ThyssenKrupp Nirosta GmbH	NIROSTA® (seit 1922)	ca. 4.800	weltweit	1,6 Mrd. Euro	1,1 Mio. Tonnen

NIVEA | DIE HAUTCREME

Weiß wie Schnee – mit diesem Vergleich wird im Märchen Schneewittchens Haut gepriesen. Weiß wie Schnee ist auch die Creme, die seit über 90 Jahren die Deutschen zur Pflege ihrer Haut bevorzugen. „Die Schneeweiße", so lautet denn auch ihre wohl klingende Bezeichnung. Dem Verbraucher ist diese Creme allerdings besser unter ihrem lateinischen Namen bekannt: NIVEA.

Im Jahre 1911 versuchte Dr. Oskar Troplowitz, Apotheker und Besitzer der pharmazeutischen Laboratorien Beiersdorf in Hamburg, Wasser und zarte Öle zu einer stabilen Creme zu verrühren. Da sich Fett und Wasser aber nicht verbinden, mischte er noch einen besonderen hautverwandten Stoff hinzu. Dieser neuentwickelte Emulgator namens Eucerit ließ jene zarte, schneeweiße Creme entstehen, die Troplowitz auf den Namen NIVEA taufte.

Als NIVEA 1912 auf den Markt kam, war sie die erste Fett- und Feuchtigkeitscreme der Welt. Außer den genannten Ingredienzien enthielt sie noch Glyzerin, ein wenig Zitronensäure und zur feinen Parfümierung Rosen- und Maiglöckchenöl. Obwohl die Creme seither ständig verfeinert und auf den letzten wissenschaftlichen Stand gebracht wurde, am eigentlichen Grundprinzip der Rezeptur hat sich nur wenig geändert. Denn als reine Wasser-in-Öl-Emulsion, der keinerlei Konservierungsstoffe beigemischt sind, macht NIVEA die Haut glatt und zart, ohne sie zu reizen, und bietet Schutz, Pflege und Feuchtigkeit für jede Haut.

Blieb das Produkt selbst unverändert, so haben Herstellung und Vertrieb von NIVEA nichts mehr mit den Anfängen zu tun. Wo Troplowitz die Creme noch per Hand anrührte, laufen heute bei Beiersdorf modernste Maschinen auf Hochtouren. Elektronisch überwacht, schaffen sie täglich 60 Tonnen von dem weißen Balsam in die Abfüllmaschinen – das entspricht der Ladung von drei Tanklastzügen.

Das unverwechselbare Markenzeichen von NIVEA ist die blau-weiße Aluminiumdose, die sich nun schon seit über 30 Jahren in der gleichen Gestalt präsentiert. Die charakteristischen weißen Blockbuchstaben auf blauem Grund signalisieren dem Verbraucher nach wie vor die wichtigsten Eigenschaften dieser Hautcreme: Natürlichkeit und Frische.

Dank dieser Kontinuität ist es Beiersdorf gelungen, nicht nur die Creme zur weltweit führenden Marke auszubauen, sondern daneben ein breites Sortiment von NIVEA-Produkten anzusiedeln. Die große Markenfamilie umfasst heute Produkte für die Reinigung und Pflege des ganzen Körpers. Von der Körpermilch über Badeschaum bis zum Deospray oder Haarshampoo hat NIVEA über 300 verschiedene Artikel im Sortiment – hochwertige Haut- und Körperpflegemittel zu vernünftigen Preisen, die besondere Milde und Pflege bieten.

Zu den erfolgreichsten Produkten zählen hierbei heute Gesichtspflegemittel unter der Bezeichnung NIVEA Visage. Hier wurden die modernsten Erkenntnisse der Kosmetikforschung in der Entwicklung eingesetzt. Beste Rohstoffe und Wirksubstanzen wie zum Beispiel Liposome und Nanospheren, die auch in den teuersten Pflegeprodukten der Welt eingesetzt werden, sind Bestandteile der Rezeptur. Damit ist es NIVEA gelungen, breiten Verbraucherschichten ein Stück Luxus zugänglich zu machen. Regelmäßig bestätigen Testergebnisse, dass sich Nivea-Produkte hinsichtlich Wirksamkeit und Verträglichkeit nicht hinter ihren teuren Konkurrentinnen zu verstecken brauchen – im Gegenteil, NIVEA hat sich den Ruf erworben, eine Marke zu sein, die nicht mit hohen Preisen blufft, sondern durch ihre Substanz überzeugt.

So nimmt es nicht Wunder, wenn der traditionellen NIVEA Creme mit NIVEA Visage ein zukunftsorientiertes Element in der Markenfamilie zur Seite gestellt wurde. In über 90 Jahren ist damit aus der Universalcreme in der blau-weißen Dose die größte Körperpflegemarke der Welt geworden.

Nach der gängigen Lebenszyklus-Theorie für Markenartikel müsste die 1911 geborene NIVEA längst entschlafen sein. In Wirklichkeit aber ist NIVEA heute vitaler denn je: eine Marke ohne jedes Fältchen.

Firmenname	Klassiker	Mitarbeiter	Vertrieb	Jahresumsatz	Marken-Strategie
Beiersdorf AG	Nivea Creme (seit 1912)	über 18.000 (Konzern 2002)	weltweit	mit Nivea 2,6 Mrd. Euro (2002)	Konzentration auf 10 Marken

norament® | DER BODENBELAG

Der erste Eindruck, den das Betreten eines architektonischen Objektes hinterlässt, wird wesentlich vom Bodenbelag bestimmt. Da er gleichzeitig Gestaltungselement und stark beanspruchte Nutzfläche ist, planen Architekten häufig „vom Boden" aus – und entscheiden sich oft für norament®. So nimmt es nicht Wunder, wenn norament® Beläge in immer mehr Fabrik- und Sportanlagen, Flughäfen, Krankenhäusern, Schulen, Universitäten, Verwaltungsgebäuden, Läden, ja sogar in Bussen und Bahnen zum Einsatz kommen.

Die Verlegung im Frankfurter Flughafen war vor über 30 Jahren sozusagen die Geburtsstunde von norament®, denn hierbei handelte es sich um sein erstes Großobjekt.

Inzwischen liegt der Belag mit der typischen Rundnoppen-Oberfläche nicht nur in über 120 weiteren Flughäfen, sondern auch in anderen Gebäuden und Objekten weltweit, so zum Beispiel in den Fähren der Dänischen Staatsbahnen, im Kopf der Freiheitsstatue in New York, in der Staatsgalerie Stuttgart und im Stadttor Düsseldorf. Mit glatter Oberfläche wurde norament® in Asiens größtem Flughafen, dem Pudong International Airport in Shanghai, und auch im Kansai Airport in Osaka verlegt.

nora® Kautschuk-Bodenbeläge mit den Produktlinien norament® und noraplan® bringen anspruchsvolle architektonische Anforderungen überzeugend mit aktuellen Designs in Einklang und bestimmen die moderne Architektur als zentrales Element mit. Architekten von Weltruf lassen sich von nora® Produkten inspirieren oder erarbeiten zusammen mit Freudenberg kundenspezifische Lösungen: beispielsweise Lord Norman Foster bei der Gestaltung des Willis Coroon Building in Ipswich mit dem typischen grünen Noppenbelag oder der Innenarchitekt Wolfgang Aeberhard für den Schweizer Uhrenhersteller, die Swatch AG.

Die nora® Palette überzeugt dabei mit einer Vielfalt an Design- und Oberflächenvarianten: Neben dem Klassiker mit Rundnoppen gibt es die Bodenbeläge heute mit Oberflächen in glatter Ausführung oder mit Hammerschlagstruktur in über 220 Farbvarianten, marmoriert und unifarben, in Korn-, Granulat- oder Punktdesign – nora® Produkte bieten vielfältige Gestaltungsmöglichkeiten.

Darüber hinaus nutzt der Kautschuk-Spezialist seine Kompetenz auch für die Entwicklung richtungsweisender Produktinnovationen wie etwa der Weltneuheit noraplan® astro logic. Dabei handelt es sich um einen Bodenbelag, der mit seiner breiten, systematischen Farbpalette und dem vornehm zurückhaltenden Design aus drei harmonisch aufeinander abgestimmten Farbkomponenten im Kautschukbereich einzigartig ist.

norament® und noraplan® Bodenbeläge bestehen aus hochwertigen Industrie- und Naturkautschukqualitäten, mineralischen Füllstoffen und umweltverträglichen Farbpigmenten. Sie sind frei von PVC, Weichmachern (Phthalate) und Halogenen (zum Beispiel Chlor). nora® Produkte sind repräsentativ, extrem belastbar, hygienisch und leicht zu reinigen. Zu ihren Eigenschaften zählen außergewöhnliche Verschleißfestigkeit und Maßbeständigkeit, weitgehende Resistenz gegenüber Chemikalien, Zigarettenglutbeständigkeit sowie ein hervorragendes Brandschutzverhalten. Sie halten sogar Belastungen von extremer Intensität stand, so dass bestimmte norament® Qualitäten selbst in Gabelstaplerbereichen verlegt werden können.

Für Einsatzbereiche mit besonderen Anforderungen wie Produktionsstätten, Röntgenräume, Eissporthallen, EDV-Räume oder Krankenhäuser gibt es nora® Spezialbeläge, die beispielsweise über elektrostatische Leitfähigkeit, Dekontaminierbarkeit, Öl- und Fettbeständigkeit oder extreme Brandhemmung verfügen.

Freudenberg Bausysteme KG ist heute mit ihren nora® Kautschuk-Bodenbelägen weltweit Marktführer und ein eigenständiges Unternehmen der Unternehmensgruppe Freudenberg, die mit ca. 28.000 Mitarbeitern in 44 Ländern einen Jahresumsatz von rund vier Milliarden Euro erzielt.

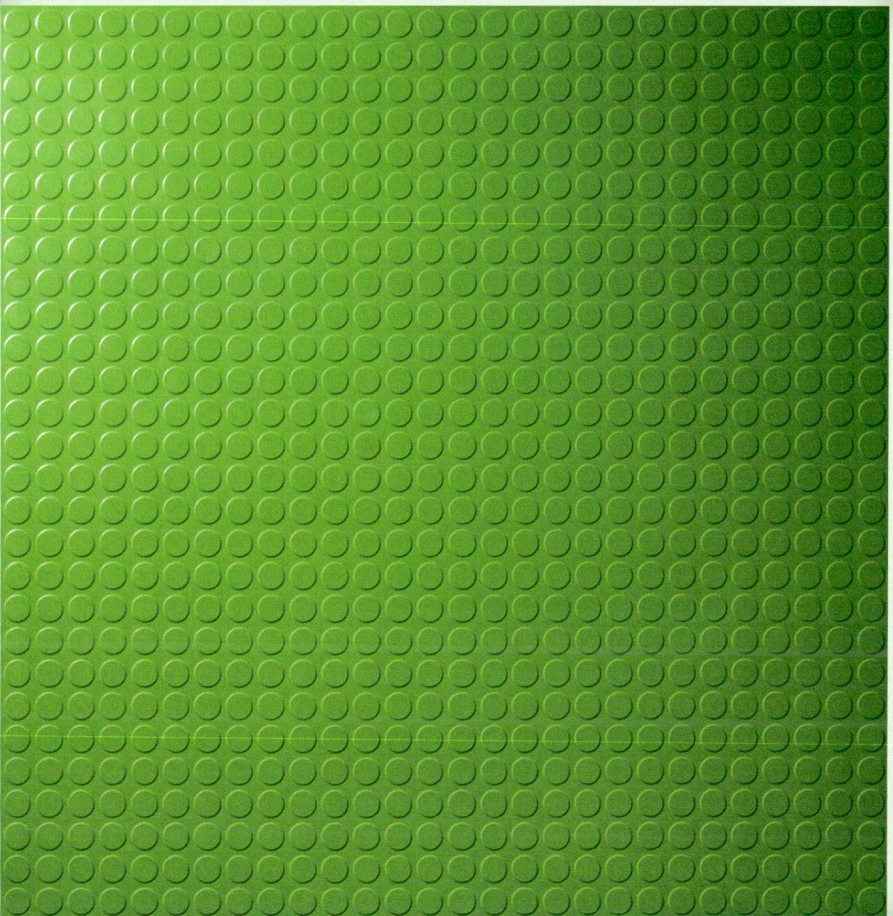

Firmenname	Klassiker	Gründung	Gründer	Jahresabsatz	Hauptfertigungsstätte
Freudenberg Bausysteme KG	norament® (seit 1968)	1849 im Müllheimer Tal/Weinheim	Carl Johann Freudenberg	ca. 2 Mio. Quadratmeter	Weinheim/ Deutschland

NUK | DER SCHNULLER

Mitte 1949 war es, als ein völlig neues Produkt für die Flaschenfütterung von Babys und Kleinkindern entstand, das den Markt revolutionieren und möglicherweise zum Inbegriff moderner Sauger schlechthin werden sollte: Der kiefergerecht geformte NUK Sauger war da.

Damals versuchte der Zahnmediziner Dr. med. dent. Müller durch seine Untersuchungen genaue Erkenntnisse über das Wachstum des kindlichen Kiefers zu gewinnen. Er stellte fest, dass die gesunde Entwicklung des Babys am besten durch einen kiefergerecht geformten Sauger unterstützt wird – dem natürlichen mütterlichen Vorbild nachempfunden. Aus dieser Erkenntnis heraus wurde der NUK Sauger entwickelt, wobei sein Name nicht nur klanglich an den Vorgang des „Nuckelns" denken lässt, sondern auch als Abkürzung für „natürlich und kiefergerecht" steht.

Darüber hinaus wurde diese Entwicklung durch fundamentierte Beiträge in einschlägigen Fachzeitschriften durch den Mediziner Prof. Dr. Dr. Balters in überzeugender Weise abgesichert.

Zwei Herren in Frankreich mit den Namen Marret und Paturel waren es, die 1948 ihre Namen zur Firma MAPA verschmolzen. Mit der Übernahme der Hanseatischen Gummiwarenfabrik gelangte die MAPA in den Besitz der Herstellpatente und des Warenzeichens NUK. In den folgenden Jahrzehnten wurde nach allen Regeln der modernen Markentechnik am Erfolg des NUK Markenkonzeptes gearbeitet. Es entstand ein umfassendes Programm mit gezielter Aufklärungsarbeit in den Kliniken, effektiven Maßnahmen im Handel und intensiver klassischer Werbung. Mit diesem Engagement wuchs auch der Erfolg. Heute ist die Marke NUK mit großem Abstand Marktführer, und die Bekanntheit liegt bei über 90 Prozent. Dieser Erfolg erklärt sich auch aus der Tatsache, dass Innovation und Fortschritt im Hause MAPA seit jeher groß geschrieben werden: Das Produkt-Konzept wird kontinuierlich optimiert. In späteren Untersuchungen wurde festgestellt, dass Kiefer, Gaumen und Mundhöhle eines Kindes sich in den ersten Lebensmonaten besonders schnell entwickeln, eine einzige Saugergröße dem Wachstum also nicht gerecht wird. Als logische Konsequenz wird das NUK Größen-Konzept eingeführt – Ernährungssauger in zwei Größen, Beruhigungsschnuller in drei Größen, abgestimmt auf die wichtigen Wachstumsphasen des Babys.

Mit Blick auf die Anforderungen im Babyhaushalt entstand der Systemgedanke, NUK Sauger zusammen mit den passenden Flaschen anzubieten – so sollte das „Handling" der beiden wichtigsten Produktgruppen im Babyhaushalt erheblich vereinfacht werden. Diese ebenso praxisorientierte wie marktstrategische Überlegung ging komplett auf: Seit vielen Jahren sind Sauger und Flaschen von NUK Marktführer. Eine neuere wichtige Errungenschaft ist schließlich das NUK Air System, ein Ventil im NUK Sauger, das ein Trinken in gleichmäßigen Zügen ermöglicht und verhindert, dass das Baby zu viel Luft schluckt.

All diese Optimierungsmaßnahmen reflektieren die ausgeprägte Innovationskraft und Kompetenz der Firma MAPA, die ihren Sitz in Zeven zwischen Hamburg und Bremen hat. Mittlerweile ist NUK in über 70 Ländern bekannt und beliebt. Das hohe Vertrauen in NUK spiegelte sich auch in einer Umfrage der Zeitschrift „American Baby" wider, deren Leser den NUK Beruhigungssauger 1999 zum „Produkt des Jahres" wählten. Entscheidend hierzu beigetragen hat natürlich auch die gesicherte hohe Qualität aller NUK Produkte, kontinuierlich gewährleistet durch hohe technologische Standards in Entwicklung und Fertigung. NUK Babyartikel aus dem Hause MAPA sind vorbildlich abgestimmt auf die Bedürfnisse eines modernen Babyhaushalts und getragen von einem starken Markennamen, auf den junge Eltern in den zurückliegenden Jahrzehnten mehr und mehr vertrauten.

Firmenname	Klassiker	Mitarbeiter	Bekanntheit	Vertrieb	Hauptfertigungsstätte
MAPA GmbH	NUK Babyartikel (seit 1956)	mehr als 600	über 90 %	in über 70 Ländern	Zeven, Niedersachsen

00 NULL-NULL | DER WC-REINIGER

Jeder kennt sie, die Doppelnull, das Symbol für Notdurftbefriedigung. Aber woher sie kommt und warum sie auf unzähligen Toiletten-Türen in der ganzen Welt zu finden ist, darüber streiten sich nicht nur die Gelehrten. Vielfach wurde auch von Laien versucht, dieses Geheimnis der Alltagswelt zu lösen. Mit 007 hat es wohl eher weniger zu tun, zumindest in diesem Punkt herrscht Einigkeit.

Ob es sich aber bei der Doppelnull um eine auf der Seite liegende 8 handelt, dem Zeichen für unendlich, entsprechend der Zeit, die so mancher an diesem stillen Örtchen zu verbringen scheint, oder ob sie dem Piktogramm eines Gesäßes nachempfunden ist, bleibt letztendlich ebenso pure Spekulation wie der Vorschlag, 00 sei die Abstraktion des Bildes, das man erhält, wenn man von oben eine Toilette mit geöffneter Brille sieht. Auch die Antwort, 00 stehe für die Anfangsbuchstaben der lateinischen Worte Omittite Omnitendum, was frei übersetzt so viel heißt wie „lasst aus, was auszulassen ist", entbehrt zwar nicht eines gewissen Charmes, aber überzeugt vielleicht doch nur den Altphilologen.

Auch wenn sich bis dato keine endgültige Klärung der Frage nach der mysteriösen Herkunft der Doppelnull gefunden hat, eine gewisse Plausibilität hat doch die Antwort, welche die Experten von 00 Null-Null WC-Reiniger geben, die es ja eigentlich wissen müssten: Ihnen zufolge stammt die Bezeichnung Null-Null aus dem Hotelgewerbe, und zwar aus einer Zeit, in der nicht jedes Zimmer mit einer eigenen Toilette ausgestattet war. Und da die Gemeinschaftstoilette auf dem Flur mit in die Zimmernummerierung einbezogen wurde, bekam sie die „00". Seit dieser Zeit ist dieses Symbol mit der Toilette verbunden und gilt als das Erkennungszeichen für Menschen in gewissen Nöten und mit gewissen Bedürfnissen.

Historisch verbürgt und zuverlässigen Quellen zu entnehmen ist das Geburtsdatum für 00 Null-Null: Im Jahr 1955 wird unter diesem beziehungsreichen Markennamen in Deutschland ein WC-Reiniger Pulver entwickelt, das mittlerweile zu einem Klassiker der Toilettenreinigung gehört. Allerdings zierte das Etikett ursprünglich nur die zwei Nullen, was auf Seiten der Kundschaft mitunter für Irritationen sorgte. Um der missverständlichen Bezeichnung „Oh Oh" zu entgehen, wurden unter das Zahlenbild noch die Worte Null-Null in Buchstaben gesetzt. Seitdem herrscht auch in dieser Hinsicht Klarheit.

Das Produkt 00 Null-Null WC-Reiniger Pulver revolutioniert in den 50er Jahren die WC-Reinigung. Seine Anwendung ist bis heute denkbar einfach und die Wirkung intensiv: das selbsttätig reinigende Pulver in die feuchte Kloschüssel geben, einziehen lassen, abspülen, fertig. Was vorher mit Lappen, Klobürste und Salzsäure eine nicht nur anstrengende, sondern mitunter auch ekelerregende Angelegenheit war, war nun ohne Muskelkraft und Scheuern von ganz alleine möglich: eine hygienisch saubere und frisch duftende Toilette ohne Schmutz und Ablagerungen, ganz nach dem Werbeslogan: „00 Null-Null – Und in Bad & WC ist alles OK."

Dem zunächst nur in Pulverform angebotenen Produkt folgte dann über die Jahre eine ganze Reihe unterschiedlichster wirkungsvoller Helfer für Bad und WC nach: verschiedene Produktformate für die Toilettenreinigung (zum Beispiel Flüssigreiniger), WC-Steine und Lufterfrischung (reinigende und angenehm duftende Produkte wie 00 Null-Null Kraft-Spüler oder 00 Null-Null WC DuftSpender) bis hin zu Produkten für die allgemeine Reinigung des Badezimmers. Und um noch einmal auf die Eingangsfrage zurückzukommen, warum auf Toilettentüren oft 00 steht: Eine mögliche Antwort könnte auch die sein, damit wir alle wissen, wo der 00 Null-Null WC-Reiniger verwendet werden sollte.

00
Null-Null
WC-Aktiv Pulver

Tiefenreinigung durch Wirkverstärker

Schäumende Aktivhygiene bis tief ins WC

► Stark gegen Kalk und Bakterien, desinfiziert.

SC Johnson
A FAMILY COMPANY

Firmenname	Klassiker	Verbreitung	Gründung	Gründer	Mitarbeiter
SC Johnson Wax	Null-Null WC-Reiniger Pulver (seit 1955)	Deutschland/ Österreich	1886 in den USA	Samuel Curtis Johnson (1833–1919)	rund 11.500 weltweit

ODOL | DAS MUNDWASSER

Odol Ein „geborener" Unternehmer war Karl-August Lingner gewiss nicht. Sein Vater war ein kleiner Händler in Magdeburg, der die große Familie mehr schlecht als recht durchbrachte. Allein der Not gehorchend, trat der junge Karl-August 1875 eine Drogisten-Lehre an. Mit 22 Jahren hatte er die nötigen Mittel gespart, um sich seinen Lebenstraum zu verwirklichen: ein Musikstudium in Paris. Eine Krankheit setzte jedoch seiner Künstlerlaufbahn ein vorzeitiges Ende. Dennoch schuf er kurz nach seiner Rückkehr in die Heimat in Dresden eine Komposition, deren Ruf bald um die ganze Welt ging: Odol.

Lingner hatte sich aus ganz persönlichen Gründen der Hygiene zugewandt. In langen Diskussionen mit seinem Freund, dem Naturwissenschaftler Professor Seifert, reifte in ihm die Überzeugung, dass man Bakterien am besten dort bekämpft, wo sie in den menschlichen Körper eintreten, nämlich im Mund. Kurze Zeit später hat Lingner die Rezeptur für ein antiseptisch wirkendes Mundwasser entwickelt. Unter dem Namen Odol – einer Verschmelzung des griechischen Wortes für Zahn, Odous, mit der lateinischen Bezeichnung für Öl, Oleum – kommt es 1893 erstmals auf den Markt.

Lingner war Realist genug, um zu wissen, dass sein neues Produkt nicht ohne weiteres Zutun vom Publikum angenommen werden würde. Mund- und Zahnpflege waren nahezu unbekannt, das Wort Hygiene hatte nur für Wissenschaftler eine Bedeutung. Mit der größten Werbekampagne der Jahrhundertwende machte Lingner Mundhygiene und Odol Mundwasser innerhalb kurzer Zeit zu populären Begriffen. Er gab mehr als eine Million Reichsmark aus, um in allen wichtigen Publikationen der Welt am gleichen Tag eine Odol-Anzeige zu schalten: „Odol, absolut bestes Mundwasser der Welt."

Das Resultat sollte den Aufwand mehr als rechtfertigen. Odol wurde zum Wegbereiter der allgemeinen Mundhygiene in Deutschland und der Welt. Zu diesem Erfolg trugen nicht nur die hohe Produktqualität und der prägnante, in allen Sprachen gleichklingende Name bei; auch die weiße Seitenhalsflasche mit dem blauen Etikett hatte entscheidenden Verdienst daran. Diese Flasche gilt heute noch als eine der bedeutendsten Designschöpfungen der Markenartikelindustrie. 1924 malte der Amerikaner Stuart Davis, ein Vordenker der Pop-Art, die Odol-Flasche: Das Bild fehlt heute bei keiner internationalen Ausstellung über moderne amerikanische Malerei.

Das Mundwasser brachte den deutschen Verbrauchern aber weitaus mehr als nur sympathischen Atem. Der Hygienepionier Lingner benutzte einen Großteil des Gewinns von Odol, um seine Ideen von einer besseren gesundheitlichen Vorsorge der Menschen zu verwirklichen. Die Krönung dieser Bestrebungen war die im Stil einer Weltausstellung ausgerichtete 1. Internationale Hygieneausstellung 1911 in Dresden mit über fünf Millionen Besuchern. Und noch heute steht das von Lingner gegründete Hygienemuseum in Dresden jedermann offen.

Odol hat sich in seiner langen Geschichte stets den neuesten wissenschaftlichen Erkenntnissen angepasst und ist damit jung geblieben. Gleiches gilt für die Orientierung an den sich wandelnden Bedürfnissen der Verbraucher. Zum Standard Mundwasser kam 1986 Odol Extrafrisch Mundwasser; 1996 dann Odol plus Mundwasser, das mit seiner antibakteriellen Formel mit Salbeiöl und dem Wirkstoff der Kamille nicht nur frischen Atem gibt, sondern auch Reizungen und Entzündungen an Zahnfleisch und Gaumen pflegt. Odol sensan Mundwasser schließlich, das zum August 2003 eingeführt wurde, ist – neben frischem Atem – auf die Bedürfnisse des empfindlichen Zahnfleisches abgestimmt. Heute beansprucht Odol einen Anteil von rund 70 Prozent am Mundwassermarkt und hat dazu erfolgreich den Weg zur Dachmarke beschritten. Mit der 1989 eingeführten Odol med 3 Zahncreme nimmt die Marke ebenfalls die Spitzenposition des Zahncrememarktes ein. Insgesamt ist Odol zur größten Mundpflegemarke in Deutschland gewachsen.

Odol

Nach dem heutigen Stand der Wissenschaft ist Odol nachweislich zur vollkommenen Mundpflege besonders zu empfehlen.

ODOL FORSCHUNG

75 ml

Firmenname
GlaxoSmithKline
GmbH & Co. KG

Klassiker
Mundwasser
(seit 1893)

Erfinder
Karl August Lingner
(1861–1916)

OSRAM | DIE GLÜHBIRNE

Der Drang des Menschen zum selbst gemachten Licht ließ sich in der Geschichte weder durch göttlichen Zorn noch durch irdische Gefahren bezwingen. Zunächst dankbar lächelnd im schwachen Kienspan- und Kerzenlicht, später manchmal halb erstickt im Schein von Gasleuchten, ging es unverzagt voran auf dem Weg zur Erleuchtung auch nach Sonnenuntergang.

In Deutschland wurde zu Beginn des 20. Jahrhunderts die OSRAM-Glühlampe gleichbedeutend mit Helligkeit zu jeder Tageszeit. Die elektrisch betriebene Birne war das Ergebnis von Forschungen in Europa und den Vereinigten Staaten. Der Uhrmacher Heinrich Goebel baute die erste brauchbare Glühlampe, und Thomas Alva Edison schuf die Voraussetzungen für eine industrielle Fertigung. Das kleine Wunder bestand darin, Kohlefäden in einem luftleeren Glaskörper zum Glühen zu bringen. Verbessert wurde das Prinzip durch den Einsatz von außerordentlich hitzebeständigen Metallen wie Osmium und Wolfram. Diese wurden 1906 Namensgeber für das Warenzeichen OSRAM. Auch heute bestehen die Glühfäden immer noch aus dem praktisch unschmelzbaren Wolfram.

So international wie die Entwicklungsgeschichte der elektrischen Glühbirne war auch von Anfang an die Vertriebsorientierung der Glühlampenhersteller. Noch vor der offiziellen Eintragung der OSRAM Werke GmbH Kommanditgesellschaft mit den Anteilseignern Siemens & Halske, AEG und Auer-Gesellschaft 1919 in Berlin wurde in Spanien eine gemeinsame Firma gegründet. Heute, Anfang des 21. Jahrhunderts, beliefert OSRAM Kunden in mehr als 140 Ländern und betreibt rund 50 Produktionsstätten weltweit. Über 35.000 Beschäftigte erwirtschaften einen Umsatz von 4,4 Milliarden Euro.

Und natürlich ist es nicht bei der nackten 60-Watt-Birne in der Küche geblieben. Zweckmäßige, wirtschaftliche Beleuchtung und gleichzeitig punktueller, ästhetischer Effekt waren von Anfang an das Ziel. So erhellen OSRAM-Lampen sowohl Fabrikhallen und Straßenzüge als auch Bühnen und Schaufenster. Mittlerweile gibt es kaum einen Lebensbereich, in den sie noch nicht vorgedrungen sind. Immerhin zählt man Tausende verschiedener Lichtquellen. Sie leuchten im Autoscheinwerfer genauso wie im endoskopischen Gerät für die minimalinvasive Chirurgie.

Der Umsatzanteil der klassischen Glühbirne liegt inzwischen bei nur noch 11 Prozent und wird weiter zurückgehen. Das beruht auf der stetigen Ergänzung und Weiterentwicklung der Verfahren zur Lichterzeugung. Mittels Gasentladung beispielsweise funktioniert die bahnbrechende Entwicklung der Energiesparlampe. Versehen mit dem elektronischen Vorschaltgerät im Schraubsockel, lassen sich bis zu 80 Prozent Energie einsparen, bei gleicher Lichtstärke und deutlich erhöhter Lebensdauer. Da OSRAM-Kunden ihre Klassiker schätzen, stellt das High-Tech-Unternehmen die kompakte Leuchtstofflampe auch in der traditionellen Birnenform her.

Der jüngste Schritt in die Zukunft heißt LED – Light Emitting Diodes. Sie verwandeln Strom per Halbleiterchip direkt in Licht und erobern immer mehr Anwendungsfelder. Die leuchtenden Winzlinge findet man insbesondere dort, wo Miniaturisierung, lange Lebensdauer und farbiges Licht gefragt sind. Nicht nur den Automobil-Designern eröffnen sie völlig neue Möglichkeiten.

OSRAM ist eine Marke mit fast 100 Jahren Tradition und gilt als innovativer Wegbereiter einer Lichtgestaltung nach Wunsch. Die Glühbirne war und ist Zeichen für elektrisches Licht überhaupt. Zum Symbol für Einfallsreichtum, Forscherdrang und Lebensqualität wurde sie durch die gebündelte Fantasie eines global handelnden Unternehmens.

Firmenname	Abgebildetes Produkt	Gründung	Mitarbeiter	Umsatz	Produktionsstätten
OSRAM GmbH	Energiesparlampe in Birnenform	1919 in Berlin	35.300 weltweit	4,4 Mrd. Euro weltweit (2002)	53 Werke in 18 Ländern

OSTMANN | DAS GEWÜRZSORTIMENT

Die Wacholderbeeren im Sauerkraut, der Dill in der Soße zum Fisch oder das Rosmarin am Lammbraten – erst mit den richtigen Gewürzen wird aus einem einfachen Gericht ein genussvolles Festmahl. Diese Vielfalt im Gewürzregal verdanken wir zuerst Vasco da Gamas Entdeckung des Seewegs nach Indien, mit der die Geburt des internationalen Gewürzhandels eingeleitet wurde. Doch es sollte noch lange dauern, bis die exotischen Gewürze und Kräuter nicht nur einer reichen Oberschicht vorbehalten waren, sondern Eingang in jeden Haushalt fanden. Und hier beginnt die Geschichte von Ostmann, der Marke für Gewürze, die sich in vielen Küchen einen Stammplatz erobert hat.

Zu der Zeit, als Gewürze und getrocknete Kräuter noch in Apotheken und Drogerien individuell abgepackt und verkauft wurden, hatte der Drogist Karl Ostmann den Einfall, sie in portionierten und preisgünstigen Beutelpackungen anzubieten. Diese Idee realisierte Ostmann zunächst mit viel Fleiß und Engagement im Hinterzimmer der eigenen Drogerie und packt dort selbst die Gewürzpäckchen. Seine Beharrlichkeit sollte sich aber schnell auszahlen. 1902 gründete er in Bielefeld die Gewürzfabrik Ostmann. Mit Hilfe von speziell geeichten Dosier-Instrumenten füllten Mitarbeiter die Gewürze von Hand ab. Der Vorschlag Ostmanns, den Verkauf dieser Artikel nicht allein den Apotheken und Drogerien zu überlassen, überzeugte den traditionellen Kolonialwarenhandel und sollte einen weiteren Meilenstein in der Geschichte des Gewürzhandels setzen: 1928 ließ sich der umtriebige Drogist den ersten Gewürzverkaufschrank patentieren. Mit ihm konnte Ostmann nun auf kleinstem Raum eine große Produktpalette anbieten und den „Ostmann-Gewürzservice" ins Leben rufen.

Unter dem Namen „Ostmann-Gewürze – von der Mühle bis zur Küche" entwickelte sich ein Markenbegriff, der sich bereits in den 30er Jahren in ganz Deutschland durchsetzte. Dazu trugen auch die

Beutelpackungen bei, denen Ostmann von Anfang an ein unverwechselbares Äußeres verlieh. 1938 erfolgte der Umzug der Produktionsstätte aus dem Privathaus Karl Ostmanns in das Gebäude einer ehemaligen Getreidemühle in der Märkischen Straße in Bielefeld. Der Mühlenturm mit seinem Kupferdach ist übrigens noch heute eines der Wahrzeichen Bielefelds. 1977 stand abermals ein Umzug vor der Tür, denn mittlerweile war man so gewachsen, dass Produktion und Verwaltung in eine neu errichtete Werksanlage umgesiedelt werden mussten. Bis 1994, also über 90 Jahre, blieb das Unternehmen in Familienbesitz und wurde von den Enkeln des Firmengründers geleitet, bis die Besitzverhältnisse wechselten. Nach wie vor ist das Unternehmen Ostmann, das heute zur Fuchs-Gruppe gehört, in der Region angesiedelt.

Die einst im Hinterzimmer unter Beweis gestellte Beharrlichkeit des Karl Ostmann beschreibt seitdem die Philosophie des Unternehmens mit dem Leitsatz „Qualität beruht auf Leistung". Getreu diesem Motto wird auch heute unter dem Namen Ostmann produziert und gehandelt. So nimmt es nicht Wunder, dass Ostmann die bekannteste Gewürzmarke in Deutschland ist. Mehr als 75 Prozent aller Bundesbürger kennen die Marke Ostmann, und mit über 30 Prozent Marktanteil ist Ostmann damit die Nr.1 in Deutschland.

Doch auf diesen Erfolgen ruht sich Ostmann nicht aus, sondern bewegt den Gewürzmarkt stets mit neuen Ideen. Neben dem klassischen Gewürz- und Kräutersortiment vertreibt Ostmann moderne Produkte in verbrauchergerechter Verpackung und Aufmachung. So werden Gewürze, Kräuter und Mischungen bei Ostmann in Gewürzstreuern und Beuteln in verschiedenen Größen angeboten, sowie Saucen in portionierten Beutelformaten. Die neueste Idee von Ostmann ist die nachfüllbare Gewürzmühle, für die spezielle, aromaverkapselte Gewürze und Mischungen konzipiert wurden. Damit aus einem einfachen Gericht im Handumdrehen ein Festmahl werden kann.

Firmenname	Klassiker	Gründung	Mitarbeiter	Gründer	Bekanntheit
Ostmann Gewürze GmbH & Co KG	Schmuckdose Ostmann	1902 in Bielefeld	2.500	Karl Ostmann (1878–1949)	75,2 %

„Wie man sich bettet, so liegt man", lautet ein altes Sprichwort. Immerhin verbringt der Mensch etwa ein Drittel seines Lebens im Bett, um dort im Schlaf neue Energie für den kommenden Tag zu schöpfen. Die Wahl des richtigen Bettzeugs ist somit keineswegs Nebensache, sondern verhilft neben schönen Träumen vor allem zu erholsamer Ruhe und nächtlichem Wohlbefinden. Kein Wunder also, dass viele Menschen ihren Schlaf am liebsten im Paradies verbringen, der beliebtesten und traditionsreichsten Marke der Branche.

Bereits seit 1854 und mittlerweile in der fünften Kremers-Generation geführt, ist das Familienunternehmen am Niederrhein Inbegriff für höchsten Schlafkomfort. 49 Jahre später – im Jahr 1903 – wurde der Markenname „Paradies" in Frankenberg in Sachsen geboren und von der Bettenfabrik M. Steiner und Sohn eingetragen. Paradies ist somit eines der ältesten Markenzeichen der gesamten Textilindustrie. Anlass war eine Erfindung Ottomar Steiners, die eine echte Alternative zum altüberkommenen Federbett darstellte: Die erste mit Schafschurwolle gefüllte Trikot-Einziehdecke. Diese Erfindung war ein solcher Erfolg, dass sie in höchsten Kreisen für Furore sorgte: Schon 1909 konnte man stolz verkünden, Sultan Abdul schlafe seit Jahren im Paradies-Bett – dem „besten der Welt" –, und zwar zu seiner ausdrücklichen Zufriedenheit.

In der konsequenten Verbindung von Innovation und Tradition wurde an die Ideen von Kremers-Generationen und Ottomar Steiner angeknüpft. Ziele waren stets höchster Schlafkomfort, angenehmes Schlafklima und perfekte Funktionalität, verbunden mit ansprechendem Design.

Schon bald ging Kremers-Paradies auf der Suche nach innovativen Füllfasern für Betten und Schlafsäcke eine wegweisende Kooperation mit Prof. Dr. Paul Schlack ein, dem Erfinder der ersten vollsynthetischen Textilfaser. Der Gedanke war, die Vorteile dieser Erfindung für die besonderen Anforderungen hochwertiger Bettwaren zu nutzen. Bereits 1954 rüstete das Unternehmen die erste Himalaya-Expedition mit Schlafsäcken aus: Ihre Füllung bestand aus synthetischen Textilfasern. Auf der Grundlage solcher Tests unter extremen Bedingungen gelang Ende der 60er Jahre der Durchbruch sowie die erfolgreiche Markteinführung des ersten Steppbettes gefüllt mit Textilfasern in Deutschland. Zeitgleich wurde der Markenname Paradies, der 1965 mit allen Patenten und Schutzrechten auf die damalige Steppdeckenfabrik Gebr. Kremers und heutige Paradies GmbH überging, wiederbelebt. Das schuf die Grundlage für die überragende Markenbekanntheit.

Mit der heutigen Paradies-High-Loft-Technologie, die eindrucksvoll fühlbar den Erfindergeist von Paradies wiedergibt, ist man in der Lage, hochwertigste, nach biophysikalischen Gesichtspunkten entwickelte Bettwarenfüllungen herzustellen. Die Besonderheit dieser Paradies-Füllungen ist ein sehr hohes Bauschvolumen mit viel isolierender Luft für ein ausgesprochen angenehmes Bettklima. Denn Luft und nicht das Material wärmt den Körper. Ein Paradies-Steppbett, das mit einer weichen Paradies-Textilfaser gefüllt ist, besteht zum Beispiel zu ca. 99 Prozent aus Luft und nur zu 1 Prozent aus Fasermaterial. Das macht es angenehm leicht und anschmiegsam.

Auf der Grundlage eines über Generationen gewachsenen Know-hows umfasst das breitgefächerte Produktprogramm Steppbetten, Kissen und Unterbetten in verschiedenen Gewebe- und Füllvarianten, Matratzen und Federholzrahmen sowie weitere Produkte, um die Nacht erholsamer, angenehmer und komfortabler zu machen.

Mit einem Bekenntnis zu höchster Qualität, einer hohen Verantwortung für Mensch und Umwelt, mit über Generationen gewachsener Erfahrung und Kompetenz, mit stetigem Innovationsgeist, der Teil der Unternehmenskultur ist, wurde Paradies zum Anbieter höchsten Schlafkomforts.

Die Marke Paradies steht für moderne Schlafkultur aus Tradition nicht nur in Deutschland und Europa, sondern auch auf den großen Märkten der Welt.

Firmenname	Klassiker	Gründung	Gründer	Vertrieb	Hauptfertigungsstätte
Paradies GmbH	Paradies (seit 1903)	1854 in Neukirchen-Vluyn	Wilhelm Kremers	weltweit	Deutschland

PARAL | DAS INSEKTENSPRAY

Insekten leben bereits seit über 600 Millionen Jahren auf der Erde und haben seither fast alle Lebensräume erobert. Während sie in ihrer natürlichen Umgebung nützlich und wichtig für das ökologische Gleichgewicht der Umwelt sind, können einige Insektenarten im häuslichen Umfeld erhebliche Schäden bei Mensch und Tier, aber auch an Lebensmitteln und Materialien anrichten.

Eine konsequente Insektenabwehr ist spätestens dann notwendig, wenn von bestimmten Insektenarten Gefahren ausgehen. Insektenstiche und -bisse können nicht nur schmerzhafte und juckende Hautreizungen auslösen, sondern auch Pilzsporen, Viren, Bakterien und andere Krankheitserreger übertragen. Die Gesundheitsschädigungen reichen von Allergien und Ekzemen bis zu Hirnhauterkrankungen, Wurmbefall oder Salmonellosen. Seuchen und Epidemien wie Cholera, Milzbrand, Typhus oder Pest konnten aus unseren Breitengraden zwar weitgehend verbannt werden, doch auch die Erreger dieser Krankheiten werden von Insekten übertragen.

Eine verantwortungsbewusste Haushaltsführung und -hygiene ist zwar eine gute Prophylaxe gegen Schädlingsbefall, sind die Schädlinge aber erst einmal im Haus, müssen unverzüglich Maßnahmen ergriffen werden. Fachleute empfehlen beim Auftreten einzelner Insekten passive Abwehrmaßnahmen in Form von Köderdosen und Klebefallen wie zum Beispiel den klassischen Fliegenfänger. Haben sich die Schädlinge bereits ausgebreitet, schaffen beispielsweise Insekten- und Ungeziefersprays schnelle Abhilfe.

Dem Ziel der Bekämpfung von Schadinsekten verdankt ein Produkt seinen Namen, das in den 50er Jahren auf dem deutschen Markt eingeführt wird: Die Rede ist von Paral, dessen sprechender Name sich vom griechisch-neulateinischen „paralysieren" ableitet, was im medizinischen Sinn so viel wie „lähmen" oder „schwächen" bedeutet. Am Anfang der Markengeschichte steht in den 50er Jahren der „Paral-Automat". Aus der kontinuierlichen Weiterentwicklung und Verbesserung dieser Aerosoldose geht in den 70er Jahren das Paral Insektenspray hervor mit weiterhin charakteristischem Namensschriftzug und dem stilisierten Vogel. Das Spray wird seit den 80er Jahren selbstverständlich ohne FCKW als Treibmittel angeboten.

Die permanente Weiterentwicklung des Produkts und des Sortiments geht auch weiter, nachdem Paral 1993 von dem international bedeutenden Markenartikelhersteller SC Johnson Wax übernommen wird. Das SC Johnson-Forschungszentrum für Haushaltsinsektizide – weltweit das größte seiner Art – sucht laufend nach neuen Lösungen, um die höchstmögliche Anwendungssicherheit und Wirksamkeit zu gewährleisten. Das Insektenspray von Paral ist nicht nur zum Klassiker, sondern auch zum Synonym für einen sofortigen, sicheren und wirksamen Schutz gegen fliegende und auch kleinere kriechende Insekten geworden.

Über die Jahre kamen immer neue innovative Produktformate dazu, und heute bieten die zahlreichen Anwendungsformen der Paral Produktpalette Lösungen für die vielfältigen Insektenprobleme: gegen Fliegen, Mücken und Wespen, gegen kriechende Insekten wie Ameisen und gegen Motten. So gibt es beispielsweise im Sortiment Paral Motten-Gel mit Lavendel- und Zedernölextrakt oder Paral Lebensmittel-Mottenfalle, eine Pheromonfalle, die unter anderem Mehl- und Dörrobstmotten bekämpft. Neben Paral Ameisen-Köderdose bietet Paral Ameisen-Barriere Schutz vor Ameisen und anderen kriechenden Insekten, die durch eine unsichtbare Barriere ferngehalten werden. Paral Fliegen-Köder ist ein wirksamer Schutz vor Fliegen, die dabei nicht am Köder kleben bleiben. Besonders praktisch für den mobilen Schutz unterwegs ist Paral Mücken-Mobil, ein batteriebetriebener wirksamer Schutz gegen Mücken, der nachfüllbar ist.

Neben diesen und anderen Formaten gibt es Paral natürlich auch weiterhin in seiner klassischen Form – als Insekten-Spray. Was sicherlich auch bleibt, ist das Motto der Marke, das zugleich ein Versprechen ist: „Paral stoppt Insekten. Mit Sicherheit."

Firmenname	Klassiker	Verbreitung	Gründung	Gründer	Mitarbeiter
SC Johnson Wax	Paral Insektenspray (seit 1950)	Deutschland (bezogen auf die Marke)	1886 in den USA	Samuel Curtis Johnson (1833–1919)	rund 11.500 weltweit

Der Welt entrückt blättert der kleine Junge in seinem Kinderlexikon, entdeckt auf jeder Seite Neues, Ungeahntes. So entwickelt sich eine große Liebe, die ein ganzes Leben trägt. Lesen öffnet den Blick ins Universum des Wissens, für die Schönheit der Kunst und die Abgründe der menschlichen Seele. Wenn unser kleiner Junge ein weißhaariger Großvater geworden ist, wird er seinen Enkeln eine Bibliothek hinterlassen, die ihnen von seinem Leben erzählen kann, und wahrscheinlich wird er dem Alten Fritz zustimmen: „Bücher sind nicht der geringste Teil des Glücks."

Der große Preußenkönig war privilegiert, nannte eine prächtige Bibliothek sein Eigen. Seine Untertanen beglückte er mit der allgemeinen Schulpflicht, was den Dichtern und Denkern ein immer größeres Publikum bescherte. Heute ist der Besitz vieler Bücher nicht mehr der Luxus weniger Reicher, sondern das Vergnügen vieler Menschen. Ob zerlesenes Reclam-Bändchen aus Schulzeiten oder in Leder gebundene Folianten, mit klopfendem Herzen erstanden beim Antiquar: Die treuen Begleiter unseres Lebensweges wollen verwahrt und präsentiert werden.

Deshalb nahm sich 1990 der Senior eines traditionsreichen Familienunternehmens eines fast vergessenen Möbeltyps an und schuf die Original Paschen-Bibliotheken. Mit dieser Idee rannte Günter Paschen im eigenen Haus zunächst keine offenen Türen ein. Bibliotheken? Als Günter Paschen vor dem Vertrieb und Außendienst seine Idee präsentierte, blieb man ratlos. Heute, keine 15 Jahre später, zeigt sich die Weitsichtigkeit der Idee. Bis Moskau und in ganz Europa verkauft das Unternehmen seine Bibliotheken, die sich längst als starke Marke neben den ganz Großen im Möbelhandel etabliert hat. In Zeiten der Krise, die vor allem die europäischen Möbelhersteller nachhaltig getroffen hat, befindet sich Paschen heute auf massivem Expansionskurs. Dabei war dies nicht der radikalste Wandel in der langen Unternehmensgeschichte, die 1883 in Hamburg mit einer Zigarrenkisten-Fabrik begann. Diese entwickelte sich zwischen den beiden Weltkriegen zum Spezialisten für hochwertige Luxus- und Sortiments-Zigarrenkisten aus Zedernholz, das aus dem Libanon und Nicaragua importiert wurde.

Der Zweite Weltkrieg hinterließ eine völlig veränderte Welt, in der sich die dritte Paschen-Generation auf die zentralen Bedürfnisse der Nachkriegsgesellschaft einrichtete. Statt Zigarrenkisten baute man nun Möbel und verlagerte dazu den Sitz nach Wadersloh am Rande des ostwestfälischen Zentrums der Möbelindustrie. Sehr erfolgreich war man mit dem Kombischrank, der einerseits Platz für Geschirr und Kleidung bot und andererseits mit seinem Vitrinenauge erlaubte, die hinübergeretteten Sammeltassen zu zeigen. In den 60er Jahren traf man mit Anbaumöbeln den Zeitgeschmack, womit man lange Marktführer war. Als Konstante der langen Firmengeschichte erwies sich das persönliche Engagement der Eigentümerfamilie, die inzwischen in vierter und fünfter Generation im Unternehmen tätig ist. Vater, drei Söhne und eine Tochter steuern heute die Unternehmensprozesse. Die bibliophile Grundstimmung der Familie macht sich im heutigen Produkt bemerkbar. Durchdacht mit Liebe zum Detail, sind Original Paschen-Bibliotheken schön und funktional. Ihre Gestaltung ist dabei so individuell wie die Leser, die darin ihre Bücher verwahren. Bücherfreunde sind ja nicht allein auf lange Reihen belletristischer Literatur im Oktavformat abonniert. Kunst- und Fotobände in ungewöhnlichen Größen wollen untergebracht und präsentiert werden, und auch am etwas abgegriffenen Taschenbuch aus Studententagen hängt das Herz.

Wenn unser kleiner Bücherwurm später neue Menschen kennen lernt, wird er wohl mit Spannung einen Blick in die heimische Büchersammlung werfen, denn wie viel verrät doch die Lektüre über uns, unsere Interessen und manch liebenswerte Schwäche. Entdeckt er dann, dass die guten Stücke in einer Original Paschen-Bibliothek aufbewahrt werden statt im Baumarkt-Regal, braucht es kein weiteres Wort. Sie ist Ausdruck eines Lebensgefühls: Leben mit Büchern – nicht der geringste Teil des Glücks, oder?

Firmenname	Klassiker	Gründung	Erfinder	Gründer	Hauptfertigungsstätte
Paschen & Companie	Original Paschen Bibliothek (seit 1990)	1883 in Hamburg	Günter Paschen	Carl Ludwig Paschen (1851–1914)	Waldersloh / Deutschland

PATTEX | DER KRAFTKLEBER

Kleben konnte schon der prähistorische Mensch. Aus Knochen und Leder kochte er sich seinen speziellen Leim, der aber längst nicht so haltbar war wie die heutigen synthetischen Klebstoffe. Eine besondere Form der modernen Klebtechnik ist das Kontaktkleben. Dabei wird der Klebstoff nicht einseitig aufgetragen, sondern beide zu verbindenden Flächen werden mit dem Klebstoff bestrichen. Nachdem sich der Klebstoff trocken anfühlt, werden beide Teile unter hohem Druck zusammengefügt. Die Haftung ist ungleich höher als bei den herkömmlichen Verfahren.

1956 entwickelte Henkel aus dem Industriebereich seinen ersten Kontaktkleber, das flüssige Pattex. Die 100 g-Pattex-Dose, verpackt in einem Holzblock, wurde damals als Muster an jeden Schreiner ausgegeben, und der neue Klebstoff fand schnell in vielen Sparten des Handwerks Verwendung. Ein neuer Markt eröffnete sich in den 60er Jahren. Do-it-yourself hieß die Devise, mit der die Bewegung der Hobby- und Heimwerker immer neue Anhänger gewann. Henkel platzierte den Kontaktkleber vor allem im Hausrat- und Eisenwarenhandel, um ein breites Publikum anzusprechen. Die herkömmliche Verpackung, eine Dose, wurde entsprechend der neuen Zielgruppe ergänzt. Mit dem Schritt zur Tube sicherte sich Pattex zunehmend Anteile am traditionellen Allesklebermarkt. Plakate zeigten Pattex mit Holz, Glas, Filz, Kunststoff, kurz allem, was zu kleben war. Diese Vielseitigkeit stärkte den Eindruck beim Verbraucher, dass der neuartige Kontaktkleber mehr leisten konnte als die geläufigen Alleskleber. Seit Ende der 60er Jahre gilt Pattex als Inbegriff des Kraftklebens.

Spektakuläre Aktionen in der Fernsehwerbung stellten die Kraft des Kontaktklebers unter Beweis: 1973 liftete ein Hubschrauber ein Haus in die Höhe, allein gehalten von Pattex compact. Kein Wunder, dass Pattex beim Verbraucher zunehmend mit „absoluter Festigkeit" assoziiert wurde. So hielt der bewährte Kraftkleber Einzug in Industrie, Handwerk, Haushalt und Hobby, wo er seitdem nichts an seiner Beliebtheit eingebüßt hat, was auch darin begründet

liegt, dass das Haus Henkel stetig an der Optimierung und Weiterentwicklung des Klebstoffs gearbeitet hat. Das neu entwickelte, tropffreie Pattex erlaubt schließlich ein „sauberes Kraftkleben". Seine Konsistenz ermöglicht es, das zwangsläufige Abtropfen, zum Beispiel an senkrechten Flächen, beim Kleben zu vermeiden.

Schon Anfang der 70er Jahre war es Henkel gelungen, mit Pattex Spezial einen Kontaktkleber zu präsentieren, der einen überragenden Ersatz für das bis dahin übliche Pattex mit Härter bot. Er war bis 130 Grad Celsius wärmestabil.

Die Marke Pattex ist heute mit einer an den modernen Bedürfnissen wachsenden Produktfamilie zum Begriff für professionelles Kraftkleben für jedermann geworden. Im Bereich der Sekundenkleber hat der Heimwerker die Auswahl zwischen Pattex Blitz Matic flüssig oder Pattex Blitz Pinsel flüssig, beides Cyanacrylat-Klebstoffe, die durch Luftfeuchtigkeit auf fast allen Oberflächen sekundenschnell aushärten. Für die Montage von schweren Gegenständen gibt es den Pattex Montage Kraft-Kleber Superstark, der mit einer Anfangshaftung von 100 kg/qm bei vollflächiger Verklebung buchstäblich wie geschraubt klebt – aber ohne Lärm und ohne Löcher. Modellbauer wissen den Kunststoffkleber Pattex Plastic zu schätzen, besonders die mitgelieferte Mikro-Dosiernadel, die punktgenauen Auftrag selbst bei filigransten Objekten ermöglicht.

Abschneiden, kneten, verarbeiten, in 15 Minuten hart – die „Pattex Repair Express Power-Knete" in neuer Rezeptur gibt dem Reparieren schließlich eine ganz neue Dimension. Die Einsatzmöglichkeiten von Pattex Repair Express sind praktisch unbegrenzt, denn die schrumpfungs- und dehnungsfreie Power-Knete klebt und montiert, repariert und füllt, dichtet ab und rekonstruiert alle üblichen Materialien – sogar unter Wasser. Ausgehärtet kann sie überstrichen, geschliffen und mechanisch bearbeitet werden. Da bleiben selbst komplizierte Reparaturen unsichtbar.

Das Sortiment von Pattex wird ferner durch Heiß- und Sprühkleber sowie Klebebänder komplettiert.

Pelikan Der Umgang mit Feder und Pinsel hatte Tradition in der Gründerfamilie des Hauses Pelikan. Der Vater der Familie Hornemann – ein Kunstmaler und Kupferstecher – besaß ein Schreibwarengeschäft und versah zugleich das Amt eines Zeichenlehrers am englischen Königshof in Hannover. Da die besten Künstlerfarben importiert werden mussten, entschloss sich der zweite Sohn, Carl Hornemann, nach dem Studium der Chemie eine eigene Farbenproduktion in einem alten Bauernhaus vor den Toren Hannovers aufzubauen, um so die hohen Kosten für Transport und Zollabgaben zu umgehen.

Im Jahre 1856 meldete beim Königlichen Patentamt von Hannover ein Dresdner Parfümeriefabrikant namens August Leonardi eine wahrhaft umwälzende Erfindung an: die Rezeptur der ersten haltbaren und dauerhaften Schreibtinte. Zwar schrieben bereits die alten Chinesen und auch Ägypter mit Tinte, doch war es bis dahin nicht gelungen, eine Tinte herzustellen, die sich weder verflüchtigte noch eindickte oder Krusten bildete. Leonardis „Zaubertinte" nun floss bläulichgrün aus der Feder, um sich nach wenigen Augenblicken tiefschwarz zu verfärben. Sie verblasste weder durch Wasser noch durch Lichteinwirkung.

Leonardi hatte sich das über 2.000 Jahre alte Prinzip der Geheimtinte zunutze gemacht, indem er die zunächst farblose Gerbsäure aufs Papier brachte, der zuvor ein provisorischer Farbstoff aus der Krappwurzel – das Alizerin – sowie Indigo beigemengt worden war. Durch diesen Kunstgriff wurde die farblose Gerbsäure auf dem Papier sofort blaugrün sichtbar. Sobald aber das Wasser beim Auftrocknen der Tinte verdunstete, entstand die tiefschwarze Schrift. „Sie bildet weder eine Kruste an der Stahlfeder, noch einen Bodensatz in den Tintengefäßen. Sie ist unzerstörbar und widersteht den Einwirkungen von Säuren, Dämpfen und der Zeit", versprach das Etikett auf den Tintenfläschchen, die überall reißenden Absatz fanden.

1863 trat der Chemiker Günther Wagner in das Unternehmen der Familie Hornemann ein, dem er später, nachdem er es erworben hatte, seinen Namen gab. Er hatte den Wert der noch jungen Erfindung erkannt und ergänzte das Lieferprogramm um Tinten und Tuschen. Bald schon weitete sich das Geschäft ins benachbarte Ausland aus. Als umsichtiger Unternehmer suchte Günther Wagner nun nach einem Symbol, um die hohe Qualität seiner Produkte zu garantieren und sie von seinen Mitbewerbern abzuheben. Er entschied sich für das alte Wappen der Familie: ein Pelikan, der in seinem Nest stehend seine vier Jungen mit seinem Blut füttert. 1878 wurde das Pelikan-Warenzeichen als eine der ersten Schutzmarken überhaupt eingetragen.

1901 hatte der Jahresumsatz eine Million Reichsmark erreicht. 35 Prozent der Produktion wurde exportiert. Damit waren die Günther Wagner GmbH Pelikan Werke weltweit führend im Bereich Büro- und Künstlerbedarf.

Einer der bekanntesten Artikel war bereits zu jener Zeit die Pelikan-Tinte, deren Bezeichnung 4001 noch heute Weltgeltung hat. Mit einem Anteil von 90 Prozent ist dabei die Farbstofftinte „Königsblau" die mit Abstand beliebteste auf dem Markt. Doch auch die schwarze Alizerintinte (Pelikan-Urkundentinte) hat sich behaupten können und ist weiterhin fester Bestandteil im Programm des Hauses Pelikan. Ein Programm übrigens, welches im Laufe der Jahrzehnte sukzessive erweitert wurde – ein Schwerpunkt liegt dabei auf der Herstellung von Füllfederhaltern. Insbesondere im Bereich des Schulbedarfs hat Pelikan mit dem Schulfüller „Pelikano" und den Deckfarbkästen K12 und K24 mindestens zwei weitere Klassiker im Programm. Im Bereich der hochwertigen Schreibgeräte erfreut Pelikan Sammler mit repräsentativen Liebhaberstücken, die oftmals nur kurze Zeit in limitierter Auflage erhältlich sind. Die Tinte dazu, dessen kann sich der Käufer aber sicher sein, wird es noch sehr lange geben.

Firmenname	Klassiker	Gründung	Gründer	Vertrieb	Hauptfertigungsstätte
Pelikan Vertriebsge-sellschaft mbH & Co. KG	Pelikan Tinte 4001 königsblau (seit 1901)	1838 in Hannover	Carl Hornemann (1811–1896)	weltweit	Vöhrum/Peien bei Hannover

Seit mehr als 90 Jahren schreibt eine geniale Idee die Geschichte der Babypflege und ist für Millionen Mütter der Inbegriff besonders zuverlässigen Schutzes und bester Pflege zarter Babyhaut.

Die Sorge der Mütter um die empfindliche Haut ihrer Babys war es, die den Drogisten Max Riese nicht ruhen ließ. Er suchte nach der pharmazeutischen, der vorbeugenden und der hautschützenden Lösung gegen das Wundwerden. Er fand sie in einer Creme, deren außergewöhnliche Haftfähigkeit und hervorragende Wirksamkeit auf unraffiniertem, das heißt durch Auskochen von Schafwolle gewonnenem Wollfett beruht. Noch heute steht die Figur des Schäfers auf der Dose für den Hauptbestandteil von Penaten, das Schafswollfett. Er nannte seine Creme „Hautkonservierungsmittel Penaten Crème" und meldete sie am 17. September 1904 beim Reichspatentamt in Berlin an.

Elisabeth Riese, die Frau des Firmengründers war es, die sich intensiv mit der römischen Geschichte befasste und so den Anstoß für den Markennamen gab. In der Antike waren die „Penaten" die Schutzgötter für das häusliche Glück und standen damit am besten für das Anliegen des Dr. Riese: „Bewachen des Wachstums und Gedeihens der Kinder".

Schon bald war die Hinterstube der Drogerie zu klein, um der großen Nachfrage nach der neuen Creme gerecht zu werden. Riese gründete in Rhöndorf bei Bonn eine neue Firma und hatte sein Traumziel, 10.000 Dosen im Monat zu produzieren, bereits 1929 um mehr als das Dreifache übertroffen. Zehn Jahre später wurden bereits mehr als sechs Millionen Creme-Töpfchen aus Rhöndorf ausgeliefert. Nach dem Zweiten Weltkrieg waren es dann die Söhne von Max Riese, Max jr. und Alfred, die das Werk buchstäblich aus Ruinen wieder auferstehen ließen.

Die Penaten Creme wird zum klassischen Markenartikel, mit dem Generationen von Babys groß werden und der heute in fast jedem Haushalt als bewährtes „Hausmittel" zu finden ist. Bis heute hat sich das Erscheinungsbild der charakteristischen Cremedose nicht wesentlich geändert: Die blaue Farbe symbolisiert die Frische des beginnenden Lebens und eines neuen Tages. Sie wird zum unverwechselbaren Erkennungszeichen der Marke.

Entsprechend den sich ändernden Ansprüchen und Bedürfnissen wurde der klassischen Penaten Creme Schritt für Schritt weitere Produkte zur zeitgemäßen Babypflege zur Seite gestellt. 1951 kamem Penaten Puder, Penaten Kinder Öl und Penaten Seife auf den Markt. 1954, nach einem platzbedingten Umzug in größere Produktionshallen, wurde das Sortiment abermals erweitert und bot bald alles, was man für Haut- und Haarpflege der Kleinsten brauchte. Penaten wurde in Deutschland zum Synonym für Babypflege.

Enorme Aufwendungen für Forschung und Entwicklung, strengste Kontrollen und die Verwendung ausschließlich bester Rohstoffe garantieren die hohe Qualität aller Penaten-Produkte. Im ständigen Dialog mit Wissenschaft und Praxis werden neue Produkte entwickelt und bestehende optimiert. Der eigens dafür ins Leben gerufene Penaten-Beirat aus Medizinern, Hebammen und Kinderkrankenschwestern repräsentiert die Kompetenz und das Verantwortungsbewusstsein des Babypflege-Experten.

In ihrem Qualitätsanspruch liegt die Verpflichtung einer Marke. Die Experten wissen diese Garantie zu schätzen: In mehr als 90 Prozent aller Geburtskliniken werden Penaten-Produkte verwendet.

Der Philosophie des Firmengründers folgend ist es noch heute das Grundanliegen der seit 1986 zum internationalen Gesundheitskonzern Johnson & Johnson gehörenden Marke, sich mit zeitgemäßen Produkten für das Wohl der Babys einzusetzen.

Heute umfasst das Angebot des Marktführers für Babypflege eine Palette von mehr als 30 Produkten, denen allen eines gemeinsam ist: optimale Pflege und zuverlässiger Schutz empfindlicher Babyhaut. Immerhin 31 Millionen Penaten-Produkte wechselten 2001 für insgesamt 95 Millionen Euro den Besitzer.

PENATEN

Dr. med.   Max Riese

Creme

SCHÜTZT UND BERUHIGT

PERSIL | DAS WASCHMITTEL

 Anfang des 20. Jahrhunderts waren viele Wiesen auch im Sommer weiß. Wäsche lag dort ausgebreitet, um in der Sonne zu bleichen. Dass diese Wiesen wieder grün wurden, ist einem Waschmittel zu verdanken: Persil.

Jahrhundertelang hatten Seifensieder die Hausfrauen mit Waschmitteln versorgt. Erst um 1880 bekam die Seife Konkurrenz durch Waschpulver, das ursprünglich nur aus pulverisierter Seife bestand. Ein wirklicher Fortschritt war erst die Kombination von Wasch- und Bleichmitteln in Pulverform. Die erste Firma in Deutschland, die ein solches echtes Waschpulver auf den Markt brachte, war die 1876 gegründete Firma Henkel & Cie aus Düsseldorf mit dem Produkt Persil. Henkel hatte dem Waschmittel als Bleichstoff Perborat beigemischt. Der dadurch beim Waschen fein aufperlende Sauerstoff übernahm in schonender Weise die harte Arbeit am Scheuerbrett und machte die Sonnenbleiche überflüssig. Das „selbsttätige" Waschmittel war geboren.

Am 6. Juni 1907 kündigte eine Anzeige in der „Düsseldorfer Zeitung" das neue Waschmittel Persil an. Der Name leitete sich von den zwei wichtigsten chemischen Grundstoffen des Produktes ab, Perborat und Silicat. Das Kaiserliche Patentamt zögerte, den Namen Persil als Warenzeichen einzutragen, da man ihn mit dem französischen Wort für „Petersilie" verwechseln könne. Die Eintragung erfolgte schließlich 1917. In nur zehn Jahren hatte Persil seinen Namen am Markt durchgesetzt.

Der Erfolg war so groß, dass eine Konkurrenzfirma einen Herren namens „Persiehl" zu ihrem Gesellschafter machte, um von dem Markennamen zu profitieren. Henkel distanzierte sich von solchen unlauteren Wettbewerbern frühzeitig, indem man Persil mit einer Herstellergarantie ausstattete und in der Werbung die gleichbleibend hohe Qualität betonte: „Persil bleibt Persil".

1922 gestaltete der Berliner Künstler Kurt Heiligenstaedt die wohl berühmteste Persil-Werbefigur: die „Weiße Dame". Sie warb von Plakaten, Blechschildern und Normaluhren bis Anfang der 60er Jahre. Als sie 1950 erstmals nach dem Krieg wieder für Persil lächelte, vermittelte sie vielen Deutschen das Gefühl, dass nun dauerhaft Frieden eingekehrt sei.

In den 50er und frühen 60er Jahren wurde der Waschmittelmarkt durch das Aufkommen etagenfähiger Waschmaschinen revolutioniert. Hinzu kamen neue Textilien wie die Chemiefasern Nylon und Perlon. Am 1. Januar 1965 präsentierte Henkel Persil 65, ein echtes Vollwaschmittel mit temperaturabhängiger Schaumsteuerung.

1986 bewies Henkel einmal mehr seine Schrittmacherfunktion als Marktführer und brachte Persil Phosphatfrei in den Handel. Die große Nachfrage zeigte schnell, dass Henkel damit – dem allgemein angewachsenen Umweltbewusstsein Rechnung tragend – bei den Verbrauchern auf ein echtes Bedürfnis gestoßen war. Henkel konnte auch hier einen Standard setzen: Mittlerweile sind in Deutschland alle Haushaltswaschmittel phosphatfrei.

Persil gelang es auch in den Folgejahren stets, mit bedeutenden Neuentwicklungen die Position als Marktführer und innovative Marke zu stärken, ohne die Markenidentität zu verwässern: 1990 wurde Persil supra eingeführt, ein Waschmittel in konzentrierter Form, und 1991 Persil color, das erste Vollwaschmittel speziell für Buntwäsche. 1994 folgte die große Innovation: Persil Megaperls® – eine völlig neue Waschmittelgeneration, bei der mit hochkonzentrierten Perlen anstatt mit Pulver gewaschen wird. Weitere Produktinnovationen waren 1997 Persil Gel, das erste gelförmige Waschmittel, 1998 Persil Tabs, das erste konzentrierte Waschmittel in vordosierter Form, und 1999 Persil Sensitiv, das erste Marken-Vollwaschmittel speziell für empfindliche Haut. Anfang 2002 läuteten die Persil LIQUITS in Deutschland das Zeitalter der vorportionierten Flüssigwaschmittel ein. So deckt Persil mit zeitgemäßen Angebotsformen und Innovationen die verschiedensten Konsumentenbedürfnisse ab. Doch gleich, zu welchem Angebot der Verbraucher greift, es muss immer gelten: Persil – da weiß man, was man hat.

Firmenname	Klassiker	Gründer	Bekanntheit	Vertrieb	Hauptfertigungsstätte
Henkel KGaA	Persil Waschmittel (seit 1907)	Fritz Henkel (1843–1930)	99 % (gest.)	in 43 Ländern auf 3 Kontinenten	Düsseldorf

PERWOLL | DAS FEINWASCHMITTEL

Perwoll „Ist der neu?" Die Antwort auf die Frage des berühmten Werbespots kennt ganz Deutschland: „Nein, mit Perwoll gewaschen!" Doch zum Spezialisten für Wolle entwickelte sich Perwoll erst Anfang der 70er Jahre. Anfang 1949, als das neue Waschmittel im 100-g-Paket zum Preis von 75 Pfennigen auf dem deutschen Markt eingeführt wurde, standen andere Qualitäten im Vordergrund: Kleidungsstücke mussten in den Mangeljahren nach dem Krieg lange halten, und so freute sich der Verbraucher darüber, dass Perwoll besonders schonend reinigte.

Aber auch der breit gefächerte Anwendungsbereich, der die unterschiedlichsten Wasch- und Reinigungsprobleme abdeckte, machte Perwoll schnell zu einem wichtigen Waschmittel: Neben dem eigentlichen Waschen eignete es sich auch für die Pflege von lackierten Flächen, Möbeln, Türen und Fenstern, aber auch zum Geschirrspülen und für die Pflege von Kristallwaren. Selbst zum Baden von Hunden wurde das schaumkräftige Perwoll empfohlen.

Der erste große Produktrelaunch rund 10 Jahre später brachte nicht nur eine überarbeitete Rezeptur mit sich, bei der auf chemische Bleichzusätze und optische Aufheller verzichtet wurde. Der Anwendungsbereich wurde breiter definiert, so dass Perwoll seither als Spezialist für alles Feine und Zarte wie Wolle, Seide, Nylon, Perlon oder farbige Gewebe aus Leinen, Baumwolle und Popeline gilt.

Anfang der 60er hieß es dann: „Wenn Wolle wollig bleiben soll – einfach waschen in Perwoll." Erstmals wurde Perwoll in einer Anzeigenkampagne unter anderem in den Illustrierten „Hörzu" und „Brigitte" eindeutig als Spezialist für Wolle positioniert. Das bedeutete den Durchbruch für Perwoll als Spezialwaschmittel. Dass es sich bei der Positionierung nicht um eine reine Marketingidee handelte, bewies Ende der 60er das Urteil der „Stiftung Warentest"-Spezialisten, die eine Reihe von Spezialwaschmitteln unter die Lupe nahmen: Perwoll schnitt mit „Sehr gut" ab.

Die 70er Jahre brachten ein neues Verpackungsdesign in Form von zartrosafarbenen Wollbällen, die bis heute das Erscheinungsbild der Marke Perwoll prägen. 1974 wurde der Begriff der „Schmusewolle" geprägt – dass dieser keine leere Versprechung blieb, dafür sorgte der neue integrierte „Wollweichpfleger", der den Einsatz zusätzlicher Weichspüler überflüssig machte. Perwoll war damit auch das erste Wollwaschmittel, das für die Maschinenwäsche geeignet war. Seit 1972 schmückt überdies das Wollsiegelgütezeichen die Verpackungen von Perwoll und unterstreicht die besondere Eignung zur Wollpflege.

„Schmusewolle – das macht Perwoll aus Wolle": Der Werbesong aus den 70ern, von niemand Geringerem als Vicky Leandros gesungen, ist auch heute noch gegenwärtig – genauso wie das Angora-Kaninchen, welches bald die Anzeigen prägte.

Zusätzlich zum Perwoll Pulver wurde 1977 Perwoll flüssig eingeführt und somit frühzeitig der anhaltende Trend zu Flüssigprodukten aufgegriffen.

Seit Mitte der 90er Jahre gibt es Perwoll mit Pflegebalsam. Es sorgt dafür, dass auch nach häufiger Maschinenwäsche die Textilien ihr ursprüngliches Aussehen behalten und lange schön wie neu bleiben. Der Pflegebalsam stärkt die Fasern von innen und hält sie so sanft und geschmeidig. So wird auch empfindliche Wolle vor dem Verfilzen geschützt und bleibt kuschelig weich und schön.

Heute ist Perwoll als der Spezialist für Wolle und Feines Marktführer im Fein- und Wollwaschmittelmarkt. Ob als Flüssigprodukt oder als Pulver – Perwoll mit Pflegebalsam bietet beste Pflege, Weichheit und Schutz. So werden sich Perwoll-Verwender auch zukünftig gern die berühmte Frage gefallen lassen: „Ist der neu?"

Firmenname	Klassiker	Gründer	Bekanntheit	Vertrieb	Hauptfertigungsstätte
Henkel KGaA	Perwoll (seit 1949)	Fritz Henkel (1843–1930)	83 % (ungest.)	in 20 Ländern weltweit	Genthin (für Deutschland)

Die kulinarische Vorliebe der Deutschen für die Kartoffel ist bekanntlich groß. Mit 64 Prozent Marktanteil ist und bleibt sie die beliebteste Beilage auf den bundesrepublikanischen Tischen. Eine ihrer edelsten Verarbeitungsstufen ist dabei der Knödel, bzw. der Kloß, wie er im nördlichen Teil Deutschlands genannt wird. Die Marke, die in ihrer über fünfzigjährigen Geschichte zum Synonym für hochwertige Kartoffel-Fertigprodukte geworden ist, ist ohne jeden Zweifel Pfanni. Ein Bekanntheitsgrad von 98 Prozent und ein Marktanteil von über 60 Prozent belegen diese Tatsache eindrucksvoll. Dass mittlerweile jede dritte Kartoffel als Fertigprodukt auf den Tisch kommt, liegt wohl auch daran, dass Pfanni heute mit einer ganzen Produktreihe von leckeren Kartoffelspezialitäten am Markt ist. Star unter den Kartoffel-Variationen ist und bleibt der berühmte Pfanni-Knödel.

Seine Geschichte beginnt im Grunde bereits im vorletzten Jahrhundert, als 1868 Johannes Eckart in München die erste deutsche Konservenfabrik eröffnet. Mit der Ernennung zum Königlich Bayrischen Hoflieferanten 1902 werden seine Produkte gleichsam in den Adelsstand erhoben. Werner Eckart, der Nachfahre des Firmengründers und eigentliche Erfinder der Marke Pfanni, beginnt schließlich 1914 mit Versuchen, ein Verfahren zur Trocknung von Kartoffeln zu entwickeln. Seine Versuche bauen auf einer Konservierungstechnik auf, die beinahe so alt ist wie die zivilisierte Menschheit. Schon die Inkas kannten nämlich die Technik, Kartoffeln durch Gefriertrocknung haltbar zu machen. Es vergehen sage und schreibe 35 Jahre, bis Eckart mit Hilfe innovativer Lebensmitteltechnologien einen endgültigen und massentauglichen Meilenstein in der modernen Küche setzen kann. 1949 präsentiert Werner Eckhart auf der Sühoga in Mannheim ein Kartoffelpulver, aus dem unter Zugabe von heißem Wasser sowohl Knödel als auch Kartoffelpuffer hergestellt werden können. Eine Revolution in der Nachkriegsküche und ein nicht zu unterschätzender Beitrag zum folgenden Wirtschaftswunder. Dem unaufhaltsamen Aufstieg der Marke Pfanni stand von nun an nichts mehr im Wege.

Die Chronologie ihres Siegeszuges liest sich wie die Evolutionsgeschichte unserer modernen Kochgewohnheiten und Fertigungstechnologien. 1959 bringt Pfanni zum Beispiel das erste Kartoffel-Flocken-Püree auf den Markt, ein Lebensmittel, das aus unseren Küchen bis heute nicht mehr wegzudenken ist. Seit 1967 setzt Pfanni mit strengem Vertragsanbau Maßstäbe für Qualitätssicherung im Lebensmittelbereich. Das Unternehmen gilt als Pionier in diesem Bereich. Drei Jahre später bringt Pfanni den praktischen Knödel im Kochbeutel auf den Markt. Heißes Wasser aufsetzen, Knödel rein, abschütten, fertig. Bis 1986 bleibt das Unternehmen alleiniger Hersteller dieser Technologie. Als das Unternehmen 1979 die Rösti auf den Markt bringt, wird nicht nur eine Schweizer Spezialität populär: aromaversiegelt und im praktischen Folienbeutel konserviert, sind die Pfanni Rösti das erste Kartoffelnassprodukt, das das Unternehmen für den Markt entwickelt. Heute zeigt ein Blick ins Kühlregal der Supermärkte, wie unendlich vielfältig die Zubereitungsformen der Kartoffel sind. Ob Rösti, Kartoffeltaschen oder Kroketten – Pfanni erobert mit tiefgekühlten Frische-Produkten den Markt, nicht zuletzt als Reaktion auf ein verändertes Konsumverhalten bei den Verbrauchern.

Als die Marke 1999 ihren 50. Geburtstag feiert, zeigt sich, dass Pfanni für die Zukunft bestens gerüstet ist. Seit 2000 ist sie Teil des Markenportfolios von Unilever Bestfoods Deutschland, einem der größten Lebensmittelkonzerne der Welt, und produziert seit 1993 in der größten und modernsten Kartoffelpüreefabrik Europas am Standort Stavenhagen in Mecklenburg-Vorpommern.

Firmenname	Klassiker	Gründung	Gründer	Bekanntheit	Vertrieb
Pfanni	Kartoffel-Knödel der Klassiker halb & halb	1949 in München	Werner Eckart	98 %	in Deutschland

POLY COLOR | DIE COLORATION

Die Markteinführung von Poly Color im Jahr 1947 begann mit einem Skandal: Die Packung der ersten flüssigen Haarfarbe zeigte eine nackte Frau, die mit wehendem Haar auf einer Muschel steht. Die Rede ist von dem berühmten Bild des Florentiners Sandro Botticelli „Geburt der Venus", welches in der Glanzzeit der Medici um 1500 entstanden ist. Das prüde Nachkriegs-Deutschland hatte jedoch keinen Sinn für den symbolischen Charakter dieser nackten Schönheit und protestierte damals mit Erfolg gegen das unverhüllt Aufreizende dieses äußeren Erscheinungsbildes. Aber auch die veränderte, in künstlerischer Hinsicht zwar weniger engagierte, dafür aber in moralischer Hinsicht umso unbedenklichere und unanstößigere Optik konnte nicht verhindern, dass die Haarcoloration für den „kosmetischen Selbstversuch" nicht nur in deutschen Haushalten einen triumphalen und bis heute andauernden Einzug gehalten hat.

Die am 18. Juli 1946 gegründete Polycolor GmbH geht 1950 in den Verband der Henkel-Gruppe über. Seit diesen Anfängen vergeht kaum ein Jahr, in dem die Marke Poly den Markt nicht mit mindestens einem innovativen und bedarfsgerechten Produkt bereichert hätte. Von Poly Color Haarfarben in der besonders leicht anzuwendenden Cremeform über die erste farbtönende Haarwäsche Poly Color Creme-Shampoo-Pastell, der ersten Kurpackung Poly Kur, dem Sprühfestiger Poly Set, dem ersten Aufhellshampoo Poly Clair und der ersten Heimdauerwelle Poly Lock bis hin zu den noch heute erfolgreichen Serien Poly Brillance, Poly Diadem und Poly Blonde: Immer war und ist Poly Vorreiter und Trendsetter, wenn es um das Colorieren und Pflegen von Haaren geht. Im Jahr 1995 übernimmt Henkel den Hamburger Kosmetikhersteller Schwarzkopf, fortan gehört der Klassiker Poly zum Portfolio der Firma Schwarzkopf & Henkel.

Die Innovationskraft der Firma dokumentiert zum Beispiel das Produkt Re-Nature: Die Vorstellung, ergrautem Haar ganz sanft, ohne den Einsatz von Oxidationsmitteln, die ursprüngliche Naturhaarfarbe zurückzugeben, scheint zunächst unglaublich. Doch Re-Nature ist in der Lage, mit Hilfe des Sauerstoffes der Luft naturanaloge Farbpigmente zu bilden, so dass das Haar auf milde und sanfte Weise den Naturton zurückerlangt. Wer seinen Typ mit einer anderen Haarfarbe modisch unterstreichen und womöglich erste graue Haare abdecken möchte, findet sicherlich die richtige Nuance bei der Poly Color Tönungs-Wäsche. Und später, zur perfekten Grauabdeckung, muss nicht auf den Lieblingsfarbton verzichtet werden: Die Nuancen des Klassikers Poly Color Creme Haarfarbe sind auf die Farbenvielfalt der Tönungs-Wäsche abgestimmt. Farbenprächtig kommen auch die Produkte von Poly Country Colors daher: Das Haar enthält durch eine neue Pflegeformel mit natürlichen Inhaltsstoffen wie Bienenwachs und Weizenprotein eine glänzend-gesunde Haarfarbe – und das in 16 unterschiedlichen Farbgebungen.

Nicht nur für die ältere Generation erweitert Poly ständig das Angebot: Weil immer mehr Jugendliche zu Colorationen greifen, sorgt Poly Live seit 1999 für trendige Haarfarben als auswaschbarer Soft Töner oder als dauerhaft haltbare Coloration, damit das perfekte Haar-Styling auch dank leuchtender Farbe optimal zur Geltung kommt. Optimale Haarpflege mit gleichzeitiger Farbunterstützung gibt es bei Poly auch speziell für den Herrn: Das Poly Color Tönungsshampoo für Männer ist speziell auf das Männerhaar abgestimmt und verleiht ihm einen natürlichen Farbglanz bei gleichzeitiger Pflege. So ermöglicht die Vielfalt von Poly jedem Typ und Alter, ob Frau oder Mann, individuelle Veränderungen – ganz nach Wunsch. Neben den bewährten Colorationen hat der Marktführer Schwarzkopf & Henkel ebenso mit seinen umfassenden Pflege- und Styling-Produkten eine Spitzenposition am Markt etablieren können. Was vor über 50 Jahren mit einem Skandal begann, gilt heute als ein Synonym für umfassende Haarkosmetik.

Firmenname	Klassiker	Gründer	Bekanntheit	Vertrieb	Hauptfertigungsstätte
Schwarzkopf und Henkel GmbH	Poly Color (seit 1947)	Henkel KGaA	80 % (gest.)	weltweit	Dülken

„Damit man schnell ums Eck' kommt", so hat einmal der legendäre Automobilkonstrukteur Ferdinand Porsche seine Philosophie auf eine Kurzform gebracht. In ihr drückt sich jedoch eine gehörige Portion schwäbischer Untertreibung aus. Gewiss: Dynamik, Wendigkeit, Vergnügen an sportlicher Beweglichkeit – dafür ist ein Porsche-Sportwagen wie geschaffen. Doch machen diese Charakteristika allein keineswegs die Faszination aus, die Porsche schon immer auf Automobilliebhaber ausübt.

Das Auto steckte noch in den Kinderschuhen, als der junge Ferdinand Porsche im Jahre 1900 seinen Lohner-Porsche-Elektrowagen vorstellte und damit den Namen Porsche auf einen Schlag weltweit bekannt machte. Später folgten unter anderem die Entwicklung von Sportwagen für Daimler und von Modellen für den ersten Volkswagen. Als der umtriebige Porsche Ende der 40er Jahre damit begann, unter seinem eigenem Namen Sportwagen zu bauen, hielten das viele für Anachronismus. Heute gilt der Porsche 911 – seit nunmehr vier Jahrzehnten der Marken-Klassiker – als die vielleicht gelungenste Lösung für Sportlichkeit im Serienautomobilbau überhaupt.

Die elegante, in der jüngsten Generation noch weiter perfektionierte Silhouette und die außerordentliche Leistungsstärke beweisen, dass sich eine vollendete ästhetische Linienführung, gepaart mit hochentwickelter Dynamik und großer Umweltfreundlichkeit, in einem Fahrzeug optimal kombinieren lassen.

Man sieht und spürt beim Porsche 911 sofort, wie intensiv er von den großen Erfahrungen profitiert, die Porsche im internationalen Rennsport macht und mit vielen Siegen krönen konnte. Lange bevor der Begriff cw-Wert in Mode kam, hat Porsche mit Rennfahrzeugen Windkanalstudien betrieben, die in die Konstruktion des 911 einflossen: ein treffendes Beispiel dafür, dass sich aus aerodynamischer Funktionalität kein Einheitslook ergeben muss.

Je persönlicher die Wünsche an ein sportliches Automobil sind, desto mehr haben die Sportwagen vom Typ 911 zu bieten. Da Porsche keine Massenfertigung betreibt, kann man es sich leisten, Automobile ganz nach individuellen Vorstellungen zu bauen.

Der 911 „pur" ist das klassische Carrera Coupé; diesem Modell hat der Elfer seinen weltweiten Ruf zu verdanken. Das Cabriolet bietet das Erlebnis des Porsche-Fahrens im sinnlichen Kontakt mit der Natur. Im Turbo hat Porsche die Symbiose von Sport und Serie auf das Optimum gebracht: Der Turbo beschleunigt in 4,2 Sekunden von 0 auf 100 km/h und erreicht eine Spitzengeschwindigkeit von 305 km/h. Mit dem 309 kW (420 PS) starken Biturbo-Triebwerk und seinem Allradantrieb lässt dieses Auto für sportlich ambitionierte Fahrer kaum noch Wünsche offen.

Viel wurde über die technischen Vorzüge des Porsche 911 gesagt und geschrieben: über die feuerverzinkte Karosserie mit der Zehn-Jahres-Garantie gegen Durchrosten, das aufwändige Fahrwerk, den edlen 6-Zylinder-Boxermotor aus Leichtmetall, das präzise Lenkverhalten oder die ergonomische Gestaltung des Cockpits.

Was einen Porsche aber zum einzigartigen Erlebnis macht, ist der besondere, nicht austauschbare Charakter, der ihn gerade in einer Zeit, die oft von Nüchternheit und Kühle bestimmt ist, unverkennbar profiliert. Gleichzeitig – und das ist ebenso bemerkenswert – genießen Porsche-Sportwagen eine hohe soziale Akzeptanz.

Dynamik und Stilistik, Zuverlässigkeit, Umweltfreundlichkeit und Wertbeständigkeit mögen rationale Gründe sein, sich für einen Porsche-Sportwagen, gleich ob 911, Cayenne oder Boxster, zu entscheiden. Genauso bedeutungsvoll aber ist in den Augen der Porsche-Gemeinde der unverkennbare Charme dieses Sportwagens, jenes gewisse Etwas, das sich in keiner Forschungsabteilung reproduzieren lässt – denn für den Reiz unmittelbarer Faszination gibt es keinen Ersatz.

Schon in der Antike spielen Türen und Tore eine nicht zu unterschätzende Rolle im Kampf um Macht und Einfluss. Als sich der karthagische Feldherr und Staatsmann Hannibal an die schier unlösbare Aufgabe wagt, das römische Imperium auf dessen eigenem Boden zu besiegen, steht er 211 vor unserer Zeitrechnung kurz vor seinem endgültigen Triumph: Unsanft klopft er bei den verteidigungsbereiten Römern an, die daraufhin einen Schreckensruf prägen, der Weltgeschichte schreibt: „Hannibal ante portas" Hannibal vor den Toren! In den historischen Quellen ist nachzulesen, Nachschubprobleme und interne Intrigen seien der Grund dafür gewesen, dass Hannibal Rom nicht hat einnehmen können. Doch vielleicht haben die Forscher eine, zugegeben gewagte, Hypothese bis auf den heutigen Tag noch nicht in Erwägung gezogen: Die Tore, die dem karthagischen Eroberungswillen die Stirne bieten, heißen im Akkusativ Plural lateinischer Sprache nicht nur „portas", sie waren von PORTAS.

Um der Wahrheit zu genügen, muss nun aber wieder der Boden der Tatsachen – sprich die Unternehmensgeschichte der hessischen Renovierprofis – bemüht werden. Und die sagt klar und eindeutig, dass die Erfolgsgeschichte von PORTAS im Jahre 1974 beginnt, und zwar vor den Toren Frankfurts in Dietzenbach, wo auch heute noch die Fäden der Firma zusammenlaufen. Auch wenn von Deutschland aus konzipiert und organisiert wird, darf man PORTAS wohl mit Fug und Recht als ein wirkliches europäisches Unternehmen bezeichnen. Was manch andere nur beschwören oder bereden, leben die „Aus alt mach neu"-Spezialisten konkret vor. Mehr als 5.000 Mitarbeiter versuchen europaweit, die Ur-Idee und den hohen Anspruch „Wünsche erfüllen und Werte erhalten" in die Tat umzusetzen. Was vor 30 Jahren mit der Renovierung von Türen begann, wird durch eine systematische und bis heute andauernde Expansion weiterentwickelt. PORTAS ist gegenwärtig Europas Marktführer mit Systemen für die Türen-, Möbel-, Treppen- und Fensterrenovierung – ein Umstand, der

sich durch über 500 Fachbetriebe in 13 Ländern eindrucksvoll dokumentiert. Mittelfristig sollen noch 400 neue PORTAS-Franchise-Nehmer hinzukommen: „Wir haben einzigartige und konkurrenzlose Renovierungssysteme", sagt Wolfgang Heydt von der PORTAS-Europazentrale in Frankfurt dazu. „Firmen mit handwerklichem Schwerpunkt und unternehmerischem Engagement sind ideale Franchise-Partner."

Doch zurück zu den Türen und Toren dieser Welt, die von der Porta Nigra bis zur eigenen Wohnzimmertür eines gemeinsam haben: Sie werden nicht jünger – irgendwann nagt an ihnen der Zahn der Zeit. Die Anzeichen des Verfalls können vielgestaltig sein: Abgeblätterte Farbe, Schrammen und Scharten oder auch ein Design, das modernen Ansprüchen nicht mehr genügt. Diesen verwohnten Relikten einstiger Größe rückt PORTAS mit einem speziellen System zu Leibe, welches die guten Stücke binnen weniger Stunden wieder wie neu aussehen lässt. Das größte Faszinosum aber besteht in der bejubelnswerten Tatsache, dass diese Türen nie mehr gestrichen werden müssen.

Aus welchem Material die Türen bestehen, ob Holz oder Kunststoff, spielt keine Rolle. Die Kernkompetenz von PORTAS besteht im wahrsten Sinne des Wortes darin, den hochwertigen Türkern aufzuarbeiten, der dann anschließend einen neuen Mantel im gewünschten Dekor erhält. Den Variationsmöglichkeiten sind dabei kaum Grenzen gesetzt, und sie bewegen sich von diversen Naturholzdessins wie Eiche hell, Buche oder Teak bis hin zu Türen mit Lederbezug und Glaseinsätzen. Bei diesem Verfahren weiß nicht nur die hohe handwerkliche Qualität zu überzeugen, sondern dem Kunden kommen auch Aspekte wie Bequemlichkeit und Kostenersparnis zu Gute. Und nicht zuletzt freut sich die Umwelt über das ressourcenschonende Procedere. Wohl dem, der sich für eine PORTAS-Tür entscheidet – sie trotzt nicht nur gewissen karthagischen Feldherren, sondern auch der alltäglichen Abnutzung.

Firmenname
PORTAS DEUTSCH-
LAND GmbH & Co.KG

Abgebildetes Produkt
Türen-Renovierung
Modell „Füssen"

Gründung
1974 in Frankfurt
am Main

Mitarbeiter
Franchiseverbund
mit ca 5.000

Gründer
Horst R. Jung

Vertrieb
Europa und USA

PREMIERE | DAS ABONNEMENTFERNSEHEN

 Wie bekommt man sieben Fußballstadien in ein deutsches Wohnzimmer? Die Antwort heißt Premiere. Der Sender überträgt alle Spiele der Fußball-Bundesliga live. Der Zuschauer wählt, ob er seinen Lieblingsverein oder etwa alle sieben Samstagsspiele gleichzeitig sehen möchte. Auf diese und auch auf andere Weise zeigt der Münchner Abo-Sender, dass es neben den öffentlich-rechtlichen und den privaten, werbefinanzierten Fernsehsendern in Deutschland und Österreich einen Markt für Abo-TV gibt.

Der Startschuss für das erste Abo-TV Deutschlands fiel 1988: Der vier Jahre zuvor gegründete Schweizer Teleclub ging nun auch nördlich des Bodensees auf Sendung. Nur zwei Jahre später starten die Kirch-Gruppe, UFA und der französische Canal Plus Premiere und integrieren die deutschen Teleclub-Abonnenten in den neuen Sender. In den folgenden Jahren wird der Abo-Sender Schritt für Schritt komplett der Kirch-Gruppe einverleibt.

Für einen profitablen Sendebetrieb reichte die Zahl der Zuschauer vorerst jedoch nicht. Schließlich musste nicht nur ein so genannter Decoder, die d-box, gekauft oder gemietet werden. Auch die Bereitschaft, neben den Fernsehgebühren weitere monatliche Beiträge an einen Sender zu zahlen, war bei den deutschen Fernsehzuschauern angesichts des vergleichsweise umfangreichen Free-TV-Angebots längst nicht so ausgeprägt wie in anderen Ländern. Premiere befand sich immer wieder in finanziellen Schwierigkeiten. Mehr als einmal wurde das Abo-TV in Deutschland für tot erklärt. Doch durch die Bereitstellung der nötigen Mittel konnte das Unternehmen stets weiter senden. Die Krise, die 2002 das Ende der Kirch-Gruppe bedeutete, war auch diesen Investitionen in das Abo-TV geschuldet.

Dem Strudel der Insolvenz der Kirch-Gruppe konnte Premiere selbst sich aber entziehen. Für den Abo-Sender barg die Krise sogar seine größte Chance: Heute ist das Unternehmen unabhängig, hat neue Gesellschafter und ist völlig neu strukturiert. Mit den 2002 eingeleiteten radikalen Sanierungsmaßnahmen, der Sicherung umfangreicher Film- und Sportrechte in direkten Verträgen sowie mit einem flexibleren Preissystem erreichte Premiere innerhalb weniger Monate die unternehmerische Trendwende. Dabei hat Premiere sich zu einem phantasievollen, innovativen und profitablen Medienhaus entwickelt.

Schwerpunkt des Programms ist das Spielfilm- und Sportangebot. Vom aktuellen Hollywood-Blockbuster bis zum Film für Cineasten – der Abo-Sender bietet Kinoerlebnis pur und ohne Werbeunterbrechung. Daneben soll vor allem Live-Sport die Menschen für Premiere begeistern. Bei großen Sportereignissen sind die Zuschauer immer mitten im Geschehen, live und hautnah. Vor allem Formel 1 und Fußball sollen Überzeugungsarbeit leisten. Attraktive Themenkanäle mit starken Marken wie DISNEY CHANNEL, DISCOVERY CHANNEL oder BEATE-UHSE.TV ergänzen das umfangreiche Programmbouquet.

Außerdem hat sich der Sender entschieden, nicht länger nur auf die von der Kirch-Gruppe entwickelte d-box als Empfangsgerät zu setzen. Premiere kann nun auch über andere Digital-Receiver empfangen werden und hat dem Gerätemarkt dadurch einen Schub verliehen. Unterschiedlich komfortable Geräte in verschiedenen Preisklassen befriedigen nicht nur die unterschiedlichen Kundenbedürfnisse, sondern werden heute auch günstiger als je zuvor angeboten.

In seiner Angebotsgestaltung schöpft Premiere das Potenzial der digitalen Technologie heute konsequent aus. Die neuen Dimensionen dieser Technologie sind für die Noch-nicht-Premiere-Abonnenten noch Fremdwörter. Sie heißen Pay-per-View, Multiplexing oder Multifeed und bedeuten unter anderem auch einen einmalig effektiven Jugendschutz.

Premiere ist nicht nur Deutschlands schönstes Fernsehen, sondern damit auch technologischer Vorreiter für die Zukunft des Fernsehens in Deutschland – und die ist, da sind sich alle Experten einig, digital.

Firmenname	Produkt	Programm	Kunden	Verbreitung
Premiere Fernsehen GmbH & Co. KG	Abonnementfernsehen	Filme, Sport, Serien, Kinderprogramm, Dokumentation, Musik und Erotik	über 7 Mio. Zuschauer in rd. 2,7 Mio. Haush.	Deutschland und Österreich

PRIL | DAS SPÜLMITTEL

„Willst Du viel, spül mit Pril." – oft sind es gerade die einfachsten Werbeslogans, die sich am nachhaltigsten in den Köpfen der Verbraucher verankern. Wobei sich „viel" längst nicht mehr nur auf die herausragenden Produkteigenschaften und die hohe Ergiebigkeit von Pril, dem eindeutigen Marktführer der Handgeschirrspülmittel, bezieht. Für jeden Geschmack und für jede Anwendung gibt es das richtige Pril: Neben dem blauen Original und dem konzentrierten Pril Kraft-Gel können Hausfrau und Hausmann auf die „Fresh"-Varianten „Lemon", „Wildberry" und „Apple" zurückgreifen, auf das besonders hautschonende Pril Balsam und auf das praktische Pril 2in1 mit integrierter Handseife.

Eine Auswahl, die sich der Chemiker Konrad Henkel, Enkel des Firmengründers Fritz Henkel, sicher nie hätte träumen lassen. Er war es, der 1959 das erste flüssige Pril zur Marktreife entwickelte. Doch schon der Vorgänger in Pulverform, der 1951 als erstes Reinigungsmittel speziell für das Geschirrspülen und die Haushaltsreinigung in den Markt eingeführt wurde, revolutionierte den Markt durch seine Kombination aus außergewöhnlicher Reinigungskraft und besonderer Hautverträglichkeit. Insbesondere enthielt Pril kein Natriumcarbonat, sprich Soda, dessen alkalische Wirkung Spülhänden zuvor zu schaffen machte. Und auch einen weiteren Effekt wussten die Hausfrauen von damals sehr zu schätzen: Die gleichmäßige Benetzung des Spülgutes mit einem hauchdünnen, schnell ablaufenden Wasserfilm sorgte bei senkrechter Abtropfposition des Geschirres für selbsttätiges, klares Trocknen. Der Verzicht auf Trockentücher bedeutete nicht nur Arbeitserleichterung, sondern auch ein Höchstmaß an Hygiene. 1966 hatte sich das flüssige Pril bereits einen Marktanteil von über 50 Prozent der deutschen Haushalte erobert.

Legendär ist auch die fettlösende Wirkung von Pril: Würde man eine Ente in Pril-Wasser setzen, würde diese sofort untergehen, da ihre Fett-Schutzschicht ums Gefieder aufgelöst werden würde. Die Eigenschaft von Pril, das Wasser zu „entspannen", machen

sich auch Tierschützer zunutze: Zum Retter in der Not wird Pril regelmäßig bei großen und kleinen Ölverschmutzungen in deutschen Gewässern. Mit Pril und warmem Wasser kann der Ölfilm entfernt und die Tiere vor dem Tod bewahrt werden.

Fettlösekraft, Wasserlöslichkeit, gute Hautverträglichkeit und die Schnell-Trocken-Formel zeichnen natürlich auch heute jede Pril-Variante aus. Hinzu kommen hervorragende Benetzungseigenschaften sowie ein gutes Emulgier- und Dispergiervermögen: Abgelöste Fett- und Speisereste werden im Spülwasser feinst verteilt und in der Schwebe gehalten. Im Gegensatz zu den früher eingesetzten synthetischen waschaktiven Substanzen sind die heute verwendeten Tenside allerdings auf Basis nachwachsender Rohstoffe hergestellt und leicht, schnell und vollständig biologisch abbaubar.

Wer an Pril denkt, erinnert sich auch an die Pril-Blumen – die knallig-bunten Aufkleber, die Anfang der 70er Jahre von Klein und Groß auf Küchen-, Badezimmerkacheln oder Türrahmen geklebt wurden. Die Aktion „Fröhliche Küche" brachte 1972 die Pril-Blumen auf den Markt, die ganz dem Zeitgeist entsprachen. Der von Klaus Doldinger komponierte Song „Hol' Dir die fröhlichen Blumen, hol' Dir das fröhliche Pril" machte die Aktion zusätzlich bekannt. Als 2002 die Pril-Blume ihr Revival erlebte und erstmals für kurze Zeit wieder erhältlich war, wurde deutlich, wie beliebt die Aufkleber noch immer sind. 2003 klebten sie so wieder für einige Monate auf den Pril-Flaschen – und haben inzwischen Kultstatus erlangt: Weder in der 70er Jahre Show im TV noch beim Schlagermove im Hamburg dürfen die Pril-Blumen fehlen. Die Aufkleber sind so begehrt wie nie und kommen als Dekoration, bei Partys und für Kostüme zum Einsatz. Zusätzlich werden T-Shirts mit der bekannten stilisierten Blüte in Szene-Läden angeboten. Welches Spülmittel kann schon von sich behaupten, dass es neben der Fettlösekraft auch eine emotionale Wirkung der ganz besonderen Art hat?

Firmenname	Klassiker	Gründer	Bekanntheit	Vertrieb	Hauptfertigungsstätte
Henkel KGaA	Pril Spülmittel (seit 1951)	Fritz Henkel (1843–1930)	90 % (ungest.), 100 % (gest.)	europaweit	Genthin

PRITT | DER KLEBESTIFT

Manche Dinge erwecken den Anschein, als gäbe es sie seit Urzeiten. Tag für Tag sind sie in Gebrauch, und niemand verfällt auf den Gedanken, es könnte anders sein. Zu diesen Dingen gehörten bis in die späten 60er Jahre die Alleskleber. Abgefüllt in Tuben, hatten sie Jahrzehnte in Haushalt und Büro nützliche Dienste geleistet. Doch gerade in ihrem größten Anwendungsgebiet, beim Kleben von Papier und Pappe, sorgten sie regelmäßig für Ärger. Verunreinigte Vorlagen und verklebte Finger konnten nicht die Lösung sein.

Im Jahr 1969 präsentierten die Henkel-Werke eine absolute Neuheit auf dem Klebemarkt. Das Düsseldorfer Unternehmen hatte sich eine Erfindung patentieren lassen, die auf den ersten Blick wie ein Lippenstift aussah. Doch statt Farbe für die Lippen enthielt dieser Stift eine feste Klebemasse, die sich nach dem Lippenstiftprinzip aus der Hülse herausdrehen ließ. Sein Name ist Pritt, der erste Klebestift der Welt.

Pritt macht eine völlig neue Art des Klebens möglich: Eine Drehung am Stift, und mit einem Strich ist die Klebemasse aufgetragen. Einfach, sauber, schnell und sparsam lassen sich nun zwei Seiten miteinander verbinden, Fotos in Alben einkleben und Adressen auf Paketen anbringen.

Das Haus Henkel war vom Erfolg dieses Klebestifts von Anfang an fest überzeugt. In allen großen deutschen Zeitschriften wurde eine Anzeigenaktion mit einer Gesamtauflage von 120 Millionen Exemplaren geschaltet, während die Fernsehwerbung in zwei Monaten 115 Millionen Verbraucheransprachen erzielte. Nicht weniger intensiv wurde Pritt beim Einzelhandel eingeführt. 130 Personen wurden zu groß angelegten Verkaufsaktionen im ganzen Land auf die Reise geschickt, und 45.000 Fachhändler – vor allem Schreibwarenhändler, aber auch Fotodrogerien, Kauf- und Warenhäuser – erhielten den Pritt Stift in einer Geschenkpackung zur Ansicht.

Trotz eines Starts mit 500.000 Pritt Stiften reichten die Kapazitäten schon bald nicht mehr aus. Pritt stieß im Handel und beim Verbraucher auf ein solch großes Interesse, dass Henkel mit der Produktion und Lieferung des Klebestifts die Nachfrage kaum befriedigen konnte. Seit seinem ersten Auftritt im Jahre 1969 bis heute ist er ununterbrochen Marktführer geblieben. In Büros, Haushalten und in Schulen hat er sich einen festen Platz erobert. Der Packungsinhalt wuchs von ursprünglich sechs auf wahlweise 10, 20 oder 40 Gramm. Der lösungsmittelfreie Stift bindet sauber und schnell ab und erlaubt umweltgerechtes Kleben.

Der Pritt Stift flog 2001 sogar ins All und bestand wie kein anderer erfolgreich den Weltraum-Qualitätstest an Bord der Internationalen Weltraumstation ISS. Die Umstellung auf „Weltraumqualität" garantiert die konstante Einsatzbereitschaft des Pritt Stiftes in allen Klimazonen der Erde. Seit 1969 konnten in über 80 Ländern der Welt mehrere 100 Millionen Pritt Stifte verkauft werden. Ein Beweis dafür, dass auch Altbewährtes sich durchaus verbessern lässt.

Natürlich ist es nicht beim klassischen Pritt Stift geblieben: Unter dem Dach des Marktführers für Kleben bietet Pritt heute weltweit ein umfassendes Sortiment zum Kleben, Korrigieren und Markieren. Mit Klebestiften, Klebe-Rollern, Flüssigklebern und Klebeband-Rollern werden nahezu alle gewünschten Konfektionsformen angeboten. Darüber hinaus werden zahlreiche Designstifte, zum Beispiel Pritt Stifte der Dschungeledition mit aufsteckbaren Tierköpfen, verkauft und finden sich auch immer häufiger in Sammlervitrinen wieder.

Mit seinem Start im Jahr 2003 revolutioniert ein silberfarbener Pritt Stift erneut das Kleben: Der neue PowerPritt Alleskleber bietet als erster Alleskleber in Stiftform die Lösungen für Filz, Stoff, Plastik, Holz sowie Papier und Pappe. Eine weitere Innovation aus dem Hause Henkel ist der pfiffige Pritt Klebefilm „Schluss mit Schere", der dank seines neuartigen Zackenprofils – nomen est omen – ganz ohne Schere von Hand einfach abreißbar ist.

Firmenname	Klassiker	Gründer	Bekanntheit	Vertrieb	Hauptfertigungsstätte
Henkel KGaA	Pritt Klebestift (seit 1969)	Fritz Henkel (1843–1930)	77,2 % (gest.)	weltweit	Düsseldorf

Pronto® Das Ende des letzten Jahrhunderts hat uns eine Welt beschert, die voller synthetisch produzierter Stoffe ist: vom Plastikbecher über den Fiberglasski bis hin zum Kunstfaserhemd. Nicht zuletzt diese Tatsache mag sicherlich die Rückbesinnung der Verbraucher auf natürliche Werkstoffe erklären. Allen voran hat das Holz in den letzten Jahren eine echte Renaissance erlebt.

Für die verstärkte Verwendung von Holz gibt es gute Gründe. Holz zählt zu den ganz wenigen Rohstoffen, die natürlich wachsen und sich ständig selbst erneuern. Für viele ist Holz zudem ein Synonym für alles, was der kalte, sterile Kunststoff eben nicht besitzt: Urwüchsigkeit, Natürlichkeit, Wärme und Gesundheit. Und Leben.

Ja, Holz lebt. Es atmet, es dehnt sich aus, zieht sich zusammen, und es kann auch austrocknen. Kaum jemand hat dies genauer beobachtet als Samuel Curtis Johnson, amerikanischer Pionier bei der Entwicklung von Fußbodenwachsen. Johnson wuchs in Wisconsin auf, dem waldreichen Bundesstaat an der kanadischen Grenze. Hier, in dem Städtchen Racine, begann er 1886 – zunächst in einem Schuppen – mit der Herstellung von Parkettböden sowie von Bohnerwachs zur Pflege des Holzes. Heute ist SC Johnson Wax ein großes internationales Unternehmen, das immer noch von der Familie Johnson geleitet wird.

Schon bald überstiegen die Erträge aus dem Verkauf der Pflegeprodukte die des Parketts selbst. Sam Johnsons Polituren erlangten zunehmend Beliebtheit und Berühmtheit. Denn die besondere Qualität seiner wachshaltigen Pflegemittel verlieh Holzböden ebenso wie Holzmöbeln frischen Glanz und dauerhaften Schutz. Und nach der Gründung einer ersten Auslandsniederlassung in England wird 1953 Johnson Wax Deutschland gegründet, womit auch auf dem Möbelpflegemarkt das erste Sprayprodukt eingeführt wurde: PRONTO.

In ihm sollte sich fortan die Entwicklung der deutschen Wohnzimmerkultur förmlich spiegeln.

Der Slogan aus den sechziger Jahren, „Möbelpflege einfach beim Staubwischen", entsprach genau den Befindlichkeiten und Bedürfnissen der modernen Hausfrau aus der Wirtschaftswundergeneration, die nicht mehr nur hohe Qualität, sondern auch Praktikabilität verlangte.

In den siebziger Jahren erfuhren PRONTO und das PRONTO-Marketing eine umfassende Aktualisierung, die in zunehmendem Maße ökologische Aspekte berücksichtigte. So wurde bereits 1976, als das Thema Umweltschutz noch kaum öffentlich diskutiert wurde, die Verwendung von ozonschädigenden Fluorchlorkohlenwasserstoffen (FCKW) vollkommen eingestellt. PRONTO war damit das erste FCKW-freie Möbelspray. 1994 löste eine neuartige Aerosoltechnologie auf der Basis von komprimierter Luft die Kohlenwassertreibstoffe ab. Mit Einführung der neuen Technologie konnte auch die Produktleistung verbessert werden.

Ausgehend vom PRONTO Spray wurde seit den 80er Jahren ein kompaktes Sortiment für zeitgemäße Möbelpflege aufgebaut. Zunächst der Pflegebalsam, dann der Holzreiniger auf Pinienölbasis und seit 1998 PRONTO Clean and Dust Spray. Dieses Produkt mit antistatischen Reinigungssubstanzen ist für alle modernen Möbeloberflächen wie Lack, Holz, Kunststoff und Glas geeignet und hält den Staub länger fern.

Für alle Produkte gilt: PRONTO reinigt, pflegt und schützt – es hebt die natürliche Schönheit der Möbel hervor und gibt ein Gefühl der Sicherheit, dass die Möbel richtig gepflegt sind.

Die Erweiterung des Produktsortiments hat den Erfolg der PRONTO Marke weiter ausgebaut: Seit mehreren Jahrzehnten behauptet PRONTO seine Position als Marktführer auf dem deutschen Möbelpflegemarkt.

Das Produkt mit dem unangefochten höchsten Bekanntheitsgrad ist und bleibt jedoch das klassische PRONTO Spray – das seit einigen Jahren denn auch schlicht PRONTO Classic heißt.

Firmenname
SC Johnson Wax

Klassiker
Pronto Möbelpflege
(seit 1962)

Verbreitung
weltweit

Gründung
1886 in den USA

Gründer
Samuel Curtis
Johnson (1833–1919)

Mitarbeiter
rund 11.500
weltweit

Seit der Einführung des mechanischen Webstuhls konnten Stoffe in großen Mengen günstig produziert werden. Als dann durch die Erfindung der Nähmaschine erste Schritte zur Massenproduktion von Kleidung unternommen wurden, war eine zeitgemäße Version des Knopfes überfällig geworden. Ein Verschluss aus zwei Teilen, problemlos anzubringen und leicht zu handhaben, das war die Idee.

Wie viele kleine und nützliche Dinge des Alltags ist der Druckknopf eine Erfindung, die jedermann einleuchtet – nur darauf kommen musste erst einmal jemand.

„Der Federknopf-Verschluss ist dazu bestimmt, das Öffnen und Schließen der Herrenhosen beim Latz zu vereinfachen", steht in der Patentschrift No. 32496 des Kaiserlichen Patentamts vom 5. März 1885 zu lesen. Die Spuren seines Erfinders Heribert Bauer haben sich verloren.

Den bis heute gültigen Standard schuf erst das rheinische Familienunternehmen Prym, dessen Aufstieg vom mittelständischen Betrieb zum internationalen Unternehmen mit 4.000 Mitarbeitern weltweit aufs engste mit der Geschichte des Druckknopfes verbunden ist. Programmatisch nannte man den Verschluss mit dem K(n)öpfchen „Prym's Zukunft".

Seit 1530 nachweislich in Aachen und ab 1642 im nahen Stolberg in der Messingherstellung und -verarbeitung tätig, beginnt die Familie Prym 1903 mit der Produktion des eigenen Druckknopfes. Hans Prym war es, der durch einen genialen Einfall die Funktionen des kleinen Knopfes entscheidend verbesserte: In das seitlich geschlitzte Oberteil wird ein rostfreier Bronzedraht in Form einer Doppel-S-Feder eingelegt. Seitdem lässt sich der Knopf gut zusammendrücken und wieder öffnen: nicht zu fest und nicht zu locker.

Heute wird das Multitalent, dessen 100-jährige Erfolgsgeschichte im Jahr 2003 mit der Ausstellung „I NEED YOU' 100 Jahre Prym's Druckknopf", geehrt wurde, mit Hilfe computergesteuerter Fabrikationsautomaten in allen erdenklichen Formen und Farben hergestellt: 15 Millionen Stück täglich!

Entscheidenden Anteil an einer erfolgreichen Produktvermarktung besitzt die werbewirksame Verpackung. Beinahe ebenso berühmt wie der Druckknopf selbst sind die Karten, auf denen Prym's Druckknöpfe seit den Anfängen im Handel angeboten werden. Die Motive dieser Pappkarten erzählen bis in die 30er Jahre des 20. Jahrhunderts vom Fernweh, von der Sehnsucht nach ländlicher Idylle, nach Ruhm und Freiheit. Als Dokumentation des bürgerlichen Geschmacks einer ganzen Epoche besitzen diese Karten heute einen hohen Sammlerwert.

Verschloss der Druckknopf zunächst ebenso sicher wie unauffällig die Beinkleider der Herren, hat er heute auch dekorative Funktion als Markenträger an Jeanshosen, Freizeit- und Sportbekleidung, Lederwaren oder Ausrüstungsgegenständen. Ob edel und auffällig oder versteckt und hautnah: es gibt kaum einen Lebensbereich, der ohne Druckknopf auskommt. Der Druckknopf hat einen entscheidenden Beitrag zum Erfolg des Weltunternehmens Prym geleistet, dessen Produkte mittlerweile fast überall zu finden sind: Von der Stricknadel über den elektrischen Kontaktstift bis zum High-Tech-Bauteil für die Mikroelektronik produziert Prym hochwertige Metallprodukte, die uns das tägliche Leben erleichtern. Inzwischen ist die 14. Generation der Gründerfamilie in der Geschäftsleitung aktiv. Nach alter Tradition wird das Unternehmen den Herausforderungen der Zukunft mit engagierten Mitarbeitern, erfolgreichen Ideen, innovativem Spezialwissen und perfekter Umsetzung begegnen.

Auf dieser soliden Basis bleibt der klassische Werbeslogan der 50er Jahre Realität: „Jeder braucht jeden Tag etwas von Prym" oder „'I NEED YOU' Qualität von Prym!".

Firmenname	Klassiker	Gründung	Mitarbeiter	Erfinder	Vertrieb
William Prym GmbH & Co KG	Druckknopf (Marke Prym seit 1903)	1530 in Aachen, seit 1642 in Stolberg	4.000 weltweit	Hans Prym (1875–1965)	weltweit

PUSTEFIX | DAS SEIFENBLASENSPIEL

Aus welchem Material muss eine Wand geschaffen sein, damit sie ein Mensch durchschreiten kann, ohne sie dabei zu zerstören? Die junge Frau im grünen Kostüm lächelte in die Zuschauermenge, die sich vor ihr versammelt hatte, um an einem tollkühnen Experiment teilzuhaben. Der Vater der jungen Frau, Seifenblasen-Champion und siebenfacher Guinnessbuch-Rekordhalter Fan Yan hatte um seine Tochter herum eine Seifenblase geschaffen, die einen geschlossenen Raum aus purer Flüssigkeit ergab. Als die Musik ruhiger wurde erhob sich die junge Frau, stieß mit dem Kopf leicht gegen die Innenhaut der Blase, bewegte sich langsam nach rechts, um dann die dünne Haut der Seifenblase zu durchschreiten, ohne dass diese dabei geplatzt wäre.

Nur wenige Tage zuvor gelang dem Künstler der ebenfalls im Guinnessbuch erwähnte Rekord, elf konzentrische Blasen ineinander zu verschachteln. Welch hohes Potenzial in dem Spiel mit der Flüssigkeit steckte, erkannte der Chemiker Dr. Hein schon 1948, als er in Tübingen die ersten Schritte zur Erfindung seines erfolgreichen Produktes Pustefix unternahm. Kurz darauf gründete er die Dr. Hein KG, ein Unternehmen, welches auch heute noch erfolgreich Seifenblasen in aller Welt aufsteigen lässt.

Den Anfang machten seine Experimente mit Waschmittel, das er sich in den Nachkriegsjahren gegen den Tausch von Lebensmitteln bei den Bauern im Tübinger Umland beschaffte. Beim Experimentieren entdeckte er, dass eine ganz bestimmte chemische Zusammensetzung eine Flüssigkeit ergab, die sich hervorragend zur Erzeugung der so lustig anzusehenden Seifenblasen eignete. Er notierte sich die einzelnen Bestandteile und machte sich gleichzeitig Gedanken über die ideale Verpackung. Heins Traum war es, ein fix und fertiges Spiel in den Händen zu halten, das von der Flüssigkeit bis zum Pustering in einer Einheit zu kaufen sein sollte. Also begann er damit, eine Federdrahtspirale so zu formen, dass sie ein Oval ergab. Dieses Oval befestigte er an einem Metallstift und steckte den Stift in ein Aluminium-

röhrchen, das er mit Kork verschloss. Doch die im Röhrchen enthaltene Flüssigkeit zersetzte bei längerer Lagerung die Metallspirale, und der Korkverschluss behielt nur in den seltensten Fällen die gesamte Flüssigkeit im Röhrchen. Das führte zu Transportschäden und machte eine lange Lagerung fast unmöglich. Erschwerend kam hinzu, dass sich schon beim kleinsten Überlaufen der enthaltenen Flüssigkeit das Papieretikett mit dem Aufdruck des Firmenlogos vom Röhrchen löste und damit für eine anständige Vermarktung untauglich machte.

Erst 1960 konnten diese Schwierigkeiten durch den Einsatz der bis heute bekannten, blaugelben Kunststoffflasche gemeistert werden. Für das Produkt Pustefix waren jetzt alle Voraussetzungen geschaffen, als Exportartikel den Weg in die verschiedensten Länder der Welt anzutreten. Denn in Deutschland sanken Mitte der siebziger Jahre die Geburtenzahlen und somit auch der Absatzmarkt für Pustefix. So forcierte Gerold Peter Hein nach der Übernahme des Geschäftes von seinem Vater den Absatz in die europäischen Nachbarländern und den Markteinstieg in den USA und Japan. Auf allen Märkten kann sich Pustefix bis heute bestens behaupten.

Für das Unternehmen ist die Faszination am Spiel mit den Blasen immer noch fester Bestandteil seiner Unternehmensstrategie. So konnten zum Beispiel in Kooperation mit dem Seifenblasenartisten Louis Pearl dessen Spielideen im Pustefixsortiment zur Verfügung gestellt werden. Die alten Sumerer hatten wahrscheinlich genauso ihre Freude an den fröhlich schimmernden Blasen, als sie vor 5.000 Jahren die Seife erfanden. Das Erstellen der sumererischen „Bubbles" dürfte jedoch bei weitem nicht so komfortabel gewesen sein wie das einfache Pusten durch das gelbe Plastikoval von Pustefix.

Firmenname
Dr. Rolf Hein Nachfolger
KG – PUSTEFIX

Klassiker
PUSTEFIX Seifen-
blasenspiel (seit 1948)

Gründung
1948 in Tübingen

Erfinder
Dr. Rolf Hein
(1904–1973)

Vertrieb
weltweit

Hauptfertigungsstätte
Tübingen Kilchberg

QUELLE | DAS VERSANDHAUS

QUELLE. Sagt man in Deutschland Bestellen, dann meint man QUELLE. Sagt man in Deutschland QUELLE, dann meint man den Katalog. Und sagt man Katalog, dann meint man den QUELLE-Katalog – das Synonym für den deutschen Versandhandel.

Mit einer Auflage von jährlich zwei Mal 12 Millionen sucht er weltweit Seinesgleichen. Heute bietet er auf rund 1.500 Seiten seinem breiten Publikum fast alles, was außer Lebensmitteln und pharmazeutischen Artikeln vom Kunden gewünscht wird. Dabei ist von besonderer Bedeutung, dass alles, was dieser Katalog beinhaltet, einem Qualitätsstandard unterliegt, der vom QUELLE-eigenen Institut für Warenprüfung festgeschrieben und kontrolliert wird.

Von Dr. Gustav Schickedanz und seiner Frau Grete als „Demokratisierung des Luxus" ins Leben gerufen, ist es gerade dieser Qualitäts-Anspruch, der den besonderen Wert das QUELLE-Kataloges für den Kunden darstellt – der QUELLE-Katalog ist zum „Orientierungsgeber" gewachsen, weil die Welt des Konsums intransparenter und unübersichtlicher geworden ist.

So war er in den Nachkriegsjahren Garant für Preisstabilität. Ein halbes Jahr lang gültige, verbindliche Preise, das war in einer Zeit mit permanenter Preissteigerung Sicherheit und Berechenbarkeit für Millionen Kunden. Auch heute bietet der QUELLE-Katalog wieder Orientierung, denn mit seinen noch immer für ein halbes Jahr verbindlichen Preisen, erfährt der Kunde hier, was wie viel kosten darf und welchen Qualitätsmerkmalen die jeweiligen Artikel eines Sortiments genügen müssen.

Dabei präsentiert sich der Katalog als der „beste Verkäufer" überhaupt. Denn in Bild und Text wird jeder Artikel so beschrieben und dargestellt, dass es dem Verbraucher leicht fällt, im Vergleich das für ihn passende Produkt zu finden. Das „Verkaufsgespräch" ist völlig neutral und nicht gebunden an die menschlichen oder rhetorischen Fähigkeiten des Verkaufspersonals. Der Kunde kann zu Hause, im Kreise der Familie oder ganz für sich allein in Ruhe und Muße den Katalog studieren. Zudem kann er sich darauf verlassen, dass die gewünschten Artikel in gleich bleibender guter Qualität pünktlich geliefert werden – dafür steht der QUELLE-Katalog seit gut 75 Jahren.

Quelle hat Millionen Kunden vom Distanzkauf überzeugen können. Wenn auch der Katalog noch viele Jahre das Kernmedium darstellt, so ist heute abzusehen, dass dem Internet in diesem Vertriebsweg eine immer größere Bedeutung zukommt. Denn im rasant wachsenden E-Commerce, dem Einkaufen über das Internet, hat der Versandhandel eine bedeutende Position. Die gesamte 75-jährige Erfahrung im Distanz-Verkauf, besonders im logistischen Bereich, spiegelt sich in der heutigen Positionierung von QUELLE im E-Commerce wider. QUELLE belegt hier einen hervorragenden Spitzenplatz, der täglich gefestigt und ausgebaut wird. Fast eine Milliarde Euro Online-Umsatz kann QUELLE zurzeit verbuchen und so zeigen, wohin die Zukunft des Versandhandels gehen wird. Dem Angebot von QUELLE bleiben die Stammkunden ebenso treu wie es potenzielle Neukunden zu überzeugen weiß. So ist es kein Wunder, dass die Produktpalette mittlerweile vom Brillantring bis zum Auto, von der Babyausstattung bis zur Berufsbekleidung und von Sportschuhen bis zur Young Fashion alles bietet, was von Millionen Haushalten gewünscht wird.

Neben der reinen Warenqualität, die sich im Besonderen in den vielen starken Eigenmarken von QUELLE niederschlägt – PRIVILEG zum Beispiel – sind es aber vor allem die subjektiven Qualitätsmerkmale, die das QUELLE-Angebot zur besonders attraktiven Leistung machten. Vertriebsbedingt sind hier die Lieferung nach Hause und die außergewöhnliche Rund-um-die-Uhr-Erreichbarkeit die Services, die das große Vertrauen in die Marke QUELLE begründen.

In der über 75-jährigen Firmengeschichte hat sich bei den QUELLE-Kunden, aber auch in einer breiten Öffentlichkeit, ein außerordentliches Vertrauensverhältnis zur QUELLE gebildet. QUELLE ist Orientierung, QUELLE ist Vertrauen, deshalb heißt es für Millionen Kunden immer „Erst mal seh'n was QUELLE hat".

Firmenname	Klassiker	Gründung	Mitarbeiter	Bekanntheit	Vertrieb
Quelle AG	Der Katalog (seit 1927)	1927 in Fürth/Bayern	12.700	99 %	ca. 100 Mio. aufgelegte Kataloge

RAMA | DIE MARGARINE

Der französische Kaiser Napoleon III. setzt zum Ende des 19. Jahrhunderts den stolzen Betrag von 100.000 Goldfranc als Belohnung für die Erfindung der ersten preiswerten Alternative zu Butter aus. Die rasant zunehmende Industrialisierung und die damit einhergehende Veränderung der Lebens- und Ernährungsgewohnheiten zwingen das Oberhaupt des Seconde Empire zu dieser ungewöhnlichen Maßnahme.

Den Wettlauf um den dringend benötigten Energiespender gewinnt der Franzose Hippolyte Mège-Mouriès mit einer Creme aus zunächst rein tierischen Zutaten, die er Margarine nennt. Die Wortschöpfung setzt sich zusammen aus dem griechischen Wort für Perle (márgaron), mit dem der französische Erfinder auf die schimmernde Oberfläche der Emulsion anspielt, und glycérine, der französischen Bezeichnung für einen süßlich schmeckenden Fettalkohol.

Das riesige Marktpotenzial der revolutionären Erfindung wird als erstes vom Butterhändler Jan Jurgens aus dem holländischen Goch erkannt. Jurgens erwirbt 1870 das Patent und vertreibt zunächst regionale Marken. Die Vielfalt der Margarinemarken, die unter dem Dach Deutsche Jurgenswerke AG versammelt sind, ist schließlich so verwirrend, dass 1924 die Vermarktung unter der gemeinsamen Bezeichnung „Rahma" beschlossen wird – um eine Verwechslung mit reinen Milchprodukten auszuschließen, wurde das „h" später weggelassen. Dennoch: Die mit dem neuen Namen geweckten Assoziationen zu Butter, Rahm und Sahne werden von den ersten Werbestrategen der Jurgenswerke natürlich einkalkuliert und durch den Zusatz „buttergleich" noch unterstützt.

Parallel zur Namensfindung wird auch die Figur des Rama-Mädchens kreiert, die bis heute zur hohen Wiedererkennbarkeit der Marke beiträgt. Als eine der ersten Marken überhaupt wird Rama flächendeckend in Deutschland beworben. Somit ist die Rama-Produktgeschichte auch ein wichtiger Bestandteil deutscher Markengeschichte. Insbesondere Hausfrauen werden in einer bis dato beispiellosen Werbeaktion durch Plakatwände, Litfasssäulen, Zeitungsanzeigen und Schaufensterdekorationen gezielt angesprochen.

Unterbrochen durch die Kriegsjahre kehrt Rama in den 50er Jahren in einer bislang nie gekannten Geschmacksqualität in den Handel zurück. Mit den typischen Wiedererkennungsmerkmalen bei der Verpackung und Slogans wie „Rama macht das Frühstück gut" wird Rama für den Verbraucher unverwechselbar und erreicht eine Markenbekanntheit von nahezu 100 Prozent. Parallel zu den traditionellen Werbeelementen sorgen die laufende Anpassung des Produkts, der Verpackung und der Kommunikation an die sich wandelnden Bedürfnisse der Verbraucher für ein stets aktuelles Markenimage.

So wird Rama unter dem Dach von Unilever Bestfoods Deutschland zu einer innovativen Dachmarke mit Produkten aus hochwertigen Pflanzenölen für die kalte und warme Küche ausgebaut. Ideal zum Braten, Kochen und Backen ist etwa die flüssige und hoch erhitzbare Pflanzencreme mit dem feinen Buttergeschmack.

Aber auch der klassischen Rama haben sich längst leckere Halbfett-Varianten hinzugesellt. Die Verbraucher können zwischen locker-leichten oder herzhaft-kräftigen Varianten – leicht gesalzen – wählen, stets bleibt der volle Geschmack bei reduziertem Fettgehalt garantiert. Für gesunde Vielfalt auf dem Tisch und in der Küche ist dank Rama also stets gesorgt.

2003 setzt Rama mit einem neuen Qualitätssiegel erneut Zeichen für eine bewusste Ernährung: Alle Rama-Produkte werden mit schonend gewonnenen, rein pflanzlichen Ölen hergestellt. Und um die wertvollen Inhaltsstoffe noch besser zu schützen, ist jede Packung Rama nun mit einer zusätzlichen Siegelfolie verschlossen. Mit Zuversicht und viel Energie blickt man in die Zukunft, denn Ziel ist es, die qualitativ hochwertige Traditionsmarke Rama durch innovative Neueinführungen zur Dachmarke auszubauen.

Firmenname	Klassiker	Mitarbeiter	Bekanntheit	Jahresumsatz	Jahresabsatz
Unilever Bestfoods Deutschland GmbH	Rama Original (seit 1924)	5.137 (2003)	99 % (gest.)	2,4 Mrd. Euro (2002)	Rama Original 500g: 51.543 t (2002)

rasch

„Das Endziel aller bildnerischen Tätigkeit ist der Bau! Ihn zu schmücken war einst die vornehmste Aufgabe der bildenden Künste". Als Walter Gropius 1918 diese Sätze im Bauhaus-Manifest formuliert, hat er die mittelalterlichen Künstler-Handwerker-Betriebe vor Augen, wie sie beim gotischen Kathedralenbau gang und gäbe waren. Fasziniert von Gropius Idee einer Synthese der Künste in der Architektur versuchen die Gebrüder Rasch, die Dessauer Bauhauskünstler für eine Kooperation mit ihrem Unternehmen zu gewinnen.

Doch das Ansinnen der beiden Fabrikanten wird zunächst abgewiesen. Der Grund: Tapeten werden vom Bauhaus zunächst nicht als eigenständige Elemente des Baukörpers akzeptiert. Das ändert sich erst, als die Möglichkeit der industriellen Vervielfältigung von künstlerischen Entwürfen in den Vordergrund der Bauhauslehre rückt. Schließlich gelingt es den Brüdern Rasch, einen internen Bauhaus-Wettbewerb zu initiieren, in welchem bis heute legendäre Entwürfe für eine neue Tapetenkollektion entwickelt und prämiert werden.

1929 präsentiert Rasch erstmalig ein eigenes Musterbuch mit strukturbetonten Bauhaus-Entwürfen aus Gittern, Wellen und Schraffuren. Der damit verbundene, grandiose unternehmerische Erfolg ist nicht zuletzt auch auf ein damals neuartiges Werbekonzept zurückzuführen: Die Entwürfe werden erstmals flächendeckend in ganz Deutschland an Händler und Dekorateure verschickt. Rasch ist dadurch in der Lage, seinen Stand als einer der bedeutendsten europäischen Tapeten-Hersteller deutlich auszubauen. In den 40er Jahren avancieren die Rasch-Kollektionen „Bauhaus", „Weimar" und „May" sogar zum deutschen Wohnungsstandard schlechthin. Selbst nach der Jahrtausendwende gehören nach wie vor vier Beispiele aus der Bauhaus-Reihe zum festen Bestandteil der Rasch-Kollektionen.

Die ersten Künstler-Tapeten produziert die Tapetenfabrik Rasch schon kurz nach ihrer Gründung vor über 100 Jahren am nahe bei Osnabrück gelegenen Standort Bramsche. Bis heute bewahrt man im Hause Rasch die Tradition der Zusammenarbeit mit herausragenden Künstlern. So entwirft in den 50er Jahren Emil Schumacher zusammen mit anderen Vertretern der Künstlergruppe „Junger Westen" eine eigene erfolgreiche Rasch-Kollektion. In den 60er Jahren ist Salvador Dali der bekannteste der von der Familie Rasch verpflichteten Künstler. In den 70ern begeistern Vertreter der Pop- und Op Art mit großflächigen und farbintensiven Dekors. Und mit der preisgekrönten Kollektion „Zeitwände" sorgen in den 90ern so prominente Architekten und Designer wie Ettore Sottsass und Matteo Thun für Aufsehen. Als eine der aufwändigsten Entwurfsreihen für Tapeten ist die „Zeitwände"-Kollektion in führenden Design-Museen in New York, San Francisco und München zu bewundern.

Neben unterschiedlichen Papierqualitäten produziert Rasch auch ein breites Sortiment an Vinyl- und Relieftapeten. Die verschiedenen Materialien erfordern unterschiedliche Druck- und Prägetechniken, die wiederum in eigenen Anlagen realisiert werden. So werden Vinyltapeten in Heißprägemaschinen und im Tiefdruckverfahren gestaltet, während Relieftapeten aus Spezialvlies und im Siebdruckverfahren hergestellt werden.

Insgesamt umfasst das aktuelle Sortiment über 4.500 Artikel mit immer wieder neu entwickelten Sonder-Kollektionen. Ein besonderes Highlight unter den aktuellen Kollektionen ist Rasch COSMPOLITAN. Hier wird die Tapete als individuelle Wanddekoration neu definiert. Im Zentrum stehen digital gedruckte, extravagante Wandpanels, die als einzelne Bahn oder miteinander kombiniert, absoluter Blickfang und ästhetischer Höhepunkt eines jeden Raumes sind. Zum Portfolio gehören außerdem Hunderte von Dekorationsstoffen, die perfekt auf die Tapeten-Kollektionen abgestimmt sind.

Firmenname | Klassiker | Gründung | Mitarbeiter | Vertrieb | Hauptfertigungsstätte
Tapetenfabrik Gebr. | Rasch Bauhaus | 1897 in Bramsche | ca. 400 | weltweit | Bramsche
Rasch GmbH & Co KG | und Rasch Bambino

RECLAM | DIE UNIVERSAL-BIBLIOTHEK

Reclam

Goethe ist gelb, Shakespeare orange und jede Hilfe grün. Dies sind seltsam anmutende Zuschreibungen, die trotzdem kaum Irritationen auslösen werden, da sich jeder sogleich an die unverwechselbaren Reclam-Bändchen erinnern kann, diese steten Begleiter vor allem zu Schulzeiten. Mit der Universal-Bibliothek ließ sich schon immer für wenig Geld die Weltliteratur erlesen, in philologisch anerkannten Ausgaben, die durch intensiven Gebrauch und nicht selten auch durch individuelle Bemalung zu den ersten Symbolen geistiger Arbeit wurden.

Fast alle Größen wurden mit der Universal-Bibliothek mobil und „universal verfügbar", ob Heine oder Hölderlin, Kafka oder Kleist, Morus oder Mozart. Die in der Universal-Bibliothek verlegten Autoren und Texte haben sich nicht selten in die ganz persönliche Geschichte eingeschrieben, haben den Zugang und die Freude an der Literatur oft erst eröffnet. „Wie wunderschön es einst gewesen, / Wenn in der Schule, heimlich irgendwie, / Ein mürbes Reclambändchen er gelesen, / Das golden überfloß von Poesie" (Ricarda Huch). Doch neben diesen vielen Geschichten, welche die Einmaligkeit der Universal-Bibliothek so lebendig bekunden, steht die große Geschichte eines Verlages, die auch ein Stück deutsche Geschichte ist.

Am 1. Oktober 1828 gründet Anton Philipp Reclam den „Verlag des Literarischen Museums" in Leipzig – und er macht kein Geheimnis daraus, dass die liberalen Vorstellungen des erstarkenden Bürgertums auch seine Ideen als Verleger leiten. So bleiben Konflikte mit der Obrigkeit und der Zensur nicht aus. Reclam allerdings versteht es geschickt, die Verlagsarbeit trotz dieser politischen Schwierigkeiten weiter auszubauen. Ein entscheidendes Datum für die Zukunft des Hauses wird schließlich der 9. November 1867. An diesem Tag tritt eine Regelung in Kraft, wonach bei allen deutschen Autoren die Schutzfrist für eine Veröffentlichung auf 30 Jahre nach deren Tod festgelegt wird. Für den gesamten Buchhandel ist die Neuregelung ein kaum zu überschätzender Vorgang, der überhaupt erst die Bedingungen für die Universal-Bibliothek schaffte. Die wichtigsten deutschen Klassiker werden „gemeinfrei" und Anton Philipp Reclam ergreift die Chance.

Am 11. November 1867 vermelden die Leipziger Nachrichten: „Kaum ist (...) das Verlagsrecht der Werke älterer deutscher Schriftsteller Gemeingut der Nation geworden, als auch schon die Früchte dieser neuen freiheitlichen Erwerbung in Gestalt neuer Classiker-Ausgaben vor uns liegen. Und es sind in der That Ausgaben, die bei correctem Druck und guter Ausstattung durch ihre Billigkeit alles übertreffen, was jemals eine Nation auf dem Büchermarkte ausgeboten hat." Es ist die Geburtsstunde der Universal-Bibliothek.

Programmatisch beginnt die Reihe mit Goethes „Faust" als Band 1 und 2, es folgen Lessings „Nathan der Weise", Theodor Körner, Shakespeare, Börne und Schiller. In der Auswahl des Anfangs wurde zugleich auch der Anspruch für die Zukunft gesetzt: Nicht nur die klassische, sondern die für die Zeit bedeutsame Literatur sollte über die Universal-Bibliothek zugänglich gemacht werden. So haben neben Klassikern auch zeitgenössische Autoren wie Gernhardt, Ulla Hahn oder Henscheid ihren Platz im „gelben Pantheon" gefunden. Hinzu kommen zahlreiche wissenschaftliche Texte, Libretti, Literatur- und Kulturgeschichten sowie Anthologien.

Über 2.500 lieferbare Titel zählen heute zur Universal-Bibliothek, gebunden im farbigen Markenzeichen, das der Reihe ab 1970 neue Strahlkraft verlieh. Am 1. Oktober 2003 feiert der Reclam Verlag seinen 175. Geburtstag. Die 1992 reprivatisierte „Ost-UB" gehört wieder zum Hause, als „Reclam Leipzig" – und als Zeichen der lebendigen Geschichte des Hauses. Dabei bleibt die Universal-Bibliothek „die revolutionärste Idee der Buchindustrie" – wohl auch in Zukunft.

Johann Wolfgang Goethe

Faust
Der Tragödie Erster Teil

—

Reclam

Firmenname	Klassiker	Gründung	Erfinder	Vertrieb	Jahresabsatz
Philipp Reclam jun. Verlag GmbH	Goethes Faust I (seit 1867)	1828 in Leipzig	Anton Philipp Reclam (1807–1896)	weltweit	4,2 Mio. Bände

RICHARTZ | DAS TASCHENMESSER

Seit Hunderten von Jahren werden in der Messerstadt Solingen Schneidwaren und Blankwaffen hergestellt. Rohstoffe aus dem Siegerland waren die Basis. Buchen und Eichen aus den großen Solinger Wäldern ermöglichten die Gewinnung von Holzkohle zum Schmieden. Die vielen Bäche lieferten die Kraft zum Antreiben der Schleifsteine. Dazu kam das handwerkliche Geschick der fleißigen bergischen Menschen. „Lewerfrauen" (= Lieferfrauen) brachten die geschliffenen Klingen aus den Bachtälern zu den Manufakturen auf den Bergen – eine mühselige, anstrengende Arbeit. Ein Großteil der fertigen Schwerter, Klingen und Messer wurde auf den berühmten Kölner Märkten vertrieben. Als Ursprungszeugnis und Qualitätszeichen galt „Me fecit Solingen" – „Ich wurde in Solingen gemacht". Im Jahre 1684 gab es darüber hinaus bereits 1.500 Warenzeichen, die für die Solinger Qualität bürgten.

Hier in Solingen begannen im Jahre 1900 die Brüder Johann und Heinrich Richartz mit der fabrikmäßigen Fertigung von Taschenmessern, die im Laufe der Zeit unter der Marke „Wal" einen guten Ruf gewannen. Schon bald konnte die junge Firma ihre Messer in viele Länder der Welt exportieren.

Taschenmesser, wie man sie heute kennt, entstanden aus dem alten Jagdmesser, das vor Hunderten von Jahren schon in einer oftmals schön verzierten Lederscheide im Stiefelschaft getragen wurde. Dieses Messer diente nicht nur der Jagd, sondern es wurde auch beim Essen benutzt. Zu dieser Zeit war es üblich, dass jeder Gast zum Mahle sein eigenes Messer mitbrachte. Mit der Verfeinerung der Kleidung und Veränderung der Tischsitten entwickelte sich dann das Klappmesser, das im Laufe der Zeit weitere praktische Werkzeuge erhielt und sich damit zu einem vielfach verwendbaren Gebrauchsgegenstand entwickelte.

Taschenmesser von Richartz wurden im Laufe der Jahre immer weiter optimiert und begeistern heute Konsumenten in aller Welt durch ihre hochwertigen und wertvollen Materialien. Die herausragend ge-

stalteten Schalen überzeugen in Verbindung mit der hohen Qualität der Klingen und Werkzeuge, so dass man nicht nur ein sehr gutes, sondern auch ein schönes Messer in den Händen hält.

Nicht nur im Fachhandel gefallen die Messer von Richartz den Kunden: das Taschenmesser ist außerdem eines der beliebtesten Werbemittel. Hier hat Richartz einen ersten Platz: Durch die Anpassung an das Corporate Design der werbenden Industrie in Farbe, Form und Verpackung kann Richartz die führenden Markenartikelfirmen mit einzigartigen Werbemitteln beliefern.

Ein Beispiel für den erfolgreichen Weg in die Zukunft ist die Schneidwarenserie RICHARTZ „Klassiker von morgen" und hierbei vor allem das Programm STRUKTURA. Diese einzigartige Serie aus Taschenmessern, exklusiven Weinmessern und hochwertigen Maniküre-Etuis erhielt wichtige Designauszeichnungen, wurde „Gift of the Year" in England und wird vom Museum of Modern Art in New York als Beispiel für zeitgemäße Formgebung verkauft.

Aus hochwertigem Edelstahl unter hohem technischen Aufwand gezogen, liegen die Messer mit ihrer gummiartigen Noppenstruktur besonders griffig in der Hand. Die Schalen in Verbindung mit der technischen Perfektion der Klingen und Werkzeuge machen STRUKTURA zu einem der höchstentwickelten Messer der Welt.

Das Programm STRUKTURA von Richartz wird auch in Zukunft den Standard setzen, der sich schon heute in der Bezeichnung „Klassiker von morgen" widerspiegelt. Edle Formen und technische Perfektion für Menschen, die das ganz Besondere suchen.

Ein moderner freistehender Edelstahlturm vor den dunklen Ziegelwänden des Fabrikgebäudes symbolisiert heute bei der Firma Gebr. Richartz + Söhne GmbH den Fortschritt, der auf der jahrhundertealten Tradition der Messerstadt Solingen basiert.

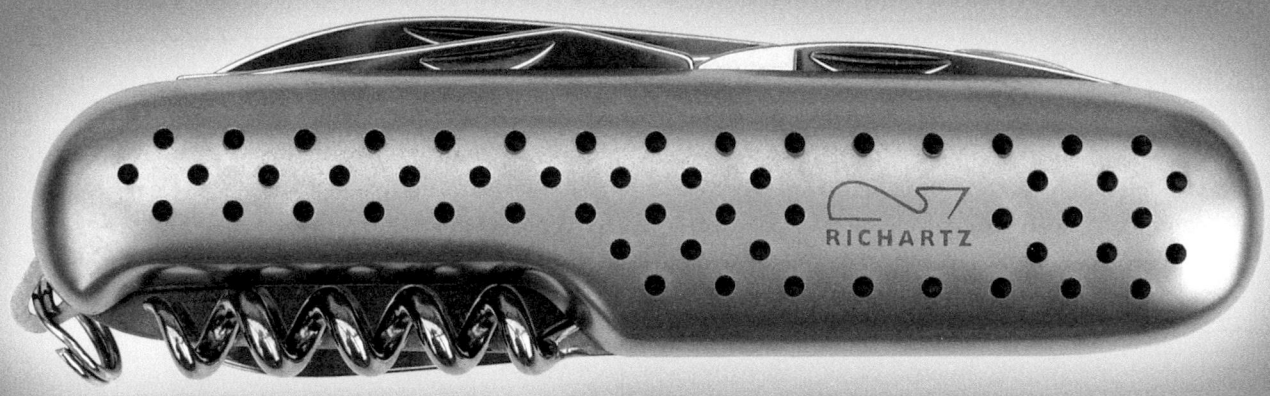

Firmenname

Gebr. Richartz +
Söhne GmbH

Klassiker

Struktura
(seit 1997)

Gründung

1900 in Solingen

Erfinder

Dr. Heinz Gerd und
Stefan Richartz

Gründer

Johann und
Heinrich Richartz

Hauptfertigungsstätte

Solingen

RIMOWA | DER ALUMINIUMKOFFER

Aus Schaden wird man klug. Als ein Bombenangriff im Zweiten Weltkrieg die Kölner Kofferfabrik Morszeck zerstörte, überstanden nur die Aluminiumvorräte den Brand. Leder, Stoffe und Holz, all die anderen Materialien, aus denen die Koffer gefertigt wurden, waren in den Flammen aufgegangen. Bei Besichtigung der Anlagen aber überkam den Firmeninhaber Richard Morszeck statt Verzweiflung eine Vision, die den künftigen Erfolg seines Unternehmens sichern sollte: ein Koffer aus Aluminium, der sich weitgehend unabhängig von den Widrigkeiten der äußeren Bedingen zeigen würde.

Bereits seit einem halben Jahrhundert wurden bei Morszeck Koffer hergestellt, man konnte also damals schon auf langjährige Erfahrungen zurückblicken. Richards Vater Paul hatte den Familienbetrieb 1898 gegründet. Die wohlhabende Kundschaft kaufte meist Koffer für das damals noch junge Automobil. Begab man sich jedoch auf eine Schiffsreise oder fuhr mit dem Orient-Express nach Istanbul, so packte man einen stabilen, großformatigen Bahn- oder Überseekoffer, denn eine solche Reise verlangte ein deutlich widerstandsfähigeres Gepäckstück, als eine Fahrt im Automobil. Ein Überseekoffer war es dann auch, der als erster aus Aluminium gefertigt wurde. Sein Rillendesign erinnerte an die JU 52, das legendäre deutsche Verkehrsflugzeug der 30er Jahre. Am 28. Juli 1941 wurde der Markenname Rimowa ins Handelsregister eingetragen. Rimowa steht für die Abkürzung von „Richard Morszeck Warenzeichen" – so einfach wie einleuchtend. Ende der 40er Jahre entstand der erste Handkoffer aus Aluminium.

Zunächst stieß sein ungewöhnliches Äußeres bei manchen auf Ablehnung, doch überzeugte er immer mehr Kunden durch seine Robustheit. Verbesserungen an Design und technischen Details machten ihn dann schon bald zu einem ausgesprochenen Modeartikel. Als Ausgangsmaterial für die Anfertigung dienen Platten aus einer Aluminium-Magnesium-Legierung. Eine Spezialwalze verleiht ihnen sodann die typische Rillenstruktur, die nicht nur vor Kratzern schützt, sondern auch die Stabilität erhöht. Diese Kombination aus Legierung und Struktur macht den wichtigsten Vorteil des Aluminiumkoffers von Rimowa aus: Bei geringem Eigengewicht und hoher Stabilität ist er der ideale Flugkoffer.

Dass persönliche Erfahrung und persönliches Engagement oft die besten Ideen bewirken, zeigt eindrucksvoll die Entstehung des Fotokoffers von Rimowa. Als begeisterter Hobbyfotograf hielt Dieter Morszeck, Enkel des Firmengründers und heute geschäftsführender Gesellschafter des Unternehmens, zu Beginn der 70er Jahre Ausschau nach einem passenden Behältnis für seine Ausrüstung. Stabil und wasserdicht sollte es sein. Also baute er einen Fotokoffer aus Aluminium. Ein Test mit dem Gartenschlauch ergab jedoch, dass er das Wasser nicht zuverlässig abhielt. Ganz in der Tradition seines Großvaters ließ er jedoch den Kopf nicht hängen, sondern nahm das Misslingen als Ansporn. Und so entwickelte der findige Enkel eine Innenschale, die den Koffer nach außen hermetisch abschloss. 1976 stellte er sein neues Produkt der Fachwelt vor, die sich beeindruckt zeigte.

Und bis heute ist dieses Modell von Rimowa der einzige wasserdichte Aluminium-Fotokoffer der Welt und wird darum von Fotografen aus aller Herren Länder gekauft. Während der vergangenen zehn Jahre hat er sich bei tropischer Hitze ebenso bewährt wie im Wüstensand der Sahara oder im ewigen Eis des Himalaya.

„Den größten Koffer der Welt" aber hat die Firma Rimowa für sich selbst gebaut. Seit 1986 sitzt die Hauptverwaltung in einem mattsilbrigen Gebäude mit dem typischen Rillendesign. Natürlich ist die Fassade ganz aus Aluminium: ein angemessener Auftritt für den ältesten und wohl bedeutendsten Hersteller von Aluminiumkoffern in Europa.

Firmenname	Klassiker	Gründung	Gründer	Vertrieb	Hauptfertigungsstätte
Rimowa Kofferfabrik GmbH	4 Rollentrolley „Topas" (seit 1952)	1898 in Köln	Paul Morszeck (1868–1939)	weltweit	Köln

RITTER SPORT | DIE SCHOKOLADE

Im Zeitalter der Aufklärung galt Schokolade als ein ausgesprochener Muntermacher, der oft sogar unter Zugabe von Pfeffer genossen wurde. Bis zur Mitte des 20. Jahrhunderts allerdings dachte man bei Schokolade eher an ältere Tanten und freundliche Onkels. Wenn wir heute in der Schokolade wieder einen herzhaften Genuss für junge und jung gebliebene Menschen erkennen, so geht dies auf die Quadratur ihrer Tafel zurück: Ritter SPORT.

Am Anfang der Firmengeschichte stand das Jawort, das sich Alfred und Clara Ritter im Jahre 1912 gaben, denn kurz nach der Heirat folgte die Gründung des gemeinsamen Betriebs. Die Braut hatte bereits einen Süßwarenladen in Bad Cannstatt besessen, während der Bräutigam als selbstständiger Konditor tätig gewesen war. Zusammen führten die Eheleute die Firma zu einer Größe, die 1930 den Umzug ins nahe gelegene Waldenbuch erforderlich machte. Hier wurde nur zwei Jahre später das Schokoladen-Quadrat aus der Taufe gehoben. Clara Ritter war auf den Einfall gekommen, Schokolade in diesem unkonventionellen Format anzubieten. „Machen wir doch eine Schokolade", so ihr Gedanke, „die in jede Jackentasche passt, ohne dass sie bricht, und die das gleiche Gewicht hat wie die normale Langtafel". Um bereits im Namen anklingen zu lassen, wie gut die neue Tafel ins moderne Leben passte, wurde sie Ritter's SPORT-SCHOKOLADE genannt.

Als nach dem Zweiten Weltkrieg die Produktion wieder aufgenommen wurde, stellte sich bald heraus, dass die Sportschokolade an ihren Erfolg aus der Vorkriegszeit anknüpfen konnte. Ritter breitete sich bald in ganz Süddeutschland aus. Mit seiner Flugzeugwerbung gelang dem Unternehmen in den 50er Jahren, wonach viele Firmen selbst mit aufwändigen Kampagnen vergeblich streben: der Eingang eines Werbeslogans in die Umgangssprache. „Mit Ritter SPORT kann ich das auch", wurde zum geflügelten Wort.

Bis Ende der 60er Jahre stellte Ritter noch eine Vielzahl von Schokolade-Produkten her, die einer bundesweiten Durchsetzung der Marke allerdings eher hinderlich war. Als 1964 die bis dahin gültige Preisbindung von 1 DM für eine Tafel Schokolade fiel und es zu einer drastischen Verschärfung des Wettbewerbs kam, traf Ritter eine mutige Entscheidung. Man kürzte das Sortiment radikal, um sich ganz auf das Schokoladen-Quadrat zu konzentrieren. Denn die Form der Sportschokolade passte zu den veränderten Lebensgewohnheiten der Menschen, für die Freizeit, Sport und Reisen immer mehr an Bedeutung gewannen. Gleichzeitig war Schokolade zu einer alltäglichen Selbstverständlichkeit geworden, die aktive Menschen überall und ohne Umstände genießen wollten. Diesem in den 60er Jahren entstehenden Konsumverhalten entsprach Ritter SPORT wie keine andere Schokolade: Sie war „Quadratisch. Praktisch. Gut."

Mit steigendem Wohlstand wuchsen auch die Ansprüche. Die Verbraucher verlangten einfache, aber hochwertige Geschmacksvarianten. War Ritter SPORT zunächst nur in vier klassischen Sorten erhältlich, so sind es heute 18, wobei zusätzliche saisonale Angebote noch nicht einmal mitgezählt sind. Um die besondere Vielfalt, die Modernität und den sportlich-jugendlichen Charakter der Marke noch besser zu dokumentieren, bekam 1974 jede Sorte eine eigene, spezifische Farbe – eine buchstäblich bunte Vielfalt. 1976 wurde dann das berühmte Ritter SPORT Knick-Pack eingeführt. Die umweltfreundliche Verpackung bietet durch die hohe Dichtigkeit ein Höchstmaß an Produktschutz.

Heute genießt Ritter SPORT eine Spitzenstellung in Deutschland und ist weltweit in über 60 Ländern vertreten. Pro Tag werden mehr als zweieinhalb Millionen bunte Ritter SPORT-Quadrate mit der „prallen Füllung" produziert. Damit ließe sich die Strecke Stuttgart – Mailand pflastern. Der Erfolg des Schokoladen-Quadrats macht einmal mehr deutlich, dass nur ein hochwertiges Produkt, gepaart mit kontinuierlicher und einfallsreicher Werbung, am Markt durchgesetzt werden kann.

Voll-Nuss

Firmenname	Klassiker	Gründung	Erfinder	Bekanntheit	Jahresumsatz
Alfred Ritter GmbH & Co KG	Ritter Sport (seit 1932)	1912 in Bad Canstatt (bei Stuttgart)	Clara und Alfred Ritter	95 % (gest., Deutschland)	247 Mio. Euro in 60 Ländern weltweit

ROBBE & BERKING
— SILBER —

Immer wieder hat Silber Künstler und Silberschmiede angeregt, Besonderes zu schaffen. Die Schönheit und der Wert des Materials allein sind aber keine Garantie für zeitlose Geltung. Nur Silberschmiedearbeiten, die sich durch stilreines Design und höchste Verarbeitungsqualität auszeichnen, haben zu allen Zeiten den reinen Materialwert überstiegen.

Durch handwerkliche Perfektion und gestalterisches Fingerspitzengefühl gelingt es der Silbermanufaktur Robbe & Berking seit mittlerweile 129 Jahren mit edlem Tafelsilber Glanzpunkte in der europäischen Tischkultur zu setzen. Bedeutende europäische Museen präsentieren Robbe & Berking-Bestecke heute als herausragende Beispiele zeitgenössischer und klassischer Silberschmiedekunst.

Die vielseitige Formgebung der rund 40 Besteckserien erinnert an die bedeutenden Epochen der europäischen Kulturgeschichte: Vom ausgehenden Rokoko und frühen Klassizismus über die strengen reduzierten Formen des Jugendstil und Art Deco der 1920er Jahre bis zum heutigen postmodernen Eklektizismus, der klassische Formen mit modernem Design in Verbindung bringt. So vielfältig das Sortiment ist, eines haben alle Robbe & Berking-Bestecke gemeinsam: Jedes Besteckteil, ob in der hochwertigen 925/000-Sterling-Silber-Legierung oder in der 150 g Massivversilberung, erfährt in der Silberschmiede rund 50 verschiedene Handarbeitsgänge.

Unverändert gilt auch für die heutige, fünfte Generation der Inhaberfamilie der Leitsatz des Firmengründers Robert Berking: „Andere mögen es billiger machen – aber niemand darf besser sein als wir." Mit diesem Anspruch ist aus dem kleinen, 1874 in Flensburg gegründeten Handwerksbetrieb, Deutschlands führender Hersteller silberner Bestecke geworden. Neben berühmten internationalen Hotels und Restaurants zieren die kostbaren Bestecke unter anderem die Tische des Königshauses in Jordanien, des Pariser Schlosses des Aga Khan und auch das Staatssilber im Kanzleramt in Berlin stammt aus der Flensburger Manufaktur. „Die Qualität unserer Produkte hat Robbe & Berking weltweit zu einem Synonym für Silber gemacht.", konstatiert Oliver Berking, heutiger Inhaber der Silbermanufaktur.

Dabei waren die Anfänge bescheiden. Fast ohne finanzielle Mittel, allein vertrauend auf das eigene handwerkliche Geschick, gründeten die Silberschmiede Nicolaus Christoph Robbe und sein Schwiegersohn Robert Berking 1874 den Betrieb Robbe & Berking. Als Robert Berking, der kreative Motor dieser Partnerschaft, 1908 völlig unerwartet in der Flensburger Förde ertrank, schien es, als wäre dem viel versprechenden Anfang ein vorzeitiges Ende gesetzt. Doch Verantwortungsbewusstsein und Familiensinn ließen die Witwe Robert Berkings die Leitung des Betriebes übernehmen, die sie 1922 ihrem ältesten Sohn Theodor Berking übertrug. Es folgten, unterbrochen durch den Zweiten Weltkrieg, drei Jahrzehnte stetigen Aufbaus.

Das Wirtschaftswunder brach an und mit ihm die breite Internationalisierung des Familienunternehmens, deren Erfolg auf die umsichtige und zielstrebige Arbeit des Enkels und Namensvetters des Firmengründers, Robert Berking, der 1956 die Geschäftsleitung übernahm, zurückzuführen ist.

Er führte die immer noch handwerklich organisierte Silberschmiede zum Industriebetrieb und weitete das bis dahin auf Norddeutschland begrenzte Absatzgebiet rund um den Erdball aus. Mit seinen viel bewunderten Silber-Entwürfen wuchs in den folgenden vier Jahrzehnten das Sortiment von Robbe & Berking zu einem der glanzvollsten der Branche.

Heute werden im Flensburger Werk jährlich etwa 40 Tonnen Silber veredelt. Insgesamt 250 Beschäftigte sorgen dafür, dass rund um den Globus 1.900 ausgewählte Fachgeschäfte und 14 eigene exklusive Läden mit den Produkten des Hauses beliefert werden. „Unser Markt ist zwar klein, aber verlässlich", sagt Oliver Berking, denn: „Es wird immer Menschen geben, die etwas Besonderes suchen."

Firmenname	abgebildetes Produkt	Gründung	Mitarbeiter	Vertrieb	Hauptfertigungsstätte
Robbe & Berking GmbH & Co. KG	RIVA (seit 2002)	1874 in Flensburg	250	weltweit	Flensburg

RODENSTOCK | DIE BRILLE

Die Brille als hochwertiger Markenartikel und individuelles Ausdrucksmittel: Diese heute zentrale Idee liegt noch in ferner Zukunft, als Kommerzienrat Josef Rodenstock 1877 in Würzburg die „Einzelhandelsfirma Optisches Institut G. Rodenstock" gründet.

Auf Forschung und Entwicklung konzentriert, beschreitet der Unternehmer bald neue Wege. So kann er als Erster in Deutschland beweisen, dass Fehlsichtigkeit keine Krankheit ist – und damit nicht ins Fachgebiet des Arztes, sondern in das des Optikers fällt. Zudem führt er Untersuchungen ein, die eine individuelle Herstellung von Brillen unter Verwendung verkaufsfertiger Gläser ermöglichen.

Sein Geschäft verlegt Josef Rodenstock noch vor der Jahrhundertwende nach München – schon damals ein Zentrum der optisch-feinmechanischen Industrie. Die Angliederung eines Schleifereibetriebs in Regen im Bayerischen Wald schafft die Voraussetzung für die Großproduktion von Brillengläsern.

Doch die Menschen wollen nicht nur gut sehen, sondern auch gut aussehen – ob mit oder ohne Brille. Dieser Erkenntnis folgend, beginnt Rodenstock Mitte des zwanzigsten Jahrhunderts mit der Herstellung hochwertiger Brillenfassungen.

Die Übernahme der Firmenleitung durch Dr. Rolf Rodenstock im Jahr 1953 markiert den Aufstieg zum Großunternehmen der optischen Industrie. Schnell entwickelt sich der Familienbetrieb zu einem der führenden Produzenten für Brillenfassungen, die unter seinem Einfluss zum begehrten Markenartikel werden.

Die Erfolgsidee von Rodenstock klingt im Grunde ganz einfach: Eine Brille muss ihrem Zweck optimal entsprechen. Im Fassungsdesign bedeutet das einerseits präzise Passgenauigkeit, hoher Tragekomfort und technische Perfektion bis ins Detail. Andererseits ist jeder Brillenträger ein Individuum und will seine Persönlichkeit mit der Brille nicht verfälschen, sondern unterstreichen.

Die Erfüllung dieser Ansprüche erfordert viel Arbeit, Kreativität und Know-how – ob es um die perfekte Abstimmung der Materialien geht oder um die Entwicklung patentierter Innovationen. Doch von all diesen Mühen darf der Brillenträger nichts merken: Im Idealfall wird die Brille zum selbstverständlichen Teil seiner Persönlichkeit.

Dieses Ziel lässt sich nur erreichen, wenn das Fassungsdesign nicht zum Selbstzweck wird, sondern sich der Physiognomie des Brillenträgers unterordnet. Das Gesicht ist wichtiger als die Brille: Dieses Credo ist sicherlich ein Hauptgrund dafür, dass sich Rodenstock zur Brillenmarke mit den weltweit meisten Design-Auszeichnungen entwickelt hat.

Modelle wie die abgebildete Titanfassung R 4380 zeigen, dass eine bewusst zurückhaltende Gestaltung nicht den Verzicht auf formale Eigenständigkeit bedeutet. Extrem leicht und bequem, erhält die hochwertige Randlosbrille gerade durch die Reduktion auf das Wesentliche ihren unverwechselbaren Charakter.

Aber auch im Bereich Brillengläser steht bei Rodenstock das Individuum im Zentrum der Überlegungen. Mit Hilfe der innovativen Individual Lens Technology ermöglichte das Unternehmen als erstes weltweit die Herstellung von maßgefertigten Gleitsichtgläsern, die so einzigartig sind wie der Mensch, der sie trägt.

Mehr als 5.000 Mitarbeiter sind heute bei Rodenstock beschäftigt. Seit 1990 steht die Firma unter der Leitung von Randolf Rodenstock, dem Urenkel des Gründers. Kein anderer Hersteller weltweit besitzt eine vergleichbare Kompetenz für Brillengläser und Brillenfassungen – und damit für das Gesamtprodukt „Brille".

Dabei zeigt jede einzelne Brille von Rodenstock, wie individuell ein Markenartikel sein kann – in seiner Herstellung ebenso wie in seiner Wirkung als persönliches und unverwechselbares Accessoire.

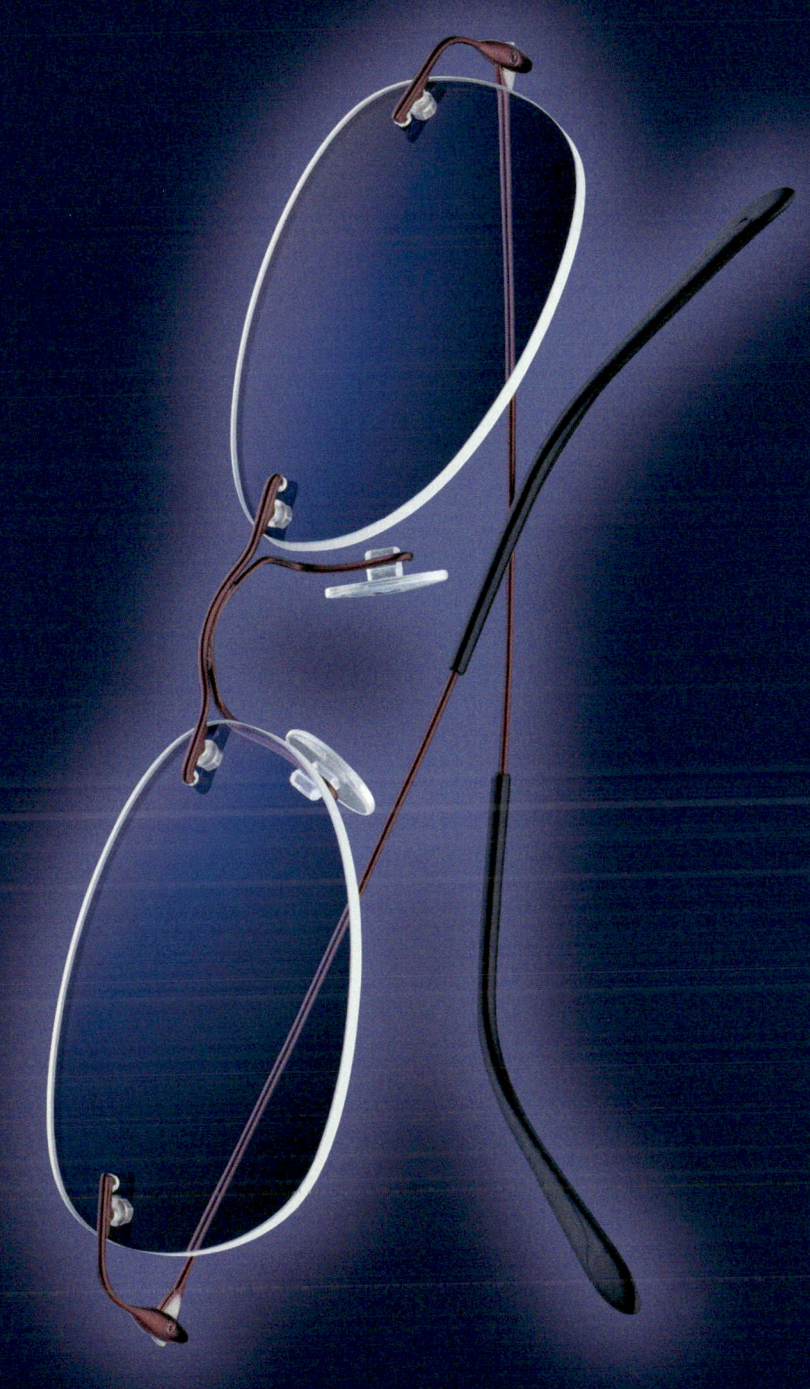

Firmenname	Klassiker	Gründung	Mitarbeiter	Gründer	Vertrieb
Rodenstock GmbH	z.B. Modell R 4380	1877 in Würzburg	5.491 weltweit (2002)	Josef Rodenstock (1846–1932)	weltweit

ROECKL | DER HANDSCHUH

Man schrieb das Jahr 1839. Der bayerische König Ludwig I. hatte Künstler seiner Hauptstadt um sich versammelt. Ein junger Mann in der Runde fiel ihm besonders auf. „Was sind S' denn für ein Künstler?" wollte der Monarch wissen. „Handschuhmacher" erwiderte der andere. Der König war enttäuscht: „Das ist doch keine Kunst." Sein Gegenüber aber war um eine Antwort nicht verlegen. „Wenn S' das meinen, dann machen S' doch mal einen Handschuh, Majestät."

Der junge Mann, der so selbstbewusst sein Handwerk dem König gegenüber vertrat, war Jakob Roeckl, der Ahnherr von Deutschlands bedeutendster Handschuhfabrik. In eben diesem Jahr hatte es der Sohn eines Kartenmachers geschafft, das Gewerbeprivilegium zu erhalten und sein eigenes Ladengeschäft nebst Werkstätte in München zu eröffnen. Sorglos war darum sein Leben noch lange nicht. Der Grund lag in der Konkurrenz aus Frankreich, denn dorther kamen die feinen Glacé-Handschuhe, die in ihrer Qualität als unübertrefflich galten. Doch Roeckl entwickelte mit unbeirrbarem Willen und zähem Fleiß ein Verfahren, in einer Qualität zu gerben, die dem französischen Glacé-Leder in nichts nachstand.

So fanden die Handschuhe von Jakob Roeckl bald Anerkennung als ein Markenfabrikat, das selbst die Pariser Konkurrenz nicht zu scheuen brauchte. Prinzen und Adlige trugen ROECKL-Handschuhe – darunter natürlich auch König Ludwig II., dessen „überdimensional große, königliche Hände" Sonderanfertigungen erforderten. Mit der „History Selection" wird heute bei ROECKL der Firmengeschichte gedacht. Handschuhe aus der Zeit als Königlich-Bayerischer Hoflieferant standen Pate für eine 2003 neu aufgelegte Sonderedition. Wie zu Gründerzeiten werden diese Modelle in erstklassiger Handarbeit hergestellt, zum Teil sind sie Stich für Stich handgenäht. Nach wie vor ist die Herstellung eines ROECKL-Handschuhs eine Kunst, die größtenteils in Handarbeit erfolgt.

ROECKL-Qualitätsleder stammen von Tieren, die ausschließlich im Freien leben und der Ernährung der jeweiligen Landbevölkerung dienen. Kleine Kratzer und Narben sind deshalb keine Wertminderung, sondern individuelle Spuren der Lebensgeschichte dieser Tiere.

Der richtige Zuschnitt des Handschuhs ist dann die Handwerkskunst, die der Handschuhmacher beherrschen muss. Dehnbarkeit, Farbschattierungen, Stärke, Kratzer oder kleine Risse und der optimale Ausnützungsgrad des wertvollen Rohmaterials müssen berücksichtigt werden. Viel Geschicklichkeit wird auch von der Handschuhnäherin verlangt. Die Nahtführung des dehnbaren Materials ist kompliziert und erfordert Erfahrung und handwerkliches Können. Schließlich soll der Handschuh angenehm und wie eine zweite Haut sitzen.

Eine besondere Stellung nehmen Peccary-Handschuhe ein, die seit einem dreiviertel Jahrhundert bei ROECKL gefertigt werden. Diese Handschuhe aus dem Leder der südamerikanischen Wildschweine, die in freier Wildbahn leben, gelten als besonders edel, dazu sind sie extrem strapazierfähig. Das weiche Leder mit der markanten Porenstruktur wird aufgrund seiner hohen Qualität immer Stich für Stich handgenäht, mit bis zu 2.000 Stichen pro Paar.

ROECKL-Hanschuhe zeichnen sich durch höchsten Anspruch an Material und Design aus. Jährlich gibt es zwei neue Handschuh-Kollektionen. Edle ROECKL-Seidentücher und Foulards sowie hochwertige Strickaccessoires gehören seit einigen Jahren ebenfalls zum Sortiment.

Als weiteres starkes Standbein haben sich die ROECKL-Sporthandschuhe erwiesen. Der erste patentierte Schnitt für Langlaufhandschuhe stammte vom damaligen Geschäftsführer Stefan Roeckl sen. Inzwischen gibt es zahlreiche Neuentwicklungen und exklusive Materialien. So tragen neben der Biathlon-Nationalmannschaft viele der besten deutschen Reiter und Radsportteams Handschuhe von ROECKL. Die Firma ROECKL wird in sechster Generation geführt von den Geschwistern Annette und Stefan Roeckl jun.

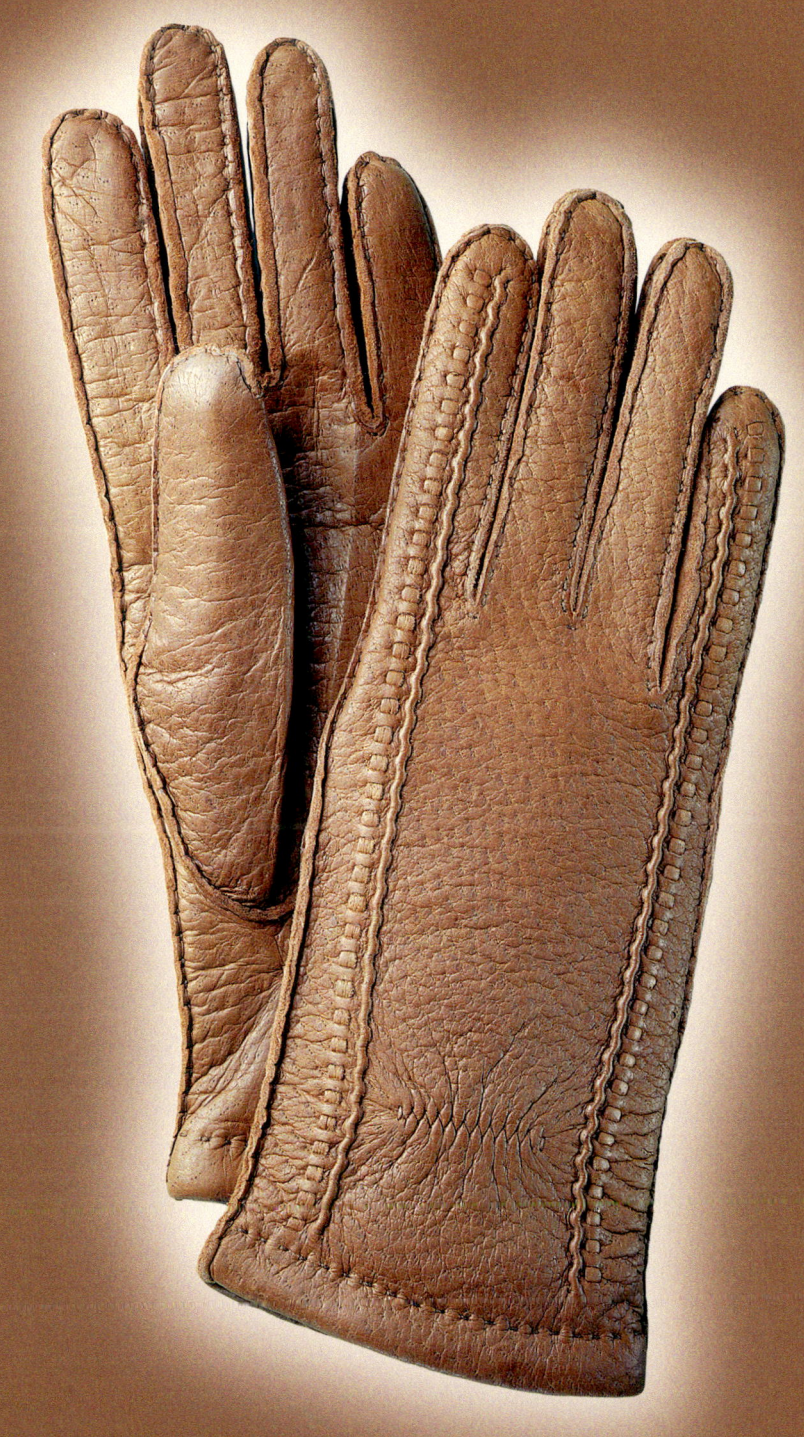

Firmenname	Klassiker	Gründung	Erfinder	Gründer	Vertrieb
Roeckl Handschuhe GmbH	Peccary Handschuhe für Damen und Herren	1839 in München	Geheimrat Heinrich Roeckl	Jakob Roeckl (1808–1874)	europaweit

Rollei Als die Bilder noch nicht stehen bleiben konnten, behalfen sich Maler mit einer so genannten „camera obscura", um naturgetreue Abbilder von Landschaften, Gebäuden oder auch Porträts anfertigen zu können. Das Prinzip einer „Lochkamera" ist so einfach wie simpel: In die Vorderseite eines Kastens wird ein Loch gebohrt, das eine beleuchtete Szenerie reflektiert und an der gegenüberliegenden Seite des Kastens seitenverkehrt betrachtet werden kann. Mit Erfindung der Sammellinse gegen Ende des 16. Jahrhunderts erfuhr die einstige „Lochkamera" zwar eine erhebliche Verbesserung, bis zur Fotografie war es jedoch noch ein langer Weg. Das erste Bild, das man als Foto bezeichnen kann, stammt aus dem Jahre 1826 und wurde auf eine mit einer lichtempfindlichen Asphaltschicht überzogenen Bleiplatte acht Stunden lang belichtet – kaum vorstellbar, wenn man bedenkt, dass heutige Filme in Sekundenbruchteilen belichtet werden.

Gut hundert Jahre später konstruierten Paul Franke und Reinhold Heidecke eine Kamera, die schnell zur Legende werden sollte und der Fotografie einen entscheidenden Impuls gab: die zweiäugige Rolleiflex 6x6. Mit ihr hielten Fotografen einen Fotoapparat in der Hand, der sich durch feinmechanische Präzision, optische Qualität sowie hohe Zuverlässigkeit auszeichnet und dabei so handlich ist, dass man ihn sofort und überall einsetzen konnte. Leiten ließen sich die beiden Firmengründer dabei von ihrer Philosophie, Kameras herstellen zu wollen, die professionell eingesetzt werden können und dabei stets sicher, einfach und schnell zu bedienen sein sollen. Diesem Leitsatz ist Rollei Zeit seiner Firmengeschichte treu geblieben.

Die Komplexität auf engstem Gehäuseraum macht einen Teil der Faszination „Rollei" aus. Für den Mythos Rollei ist entscheidend, dass technische Innovationen die Arbeitsweise der Fotografen in ihren künstlerischen und professionellen Ergebnissen wesentlich beeinflusst haben. Und so bildet sich mit der Markteinführung der ersten zweiäugigen 6x6 Spiegelreflexkamera Rolleiflex im Jahr 1929 unter den Berufsfotografen der Welt ein eigener Rollei-Fotostil heraus. Die Vorteile des Konzepts sind überzeugend: Leicht und handlich wie eine Kleinbildkamera, liefert die Rolleiflex Aufnahmequalitäten wie eine großformatige, stativgebundene Kamera. Die einfache Bedienbarkeit der Rolleiflex sowie die hohe Qualität der Carl Zeiss oder Schneider-Kreuznach Objektive tun ihr Übriges, Profis und Amateurfotografen zu begeistern und ihnen hervorragende Arbeitsergebnisse zu liefern.

Die entscheidende Innovation für das grafische Gestalten ist jedoch vor allem das große, helle Sucherbild und die tiefere Zentralperspektive. Mit dieser Neuerung hat der Fotografierende das Gefühl, selbst Teil seines Motivs zu sein.

Das größere 6x6-Bildformat bringt zudem mehr Freiheiten beim Komponieren und Gestalten. So lassen sich vor und nach der Aufnahme aus dem Quadrat bequem hoch- oder querformatige Ausschnitte erzeugen. Das beeindruckte auch den SPIEGEL, der dazu schon 1967 in einem Bericht zu Rollei bemerkte:

„Ohne augenkneifende Zielakrobatik ist das quadratische Sucherbild auf der Oberseite der Kamera zu sehen".

Solchermaßen von Verrenkungen befreit, greifen immer mehr Fotografen zur Rollei und verhelfen der Zweiäugigen damit zu ihrem Durchbruch. Bis in die 60er Jahre hinein wird es wohl wenig die Gemüter bewegende Ereignisse gegeben haben, die nicht von Fotografen mit einer Rolleiflex dokumentiert worden sind.

Liebhaber der Zweiäugigen und kompetente Fotografen forderten Rollei deshalb immer wieder auf, dieses klassische Kamerakonzept mit moderner Technik versehen weiterzuführen. Rollei nahm die Herausforderung an und brachte die Rolleiflex 2,8 FX auf den Markt: eine Kamera, die dem bewährten Konzept der Zweiäugigen folgt und dabei den Belichtungskomfort einer modernen Rolleiflex-Systemkamera aufweist – denn gute Ideen veralten nicht.

Firmenname	Klassiker	Gründung	Gründer	Vertrieb	Hauptfertigungsstätte
Rollei Fototechnic GmbH	Rolleiflex (seit 1929)	1920 in Braunschweig	Paul Franke und Reinhold Heidecke	weltweit	Braunschweig

RORORO | DAS TASCHENBUCH

„Rowohlt – für mich ein Name wie Donnerhall von Jugend auf! Synonym für alles das, was ein anregender, ein aufregender Verlag sein soll: kreativ und wagemutig, unkonventionell und provokativ, frech und engagiert, qualitätsbewusst und stolz. Genauso, wie ich mir wünschte, dass die Deutschen, die Europäer ins 21. Jahrhundert gehen, mit Selbstvertrauen und ohne Verzagen." Wem zum 50. Geburtstag solch geballtes Lob zuteil wird, muss wirklich etwas Herausragendes geleistet haben. Dies gilt umso mehr, wenn dieses Lob einem so berufenen Munde wie dem von Edzard Reuter entstammt. Der ehemalige Vorstandsvorsitzende der Daimler-Benz AG und anerkannte Homme de Lettres muss schließlich wissen, welche Eigenschaften einem Verlag gut zu Gesicht stehen. Besonders dem Rowohlt Taschenbuch Verlag, der unter dem Akronym „rororo", das für „Rowohlts Rotations Romane" steht, weltbekannt geworden ist.

Mark Twain hat einmal gesagt: „Kultur ist, was übrig bleibt, wenn der letzte Dollar ausgegeben ist." Eine erhebende Wahrheit, aber muss es wirklich so weit kommen? Heinrich Maria Ledig, der Sohn des großen Verlagsgründers Ernst Rowohlt, stellt die Weichen auf Zukunft: Mit den ersten rororos leitet er eine neue Buchära ein. Von Anfang an besteht seine noble verlegerische Intention in der Symbiose von hochwertiger Literatur aus der Feder namhafter Autoren und günstigen Buchpreisen. Damit sollen endlich auch breite Käuferschichten, und hier besonders die jungen Bücherfreunde, in den Genuss erschwinglichen Lesevergnügens geraten. Und weil nichts so mächtig ist wie eine Idee, deren Zeit gekommen ist, wird der 17. Juni 1950 zur Geburtsstunde des modernen Taschenbuchs in Deutschland, nicht zuletzt deshalb, weil Heinrich Maria Ledig-Rowohlt in New York die Massenproduktion amerikanischer Taschenbücher studiert hat. Die Bände werden in einer Auflage von je 50.000 Exemplaren gedruckt und kosten, selige Zeiten, 1,50 DM pro Band. Schon die ersten vier Titel umweht ein Hauch (welt-)literarischer Größe: Hans Fallada mit „Kleiner Mann – was nun?", Graham Greene mit

„Am Abgrund des Lebens", Rudyard Kiplings zeitloses und immer noch begeistert gelesenes „Dschungelbuch" und nicht zuletzt „Schloß Gripsholm" von Kurt Tucholsky. Von nun an gibt es kein Halten mehr, die Revolutionierung des deutschen Buchmarktes erfolgt so schnell und gründlich, dass bereits ein Jahr später mehr als eine Million rororo-Taschenbücher gedruckt sind.

Das Taschenbuch ist dabei von Anfang an ein Marketinginstrument, um erfolgreiche Bücher noch erfolgreicher zu machen. Dabei scheuen die Verleger auch nicht vor spektakulären Aktionen zurück, um sich und ihr Programm in der deutschen Öffentlichkeit zu verankern. Vom Segelflugzeug mit Werbefläche über die „Buddelschiff-Aktion" (B. Travens „Totenschiff" als Flaschenpost) bis zur Krawatte mit eingesticktem rororo-Signet ziert so manche verblüffende Marketingidee Rowohlts verlegerischen Feldzug. Eine weitere Innovation besteht in der Aufnahme von zwei Werbeseiten in jeden Band. Geworben wird für Pfandbriefe, Kommunalobligationen, Benzin, Kosmetik und sogar für blauen Dunst. Auf die Kritikerschelte („kulturwidrig") reagiert Ernst Rowohlt gelassen: „Die besten Zeitschriften der Welt verkaufen einen Teil ihrer Seiten an Inserenten. Warum macht man das nicht auch mit Büchern?"

Doch nicht nur diese spezifische Mischung aus Bibliophilie und Ökonomie garantiert den rororo-Erfolg, der sich in einer Gesamtauflage von 600 Millionen Exemplaren manifestiert. Es sind auch nicht allein die inzwischen 13 Literaturnobelpreisträger, die die Geschichte des Verlags zieren. Es ist auch und ganz besonders die unglaubliche inhaltliche Vielfalt, gepaart mit Mut zur Aktualität, die uns dankbaren Lesern solche Reihen beschieden hat wie die 1958 gegründeten „monographien" oder das „rororo sachbuch".

Jonathan
Franzen

Die Korrekturen

Roman

Firmenname	Klassiker	Gründung	Mitarbeiter	Gründer	Jahresumsatz
Rowohlt Verlag GmbH	Taschenbücher (seit 1950)	1908 in Leipzig	140	Ernst Rowohlt (1887–1960)	60 Mio. EUR

Es gibt Ehemänner, von denen können die meisten Frauen nur träumen. Von jenen nämlich, die auch ihre Alltagssorgen ernstnehmen und sich tatkräftig den Problemen im Haushalt widmen. Karl-Theodor Rösle (1860–1907) jedenfalls gehört ganz gewiss zu dieser seltenen Spezies. Als seine Frau sich über die mangelhaften Gerätschaften in ihrer Küche beklagte, begann der ebenso vorbildliche wie findige Ehegatte Abhilfe zu schaffen.

Was als gut gemeinte Erleichterung begann, entwickelte sich schnell zur Leidenschaft. Immer besser, perfekter und professioneller wurden die Küchengeräte, die Rösle zunächst nur für den eigenen Hausgebrauch ersann. Dass sein umtriebiges Küchenengagement einmal den umsatzstärksten Geschäftsbereich seines Unternehmens darstellen würde, konnte der Firmengründer zum Ende des 19. Jahrhunderts freilich noch nicht ahnen. Denn erfolgreich war der Unternehmer aus Marktoberdorf zunächst auf einem ganz anderen Gebiet. Bereits 1888 hatte der Spenglermeister eine Bedachungsfirma gegründet, die mit einer kleinen Anzahl von Mitarbeitern zunächst ausschließlich Produkte für Dachentwässerungen herstellte. Mit gründerzeitlicher Innovationskraft wurden dabei von Anfang an traditionell handwerkliche Arbeitsweisen durch industrielle Fertigungsmethoden abgelöst. Die Herstellung hochwertiger Küchenartikel wurde indessen erst durch die Söhne des Firmengründers weiterentwickelt.

Als der Vater 1907 im Alter von nur 47 Jahren verstarb, erkannten die Gebrüder Karl (1890–1960) und Georg Rösle (1893–1977) schnell die sich bietenden Marktchancen der väterlichen Kücheninnovationen. Vor allem die zur Bedachung verwendeten hochmodernen Materialien wie etwa verzinktes Stahlblech, Titan-, Zink- oder Kupfer bildeten die ideale Basis der Küchengeräte-Produktion. Durch den Ersten Weltkrieg verzögert, konnte schließlich in den 20er Jahren der unternehmerische Erfolg durch Eisenpfannen und verzinnte Küchenartikel begründet wer-

den. Der Vertrieb des Gesamtprogramms erfolgte zunächst unter dem Namen „GRÖMO", der Abkürzung für „Gebrüder Rösle Marktoberdorf". Das Ende des Zweiten Weltkrieges bedeutete schließlich den Durchbruch in der Küchenartikel-Produktion.

Heute kann das Unternehmen, das seit Gründung in Familienbesitz ist, auf eine über 100-jährige Geschichte zurückblicken. Handwerksgerechte Artikel für die Dachentwässerung sowie professionelle Haushalts- und Hotelgeräte bilden die solide Geschäftsgrundlage einer Firma, deren Ziele sich in der langen Firmengeschichte kaum verändert haben. Produkte in erstklassiger Qualität und Funktion mit entsprechendem Design, vernünftige Preise und eine enge Partnerschaft mit dem Fachhandel sind dabei die Eckpfeiler für den weltweit guten Ruf des Unternehmens.

Ein Ruf, der vor allem durch wohl durchdachte Gesamtlösungen begründet werden konnte. Das Konzept der „offenen Küche" erfüllt wie kein anderes diese wichtigste Anforderung. An feinen Edelstahlleisten, die den Normmaßen der Küchenhersteller entsprechen, werden heute alle Küchenutensilien eingehängt, die früher mühselig zusammengesucht werden mussten. Ein System, das darüber hinaus beliebig ergänzt und dessen Reihenfolge nach Wunsch jederzeit verändert werden kann.

Die Küchenwerkzeuge von RÖSLE beweisen wie wenige andere, dass hohe Funktionalität und Produktqualität ihre Vollendung immer erst durch die Ausführung in zeitlosem Design finden. Denn die RÖSLE Edelstahlkonstruktion ist nicht nur eine praktische Küchenhilfe, sondern ebenso ein anspruchsvoller Schmuck in den Küchen von heute, eine perfekte Symbiose von Ästhetik und Funktion. Ein Produkt also auf dem Weg zum Klassiker, das vor allem eines garantiert: ungestörte Freude am Kochen – für Profis, aber auch für Hobbyköche.

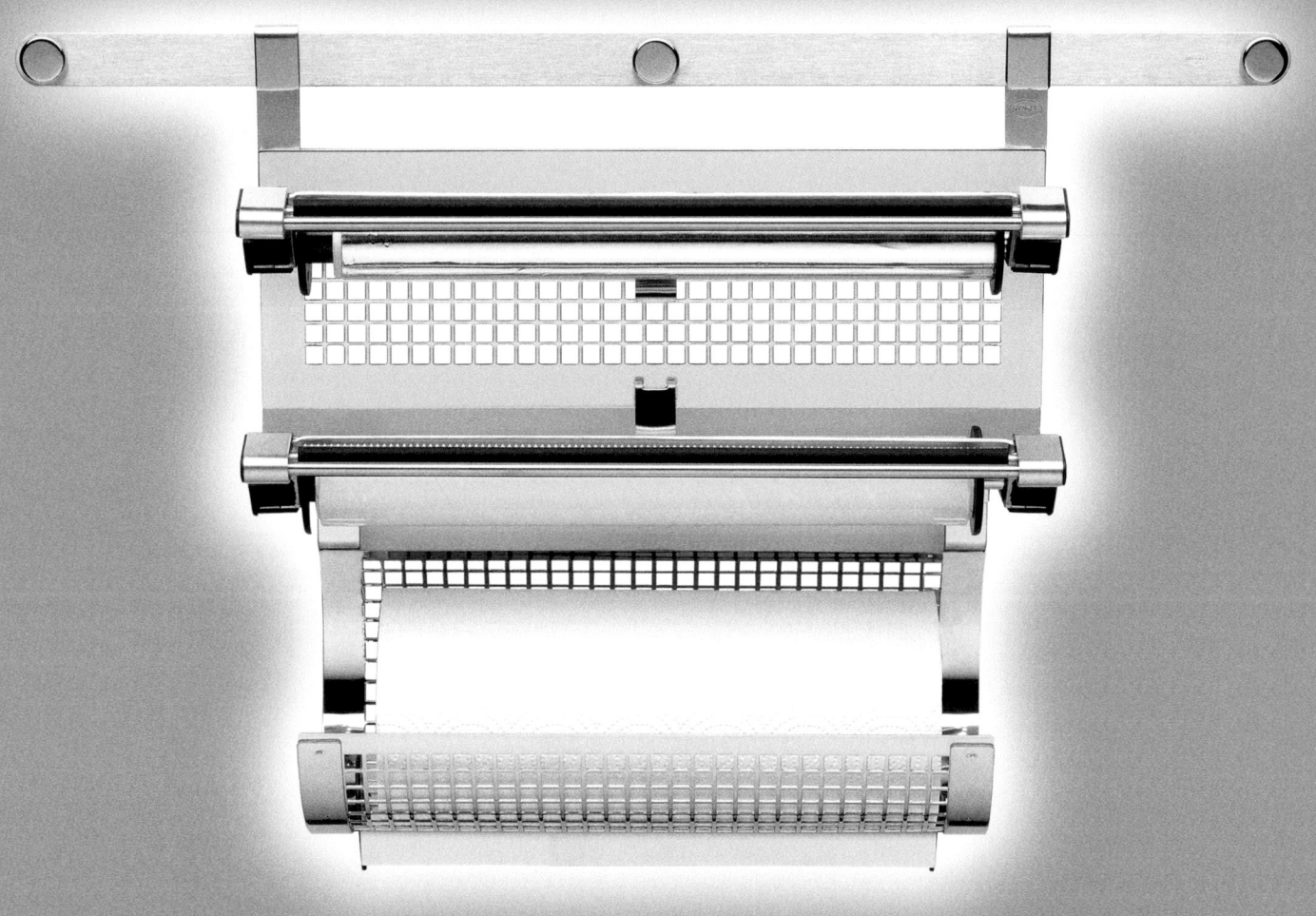

Firmenname
Rösle Metallwaren-
fabrik GmbH & Co.KG

Klassiker
Küchenwerkzeug
(seit 1903)

Verwendetes Material
Edelstahl 18/10

Gründung
1888 in
Marktoberdorf

Gründer
Karl Theodor Rösle
(1860–1907)

Vertrieb
weltweit

SACHS | DIE KUPPLUNG

Als einer der weltweit wichtigsten Zulieferer für die Automobilindustrie arbeitet ZF Sachs an der Entwicklung und Produktion von leistungsstarken und umweltfreundlichen Antriebs- und Fahrwerkkomponenten.

Angefangen hat alles im Jahre 1895, als Ernst Sachs und Karl Fichtel die „Schweinfurter Präcisions-Kugellagerwerke Fichtel und Sachs" gründen. Das schnell wachsende Unternehmen gliederte 1929 seine Kugellageraktivitäten aus und verlagerte seinen Schwerpunkt auf die Bereiche Motoren, Kupplungen und Stoßdämpfer.

Nach dem Wiederaufbau der im Zweiten Weltkrieg zu über 60 Prozent zerstörten Werksanlagen wird die Automobil-Sparte ausgebaut. So wird 1959 in São Paulo die erste Tochtergesellschaft in Übersee gegründet, und 1969 wird ein zweites Werk in Schweinfurt auf der gegenüberliegenden Mainseite errichtet. Mit der Übernahme der Aktienmehrheit durch die Mannesmann AG im Jahre 1987 geht auch die verstärkte Akquisition von bedeutenden Kupplungs- und Stoßdämpferherstellern in Süd- und Mittelamerika und im europäischen Ausland einher.

In den 90er Jahren wird Fichtel und Sachs vollständig von Mannesmann übernommen und in Mannesmann Sachs AG umbenannt. Im neuen Jahrtausend wird die Marktposition durch die Integration in die ZF Friedrichshafen AG, einem der weltweit größten Automobilzulieferkonzerne in der Antriebs- und Fahrwerkstechnik, weiter gestärkt. Es folgt eine weitere Umbenennung in ZF Sachs AG. Unter dem Dach der ZF werden vor allem die Aktivitäten auf dem amerikanischen Markt und im Asiengeschäft weiter ausgebaut. Dazu gehören der Bau und die Übernahme von Werken in Mexiko, Shanghai und Korea sowie eine Kooperation mit dem amerikanischen Lüfterkupplungshersteller Horton Worldwide und Joint-Venture-Verträge in Shanghai und Korea. Gegen den Branchentrend kann die ZF Sachs AG mit einer Umsatzsteigerung von neun Prozent auf fast zwei Mrd. Euro ihre Marktstellung ausbauen.

Die Markenwahrnehmung wird bis heute durch das herausragende Engagement im Spitzen-Motorsport positiv beeinflusst. So fahren bereits in den 30er Jahren Automobillegenden wie der Mercedes-Silberpfeil mit Sachs-Kupplungen einen Sieg nach dem anderen ein und begründen den exzellenten Ruf des Unternehmens. Von Sachs entwickelte Kupplungs- und Stoßdämpfersysteme tragen aber auch zu zahlreichen Siegen in der Rallye-Weltmeisterschaft, beim Langstreckensport von Le Mans und bei den Deutschen Tourenwagen-Rennen bei. Auch heute beweist Sachs beispielsweise als „Official Supplier" beim Formel-1-Team der Scuderia Ferrari Marlboro den hohen Qualitätsstandard seiner Produkte und profitiert von den Renn-Erfolgen Michael Schuhmachers. Seit 1998 betreut die Sachs Race Engineering GmbH die Motorsportaktivitäten des Unternehmens.

Ein eigens eingerichtetes Entwicklungszentrum und daraus hervorgehende Innovationen wie das Racing Clutch System oder die Doppelkupplung für Lastschaltgetriebe sorgen für den kontinuierlichen Ausbau der Technologieführerschaft. Die für den Rennsport entwickelten Neuerungen wie das RCS-Kupplungssystem können übrigens auch im PKW eingesetzt werden und Fahrkomfort, Wirtschaftlichkeit und Umweltbilanz verbessern.

Sachs entwickelt sowohl hydraulische und mechanische als auch elektronische Komponenten bzw. Systeme, die je nach Leistungsanforderung maßgeschneidert in Schaltgetrieben und Kupplungsbetätigungssystemen eingesetzt werden können. Neben dem Segment der Erstausrüstung im Bereich PKW, Nutzfahrzeuge, Schienenfahrzeuge, Arbeitsmaschinen und Motorräder wird der Handel seitens ZF Trading mit allen nachrüstbaren Produkten der Marke Sachs abgedeckt.

Die hohe Qualität der Sachs-Produkte und die damit einhergehende Kundenzufriedenheit spiegelt sich in einer Reihe von Auszeichnungen wider. So wurde Sachs im neuen Jahrtausend von General Motors gleich drei Jahre hintereinander zum „Supplier of the Year" gekürt.

Firmenname	Klassiker	Gründung	Erfinder und Gründer	Vertrieb	Jahresumsatz
ZF Sachs AG	Rennsport Kupplung (seit Anf. d. 30er Jahre)	1895 in Schweinfurt	Ernst Sachs (1867–1932)	weltweit	1.958 Mio. Euro

SAGROTAN | DAS DESINFEKTIONSMITTEL

Seit gut 90 Jahren gehört Sagrotan zu den bekanntesten deutschen Marken und ist fester Bestandteil deutscher Haushalte. Ende des 19. Jahrhunderts – also zur Zeit der ersten Anfänge der Produktgeschichte von Sagrotan – ist der Umgang mit Viren, Bakterien und Pilzen noch völliges Neuland. So nimmt kaum einer Notiz davon, als mit Rudolf Schülke und H. Julius Mayr 1889 zwei Hamburger Kaufleute eine Spezialfirma zur Herstellung von Desinfektionsmitteln gründen.

Erst eine verheerende Cholera-Epidemie macht drei Jahre später den Hamburgern die Bedeutung von Desinfektionsmitteln klar: „Lysol" rettet als erstes Universal-Desinfektionsmittel aus dem Hause Schülke & Mayr unzählige Leben.

Gut ein Jahrzehnt später erfindet das Unternehmen mit Sagrotan ein Präparat, das mittlerweile zum Synonym für Hygiene und Desinfektion geworden ist. Dabei findet damals, unbemerkt von der Öffentlichkeit, ein Wettkampf von unerhörter Schärfe um das neue Mittel statt. Vor Gericht setzt sich Schülke & Mayr 1913 im Streit um das Patentrecht durch.

Der Name des neuen Produktes ist eine Referenz an den Geschäftsführer von Schülke & Mayr, Arnold Groethuysen, der besonderen Anteil an ihrer Entwicklung hat. Das Kunstwort Sagrotan enthält die ersten zwei Buchstaben des griechischen Wortes „SAnus" (gesund), und die ersten drei Buchstaben des Namens GROethuysen. Das Bildnis der griechischen Göttin Hygieia, als Tochter des Aeskulap Quelle der Gesundheit, das anlässlich des 90-jährigen Markenjubiläums 2003 noch stärker das Erscheinungsbild des Logos bestimmt, bildet das unverwechselbare Signet auf den Sagrotan-Flaschen.

Was das Produkt von Anfang an so begehrt machte, sind seine Gebrauchseigenschaften. Sagrotan desinfiziert nicht nur sicher – tötet also Bakterien, Pilze oder bestimmte Viren und unterbricht auf diese Weise die Infektionskette – sondern ist gleichzeitig auch ein Reinigungsmittel. Es wirkt desodorierend, ist ungiftig und verbreitet zudem keinen stechenden

Geruch. Dies alles bei sparsamster Dosierung schon in einer Verdünnung von 1:200.

Seinen Siegeszug tritt Sagrotan nach dem Ersten Weltkrieg an. Während das immer noch gebräuchliche „Lysol" zur Seuchenbekämpfung und Vorbeugung gegen Epidemien eingesetzt wird, bewährt sich Sagrotan als Fein-Desinfektionsmittel vor allem in Arztpraxen und bei der Intim-Hygiene.

Seit 1961 kann Sagrotan auch im Einzelhandel erworben werden. Und bereits 1978 wird Sagrotan auf zeitgerechte Formulierungen frei von Phenolen umgestellt. Gleichzeitig reagiert man auf die gestiegenen Verbraucherbedürfnisse bezüglich einer hygienischen Umwelt und erweitert die Angebotspalette. So kann der Verbraucher von nun an auf ein Sortiment zurückgreifen, das neben dem Universal-Desinfektionsmittel für Flächen auch Problemlösungen zur Wäschedesinfektion, zur Hautdesinfektion oder für unterwegs mit praktischen Desinfektionstüchern bereit hält. Auch im Bereich der Haushaltsreiniger ist Sagrotan inzwischen eine feste Größe. Neue Produkte erleichtern die Hausarbeit und erfüllen den Wunsch der Verbraucher nach besonders anwendungsfreundlichen Reinigungsprodukten.

Inzwischen gehört Sagrotan zur Produktpalette von Reckitt Benckiser, dem weltweit größten Hersteller von Haushaltsreinigern. Mit rund 23.000 Mitarbeitern und ca. 60 Niederlassungen gehört das britische Unternehmen, das seinen deutschen Firmensitz in Mannheim hat, außerdem zu den führenden Herstellern für Putz-, Wasch- und Reinigungsmittel. Gemäß der Firmenphilosophie von Reckitt Benckiser „mit Leidenschaft bessere Lösungen im Bereich Haushaltsreinigung und Körperpflege zu schaffen", wird die Produktfamilie von Sagrotan kontinuierlich weiterentwickelt – und steht damit seit gut 90 Jahren für: „Hygiene zum Wohlfühlen".

Firmenname	Klassiker	Gründung	Erfinder	Bekanntheit	Jahresumsatz
Reckitt Benckiser Deutschland GmbH	Sagrotan Pumpspray (seit 1913)	1814 in Norwich	Arnold Groethuysen	über 80 % (deutschspr. Raum)	weltweit 5,1 Mrd. Euro (Reckitt Benckiser)

SAL. OPPENHEIM | DIE PRIVATBANK

Es ist auch seine Geschichte, die das Bankhaus Sal. Oppenheim einmalig und unverwechselbar macht. 1789 von Salomon Oppenheim jr. im Alter von 17 Jahren gegründet, gehören zu den Geschäftstätigkeiten des Kommissions- und Wechselhauses der für die damalige Zeit charakteristische Handel mit Öl, Wein, Tabak, Leinen und Baumwolle. Aber auch Bank- und Geldgeschäfte im engeren heutigen Sinn wie die Vergabe von privaten Krediten oder der Sortenwechsel zählen zu seinen frühen Tätigkeitsfeldern. Integrität, Seriosität und Diskretion zeichnen die Geschäfte der Bank frühzeitig aus und machen sie groß.

Auch wenn von Anfang an die Familie Oppenheim als Gründerin und Bewahrerin traditioneller Werte auftritt, zeichnet sie sich ebenso durch ein hohes Maß an Flexibilität und Innovationsbereitschaft aus. So vollzieht sie bereits im Jahr 1818 mit ihrer Beteiligung an der Rheinschifffahrts-Assekuranz-Gesellschaft, der späteren Agrippina Versicherung, den Einstieg ins Versicherungsgeschäft und tritt 1839 als Initiator der Colonia-Feuerversicherungsgesellschaft in Erscheinung. Außerdem gründet sie mit der Kölnischen Rückversicherung den ältesten Rückversicherer der Welt. Dank Sal. Oppenheim etabliert sich Köln, der angestammte Hauptsitz der Bank, als Versicherungsstadt.

Aber auch in der Geschichte der Industrialisierung spielt Oppenheim eine zentrale und führende Rolle. Unter der Leitung von Simon Freiherr von Oppenheim erweist sich das Bankhaus ab Mitte der 30er Jahre des 19. Jahrhunderts mit Engagements in der Montanindustrie und dem Eisenbahnbau als Motor der Modernisierung. Der Tradition verbunden, der Moderne zugewandt, so ließe sich die Philosophie von Sal. Oppenheims kurz charakterisieren. Simon von Oppenheim war es denn auch, der seinen Söhnen den bis heute gültigen Leitsatz ins Stammbuch schrieb: „Ein Bankhaus muß Principien haben, sonst geht es zu Grund." Und nicht umsonst ziert das Wappen der Familie Oppenheim die Tugenden integritas, concordia und industria. Wie bei kaum einem anderen deutschen Unternehmen ist die Geschichte der Familie auch die Geschichte der Bank und ihrer Tugenden.

Ein Meilenstein der jüngeren Unternehmensgeschichte wird 1989 erreicht, im Jahr seines zweihundertsten Firmenjubiläums. Mit der Erhöhung des Grundkapitals auf knapp 500 Millionen Euro sichert sich das Bankhaus Sal. Oppenheim seine Eigenständigkeit und Unabhängigkeit. Seitdem firmiert die Privatbank als Kommanditgesellschaft auf Aktien und wird von sechs persönlich haftenden Gesellschaftern geführt. Zu ihnen gehört als Partner der Bank seit 2000 auch Christoph Freiherr von Oppenheim, der in der siebten Generation der Bankiersfamilie ebenfalls die Tugenden der Kontinuität und der Tradition verkörpert.

Kernkompetenz von Sal. Oppenheim ist heute das Erstellen eines maßgeschneiderten, auf die Interessen seiner Kunden abgestimmten Vermögensmanagements. Mit derzeit rund 1.500 Mitarbeitern, einem verwalteten Vermögen von rund 60 Milliarden Euro und einer Bilanzsumme von 8 Milliarden Euro gehört Sal. Oppenheim zu den führenden deutschen Investmentbanken für Wachstumsunternehmen und den Mittelstand sowie für vermögende Privatkunden.

Was als Spedition, Kommission und Warengeschäft begann, hat sich mittlerweile als integrierte Vermögensverwaltungs- und Investmentbank mit einem breiten Leistungsspektrum und fünfzehn Niederlassungen und Töchtern im In- und Ausland zu einer der führenden europäischen Privatbanken entwickelt. Das jüngste Joint Venture mit dem US-amerikanischen Finanzdienstleister Prudential Financial sowie die Kooperation mit der IKB Deutsche Industriebank belegen weiterhin die Aufgeschlossenheit auch gegenüber Neuerungen und die Fähigkeit, das Leistungsspektrum weiterzuentwickeln. Damals wie heute vereint die Privatbank Tradition und Erfahrung mit Flexibilität und Innovationsbereitschaft. Damals wie heute zum Vorteil ihrer Kunden, ganz nach dem Leitspruch der Privatbank: „Ihr Erfolg. Unser Ziel."

Sal. Oppenheim

PRIVATBANKIERS SEIT 1789

Firmenname	Klassiker	Gründung	Gründer	Marktstellung	Verwaltetes Vermögen
Sal. Oppenheim jr. & Cie. KGaA	Eigentümergeführte Privatbank (seit 1789)	1789 in Bonn	Salomon Oppenheim jr. (1772-1828)	Größte deutsche Privatbank	60 Mrd. Euro

SALAMANDER | DER SCHUH

SALAMANDER

SALAMANDER – damit verbindet jeder aufmerksame Schuhkäufer seit Jahrzehnten den schwarzgelben Lurchi. Und Lurchi ist Kult. Die Heftchen mit seinen neuesten Abenteuern gibt es gratis zu jedem neuen Paar Schuhe. Und natürlich mussten die von Salamander sein. Was Kinderherzen höher schlagen lässt, ist auch für die Erwachsenen ein Grund zur Freude, denn Schuhe von Salamander hatten schon immer eine gute Passform und hielten lange.

Mit 12,50 Reichsmark fing alles an. Als 23-jähriger Schuhmachermeister macht sich Jakob Sigle 1885 in Kornwestheim selbstständig, findet sechs Jahre später im Stuttgarter Lederreisenden Max Levi einen Gleichgesinnten und gründet mit ihm „J. Sigle und Cie". Sigle ist für die Produktion, Levi für den Verkauf zuständig. Die Firma wächst schnell und beschäftigt 1903 bereits 400 Mitarbeiter. Der Durchbruch kommt 1904, als das Unternehmen einen Wettbewerb um die Fertigung eines Herrenschuhs zu 12,50 Mark Verkaufspreis gewinnt – und den Schuh unter dem Warenzeichen „SALAMANDER" durch den Berliner Schuhhändler Moos auf den Markt bringen lässt.

Moos fügt dem liegenden Salamander, den auch er entworfen hat, in einem Ring den Zusatz „MARKE SALAMANDER" hinzu. Das Warenzeichen „SALAMANDER" wird als „MARKE SALAMANDER" am 21.12.1908 in die Warenzeichenrolle eingetragen. 1905 gründen die J. Sigle & Cie. gleichberechtigt mit dem Schuhhändler Moos die „SALAMANDER-Schuhvertriebsgesellschaft mbH" und eröffnen die ersten eigenen Salamander-Einzelhandelsgeschäfte. Damen- und Herrenschuhe werden zu Einheitspreisen angeboten – in der Normalausführung zu 12,50 Reichsmark und in der Luxusausführung zu 16,50 Reichsmark. Das Filialnetz wächst kontinuierlich weiter. Als Max Levi 1925 stirbt, besteht die Sigle Gruppe aus den drei Unternehmen J. Sigle & Cie AG, der SALAMANDER-Schuhvertriebsgesellschaft mbH und der A. Lehne GmbH, die sich 1930 zur SALAMANDER AG zusammenschließen. Als Jakob Sigle

zehn Jahre später Max Levi nachfolgt, beschäftigt SALAMANDER bereits 6.300 Mitarbeiter.

1937 erscheint das erste Lurchi-Heft und erobert sofort die Herzen von Kindern und Erwachsenen. Es erweist sich als ideales Instrument der Kundenbindung. Trotz deutlicher Rückschläge durch den Zweiten Weltkrieg produziert SALAMANDER schon ab 1949 weiter – man widmet sich nun auch der Herstellung von Kinderschuhen. Die Nachfrage steigt ständig und mit ihr erhöht sich die Zahl der eigenen Schuhgeschäfte. Im Jahr 2004 feiert Salamander sein 100-jähriges Bestehen. Der Bekanntheitsgrad der Marke liegt bei 97 Prozent, insgesamt werden pro Jahr mehrere Millionen Paar Schuhe gefertigt.

Mit dem Fall der Mauer entsendet SALAMANDER seinen sympathischen gelb-schwarzen Botschafter auch in den Osten Deutschlands – 24 weitere Filialen entstehen in den fünf neuen Bundesländern. Das Unternehmen entwickelt sich kontinuierlich weiter – 1990 wird die SALAMANDER-Schuhhandelsgesellschaft gegründet.

1995 setzt SALAMANDER mit der Einführung eines neuen Filial-Konzeptes auch in der Warenpräsentation Maßstäbe: Ein Orientierungssystem leitet den Kunden durch die Filialen, räumlich übersichtlich wird die Ware nach Trageanlass und Schuhgröße präsentiert. Im 1997 eröffneten ersten Premium-Geschäft bieten die ausgestellten Modelle ausgewählter Marken eine exklusive Auswahl – SALAMANDER ist damit mittlerweile auch räumlich unverwechselbar geworden.

Heute beschäftigt der SALAMANDER-Schuhbereich 2.900 Mitarbeiter. Dazu gehören 230 SALAMANDER-Filialen in den besten City-Lagen Deutschlands und acht weiteren Ländern in West- und Osteuropa. Lurchi begegnet man aber nicht nur dort, sondern in vielen, vielen eigenständigen Schuhfachgeschäften.

Firmenname	Klassiker	Gründer und Erfinder	Beruf des Gründers	Bekanntheit
SALAMANDER AG	SALAMANDER Schuh	Jakob Sigle	Schuhmachermeister	97 %
	(seit 1904)	(1862–1935)		

SALEM | DAS INTERNAT

„Non scholae, sed vitae discimus", versicherten Generationen von deutschen Lehrern ihren Schülern mit mehr oder weniger großer Überzeugungskraft. Doch viele junge Menschen werden das Gefühl nicht los, dass doch umgekehrt des alten Römers Seneca Klage berechtigt sei, wonach wir leider mehr für die Schule als für das Leben lernen.

Die Gründer der Internatsschule Schloss Salem begriffen diesen traditionellen Konflikt als Auftrag. 1920 eröffneten sie ein Landerziehungsheim in einem ehemaligen Zisterzienserkloster unweit des Bodensees. Prinz Max von Baden brachte nicht nur die Immobilie ein. Der letzte kaiserliche Reichskanzler, dem es verwehrt geblieben war, der deutschen Monarchie mehr Demokratie zu bringen, tat sich mit dem Reformpädagogen Kurt Hahn zusammen, der Spiritus rector der neuen Schule wurde. Dritter im Bunde war der Geheimrat im preußischen Kultusministerium Karl Reinhardt.

Das Internat soll vollenden, was die Politik nicht geleistet habe: eine Erziehung zur Verantwortung für das Gemeinwesen. „I hear, I forget. I see, I remember. I do, I understand." Auf diese Formel brachte Kurt Hahn seine pädagogischen Einsichten. Damit sprach er viele Menschen in der neuen deutschen Republik an. Thomas Mann beispielsweise schickte seine Kinder Golo und Monika nach Salem. Das erste Vierteljahrhundert des Internats Salem fällt zur zweiten Hälfte in die Zeit der NS-Diktatur. Kurt Hahn musste nicht nur gehen, weil er Jude war, sondern weil er sich auch immer wieder öffentlich gegen Hitler ausgesprochen hatte. Die Salemer Chronik spricht von Anfechtung und Bewahrung. Einige Salemer und ihre Familien waren in das Attentat vom 20. Juli 1944 verwickelt.

Salem gelingt es, nach dem Krieg wieder an die bewährten Traditionen anzuknüpfen. Kurt Hahn, der im englischen Exil eine Schule nach Salemer Vorbild gegründet hatte, nimmt seinen Altersitz an seiner ehemaligen Wirkungsstätte. Die guten internationalen Kontakte werden im zusammenwachsenden Europa gezielt ausgebaut. Salem galt schon immer als das „englischste" Internat Deutschlands. Nun entwickelt es sich unbestritten zur internationalen Schule der Republik mit Schülern und Lehrern aus aller Herren Länder und einem vielfältigen Austauschprogramm.

Das staatlich anerkannte Gymnasium ist heute das einzige deutsche Internat, das den Schülern die Möglichkeit bietet, ein international anerkanntes Abitur, das International Baccalaureate, zu absolvieren. Lernen in kleinen Gruppen auf hohem Niveau; drei Schulstandorte in historischen und ganz modernen Gemäuern in der lieblichen Bodensee-Landschaft; Lehrer, die ihren Schülern mehr als Vokabeln und Formeln vermitteln wollen: ein Angebot, so verlockend, dass es nicht nur anspruchsvolle Eltern anspricht, die für ihre Sprösslinge nur das Beste wollen. Salem legt Wert auf Schüler, die aus eigenem Antrieb kommen, die ihre vertraute Umgebung verlassen, um in der anregenden Atmosphäre des Internats ganz neue Lernerfahrungen zu machen.

Und diese beschränken sich nicht auf den Schulunterricht. Lebenspraxis könnte man die zahlreichen sozialen, kreativen und handwerklichen Angebote zusammenfassend nennen. Sie werden von den Schülern nach eigener Neigung ausgesucht – von der Altenbetreuung bis zur Feuerwehr –, nur drücken kann sich davor niemand. Sport genießt einen hohen Stellenwert, ob Feldhockey oder das Segeln vom schuleigenen Hafen aus. Schließlich werden auch musische Neigungen gefördert.

In Salem Schüler zu werden, bedeutet also in vielerlei Hinsicht ein Privileg. Damit es nicht zum Luxus verkommt, der nur wenigen offen steht, sorgt ein Stipendienfonds dafür, dass ausreichend Geld zur Verfügung besteht, um Begabten unabhängig von ihrer Herkunft Salem zu öffnen. „Eine Trias von Tugenden – Wahrheitsliebe, Mut und Verantwortung – steht als Leitbild über Salem", sagt dessen Leiter Dr. Bernhard Bueb – ein Ort, an dem man für das Leben lernt.

Firmenname	Klassiker	Gründer	Schülerzahl
Schule	Das Internat	1. Prinz Max von Baden, letzter Kanzler des dt. Kaiserreichs und	Deutschlands größtes Internat
Schloss Salem e.V.	(seit 1920)	2. dessen Privatsekretär, der Politiker und Pädagoge Kurt Hahn	(620 interne Schüler)

SCHAMEL | DER MEERRETTICH

„Eure Nahrungsmittel sollen Heilmittel und eure Heilmittel sollen Nahrungsmittel sein." Wenngleich der weise Hippokrates um 400 v. Chr. hier nicht in erster Linie an den Meerrettich gedacht haben wird, so ist doch eindeutig belegt: Seit alter Zeit schon schätzt man die scharfe Meerrettichwurzel als probates Heilmittel gegen vielerlei Beschwerden. Dieser heilsamen Wirkung verdankt es der Meerrettich, dass ihm der Volks- und Aberglaube schon im alten Ägypten geheimnisvolle magische Kräfte zugesprochen hat. Heutige moderne Lebensmittelforschung bestätigt die gesundheitsfördernde Wirkung der vitaminreichen Pflanze.

Die Natur also erfand den Meerrettich ... und Johann Jakob Schamel schuf daraus die legendäre Marke, die längst zum Synonym für Meerrettich geworden ist. Seit über 150 Jahren ist Meerrettich – auch „Kren" genannt – die Familientradition seines Hauses, das im fränkischen Baiersdorf hierfür beste Voraussetzungen fand: Seit dem 15. Jahrhundert wächst im dortigen Umland der „Kren" in reichen Sonderkulturen. Doch erst Schamel hat Baiersdorf zur „Meerrettichstadt" gemacht. Heute meinen wir Meerrettich, wenn wir Schamel sagen – und umgekehrt. Die Marke ist durchaus zum Begriff für das Produkt geworden. Der Weg dorthin war freilich ein arbeitsreicher.

1846 beginnt Johann Wilhelm Schamel in der Baiersdorfer Judengasse einen Großhandel mit Meerrettich. Seine ersten Kunden waren Bauersfrauen, die „Krenweibli", die in ihrer fränkischen Tracht mit der Postkutsche ganz Deutschland bereisten und ihre würzige Ware anboten. Auf den Firmengründer geht die Tradition zurück, Rezepte und Geheimnisse um den Meerrettich zu sammeln, die dann als Familiengeheimnis und -auftrag weitergegeben werden sollten. Sein Sohn Georg baut den Großhandel zielstrebig aus. Baiersdorfer Meerrettich-Stangen bereisen als Exportware in großen Holzfässern bald die europäischen Handelsmetropolen und begründen den Ruf Baiersdorfs als Stadt des Meerrettich.

Es ist der Großvater der heutigen Firmenleiter, Johann Jakob Schamel, der als erster die Idee entwickelt, Meerrettich als tafelfertig zubereitete Delikatesse in Gläsern abgefüllt anzubieten. Der Hausfrau bleibt damit das Reiben der beißend scharfen Wurzel erspart. Als „Erste Bayerische Meerrettichfabrik" lässt er den Namen Schamel registrieren und schafft so die Basis für das heutige Markenprodukt. Der fertige Meerrettich wird schnell zu einem gefragten Lebensmittel.

Der genialen „Marketing"-Idee des Vaters verhilft der Sohn, Johann Georg Schamel, mit modernen Produktionsmethoden und Betriebserweiterungen zu einer marktprägenden Bedeutung. Schamel Meerrettich hat sich seitdem millionenfach bewährt und erhielt viele internationale Preise und Auszeichnungen.

Heute steht das Familienunternehmen mit den Brüdern Hanns-Thomas und Hartmut Schamel in der fünften Generation und ist zur ersten Marke für Meerrettich geworden. Die Angebotspalette reicht längst über die beiden klassischen Geschmacksrichtungen, den scharf-würzigen Bayerischen und den fein-würzigen Sahne-Meerrettich, hinaus. In einer Zeit, in der gesundheitsbewusster Ernährung ein hoher Stellenwert zukommt, muss ein Produkt überzeugen, das kulinarisch wie ernährungsphysiologisch eine Klasse für sich darstellt.

Schamel Meerrettich ist eine pikante Delikatesse zu allen Wurst-, Fleisch- und Fischgerichten und verfeinert Gemüse, Käse, Saucen und Salate. Deshalb verkündet als Werbefigur die Meerrettichfee: „Schamel Meerrettich verzaubert jede Speise." Und so ziert noch heute das älteste Firmensymbol, die Meerrettich reibende Frau, das Logo der traditionsreichsten und größten Spezialfabrik der Branche, deren Absatzmärkte längst über Deutschland und Europa hinausreichen.

Anlässlich seines 150-jährigen Bestehens eröffnete Schamel 1996 das erste Meerrettich-Museum der Welt – natürlich in Baiersdorf.

Firmenname	Klassiker	Gründung	Gründer	Vertrieb	Hauotfertigungsstätte
Schamel Meerrettich GmbH	Schamel Meerrettich (seit 1846)	1846 in Baiersdorf	Johann Wilhelm Schamel (1818–1898)	weltweit	Baiersdorf/Bayern

schauma Es gehört so selbstverständlich und unverzichtbar zu unserem Alltag, da mag man kaum glauben, dass es gerade mal 100 Jahre alt ist: das Shampoo.

Tatsache ist, dass die Haarpflege durch die Epochen extreme Wandlungen durchlaufen hat. Was heute für viele Menschen zur täglichen Körperpflege gehört, bedeutete früher eine aufwändige und nicht immer angenehme Prozedur. Haarwäsche im heutigen Sinn gab es ohnehin erst – nach der buchstäblichen Wasserscheu des Barock und Rokoko – im 19. Jahrhundert. Damals erkannte man mehr und mehr, welche wichtige Rolle die nasse Reinigung – Grundlage des modernen Verständnisses von Körperpflege – für die physische Gesundheit spielt. Man wusch sich die Haare mit Seifenlauge, und wer es sich erlauben konnte, spülte sein Haar zusätzlich mit Bier, Milch, Ei oder anderen Hausmitteln.

Das sollte sich 1903 grundlegend ändern, als der Berliner Chemiker und Drogist Hans Schwarzkopf nach einer mehrjährigen Entwicklungsphase das erste Pulvershampoo in Deutschland auf den Markt brachte. „Shampoon", wie das neue Produkt schlicht getauft wurde, fand in Beuteln zu 20 Pfennigen – die bereits von Anfang an die klassische Scherenschnitt-Silhouette des schwarzen Kopfes schmückte – schnell reißenden Absatz. Bis zum Kriegsbeginn 1914 wurde Shampoon weiterentwickelt und zuletzt mit zehn verschiedenen Zusätzen hergestellt.

Nach einer kriegsbedingten Zwangspause ging es 1919 weiter, nun unter dem Namen „Schaumpon" und mit den Varianten Veilchen, Kamillenextrakt, Eigelb und Nadelholzteer. 1927 schließlich kam das erste flüssige Shampoo von Schwarzkopf auf den Markt, einen weiteren Meilenstein markierte 1933 das erste nicht alkalische Haarwaschmittel der Welt, welches mit seiner verbesserten Haarverträglichkeit Vorläufer aller modernen Pflegeshampoos war. Auch nach dem zweiten Weltkrieg konnte die Erfolgsgeschichte fortgeschrieben werden: 1949 kam das erste Schauma Shampoo als Creme-Schaumpon aus der Tube – Auftakt für einen Markenbestseller.

In den 70er Jahren wurde der Markenklassiker in seiner berühmten tropfenförmigen Flasche zum beliebtesten Haarshampoo und ist seitdem aus keinem Badezimmer mehr wegzudenken. Gleichzeitig wurde ein umfangreiches Haarpflegeprogramm der Marke Schauma aufgebaut, das von Shampoo über Spülung bis hin zur Kur die gesamte Familie mit bedarfsgerechten Rezepturen versorgt. Ein Herz für Kinder zeigt Schauma dabei mit Schauma Kids Shampoo & Balsam, welches mit seiner besonders milden Rezeptur garantiert nicht in den Augen beißt und mit seinen drei frischen Duftnoten Aprikose, Erdbeere und Melone und seinen poppigen Farben den absoluten Schauma-Spaß garantiert.

„Schnell wie eine Spülung, aber intensiv wie eine Kur" – das verspricht die Easy Kraft Kur von Schauma. Die vier Varianten „Feuchtigkeits-Pflege" für trockenes und sprödes Haar, „Color Glanz" für coloriertes oder getöntes Haar, „Lecithin" für strapaziertes und splissanfälliges Haar und „Pro-Vitamin B5" für normales bis beanspruchtes Haar verleihen dem Haar – wie der Name schon sagt – ganz „easy" Kraft bis in die Haarspitzen. Die Easy Kraft Kur wird einfach ins feuchte Haar einmassiert und kann bereits nach kurzer Zeit wieder ausgespült werden.

Dem unvermindert anhaltenden Trend zu Coloration und Tönung – über zwei Drittel der deutschen Frauen colorieren ihr Haar – trägt die Color Glanz-Linie mit einer Farbschutzformel und integriertem UV-Filter Rechnung. Gerade im Hochsommer, wenn die Sonneneinstrahlung ihr Maximum erreicht, sind Farbintensität und Glanz gefährdet. Schauma Color Glanz bietet lang anhaltende Farbfrische und Glanz bei der täglichen Haarpflege.

Frauen (und natürlich auch Männer) mit widerspenstigem und sprödem Haar haben jetzt ihr spezielles Schauma: Die neue Linie „Samt & Seidig" verleiht sprödem Haar mit Wildrosen-Öl intensiven Glanz und Geschmeidigkeit. Und, last, not least: Die charakteristische „Tropfen"-Flasche von Schauma ist jüngst noch einen Tick eleganter geworden.

Firmenname	Klassiker	Gründer	Bekanntheit	Vertrieb	Hauptfertigungsstätte
Schwarzkopf & Henkel GmbH	Schauma Flüssig-shampoo (seit 1927)	Henkel KGaA	71 % (ungest.), 99 % (gest.)	weltweit	Wassertrüdingen

SCHIESSER | DIE WÄSCHE

Der Alltag unserer Urgroßeltern unterscheidet sich so grundsätzlich von unserem heutigen Leben, dass es schwer vorstellbar ist, ausgerechnet in der schnelllebigen Modebranche gäbe es eine ästhetische Linie der Kontinuität. Schon im ausgehenden 19. Jahrhundert jedoch genoss eine Marke im gleichen Maße das Vertrauen ihrer Kunden wie zu Beginn des dritten Jahrtausends: Schiesser. Auf dem langen Weg von Uromas Liebestöter zu sehr ansehnlicher und multifunktionaler Wäsche wurde immer wieder ein Hauptgedanke Wirklichkeit: So viele Menschen wie möglich sollen sich wohl in ihrer Haut fühlen.

Angefangen hatte es anno 1875 mit Trikotwäsche, die der Schweizer Jacques Schiesser zunächst im Tanzsaal des Gasthauses „Zum Schwert" in Radolfzell am deutschen Ufer des Bodensees anfertigen ließ. Bereits 25 Jahre später, auf der berühmten Weltausstellung 1900 in Paris, konnte er für seine innovativen Wäschestücke den Grand Prix der Jury entgegennehmen. Innovationsfreudigkeit verbunden mit einer Vorstellung vom Unternehmer, der seine Verantwortung gegenüber den Mitarbeitern und der Gesellschaft ernst nimmt, führte das Unternehmen durch die unberechenbaren Zeitläufe des kommenden 20. Jahrhunderts.

So überstand es die schweren Verwerfungen, die die Weltkriege und die Weltwirtschaftskrise mit sich brachten, und konnte zum 75. Firmenjubiläum 1950 demonstrieren, dass die Marke Schiesser ihren Beitrag zum deutschen Wirtschaftswunder zu leisten vermag. Schiesser besann sich auch wieder auf seine traditionelle Exportstärke: Internationalität unter wechselnden Vorzeichen gehört untrennbar zum Unternehmenserfolg.

Heute konzentriert sich die Zentrale am Bodensee mehr und mehr auf Marketing- und Vertriebsaktivitäten sowie Produktentwicklung und Innovationen und sorgt für die traditionelle Nähe zu den Märkten, während die Produktion inzwischen nach Tschechien, Griechenland und in andere Länder verlagert wurde. Als Marktführer der deutschen Wäschespezialisten zählt das Unternehmen über 6.500 Händler zu seinen Kunden und setzte 2002 annähernd 200 Mio. Euro um.

Mit dem patentierten Knüpftrikot aus Jacques Schiessers Zeiten lässt sich die Markenbekanntheit des Hauses von über 90 Prozent nicht mehr erklären. Aber damit zu tun hat es trotzdem: Wissen, was man will und vor allem wissen, was die Kunden wollen. Heute lässt sich der Erfolg der Schiesser-Story auf vier zentrale Begriffe bringen – Qualität, Natürlichkeit, Aktualität und Ästhetik.

Atmungsaktiv war schon die Unterwäsche, die Jacques Schiesser produzierte. Damit war er Trendsetter und dabei ist es bis heute geblieben – aktuell, aber nie dem Zeitgeist ausgeliefert. Diese gesunde Balance zeichnet schließlich auch die ästhetische Dimension der Schiesser-Produkte aus. Heute bedeutet das beispielsweise auch, einen stilvollen Umgang mit dem Thema Erotik zu finden. Wäsche kann und will gezeigt werden, Anziehen, Anschauen und Ausziehen werden gleichermaßen zum Vergnügen. Second Skin wurde deshalb eine neue Produktserie getauft, von der 1999 auf Anhieb über eine Million Stück verkauft wurden.

Ob Slip, Pyjama, Badehose oder funktionale Sportwäsche: Die Firma Schiesser versteht es, mit ihren Kreationen passende Kleidungsstücke für Damen, Herren und Kinder zu kreieren. Hohe Qualität bei Material und Verarbeitung werden weltweit von Jung und Alt geschätzt. Deshalb überrascht es nicht, dass der Wäsche-Spezialist generationenübergreifend einen guten Namen hat. Seine Produkte begleiten Menschen ein ganzes Leben: Nicht unverrückbar und oft unpraktisch altmodisch wie ein Familienerbstück, sondern immer neu und passend zum Leben der Kunden. So ist die Marke zum Synonym geworden, für jene Kleidungsstücke, die uns buchstäblich am nächsten sind. Auf den Punkt gebracht heißt das: „Schiesser: Alles, was Sie berührt."

original
DOPPELRIPP

Sportjacke
Athletic Shirt

SCHIESSER

Firmenname	Klassiker	Gründung	Gründer	Bekanntheit	Vertrieb
Schiesser	Schiesser Original Doppel- und Feinripp	1875 in Radolfzell am Bodensee	Jacques Schiesser (1848–1913)	95 %	weltweit

SCHLADERER | DAS KIRSCHWASSER

SCHLADERER Wenn man im Schwarzwald über eine Wiese voll blühender Kirschbäume spaziert, im Frühling, wenn die Sonne schon Kraft hat, wenn man dort also den Blick gedankenverloren über die weiße Pracht schweifen lässt und tief einatmet, dann kann man einen Hauch jenes Aromas erahnen, das bald in Form reifer schwarzer Früchte Gestalt gewinnen wird. Man muss dazu allerdings nicht immer in den Schwarzwald fahren. Man öffnet einfach eine der unverwechselbaren, eckigen Flaschen, gießt einen Schluck der kristallklaren Flüssigkeit in ein leicht bauchiges, kleines Gläschen und schwenkt dieses vorsichtig unter der Nase. Und da ist es wieder: das volle Aroma schwarzer Kirschen.

Kaum eine deutsche Spirituose hat sich international einen solchen Namen erworben wie Schladerer Kirschwasser: Schladerer wird in mehr als 40 Ländern genossen. Und gerade in Zeiten, da zumeist aus Gesundheitsgründen weniger Alkohol getrunken wird, lernen immer mehr Menschen den milden Genuss in kleinen Schlucken zu schätzen. Zum Kaffee, nach einem guten Essen, bei einem Gespräch mit besten Freunden – seine Popularität ist über alle Moden hinweg ungebrochen und das seit mehr als 150 Jahren.

Es war eine Liebesgeschichte, mit der alles begann. Sixtus Schladerer, dessen Vater gleichen Namens bereits Brennrecht besaß, hatte sich in eine Staufener Wirtstochter verliebt. Und so zog er im Jahr 1844 von Bamlach bei Basel nach Staufen im Breisgau. Als Schwiegersohn übernahm er die Kreuz-Post, ein Gasthof, in dem die Postillione Rast machten. Hier begann die Geschichte der Schladerer-Obstbrände, deren Ruf insbesondere durch die unermüdliche Arbeit des Gastronomen Hermann Schladerer bald bis in das Elsass reichte. Denn viele Gäste nahmen von dem selbstgebrannten Chriesiwässerli eine Flasche mit in ihre Heimat.

Der Passion folgend, gab Alfred Schladerer, nach dem in Staufen inzwischen der Platz an der Brennerei benannt ist, 1922 den Gasthof auf. Er baute die Brennerei aus und führte sie zu der Bekanntheit, die sie heute erlangt hat. Und mit der Entwicklung der charakteristischen Vierkantflasche war 1938 der erste Schritt zu einem Markenprodukt mit Wiedererkennungswert getan. Die Form der Flasche ist seitdem nur in kleinen Details verändert worden.

Das Sortiment ist breit gefächert. Neben der beliebten Williams Birne, die kurz nach dem Tode Alfred Schladerers in den 50er Jahren auf den Markt kam, neben Zwetschgenwasser, Mirabell und Himbeergeist, ist das Kirschwasser nach wie vor das Aushängeschild der Schladerer Hausbrennerei. Die Bezeichnung „Schwarzwälder Kirschwasser" ist dabei streng geschützt. Nur solche Wässer dürfen sie tragen, deren Früchte im Schwarzwald sowohl gereift sind als auch destilliert wurden.

Da es sich um ein Wasser und keinen Geist handelt, also um einen Brand aus Kern- oder Steinobst, werden nur vollreife Früchte aus den besten Lagen vergoren. Dabei verwandelt sich nach dem Einmaischen der Fruchtzucker durch Gärung in Alkohol. Die Erfahrung und der geschulte Geschmackssinn des Brennmeisters entscheiden letztendlich über das Gelingen des Destillationsvorganges. Vor- und Nachlauf müssen sorgfältig getrennt werden, denn nur der reine Mittellauf ist dem strengen Standard des Schladerer Kirschwassers angemessen. Und das auch nur, wenn es über mehrere Jahre gelagert wird und eine ausgewogene Reife erfährt.

Allein diese Lagerzeit, meint Nicolaus Schladerer-Ulmann, der heutige Firmeninhaber, mache einen großen Teil des Qualitätsunterschiedes zu anderen Bränden aus. Man muss eben Geduld haben und warten können – erst recht auf den großen Genuss in kleinen Schlucken.

Schwarzwälder

Kirschwasser

SCHLADERER

Seit 1844

Alte Schwarzwälder
Hausbrennerei

Alfred

SCHLADERER

Staufen im Breisgau

Firmenname	Klassiker	Gründung	Gründer	Vertrieb	Hauptfertigungsstätte
Alfred Schladerer Alte Schwarzwälder Hausbrennerei GmbH	Schladerer (seit 1844)	1844 in Staufen im Breisgau	Alfred Schladerer (1892–1956)	in über 40 Ländern weltweit	Staufen im Breisgau

SCHMINCKE/HORADAM | DIE AQUARELLFARBE

Über den künstlerischen Wert eines Gemäldes entscheidet nicht der Augenblick, sondern die Nachwelt. Die sprichwörtlich dauerhafte Brillanz, die wir an den Gemälden vergangener Kunstepochen schätzen, ist auf die herausragende Qualität der Farben zurückzuführen. Es sind die traditionellen Harzölfarben sowie die Aquarellfarben HORADAM® AQUARELL in den Werken der großen Aquarellisten von Nolde bis Kokoschka, die über Jahrhunderte nichts von ihrer Ausstrahlung und Leuchtkraft eingebüßt haben.

Die Herstellung von Künstlerfarben ist eine Kunst für sich. Das Familienunternehmen, das sich diesem „Kunst-Handwerk" seit über 120 Jahren mit Leib und Seele verschrieben hat heißt H. Schmincke & Co. GmbH & Co. KG, Hersteller feinster Künstlerfarben vor den Toren Düsseldorfs.

Einer der wenigen Künstler, die noch im 19. Jahrhundert Harz-Ölfarben benutzten und ihre Rezepturen pflegten, war Cesare Mussini, Professor an der Akademie der schönen Künste in Florenz. Er vertraute seine Kenntnisse Hermann Schmincke und Josef Horadam an, zwei verschwägerten Chemikern, die 1881 mit diesen Rezepturen für Künstler-Harz-Ölfarben in Düsseldorf die Firma H. Schmincke & Co. gründeten. Damit wurde der Grundstein gelegt für ein Unternehmen, dessen Begründer sich anschickten, zum besten Künstlerfarben-Hersteller aufzusteigen. Im Laufe der Jahre entstanden eine große Zahl neuer Konzepte und Produkte, die in der ganzen Welt Maßstäbe gesetzt haben.

Zu den wichtigsten Schöpfungen der Firmengründer zählen die HORADAM® feinste Künstler-Aquarellfarben in Tuben und Näpfchen, die sie 1892 europaweit zum Patent anmeldeten. Damit gelang der entscheidende Qualitätsdurchbruch. Prominente Künstler wie Nolde, Dix, Kokoschka und Schmidt-Rotluff griffen fortan nur zu HORADAM® AQUARELL-Farben, um ihre Aquarellmeisterwerke zu vollenden, so wie sie MUSSINI® Harzölfarben für ihre Ölgemälde bevorzugten.

Wesentliche Hauptbestandteile der HORADAM® AQUARELL-Farben sind feinste Künstler-Pigmente und Kordofan Gummi Arabicum, das aus den Trockenzonen südlich der Sahara stammt. Wie die meisten Naturprodukte ist dieses klassische Aquarellbindemittel Jahresschwankungen unterworfen. Darum testet Schmincke bei jedem Einkauf alle verfügbaren Lagen aufs Neue und wählt nur die jeweils beste des Jahrgangs aus.

Ein besonderes Merkmal der HORADAM® AQUARELL-Farben ist die gleiche Rezeptur – das heißt gleiche Qualität für Näpfchen- und Tubenfarbe. Die Anlösbarkeit und die optimale Farbabgabe für einen kontrollierbaren Verlauf sind nur über das Flüssigvergießen der individuellen Rezepturen zu ermöglichen. Flüssiggießverfahren bedeutet, dass im ersten Arbeitsschritt Aquarellfarbe in die Näpfchen gefüllt wird und bis zu einer definierten Restfeuchte für mehrere Wochen in einem Trockenraum verbleibt. Dieses Verfahren wird insgesamt vier Mal wiederholt; so dauert die Produktionszeit für ein Näpfchen zwischen drei und fünf Monate. Die Einzigartigkeit des Herstellungsverfahrens und die Auswahl der „Zutaten" begründen den Qualitätsvorsprung, den die Künstlerfarben von Schmincke anderen voraus haben.

Wie zur Gründerzeit, so gilt auch heute noch allerbeste Qualität als das zentrale Anliegen des Unternehmens. Dabei versucht Schmincke täglich, den Brückenschlag zwischen Tradition und Zukunft, Manufaktur und Technik zu schaffen: Traditionelle Handarbeit wo es nötig ist und der Einsatz modernster Maschinen, wo es möglich ist. Qualität wird umfassend verstanden und erstreckt sich auf alle Bereiche des Unternehmens.

Die serviceorientierte Grundeinstellung sowie die Kompromisslosigkeit in Sachen Qualität vor dem Hintergrund des Gründerwahlspruchs „Meliora Cogito – ich trachte nach dem Besseren" hat aus der Marke Schmincke das gemacht, was sie heute ist: Eine Weltanschauung in Sachen Farbe!

AQUARELL

② 14 **494** ★★★★

Ultramarin feinst.
ultramarine finest
outremer extra-fin
ultramar extrafino

Horadam

Schmincke

HORADAM®

e 15 ml

Firmenname
H. Schmincke & Co.
GmbH & Co. KG

Klassiker
Horadam Aquarell
(seit 1892)

Gründung
1881 in Düsseldorf

Erfinder
Josef Horadam
(1844–1917)

Vetrieb
weltweit

Hauptfertigungsstätte
Erkrath

SCHWARTAU EXTRA | DIE KONFITÜRE

Wer vermutet, „Senga Sengana" sei die Frucht einer zentralafrikanischen Heilpflanze, könnte schiefer nicht liegen. Das exotisch klingende Früchtchen gehört vielmehr zur Gattung Fragaria – besser bekannt als Erdbeere – und wächst beispielsweise im schönen Schleswig-Holstein. Ebenda gründeten die Brüder Paul und Otto Fromm 1899 die Chemische Fabrik Bad Schwartau im gleichnamigen Luftkurort in der Nähe von Lübeck. So kamen wenige Jahre später nicht nur die norddeutschen Beerenliebhaber in den raffinierten Genuss der roten Pracht. Kaum verändert in Form und Farbe und mit wenigen Zusätzen verfeinert, landen heute die Beeren in dem vertrauten, elegant taillierten Schwartau-Glas mit den Lübecker Türmen als Markenzeichen.

Frucht pur sind 50 g von 100 g Schwartau Konfitüre EXTRA – und so lieben es die Deutschen auf ihrem Frühstückstisch. Mit über 25.000 Tonnen Konfitüre jährlich versüßt das Unternehmen kleinen und großen Schleckermäulern den Start in den Tag. Die Erdbeere bekam dabei im Laufe der Jahre Verstärkung durch eine Vielzahl fruchtiger Genossen. Mit viel Fantasie und Experimentierfreude stellte ihr das Unternehmen wohlbekannte wie ausgefallene Früchte und Geschmacksvarianten zur Seite. In den 700.000 Gläsern Konfitüren, die in Bad Schwartau täglich gefüllt werden, finden sich mittlerweile Waldfrüchte, Rhabarber-Vanille, Erdbeer-Orange oder die wenig bekannte Boysenbeere, eine Kreuzung aus Himbeere und Brombeere. Hinzu kamen Schwartau-Spezialitäten wie Zimt-Äpfli, Diät-Fruchtzucker-Konfitüren, die Mövenpick-Gourmet-Leckereien oder die Scott of Scotland-Kreationen mit Orange-Whisky oder Ingwer für den herben Inselgeschmack..

Viel hat sich also verändert, seit man in Bad Schwartau vor über 100 Jahren neben Preiselbeerkompott und Kunsthonig auch Bohnerwachs und Fußbodenöl herstellte. Die Bodenpflege wurde bald zugunsten der Konzentration auf Zucker und Früchteverarbeitung aufgegeben. Mit der Gründung der Schwartauer Werke AG, zu der auch die Lübecker Marzipan- und Backmassenfabrik und die Lübecker Pralinen- und Konfitürenfabrik zählten, wurde diese Tendenz bereits 1927 besiegelt.

Heute heißt das Traditionsunternehmen Schwartauer Werke GmbH & Co. KGaA und gehört seit 2002 mehrheitlich zum Schweizer Nahrungsmittelkonzern Hero. Der Präsident des Verwaltungsrates der Hero-Gruppe trägt einen illustren Namen, der zudem eng mit der Geschichte von Schwartau verknüpft ist. Dr. Arend Oetker, der Urenkel des legendären August Oetker, ohne dessen Zutaten und Ratschlag kein Kuchen in Deutschland je gelang, übernahm 1968 die Leitung der Schwartau Werke. Unter seiner engagierten Führung wurde Schwartau Konfitüre EXTRA Marktführer und mit ihr der Corny Müsli-Riegel von Schwartau seit den 80er Jahren ebenfalls.

Dieser Erfolg fußt auf einem gerade im Lebensmittelbereich entscheidenden Qualitätsbewusstsein einerseits und einer professionellen Förderung neuer Geschmacksrichtungen andererseits. Verbunden mit guten Einfällen, wie der Saison-Idee von Schwartau EXTRA Winter- und Sommerkonfitüre oder dem Sieger-Gedanken bei der Schwartau EXTRA Konfitüre des Jahres, wurde Schwartau zur wichtigsten Innovationskraft im Marktsegment. Zum Erfolg des Unternehmens tragen etwa 800 Mitarbeiter im vollautomatisierten Werk in Bad Schwartau bei und erwirtschaften mit der Dachmarke Schwartau etwa 300 Millionen Euro Umsatz jährlich.

Und auch die holsteinische „Senga Sengana" ist weiterhin mit von der Partie – sicherlich kein Medikament, aber gewiss ein genussreiches und bewährtes Hausmittel, das die Frühstücker in Deutschland seit Jahrzehnten für den Tag rüstet.

Firmenname	Klassiker	Gründung	Mitarbeiter	Gründer	Hauptfertigungsstätte
Schwartauer Werke GmbH & Co.KGaA	SCHWARTAU EXTRA Erdbeere	1899 in Bad Schwartau	800	Gebr. Fromm	Bad Schwartau

SENNHEISER | DER KOPFHÖRER

SENNHEISER Unter den Liebhabern klassischer Musik herrscht seit Jahren ein Streit, ob Herbert von Karajan oder Leonard Bernstein der größte Dirigent unserer Zeit war. Wer entscheiden will, unter welcher Stabführung das zarteste Pianissimo und das mächtigste Forte erklingt, für den hält die deutsche Unterhaltungselektronik-Industrie einen unbestechlichen Klangmesser bereit: den Kopfhörer HD 600 Avantgarde von Sennheiser.

Es begann in einem Bauernhaus am Rand der Lüneburger Heide. Dort gründete am 1. Juni 1945 Professor Dr. Ing. Fritz Sennheiser das „Laboratorium Wennebostel", um zunächst in Handarbeit Voltmeter herzustellen. Schon früh setzte Sennheiser auf die Kommunikationsmedien. Der Rundfunk und das aufkommende Fernsehen erforderten immer neue Techniken bei der Tonübertragung. Mit dem Tauchspulenmikrofon MD 2 gelang bereits 1947 der Einzug in die Rundfunkanstalten. Für die Erfordernisse der Fernsehstudios konstruierte das junge Unternehmen bald darauf das Standmikrofon MD 3. Mit seinem extrem dünnen Hals war es praktisch unsichtbar und konnte darum besonders gut auf Bühnen eingesetzt werden.

1955 – zehn Jahre nach der Firmengründung – reichte das Bauernhaus in Wennebostel nicht mehr aus und ein Neubau für 250 Mitarbeiter entstand. Drei Jahre später entwickelte die Sennheiser electronic KG die erste drahtlose Mikrofonanlage „Mikroport". Ein weiterer Fortschritt gelang 1962 mit dem Rohrrichtmikrofon, das es erlaubte, bei Film- und Fernsehaufnahmen das Mikrofon außerhalb des Kcamerablickwinkels zu halten und dabei eine klanggetreue Wiedergabe zu liefern.

1968 brachte Sennheiser eine Weltneuheit auf den Markt: den Kopfhörer HD 414. Als erstes Gerät arbeitete er nach dem „offenen Prinzip", das heißt, Außengeräusche waren noch wahrnehmbar. Im Gegensatz zu den meisten üblichen Modellen war er so leicht, dass man ihn auf dem Kopf kaum spürte. Dabei konnte er mit einem Frequenzbereich von 20 bis 20.000 Hz Musik beinahe so wiedergeben, wie sie auch gespielt wurde. In nur sechs Jahren wurde der HD 414 eine Million Mal verkauft. Mit diesem meistgekauften HiFi-Stereo-Kopfhörer der Welt stieg Sennheiser zum größten Hersteller von Kopfhörern in Europa auf.

Sennheiser operiert heute erfolgreich in unterschiedlichen Geschäftsfeldern. Die gute Verarbeitung der Produkte wird nicht nur in den Radio- und Fernsehstudios, sondern auch in der Musikindustrie und anderen professionellen Anwendungsbereichen, wie der Konferenz- und Informationstechnik, geschätzt. Aber auch bei modernen Kommunikationssystemen ist die Qualität von Sennheiser gefragt: Flugzeugpiloten müssen sich während des Fluges voll und ganz auf ihr Headset verlassen können. Zudem entwickelt Sennheiser anwendungsfreundliche Produkte in der Audiologie für besseres Hören.

Das heutige Spitzenmodell unter den dynamischen Kopfhörern von Sennheiser, der HD 600 Avantgarde, ist das Ergebnis jahrzehntelanger Erfahrung in der professionellen Audioübertragung. Mit einem Gewicht von nur 260 g ohne Kabel bietet dieser Kopfhörer der High-Tech-Generation höchsten Tragekomfort, so dass weder Zwang noch Druck das Klangerlebnis trüben. Die neu entwickelte Membran besteht aus zwei hauchdünnen Folien, die Partialschwingungen verhindern. Die räumliche Klangwiedergabe ist klar und natürlich mit hoher Klangfarbentreue und ohne tonale Verzerrungen. Da dieses Präzisionsgerät auf eine lange Lebensdauer ausgelegt ist, sind alle wesentlichen Teile auswechselbar.

Das überzeugendste Argument für den HD 600 Avantgarde ist aber fraglos seine enorme Klangleistung. Während das menschliche Gehör im Hauptsprachgebiet Tonfrequenzen von 300 bis 2.500 Hz empfängt und im Musikbereich Frequenzen von 30 bis 10.000 Hz übermittelt werden, erstreckt sich der Frequenzbereich des HD 600 Avantgarde von 12 bis 39.000 Hz. Gleichgültig, ob Karajan oder Bernstein die Krone gebührt: Mit dem HD 600 Avantgarde von Sennheiser kann man Musik wie im Konzertsaal erleben.

Firmenname	Klassiker	Gründung	Mitarbeiter	Gründer	Vertrieb
Sennheiser electronic GmbH & Co. KG	Kopfhörer HD 600 Avantgarde	1945 in Wennebostel	rd. 1.500	Prof. Dr. Fritz Sennheiser	weltweites Netz von Vertriebsgesellschaften

SIXT | DIE AUTOVERMIETUNG

Als Martin Sixt im Jahre 1912 die Firma „Sixt Fahrten und Selbstfahrer" mit sieben Limousinen gründet, zählen vor allem Mitglieder des englischen Hochadels und wohlhabende Amerikaner zu seiner Klientel. Als einem der ersten Autovermieter in Deutschland geht es Sixt von Anfang an nicht nur um die Verfügbarkeit eines Transportmittels, sondern ebenso sehr um Fahrkomfort und Fahrvergnügen.

Nach den Rückschlägen des Zweiten Weltkriegs übernimmt Hans Sixt, der Sohn des Unternehmensgründers, die Geschäfte. Geschäftsschwerpunkt in den ersten Nachkriegsjahren ist die Vermietung von Export-Taxis an Angehörige der US-Armee. Als einziges europäisches Unternehmen setzt Sixt dabei Funktaxis ein.

Bereits in den 60er Jahren führt Sixt als erster Autovermieter in Deutschland ein Leasingprogramm ein. In der dritten Generation baut Erich Sixt, der heutige Vorstandsvorsitzende, die Präsenz des Unternehmens durch eigene Expansion und Lizenzabkommen in den 70er Jahren aus. Zum Ende jener Dekade ist Sixt nicht nur mit Stationen an den wichtigsten Flughäfen Deutschlands vertreten, sondern auch an ein weltweites Reservierungsnetz angebunden.

Die kontinuierliche Stärkung der Infrastruktur, innovative Finanzierungskonzepte sowie die bereits von Martin Sixt ins Leben gerufene Kooperation mit Mercedes-Benz tragen mit dazu bei, dass das Unternehmen Fahrzeuge mit hohem Prestigewert zu besonders günstigen Preisen anbieten kann. Mit dem Slogan „Mercedes zum Golfpreis" wird die Sixt-Philosophie in den 80er Jahren auf den Punkt gebracht.

In den 80er und 90er Jahren führen der Börsengang und die Expansion in Europa zu einer weiteren Stärkung des seit 1993 als Holding firmierenden Unternehmens. Dazu gehören Stationen an den wichtigsten ICE-Bahnhöfen und an allen bedeutenden europäischen Flughäfen. Mit dem ADAC, der Deutschen Bahn und der Lufthansa werden weitere Vertriebspartner mit millionenfachem Kundenpotenzial gefunden. 1994 erreicht Sixt schließlich die Markt-

führerschaft unter den Autovermietern in Deutschland. Mit dem Rent-o-Mat, dem heutigen Car Express Service, stellt Sixt eine Weltneuheit vor, die den Bereich der Fahrzeugvermietung durch das Prinzip der Selbstbedienung weiter vereinfacht. Dies ist besonders für Geschäfts- und Firmenkunden, die Hauptzielgruppe des Unternehmens, wichtig.

Zum Ende des Jahrtausends wird Sixt nicht nur bevorzugter Partner der Hilton-Hotels, sondern durch weitere Kooperationen mit bedeutenden Fluglinien und durch die Partnerschaft mit einem großen amerikanischen Autovermieter zu einem der weltweit führenden Anbieter.

Mehr und mehr wird das in den 90er Jahren forcierte Leasinggeschäft zum zweiten Standbein des Konzerns. Sixt offeriert dabei weit mehr als reines Finanzleasing. Vielmehr wird das in Jahrzehnten gewachsene Know-how bei der Steuerung großer Autoflotten für Produkte wie Flottenconsulting oder Fuhrparkmanagement genutzt. Mittlerweile ist die Sixt Leasing AG eine der größten herstellerabhängigen Gesellschaften für dieses Full-Service-Leasing in Deutschland.

Mit der Gründung der e-Sixt-AG im Jahr 2000 wird der Bereich E-Commerce ebenfalls als eigenständiges Geschäftsfeld etabliert. Dabei eröffnet sich mit dem Sixt-Internet-Portal ein kostengünstiger Vertriebskanal für das Vermietungs- und Leasinggeschäft und ein Medium für die gezielte Ansprache von Privatkunden.

Auch wenn die Kernkompetenz Autovermietung nach wie vor den Löwenanteil des Geschäftsvolumens ausmacht, hat sich das Pullacher Unternehmen mit den weiteren Geschäftsbereichen Leasing und E-Commerce inzwischen zu einem führenden internationalen Mobilitätsdienstleister entwickelt. Sixt verbindet dabei mit einem weltweiten Netz von rund 2.400 Servicestationen und über 2.000 Mitarbeitern automobile Mobilität mit vielen Zusatzleistungen wie der Vermittlung von Flügen, Hotels und Reisen.

rent a car

smart | DER KLEINSTWAGEN

 „open your mind." Bestehendes infrage stellen. Neue Wege finden. Als sich 1994 Mercedes-Benz und die swatch-Gruppe zur Entwicklung eines revolutionär neuen Kleinstwagens zusammentaten, war klar, dass es nicht darum ging, bestehende Automobilkonzepte weiterzuentwickeln, sondern es musste eine völlig neue Sichtweise her, eine Antwort auf zukünftige Fragen. Wie viel Auto braucht der Mensch? Wie lässt sich der in den europäischen Metropolen knappe Parkraum optimal nutzen?

Die Antwort auf diese Fragen rollt seit dem Oktober 1998 auf unseren Straßen, ist 2,50 Meter kurz und aus dem Stadtbild längst nicht mehr wegzudenken. In nur wenigen Jahren ist das smart city-coupé mit bislang 500.000 verkauften Exemplaren nicht nur äußerst populär geworden, sondern hat darüber hinaus – besonders in der offenen Variante smart cabrio – längst Kultstatus erlangt.

Der Platz sparend im Heck eingebaute, äußerst leichte und schadstoffarme Drei-Zylinder-Turbo-Benzinmotor sorgt – wahlweise mit 50 oder mit 61 PS erhältlich – in Verbindung mit dem sequenziellen Schaltgetriebe und der straffen Federung für großen Fahrspaß bei kleinstem Verbrauch. Wem das nicht reicht, dem stehen in der Top-Ausstattung BRABUS gleich 75 PS zur Verfügung, während Sparfüchse sich über den 41 PS starken smart city-coupé cdi freuen, dessen Common-Rail-Diesel seinen Treibstoff nur in homöopathischen Mengen (3,4 l auf 100 km) konsumiert.

Eine Ausnahmerolle spielt der in nur limitierter Auflage hergestellte crossblade, sicher die konsequenteste Umsetzung des früheren Mottos „reduce to the max.": Kein Dach, keine Türen, keine Windschutzscheibe: Radikaler lassen sich Sonne, Wind und Wetter derzeit wohl kaum genießen.

„open your mind.": Das Motto hat sich gewandelt, denn längst assoziiert man mit smart nicht mehr nur 2,50-m-Autos, sondern das Unternehmen hat sich zur vollwertigen Marke entwickelt. Doch auch beim roadster, wahlweise auch als roadster-coupé mit Glasheck erhältlich, beschritt smart neue Wege: Anstatt sich an den PS-Schlachten der Mitkonkurrenten zu beteiligen, setzte man bei dem agilen Zwei-Sitzer konsequent auf Leichtgewicht und belebte so den Roadster-Gedanken neu. So transportiert der puristische Sportwagen die Fahrfreude vergleichbarer Modelle aus den 50er und 60er Jahren unverfälscht in die Jetztzeit, ohne sich dabei mit aufdringlichem Retro-Design anzubiedern.

Dass auch ein smart mit vier Sitzplätzen und mit vier Türen unverkennbar ein echter smart ist, stellt der neue forfour (= „für vier") mit originellem Design und attraktiven Proportionen unter Beweis. Während andere Autohersteller bei ihren neuen Modellen gerne das Markenemblem vergrößern, um überhaupt noch unterscheidbar zu bleiben, ist der smart forfour mit der typischen farblich abgesetzten TRIDION-Sicherheitszelle und den austauschbaren Body Panels aus Kunststoff auch ohne Logo sofort als smart identifizierbar. Auch für das neueste Modell aus der smart Palette sind ein großzügiger Innenraum bei ultrakompakten Außenabmessungen und absoluter Fahrspaß selbstverständlich.

„open your mind.": Die smart Modelle verbindet aber auch etwas, was sich an Sichtbarem nicht festmachen lässt. Nennen wir es mal den Nimbus der Marke. Oder nennen wir es ein Gefühl von Exklusivität und Individualität, eine Geisteshaltung, die sich unkonventionell, innovativ und offen für Neues zeigt.

Diese Geisteshaltung zeichnet nicht nur – quer durch alle Alters- und Einkommensklassen – den typischen smart Fahrer aus, sondern auch die smart Macher, angefangen bei der Konzeption über Produktion und Vertrieb bis hin zum Verkauf. Visuell symbolisiert wird sie nicht zuletzt durch die charakteristischen gläsernen Verkaufstürme der smart Center. Man darf gespannt sein, mit welchen Modellen diese in den nächsten Jahren noch bestückt werden. Fest steht schon jetzt: Sie werden dort nicht lange stehen bleiben – „open your mind.".

Firmenname	Klassiker seit 1998	2000	2002	2003	2004
smart gmbh	smart city-coupé	smart cabrio	smart crossblade	smart roadster	smart forfour

SØR | DER HERRENAUSSTATTER

SØR „Stil kommt niemals aus der Mode." Dieser Satz stammt von einer Autorität in Sachen guten Geschmacks: dem hanseatischen Herrenausstatter Oscar Lenius. Er verrät die Souveränität des Gentleman, dessen Stil nicht von modischen Eintagsfliegen geprägt ist. In Zeiten, da stilvolle Kleidungskultur nicht mehr selbstverständlich ist, inspiriert Oscar Lenius ein westfälisches Familienunternehmen, das inzwischen seit Jahrzehnten tonangebend für den perfekt gekleideten Herrn ist. Dafür steht der Name SØR.

Das Textilunternehmen aus Oelde wird seit vier Generationen mit Sinn für Tradition in die Zukunft geführt. 1911 eröffnete Gründervater Heinrich das erste Warenhaus, nachdem er zuvor mit der Postkutsche seiner Vorfahren über Land gefahren war, um Handel zu treiben. Die heutige Gestalt des Unternehmens entwickelte sich, als 1956 mit Egon und Doris Rusche die dritte Generation ihr erstes SØR-Geschäft in Bielefeld eröffnete.

Zeitlose Eleganz zeichnet seitdem die Kollektionen des Herrenausstatters aus. Ohne Modetrends hinterherzueifern, ist man offen für zeitgemäße Interpretationen bewährter Formen sowie für innovative Technologie. Bewährtes Schneiderhandwerk verbunden mit den Errungenschaften, welche die Textilforschung für Verarbeitung und Pflege der hochwertigen Materialien bietet: So entstehen Klassiker der Herrenbekleidung. Das Unternehmenskonzept erwies sich als so erfolgreich, dass SØR mit seinen Niederlassungen von Sylt bis München seit 1990 dank einer Marktanalyse der renommierten Boston Consulting Group als deutscher Marktführer im Premiumsegment der Herrenausstatter gilt.

Der ungewöhnliche Name, der im Norwegischen Süden bedeutet, ist einem Gedankenblitz von Egon Rusche beim morgendlichen Smørebrød entsprungen, als er 1967 wegen einer markenrechtlichen Auseinandersetzung Ersatz für den bis dahin geführten Namen Sir suchte. Die Aussprache blieb, und ein einprägsames Schriftbild war außerdem gefunden.

Bereits ein Jahr zuvor hatte SØR Deutschlands führenden Herrenschneider Oscar Lenius in Hamburg übernommen. Zwei Konstanten zeichnen seitdem das Firmenwachstum aus. Wie im Falle Lenius nutzte man konsequent die Chance, erstklassige Maßschneider und Herrenausstatter zu akquirieren, um damit nicht zuletzt das Know-how für den eigenen Erfolg zu erweitern. Zugleich setzte man für die SØR-Expansion, wie schon mit dem gotischen Crüwell-Haus in Bielefeld, immer wieder auf historisch bedeutende Gebäude, die zur einzigartigen Einkaufsatmosphäre der Fachgeschäfte beitragen.

Naturgemäß strahlt ein Haus, das aus der Kombination von Maßanzügen und hochwertiger Konfektion seinen eigenen Stil geprägt hat, etwas Exklusives aus, und es bleibt dem Geschmack der Massen verschlossen. So hat sich SØR in Deutschland zur Insidermarke entwickelt, die von vielen zufriedenen Kunden weiterempfohlen wird. Die Beratungskompetenz der SØR-Mitarbeiter erhält in Testkaufstudien regelmäßig Bestnoten. Bemerkenswert ist auch die Anlassvielfalt der SØR-Sortimente: Vom Frack für die Oper über den gedeckten Geschäftsanzug bis hin zur innovativen Sportswear beherrscht SØR die Sprache der Kleidung und kennt ihre grammatischen Regeln.

Diese Kompetenz blieb auch den internationalen Fachleuten nicht verborgen, als im Jahre 1987 Thomas Rusche erstmals die Präsidentschaft des Weltverbandes der Herrenausstatter IMG (International Menswear Group) übernahm. Über die Grenzen hinaus avanciert das SØR Brevier der Kleidungskultur, das bereits in mehreren Auflagen und Übersetzungen erschienen ist, zum Handbuch für den anspruchsvollen Mann, der auf allen Schauplätzen dieser Welt gut gekleidet sein will.

Das Schönste bei SØR aber ist das herzliche Lächeln der Mitarbeiter, die jeden Tag ihr Bestes geben, um die Erwartungen der Kunden zu übertreffen. Immer mehr Menschen folgen deshalb dem Wappenspruch von SØR: Vestis virum reddit – Kleider machen Leute.

Firmenname	Klassiker	Gründung	Gründer	Niederlassungen	Wappenspruch
SØR Rusche GmbH	Der Herrenausstatter	1956 in Bielefeld	Egon und Doris Rusche	25 in ganz Deutschland	Vestis virum reddit – Kleider machen Leute

Somat Die passenden Gläser – dem Getränk und dem Anlass entsprechend – waren schon seit jeher ein Ausdruck kultivierten und gepflegten Lebensstils. Den zur jeweiligen Gelegenheit passenden Wein im richtigen Glas zu servieren – das ist eine wahre Kunst für sich. Zum Genuss junger, fruchtiger Weiß- und Roséweine empfiehlt sich etwa ein gebogener Glasrand. Leichte, trockene Weiß- und Roséweine, wie zum Beispiel Chablis, Chardonnay oder Riesling, sollte man indes im etwas größeren Weißweinkelch servieren. Selbstverständlich ist dabei: Sauber und glänzend müssen die Gläser sein.

1962, als Henkel das Produkt Somat auf den Markt brachte, war das Gläserspülen allerdings noch ein anstrengender Job: Elektrische Haushaltshilfen waren noch wenig verbreitet, und eine Geschirrspülmaschine – obgleich schon 1885 erfunden – galt als unerschwinglicher Luxus und stand höchstens in vornehmen Haushalten oder in gastronomischen Betrieben. Dies sollte sich allerdings schnell ändern: Allein zwischen 1966 und 1971 stieg die Zahl der Geschirrspülmaschinen in westdeutschen Haushalten von 200.000 auf 1,7 Millionen, und 1976 leisteten sich schon mehr als 14 Prozent aller deutschen Haushalte eine Spülmaschine.

Heute delegiert bereits über die Hälfte der Haushalte das lästige Spülen an die Maschine. Das am häufigsten in der Maschine gereinigte Material ist dabei Glas. Nach mehrfachem Spülen kann es dabei vorkommen, dass das Glas trüb und „blind" wird. Sind diese Schäden irreversibel, also nicht mehr zu entfernen, spricht man von der so genannten Glaskorrosion. Hierbei werden insbesondere durch den Einfluss von Wasser und hoher Temperatur in der Maschine Bestandteile aus der Glasoberfläche herausgelöst. Die Folge: Das aus anionischem Silikat und Kationen bestehende Glasnetzwerk löst sich auf, das Glas laugt aus. Also greifen viele Hausfrauen wieder zu Spülschwamm und Handtuch und spülen die wertvollen Gläser mühsam von Hand. Dabei wäre es doch in der Maschine so viel bequemer und praktischer ...

Dank konsequenter Forschung bringt Henkel die Lösung: Der Marktführer Somat präsentiert sein gesamtes Reiniger-Sortiment mit eingebautem Langzeit-Glasschutz, welcher eine zu Trübungseffekten führende Störung des Glasnetzwerks verzögert. So wirkt Somat dem Auslaugen von Glas zuverlässig entgegen. Somat bewahrt den Glanz – Spülgang für Spülgang.

Den relevanten Verbraucherbedürfnissen ist Somat seit nunmehr über 40 Jahren konsequent auf der Spur: 1990 etwa kamen mit Somat 2 in 1 die ersten Reiniger-Tabs mit eingebautem Klarspülkern auf den Markt, und 2001 gelang es Henkel, mit Somat 3 in 1 Plus den Weg zum optimalen Spülergebnis auf nur einen einzigen Dosierschritt zu reduzieren. Das im Jahr 2002 eingeführte Somat 3 in 1 Perfect mit eingebautem Langzeit-Glasschutz setzt in punkto Schutz und Glanz des Spülgutes einen weiteren Meilenstein und wird daher auch beispielsweise vom renommierten Glashersteller Schott Zwiesel ausdrücklich empfohlen.

Die dreifarbigen Tabs erleichtern nicht nur die Dosierung, sondern geben auch optisch schon Aufschluss über ihre Funktion: Während der Reiniger in der roten Phase des Tab kraftvoll selbst eingetrocknete Essensreste entfernt, sorgt die blaue Phase für ausgezeichnete Klarspülleistung und verhindert so wirksam Kalk- und Wasserflecken – das Ergebnis: strahlender Glanz. Der weiße Salzfunktions-Kern schließlich bindet aktiv den Kalk im Spülwasser und schützt so vor störenden Ablagerungen. Durch diese Kombiwirkung kann bei Verwendung von Somat 3 in 1 Perfect im Wasserhärtebereich I bis III auf zusätzliche Mittel wie Klarspüler und Salz komplett verzichtet werden – das spart nicht nur Kosten, sondern schont auch die Maschine und befreit vom lästigen Nachkontrollieren der Salz- und Klarspüler-Füllstände. Womit noch mehr Zeit übrig ist, die man mit schöneren Dingen verbringen kann – etwa dem Genießen eines guten Weins aus einem glänzenden Glas.

Firmenname	Klassiker	Gründer	Bekanntheit	Vertrieb	Hauptfertigungsstätte
Henkel KGaA	Somat Klassik (seit 1962)	Fritz Henkel (1843–1930)	ca. 85 % (ungest.)	europaweit	Düsseldorf

DER SPIEGEL | DAS NACHRICHTEN-MAGAZIN

DER SPIEGEL

SPIEGEL-Leser wissen mehr.

Der SPIEGEL ist Deutschlands bedeutendstes und Europas größtes Nachrichten-Magazin. Das Blatt erscheint jeden Montag und wird in rund 160 Länder geliefert. Die wöchentliche Auflage liegt bei durchschnittlich 1,1 Millionen Exemplaren. Jede Ausgabe erreicht etwa sechs Millionen Leser.

Der erste SPIEGEL erschien am 4.1.1947 – damals noch in Hannover. Er ging aus einer Zeitschrift mit dem Namen „Diese Woche" hervor, ein Magazin, das Angehörige der britischen Militäradministration konzipiert hatten, um den Deutschen nach dem Weltkrieg wieder einen Zugang zu verlässlichen und objektiven Nachrichten zu ermöglichen.

Eine Hand voll junger Redakteure gestaltete das Blatt, darunter der im November 2002 verstorbene Rudolf Augstein. Er bekam von den Briten bald eine eigene Verlegerlizenz und gründete den SPIEGEL. Aus der deutschen Medienlandschaft ist der SPIEGEL seither nicht mehr wegzudenken. Seit mehr als einem halben Jahrhundert steht er zugleich als Synonym für „investigativen Journalismus".

Immer wieder deckte das Blatt Affären und Skandale auf. Der wohl wichtigste Einschnitt für den 1952 an die Elbe umgezogenen SPIEGEL war ein Ereignis im Herbst 1962: Im Zusammenhang mit der Titelgeschichte „Bedingt abwehrbereit" über ein Nato-Manöver wurde dem SPIEGEL Landesverrat vorgeworfen. Mehrere Redakteure kamen in Untersuchungshaft, Rudolf Augstein saß 103 Tage in einer Zelle. Landesweit gingen Menschen aus Solidarität für den SPIEGEL auf die Straße. Die Vorwürfe gegen das Nachrichten-Magazin erwiesen sich als falsch. Der als SPIEGEL-Affäre in die Geschichtsbücher eingegangene Vorgang gilt als Zäsur für die Gestaltung der Pressefreiheit im Nachkriegs-Deutschland.

Das Nachrichten-Magazin aus Hamburg ist politisch unabhängig, steht keiner Partei oder wirtschaftlichen Gruppierung nahe. 270 Redakteure recherchieren und schreiben für den SPIEGEL. Eigene Korrespondenten berichten aus allen Teilen der Welt, etwa aus Washington, Moskau und Nairobi, Neu Delhi, Peking oder Rio de Janeiro – insgesamt gibt es 20 Redaktionsvertretungen im Ausland. Dazu kommen acht SPIEGEL-Büros in Deutschland.

Das Nachrichten-Magazin veröffentlicht nahezu ausschließlich selbst recherchierte Artikel, die häufig von anderen Zeitungen sowie von Fernsehen und Rundfunk aufgegriffen werden: Seit Jahren ist der SPIEGEL das meistzitierte Medium in Deutschland. Dabei deckt das Blatt ein breit gefächertes Themenspektrum ab. In jedem Heft finden sich – oft exklusive – Geschichten aus Politik, Wirtschaft, Wissenschaft, Medizin, Technik, Kultur, Unterhaltung, Gesellschaft, Medien und Sport. Daneben stehen Hintergrundberichte, Analysen, Interviews, große Reportagen und SPIEGEL-Gespräche – eine 1956 eingeführte Form, die sich tiefer gehend und ausführlicher einem Thema widmet, als es im Interview möglich ist.

Unterstützt werden die schreibenden Redakteure durch Dokumentationsjournalisten aus dem legendären SPIEGEL-Archiv. Sie prüfen vor Veröffentlichung sämtliche Fakten, stellen Dossiers zusammen und recherchieren in Datenbanken. Im Archiv des SPIEGEL sind mehr als 35 Millionen Textdokumente und 5 Millionen Bilder abgelegt. Regelmäßig werden gut 300 Publikationen in 15 Sprachen ausgewertet.

Der SPIEGEL „ist eine Institution", so der damalige Bundespräsident Roman Herzog zum 50. Geburtstag des Nachrichten-Magazins, „weil er nicht nur beschreibt, sondern weil er auch aufdeckt. Er hat in viele Schmuddelecken dieser Republik geleuchtet, und er hat uns Deutschen geholfen, nicht nur von Demokratie zu reden, sondern Demokraten zu sein."

DER SPIEGEL

Nr. 8 / 18.2.02
Deutschland 2,80 €

DIE BUSH KRIEGER

Amerikas Feldzug gegen das Böse

www.spiegel.de

Firmenname
SPIEGEL-Verlag Rudolf
Augstein GmbH & Co. KG

Klassiker
DER SPIEGEL
(seit 1947)

Gründung
1947 in Hannover

Erfinder und Gründer
Rudolf Augstein
(1923–2002)

Bekanntheit
82,4 %

Vertrieb
163 Länder

SPRINGER & JACOBY Ungefähr bis zu dem Tag, als Bacardi zu Springer & Jacoby kam – im November 1988 – galt die Agentur acht Jahre lang als reiner Hot-Shop: Jung, kreativ und nicht so ganz das Richtige für einen großen Markenartikel. Als sich im Herbst 1989 dann Mercedes-Benz für Springer & Jacoby entschied, hielt der Markt den Atem an und viele fragten sich, ob Springer & Jacoby sich an diesem großen Kunden verschlucken würde und ob das Qualitätsniveau der Werbung die Anfangseuphorie überleben würde. Was für die Agentur nie in Zweifel stand, konnte der Markt in den folgenden Jahren nachvollziehen.

Inzwischen fühlen sich viele internationale Marken bei Springer & Jacoby in guten Händen.

Jedes Unternehmen braucht eine klare Markenmission. Sie ist die einzige Möglichkeit, sich zu differenzieren, und was auch immer das Unternehmen tut, die Mission ist seine Ansteuerungstonne. Springer & Jacoby folgt dem „e" – wie einfach. Einfachheit beginnt im Denken. Alles was Springer & Jacoby tut, muss für jeden immer nachvollziehbar sein. Das gilt für die Beziehung zu Kunden, für die Kreation und genauso für die Buchhaltung. Einfachheit macht die Botschaften schneller, auffallender, zugänglicher und menschlicher.

Sicherlich gibt es nicht die goldene Regel für erfolgreiche Kommunikation. Aber: Es gibt ein paar einfache Wahrheiten und bewährte Instrumente, die Springer & Jacoby seit Gründung der Agentur berücksichtigt hat. Und die dabei geholfen haben, nach kurzer Zeit die beste Agentur Deutschlands zu werden.

Seit mehr als 20 Jahren hat die Arbeit von Springer & Jacoby immer das gleiche Ziel: „Der Kunde bekommt eine Werbung, die ihm wirklich hilft und auf die wir stolz sein können."

Um das zu schaffen, gibt es 35 Standardmaßnahmen, die durch vielerlei Einzelmaßnahmen ihre Ergänzung finden:

Vom 3e-Arbeitsprinzip (einfach, einfallsreich, exakt) bis hin zum 4K-Bewertungssystem (Kreation, Kunde, Kultur, Kasse), vom Checklistenprogramm über das Förderprogramm für die nachwachsende Führungselite bis zu der ausführlichen Benotung durch den Kunden. Und die anonyme Beurteilung der Chefs durch ihre Mitarbeiter.

Die Organisationsstruktur ist ganz auf die Bedürfnisse der Kunden ausgerichtet; Springer & Jacoby ist kein großer unbeweglicher und unübersehbarer Tanker, sondern eine kleine Flotte von wendigen und eigenständigen Schnellbooten. Dank dieser Organisationsform profitiert der Kunde auf der einen Seite von der langjährigen Erfahrung einer großen Agentur(-Marke), auf der anderen Seite von den Vorteilen einer kleinen, engagierten Agentur. Wird innerhalb der Springer & Jacoby Holding ein „Schnellboot" zu groß, so wird dieses wiederum in zwei eigenständige Units aufgeteilt. Derzeit hat die Agentur fünf Units und fünf Spezial-Agenturen für solch Disziplinen wie zum Beispiel Digital, Media, Literatur, Design, Direktmarketing etc.

Immer auf der Suche nach der einfachsten und besten Idee – nicht nur für die Werbung, sondern auch für die Marke Springer & Jacoby – übergeben die Gründer Reinhard Springer und Konstantin Jacoby 1994 mit einem beispiellosem Beteiligungskonzept 50 Prozent der Agentur an führende Mitarbeiter und leiten damit den Generationswechsel ein.

Der endgültige Übergang von einer inhaber- zur managementgeführten Agentur findet 1996 statt, die grundlegende Struktur von Springer & Jacoby bleibt jedoch bestehen. Inhaber von Springer & Jacoby sind das Management, die Mitarbeiter, Reinhard Springer, Konstantin Jacoby und seit September 2000 die zweitgrößte Werbeholding der Welt, die Interpublic Group New York.

Heute hat die Springer & Jacoby-Gruppe in Europa rund 560 Mitarbeiter. Agenturstandorte sind Hamburg, London, Barcelona, Mailand, Paris und Wien. Im deutschen Kreativ- sowie im Effizienz-Ranking belegt die Agentur den ersten Platz und gehört zu den 15 kreativsten Agenturen weltweit.

Firmenname	Klassiker	Gründung	Mitarbeiter	Gründer	Jahresumsatz
Springer & Jacoby Werbung GmbH & Co	Agentur seit 1979	1979 in Hamburg	560	Reinhard Springer und Konstatin Jacoby	457,4 Mio. Euro (2002)

STEIFF | DER TEDDYBÄR

Die Kindheit ist ein magischer Ort voller Geheimnisse, Wunder und neuer Entdeckungen. Es ist aber auch die Zeit, in der man seine ersten Freunde fürs Leben findet, Freunde wie den Teddybär. Wenn heute vom Teddybär die Rede ist, denkt in der Tat jeder sofort an den weichen und niedlichen Stoffbären, der uns in jungen Jahren begleitet und im Grunde genommen nie wieder losgelassen hat.

Teddy – diesen Namen hat das Plüschtier von keinem Geringeren als dem amerikanischen Präsidenten Theodore („Teddy") Roosevelt. Dessen Vorliebe für die Bärenjagd war allgemein bekannt. So wurde er in den Karikaturen der damaligen Tageszeitungen häufig mit Bären in Verbindung gebracht. Die präsidiale Leidenschaft für Meister Petz führte schließlich dazu, dass die bei seinen Landsleuten immer beliebter werdenden Plüschbären den „Vornamen" Teddy erhielten. Diese historischen Bären waren ein Produkt der Margarete Steiff GmbH aus dem schwäbischen Giengen an der Brenz.

Richard Steiff hatte sie gerade auf der Leipziger Messe als seine neueste Erfindung vorgestellt. Das Besondere an diesen Spieltieren war der puppenähnliche Körper, an dem sich Kopf und Glieder bewegen ließen. Auch das Material war ungewöhnlich: ein flauschiger Mohairplüsch, der in der Wirkung echtem Fell sehr nahe kam. Dennoch schien sich zunächst niemand dafür zu interessieren, bis am letzten Messetag ein begeisterter Amerikaner 3.000 Stück bestellte. Diesem glücklichen Zufall verdankt der Teddybär seinen Siegeszug rund um die Welt und die Filzspielwarenfabrik Steiff ihren Aufstieg zur Weltfirma.

Margarete Steiff, die Gründerin des Unternehmens, war seit frühester Kindheit durch Polio behindert. Aber mit ungeheurer Energie und Disziplin und aus dem Bedürfnis nach wirtschaftlicher Unabhängigkeit heraus eröffnete die gelernte Näherin ein Filzkonfektionsgeschäft. 1880 fertigte sie aus Filz ein Nadelkissen in Form eines kleinen Elefanten. Dieses „Elefäntle" gilt heute als das Ur-Steiff-Tier. Es wurde unerwartet ein so beliebtes Kinderspielzeug, dass davon allein im Jahre 1886 5.170 Stück verkauft wurden. Daraufhin nahm sie noch andere Tiere in die Produktion auf, und bereits 1897 war das Unternehmen von Margarete Steiff als erste deutsche Filzspielwarenfabrik auf der Leipziger Messe vertreten.

Ohne die Unterstützung ihrer Familie wäre der Weg zum Erfolg kaum denkbar gewesen. Ihr Bruder, der Baumeister Fritz Steiff, und ihre fünf Neffen trugen ganz wesentlich zur Entwicklung zum Großunternehmen bei. So gilt Richard Steiff als der Vater des Teddybären und Neffe Franz Steiff als Erfinder des Warenzeichens, des berühmten „Knopf im Ohr". Die Idee, Kinderspielzeug mit einer Schutzmarke zu versehen, die unlösbar direkt am Produkt angebracht ist, war etwas bis dato völlig Neues. Mit diesem Gütesiegel bürgt Steiff für die hohe Qualität seiner Erzeugnisse, die ein Höchstmaß an Kindersicherheit garantieren. Nur so konnte sich die Firma trotz der Einbußen durch die beiden Weltkriege erfolgreich entwickeln und gegen Billigimporte aus Fernost behaupten.

Das Äußere des Teddybären hat sich im Laufe der Zeit immer wieder gewandelt und dem modernen Geschmack angepasst. Doch sieht man an den Repliken der ersten Modelle, dass sie bis heute von ihrer Liebenswürdigkeit nichts eingebüßt haben.

Zum 100. Geburtstag des Teddybären im Jahr 2002 wurde dem zeitlosen Klassiker in Form einer limitierten Auflage noch einmal eine verdiente Hommage zuteil. Doch damit nicht genug: Der Teddybär aus dem Hause der Margarete Steiff GmbH feiert mittlerweile auch als Musicalstar fröhliche Urständ.

Das Musical „Teddy – ein musikalischer Traum" wurde ebenfalls zum 100. Geburtstag des Teddybären komponiert und transformiert damit den Triumph handwerklicher Tradition in ein unvergängliches Kulturgut, das die Grenzen zwischen Alt und Jung längst überwunden hat.

Firmenname	Klassiker	Gründung	Mitarbeiter	Gründer	Bekanntheit
MARGARETE STEIFF GmbH	Steiff „Knopf im Ohr" (seit 1904)	1880 in Giengen (Brenz)	ca. 1.000	Margarete Steiff (1847–1909)	90 %

STERN | DAS AKTUELLE WOCHENMAGAZIN

Wohl kaum ein Magazin hat in den vergangenen Jahrzehnten derart die Gemüter erregt wie der stern aus Hamburg. Mehr als fünf Jahrzehnte ist es her, dass Hildegard Knef das Titelbild der ersten Ausgabe zierte. Und vielleicht war das Mitwirken der Schauspielerin tatsächlich wegweisend für das Profil des Blattes: Denn wie Hildegard Knef – 1950 im Film „Die Sünderin" die erste nackte Frau im deutschen Kino – stand der stern immer wieder im Zentrum leidenschaftlicher Debatten. Von Anfang an sorgte er für Zündstoff und schob nicht selten Diskussionen an, deren Folgen noch heute nachwirken. So bekannten sich im Juni 1971 auf der Titelseite Frauen zu ihrem Schwangerschaftsabbruch – in einer Zeit, in der dieses Thema noch absolut tabu war. Mit der Spendenaktion „Rettet die Hungernden" reagierte der stern 1973 auf die Hungerkatastrophe in Äthiopien. Und die Tonbandprotokolle einer 15-jährigen Drogenabhängigen, die unter dem Titel „Christiane F. – Wir Kinder vom Bahnhof Zoo" veröffentlicht wurden, warfen zum ersten Mal ein ungeschminktes, gleichwohl verständnisvolles Licht auf den Weg einer Jugendlichen in die Drogenszene. Später sorgte die Russland-Hilfe des stern für Aufsehen, mit 138 Millionen DM Erlös eine der bisher erfolgreichsten Aktionen dieser Art in der Nachkriegszeit.

Die Wurzeln des Magazins liegen unter anderem in einer Jugendzeitschrift begründet: „Zick-Zack" wurde 1948 auf Wunsch der Alliierten von Henri Nannen, damals Verleger der „Abendpost" in Hannover, übernommen. Mit der Zeitschriftenlizenz erlangte Nannen die Erlaubnis, das Konzept von „Zick-Zack" zu verändern: Es sollte für die jungen Menschen nach dem Krieg ein „Stern der neuen Hoffnung" werden – 1948 erschien der erste stern. Bereits 1951 verkaufte Nannen seine Verlagsanteile an den Verleger Gerd Bucerius, blieb aber Chefredakteur bis 1980 und Herausgeber bis 1983. Trotz aller Innovationen blieb der Grundansatz des Blattes, das im In- und Ausland rund 1,1 Millionen Mal pro Woche verkauft wird und mehr als sieben Millionen

Leser erreicht, der gleiche: Woche für Woche das Wichtigste des Zeitgeschehens zu präsentieren durch aktuelle Beiträge aus Politik, Wirtschaft, Kultur und Gesellschaft, eingerahmt von hochwertiger Unterhaltung. Der journalistische Stil setzt auf eine klare Sprache, deutliche Standpunkte und Geschichten, die den Menschen in den Mittelpunkt stellen. Mit dieser Art, ihren Lesern Orientierung in der Flut der Meinungen und Informationen zu verschaffen, haben Nannen und der stern den deutschen Journalismus maßgeblich mitgeprägt.

Neben den inhaltlichen Eigenschaften ist es vor allem seine Bildsprache, die den stern zu einem hochemotionalen Produkt macht. Wichtigstes Gestaltungselement sind die legendären Foto-Doppelseiten, die den Reportagen vorausgehen: „Die Bilder müssen dem Leser ohne viele Worte das Ereignis nachvollziehbar und nacherlebbar machen", so Nannen. Die bisher über 300 ADC-Medaillen beweisen die Sonderstellung der stern-Optik und markieren seine Ausnahmestellung gegenüber anderen Magazinen. Im Zeichen der Medienvielfalt hat der stern seine Präsenz wesentlich ausgebaut und sich zu einer der bekanntesten Medienmarken Deutschlands weiterentwickelt. Seit 1990 ist stern TV, moderiert von Günther Jauch, das erfolgreichste Print-TV-Format im deutschen Fernsehen. Zudem ist die Website stern.de mit ihrer Mischung aus Nachrichten, Hintergrundbeiträgen, Aktionen und Unterhaltung eine feste Größe im Internet. Zur stern-Markenfamilie gehört auch die stern-spezial-Reihe mit den Ablegern „CAMPUS & KARRIERE", „BIOGRAFIE", „FOTOGRAFIE", „CHRONIK" und „GESUND LEBEN", die das thematische Spektrum des stern ergänzen und vertiefen. Eine alle zwei Wochen gemeinsam mit der ZEIT produzierte Blindenzeitschrift runden die stern-Markenwelt ebenso ab wie ein breites Sortiment von stern-Büchern und CDs.

Cover text:

★stern

NR. 10 27.2.2003
Deutschland 2,50 €
Österreich 2,70 € / Schweiz 4,90 sfr
www.stern.de

Von Babylon bis Bagdad

Teil 3: Irak – ein Staat vom Reißbrett

Der Fall Jakob von Metzler
Folter im Verhör – so hilflos war die Polizei

AMERIKA
auf Kriegskurs

4190804102508 10

Firmenname	Klassiker	Erfinder	Bekanntheit	Sitz der Redaktion
Gruner + Jahr AG & Co. KG	stern Wochenmagazin (seit 1948)	Henri Nannen (1913–1996)	85 %	Hamburg

STIHL® Waldarbeit ist Schwerstarbeit. Umso mehr galt das noch in Zeiten, als Zugsäge und Axt die einzigen Werkzeuge waren, die die Waldarbeiter bei ihrem mühsamen Tagwerk unterstützten. Das sollte sich erst ändern als in den 20er Jahren des vergangenen Jahrhunderts eine Benzinmotorsäge auf den Markt kam, eine transportable, von zwei Mann zu bedienende „Baumfällmaschine". Ein 30-jähriger Maschinenbau-Ingenieur aus Stuttgart hatte sie konstruiert.

Wenn heute die Motorsäge dem Menschen den schwersten Teil der Waldarbeit abnimmt, so ist das vor allem diesem Mann zu verdanken: Andreas Stihl. Seine erste Motorsäge war mit 46 kg Gewicht bei einer Leistung von sechs PS zwar kein ausgesprochenes Leichtgewicht, doch stellte sie angesichts des damaligen Standes der Technik bereits eine respektable konstruktive Leistung dar. Andreas Stihl war das aber nicht genug. Ihm kam es darauf an, den Motorsägenführer weiter zu entlasten, die Sicherheit bei der Arbeit zu erhöhen und die Handhabung der Säge zu vereinfachen.

Viele Dinge, die heute das Bild einer modernen Motorsäge prägen, wurden von STIHL entwickelt oder erstmals bei STIHL-Sägen verwirklicht. So rüstete man schon 1935 STIHL-Benzinmotorsägen mit einer automatischen Kettenschmierung aus, brachte 1954 die erste echte Leichtsäge auf den Markt und führte 1968 die erste vollgekapselte elektronische Zündanlage ein.

Ein großer Schritt auf dem Gebiet der Umweltverträglichkeit gelang STIHL 1988: Der Katalysator für Motorsägen reduziert den Anteil der schädlichen Kohlenwasserstoffe im Abgas um bis zu 80 Prozent. Die STIHL 044 C kommt als erste Motorsäge mit diesem Abgaskatalysator auf den Markt. Unter der Modellbezeichnung STIHL MS 440 C wird sie als echte Universalsäge heute noch allen Anforderungen gerecht, die bei der Waldarbeit an eine Motorsäge gestellt werden: Mit einer Leistung von 4 kW (5,4 PS) besitzt sie die nötige Kraft zum Baumfällen und mit einem Gewicht von 6,2 kg lässt sie sich zugleich leicht und handlich beim Entasten führen. Wichtig für die Arbeit an der Säge ist zudem eine ergonomisch durchdachte Form. Das stromlinienförmige Gehäuse der STIHL MS 440 C mit dem extrem flachen Kettenraddeckel erlaubt eine enge Führung der Säge am Stamm. Für weniger Ermüdung bei der Arbeit sorgt vor allem das STHL Anti-Vibrations-System. In sorgfältig errechneten Pufferzonen werden dabei die Schwingungen von Motor und umlaufender Sägekette fast vollständig beseitigt. Die STIHL MS 440 C liegt deshalb stets ruhig in der Hand. Im Bemühen, die Motorsäge so sicher wie möglich zu machen, hat STIHL die MS 440 C mit einem aufwändigen Sicherheitspaket ausgerüstet.

Als Kernstück wirkt das Bremssystem Quickstop, das bei einem ausreichend starken Rückschlag der Motorsäge die Sägekette in Sekundenbruchteilen zum Stillstand bringt. Ein zusätzliches Plus an Sicherheit sowie Bedienungskomfort bedeutet die von STIHL entwickelte Einhebelbedienung: Ein einziger Schalter steuert alle Funktionen der STIHL MS 440 C. Beim Schalten kann die rechte Hand immer am Griff bleiben und wenn es darauf ankommt, stoppt die Maschine auf Daumendruck.

In der STIHL MS 440 C steckt die Erfahrung von nunmehr über 75 Jahren Motorsägenbau, in denen Andreas Stihls Zwei-Mann-Betrieb zum Hersteller der größten Motorsägenmarke der Welt aufgestiegen ist. Für ihre lange Marktpräsenz erhielt die Hochleistungssäge im Jahr 2002 den „Busse Longlife Design Award", eine Auszeichnung für Produkte, die über viele Jahre ihren Wert und ihre Funktionalität behalten. Die STIHL MS 440 C beweist zudem, dass perfekte Hochleistungstechnik und angemessener Umweltschutz keine unvereinbaren Gegensätze sind.

Ob im malaiischen Nutzwald oder im kanadischen Forst: In über 160 Ländern der Erde sind heute STIHL-Motorsägen im Einsatz. Die Waldarbeit ist durch sie leichter und sicherer geworden.

Firmenname	Klassiker	Gründung	Gründer	Vertrieb
ANDREAS STIHL	STIHL MS 440 C	1926 in Stuttgart	Andreas Stihl	weltweit
AG & Co. KG	(seit 1988)		(1896–1973)	in über 160 Ländern

Rütten & Loening

„Kinderbücher sind zum Zerreißen da", belehrte Dr. Heinrich Hoffmann einst seinen Verleger und riet ihm, die Bände nicht allzu fest zu binden. Damals hatte sein Struwwelpeter längst den Weg durch die Kinderzimmer der Welt angetreten. Schon wenige Jahre nach der Erstauflage 1845 war das Buch ins Englische übertragen worden, und bis heute folgten Übersetzungen in über 30 Sprachen.

Der Struwwelpeter hat sie überlebt, die pädagogischen Konzepte aus zwei Jahrhunderten und die zahlreichen Parodien. Allen Attacken zum Trotz ist er für viele immer noch „ihr" Kinderbuch. Bewusst hatte Hoffmann seine Exempel an Leichtsinn und Übermut statuiert und sie mit drakonischen Strafen versehen. Für den in Frankfurt praktizierenden Arzt waren Unfälle an der Tagesordnung und Verbrennungen seit der Erfindung des Phosphorhölzchens keine Seltenheit. Überzeugt, dass Kinder nur begreifen, was sie sehen, erfand er die Mär vom lodernden Mädchen, von den gekappten Daumen und dem zum Skelett abgemagerten Nahrungs-Verweigerer. Mit Bildern, die noch heute beim kindlichen Betrachter einen tiefen Eindruck hinterlassen, überführte er Täter und ließ ihre Opfer triumphieren.

1844, kurz vor Weihnachten: Auf der Suche nach einem Weihnachtsgeschenk für seinen Sohn wandert Heinrich Hoffman durch die Buchhandlungen, aber keins der Bilderbücher gefällt ihm. „Lange Erzählungen oder alberne Bildersammlungen", wird er das Angebot später beschimpfen, und so kauft er ein Schreibheft und nimmt die Sache selbst in die Hand. Vorlagen gab es bereits, denn zur Ablenkung junger Patienten griff der listige Doktor hin und wieder zum Stift, zeichnete mit schnellem Strich eine Geschichte und zog so die Behandlungs-Unwilligen in den Bann.

Am Weihnachtsabend legt er seinem Sohn den zukünftigen Bestseller unter den Tannenbaum. Auf 14 Seiten hatte der Vater gedichtet und die warnenden Verse mit der Feder illustriert: den Tierquäler Friederich, die rassistischen Buben, den Jäger, Suppenkasper

und Daumenlutscher Konrad. Auf der letzten Seite ein zotteliger Junge, den Hoffmann eigentlich nur als Lücken-Füller dorthin gezeichnet hatte: mit Fingernägeln, so lang wie Rattenschwänze, und einem Namen, mit dem man widerspenstige Charaktere neckte: Struwwelpeter.

Nicht nur Sohn Carl, auch Hoffmanns Freunde aus der Tutti-Frutti-Gesellschaft waren begeistert. In diesem Klub aus Literatur- und Kunstfreunden, dessen Mitglieder sich nach Früchten benannt hatten, lauschte im Januar 1845 Spargel (alias Zacharias Löwenthal) den Kinderfabeln seines Freundes Zwiebel (Hoffmann). Löwenthal, der sich später Loening nannte, beschloss sie zu publizieren.

Der Ur-Struwwelpeter erscheint 1845 im gerade gegründeten Verlag Rütten & Loening und heißt zunächst: Lustige Geschichten und drollige Bilder. Zwar waren die Bücher nach vier Wochen ausverkauft; aber ihr Autor versteckte sich doch lieber hinter dem Pseudonym Reimerich Kinderlieb. Für die Zweitauflage im folgenden Jahr erfindet er das zündelnde Paulinchen und Zappel-Philipp. Doch unter all den Unbelehrbaren war es der Struwwel von der letzten Seite (der als einziger straffrei bleibt), den die Kinder besonders liebten. Der Verlag reagierte, benannte das Buch nach ihm und beförderte sein Bild mit der fünften Auflage auf den Titel. Hoffmann komplettierte das Team mit dem fliegenden Robert und Hanns Guck-in-die-Luft und gab sich nun auch als Autor zu erkennen. Für die endgültige Fassung wird er das Buch noch einmal überarbeiten. Sie erscheint 1859 mit den bekannten Holzschnitten. Mit dem verdienten Sieg der Schwachen über die Starken und des Guten über das Böse; aber auch mit der überspitzten Komik des Schrecklichen, mit der es abgestraft wird: Mit seinem so faszinierend zeitlosen Humor, der Kinder damals wie heute zu beruhigen vermag: Es ist doch nur eine Geschichte ...

Der Struwwelpeter

oder
lustige Geschichten und drollige Bilder
von
Dr. Heinrich Hoffmann
543. Auflage

Rütten & Loening · Der Struwwelpeter-Original-Verlag

Firmenname	Klassiker	Gründung	Autor	Auflagen	Jahresabsatz
Aufbau Verlagsgruppe	Struwwelpeter (seit 1844)	1844 in Frankfurt a.M. (Literarische Anstalt)	Dr. Heinrich Hoffmann (1809–1894)	545	2.000 Exemplare

SYLT | DIE INSEL

Am Anfang war das Meer. Etwa 10.000 Jahre ist es her, dass die Fluten Sylt vom Festland abtrennten. Über Jahrhunderte hinweg fristeten die Menschen ein karges Dasein auf dem Eiland inmitten der Nordsee. Erst im 17. Jahrhundert brachte der Walfang einen ersten Wohlstand auf die Insel. Ende des 19. Jahrhunderts entdeckten die Sylter dann einen neuen lukrativen Erwerbszweig: Den Fremdenverkehr.

Heute zählt Deutschlands bekannteste Urlaubsinsel 21.000 Einwohner, die pro Jahr mehr als 650.000 Gäste begrüßen. Eine Ausdehnung von 98 Quadratkilometern, eine Länge von 38,5 Kilometern und eine Breite zwischen 700 Metern und 12,5 Kilometern – das sind weitere Eckdaten von Sylt.

Für die zahlreichen Stammgäste ist Sylt freilich weit mehr als eine Insel; für sie ist Sylt eine Philosophie.

Die vielen Facetten sind es, die diesen Flecken Sand im Meer so unverwechselbar machen: Fast 40 Kilometer feiner Sandstrand zieht sich die Küsten entlang und lädt zu ausgedehnten Spaziergängen ebenso wie zum erholsamen Sonnenbaden. Dabei kann man von der rauen Brandung an der Westseite zum stillen Wattenmeer im Osten wechseln. Urwüchsige Dünen und grüne Deiche tragen ebenso zum abwechslungsreichen Bild der Insel bei wie blühende Heide oder majestätische Kliffs. Bereits 1923 wurden die ersten Dünen- und Heidegebiete in weiser Voraussicht unter Naturschutz gestellt: Heute nehmen die geschützten Flächen nahezu die Hälfte der Inselfläche ein.

Schöne Aussichten auch anderweitig: Die Sonne scheint auf Sylt im Jahr durchschnittlich 1.750 Stunden und erreicht damit nördlich der Mainlinie einen Spitzenwert. Außerdem ist Sylt bekannt und geschätzt für sein gesundes Reizklima: Diese Verbindung von Temperatur, Strahlung und Wind entfaltet sich nur hier auf Sylt an der Küste und wirkt sich wohltuend auf den gesamten Organismus aus. Die reine nahezu schadstofffreie Sylter Luft tut ein Übriges dazu:

Durch ihren Jodgehalt lindert sie Erkrankungen der Atemwege – aber auch gesunde Großstädter genießen es, einmal richtig frei durchatmen zu können. Nicht von ungefähr rührt daher der markante Slogan „Sylter Luft ist wie Champagner".

Auf Sylt finden sich zwölf Ortschaften, die ihre Besucher mit jeweils ganz unterschiedlichen Gesichtern empfangen: Das pulsierende Westerland, das malerische Keitum, das mondäne Kampen und die anderen schmucken Dörfer. Die Umgebung lädt zu Aktivurlaub nach Lust und Laune ein: Ob Schwimmen in der Nordsee oder ein Sonnenbad am Strand oder lieber ausgedehnte Wanderungen oder eine Radtour um die Insel, für jeden ist etwas dabei. Sogar Golfen und Tennis, Reiten und Surfen kann man auf Sylt betreiben.

Und schließlich wird auch an die kulturellen Bedürfnisse der Inselgäste gedacht. Ein breitgefächertes Veranstaltungsprogramm, das vom Kindertheater über den Diavortrag oder Heimatabend bis zum klassischen Konzert reicht, bietet Unterhaltung am Nachmittag und frühen Abend. Und schließlich hat sich Sylt mit seinen eleganten Boutiquen und edlen Juwelieren auch einen Ruf als Shoppinginsel erworben, denn hier wurde schon so mancher Trend geboren.

Und da Meeresluft bekanntlich Appetit macht, lädt Sylt in mehr als 200 gastronomischen Betrieben zu Tisch – vom urigen Landgasthof bis zum erlesenen Gourmettempel ist für jeden Geschmack etwas dabei. Ganz oben rangieren auf den Speisekarten regionale Spezialitäten, von Scholle bis Seezunge, von Krabben bis Hummer, vom Grünkohl bis zur Roten Grütze. Und danach: Hinein ins Sylter Nachtleben. Flirten und Feiern in Bars, Clubs und Diskotheken.

So entdeckt jeder Gast, ob als Single oder Senior, ob Pauschaltourist oder Prominenter, Familie oder Pärchen, die Insel auf seine ganz persönliche Weise. Einig sind sich alle jedoch in einer Überzeugung: Sylt liegt in Deutschland ganz oben. Und das nicht nur in geografischer Hinsicht.

Ursprung	Einwohner	Wetter	Maße/Daten	Gäste
vor ca. 10.000 Jahren vom Festland ab	22.000 und 45.000 Betten	1.750 Sonnenstunden pro Jahr	99 km² Gesamtfläche, 40 km Strand	700.000 p.a.

Auch wenn in der heutigen Zeit vieles immer plan- und berechenbarer erscheint, die Natur hat ihre eigenen Gesetze. Denn wer regelmäßig Wind und Wetter ausgeliefert ist, der weiß, dass man gerade hier vor Überraschungen nicht sicher sein kann. Und der weiß auch, wie wichtig funktionelle und gleichzeitig komfortable Bekleidung ist.

Seit 1985 wird unter dem Markennamen Sympatex Bekleidung angeboten, die eine optimale Lösung bietet für alle Situationen des täglichen Lebens – unkompliziert und individuell zugeschnitten. Denn das ist das Credo von Sympatex: Der Mensch soll seinem eigenen Lebensrhythmus folgen und sich in jeder Situation frei fühlen – egal wie das Wetter oder die äußeren Umstände sind.

Mit der Marke Sympatex erwirbt der Käufer Bekleidung, die ihr Funktionsversprechen zu 100 Prozent einhält. Aber das, was das Sympatex-Gefühl ausmacht, ist mit dem bloßen Auge nicht zu erkennen. Die Vorteile und Funktionen der speziell entwickelten High-Tech-Membranen und -Materialien kann man nicht sehen, man muss sie erleben. Leicht, hauchdünn aber dennoch extrem strapazierfähig, finden sie unsichtbar Einsatz in alle Arten von Textilien und Schuhen. Sämtliche Sympatex-Produkte unterliegen einem mehrstufigen Qualitätssicherungs-System in eigenen Labors. Befragungen ergaben eine Kundenzufriedenheit von 98,9 Prozent und eine sehr hohe Bereitschaft zum Wiederkauf – der Beweis, dass der Verbraucher geprüfte Qualität in hohem Maß zu schätzen weiß.

Die Marke Sympatex folgt einem ganzheitlichen Komfortkonzept von Kopf bis Fuß: Für Sport und Freizeit werden Jacken, Pullover, Hosen und Schuhe für Damen, Herren und Kinder intelligent ausgestattet. Hüte, Handschuhe, Funktionssocken und -unterwäsche sowie Accessoires runden die Produktpalette ab. Auch im Motorradbereich und im professionellen Einsatz, zum Beispiel bei der Feuerwehr oder der Industrie, vertraut man auf die Vorteile der High-Tech-Membranen.

Sympatex ist ein innovatives Unternehmen, das weltweit vertreten ist. Und als innovationsorientiert ist auch der Weg zu beschreiben, den das Unternehmen mit seinen Produkten gegangen ist und in Zukunft weitergehen wird. Der erste Schritt war die bewährte Membrane mit den drei Eigenschaften wasserdicht, winddicht und atmungsaktiv. Diese Technologie wurde und wird schrittweise weiterentwickelt, verfeinert und mit zusätzlichen Leistungsmerkmalen ergänzt wie zum Beispiel dem Transport von flüssigem Schweiß oder die Wärmereflektion.

Dem Trend der Zeit folgend, wird Sympatex auch weiterhin neue Funktionselemente in das Angebot integrieren, die dem Verbraucher ein angenehmes und sicheres Tragegefühl vermitteln. Die Anzahl der Produkte, die mit dem Sympatex-Komfortnutzen ausgestattet werden, wächst stetig. Zum Beispiel unterstützen Sympatex Funktionssocken oder -unterwäsche die eigentliche Performance funktioneller Bekleidung und sorgen für deutlich mehr Komfort. Marktforschungsstudien belegen: Der Verbraucher erlebt Sympatex als einen universellen Wegbegleiter, als „liebevoll kümmernde" Marke, die zuverlässig, unkompliziert und rundum versorgend funktioniert.

Und Sympatex schützt nicht nur den Verbraucher, sondern auch die Umwelt. Lösungsmittel- und halogenfreie Produktion schont die Natur. Da Sympatex zu 100 Prozent aus Polyester besteht, zerfällt die Membran bei der Entsorgung in ihre drei natürlichen Bestandteile Kohlenstoff, Sauerstoff und Wasserstoff und ist „Öko-Tex 100"-zertifiziert.

Auch das Markenzeichen des erfolgreichen Produktes steht ganz im Dienste seiner hohen Funktionalität. Das blaue Dreieck mit dem Wolkenfonds, das den Hintergrund für den „sympatischen" Namen bildet, ist ein Hinweis auf die Herausforderungen, für die Sympatex geschaffen wurde: Dem Wetter auch morgen wieder einen Schritt voraus zu sein. Sympatex – das ist Komfort und Schutz. Komfort, der unabhängig und Schutz, der einfach sicher macht.

Firmenname	Klassiker	Bekanntheit	Vertrieb	Kundenzufriedenheit	Zertifizierung
Sympatex Technologies GmbH	Sympatex (seit 1985)	ca. 70 % (lt. GfK)	weltweit	98,9 % (lt. GfK)	Öko-Tex Standard 100

TEEFIX | DER TEEBEUTEL

„Der Weg zum Himmel führt über die Teekanne", lautet ein englisches Sprichwort. Doch auch schon auf Erden ist Tee eines der ältesten und beliebtesten Getränke der Menschheit.

Viele Legenden ranken sich um seine Herkunft. Sicher aber ist, dass Tee bereits im 2. Jahrtausend v. Chr. am chinesischen Hof getrunken und im Jahre 1657 erstmals in einem deutschen Salon gereicht wurde.

Bis in unser Jahrhundert hinein erforderte der Genuss einer Tasse Tee ein umständliches und zeitintensives Ritual. Heute dagegen kann sich jeder Teetrinker mit Aufgussbeuteln schnell und problemlos einen wohlschmeckenden Tee zubereiten. Dies ist der Firma Teekanne zu verdanken. Das ursprünglich 1882 in Dresden gegründete Stammhaus ließ zunächst die Bildmarke einer Teekanne mit Inschrift Thee unter der Registrierungsnummer 6541 gesetzlich schützen – heute eines der ältesten deutschen Warenzeichen. Im Jahre 1913 folgte dann die Eintragung der Marke „Teefix".

Einige Zeit verging jedoch noch, bis der kleine praktische Teebeutel auch den großen Teegenuss hervorbrachte.

Für die Truppenverpflegung im Ersten Weltkrieg verpackte das Unternehmen den Tee portionsweise in kleine Mullsäckchen. Diese „Teebombe" war bei den Soldaten sehr beliebt, doch konnte der empfindliche Teeliebhaber einen gewissen Beigeschmack nicht leugnen. Das galt auch noch für den Teebeutel aus zusammengeklebten Spezialpergamenten, der in den 20er Jahren aus den USA nach Europa kam.

Eine wirklich befriedigende Lösung war erst im Jahre 1950 gefunden, als das Haus Teekanne den Doppelkammerbeutel auf den Markt brachte. Dieser Teebeutel war aus feinstem, geruchfreiem Filterpapier und ohne jeden Klebstoff gefaltet. Ungehindert konnte das Wasser den Tee von allen Seiten umspülen und so das volle Aroma der Blättchen aufschließen. Die Portionierung sowie die Zubereitung des Tees wurden auf diese Weise erheblich erleichtert. Man brauchte nur noch die entsprechende Menge an Teebeuteln in die Tasse oder Kanne zu hängen, sprudelnd kochend heißes Wasser zuzugießen und etwa fünf Minuten zu warten.

Seit Jahrzehnten nun schon ist Teefix aus dem Hause Teekanne Deutschlands bekannteste Teemarke. Der Teefix-Doppelkammerbeutel umhüllt eine Indien-Ceylon-Mischung, die kräftig im Geschmack und sehr ergiebig ist. Für den verwöhnten Teeliebhaber bietet Teekanne mit Gold Teefix eine hocharomatische Mischung bester Hochlandernten an, ferner Ostfriesen-Teefix für die Freunde ostfriesischer Teemischung aus kräftig-aromatischen Assam-Tees.

Die Zubereitung im praktischen Aufgussbeutel ist so einfach, dass man leicht vergisst, welcher Aufwand nötig ist, damit der Teetrinker jeden Morgen „seinen" Teefix, Gold Teefix oder Ostfriesen-Teefix genießen kann.

Verständlicherweise erwartet der Verbraucher, dass sein Lieblingstee Tag für Tag gleich schmeckt. Da Tee aber ein Naturprodukt ist, unterliegt er Qualitätsschwankungen. Deshalb werden in den Teehandelshäusern die Tees verschiedener Teegärten gemischt. Jeder Teetrinker profitiert dabei von dem sensiblen Geschmacksempfinden der Teeverkoster. Ihr unbestechliches Urteil sorgt dafür, dass Teefix, Gold Teefix und Ostfriesen-Teefix mit dem stets gleichen Aroma in den Handel gelangen, auch wenn die Ernten in den Teegärten unterschiedlich ausfallen.

Mittlerweile hat der Doppelkammerbeutel von Teekanne den Teemarkt rund um den Erdball erobert. Und das aus zweifachem Grund: Der Aufgussbeutel macht das Teetrinken nicht nur besonders praktisch, sondern auch besonders preiswert. Dank Teefix von Teekanne, einem der größten Teehandelshäuser auf dem europäischen Kontinent, ist Tee somit nicht nur eines der ältesten, sondern auch eines der modernsten und preiswertesten Getränke der Welt.

Firmenname	Klassiker	Gründung	Mitarbeiter	Erfinder	Bekanntheit
Teekanne GmbH	Teefix	1882 in Dresden	1.500	Rudolf Anders, Eugen Nissle	91 % (emnid)

TEMPO | DAS PAPIERTASCHENTUCH

„Keine Zeit, keine Zeit", hieß ein Schlager der 20er Jahre: „Tempo" war das Motto der Epoche. Tempo hieß darum auch der Artikel, mit dem die Vereinigten Papierwerke Nürnberg 1929 ein völlig neues Produkt auf den Markt brachten: das Papiertaschentuch.

Von wem der Einfall stammt, dieses saugfähige und weiche, dabei aber reißfeste Tuch aus Papier herzustellen, ist heute nicht mehr bekannt. Vielleicht hatte sich der Erfinder über ein Textiltaschentuch geärgert, das zur Brutstätte für Bakterien geworden war. Auf jeden Fall war das Tempo-Taschentuch ein großer Fortschritt bei der Einführung hygienischer Lebensgewohnheiten. Einmal benutzt und dann weggeworfen, kann es verhindern, dass durch Reinfektion aus einem harmlosen Schnupfen eine böse Nebenhöhlenentzündung wird.

Doch erst der Kombination von Hygiene und Komfort hat Tempo seinen durchschlagenden Erfolg zu verdanken. Wer Schnupfen hat oder niesen muss, braucht ein Taschentuch, das sich einfach und rasch entfalten lässt. Immer wieder wurden darum neue Ideen zur Schnellentfaltung des Tempo-Taschentuchs entwickelt. Seit 1975 löst die Z-Faltung das Problem buchstäblich im „Ruck-Zuck-Verfahren".

Einen wichtigen Beitrag zum bequemen Gebrauch hat von Beginn an auch die Verpackung geleistet: Bereits die 1953 eingeführte, aufbrechbare weißblaue Doppelpackung erlaubte eine schnelle Handhabung und einfache Portionierung. 1964 kam das Sechserpack auf den Markt – 60 blütenweiße Tempo-Taschentücher für nur eine Mark – , der Vorläufer des Großpacks, mit dem sich Tempo heute auf den Verbraucherwunsch nach langfristiger Vorratshaltung eingestellt hat.

Doch zunächst erwies sich gerade der hygienische und bequeme Vorzug des Papiertaschentuchs, nach Gebrauch gleich im Abfall zu verschwinden, als ein Hemmnis in der Verbrauchermentalität. Dem Tempo-Taschentuch haftete noch ein gewisser Luxuscharakter an. Die erste Scheu ist längst einem völlig unkomplizierten Konsumverhalten gewichen. Das Papiertaschentuch wurde zum gefragten Gebrauchsgegenstand. Für Skepsis gibt es ohnehin keinen Grund: Tempo-Taschentücher sind aus reinem Zellstoff, der zudem umweltfreundlich sauerstoffgebleicht wird, und lassen sich problemlos in der Biotonne entsorgen.

1988 wurde das Tempo-Taschentuch nochmals verbessert. Das so genannte „Duo-Faser-System", das es damals nur bei Tempo gab, sorgte für neuen Komfort: Kurze weiche Fasern machen das Taschentuch außen noch weicher, lange Fasern im Inneren sichern die Stabilität und Reißfestigkeit. Außerdem gibt es Tempo seitdem in der praktischen wiederverschließbaren Verpackung.

Seit 1995 gehört die Marke zum Konsumgütergüterkonzern Procter & Gamble. Im gleichen Jahr wurde das Tempo-Taschentuch durch eine Produktverbesserung noch reißfester. Die so genannten „Micro-Brücken" kamen im Jahr 1998 hinzu, welche die Fasern miteinander verbinden und Tempo seitdem noch „durchschnupfsicherer" machen.

Das Tempo-Taschentuch gibt es für besonders empfindliche Nasen auch als Tempo plus mit Aloe Vera und Kamillenextrakt sowie als Tempo Atemfrei-Gefühl, das verschnupfte Nasen mit seinem Mentholduft wieder aufatmen lässt. Neben dem sensiblen Atemorgan hat man auch an kleine Handtaschen gedacht: Die Tempo Mini Packs, der kleine Bruder des Tempo-Taschentuchs, sind mit fünf handlich gefalteten Taschentüchern in jeder Packung schnell verstaut.

Tempo ist nicht nur seit fast 75 Jahren Marktführer in Deutschland, sondern steht auch in vielen anderen Ländern an erster Stelle. Ein solcher Erfolg lässt sich nur durch intensive Arbeit am Produkt wie an der Marke erzielen. Tempo tat dies mit einer konsequent an den Verbraucherbedürfnissen orientierten Politik der kleinen Schritte: durch stetige Verbesserung der Funktion, Vereinfachung der Nutzung, Steigerung der Bequemlichkeit und Konstanz im Marktauftritt.

Durchschnupfsicher
Soak-through-secure
Extra resistente

Firmenname	Klassiker	Gründung	Mitarbeiter	Jahresabsatz	Hauptfertigungsstätte
Procter & Gamble	Tempo Papiertaschen-tuch (seit 1929)	1837 in Cincinnati, USA	102.000 in etwa 80 Ländern weltweit	ca. 40 Mrd. Stück weltweit	Neuss

TESA | DER KLARSICHTKLEBEFILM

 Wohl kaum hätte Elsa Tesmer damit gerechnet, dass die Anfangs- und Endbuchstaben ihres Namens einmal einen der bekanntesten deutschen Markennamen bilden würden: tesa. Die ehemalige Sekretärin von Oskar Troplowitz stand Pate, als der Apotheker seine ersten Versuche, ein Klebeband zu entwickeln, taufen wollte. Allerdings war es erst der findige Kaufmann Hugo Kirchberg, der das 1935 zunächst als „Beiersdorf Klebefilm" auf den Markt gebrachte, transparente Klebeband ein Jahr später in tesa-Klebefilm umbenannte und damit den Grundstein für den Erfolg der Marke legte.

Schon bald nach der Einführung von tesafilm im Jahre 1941 wurde im deutschen Sprachraum mit diesem Produktnamen alles bezeichnet, was als technisches Klebeband mit transparenter Folie auf den Markt kam. Deshalb lag es für Kirchbergs Arbeitgeber Beiersdorf nahe, das Potenzial des Markenartikels zu nutzen und tesa zur Obermarke für alle Klebebänder des Firmensortiments zu machen. Inzwischen ist tesa jedoch längst mehr als nur der nützliche Helfer im Büro: Unter der Dachmarke finden sich in Bau- und Verbrauchermärkten mehr als 300 professionelle Produkte, mit denen sich das Leben kreativ gestalten lässt. So bietet das Foto-Sortiment die Möglichkeit, Fotos vielseitig phantasievoll zu präsentieren. Mit Powerstrips und ihren zahlreichen Anwendungen wie den Wand- und Dekohaken lassen sich Dekorationen schnell befestigen und rückstandsfrei wieder entfernen. tesa Kleister, verschiedene Sorten Malerkrepp, Teppichverlegebänder und Easy Cut, eine Abdeckfolie mit integriertem Klebeband, erleichtern das Renovieren.

Als jüngste Innovation kam 2003 das tesa Protect Pollenschutzgitter auf den Markt. Das bei tesa entwickelte Spezialtextil wird mit einem Klettsystem im Fenster befestigt. Es lässt zwar Licht und Luft ins Haus, Pollen aber bleiben draußen und Allergiker können aufatmen.

Im April 2001 wurde die tesa AG als eigenständiges Unternehmen innerhalb der Beiersdorf Gruppe gegründet. Das junge Technologieunternehmen behauptete sich in seinen ersten beiden Lebensjahren erfolgreich und konnte seine Marktposition im Vergleich zu wichtigen Wettbewerbern ausbauen. Mit einer Markenbekanntheit von 99 Prozent in Deutschland gehört tesa weltweit zu den führenden Klebebandherstellern, dabei entfallen 70 Prozent des Umsatzes heute auf spezielle Hochleistungsklebebänder für die Industrie. Mehr als 50 tesa Produkte können in einem modernen Automobil verarbeitet sein. Auch in Digitalkameras und Mobiltelefonen finden tesa Produkte Verwendung – zur Verklebung elektronischer Bauteile. Ein weiteres Anwendungsgebiet ist die Druck- und Papierindustrie. Hier sorgt tesa mit wasserlöslichen Klebebändern und Spezialprodukten für die Verklebung von Papierrollen im Druckprozess für einen störungsfreien Produktionsablauf. Und auch in der Kreditkartenherstellung kommt tesa zum Einsatz: Der Chip wird mit Hilfe einer hitzeaktivierbaren Folie stabil in die Karte eingeklebt.

1998 entdeckten Wissenschaftler, dass sich der tesafilm als Medium zur Speicherung großer Datenmengen auf kleinstem Raum eignet. Die aus dieser Entdeckung entstandenen tesa ROM und Holospot®-Technologien bilden die Grundlage für interessante Zukunftsideen. Mit dem Holospot®-Verfahren lassen sich kleinste Hologramme generieren, die Ausweise gegen Fälschung sichern und hochwertige Markenprodukte vor Plagiaten schützen können. Für die Weiterentwicklung dieser Technologien hat tesa gemeinsam mit den Erfindern die tesa scribos GmbH mit Sitz in Heidelberg gegründet.

Elsa Tesmer lebt zwar mittlerweile nicht mehr, ihr Name prangt dafür aber auf über 6.500 Produkten, die in mehr als 100 Ländern von tesa vertrieben und vermarktet werden.

Firmenname	Klassiker	Gründung	Mitarbeiter	Bekanntheit	Hauptfertigungsstätten
tesa AG	tesa Film® seit 1936	2001 in Hamburg (der tesa AG)	3.500 weltweit	99 % in Deutschland	Offenburg, Hamburg und Concagno (Italien)

Vor fast einem halben Jahrhundert revolutionierte der junge Naturwissenschaftler Dr. rer. nat. Ulrich Baensch das bisher eher seltene und schwierige Hobby der Aquaristik. Um 1950 züchtete Baensch in Hannover tropische Zierfische. Zu dieser Zeit gab es kaum 50.000 Aquarianer in Deutschland. Gründe dafür waren zum einen die nicht vorhandene Technik. Zum anderen mussten die wertvollen Fische täglich mit Lebendfutter versorgt werden. Dieses war nicht nur umständlich und zeitraubend für die Züchter zu beschaffen, sondern auch gefährlich für die Fische, konnten doch allzu leicht Krankheitserreger übertragen werden.

Das brachte Dr. Baensch auf die Idee, ein industriell gefertigtes Fertigfutter für Zierfische zu entwickeln und in den Handel zu bringen: 1952 ist TetraMin geboren. Es besteht aus vier verschiedenen Flockensorten mit Vitaminzugaben, die dem Produkt seinen Namen geben: Tetra (griechisch: vier) und Min, die zweite Silbe von Vitamin.

Als TetraMin auf dem Markt erscheint, verändert es die Aquaristik. Denn ab sofort müssen Zierfischliebhaber nicht mehr bei Wind und Wetter an Tümpeln und Teichen auf Futterfang gehen, um mit der lebendigen Fischnahrung unter Umständen sogar Parasiten und Krankheitserreger einzufangen. Mit dem fertigen Futter ist die Keimfreiheit bei voller Nährstoffzufuhr garantiert.

Vorbei ist mit Dr. Baenschs Neuentwicklung auch der Ärger mit Handhabung und Lagerung von Lebendfutter. Aus einem Hobby für wenige wird mit Hilfe von TetraMin ein anspruchsvoller Zeitvertreib, der heute allein in Deutschland mehr als zwei Millionen Menschen fasziniert. TetraMin in der gelben Dose mit dem braunen Schriftzug und dem braunen Deckel wird zum bekannten Markenprodukt, das schon bald ganz selbstverständlich neben den Aquarien in aller Welt zu finden ist.

TetraMin enthält über 40 hochwertige natürliche Rohstoffe, von denen sich viele Fische auch in ihrer natürlichen Umgebung ernähren.

In der Herstellung werden die Zutaten so fein gemahlen, dass sie einen Brei ergeben. Dieser wird flach ausgerollt und getrocknet, so dass er schließlich wie kleine farbige transparente Folienstückchen aussieht. Verschiedene Flockensorten werden zu einer Mischung zusammengefügt, die alle lebenswichtigen Nährstoffe, Vitamine und Spurenelemente enthält. Das Endprodukt ist bei Zimmertemperatur zudem sehr lange haltbar.

Doch der Erfolg von TetraMin beruht noch auf weiteren Eigenschaften. TetraMin ist ein besonders schmackhaftes Futter und verhält sich den Ansprüchen der Fische entsprechend. Ins Aquarium eingestreut, schwimmt ein Teil der Flocken oben auf der Wasseroberfläche, während der Rest langsam dem Boden entgegenschwebt. Selbst Wildfische in natürlichen Gewässern schnappen hungrig zu, wenn ihnen TetraMin angeboten wird. Die Flocken lösen sich nicht auf und können dadurch das Wasser nicht trüben oder seine Qualität negativ beeinträchtigen.

Mit seiner revolutionären Entwicklung von Trockenfutter für tropische Zierfische legte Dr. Ulrich Baensch aber auch den Grundstein zu einem Unternehmen von Weltrang. Schon früh beginnt der Aufbau des Unternehmens zum internationalen Marktführer mit sechs Schwestergesellschaften.

Heute beschäftigt die gesamte Tetra-Gruppe mit Stammsitz im niedersächsischen Melle über 700 Mitarbeiter und ist mit Vertretungen in mehr als 90 Ländern weltweit größter Hersteller für Produkte in den Bereichen Aquaristik und Gartenteich. Ein komplettes Programm von Futtermitteln, Wasseraufbereitungs- und Pflanzenpflegemitteln bis zu technischem Equipment und medizinischen Präparaten kennzeichnet das Angebot.

Firmenname	Klassiker	Gründung	Mitarbeiter	Erfinder	Vertrieb
Tetra GmbH	TetraMin Zierfisch-futter (seit 1952)	1951 in Hannover	700 weltweit	Dr. rer. nat. Ulrich Baensch	in über 90 Ländern

TIPP-EX | DAS KORREKTURFLUID

Tipp-Ex®

Fehler in einem Anschreiben haben schon so manches Geschäft vereitelt. Doch Fehler unterlaufen auch der besten Schreibkraft. Aber es gibt zum Glück ein Mittel, das Fehler auf so schnelle wie einfache Weise zum Verschwinden bringt: Tipp-Ex, das universale Korrekturfluid.

Zu Beginn der 60er Jahre stand das deutsche Wirtschaftswunder in seiner vollsten Blüte. In dieser prosperierenden Zeit meldete in Frankfurt am Main eine neue Firma ihr Gewerbe an.

Nicht lange zuvor war ein Produkt entwickelt worden, mit welchem sich die Tippfehlerkorrekturen wesentlich vereinfachen ließen. Dabei handelte es sich um beschichtete Papierstreifen, mit denen sich falsch getippte Buchstaben durch nochmaliges Anschlagen rasch und sauber abdecken ließen.

Aufgabe der jungen Firma, die von Otto W. Carls 1959 gegründet wurde, sollte es nun sein, diese Erfindung zu verwerten und zu vertreiben. Der Name für Produkt und Unternehmen war rasch gefunden: Tipp-Ex, eine ebenso nahe liegende wie eingängige Bezeichnung, die den Nutzen des Artikels unmittelbar zu erkennen gab.

Die Anfänge waren natürlich bescheiden. Doch stellte sich bald heraus, dass die Schreibkräfte in den deutschen Büros offensichtlich nur auf ein Mittel gewartet hatten, mit denen sie der ärgsten Plage beim maschinellen Schreiben – den Tippfehlern – effektiver und weniger umständlich zu Leibe rücken konnten, als es mit den bis dahin bekannten Verfahren möglich war. Tipp-Ex wurde alsbald zum Verkaufsschlager und bescherte der Firma erfreuliche Absatzzahlen.

Nach der erfolgreichen Einführung galt es nun, Vertriebswege festzulegen. Sie sollten grundsätzlich über den Fachhandel führen. Diese Entscheidung erwies sich als überaus klug, denn die begeisterte Aufnahme von Tipp-Ex durch die Verbraucher machte es dem Groß- und Einzelhandel leicht, das Produkt in sein Sortiment aufzunehmen. Wieder einmal zeigte sich, dass der beste Verbündete eines marktgerechten Artikels der Konsument ist.

In der zweiten Hälfte der 60er Jahre fällte die Geschäftsleitung von Tipp-Ex einen Entschluss, der den ersten Erfolg des Hauses nicht nur wiederholte, sondern sogar noch übertraf. Tipp-Ex brachte ein flüssiges Korrekturmittel auf den Markt. Dieses Fluid sollte das Anwendungsgebiet von Tipp-Ex über die Büroräume hinaus erweitern. Tipp-Ex ließ sich nun noch vielseitiger verwenden, denn das Fluid eignete sich nicht nur für die Korrektur an der Schreibmaschine, sondern konnte auf allen denkbaren Schriftstücken Fehler tilgen. Nach dem Auftrag mit dem in der Kappe befestigen Pinsel trocknete es in Sekundenschnelle zu einer glatten, wiederbeschreibbaren Oberfläche.

Mitbestimmend für den Durchbruch am Markt war der Aufschwung, den die Fotokopierbranche Anfang der 70er Jahre zu verzeichnen hatte. Bei der nun einsetzenden Flut von Schriftstücken erwies sich das Fluid bald als unentbehrlich. Neben dem universell verwendbaren Standard-Fluid kamen darum zusätzlich Sondervarianten auf Lösungsmittel- und Wasserbasis in den Handel. Wie beim Korrekturpapier bot Tipp-Ex auch hier Farben in Serien und als Sondermischungen an.

Seit 1997 gehört die Frankfurter Firma zu der internationalen BIC-Gruppe, die sämtliche Produkte rund um die Korrektur unter dem Namen Tipp-Ex vertreibt und damit der Marke ein internationales Zuhause gegeben hat. Und die Zukunft für Tipp-Ex ist nach wie vor gesichert, denn auch heute, da die elektronische Daten- und Textverarbeitung die Büros erobert und Enthusiasten schon das „papierlose Büro" propagieren, wird das Korrekturfluid von Tipp-Ex auf den Schreibtischen der Welt seinen festen Platz haben.

Solange Kugelschreiber, Bleistift und Radiergummi noch nicht aus den Büros verbannt sein werden und sich der Fehlerteufel zwischen Papier und Stift mischt, solange wird Tipp-Ex seine hilfreichen korrigierenden Dienste leisten.

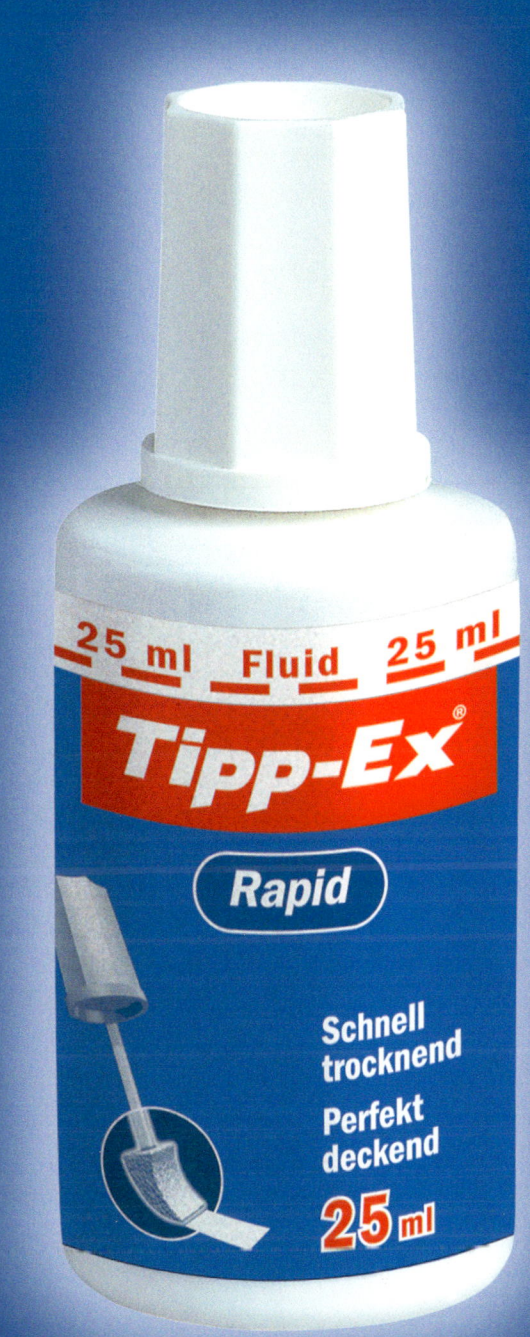

Firmenname	Klassiker	Gründung	Gründer	Bekanntheit	Vertrieb
BIC Deutschland GmbH & Co	Tipp-Ex Fluid	1959 in Frankfurt am Main	Otto Wilhelm Carls	über 70 %	in über 170 Ländern weltweit

· · · · **T** · · Online· Als der amerikanische Technikpionier Samuel Morse 1844 seine unsterblichen Worte „Was hat Gott getan?" von Washington nach Baltimore telegrafierte, war dies der Beginn des elektronischen Kommunikationszeitalters. Mehr als 150 Jahre und diverse Quantensprünge menschlichen Fortschritts später leben wir in einer Welt, die durch das Internet bestimmt wird. Die kühne Vision, alles mit allem vernetzen zu können und so den Austausch von Gedanken, Informationen und Gütern zu gewährleisten, ist Realität geworden. In dieser Hinsicht stellt das Internet eine historische Zäsur dar, die der Erfindung des Buchdrucks durch Gutenberg gleichkommt. Und so bemerkt der Philosoph Norbert Bolz in seinem Buch „Am Ende der Gutenberg-Galaxis" denn auch zu Recht, dass an die Stelle der elitären bürgerlichen Öffentlichkeit für wenige das Global village für viele getreten sei: „Das elektronische Weltdorf ist mittlerweile nicht mehr Science Fiction, sondern Glasfaserkabelwirklichkeit."

Apropos Glasfaserkabel: Die Unternehmensgeschichte der T-Online International AG, wie sie sich seit ihrer Umfirmierung zur Jahrtausendwende nennt, spiegelt genau jenen Wandel wider, der sich von Btx zu den Breitbandportalen in der Entwicklung und Anwendung neuester Technologien vollzogen hat. Nicht zuletzt deshalb hat sich der Internetgigant, der als Marke 1995 auf der IFA aus der Taufe gehoben wurde, eine der führenden Positionen in seinem Segment erkämpft und ist dabei, diese weiter auszubauen.

Die Erfolgsgeschichte von T-Online lässt sich dabei an eindrucksvollen Zahlen dokumentieren: Schon ein halbes Jahr nach seiner Gründung kommunizieren eine Million Kunden im Netz des virtuellen Telekom-Sprösslings, gut drei Jahre später, beim Vermarktungsstart von T-ISDN, sind es schon 3,3 Millionen, im November 2001 wird dann der 10-millionste Kunde begrüßt und mittlerweile zählt T-Online, gemäß des einprägsamen Imperativs „Gehen Sie mit!", 12,5 Millionen Kunden in Europa. Doch damit nicht genug: www.t-online.de ist darüber hinaus das reichweitenstärkste Portal im deutschsprachigen Internet (Quelle: Nielsen/NetRatings, Mai 2003).

Dieser Umstand basiert auf einer Strategie, die sich in ihrem Marktumfeld als richtungsweisend herausstellt. Nicht nur das Geschäft mit dem Internet-Zugang, sondern die Kombination von Access- und Non-Access-Produkten ist das Ei des Kolumbus, um im Internet erfolgreich zu sein. Insbesondere der zweite Aspekt wird dabei von T-Online in Kooperation mit mehr als 400 Contentpartner konsequent ausgebaut. Zu diesen Partnern zählen zum Beispiel der Axel Springer Verlag („bild.t-online.de") und das ZDF, mit dem sich unter „heute.t-online.de" eine fruchtbare Content-Kooperation begründet hat. Das Portal bietet Nachrichten und Hintergründe aus Politik und Wirtschaft. Neben der Vermittlung hochwertiger Inhalte liegt der Akzent aber auch auf dem Bemühen, den Nutzern innovative Erlebniswelten zu erschließen. Entsprechend werden auf T-Online Vision neue Sendeformate im Bereich Bewegtbild und Streaming angeboten.

Das seit April 2000 börsennotierte Unternehmen, für das zwischen Lübeck und Lissabon inzwischen über 2.600 Mitarbeiter an sieben Standorten tätig sind, bleibt aber bei allem innovativen Selbstverständnis primär immer noch eins: Das Tor zu den unendlichen Weiten des World Wide Web – eine Tatsache, die durch die virtuelle Figur von Robert Eingang in das Unterbewusstsein vieler Deutscher gefunden hat. Clifford Stoll, Autor der Streitschrift „Die Wüste Internet", hat einmal behauptet, dass die wenigsten Gesichtspunkte unseres täglichen Lebens wirklich digitaler Netze und ihrer Verbindungen bedürfen. In der Tat braucht man keine Tastatur, um Brot zu backen. Dass aber das Internet die Kommunikation revolutioniert und Menschen einander näher gebracht hat, steht außer Frage. Ebenso wie die Rolle, die T-Online bei dieser tief greifenden Entwicklung gespielt hat.

Firmenname	Klassiker	Mitarbeiter	Kunden	Breitbandnutzung	Page Impressions
T-Online International AG	Internetportal T-Online (seit 1995)	über 2.600	über 12,5 Mio. (T-Online Gruppe)	3,05 Mio.	über 530.000.000 im Monat (Mai 2003)

TRIUMPH | DER BÜSTENHALTER

Schon die Römerinnen des Altertums pflegten eine einfache Brustbinde, Facia genannt, zu tragen. Wer indes den Büstenhalter in seiner heutigen Form wirklich erfunden hat, darüber gehen die Meinungen auseinander. 1891 ließ sich der Böhme Hugo Schindler einen Brusthalter kaiserlich patentieren, der der heutigen Form des BHs schon recht nahe kam: zwei Kappen, unten an einem Gürtel befestigt, oben mit Bändern. Modelle dieser Art lösten recht bald das unbequeme Korsett ab und wurden zunächst aus Leinen, in den zwanziger Jahren aus Seide, Musseline oder Batist genäht.

Etwa zur gleichen Zeit wie Hugo Schindler kam die Amerikanerin Mary Jacobs auf die fast gleiche Idee. Ihr gefiel nicht, dass man durch ihr hauchdünnes Kleid das Mieder durchsah. Sie fertigte deswegen mit Hilfe ihrer Hausangestellten aus zwei Taschentüchern und Bändern ein Wäschestück, das ihre Brüste bedeckte. Da sich auch andere Frauen dafür interessierten und sogar Geld dafür bezahlen wollten, kam sie 1914 auf die Idee, sich diese Erfindung patentieren zu lassen. Im selben Jahr kaufte ihr die Warner Brothers Corset Company das Patent ab. Aber auch die Franzosen waren nicht untätig: Ein Patent für Büstenhalter wurde in Paris bereits 1889 auf Französin Herminie Cadolle eingetragen.

Wem auch immer die Ehre der Erfindung gebührt – eher scheint es sich um eine zeitgleich an mehreren Orten stattfindende Entwicklung zu handeln –, fest steht, dass 1886 in einer Scheune im württembergischen Heubach zwei Miederhersteller mit sechs Mitarbeitern und einem Startkapital von 2.000 Goldmark ein Unternehmen gründeten, von dem sie damals nicht ahnen konnten, dass es Anfang des 21. Jahrhunderts mit mehr als 30.000 Mitarbeitern einen Jahresumsatz von über 1,5 Milliarden Euro machen würde.

1891 meldeten die Heubacher Pioniere ein Patent an für „durchsichtige Kleidungsstücke aus Stoffen, die aus gesponnenem Glas, Mica, Zelluloid oder unlöslicher lackierter Gelatine hergestellt werden, und die lichtdurchlässig sind". 1894 kam der Durchbruch mit einem großen Liefervertrag: Mieder für das puritanische England. Im Jahre 1902 wurde die Marke „Triumph" eingetragen.

In den „wilden 20ern", der Zeit von Tango und Charleston, verabschiedeten sich die Frauen von der allzu betuchten Wohlanständigkeit wollener Unterwäsche und das Mieder und Triumph florierten. Im schweizerischen Zurzach, wo heute die zentrale Finanzverwaltung des Unternehmen steht, wurde 1926 mit der ersten Auslandsniederlassung der Grundstein für die internationale Expansion gelegt. Als man 1936 den 50. Firmengeburtstag feierte, war Triumph bereits der größte Miederhersteller Europas.

Die 50er Jahre sind nach den Rückschlägen des Krieges schnell wieder von Expansion geprägt: Hollywood-Stars wie Jane Russell und Marilyn Monroe setzten Trends zu mehr Weiblichkeit und entsprechenden, spitzgeschnittenen und formenden BHs. Gleichzeitig revolutioniert Lycra®, die Elastan-Wunderfaser von DuPont, Elastizität sowie Tragekomfort der Dessous. 1959 präsentiert Triumph International, so der neue Name der Firma, in Berlin die bis dahin größte Dessous-Modenschau, zu der führende Modejournalisten aus aller Welt anreisen und die für Schlagzeilen rund um den Globus sorgt.

Heute ist Triumph in aller Welt vertreten; die dezentrale Struktur macht es dabei möglich, dass die Kunden in jedem Land von dort ansässigen Designern und Geschäftspartnern betreut werden, die sich in ganz besonderem Maß den jeweiligen regionalen Modetrends und kulturellen Eigenheiten verpflichtet fühlen. Längst sind die traditionellen Nähverfahren durch neue Techniken wie Molding, einem Wärmeverfahren zur Verformung von Polyester, und dem Hochfrequenzschweißen abgelöst worden. Geblieben ist die hohe Qualität der Wäsche und Dessous von Triumph und die Rolle des Unternehmens als internationaler Trendsetter, wenn es um das modische „Untendrunter" für die Frau geht.

Firmenname	Klassiker	Gründung	Mitarbeiter	Vertrieb	Erfinder
Triumph International AG	Doreen Büstenhalter (seit 1966)	1886 in Heubach/ Württemberg	37.000 weltweit	weltweit	Johann-Gottfried Spiess- hofer und Michael Braun

UFA | DER FILM- UND TV-PRODUZENT

 Die UFA ist eine der ältesten und profiliertesten deutschen Unterhaltungsmarken – eine Legende mit einer glänzenden Zukunft. Das Unternehmen präsentiert sich als leistungsstarke Produktionsgruppe, die ihre Marktführerschaft in Deutschland als Film- und Fernsehproduzent kontinuierlich ausgebaut hat. Kein anderes deutsches Programmunternehmen vereint wie die UFA die gesamte Vielfalt der Programmgenres in ihrem Produktportfolio. Ob Serien, tägliche Soaps, Show- und Entertainmentformate, TV-Movies oder Infotainment – die UFA produziert für alle großen Fernsehsender in Deutschland. Unter dem Dach der UFA agieren spezialisierte Tochtergesellschaften eigenständig am Markt.

Grundy UFA ist führender Anbieter industriell produzierter Daily Soaps und Weekly-Drama-Produktionen („Gute Zeiten – schlechte Zeiten", „Unter Uns", „Hinter Gittern", „Held der Gladiatoren"). GRUNDY Light Entertainment produziert erfolgreich Panel-, Dating-, Variety- sowie Game- und Quizshows („Deutschland sucht den Superstar", „STAR SEARCH", „Was bin ich?", „Q Boot"). Journalistisch orientierte Magazine und Events entstehen bei der UFA Entertainment („Die Redaktion/Die Redaktion spezial", „RelaxX", „Love-Parade"). Die Unternehmen UFA Fernsehproduktion („SOKO Leipzig", Verfilmungen der Romane Rosamunde Pilchers, „Balko", „Ein starkes Team"), teamWorx („Der Tunnel", „Tanz mit dem Teufel", Sinfonie einer Großstadt"), Trebitsch Produktion Holding („Bella Block", Verfilmungen der Romane Donna Leons) und Phoenix-Film („Edel & Starck", „Hallo Robbie!", „Unser Charly") realisieren hochwertige fiktionale Produktionen wie aufwändige TV-Movies, Reihen und Serien. Als Teil eines weltweit tätigen Medien- und Entertainmentunternehmens ist die UFA in Deutschland Dachgesellschaft aller Produktionsunternehmen der FremantleMedia, die das weltweite Produktionsgeschäft der zu Bertelsmann gehörenden RTL Group betreibt.

Die Geschichte der UFA reicht in das Jahr 1917 zurück. Die große Karriere „der Dietrich" begann bei der UFA ebenso wie die zahlreicher anderer Weltstars vor und hinter der Kamera. Zu nennen sind die Schauspieler Hans Albers, Greta Garbo, Emil Jannings oder Peter Lorre und die Regisseure Fritz Lang oder Billy Wilder genauso wie die historischen Filmereignisse „Der blaue Engel", „Metropolis", „Dr. Mabuse" und andere Filme des deutschen Expressionismus sowie später Großproduktionen in Farbe wie „Münchhausen", die den Film ihrer Zeit prägten. Der steile Aufstieg des Unternehmens zu einem der einflussreichsten Filmunternehmen der Welt in den 20er und 30er Jahren schien ein jähes Ende zu finden, als die gesamte deutsche Filmwirtschaft unter der Herrschaft der Nationalsozialisten verstaatlicht wurde. 1945 besetzen Einheiten der Roten Armee das Studio-Gelände. Aus der UFA wird im Osten Deutschlands die Deutsche Filmaktiengesellschaft, kurz DEFA. Im Westen bleibt die UFA bestehen, wo sie 1964 von Bertelsmann erworben wird. Die UFA-Kinos werden 1972 an die Riech-Gruppe abgegeben, die Filmproduktion bleibt beim Gütersloher Konzern.

Mit dem Start des Privatfernsehens in den 80er Jahren entwickelt sich die UFA Film & TV Produktion zum größten deutschen Fernsehproduzenten. Nach mehr als 85 Jahren sieht sich die UFA weiter in der künstlerischen Tradition ihrer legendären Produktionen. Als sichtbares Zeichen kehrte die UFA 1996 an ihren alten Standort nach Potsdam-Babelsberg zurück. Die Programme der UFA begeistern und inspirieren täglich Millionen von Zuschauern. Viele Produktionen sind zu wichtigen Programmmarken geworden mit Leuchtturmfunktion für die Sender. Für das Markenzeichen und die Schreibweise des Firmennamens wurde 1991 eine eindeutige Zäsur gewählt: Aus der Marke ufa im Rhombus wurde eine von Neville Brody gestaltete, Frequenzwellen symbolisierende blaue Raute mit dem Schriftzug UFA in Versalien.

Firmenname	Klassiker	Gründung	Genres	Hauptkunden
UFA Film & TV Produktion GmbH	Die Filmgesellschaft (seit 1917)	1917 in Berlin	Serie, Daily Soap, Show, TV-Movie, Infotainment und Light Entertainment	ARD, ZDF, RTL, Sat.1, RTL II, ProSieben, Super RTL

UHU | DER ALLESKLEBER

„Im Falle eines Falles ..." – jedes Kind in Deutschland weiß, wie dieser Vers endet. Doch klebt UHU wirklich alles? Die Nachfolger des genialen Konstrukteurs „Graf Zeppelin" jedenfalls waren von der Gültigkeit des berühmten Werbeslogans überzeugt: Beim Bau des größten Luftschiffs, der „Hindenburg", setzten sie ihr ganzes Vertrauen in den damals noch jungen Klebstoff. UHU sollte ihr Vertrauen in den Lüften belohnen.

In der Postgasse des mittelbadischen Städtchens Bühl war es für die fünfköpfige Belegschaft der Chemischen Fabrik Ludwig Hoerth ein Arbeitstag wie jeder andere im Jahr 1932. Mit einem Häuflein treuer Mitarbeiter versuchte Hugo Fischer trotz der Weltwirtschaftskrise, die Produktion in seiner kleinen Büroartikelfabrik aufrechtzuerhalten. Der Senior August Fischer saß derweil in der Stille seines Labors und experimentierte. An diesem Tag aber gelang dem alten Herrn eine überzeugende Erfindung, die bald ihren Siegeszug um die ganze Welt antreten sollte.

Nach vielen Versuchen war es August Fischer 1932 geglückt, auf Kunstharzbasis einen glasklaren Klebstoff zu entwickeln, der praktisch alles schnell und dauerhaft verbinden konnte, was es in Haushalt, Schule und Büro zu kleben galt: Papier und Pappe, Holz, Stoff, Leder, Porzellan und Keramik. Und die Klebstelle hielt nicht nur, sie blieb auch elastisch, war wasserfest, säurefrei und beständig gegen verdünnte Säuren, Laugen, Benzin und Öl. Kurzum: August Fischer hatte einen echten Alleskleber erfunden.

Vater und Sohn erkannten, dass ihr Produkt alle Chancen besaß, ein großer Markenartikel zu werden. Dem Brauch der Branche folgend, wählte Hugo Fischer, der geschäftstüchtigere der beiden, als Wappentier einen Raubvogel, der damals im nördlichen Schwarzwald noch anzutreffen war: den Uhu. Im selben Jahr kam UHU Der Alleskleber bereits in der charakteristischen gelben Tube mit dem schwarzen Schriftzug auf den Markt.

In dem kleinen Familienbetrieb musste zunächst jeder alles machen. Der Rohstoff wurde mittels Stahlkugeln im Behälter etwa drei Tage lang immer wieder umgestülpt. Die erste Abfüllmaschine war ein gasflaschenähnliches 15-Liter-Luftdruckgerät, mit dessen Hilfe per Hand die ersten Bleituben – 2.000 bis 3.000 Stück am Tag – nach Augenmaß mit etwa 10,5 g UHU gefüllt wurden. Die Rezeptur aber war nur den beiden Chefs und dem Produktionsleiter bekannt.

In wenigen Jahren wurde UHU zum Gattungsbegriff für Haushaltskleber. Dies hatte die Firma nicht zuletzt einer gelungenen Werbemaßnahme zu verdanken, deren Tradition auch heute noch gepflegt wird: Kindergärten bekamen den Ausschuss der Produktion gratis und sorgten so dafür, dass in der Kindersprache das Wörtchen Klebstoff bald durch UHU ersetzt wurde.

Auch heute haftet kein anderer Klebstoff so nachhaltig im Bewusstsein der deutschen Verbraucher wie UHU. Dazu haben ganz wesentlich auch die weiteren Artikel beigetragen, die sich im Laufe der Jahre hinzugesellten. Die Entwicklung neuer Materialien, die Veränderung der Ge- und Verbrauchsgewohnheiten, insbesondere aber der eigene Anspruch, für jeden Klebefall das richtige Produkt anbieten zu können, haben dazu geführt, dass UHU heute ein Sortiment mit über 50 Klebstoffvarianten bereithält. Neben dem klassischen UHU gibt es die nicht tropfende Variante UHU Der Alleskleber extra sowie UHU Alleskleber ohne Lösungsmittel, und für besonders schwierige Klebeaufgaben bietet sich UHU Alleskleber Kraft an, der transparente Kraft-Universalkleber auf Polyurethan-Basis. In Büro und Schule besonders beliebt ist UHU Alleskleber flinke flasche sowie der schnelle und saubere Klebestift UHU stic, der sich besonders für Papier, Karton, Styropor und Textilien eignet. Hinzu kommen eine Vielzahl an Spezialklebern, wie etwa Sekundenkleber, 2-Komponenten-Kleber und Kunststoffkleber für besonders anspruchsvolle Aufgaben, zum Beispiel für den Modellbau. Welcher Kleber für welchen Zweck am besten geeignet ist, lässt sich dabei über die „interaktive Klebstoffsuche" auf www.uhu.de in wenigen Augenblicken herausfinden.

Firmenname	Klassiker	Gründung	Erfinder	Bekanntheit	Hauptfertigungsstätte
UHU GmbH & Co KG	UHU Der Alleskleber (seit 1932)	1884 als Chemische Fabrik Ludwig Hoerth	August Fischer, Apotheker (1868–1940)	98 %	Bühl/Baden

UNDERBERG | DER KRÄUTER-DIGESTIF

 Underberg gehört zu einem guten Essen wie ein erlesener Wein. Durch seine wohltuende und bekömmliche Wirkung ist der aromatische Kräuter-Digestif der ideale Abschluss einer feinen Mahlzeit.

Hubert Underberg war ein junger Mensch aus Rheinberg am Niederrhein, den im vergangenen Jahrhundert Schule und Ausbildung nach Holland und Belgien führten. Dort lernte er ein Mixgetränk kennen, das sich bei den Niederländern großer Beliebtheit erfreute. Um es herzustellen, goss man Genever ins Glas und würzte ihn mit einem bitteren Kräuterextrakt. Diese Mischungen waren immer verschieden, deshalb beschloss Hubert Underberg, ein Produkt von gleichbleibender Qualität und Wirkung zu entwickeln. So komponierte er aus heilsamen Kräutern, die er aus 43 Ländern bezog, sein Rezept und entwickelte eine neuartige Herstellungsmethode, die warme Mazeration.

Am 17. Juni 1846 – dem Tag seiner Eheschließung mit Catharina Albrecht – gründete Hubert Underberg gemeinsam mit seiner Frau in seiner Heimatstadt die Firma H. Underberg-Albrecht. Seinen Kräuter bot er unter der niederländischen Bezeichnung „Underberg – Boonekamp of Maagbitter" an. Eine Kropfhalsflasche, eingewickelt in strohfarbenes Papier, etikettiert und signiert mit seinem Namen, gab dem Produkt von Anfang an ein unverwechselbares Erscheinungsbild. Schnell sprach sich die wohltuende und magenfreundliche Wirkung von Underberg herum. Zwischen Antwerpen, Königsberg und Wien wurde er bald zu einem beliebten Hausmittel, das nicht nur gute Dienste tat, sondern auch schmeckte.

Um sich gegen Nachahmer zu wappnen, hinterlegte Hubert Underberg 1851 in weiser Voraussicht beim Handelsgericht in Krefeld eine Flasche des von ihm erfundenen Underberg. Damit dokumentierte er, dass er als Erster einen trinkfertigen Boonekamp von stets gleicher Qualität und Wirkung herstellte. „Gesetzlich deponiert" stand fortan auf dem Etikett zu lesen. Außerdem gab er in zahlreichen Zeitungen

bekannt, dass nur das Produkt mit seiner Unterschrift echt sei. Denn erst 1894 trat das Gesetz zum Schutz der Warenbezeichnungen in Kraft. Es stellte sich jedoch heraus, dass die Kennzeichnung Boonekamp nicht mehr zu schützen war, denn sie wurde inzwischen als Gattungsbegriff anerkannt. Das Wort Underberg, die Flasche und die typische Verpackung der Flasche in strohfarbenem Papier hingegen wurden vom Kaiserlichen Patentamt als Warenzeichen eingetragen. Das Haus Underberg entschied, das bereits weltweit bekannte Produkt nur noch unter der alleinigen Verwendung des Namens Underberg in den Markt zu bringen.

Während des Ersten und Zweiten Weltkriegs wurde die gesamte Produktion von Underberg eingestellt, weil es nicht möglich war, die Kräuter aus dem Ausland zu beschaffen und damit die Qualität und Wirkung von Underberg sicherzustellen. Nach dem Zweiten Weltkrieg begann die Produktion erst wieder im Jahre 1949. Der Enkel des Gründers, Emil Underberg, setzte damals seinen genialen Einfall in die Tat um und führte eine verbrauchsgerechte Verpackung als einzige Verkaufseinheit ein: die 20-Milliliter-Portionsflasche, der Inhalt eines Glases in Originalverpackung – stets genau die richtige Portion Wohlbefinden nach einem guten Essen. Die kühnsten Umsatzerwartungen wurden übertroffen.

„Semper idem" – stets gleichbleibend in Qualität und Wirkung – lautet der Wahlspruch des Hauses Underberg. Seit mehr als 150 Jahren wird Underberg aus erlesenen und aromatischen Kräutern aus 43 Ländern hergestellt. Die Kräuter werden zusammen mit frischem Brunnenwasser und hochwertigem Alkohol in dem von Hubert Underberg entwickelten Verfahren gemischt und mazeriert, um sodann in Fässern aus slowenischer Eiche zu reifen. Die Komposition der Kräuter und das Produktionsverfahren sind bis heute ein Familiengeheimnis, das von jeder Generation fortentwickelt und wohl gehütet wird, damit die Verbraucher der hohen Qualität und zuverlässigen Wirkung eines Underberg stets vertrauen können – Semper idem Underberg.

Firmenname	Klassiker	Gründung	Erfinder und Gründer	Vertrieb
Underberg KG	Der Kräuter-Digestif seit 1846	1846 in Rheinberg/ Niederrhein	Hubert Underberg (1817–1891)	weltweit

Es begann mit einem Dankeschön. 1949 malte die damals siebenjährige tschechische Jitka Samkova ein Bild für UNICEF. Das Kinderhilfswerk der Vereinten Nationen (UN) hatte beim Wiederaufbau ihres böhmischen Dorfes Rudolfov geholfen und die Kinder mit Nahrungsmitteln, Kleidung und Medikamenten versorgt. Dieses Bild, das Jitka „Freude" nannte, war so beeindruckend, dass es zum Motiv einer Weihnachtskarte wurde. Und so war der Ball ins Rollen gebracht: In den Jahren danach folgten Tausende von Motiven. Mit dem Erlös des Verkaufs wurden UNICEF-Projekte in aller Welt unterstützt – bis heute. Denn über den Grußkartenabsatz finanziert UNICEF-Hilfsprojekte in über 160 Ländern.

United Nations Children's Fund (UNICEF) aktiviert Unterstützung und mobilisiert Mittel, um die Welt mit und für Kinder zu ändern. Durch die Zusammenarbeit mit Regierungen und vielen anderen Partnern in einer weltweiten Bewegung für Kinder hilft UNICEF dabei, Bedingungen zu schaffen, die es Kindern ermöglichen, in Gesundheit, Frieden und Würde aufzuwachsen und zu bestehen. Besonders in den Entwicklungsländern arbeitet UNICEF daran, die Lebensbedingungen von Kindern und ihre Rechte zu schützen. Allen voran von Kindern, die unter den Folgen von Armut, bewaffneten Konflikten, HIV/AIDS und anderen Krisen zu leiden haben. Krisen und Konflikte gibt es viele – um so mehr ist die Finanzierung von Hilfsaktionen und -programmen durch den Grußkartenverkauf von Nöten.

Die UNICEF-Karten haben gerade in Deutschland eine treue Fangemeinde, die sich Jahr für Jahr auf rund 300 Motive freut. Über 17 Millionen UNICEF-Grußkarten werden hier jährlich verkauft – mehr als in jedem anderen Land auf der Welt.

Viele Menschen wählen vor allem UNICEF-Weihnachtskarten wegen der ansprechenden Motive und der hohen Verarbeitungsqualität – und weil jede Karte einem Kind hilft. Ob bunt, lustig, elegant, traditionell oder von Künstlerhand geschaffen – für jeden Geschmack ist etwas dabei, auch beim Ganzjahressortiment. Zusätzlich entscheiden sich auch immer mehr deutsche Unternehmen dafür, UNICEF-Grußkarten zu versenden. Firmenkunden erbringen fast die Hälfte aller UNICEF-Grußkartenverkaufserlöse in Deutschland – Tendenz steigend.

Im Jahr 2003 feierte das Deutsche Komitee für UNICEF – das größte von 37 nationalen Vertretungen auf der Welt – seinen 50. Geburtstag. In diesen 50 Jahren hat das Deutsche Komitee über 500 Millionen Grußkarten verkauft: Wer alle aneinander legen würde, müsste dafür zwei Mal um den Erdball reisen. Ohne die über 8.000 ehrenamtlichen UNICEF-Mitarbeiter, die in Deutschland in 120 Arbeitsgruppen organisiert sind, wäre dieser Erfolg nicht denkbar. Sie sind es, die die Grußkarten das ganze Jahr über verkaufen – in den bundesweit 80 UNICEF-Läden, auf Weihnachtsmärkten, Basaren und vielen verschiedenen Veranstaltungen. Zusätzlich nutzt UNICEF weitere Vertriebskanäle zum Beispiel über Call-Center und über die UNICEF-Website.

UNICEF-Grußkarten schenken doppelt Freude: Die Empfänger freuen sich über den Gruß und über die vielen verschiedenen Motive, die Kinder in aller Welt freuen sich ebenfalls, weil jeder UNICEF-Kartengruß dazu beiträgt, dass sie eine Chance auf ein besseres Leben erhalten.

Selbst ein kleiner Kauf hat eine große Wirkung: Schon mit dem Erlös von zehn Grußkarten kann UNICEF ein Kind ein Jahr lang vollständig impfen. Die Grußkarten-Käufer können die Gewissheit haben, dass ihr Geld auch da ankommt, wo es benötigt wird – schließlich ist UNICEF ausgezeichnet mit dem DZI-Spendensiegel und genießt weltweit hohes Ansehen.

Außer der finanziellen Unterstützung von Hilfsprojekten hat die Grußkarte noch eine weitere wichtige Aufgabe: Sie trägt die UNICEF-Idee weiter. Der Verkauf von Grußkarten ermöglicht es, viele Menschen auf die Arbeit von UNICEF aufmerksam zu machen und sie zur Unterstützung zu motivieren.

Firmenname	Klassiker	Gründung	Gründer	Jahresumsatz	Jahresabsatz
Unicef Deutschland	Die Weihnachtskarte (seit 1953)	1953 in Köln	Vereinte Nationen (UNO)	21,2 Mio. Euro (Deutschland)	17 Mio. Stück (Deutschland)

UVEX | DIE SKIBRILLE

uvex Sicht und Sicherheit sind kaum irgendwo wichtiger als im alpinen Skisport. Das gilt nicht nur für Rennläufer, die mit weit über 100 Stundenkilometern die Pisten entlangdonnern, sondern auch für die vielen tausend Hobbyfahrer, die sich am Wochenende und in den Ferien auf den meist überfüllten Hängen tummeln. Olympiasieger wie Skihasen vertrauen darum vor allem auf Brillen einer Marke: uvex.

Der Schutz des menschlichen Auges mit Schutzbrillen aller Art war die erklärte Zielsetzung Philipp M. Winters, als er 1926 im bayerischen Fürth seine optische Großhandlung gründete. Nachdem er das Geschäft erfolgreich eingeführt hatte, nahm er 1938 die industrielle Brillenfertigung auf. Der Durchbruch aber sollte 20 Jahre später durch eine kühne Entscheidung seines Sohnes erfolgen.

Als 1959 der heute geschäftsführende Gesellschafter Rainer Winter, der am 8. Mai 2003 vom Bayerischen Sparkassenverband und der Bayerischen Kultusministerin Monika Hohlmeier in München für sein Lebenswerk geehrt wurde, in das Unternehmen eintrat, setzte er sich und seinen Mitarbeitern ein hohes Ziel: Die Firma sollte Marktführer im Segment Ski- und Sportbrillen werden. Winter war sich allerdings bewusst, dass diese schwierige Aufgabe mit anonymen namenlosen Produkten, wie sie bis in die 60er Jahre vorherrschten, nicht zu erreichen war. Deshalb suchte man nach einem Markennamen, der nicht nur einprägsam sein sollte, sondern auch eine Aussage über die besondere Qualität der bei Winter hergestellten Brillen enthalten sollte. Man entschied sich für den Namen uvex, um die Hauptleistung der Scheiben zu betonen: die 100-prozentige Absorption der für das Auge so gefährlichen UV-Strahlen.

Wichtige Stationen in der Entwicklung der Skibrille sind mit der Firmengeschichte von uvex verbunden. In sie flossen ebenso die Erfahrungen aus dem Rennsportengagement ein wie die Innovationen aus der hauseigenen Forschungsabteilung. So gelang den uvex-Technikern in den frühen 70er Jahren die Entwicklung der Beschlagfrei-Beschichtung uvex anti-fog. Auf die Innenseite der Brillenscheibe wird eine hydrophile Schicht aufgebracht, die wie ein Schwamm Feuchtigkeit aus dem Innenraum der Skibrille aufnimmt und diesen so beschlagfrei hält. Der nächste Schritt war die Einführung der uvex Doppelscheibe. Das Luftpolster zwischen zwei Skibrillenscheiben isoliert wie ein Doppelfenster und wirkt zusammen mit uvex anti-fog gegen das Beschlagen. Aus der zunächst starren Doppelscheibe wurde dann die flexible Doppelscheibe uvex twinflex. Sie leistete einen bedeutenden Beitrag zu dem Ziel, einen optimalen Augenschutz zu schaffen, vor allem in Verbindung mit der 1985 eingeführten uvex climazone.

Auf der ispo 1988 präsentierte uvex eine völlig neue Scheibentechnologie: uvex triflex, das ABS der Skibrille. Die uvex triflex vereinigt ein Anti-Beschlag-System, ein Anti-Bruch-System und ein Anti-UV-System. Der dreischichtige Aufbau garantiert höchste optische Transparenz durch hermetisch verbundene Scheiben, äußerste Flexibilität und vor allem maximale Sicherheit durch hohe Bruchresistenz.

Derzeitiges Highlight der Saison ist die uvex superhelix im Chrom-Outfit. Die sphärische Doppelscheibe und der Litemirror unterstützen den innovativen Look. Technisch perfekt mit genialer Scheibentechnik, beschlagfrei, kratz- und bruchfest, ist es die prädestinierte Skibrille für Gewinner.

„Look for a winner" lautet denn auch der Firmenslogan. Doch bei uvex braucht man nach Siegern nicht lange zu suchen. Denn uvex rüstet 25 Nationen im alpinen und nordischen Sport sowie sämtliche internationalen Rodelteams aus. Rosi Mittermaier erkämpfte sich mit einer Skibrille von uvex 1976 in Innsbruck ebenso olympisches Gold wie Pirmin Zurbriggen 1988 in Calgary.

Firmenname	Klassiker	Gründung	Gründer	Jahresabsatz	Hauptfertigungsstätte
UVEX SPORTS GmbH & Co.KG	Skibrille (seit 1938)	1926 in Fürth/Bayern	Philip M. Winter	1,5 Mio.	Lederdorn/ Bayerischer Wald

VAILLANT | DAS WANDHEIZGERÄT

Vaillant Über 70 Prozent der Deutschen kennen das Logo mit dem Hasen und die Marke Vaillant. Doch kaum jemand weiß, wie der Hase zum unverwechselbaren Markenzeichen des Unternehmens wurde. Am Ostersonntag des Jahres 1899 entdeckt Johann Vaillant bei der Zeitungslektüre eine Illustration, die ihn sofort anspricht: Ein Osterhase kämpft sich mit den Vorderpfoten aus seiner Eihülle, um das Licht der Welt zu erblicken. Der Remscheider Unternehmer weiß sofort, dass er endlich das gesuchte Markenzeichen gefunden hat, das seinen Meisterbetrieb unter Tausenden von anderen heraushebt. Vaillant erwirbt noch im gleichen Jahr die Bildrechte und lässt den „Hasen im Ei" als eines der ersten Markenzeichen in Deutschland registrieren.

Der Hase wird ab 1930 zum stilisierten Hasenkopf, danach ändert sich das Logo nur noch unwesentlich. Das 1874 als Installationsbetrieb gegründete Unternehmen entwickelt sich mit innovativen Produkten schnell zu einem weltbekannten Anbieter von Heiztechnik. Bereits 1894 meldet der Unternehmensgründer Johann Vaillant den „Gas-Badeofen – geschlossenes System" zum Patent an. 1905 kommt der erste Gasbadeofen als Wandausführung unter der geschützten Bezeichnung „Geyser" auf den Markt.

Zahlreiche Erfindungen kennzeichnen vor allem die Nachkriegsgeschichte des Unternehmens. So werden in den 60er Jahren die ersten Warmwassergeräte – die so genannten Elektro-Geyser – sowie die ersten Zentralheizungen als Wandgeräte und sogar als Kombi-Geräte für die Heizungs- und Warmwasserversorgung entwickelt. Dabei handelt es sich um die Vorläufer der heutigen Vaillant Gas-Wandheizgeräte wie zum Beispiel das Brennwertgerät ecoTEC exclusiv.

Bis zur Jahrtausendwende expandiert das Unternehmen mit neuen Vertriebsgesellschaften in zahlreiche europäische Länder und etabliert damit zugleich seinen Vorsprung als eine der bekanntesten Heiztechnikmarken Europas. In den 90er Jahren und im neuen Jahrtausend setzt Vaillant Maßstäbe bei der Ressourcen schonenden Heiz- und Warmwasser-

technologie. Dazu gehören beispielsweise Wärmepumpen und Solarsysteme in Verbindung mit modernster Brennwerttechnik. Visionäre Brennstoffzellen und Zeolith-Heizgeräte, die in Zukunft die Heiztechnik revolutionieren werden, befinden sich in der Feldtest-Phase. Auch das Produktdesign von Vaillant – sicher keine Nebensache bei einem Gerät, welches man täglich vor Augen hat – wurde mehrfach ausgezeichnet. Für die hervorragende Gestaltung der Heizgeräte bekam Vaillant im Jahr 2003 den begehrten „ISH Design-Plus Award".

Zu einer hochwertigen Marke gehören nicht nur hochwertige Produkte, sondern auch umfassender Service und eine enge Partnerschaft mit Kunden aus dem Fachhandwerk. Zur Vaillant Service-Intelligenz zählen deshalb unter anderem eine bestens erreichbare Profi Hotline, eine vorbildliche Ersatzteilversorgung, ein praxisorientiertes Angebot an Seminaren und Trainings, umfassende Wissensdatenbanken und insbesondere auch das Kommunikationssystem vrnetDIALOG. Es verbindet die Heizungsanlage über Telefon und Internet mit dem Heizungsinstallateur. Er kann sich via PC in die Heizung einloggen und eventuelle Fehler schon von seinem Schreibtisch aus erkennen. Dank dieser Ferndiagnosemöglichkeit ist er perfekt vorbereitet und kann so einen optimalen Service leisten.

Im Jahre 2001 werden die Firmengruppen Vaillant und Hepworth zur Vaillant Hepworth Group zusammengeschlossen und versammeln acht Marken unter sich. Außer dem Geschäftsbereich Heiztechnik tragen die Segmente Baumaterialien, Haushaltsprodukte und Automotive zur positiven Entwicklung des Unternehmens bei. Die Vaillant Hepworth Group befindet sich mit einer Umsatzsteigerung von fünf Prozent auf über 1,7 Milliarden Euro (2002) kontinuierlich auf Erfolgskurs. Die Bedeutung der hohen Innovationsrate für den Unternehmenserfolg spiegelt sich ebenfalls in den Umsatzzahlen wider. So werden 80 Prozent des Umsatzes von Vaillant Hepworth mit Produkten erzielt, die nicht älter als drei Jahre sind.

Firmenname	Klassiker	Gründung	Vertrieb	Jahresumsatz	Hauptfertigungsstätte
Vaillant GmbH	ecoTEC Gas-Wand-heizgerät (seit 2001 neue Ausführung)	1874 in Remscheid	in über 100 Ländern	1.755 Mio. Euro (2002)	Remscheid

Es heißt, Kleider machen Leute. Das Team bei van Laack ist sogar der Überzeugung, dass es vor allem das Hemd ist, welches die Persönlichkeit seines Trägers am Besten zum Ausdruck bringt. In dieser Philosophie wird das Unternehmen durch die Geschichte nur bestätigt. Seit jeher war das Hemd der Ausdruck einer bestimmten Lebensart. So erkannte man im Mittelalter den Edelmann an seinem Oberhemd. Und als es in der Renaissance Mode war, Hemden mit hohem Kragen zu tragen, wurde dieser oft mit einem breiten Saum aus Gold, Silber oder Seide abgesteckt. Heute zeigt sich der Luxus dezenter und ist oft nur für den Kenner auf den ersten Blick sichtbar. Doch das ist es ja gerade, was ein schönes und exklusives Hemd in diesen Zeiten der Massenkultur so begehrenswert macht.

Die innere Einstellung bestimmt immer auch die äußere Erscheinung. Das gilt nicht nur für Menschen, die sich ein Hemd kaufen und anziehen. Sondern auch für jene, die ein Hemd entwerfen und herstellen. Von diesem Grundsatz waren die Herren van Laack, Schmitz und Eltschig überzeugt, als sie 1881 in Berlin die Firma van Laack gründeten. Sie wollten dem stilbewussten Herrn ein Hemd anbieten, mit dem er sich identifizieren konnte, das sich durch qualitativen Anspruch und Perfektion sichtbar auszeichnete.

So brachte van Laack das erste Hemd mit eingesticktem Markenzeichen auf den Markt: die Krone über dem Namenszug. Das Signet war und ist ein unmissverständliches Zeichen für die hohe Qualität von Material und Verarbeitung. Ein weiteres Erkennungsmerkmal ist der patentierte Drei-Loch-Knopf. An ihm zeigt sich besonders schön, dass Perfektion im Ganzen immer auch Kreativität und Perfektion im Detail bedeutet.

Nach über 60 Jahren erfolgreichem Bestehens bremste der Zweite Weltkrieg das Wachstum der Marke van Laack. Die Fabrik in Berlin wurde vollständig ausgebombt. Eines aber ließ sich nicht zerstören: der einzigartige Glanz der Marke mit der Krone. Das erkannte auch der Hemdenfabrikant Heinrich Hoffmann und kaufte die Firma 1953 auf. Die Produktion der legendären Hemden wurde nach Mönchengladbach verlegt und das Sortiment vergrößert.

So gibt es seit 1971 die Kollektion van Laack-Woman. Und damit auch Hemden – pardon, Blusen – für die Frau. Bei den Herren findet der anspruchsvolle Hemdenträger in der Kollektion van Laack-Man heute alles, was die Welt der Hemden zu bieten hat: klassische Oberhemden und luxuriöse Abendhemden, bequeme Polohemden sowie strapazierfähige Sporthemden, elegant, modisch oder casual – und immer Luxus auf höchstem Niveau. Außerdem bietet die Herren-Linie seit 1983 auch Home- und Nightwear sowie exklusive Accessoires wie edle Krawatten oder Gürtel in Kalb-, Kroko- oder Nubukleder. Ein besonderes Lebensgefühl und Understatement stellt auf Maß geschneiderte Kleidung dar. Herrenhemden nach Maß, von klassisch bis sportlich, reflektieren heute mehr denn je ein freies Stilgefühl und lassen die Grenzen zwischen Business und Freizeit fließen. van Laack verbindet damit Klassik und Zeitgeist auf unnachahmliche Weise und greift auf Traditionshandwerk und modernste Techniken zurück. Die Krönung der Kollektion stellt das Handmade-Hemd dar. Sicher wären die Herren van Laack, Schmitz und Eltschig über die heutige Vielfalt der Marke van Laack erstaunt. Eines würden sie jedoch sofort wieder erkennen: die Art und Weise der Produktion. Denn die hat sich seit der Gründerzeit kaum geändert. Noch immer bezieht van Laack seine Stoffe aus den besten Webereien Europas. Und wie damals wird jedes Detail mit viel Liebe und hohem handwerklichen Aufwand gefertigt. Denn auch die Prinzipien der Marke van Laack sind die gleichen geblieben: Qualität in der Auswahl der Materialien, sorgfältige Verarbeitung und ein unverkennbarer, individueller Stil.

Und dass sich eine so exklusive Unternehmensphilosophie auch erfolgreich mit den harten Gesetzen des Marktes verbinden lässt, beweist van Laack nun schon seit über 120 Jahren. Diese Philosophie wird auch vom neuen, aktiv geschäftsführenden Inhaber Christian von Daniels weitergeführt, der das Unternehmen im September 2002 übernommen hat.

Firmenname	Klassiker	Gründung	Gründer	Vertrieb	Hauptkennzeichen
van Laack	van Laack Oberhemd	1881 in Berlin	die Herren van Laack, Schmitz und Eltschig	in über 30 Ländern weltweit	Drei-Loch-Knopf

VARTA | DIE BATTERIE

 Am 21. Juli 1969 betrat Neil Armstrong als erster Mensch den Mond. Dieser kleine Schritt des großen Astronauten war einer der gewaltigsten Fortschritte der Menschheit. Gelingen konnte er nur deshalb, weil technische Spitzenprodukte perfekt miteinander arbeiteten. Dazu zählte auch, dass eine kleine Batterie die Fotokamera des Amerikaners sicher und zuverlässig mit Energie speiste und Armstrong im entscheidenden Moment nicht im Stich ließ. Nicht zufällig hatten sich die Verantwortlichen der NASA deshalb für eine Varta-Batterie entschieden.

Die Geschichte der Varta beginnt genau genommen bereits in den Jahren 1737 bis 1798, als sich Luigi Galvani und Alessandro Conte di Volta mit der naturwissenschaftlichen Untersuchung der Elektrizität beschäftigten. So konstruierte der Physiker Volta bereits in dieser Zeit mit seiner „Voltaschen Säule" die erste brauchbare Quelle der neuentdeckten Energie. Doch da diese Urform der Batterie sich nur einmal entladen ließ, blieben ihre Anwendungsmöglichkeiten sehr begrenzt.

1805 schließlich gelang es Johann Wilhelm Ritter, dieses Manko zu beheben. Damit läutete er die Geburtsstunde des Akkumulators ein, des wiederaufladbaren Energiespeichers. Elektrizität als Licht- und Antriebsquelle konnte allerdings erst in großen Mengen produziert werden, als Werner von Siemens 1866 den elektromagnetischen Generator entwickelt hatte.

Rund 20 Jahre später, am 27. Dezember 1887, gründete Adolph Müller in Hagen eine Firma, die Akkumulatoren herstellte, aus denen Strom ohne Spannungsschwankungen gewonnen werden konnte. Diese auf einer Erfindung des Belgiers Henri Tumor aufbauenden Anlagen setzten sich bald gegen alle anderen durch. Schon 1890 entstand so aus der kleinen, seit 1888 in einer alten Hammerschmiede untergebrachten Produktionsstätte die „Akkumulatorenfabrik-Aktiengesellschaft", kurz AFA genannt, in deren Aufsichtsrat Industriemagnaten wie Siemens, Fürstenberg und Rathenau saßen.

Zu Beginn des 20. Jahrhunderts gründete die AFA neben vielen Niederlassungen im Ausland eine Tochtergesellschaft in Deutschland, deren Name zum Inbegriff für qualitativ hochwertige Batterien werden sollte: die „Vertrieb, Aufladung, Reparatur transportabler Akkumulatoren GmbH" – abgekürzt „VARTA".

In den 20er Jahren erkannte die Unternehmensleitung die Zeichen der Zeit und erschloss durch den Aufkauf anderer Elektrofabriken neue Märkte. Schon bald war sie in der Lage, sämtliche Anwendungsgebiete der Batterietechnik mit ihren Produkten abzudecken.

Seit 1997 ist der Unternehmensbereich Gerätebatterien gebündelt: In der VARTA Gerätebatterie GmbH. Im September 2002 wurde der Geschäftsbereich zu 51 Prozent in die amerikanische Rayovac. Inc. integriert. Die VARTA Gerätebatterie GmbH gehört zu den führenden Batterieherstellern in Europa und hat sich weltweit einen Namen gemacht – nach wie vor mit dem Anspruch, Trends zu setzen und zu begleiten.

Das Beispiel Mobilität mag als eindrucksvolles Beispiel dienen. Ob es darum geht, MP3-Player, Digitalkameras oder portable DVD-Player dauerhaft aktiv zu halten – ohne Batterien wäre alles nichts, denn was nützt alle Mobilität, wenn man sich nicht von der Steckdose wegbewegen kann. Gerätebatterien von Varta verhelfen zu mehr Unabhängigkeit und Freiheit, da sie über einen langen Zeitraum starke und zuverlässige Leistung bieten. Dabei ist die Mignon-Rundzelle seit Jahren der Verkaufsschlager. Handlich, leicht und leistungsstark ist sie vielseitig einsetzbar. Ob der erste Mensch auf dem Mars ebenfalls ein Amerikaner sein wird, ist ungewiss. Sicher ist jedoch, dass Varta schon jetzt die Batterie bereitstellen kann, die ein solches Unternehmen erfordert.

Firmenname	Klassiker	Gründung	Mitarbeiter	Gründer	Jahresumsatz
Varta Gerätebatterie GmbH	Varta Mignon	1887 in Hagen	1.557 in Europa	Adolph Müller	398 Mio. Euro

VIESSMANN

Phantasie, Erfindergeist und handwerkliches Geschick – auf Johann Vießmann, der 1917 in Hof an der Saale eine kleine Schlosserei für den Bau landwirtschaftlicher Maschinen gründet, treffen all diese Eigenschaften zu. Schon 1928 beginnt er mit der Herstellung von Heizkesseln. Zur Ausweitung der Produktion verlagert er den Betrieb 1937 nach Allendorf an der Eder, dem heutigen Stammwerk der Viessmann-Gruppe.

Nach Dr. Hans Vießmann, der den Betrieb zu seiner heutigen Größe ausbaute und zu einem Marktführer der Heiztechnik-Branche machte, führt seit 1992 Dr. Martin Vießmann in der dritten Generation das Unternehmen weiter, das heute weltweit rund 6.700 Mitarbeiter beschäftigt und über Vertriebsorganisationen in Deutschland und 33 weiteren Ländern mit mehr als 100 Niederlassungen verfügt.

Mit der Präsentation des Viessmann-Heizkesselprogramms auf der Hannovermesse 1957 beginnt die Ära der Stahlheizkessel. Integrierte Warmwasserbereitung und optimale Brennraumgestaltung, etwa bei dem Triola-Kessel mit je einer Feuerung für feste Brennstoffe und Öle, revolutionieren die Branche.

In den 60er Jahren verliert der Brennstoff Kohle zusehends an Bedeutung. Das Unternehmen erkennt die Zeichen der Zeit und baut Öl/Gas-Spezialkessel. Im gleichen Jahrzehnt, in dem die Entwicklung komfortabler Systeme der Trinkwassererwärmung beginnt, meldet Hans Vießmann 1965 „Heizkessel mit eingebauten, korrosionsfesten Brauchwasserbehältern" zum Patent an.

Ende der 70er Jahre hat Viessmann nicht nur den Werkstoff Edelstahl in die Heiztechnik eingeführt; das Unternehmen sorgt auch durch seine weltweite Expansion für Aufsehen. Die Entwicklung der Niedertemperaturkessel beginnt. In diesem Prozess ist die Innovation der biferralen Heizfläche ein maßgebender Einschnitt. Thermodynamische und korrosionstechnische Anforderungen an Wärmetausch-erflächen werden nun optimal erfüllt. Viessmann entwickelt Heizkessel, die ohne untere Temperaturbegrenzung arbeiten und sich abschalten, wenn keine Wärme benötigt wird. Betriebssicherheit und lange Nutzungsdauer der Niedertemperaturkessel Vitola-biferral mit der Zweischalentechnik von Viessmann haben sich inzwischen millionenfach bewährt und sind zum festen Begriff in der Heizungsbranche geworden.

Als Viessmann 1986 das Renox-System einführt, mit dem die Entstehung der Stickoxide entscheidend gehemmt wird, leitet das Unternehmen eine neue Ära energieeffizienter Verfahren und Produkte ein. Für den 1992 eingeführten MatriX-Strahlungsbrenner für Gas, der alle Richtlinien und gesetzlich geltenden Emissionsgrenzwerte erheblich unterschreitet, erhält Viessmann 1994 sogar den Umweltschutzpreis des Bundesverbands der Deutschen Industrie sowie den Umweltpreis der Europäischen Union.

Die Produktpalette der Viessmann-Gruppe beinhaltet heute zudem hocheffiziente Solaranlagen und Wohnungslüftungssysteme mit Wärmerückgewinnung. Für das umfassende Umweltmanagement wurde Viessmann 1995 als erstes Unternehmen der Branche und drittes bundesweit nach dem Öko-Audit zertifiziert.

Das 1999 eingeführte Vitotec Programm bildet eine Einheit von Technik, Funktion und Design. Sorgfältig aufeinander abgestimmte Systemtechnik ermöglicht eine optimale Kombination einzelner Komponenten. Die neue Farbe „Vitosilber" spiegelt Klarheit, Hochwertigkeit und Fortschrittlichkeit wider, und zusammen mit der Akzentfarbe „Vitorange", dem Symbol für Wärme, verbindet sie Innovation mit Tradition.

Mit ihren qualitativ hochwertigen und umweltschonenden Produkten wird die Viessmann-Gruppe auch in Zukunft internationale Maßstäbe im Bereich der Heiztechnik setzen und dem menschlichen Grundbedürfnis nach Wärme in optimaler Weise nachkommen.

Firmenname	Klassiker	Gründung	Mitarbeiter	Vertrieb	Stammsitz
Viessmann Werke	Die komplette Heiztechnik	1917, bis heute Privatunternehmen	weltweit 6.700	in Deutschland und 33 Ländern	Allendorf/Eder

VILEDA | DER WISCHMOP

 Als Johann Wolfgang von Goethe 1797 seinen „Zauberlehrling" reimt, wird er wohl die täglichen Plagen des Hausputzes im Kopf haben: „Und nun komm, du alter Besen! Nimm die schlechten Lumpenhüllen; Bist schon lange Knecht gewesen: Nun erfülle meinen Willen! Auf zwei Beinen stehe, Oben sei der Kopf, Eile nun und gehe Mit dem Wassertopf!" Es erscheint allerdings schwierig, sich den Dichterfürsten persönlich bei der körperlichen Arbeit im angeschmutzten Domizil vorzustellen, denn der Zeitgeist hat das Saubermachen zur Domäne der Frauen erklärt. Und so sind es wohl eher die bemitleidenswerten weiblichen Angestellten oder vielleicht sogar die Gespielinnen des Weimarer Patriarchen, die sich mühsam kniend der Reinigung des historisch bedeutsamen Parketts hingeben müssen.

Mehr als 150 Jahre später harrt dieses Problem noch immer seiner Lösung. Wir befinden uns in Spanien und der Luftfahrtingenieur Manuel Jalón Coromínas grübelt beim Bier mit Kollegen darüber nach, „etwas herzustellen, das Frauen hilft, aufrecht stehend zu putzen anstatt auf ihren Knien". In der Weiterentwicklung der Geschlechterrollen scheint man der Goethe-Zeit zwar kaum voraus zu sein, aber immerhin macht der manuelle Sektor Fortschritte: Corominas setzt seine Amerika-Erfahrungen kreativ um. Dort hat er nämlich beobachtet, wie durch Öl verschmutzte Flugzeuge anhand großer Besen mit langen Griffen gereinigt werden. Er denkt einen Schritt weiter, und fertig ist der Mop, mit dem Mann oder Frau, bequem und ohne frühzeitig unter Gelenkverschleiß zu leiden, Fußböden reinigen können. In Spanien schon 1956 im Einsatz, kommt der Durchbruch durch den Vileda Wischmop in Deutschland erst 1985, ist dafür aber seit jener Zeit untrennbar mit dem Namen des Unternehmens verbunden.

Vileda, aus dem Freudenberg-Stammhaus, einer ehemaligen Gerberei hervorgegangen, ist aber schon lange vorher eine unbestrittene Autorität auf dem Gebiet all dessen, was den Haushalt sauber hält. Der Chemiker Dr. Carl Ludwig Nottebohm erfindet Mitte der 30er Jahre die Vliesstoff-Technologie. Wenig später entdecken Mitarbeiter bei Freudenberg, das Vliesstoff-Reste aus Baumwolle in Wasser weich und saugfähig werden und sich deshalb ideal zum Absorbieren von Putzwasser eignen. „Wie Leder" sind die ersten Tücher aus Vliesstoff, und einmal so ausgesprochen, ist der Markenname Vileda für die heute so bekannten Putz- und Spüllappen geboren. Im Jahr 1948 kommen dann die ersten Vileda Vliesstoff-Produkte, darunter das Haushalts- und Fenstertuch, auf den Markt, die sich in stetig verbesserter Qualität noch heute im Sortiment befinden.

Auch für den modernen Konsumenten ist die Marke Vileda untrennbar mit der Vorstellung von qualitativ hochwertigen Tüchern zur Haushaltsreinigung verbunden. Dabei darf aber nicht übersehen werden, dass sich das Firmen-Portfolio ständig erweitert hat, so zum Beispiel um Topfreiniger und Handschuhe. In Deutschland sind die Sauberkeitsexperten aus Weinheim Marktführer in allen Kategorien der mechanischen Reinigung, und auch international werden Produkte von Vileda in 27 Ländern vertrieben. Neben Wischmat und dem Vileda Fenstertuch gehört der inzwischen schon legendäre Wischmop zu den größten und erfolgreichsten Errungenschaften des Unternehmens. So erfolgreich, dass man sich 2002 unter der Bezeichnung „Vileda Wischmop Super" an eine Neueinführung des Klassikers gewagt hat. Die Reinigungskraft ist nun durch die Ausstattung der Wischstreifen mit einer besonders großen Reinigungszone aus Original Vileda Microfaser PLUS-Tuchstoff noch erhöht worden, während Griff, Stiel und Auswringer ebenfalls eine Optimierung erfahren haben. Putzen ist dadurch noch effektiver, bequemer und dank des innovativen Designs auch ästhetisch anspruchsvoller geworden.

Firmenname	Klassiker	Gründung	Mitarbeiter	Bekanntheit	Vertrieb
Vileda GmbH	Vileda Wischmop (seit 1985)	1962 in Weinheim	1.971 weltweit	95 %	weltweit

VILLEROY & BOCH | DIE SANITÄRKERAMIK

Erfindergeist und hohe Innovationskraft, eine starke Kundenorientierung und die stringente strategische Ausrichtung an den Anforderungen des nationalen und internationalen Marktes – mit diesem Eigenschaftsprofil lässt sich die Marktstellung von Villeroy & Boch adäquat beschreiben. Das heute in 125 Ländern agierende Unternehmen besteht schon seit 254 Jahren.

Im Jahre 1748, hatte die Familie Boch begonnen, sich der Herstellung von Keramikgeschirr in ausgezeichneter Qualität zu widmen. Der Sprung zur industriellen Fertigung fand 1809 statt, als Jean-François Boch in einer alten barocken Benediktinerabtei in Mettlach an der Saar eine Geschirrfabrik mit selbst konstruierten Fertigungsmaschinen einrichtete. 1836 schloss er sich mit seinem ehemaligen Konkurrenten, dem Kaufmann Nicolas Villeroy, zusammen, der seit 1791 Kupferstiche auf Geschirr druckte und damit einer kostengünstigen Serienproduktion den Weg geebnet hatte. Dies stellt den eigentlichen Beginn einer Unternehmensgeschichte dar, die auch heute noch für innovative Keramikprodukte im gehobenen Wohnbereich steht.

Eine Zäsur bedeutete für das Unternehmen das Jahr 1998. Im diesem Jahr feierte Villeroy & Boch sein 250-jähriges Firmenjubiläum und vollzog gleichzeitig einen Paradigmenwechsel vom produktionsorientierten Keramikkonzern zum weltweit renommierten Lifestyleanbieter. Seither steht die Marke im Mittelpunkt aller Aktivitäten, deren Bekanntheitsgrad heute bei 70 Prozent liegt. Das Kernstück dieses Paradigmenwechsels ist das neue Marketing- und Vertriebskonzept „The House of Villeroy & Boch".

Das Konzept „The House of Villeroy & Boch" ist wörtlich zu nehmen. In einem realen Haus mit komplett ausgestatteten Räumen kann der Kunde sich ein genaues Bild von allen Einrichtungskonzepten machen und entscheiden, welchem Lifestyle er am ehesten zugeneigt ist: „Classic" orientiert sich zeitlos-elegant an traditionellen Formen und Werten, während sich „Country" im natürlich-ländlichen Landhaus-Stil prä-

sentiert. Unkompliziert, jung und praktisch ist der Lifestyle „Easy" angelegt, und mit „Metropolitan" werden all diejenigen angesprochen, die einen bewusst reduzierten, schlicht-urbanen Lebens- und Einrichtungsstil bevorzugen. Da sich die Lifestyles durch alle Produktbereiche ziehen, können sehr harmonische, detailreiche und höchst individuelle Interieurs kreiert werden. Natürlich immer in der fast schon sprichwörtlichen Villeroy-&-Boch-Qualität.

Die vielfältigen Unternehmensaktivitäten sind heute in den vier Bereichen „Bad, Küche und Fliesen", „Wellness", „Tischkultur" und „Project Business" zusammengefasst. „Bad, Küche und Fliesen" beinhaltet eine breite Skala an Badkeramik-Kollektionen, keramischen Küchenspülen, Armaturen, Badmöbeln und Accessoires sowie ein umfangreiches Fliesenangebot mit innovativen Gestaltungskonzepten für Wand und Boden im Privat- und Objektbereich.

Ein besonders gelungenes Beispiel dafür ist die Kollektion Stratos, bei der ganz bewusst eine klare Linie ohne Schnörkel dominiert, die ein Spiegelbild der Zeit des ausklingenden 20. Jahrhunderts präsentiert.

Produkte rund um den gedeckten Tisch, also Geschirr, Gläser, Besteck und andere Tischaccessoires, entwickelt der Unternehmensbereich „Tischkultur", der auch die Bereiche Hotellerie, Gastronomie und Werbemittel umfasst. Im Bereich „Wellness" werden Badewannen, Whirlpools und andere Sanitärobjekte aus Kunststoff angeboten, wobei hier mit Quaryl, einer Mischung aus Quarz und Acryl, ein einzigartiger, patentierter Werkstoff zum Einsatz kommt, der bislang nie gesehene Formen, Ecken und Linien erlaubt. Der Unternehmensbereich „Project Business" geht schließlich mit differenzierten Komplettlösungen im Badbereich auf die komplexen Anforderungen von zum Beispiel Hotels oder Krankenhäusern ein.

Firmenname	Klassiker	Gründung	Mitarbeiter	Gründer	Vertrieb
Villeroy & Boch AG	Badkollektion STRATOS (seit 1989)	1748 in Audun-le-Tiche	10.000 weltweit	François Boch (ca. 1700–1754)	weltweit

VIVIL | DAS PFEFFERMINZBONBON

 Die Idee für VIVIL entsteht kurz nach der Jahrhundertwende auf einem Exerzierplatz. Als August Müller, von Haus aus Kaufmann, in der 10. Kompanie des Infanterie-Regiments Nr. 126 „Großherzog von Baden" dient, sehnt er sich während des Dienstes in Staub und Hitze oft nach einer belebenden Erfrischung. Ein Erfrischungsbonbon, so verpackt, dass es in jede Tasche passt, schwebt ihm vor. Als Grundsubstanz denkt er an Pfefferminze, deren ätherische Öle kühlende Frische und Wohlbefinden bewirken.

1903 bringt die Firma A. Müller & Co. in Straßburg ihr erstes Pfefferminzbonbon auf den Markt. August Müller, mit einer Französin verheiratet, aus deren Familie der Name Vivil herrührt und der später zu dem Doppelnamen Müller-Vivil führt, nennt deshalb seine kleine, atemfrische Revolution fortan VIVIL.

Von Anfang an denkt August Müller in globalen Maßstäben und vertreibt die neuartige Erfrischung schon bald in weiten Teilen Europas. Bereits im Jahre 1908 ist VIVIL auf dem amerikanischen Kontinent. Überall auf der Welt kennt man den Namen VIVIL als Synonym für belebende Frische.

1920 – Straßburg ist mittlerweile französisch – siedelt das Unternehmen nach Offenburg am Fuße des Schwarzwaldes um. August Müllers Sohn, Dr. Bruno Müller, sorgt jetzt dafür, dass VIVIL durch intensive Werbung buchstäblich in aller Munde ist: kein Bahnhof, kein Großereignis, keine Sportveranstaltung, wo nicht unübersehbar der Name VIVIL prangt.

Nach dem Zweiten Weltkrieg ist der Wiederaufbau zunächst mit Schwierigkeiten verbunden: Dr. Bruno Müller bleibt 1945 in Berlin verschollen und im Jahr 1947 stirbt auch August Müller, der Firmengründer. Aber Anfang der 50er Jahre ist die Produktion unter der Leitung von Frau Elisabeth Müller, der Ehegattin von Dr. Bruno Müller, und ihrer Schwester Frau Dr. Rebstein-Metzger wieder voll im Gang. In den Zeiten des deutschen „Wirtschaftswunders" ist VIVIL aus dem Alltag bereits nicht mehr wegzudenken, und das VIVIL-Krokodil wirbt seit den 70er Jahren mit dem Slogan: „Seid frisch zueinander!"

Zwar gelten Pfefferminzbonbons immer noch als besondere Spezialität des Hauses, doch gelingt es dem Familienunternehmen VIVIL – in der dritten Generation unter der Leitung von Axel M. Müller-Vivil –, sein Sortiment im Laufe der Jahre und im Zuge sich stetig verändernder Konsumgewohnheiten zu erweitern. Ergänzt wird die Produktpalette durch „antjes", das milde Pfefferminzbonbon mit Traubenzucker, das Kaubonbon VIVA soft sowie eine Reihe weiterer Frische- und Fruchtkomprimate. Zu erwähnen sind auch die VIVIL-Aktivitäten für die Schaffung eines neuen Süßwaren-Segments: dem überdurchschnittlich wachsenden Markt für Ohne-Zucker-Bonbons, in dem die Marktführerschaft in Deutschland erreicht ist.

Im Jahr 2000 bekommt die klassische Rolle ein Convenience-Produkt an die Seite gestellt: die VIVIL POWER-MINTS Spenderbox grün und blau. Aufgrund der klassischen Aufmachung erkennt der Verbraucher sofort „sein" VIVIL. Im gleichen Jahr erscheint eine neue Generation von Bonbons: die „functional candies" FUN + ENERGY mit Vitaminen und Wirkstoffen für die Gesundheit.

Im Jahr 2003 blickt das Familienunternehmen auf eine hundertjährige Geschichte zurück. Ein Jahrhundert großer historischer Ereignisse und Umwälzungen, dem das Unternehmen mit Tradition und Kontinuität begegnete. Die starke und ewig junge Marke VIVIL symbolisiert wie kaum eine andere Qualität und Frische. VIVIL ist heute bei neun von zehn Bundesbürgern bekannt. Neben Deutschland werden die erfrischenden VIVIL-Produkte in über 30 Ländern auf der Welt verkauft.

Aufgrund einer Produkt- und Marketingstrategie, die Bewährtes mit Neuem verbindet, ist die derzeitige VIVIL-Position gekennzeichnet durch ihren hohen Bekanntheitsgrad, ihre große Verbraucherakzeptanz und ihre globale Verbreitung unter dem Slogan „VIVIL – Get the Power!".

natürliches Pfefferminz

VIVIL®

Firmenname	Klassiker	Gründung	Erfinder und Gründer	Hauptfertigungsstätte
VIVIL A. MÜLLER GMBH & CO. KG	VIVIL natürliches Pfefferminz (seit 1903)	1903 in Straßburg	August Müller-Vivil (1875–1947)	Offenburg

WECK | DAS EINKOCHGLAS

„Die Gedanken liegen oft wie Männlein und Weiblein voneinander getrennt", sagt eine Redensart über das Geheimnis der Kreativität, „doch erst wenn sie zusammenkommen, ist das Pulver erfunden." Genau dies war der Fall bei der Entdeckung des WECK-Einkochverfahrens zur Haltbarmachung von Lebensmitteln. Die Voraussetzungen für dieses Patent, das am 24. April 1892 angemeldet wurde, waren teils schon seit Jahrhunderten gegeben: Die Technik, Gläser mittels eines Vakuums zu verschließen, war ebenso bekannt wie das Verfahren, ein Vakuum durch Lufterhitzung zu erzeugen. Auch machte man sich bereits das Prinzip der Hitzekonservierung zu Nutze, durch das beim Einkochen alle Fäulnisbakterien des Einkochgutes abgetötet werden. Es bedurfte nur noch der Kombination dieser Erkenntnisse zur eigentlichen Erfindung. Diese gelang dem Chemiker Rudolf Rempel.

In einem Brief an die Firma Weck sollte seine Frau später schreiben: „Zu diesen ersten Versuchen benützte er Pulvergläser aus dem chemischen Laboratorium, deren Rand er abgeschliffen hatte. Er versah die Gläser mit Gummiring und Blechdeckel und kochte die Nahrungsmittel im Wasserbad, indem er einen schweren Gegenstand auf den Deckel des Glases legte. Die sterilisierte Milch, die er nach Monaten aufmachte, als Besuch ins Laboratorium kam, um Kaffee vorzusetzen, schmeckte wunderbar frisch."

Unter den ersten Kunden, die sich für diese neuartige Technik der Lebensmittelkonservierung interessierten, war Johann Weck, ein entschiedener Vegetarier und Antialkoholiker. Mit badischem Obst und Gemüse, haltbar gemacht in Einkochgläsern, wollte er gegen die Volksseuche Alkohol zu Felde ziehen und erwarb darum nach dem Tod des Erfinders das „Rempelsche Patent". Die kaufmännische Arbeit und Planung, die zur Verbreitung einer Idee dieser Tragweite nötig sind, zählten aber nicht zu seinen Stärken. So zog er als Mitarbeiter und später als Teilhaber einen Kaufmann hinzu, Georg van Eyck, um gemeinsam mit ihm am 1. Januar 1900 die Firma J. Weck u. Co. zu gründen.

Nur zwei Jahre später war Georg van Eyck Alleininhaber der Firma, da sich sein Partner inzwischen neuen Aufgaben zugewandt hatte. Van Eyck stellte Hauswirtschaftslehrerinnen an, die in Kochschulen, Pfarr- und Spitalküchen praktische Einführungen gaben und verbesserte laufend die Einkochgläser, Gummiringe, Einkochapparate, Thermometer und Hilfsgeräte, die er alle unter der Marke „WECK" herausbrachte.

Mit der Marke WECK schuf van Eyck einen der ersten Markenartikel in Deutschland; er ist noch heute kenntlich am Markenzeichen der Erdbeere mit dem eingeschriebenen Namen WECK.

Die heutigen WECK-Rundrandgläser stellen die logische Fortführung des altbewährten Einweck-Verfahrens dar. Das neue Glas gibt es in der so genannten „Tulpen-Form" für Obst und Gemüse, in der „Sturz-Form" für Fleisch und Wurst, in der nostalgisch schönen Schmuckform sowie in der Karaffenform als Saftflasche.

Dank eines neuartigen Verschlusses kann das WECK-Rundrandglas bis unter den Deckel gefüllt werden. Die frühere Beeinträchtigung der oberen Schichten durch oxydierenden Restsauerstoff wird dadurch vermieden: Der gesamte Inhalt bleibt in Farbe, Geschmack und Vitamingehalt gleich ansehnlich und vollwertig.

Ein interessanter Nebeneffekt: Auch die Wissenschaft hat WECK-Gläser schon längst als „High-Tech-Produkt" entdeckt. Ob es um Laborversuche in sterilen Umgebungen geht oder um Pflanzenzuchtexperimente: Das WECK-Glas hat als Reagenzbehälter optimale Eigenschaften, wenn eine neutrale Nur-Glas-Umgebung gefordert wird. Der Labyrinthverschluss lässt zwar bei eventuellem Überdruck, etwa bei Gärungsprozessen, Luft heraus, aber verschliesst das Glas dann wieder zuverlässig gegen einströmende Luft. Sicherlich eine Anwendungsform, über die sich der Chemiker Rudolf Rempel besonders gefreut hätte.

Firmenname	Klassiker	Gründung	Erfinder	Gründer	Vertrieb
J. Weck GmbH u. Co.KG	Weck (seit 1900)	1900 in Öflingen/Baden	Johann Weck (1841–1914)	Johann Weck und Georg van Eyck	weltweit

WILESCO | DIE DAMPFMASCHINE

Erinnerung ist ein Sinnesvorgang. Ein bestimmter Klang oder Rhythmus, ein unverwechselbarer Geschmack, eine typische Oberflächenstruktur, eine markante Lichtkonstellation, ein charakteristischer Duft – all das wirkt auf das Gedächtnis. Je tiefer die Erinnerung in die Kindheit führt, desto weniger können wir uns auf bloßes Wissen verlassen, desto wichtiger wird die Kraft der Sinneseindrücke. Gerade wegen dieser sinnlichen Dimension der Wahrnehmung bleiben viele unserer Kindheitserinnerungen bis ins hohe Alter von erstaunlicher Plastizität.

Von bleibender Erinnerung ist jedem, der in frühen Jahren damit gespielt hat, die Dampfmaschine. Sie ist ein Sinneserlebnis par excellence: Rauchen und Fauchen, Dampfen und Pfeifen. Und schön anzusehen ist sie obendrein. Doch auch Fantasie und technischer Entdeckungstrieb werden angeregt, ist das Spielzeug doch ein getreues Abbild jener Erfindung, die die Industrialisierung ausgelöst und so die Welt verändert und beschleunigt hat. Der Engländer James Watt hatte Ende des 18. Jahrhunderts die erste Dampfmaschine gebaut. Watts Maschine steht symbolhaft für technischen Fortschritt. Industrie und Verkehr wurden durch sie binnen weniger Jahrzehnte revolutioniert.

Der Klassiker unter den Modell-Dampfmaschinen heißt WILESCO. Das Lüdenscheider Traditionsunternehmen – der Name bezieht sich auf die Wilhelm Schröder GmbH & Co. Metallwarenfabrik – widmet sich seit 1950 der Herstellung von Dampfmaschinen. Da durch den langjährigen Vertrieb von Puppengeschirr und besteck bereits ein fester Kundenkreis vorhanden war, wurden die Dampfmaschinen bald zum Verkaufsschlager. Hohe Fertigungsqualität und schöne Modelle erschlossen den noch jungen Markt des Hobby- und Modellbaubereichs. Heute bestreitet WILESCO etwa die Hälfte des Umsatzes durch seine Dampfmaschinen und ist zugleich der weltgrößte Produzent.

WILESCOs Modelle sind Spielzeug und Anschauungsmaterial zugleich. Sie zeigen die Uranfänge der maschinellen Kraftumsetzung: Wärme wird in mechanische Energie umgewandelt und zum Antrieb nutzbar gemacht. Wasser und Feuer erzeugen Dampf, der im Zylinder einen Kolben in Bewegung setzt. Am Ende steht die Drehbewegung des Schwungrades, das Bohrmaschinen, Sägen, Dampfwalzen, Schiffe und Lokomotiven in Gang setzt.

Wesentlichen Beitrag zu WILESCOs Erfolg leistet die Unternehmenspolitik unter dem Motto „Qualität und Sicherheit". Der Kunde weiß um die Bedeutung von Sicherheit bei technischem Spielzeug und schätzt die große Sorgfalt, die WILESCO darauf verwendet.

Diese strengen Sicherheitsnormen garantieren neben dem Korrosionsschutz vor allem den sicheren Betrieb der Dampfmaschine. Der normale Betriebsdruck der Dampfkessel aller Maschinen beträgt 1,5 bar, wobei jeder Kessel im Werk mit fünf bar geprüft wird. Zudem sind die Modelle mit Wasserstandsanzeiger und Federsicherheitsventil ausgerüstet, letzters öffnet sich bei drei bar. Das GS/TÜV-Prüfzeichen auf allen WILESCO-Maschinen belegt diese Sicherheitsnormen.

Buchstäblich ein Dauerbrenner ist die WILESCO Dampfmaschine D21. Der hochglanzpolierte Messingkessel sitzt auf einem roten Kesselhaus mit Ziegelsteinmuster, das von je zwei Leitern und Laufstegen umkränzt ist. Dem Zylinder und dem feuerroten Schwungrad sind Dampfpfeife, Manometer und ein Dampfabsperr-Handradventil zur Seite gestellt. Ein Kamin erhebt sich in über 30 cm Höhe. Die Beheizung der D21 erfolgt mit Trockenbrennstoff oder wahlweise elektrisch. Zu allen Dampfmaschinen sind viele zusätzliche Antriebsmodelle erhältlich, sogar eine nostalgische Schiffsschaukel oder ein buntes Riesenrad.

Wer nach 20 Jahren durch Zufall oder dank der eigenen Kinder die Dampfmaschine einmal wiedersieht, dem wird sogleich wieder alles gegenwärtig: das glatte Messing, das ratternde Schwungrad, das helle Pfeifen, der Geruch und sogar der Geschmack des Rauches. Ein Stück Kindheit, das zu Recht auf einem edel lackierten Sockel steht.

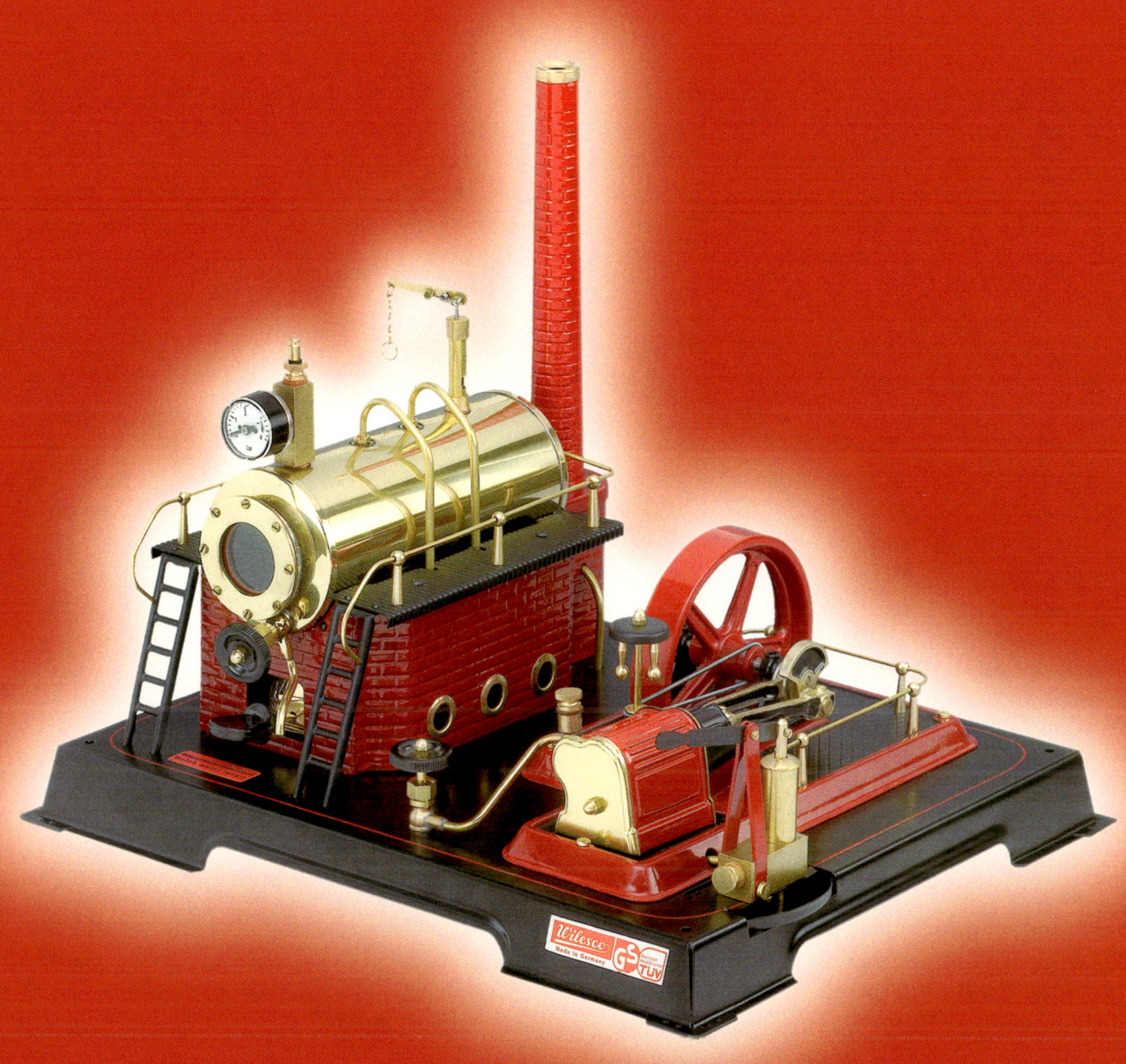

Firmenname	Klassiker	Gründung	Mitarbeiter	Vertrieb	Firmensitz
Wilesco Wilhelm Schröder GmbH & Co.	Dampfmaschine (seit 1950)	1912 in Lüdenscheid	80	weltweiter Export	Lüdenscheid, Sauerland

BOGNER

St. Moritz, 1969: Wieder einmal geht es um die Rettung der Welt. Wieder einmal obliegt diese Aufgabe dem britischen Geheimdienst. Ausgerechnet mitten in den Schweizer Alpen treibt eine Gruppe von Kriminellen um ihren Anführer Blofeld ihre Vorbereitungen voran, mit Hilfe eines gefährlichen Virus die Welt unter ihre Kontrolle zu bringen. Nur dem Eifer des Top-Spions aus London ist es zu verdanken, dass das Versteck ausfindig gemacht wird. Doch als seine Tarnung auffliegt, muss er durch eine halsbrecherische Talfahrt auf Skiern seine Haut vor den Gangstern zu retten. Wird es ihm gelingen?

Natürlich gelingt es ihm. Schließlich ist unser Held kein geringerer als Bond – James Bond. Und er hat einen erfahrenen Schutzengel: Willy Bogner heißt der junge Mann aus München, der mit einer 30 Kilo schweren Kamera bepackt und bei Tempo 100 auf den Brettern den spektakulären Stunt hautnah aufnimmt.

Willy Bogner – Sportass, Filmemacher, Unternehmer. „Es kommt nicht darauf an, was einer macht, sondern wie er es macht", meint er. Wie sein Vater Willy Bogner senior heimst er in jungen Jahren einen Skisport-Preis nach dem anderen ein, schafft 70 Pokale in 300 Rennen, darunter den Deutschen Meister im Spezial-Slalom. Schon früh entdeckt er seine Leidenschaft für die Leinwand und produziert Sportfilme. Schließlich, 1979, übernimmt er die Firma seines Vaters nach dessen Tod und baut das heranwachsende Imperium für Sportmode mit seinen begehrten Skioveralls weiter zur Weltmarke aus, die in 30 Ländern rund um den Globus vertreten ist.

Angefangen hatte der Aufstieg der Bogners 1932 mit einem Skivertrieb im Hinterhof des Münchner Textilhauses Feldmeier. Inhaber Willy Bogner ist bereits ein Star unter Deutschlands Skisportlern: elfmal Deutscher Meister in der Nordischen Kombination, 1935 Weltmeisterschafts-Dritter. Als er 1936 bei den Olympischen Winterspielen in Garmisch-Partenkirchen antritt, tragen er und die deutsche Mannschaft eine Windbluse, die seine spätere Frau Maria

Lux entworfen hat – der Grundstein für die Sportmarke Bogner. Bis heute kleiden sich Deutschlands Olympioniken mit Bogner ein.

Nach dem Krieg macht Maria Skisport zu einer Angelegenheit mit Schick und Charme. Die „Königin der Keilhose" kleidet andere „Königinnen" ein – Marilyn Monroe, Ingrid Bergmann. Der „Spiegel" feiert Maria Bogner als „Coco Chanel der Sportmode". Ehemann Willy kümmert sich um Produktion und Vermarktung.

Als Willy Bogner junior die Firma übernimmt, zählt sie mehr als 1.300 Mitarbeiter und kann 60 Millionen Euro Umsatz verbuchen. Neben den klassischen Sportmoden gibt es inzwischen auch Kollektionen für Ski, für Golf, Wellness, Fitness, Biken sowie Accessoires wie Handschuhe für die Golf- und Skimode und Schuhe. Mit Bogner of America hat das Haus den Sprung über den großen Teich geschafft. Und jetzt startet der Sohn richtig durch und setzt das Erbe seines Vaters weltweit fort: San Francisco, Hongkong, Melbourne, Moskau, Prag, Taipeh, Seoul, Riad und Kopenhagen. Es gibt Sonnenbrillen von Bogner, Lederartikel, Parfums, Uhren und Schmuck und mittlerweile sogar Handys.

Vom Film hat Willy Bogner trotz seiner neuen Rolle als Firmenlenker nie Abschied genommen. Im Gegenteil: Seinen größten Erfolg feiert er mit „Fire and Ice" 1986: 1,7 Millionen Menschen strömen in die Kinos und machen das preisgekrönte Werk zum erfolgreichsten Sportfilm aller Zeiten in Deutschland. Als 1994 sein Film „White Magic" anläuft, wirft Bogner ihn in 3.300 Metern Höhe auf eine Leinwand aus Schnee und feiert die Premiere mit einer pompösen Show auf dem Gipfel des Piz Corvatsch in St. Moritz – an jenem Ort, an dem 25 Jahre zuvor der Bösewicht Blofeld am Geheimagenten Ihrer Majestät James Bond so kläglich scheiterte. Sein jüngstes Projekt zeigt im dreidimensionalen IMAX-Format spannende Ausschnitte vom Paragliding im Engadiner Tal sowie abenteuerliche Szenen vom Powder-Skiing im Himalaya und Extrem-Skiing in Alaska – auch hier schadet es nicht, wenn man sich auf Willy Bogner als Schutzengel verlassen kann.

Firmenname	Klassiker	Gründung	Gründer	Bekanntheit	Vertrieb
Willy Bogner GmbH & Co. KGaA	Skimode (seit 1932)	1932 in München	Willy Bogner sen. (1909–1977)	über 80 %	weltweit in 30 Ländern

Das Tafelbesteck, bestehend aus Messer, Löffel und Gabel, hat eine lange Tradition. Die Ursprünge von Messer und Löffel gehen bis in die Anfänge unserer Kulturgeschichte zurück. Die Gabel hingegen tauchte erst im frühen Mittelalter auf und es dauerte bis zum Beginn des 18. Jahrhunderts, bis die heute bekannte Kombination zunächst den Tafeln des französischen Hofes Glanz verlieh. Die dort gelebte Tischkultur wurde zum Vorbild der europäischen Adelshäuser. Dank zunehmendem Wohlstand des Bürgertums verbreitete sich das Tafelbesteck in seiner heutigen Form bald in ganz Europa, so dass es inzwischen zum Standard unseres Kulturkreises geworden ist.

Besteck von WMF ist seit Generationen ein fester Bestandteil des gedeckten Tisches. Das Traditionsunternehmen aus dem württembergischen Geislingen an der Steige wurde bereits 1853 gegründet. Ein bedeutender Schritt in der Entwicklung zum mittlerweile größten Besteckhersteller Europas war für WMF die Einführung der galvanischen Versilberung Ende das 19. Jahrhunderts, aus der anschließend die patentierte WMF-Perfekt-Hartversilberung entwickelt wurde. Der endgültige Durchbruch gelang WMF dann 1932, als es möglich wurde, das erste Cromargan®-Besteck aus rostfreiem Edelstahl herzustellen. Jetzt war eine entscheidende Hürde genommen: Hochwertiges und alltagstaugliches Besteck konnte zu günstigen Preisen angeboten werden.

Mit einer Auswahl von fast 50 Modellen bietet WMF heute eine Vielfalt von Möglichkeiten, unterschiedliche Vorstellungen von Tisch- und Wohnkultur adäquat auszudrücken. Das Spektrum reicht von traditionsverbundenen Modellen über Klassiker der Moderne bis hin zu neutralen Alltagsbestecken und aktuellen zeitgemäßen Designbestecken. Gemeinsam ist allen WMF-Bestecken der hohe Qualitätsanspruch in Funktionalität und Ausführung sowie die perfekte Durchgestaltung sämtlicher Details.

Das WMF-Besteckmodell „Merit" mit seinen weichen fließenden Konturen, optimaler Balance und zeitgemäßen Proportionen vermittelt in höchstem Maße Sinnlichkeit. In seiner Schlichtheit wirkt es sehr modern und gleichzeitig vertraut – was nicht von ungefähr kommt, da es die klassische Rundstielform des 18. Jahrhunderts neu interpretiert. Bleibende Wertigkeit zeigt sich in der Sensibilität für Details. Damit ist das mit dem „Roten Punkt für hohe Designqualität" des Design Zentrum Nordrhein-Westfalen ausgezeichnete Besteckmodell ein Besteck von zeitloser Schönheit und gilt seit seiner Markteinführung 1998 als die perfekte Umsetzung modernen Besteckdesigns. Harmonie und Neutralität im Design werden durch den Verzicht auf vordergründige Gestaltungselemente erreicht. Damit ist dieses Besteck stimmig mit unterschiedlichen Wohn- und Lebensstilen kombinierbar. Nicht zuletzt zeichnet sich „Merit" durch ein Höchstmaß an Ergonomie aus, nicht ganz unwichtig bei einem Werkzeug, welches man täglich gebraucht: Die spannungsvoll-plastische Ausarbeitung der runden Griffe lässt das Besteck besonders angenehm in der Hand liegen. Vor allem die akzentuierte Herausarbeitung des Griffabschlusses ist ein besonderes Merkmal dieses Bestecks. „Merit" ist nicht nur in der bewährten Cromargan®-Qualität erhältlich, sondern für gehobene Ansprüche auch in Sterlingsilber 925/000 oder 90g perfect hartversilbert.

Heute gilt die Marke WMF in Deutschland, Europa und weltweit als Synonym für Besteck, das eine gelungene Synthese zwischen Qualität, Tradition und Design eingegangen ist. Über Besteck hinaus bietet WMF eine Vielfalt weiterer exklusiver Produkte mit dem Schwerpunkt Tischkultur und Kochen im privaten und gewerblichen Bereich an. Neben Kochtopfserien und weiterem Küchenzubehör, Tisch- und Wohnaccessoires sowie Trink- und Tafelglas-Kollektionen umfasst das WMF-Sortiment auch Produkte für die gehobene Gastronomie sowie Kaffeemaschinen für den professionellen Einsatz. Gemeinsam ist der gesamten Kollektion jedoch ein Anspruch: Qualität für die Sinne zu vermitteln.

Firmenname

WMF Württembergische
Metallwarenfabrik

Klassiker

Besteckmodell Merit
(seit 1998)

Gründung

1853 in Geislingen

Bekanntheit

95 %
(gest., Deutschland)

Vertrieb

weltweit

Jahresumsatz

578,1 Mio. EUR
(WMF Konzern, weltweit)

WOLF | DER RASENMÄHER

Auf seinem täglichen Heimweg im Jahre 1927 beobachtete Gregor Wolf einen Bauern bei der Feldarbeit. Ihm fiel auf, dass die damals gängige Arbeit mit der Feldhacke durch eine einfache Abwandlung des Werkzeugs erleichtert werden kann. Dies ist die Geburtsstunde der so genannten Ziehhacke. Der Markterfolg des neuen Arbeitsgerätes ist so überzeugend, dass damit eine neue Ära der Gartenbearbeitung und somit auch in der Geschichte der 1922 in Betzdorf an der Sieg von August Wolf und seinen Söhnen Gregor und Otto gegründeten Eisenwarenfabrik eingeleitet wird.

Wolfs Erfindung wird zum eigentlichen Auslöser für die Verlagerung des Produktionsschwerpunktes auf landwirtschaftliche Kleingeräte und damit zu einem wichtigen Schritt in der Entwicklung des Unternehmens zu einem der führenden Unternehmen in der europäischen Gartenbranche.

Das große Innovationspotenzial des Familienunternehmens wird bereits 1919 deutlich: In der damaligen, von August Wolf geführten Schmiede wird das kostengünstige „autogene Schweißverfahren" erfunden. Der damit verbundene Wettbewerbsvorteil gegenüber konkurrierenden Eisen verarbeitenden Firmen wird ebenso wie die Erfindung selbst zu einem wichtigen Erfolgsfaktor des Unternehmens.

Neben dieser kostengünstigen Produktion sowie der Spezialisierung auf den „grünen Bereich" sorgt eine umfangreiche Vermarktungsstrategie bereits lange vor der Einführung des ersten Rasenmähers für eine hohe Bekanntheit der Wolf-Geräte. So informiert Anfang der 20er Jahre eine Katalogliste für Händler und Kunden europaweit über die Produkte des Hauses. Der zunächst als simple Auflistung konzipierte Katalog wird Mitte der 20er Jahre zu einem Kundenmagazin mit hoher Ratgeberkompetenz ausgebaut. 1923 wird der Wolfskopf als prägnantes Markenerkennungsmerkmal im Unternehmenslogo eingeführt. Die zunehmende Spezialisierung auf den Gartenbereich wird 1943 durch die Umfirmierung in „Wolf-Geräte GmbH" auch nach außen hin kommuniziert.

Die jahrzehntelange Erfahrung bei der Herstellung von strapazierfähigen Klingen für den Gartenbereich kommt dem wachsenden Trend zu offenen Rasenflächen im privaten und öffentlichen Bereich in den 50er Jahren entgegen. So fertigt Wolf-Geräte 1953 als erstes europäisches Unternehmen einen Rasenmäher mit rotierender Klinge. Schon 1958 folgt der erste Elektrorasenmäher auf dem europäischen Markt und 1975 dann der geräuschärmste Benzinrasenmäher der Welt. Auch in den folgenden Jahrzehnten sorgen stetige technische Neu- und Weiterentwicklungen aus dem Hause Wolf für Arbeitserleichterungen bei der Rasenpflege. So wird das Angebot an Handschiebe-, Akku-, Elektro-, Benzin- und Aufsitzrasenmähern den unterschiedlichsten Ansprüchen und Anlagengrößen gerecht. Im Jahre 2000 wird auf der Internationalen Gartenfachmesse in Köln eine Konzeptstudie eines mit Laserlicht arbeitenden Rasentraktors „zero" erstmals der Öffentlichkeit präsentiert. Im neuen Jahrtausend sorgt eine neue Generation von Elektrorasenmähern mit motorisierter Kabel-Rollautomatik für neue Standards in punkto Sicherheit.

Auch im Bereich der Rasenforschungstechnik leistet Wolf Herausragendes. So wurde in den 60er Jahren die größte Rasenforschungsanlage in Europa errichtet sowie bestes Saatgut und Düngemittel für Rasen ins Produktprogramm aufgenommen. Technik und Pflege aus dem Hause Wolf zeichnen die Rasenflächen vor dem ehemaligen Bundeskanzleramt in Bonn ebenso aus wie die Spielflächen bei der Fußballweltmeisterschaft und bei den Europameisterschaften.

Mit Gregor C. Wolf übernimmt 1992 die dritte Familiengeneration die Leitung des Unternehmens. Die WOLF-Garten Gruppe ist heute ein weltweit tätiges Unternehmen mit Schwerpunkt in Europa.

Der Name Wolf steht heute für ein Familienunternehmen, das seine Kunden zuverlässig und kompetent mit allem versorgt, was sie für Gartenarbeiten benötigen: Gartengeräte, Gartenpflegeprodukte wie Rasensaatgut und Rasendünger sowie das entsprechende Know-how zur sicheren, einfachen und zuverlässigen Ausführung der Gartentätigkeit.

Firmenname	Klassiker	Gründung	Gründer	Vertrieb	Marktposition
WOLF-Garten GmbH & Co.KG	Premio 36 E Elektro-Rasenmäher (seit 1958)	1922 in Betzdorf	Gregor & Otto Wolf	weltweit	Größter Komplettanbieter in Europa im Gartenmarkt

WÜRTH | DIE SCHRAUBE

 Bereits die Antike kannte ihr Prinzip, die Renaissance entdeckte sie als mechanische Verbindung im 15. Jahrhundert wieder und nutzte sie, heute ist sie aus unserer modernen Welt einfach nicht mehr wegzudenken: die Schraube.

Als ein Spezialist für Schrauben und Verbindungstechniken aller Art hat sich die Würth-Gruppe in der ganzen Welt einen Namen gemacht hat. Häufig sind es die von Würth vertriebenen kleinen Teile, die oft erst die großen Dinge ermöglichen. Das gilt etwa für die Kabel- und Rohrabstandschellen, die im neu eröffneten Terminal 2 des Münchener Franz-Josef-Strauß-Flughafens für Sicherheit am Bau bürgen, und das gilt auch für die feuerverzinkten Sechskantschrauben, die auf der 134 Meter hohen neuen Bergisel Schanze in Innsbruck für Höhenflüge sorgen.

Als ein Höhenflug der ganz besonderen Art kann auch die Unternehmensgeschichte der Würth-Gruppe betrachtet werden, ganz entgegen der Prognose eines Stadtrats im schwäbischen Künzelsau, der die am 21. April 1945 gegründete Schraubenhandlung von Adolf Würth despektierlich als „Eintagsfliege" bezeichnete. Eine grandiose Fehleinschätzung, wie man seit langem weiß, liest sich doch die Firmengeschichte der Würth-Gruppe als eine Erfolgsstory par excellence. Aus einem anfänglich regional tätigen Zweimannbetrieb entwickelt sich schnell eines der weltweit größten Handelsunternehmen von Befestigungs- und Montagematerial für Handwerk und Industrie, das heute mit 278 Gesellschaften in 80 Ländern vertreten ist. Sein Sortiment reicht von Schrauben und Schraubenzubehör über Dübel, chemisch-technische Produkte und Werkzeuge bis hin zu Möbel- und Baubeschlägen und Bervorratungs- und Entnahmesystemen. Der unterschätzte local hero von einst ist heute ein weltweit beachteter und anerkannter global player.

Der Erfolg der Würth-Gruppe ist dabei aufs Engste mit dem Namen Reinhold Würth verbunden. Als Stift lernt er in der Lehre bei seinem Vater das Ge-

schäft von der Pike auf kennen. Nach dem frühen Tod des Firmengründers übernimmt er 1954 mit 19 Jahren die Geschäftsführung. Unter seiner Leitung wächst das Unternehmen kontinuierlich, werden die ersten internationalen Niederlassungen gegründet und wird ein Umsatzrekord nach dem anderen aufgestellt. Der eindrucksvolle Aufstieg der Würth-Gruppe zum Weltmarktführer ist sein großes Lebenswerk.

Das Motto „Kleines Teil – Große Wirkung" trifft auch auf die von Würth erfundene Spezial-Schraube für die Arbeit besonders mit Spanplatten zu, die so genannte ASSY plus. Während herkömmliche Spanplattenschrauben immer wieder zum Spalten von Spanplatten und Holz im Randbereich neigen, sorgt die ASSY plus mit ihrer Bohrspitze und ihrem asymmetrischen Gewinde dafür, dass auch diese Verbindung sauber, schnell und sicher ist. Die extrem scharfen Gewindegänge und die besonders gleitfähige Beschichtung garantieren ebenfalls ein effizientes Eindrehen der Schraube. Dem Klassiker Schraube hat die Würth-Gruppe einen Großteil ihren Erfolges zu verdanken. So versteht es sich von selbst, dass im Firmenmuseum, welches 1992 am Stammsitz der Würth-Gruppe errichtet wurde, in einer Extra-Abteilung Schrauben und Gewinde ausgestellt werden.

Doch Reinhold Würth, der sich 1994 aus der operativen Geschäftsleitung zurückgezogen hat und seitdem der Würth-Gruppe als Beiratsvorsitzender vorsteht, zeichnet noch ein Verdienst anderer Art aus. Er präsentiert seine umfangreiche Kunstsammlung sowohl im Firmenmuseum als auch in der im Mai 2001 von ihm eröffneten Kunsthalle Würth in Schwäbisch Hall. Unter den insgesamt 6.800 Exponaten befinden sich Werke von Kirchner, Baselitz oder Lüpertz. Selbstverständlich wäre auch die große Wirkung der schönen Kunsthalle Würth ohne ein kleines Teil nicht möglich gewesen: der Schraube.

Firmenname
Adolf Würth
GmbH + Co. KG

Klassiker
Schrauben
(seit 1945)

Gründung
1945 in
Künzelsau

Mitarbeiter
über 40.000
weltweit

Vertrieb
in 80 Ländern

Jahresumsatz
5,36 Mrd. Euro
weltweit (2002)

Was haben ein Fotoreporter, eine Notärztin und ein Geheimagent gemeinsam? Zum Beispiel empfindliche Geräte, die sicher von Ort zu Ort transportiert werden sollen. Und immer muss alles ganz schnell gehen in ihren Jobs. Hamburg, 8 Uhr: Der Fotograf verstaut Kamera und Zubehör und weiß, dass er sie am Zielort unversehrt wieder herausholen wird. Stuttgart, 15.23 Uhr: Die Notärztin wird angepiept und kann sicher sein, dass keine Kanüle zerbrochen ist. London, 19.14 Uhr: Geheimagent James B. erhält einen gefährlichen Auftrag und verlässt sich darauf, dass seine Wunderwaffen keinen Kratzer abbekommen.

Zugegeben: Im letzten Fall ist nicht verbürgt, dass der Geheimdienst ihrer Majestät zum Transport auf Aluminium-Boxen von Zarges setzt. Doch ganz unwahrscheinlich ist es nicht, denn schon ein Jahr nach seiner Gründung begann das Weilheimer Unternehmen damit, Aluminiumbehälter für das Militär zu produzieren. Noch spektakulärer war der Firmenbeginn der Gebrüder Zarges. Zu den ersten Aluminiumteilen, die sie bauten, gehörten auch solche für die Raketenbrennkammern des jungen Forschers Wernher von Braun, dem Pionier der bemannten Raumfahrt. Doch bis dahin brachten es die Zeitläufte mit sich, dass die Leichtmetallprodukte aus Oberbayern vor allem militärischen Zwecken dienten. Nach dem Krieg ging es dann beispielsweise mit Leitern wieder friedlicher zu. Und auch bei der Aufstellung der Bundeswehr kam Zarges mit einem eher unmartialischen Ausrüstungsgegenstand zum Zuge: Sanitätskisten aus Alu.

Von diesem Know-how profitieren inzwischen auch die Notärzte in vielen Ländern der Welt. Immer wieder wurden die vielseitigen Kisten auf den neuesten Stand gebracht und optisch wie technisch überholt. Dabei schlug Ende der 70er Jahre auch die Geburtsstunde der Zarges-Box als Marke. Mit Fernsehwerbung und Sponsoring, zum Beispiel des Deutschen Skiverbandes, wurden die mattsilbrigen Alukisten zum Begriff für ein breites Publikum, das die Behälter jetzt auch über ein wachsendes Händlernetz leicht erstehen konnte. Bei den stetig steigenden Touristenzahlen jener Jahre stand nun so mancher Fluggast am Gepäckband und fragte sich insgeheim, was der Mensch neben ihm in seiner stabilen Kiste wohl transportierte. Denn stets umgibt die Zarges-Box die Aura von Professionalität und weckt damit Interesse. Stetig arbeitete man daran, das Produkt zu verbessern. Mitte der 80er Jahre bedeutete die Umstellung auf zukunftsfähige, computergesteuerte und roboterunterstützte Produktionsverfahren ein Mehr an Stabilität und Verarbeitungsgenauigkeit. Qualitative Verbesserungen standen auch beim nächsten Schritt im Vordergrund. Griffe, Verschlüsse, Scharniere und Dichtungen wurden Ende der 80er Jahre überarbeitet. Kein noch so turbulenter Flug, keine Safari mit dem Jeep lässt den Deckel einer Zarges-Box ungewollt aufspringen.

Zur Jahrtausendwende wartete das Unternehmen mit komfortablen Überraschungen auf. Neue Zubehörteile machen die Zarges-Box zum universellen Transportbehältnis für Beruf und Freizeit. Ob Attaché-Einsatz oder Werkzeugtasche, Würfelschaum für stoßempfindliche Güter oder Kleinteilekasten: Fotograf, Notärztin und Geheimagent finden das passende Zubehör für ihren Bedarf. Ein Trennwand-Set erlaubt es, die großen und kleinen Kisten je nach Wunsch zu unterteilen. Inzwischen arbeiten für die Zarges-Tubesca Gruppe 1.300 Mitarbeiter in Werken in Deutschland, Frankreich und Ungarn, die neben der berühmten Box auch Steigsysteme, von der Leiter bis zum Bauaufzug, sowie Logistikgeräte produzieren und vertreiben. Und weil Mobilität das Schlagwort unserer Zeit ist, wurde auch die Zarges-Box mobilisiert. Seit 2002 gibt es sie mit Anbaurollen und als Trolley. Vielleicht gebrauchen ja Fotograf, Notärztin oder Geheimagent die Aluminium-Box heimlich auch mal als Kinderwagen?

Firmenname	Klassiker	Gründung	Gründer	Vertrieb	Hauptfertigungsstätte
ZARGES	ZARGES BOX	1933 in Stuttgart	Die Brüder Walther	weltweit	Weilheim
GmbH & Co.KG	(seit ca. 25 Jahren)		und Hellmuth Zarges		in Oberbayern

Gerade wenn es sich um Patentnummern handelt, verbergen sich hinter einfachen Zahlenfolgen oft aufregende Firmengeschichten. Ein besonders gutes Beispiel dafür ist die Nummer 77086, unter der das Kaiserliche Patentamt am 9. Juli 1893 das erste „Doppelfernrohr mit vergrößertem Objektivabstand" der Firma Carl Zeiss registrierte. Eine bisher nicht gekannte Abbildungsqualität zeichnete ein Produkt aus, das schnell unter der Bezeichnung Prismenglas, Zeiss Feldstecher und schließlich einfach nur Zeiss weltberühmt wurde.

Von den ersten Modellen mit vier-, sechs- und achtmaliger Vergrößerung wurden allein im ersten Geschäftsjahr über 12.000 Stück verkauft. Die hervorragende Verarbeitung des Gerätes, eine zukunftsweisende Technik und die Zuverlässigkeit im praktischen Gebrauch setzten einen Qualitätsstandard, der den Grundstein für den internationalen Erfolg von Zeiss Ferngläsern legte.

Drei echte Gründerväter des 19. Jahrhunderts, allesamt Pioniere auf ihren Fachgebieten, standen am Anfang einer heute über 100-jährigen Firmengeschichte. Der Älteste unter ihnen – Carl Zeiss (1816 – 1888) – hatte bereits 1846 in Jena eine optische Werkstätte gegründet, die sich durch technisches Know-how und präzise Fertigungsmethoden als Hersteller von optischen Instrumenten einen Namen gemacht hatte. Der Physiker Ernst Abbe (1840 – 1909) – Freund und Geschäftspartner des Firmengründers – legte den Grundstein für den Bau von Ferngläsern auf wissenschaftlicher Grundlage. Er ist der Erfinder des modernen Prismenumkehrsystems. Als dritter Partner im Bunde lieferte schließlich Otto Schott (1851 – 1935), der Begründer der industriellen Glastechnologie, die nötigen Glassorten und Verarbeitungstechniken.

Nach dem Tod des Firmengründers schuf Ernst Abbe 1889 die Carl-Zeiss-Stiftung. Sie ist Eigentümerin der Unternehmen Carl Zeiss und Schott. Ihr Statut schreibt nicht nur die dauerhafte wirtschaftliche Sicherung der Unternehmensgruppen vor, sondern bietet den Mitarbeitern auch ein hohes Maß an persönlicher und sozialer Sicherheit. Die enge Verbindung von wissenschaftlicher Forschung und industrieller Produktion sollte charakteristisch für das Unternehmen bleiben und die Grundlage bilden für zahlreiche bedeutende Pionierleistungen auf optischem Gebiet. Darüber hinaus gilt Abbes Initiative zur Unterstützung von gemeinnützigen Einrichtungen auch heute noch als einmaliges Beispiel für die Überwindung der alten sozialen Gegensätze von Unternehmenseigentümern und Mitarbeitern, von Kapital und Arbeit. Das damals revolutionäre Modell hat sich in seiner langen Tradition außerordentlich bewährt.

Carl Zeiss bietet heute technologisch hochwertige Lösungen für die Bereiche Semiconductor und Optoelectronic Technology, Life Sciences und Health Care, Eye-Care, Industrial Solutions sowie anspruchsvolle Produkte im Consumer- und Sports Optics-Bereich. Die Unternehmensgruppe ist in mehr als 30 Ländern direkt vertreten und besitzt Produktionsstätten in Europa, Nordamerika und Mexiko sowie Asien. Nicht zuletzt das Stiftungsstatut erwies sich in der langen Unternehmensgeschichte als ein Motor für innovative Impulse. Anfang der 90er Jahre brachte man unter dem schlichten Namen 20 x 60 S eine neue Entwicklung auf den Markt, die Maßstäbe setzen sollte: das erste Fernglas der Welt mit mechanischer Bildstabilisierung, das auch bei Freihandbeobachtung – also ohne Stativ – bei 20-facher Vergrößerung eine völlig verwackelungsfreie Beobachtung ermöglicht. Ein Produkt, das Profis und Amateuren auf der ganzen Welt einen Blick in die Natur erlaubt, wie er präziser nicht sein kann.

Und auch für das Unternehmen schärfte die erfolgreiche Markteinführung den Blick: in eine Zukunft, in der auch weiterhin hochwertige Ferngläser vor allem einen Namen tragen werden – Zeiss.

Firmenname	Klassiker	Gründung	Mitarbeiter	Gründer	Vertrieb
Carl Zeiss	Fernglas 20x60 S	1889 in Jena als Carl Zeiss Stiftung	ca. 14.000 weltweit	Carl Zeiss, Ernst Abbe, Otto Schott	weltweit

ZEPPELIN | DAS LUFTSCHIFF

„Im Luftschiff fliegt man nicht, fährt man nicht, sondern reist man in der schönsten Art, die man mit dem Worte Reisen verbindet." In der Formulierung von Dr. Hugo Eckener, der in den 20er Jahren als Vorstandsvorsitzender den Zeppelin-Luftschiffbau leitet, spiegelt sich die Begeisterung wider, mit der die Menschen die ersten Zeppelin-Luftschiffe begrüßten. Die traditionsreiche Vergangenheit ist sicherlich auch ein Grund dafür, warum die Bezeichnung Zeppelin noch heute häufig als Synonym für Luftschiffe gebraucht wird – auch wenn es sich bei den Luftschiffen, die man heute oft als Werbeträger am Großstadthimmel sieht, genau genommen um „Blimps" handelt, um Luftschiffe ohne starren inneren Rahmen.

Erst im Jahre 2001, mehr als 60 Jahre nach dem vorläufigen Ende der legendären Zeppelin-Luftschiff-Ära, startet wieder ein Serienluftschiff mit tragender Innenstruktur in Anlehnung an das Konstruktionsprinzip des Grafen von Zeppelin. Am 2. Juli des Jahres 2000, genau 100 Jahre nach dem Jungfernflug des ersten Zeppelins, wird der erste Prototyp des neuen Zeppelin NT getauft. Hergestellt wird die neue Luftschiff-Generation von der Zeppelin Luftschifftechnik GmbH in Friedrichshafen, dem Geburtsort der historischen Zeppelin-Luftschiffe.

Mit der Renaissance der Zeppeline im neuen Jahrtausend verbinden sich neueste Luftfahrttechnik und modernste Materialien. So ist die Trägerkonstruktion aus Aluminiumstreben und Karbonfaserspanten mit 1.000 kg ein Leichtgewicht und erfüllt dennoch höchste Ansprüche an Stabilität und Manövrierfähigkeit. Während unbrennbares Helium für den notwendigen Auftrieb sorgt, garantieren hochfestes Mehrschichtlaminat aus gasdichtem Tedlar, Polyester und Polyurethan sowie interne Luftkammern konstanten Innendruck und damit optimale Sicherheit. Das mit rund 75 m Länge, fast 20 m Breite und über 17 m Höhe größte in Betrieb befindliche Luftschiff der Welt ist für 2 Piloten und 12 Passagiere ausgerichtet und kann senkrecht starten, in der Luft auf einer Stelle schweben, rückwärts fliegen sowie punktgenau landen. Die Reichweite beträgt 900 km und die maximale Geschwindigkeit 125 km/h.

Die Einsatzmöglichkeiten des Zeppelin NT sind besonders vielfältig. So eignet sich das großräumige Luftschiff durch Panoramafenster, komfortable Bestuhlung und durch das vibrationsarme Schweben ideal für den kommerziellen Passagierbetrieb. Als großflächiger und wirkungsvoller Werbeträger ist der Zeppelin NT an Aufmerksamkeitsstärke kaum zu übertreffen. Seine Geräumigkeit und seine lange Flugdauer von bis zu 24 Stunden machen das Luftschiff außerdem zur idealen Forschungsstation. Vom „fliegenden Labor" aus könnten etwa Daten über Bodenschätze gewonnen und ausgewertet werden. Als Beobachtungsplattform und als Einsatzzentrale für Veranstaltungen und Rettungseinsätze ist der Zeppelin NT mit seinen Flugeigenschaften sowohl dem Flugzeug als auch dem Hubschrauber überlegen. Die Luftschiffe werden von der ebenfalls im Jahre 2001 gegründeten Tochtergesellschaft Deutsche Zeppelin Reederei betrieben.

Die Zeppelin-Gruppe richtete sich nach dem zweiten Weltkrieg zunächst völlig neu aus. So erwirbt Zeppelin in den 50er Jahren die Exklusivrechte für den Vertrieb und Service der Caterpillar-Baumaschinen. Bis zur Wiedervereinigung entwickelte Zeppelin bereits ein umfangreiches Niederlassungsnetz und wird mit den Cat-Maschinen zu einem der führenden Anbieter im Baumaschinenmarkt.

Heute erwirtschaftet die Zeppelin GmbH als Holding mit über 3.000 Mitarbeitern und den Geschäftseinheiten Baumaschinen, Energietechnik und Silo- und Apparatetechnik vor allem in Europa – aber auch in Nord- und Südamerika sowie in Vorderasien – Milliardenumsätze. Dabei stellen Vertrieb und Dienstleistungsangebote rund um die Produkte Baumaschinen, Motoren, Flurförderfahrzeuge und Gabelstapler mit mehr als 1,2 Milliarden Euro bzw. 93 Prozent den Löwenanteil des Konzernumsatzes dar. Aber auch an der Zeppelin Luftschifftechnik GmbH ist die Zeppelin GmbH ebenso beteiligt wie der internationale Automobilzulieferer ZF Friedrichshafen AG.

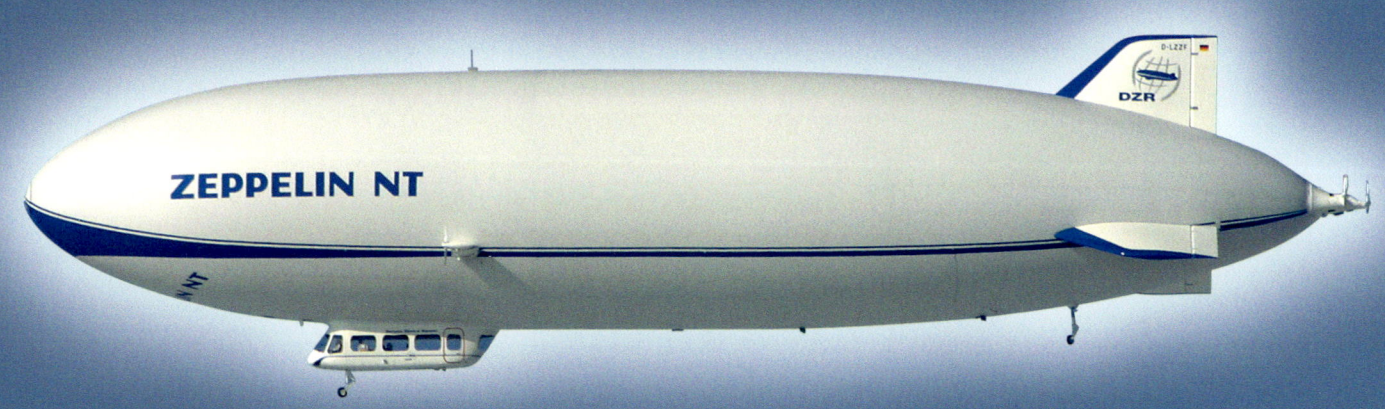

Firmenname	Klassiker	Gründung	Mitarbeiter	Erfinder	Hauptfertigungsstätte
Zeppelin Luftschiff-technik GmbH	Zeppelin NT (seit 1997)	1993 in Friedrichshafen	ca. 85	Ferdinand Graf v. Zeppelin (des Luftschiffs)	Friedrichshafen

ZEWA | DAS HAUSHALTSTUCH

Zewa Wisch & Weg: Wohl selten sind Markenname, Funktion und Nutzen so prägnant auf einen Punkt gebracht worden: Abreißen, abwischen, und im Nu ist alles wieder hygienisch sauber. Eben: wisch und weg!

Ebenso prägnant war der Slogan, mit dem die Zellstofffabrik Waldhof – aus den Anfangsbuchstaben ihres Namens ergab sich der Produktname „ZeWa" – für die revolutionäre Küchenrolle warb: „Mit einem Wisch ist alles weg!" Eine Verheißung, die ab 1972 schon bald Millionen von Hausfrauen ihre Küchenlappen in Pension schicken ließ. In witzigen und zugleich bodenständigen TV-Werbespots wurden die Produktvorteile dem deutschen Fernsehpublikum nahe gebracht. Der nette Mann, der seiner Frau Frühstück ans Bett bringt und dabei Kaffee verschlabbert, das tollpatschige Kind am Frühstückstisch, das zu übermütig eingegossene und überschäumende Bier oder der nervös umgekippte Rotwein beim ersten Rendezvous: Hygienisch, schnell, sauber und problemlos werden seit der Zewa-Geburtsstunde kleinere und größere Kleckereien im Haushalt beseitigt.

Und längst hat der praktische Zellstoff neben seiner gewohnten ‚Rolle' im Haushalt eine Vielzahl an weiteren Lebensbereichen erobert: fürs schnelle Abtupfen beim Schminken, zum Feuchthalten von Blumensträußen, Züchten von Gartenkräutern, beim Umzug zum Schutz für Zerbrechliches, auf dem Bau, im Büro, in der Werkstatt ... Zewa Wisch & Weg ist immer schnell und hilfsbereit.

Die beiden bedeutendsten Produktvorzüge wusste man schon von Anfang an zu schätzen: Zum einen die hohe Saugfähigkeit, die schon in einem frühen Werbespot eindrucksvoll demonstriert wurde – taucht man ein Zewa-Wisch-&-Weg-Tuch in ein Glas Wasser, so saugt es dieses restlos leer. Zum anderen die enorme Reißfestigkeit auch im nassen Zustand, also das, was die Werbestrategen mit dem Ausdruck „Nassfestigkeit" auf den Punkt bringen. Das seit 1996 erhältliche 3-lagige Zewa Wisch & Weg hält locker ein Pfund Tomaten, ohne zu reißen.

Besonders gut kommen auch die farbigen Akzente an, die das Unternehmen, unterdessen international unter SCA HYGIENE PRODUCTS GmbH firmierend, seit 1995 unter dem Motto „Mehr Schwung und Farbe für die Küche" setzt. Seitdem präsentiert sich Zewa Wisch & Weg ganzflächig bedruckt mit bunten, regelmäßig wechselnden Design-Motiven. Längst auch hat sich Zewa zur Dachmarke für andere Zellstoffprodukte entwickelt: Neben dem schon seit 1966 hergestellten Toilettenpapier Zewa Lind und seinen Premium-Ablegern Zewa Moll und Zewa Soft gesellten sich in den 70er Jahren die Papiertaschentücher Zewa Softis dazu, seit 1999 gibt es außerdem in edel designten Dekoboxen das Kosmetiktuch Zewa Clean & Soft.

Naturschützern sei übrigens grünes Licht gegeben: Obwohl die Papiertücher von Zewa Zellstoffprodukte sind und damit letztendlich aus Holz hergestellt werden, wird für die „tolle Rolle" kein einziger Baum gefällt. Rest- und Durchforstungshölzer, so lautet das Geheimnis der ressourcenbewussten Papiermacher, Hölzer also, die bei der Produktion anderer Güter oder bei der Waldpflege ohnehin anfallen.

Heißt es heute „Schnell, ich brauche ein Zewa!", ist sofort klar, was gemeint ist. Mit einer Bekanntheit von 98 Prozent hat es Zewa Wisch & Weg nach über 30-jähriger Markengeschichte zum absoluten Markenklassiker gebracht. Den Nutzen von Zewa Wisch & Weg hat der Verbraucher unterdessen so verinnerlicht, dass er in den aktuellen Werbespots bereits parodistisch überhöht wird: Aus der putzeifrigen Hausfrau von einst ist eine moderne und selbstbewusste Frau geworden, die im Bedarfsfalle auch schon einmal ihren lästigen Partner „wegwischt".

NEUES DEKOR

Zewa

Wisch & Weg

MIT EINEM WISCH
IST ALLES WEG

Firmenname	Klassiker	Gründung	Mitarbeiter	Bekanntheit	Vertrieb
SCA Hygiene Products GmbH	Zewa Wisch & Weg Küchenrolle (seit 1972)	1884 in Mannheim (Zellstofffabrik Waldhof)	43.374 weltweit	98 %	ca. 65 Mio. Küchenrollen pro Jahr

ZWECKFORM | DER QUITTUNGSBLOCK

„Zweckform formt die Mittel zweckentsprechend." Dieser programmatische Werbeslogan aus der Frühzeit des Hauses Zweckform hat von seiner Gültigkeit bis heute nichts eingebüßt. Als kleiner Betrieb für Büro- und Schreibwaren im ersten Nachkriegsjahr 1946 gegründet, erhält Zweckform einen Namen, der die Unternehmensphilosophie in ein einziges Wort kleidet und dabei typisch für den Geist der Zeit ist. In den entbehrungsreichen Aufbaujahren gehörte Improvisieren zur Überlebensstrategie: Sich die Mittel nach dem gewünschten Zweck zu formen war lebenswichtig. Hier knüpft die Geschäftsidee des Hauses Zweckform an: Deutschland beim Wiederaufbau mit zweckmäßigen Formularen zu versorgen, wobei die Form stets dem Zweck zu dienen hat, wie die Rangfolge im Namen signalisiert – Zweckform eben.

Diese Funktion erfüllt Zweckform heute wie damals: Aus keinem Büro sind Zweckform-Formularbücher wegzudenken. Keine Funktion, für die Zweckform nicht das „zweckentsprechende" Formular erdacht hätte. Der Firmenname steht mittlerweile für das Büroformular schlechthin: Versehen mit einem durchgängigen Erscheinungsbild, hat es Zweckform im Laufe der Jahre zum Markenartikel erhoben.

Das uns allen bekannte klassische Modell ist der Quittungsblock, der seit nunmehr über 50 Jahren in fast unveränderter Gestalt seinen Dienst tut. Zum zweiten Standbein des Unternehmens wurde seit 1958 die Selbstklebetechnologie. Heute ist Zweckform Marktführer bei Etiketten aller Art, Adressetiketten, spezielle Ink-Jet-, Laser- und Kopieretiketten sowie Folien, Papier und Software.

Die Keimzelle des Unternehmens entsteht lange vor Gründung der Firma: Es ist die Freundschaft zwischen Hermann Steinbeis und Paul Nordmann, die sich 1938 kennen lernen. Noch vor Kriegsende entwickeln sie das Konzept für die „Zweckform Schreibwaren und Bürobedarfs GmbH", das sie im ersten Friedensjahr in die Tat umsetzen. Im Kuhstall eines ehemaligen Bauernhofes in Oberlaindern bei Holzkirchen/Oberbayern entsteht der kleine Druckereibetrieb, der zunächst mit 14 Artikeln und wenigen Mitarbeitern die Produktion startet. Unter der geschickten Geschäftsführung von Paul Nordmann, der für drei Jahrzehnte das Unternehmen leiten wird, beginnt ein rasanter Aufstieg. Der Kundenstamm wächst in Kürze über Bayern hinaus, 1949 geht man in den Export. Das Wirtschaftswunder auf dem Bauernhof schlägt schon bald deutlich zu Buche: 1949 zählt Zweckform bereits 121 Mitarbeiter und einen Umsatz von 1.143.307 DM.

1958 kommt mit der Selbstklebetechnologie ein zweiter Unternehmensbereich hinzu, der Zweckform zum Marktführer bei Etiketten aller Art machen wird. Mitte der 60er Jahre ist Zweckform größter europäischer Hersteller für Durchschreibebücher und beschäftigt 459 Angestellte. Die 70er Jahre bringen einen Wechsel in der Unternehmensführung: Die Ära Nordmann ist 1975 beendet, Rupprecht Steinbeis und Egon Stumpf treten gemeinsam an seine Stelle. Bis Mitte der 90er Jahre setzt sich ein neues Konzept durch: Hochwertige, vielseitig einsetzbare Spezialetiketten für Ink-Jet-Drucker, Laser-Drucker und Kopierer werden zur wichtigsten Produktgruppe. Es sind Etiketten, Papiere und Folien, mit denen Zweckform zukunftsweisende, serviceorientierte Lösungen aus einer Hand bietet.

Aus dem kleinen Druckereibetrieb ist inzwischen einer der führenden Hersteller für Büro- und Consumer-Produkte geworden – nicht zuletzt auch durch den Zusammenschluss mit Avery Dennison: seit 1998 gehen Zweckform und Avery gemeinsame Wege. Aus gutem Grund, denn im Jahr 1935 erfand Richard Stanton Avery im kalifornischen Pasadena das Selbstklebeetikett. Mit vereintem Fachwissen und sinnvoller Ergänzung der Geschäftsfelder produziert Avery Zweckform in Zukunft weiterhin nach dem Motto „Einfach perfekt" individuelle Lösungen in der Bürotechnik.

Firmenname	Klassiker	Gründung	Mitarbeiter	Bekanntheit	Jahresumatz
Avery Dennison Zweckform Office Products GmbH	Zweckform (seit 1946)	1946, 1998 Joint Venture mit Avery Dennison	20.500 weltweit	82 % (gest.)	4,2 Mrd. US Dollar weltweit

ZWILLING | DIE HAUSHALTSSCHERE

„Ob es wohl einen Menschen geben mag", fragte im 18. Jahrhundert der große deutsche Aufklärer und Aphoristiker Lichtenberg, „welchem das Schneiden mit einer scharfen Schere kein Vergnügen bereitet?" Seit Peter Henckels im Jahr 1731 das ZWILLING-Emblem in die Zeichenrolle der Messerschmiedezunft eintragen ließ, sind mittlerweile fast drei Jahrhunderte vergangen. Dieser Umstand macht das Solinger Unternehmen zu einer der ältesten Marken der Welt. Das Vergnügen aber, mit einer scharfen Schere zu schneiden, ist nicht nur zeitlos, sondern nach wie vor untrennbar mit diesem Sinnbild – dem Zwilling – verknüpft.

So, wie sich die Zeiten ändern, hat auch die einprägsame Firmen-Ikonographie leichte Veränderungen erfahren, ist aber immer unverwechselbar geblieben und existiert in ihrer heutigen Form seit 1969. Ob im Nähkorb, in der Küchenschublade oder im Bastelkeller: ZWILLING-Scheren finden sich in nahezu jedem deutschen Haushalt und zwar oft schon in der zweiten oder gar dritten Generation. Drei Eigenschaften bestimmen dabei den Wert einer Schere: Wie gut, wie lange und wie bequem sie schneidet. Die Qualität des verwendeten Stahls ist die Grundlage für ihre optimale Funktionsfähigkeit und Lebensdauer. Risse und Brüche sollen vermieden werden, der Stahl muss extrem verschleißfest sein. Diese Eigenschaften kann nur ein hochwertiger Stahl erfüllen. Bereits 1939 erwarb ZWILLING ein Patent auf ein neuartiges Härteverfahren: Das „Eishärten" von Stahlwaren, welches seitdem neue Maßstäbe für die Qualität von Scheren aus rostfreiem Edelstahl unter dem geschützten Warenzeichen FRIODUR gesetzt hat.

In den 80er Jahren wurde mit der Einführung der ZWILLING TWIN Vielzweckschere ein neues Zeitalter im Segment der hochwertigen Haushaltswaren angeschnitten. Es ist das Zeitalter, in dem das Design von Dingen und Produkten das Lebensgefühl vieler Zeitgenossen bestimmt. Aber nicht der Schein, sondern die Synthese aus fortschrittlichem Styling und optimalem Alltagsnutzen bestimmt bei ZWILLING

TWIN das Bewusstsein. Ein Produkt, das aktuelles Outfit und perfekte Verarbeitung in sich vereint, ist bestens dagegen gewappnet, sich in den diversesten Situationen „nicht den Schneid abkaufen zu lassen".

Kaum eine andere Schere muss ihr Stehvermögen schließlich unter so unterschiedlichen und strapaziösen Bedingungen beweisen: Die schlag-, stand- und bruchfeste TWIN dient zum Öffnen von Milchtüten und Drehverschlüssen, zum Schneiden von Blumen, Kordeln und Teppichen und wird hin und wieder auch gerne als Messerersatz herangezogen. Dabei gibt es keine Funktion, für die ZWILLING heute nicht die richtige Spezialschere anbietet: Von der klassischen Haushaltsschere über die Friseur-, Verband- und Taschenschere bis hin zur Schere für Linkshänder.

Bereits im 19. Jahrhundert erlangten die Produkte aus dem Hause ZWILLING auf Weltausstellungen internationale Anerkennung und zahlreiche Preise. Die konsequente Umsetzung der Unternehmenspolitik zeigt sich darin, dass ab 1883 Niederlassungen in der ganzen Welt gegründet wurden, unter anderem in New York, Wien und Paris.

Auch heute fußen die Aktivitäten der global geschliffenen Messerprofis auf einer kooperativen Partnerschaft mit dem Handel, einem international dicht geknüpften Netz von Verkaufspunkten sowie eigenen Vertriebsgesellschaften und Filialen, in denen ZWILLING außer Scheren noch Messer, Bestecke und Maniküre-Produkte anbietet.

Die Zwilling J. A. Henckels AG, unter welcher Bezeichnung die Solinger Traditionalisten inzwischen firmieren, definiert sich selbstbewusst und zu Recht als Qualitätsführer in ihrem Bereich. Kein Wunder bei einem Unternehmen, dessen Namen der Afrikaforscher Frobenius schon 1905 mit der Taufe zweier Berggruppen im Kongo nachhaltig verewigte.

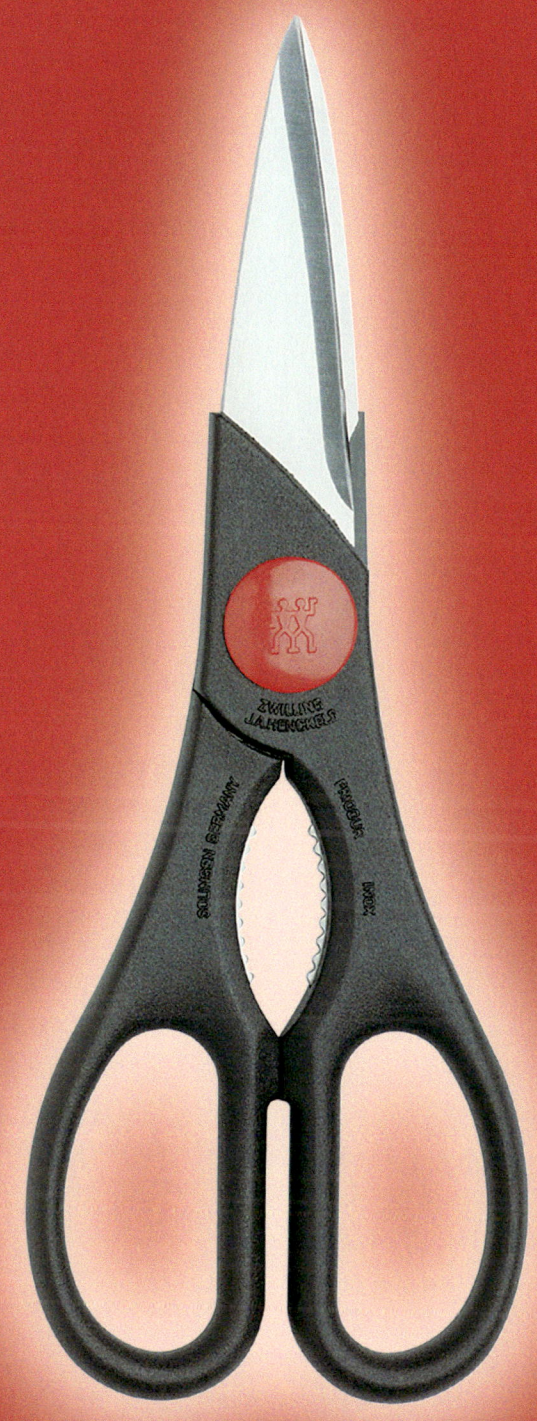

Firmenname	Klassiker	Gründung	Mitarbeiter	Vertrieb	Hauptfertigungsstätte
Zwilling J.A. Henckels AG	Zwilling Twin (seit 1983)	1731 in Solingen	1.650 weltweit	in 100 Ländern	Solingen

MARKENREGISTER

MARKENREGISTER

FIRMENREGISTER

**Aachener Printen- und Schokoladenfabrik
Henry Lambertz GmbH & Co. KG**
Borchersstr. 18
52072 Aachen
Fon 02 41 / 89 05 – 0
Fax 02 41 / 89 05 – 27 0
lambertz@lambertz.de
www.lambertz.de
▌ HAEBERLEIN METZGER | der Lebkuchen..... 212
▌ LAMBERTZ | die Printe................................. 280

Abus Aug. Bremicker Söhne KG
Altenhofer Weg 25
58300 Wetter
Fon 0 23 35 / 63 40
Fax 0 23 35 / 63 43 00
info@abus.de
www.abus.de
▌ ABUS | das Sicherheitsschloss 10

adidas-Salomon AG
World of Sports
91074 Herzogenaurach
Fon 0 91 32 / 84 – 0
Fax 0 91 32 / 84 – 22 41
corporate.press@adidas.de
www.adidas-salomon.de
▌ ADIDAS | der Sportschuh 12

Adolf Hanhart GmbH & Co. KG
Hauptstr. 33
78148 Gütenbach
Fon 0 77 23 / 93 44 – 0
Fax 0 77 23 / 93 44 – 40
info@hanhart.de
www.hanhart.de
▌ HANHART | die Stoppuhr 216

Adolf Würth GmbH & Co. KG
Postfach
74650 Künzelsau
Fon 0 79 40 / 15 – 0
Fax 0 79 40 / 15 – 10 00
info@wuerth.com
www.wuerth.com
▌ WÜRTH | die Schraube............................... 546

**ALCINA COSMETIC
DR. KURT WOLFF GmbH & Co. KG**
Johanneswerkstr. 34 – 36
33611 Bielefeld
Fon 05 21 / 88 08 – 00
Fax 05 21 / 88 08 – 20 0
info@alpecin.de
www.alpecin.de
▌ ALPECIN | das Haarwasser 22

Adlon | siehe Hotel Adlon Kempinski Berlin

alfi Zitzmann GmbH
Ernst-Abbe-Str. 14
97877 Wertheim
Postfach 16 16
97866 Wertheim
Fon 0 93 42 / 87 7 – 0
Fax 0 93 42 / 97 7 – 16 0
contact@alfi.de
www.alfi.de
▌ ALFI JUWEL | die Isolierkanne...................... 18

Alfred Ritter GmbH & Co. KG
Alfred-Ritter-Str. 25
71111 Waldenbuch
Fon 0 71 57 / 97 – 0
Fax 0 71 57 / 97 – 39 9
info@ritter-sport.de
www.ritter-sport.de
▌ RITTER SPORT | die Schokolade 436

**Alfred Schladerer –
Alte Schwarzwälder Hausbrennerei GmbH**
Alfred-Schladerer-Platz 1
79219 Staufen im Breisgau
Fon 0 76 33 / 83 2 – 0
Fax 0 76 33 / 83 2 – 88
info@schladerer.de
www.schladerer.de
▌ SCHLADERER | das Kirschwasser 466

Allianz Versicherungs AG
Königinstr. 28
80802 München
www.allianz.de
▌ ALLIANZ | die Versicherung.......................... 20

FIRMENREGISTER

AVERY DENNISON ZWECKFORM
Office Products Europe GmbH
Miesbacher Str. 5
83626 Oberlaindern / Valley
Fon 0 80 24 / 64 1 – 0
Fax 0 80 24 / 56 11
info@avery-zweckform.com
www.avery-zweckform.com

Axel Springer AG
Axel-Springer-Platz 1
20350 Hamburg
Fon 0 40 / 34 7 – 00
Fax 0 40 / 34 7 – 25 85 4
information@axelspringer.de
www.axelspringer.de

Bahlsen GmbH & Co. KG
Podbielskistr. 11
30163 Hannover
Fon 05 11 / 96 0 – 0
Fax 05 11 / 96 0 – 27 49
Bahlsen@Bahlsen.com
www.bahlsen.com
www.leibnitz.de

Barthels-Feldhoff GmbH & Co. KG
Textilwerke
Brändströmstr. 9 – 11
42289 Wuppertal
Postfach 20 01 65
42201 Wuppertal
Fon 02 02 / 64 79 5 – 0
Fax 02 02 / 66 19 72
info@barthels-feldhoff.de
www.ringelspitz.de

Bauhaus AG
Gutenbergstr. 21
68167 Mannheim
Fon 06 21 / 39 05 – 0
Fax 06 21 / 37 32 90
service@bauhaus-ag.de
www.bauhaus-ag.de

Baumschule Lorenz von Ehren
Maldfeldstr. 4
21077 Hamburg
Fon 0 40 / 76 10 8 – 0
Fax 0 40 / 76 10 8 – 10 0
lve@lve.de
www.lve.de

Bayer AG, Bayer Healthcare
51368 Leverkusen
Fon 02 14 / 30 – 1
Fax 02 14 / 30 – 66 32 8
www.bayer.de

BEGA Gantenbrink-Leuchten KG
Hennenbusch
58708 Menden
Postfach 31 60
58689 Menden
Fon 0 23 73 / 96 6 – 0
Fax 0 23 73 / 96 6 – 21 6
info@bega.de
www.bega.de

Beiersdorf AG
Unnastr. 48
20245 Hamburg
Fon 0 40 / 49 09 – 0
Fax 0 40 / 49 09 – 34 34
contact@beiersdorf.com
www.beiersdorf.de

Berentzen-Gruppe AG
Ritterstr. 7
49740 Haselünne
Fon 0 59 61 / 50 2 – 0
Fax 0 59 61 / 50 2 – 26 8
berentzen@berentzen.de
www.berentzen.de

BERLEBACH STATIVTECHNIK
Wolfgang Fleischer
Chemnitzer Str. 2
09619 Mulda
Fon 03 73 20 / 12 – 01
Fax 03 73 20 / 12 – 02
info@berlebach.de
www.berlebach.de

BHW Holding AG
Lubahnstr. 2
31789 Hameln
Fon 0 51 51 / 18 – 0
Fax 0 51 51 / 18 – 30 00
info@bhw.de
www.bhw.de

Bibliographisches Institut
& F. A. Brockhaus AG
Dudenstr. 6
68167 Mannheim
Fon 06 21 / 39 01 – 01
Fax 06 21 / 39 01 – 39 1
www.bifab.de; www.brockhaus.de

BIC Deutschland GmbH & Co
Rossertstr. 6
65835 Liederbach
Fon 0 61 96 / 50 60 – 5
Fax 0 61 96 / 50 60 – 99 9
info.De@bicworld.com
www.bicworld.com

Blaupunkt GmbH
Robert-Bosch-Str. 200
31139 Hildesheim
Postfach 77 77 77
31132 Hildesheim
Fon 0 51 21 / 49 – 0
Fax 0 51 21 / 49 – 41 54
info@blaupunkt.de
www.blaupunkt.com

BMW Group
Petuelring 130
80788 München
Fon 0 89 / 38 2 – 0
kundenbetreuung@bmw.de
www.bmw.de

Bogner | siehe Willy Bogner

Bosch und Siemens Hausgeräte GmbH
Hochstr. 17
81669 München
Fon 0 89 / 45 90 – 00 0
bosch-infoteam@bshg.com
www.bosch-hausgeraete.de

BRANDT Zwieback-Schokoladen
GmbH + Co. KG
Enneper Str. 140a
58135 Hagen
Fon 0 23 31 / 47 7 – 0
Fax 0 23 31 / 47 7 – 19 0
www.brandt-zwieback.de

Brauerei Beck GmbH & Co KG
28365 Bremen
Fon 04 21 / 50 94 – 0
Fax 04 21 / 50 94 – 66 7
service@becks.de
www.becks.de

FIRMENREGISTER

Braun GmbH
Postfach 11 20
61466 Kronberg
Fon 0 61 73 / 30 – 0
Fax 0 61 73 / 30 – 28 75
braun-webmail@gillette.com
www.braun.com

Breithaupt & Söhne, F. W.
Adolfstr. 13
34121 Kassel
Postfach 10 05 69
34005 Kassel
Fon 05 61 / 70 01 2 – 0
Fax 05 61 / 70 01 2 – 18
info@breithaupt.de
www.breithaupt.de

BRITA GmbH
Heinrich-Hertz-Str. 4
65232 Taunusstein
Fon 0 61 28 / 74 6 – 0
Fax 0 61 28 / 74 6 – 46 4
info@brita.net
www.brita.de

Caramba Chemie GmbH & Co. KG
Wanheimer Str. 334 – 336
47055 Duisburg
Fon 02 03 / 77 86 – 01
Fax 02 03 / 77 86 – 19 6
info@caramba.de
www.caramba.de

Charité – Universitätsmedizin Berlin
Campus Charité Mitte
Schumannstr. 20 / 21
10117 Berlin
Fon 0 30 / 45 0 – 50
www.charite.de

CLAAS KGaA mbH
Postfach 11 63
33426 Harsewinkel
Fon 0 52 47 / 12 – 0
Fax 0 52 47 / 12 – 19 26
pr@claas.com
www.claas.com

COMPO GmbH & Co. KG
Gildenstr. 38
48157 Münster
Fon 02 51 / 32 77 – 0
Fax 02 51 / 32 62 – 25
info@compo.de
www.compo.de

COSMOPOLITAN COSMETICS
Venloer Str. 241
50823 Köln
Fon 02 21 / 57 28 – 10 0
Fax 02 21 / 57 28 – 14 1
www.cosmopolitan-cosmetics.com

D + S Sanitärprodukte GmbH
Industriestr. 1
69198 Schriesheim
Fon 0 62 03 / 10 2 – 0
Fax 0 62 03 / 10 2 – 39 0
info@duscholux.de
www.duscholux.de

DaimlerChrysler AG
70546 Stuttgart
Fon 07 11 / 17 – 0
Fax 07 11 / 17 – 22 24 4
www.daimlerchrysler.com

FIRMENREGISTER

Dr. Ing. h.c. F. Porsche AG
Porscheplatz 1
70435 Stuttgart
Fon 07 11 / 91 1 – 0
Fax 07 11 / 91 1 – 57 77
www.porsche.com

Dr. Rolf Hein Nachfolger KG – PUSTEFIX
Bahnhofstr. 29
72072 Tübingen
Fon 0 70 71 / 79 10 05
Fax 0 70 71 / 79 10 07
seifenblasen@pustefix.de
www.pustefix.de

DURABLE Hunke & Jochheim GmbH & Co. KG
Westfalenstr. 77 – 79
58636 Iserlohn
Postfach 17 53
58634 Iserlohn
Fon 0 23 71 / 66 2 – 0
Fax 0 23 71 / 66 2 – 22 1
durable@durable.de
www.durable.de

Düsseldorfer Löwensenf GmbH
Kieshecker Weg 240
40468 Düsseldorf
Postfach 10 13 43
40004 Düsseldorf
Fon 02 11 / 41 59 – 0
Fax 02 11 / 41 59 – 28 5
post@loewensenf.de
www.loewensenf.de

DWS Investment GmbH
Mainzer Landstr. 178 – 190
60327 Frankfurt am Main
Fon 0 69 / 71 90 9 – 0
Fax 0 69 / 71 90 9 – 30 00
info@dws.com
www.dws.com

edding AG
Bookkoppel 7
22926 Ahrensburg
Fon 0 41 02 / 80 8 – 0
Fax 0 41 02 / 80 8 – 16 9
info@edding.de
www.edding.com

EIKA WACHSWERKE FULDA GMBH
An Vierzehnheiligen
36039 Fulda
Fon 06 61 / 83 99 – 0
Fax 06 61 / 83 99 – 11 2
verkauf@eika.de
www.eika.de

eismann Tiefkühl –
Heimservice GmbH & Co. KG
Seibelstr. 36
40822 Mettmann
Fon 0 21 04 / 21 9 – 0
Fax 0 21 04 / 21 9 – 80 0
info@eismann.de
www.eismann.de

Elefanten GmbH
Hoffmannallee 41 – 51
47533 Kleve
Fon 0 28 21 / 86 – 0
Fax 0 28 21 / 86 – 20 8
info@elefanten.de
www.elefanten.de

EMSA WERKE WULF GmbH & Co. KG
Grevener Damm 215 – 225
48282 Emsdetten
Fon 0 25 72 / 13 – 0
Fax 0 25 72 / 13 – 22 2
info@emsa.de
www.emsa.com

Engel & Völkers Immobilien GmbH

Stadthausbrücke 5
20355 Hamburg
Fon 0 40 / 36 13 1 – 0
Fax 0 40 / 36 13 1 – 10 2
pr@engelvoelkers.de
www.engelvoelkers.de

Erdal-Rex GmbH

Ingelheim Str. 1 – 3
55120 Mainz
Fon 0 61 31 / 96 4 – 02
Fax 0 61 31 / 96 4 – 24 94
info@werner-mertz.com
www.erdalrex.de; www.werner-mertz.de

Ergoline GmbH

Köhlershohner Str.
53578 Windhagen
Fon 0 22 24 / 81 8 – 0
Fax 0 22 24 / 81 8 – 11 6
info@ergoline.de
www.ergoline.de

Esselte Leitz GmbH & Co KG

Siemensstr. 64
70469 Stuttgart
Postfach 30 07 20
70447 Stuttgart
Fon 07 11 / 81 03 – 0
Fax 0/ 11 / 81 03 – 48 6
infogermany@esselte.com
www.esselteleitz.de

FABER-CASTELL AG

Nürnberger Str. 2
90546 Stein / Nürnberg
info@faber-castell.de
www.faber-castell.de

FAG Kugelfischer AG

Georg-Schäfer-Str. 30
97421 Schweinfurt
Fon 0 97 21 / 91 – 0
Fax 0 97 21 / 91 – 34 35
www.fag.de

Falk Verlag

Marco-Polo-Zentrum
73760 Ostfildern
Fon 07 11 / 45 02 – 0
www.falk.de

FALKE KG

Oststr. 5
57392 Schmallenberg
Fon 0 29 72 / 79 9 – 1
Fax 0 29 72 / 79 9 – 31 9
contact@falke.com
www.falke.de

Ferrero oHG mbH

60624 Frankfurt am Main
Fon 0 69 / 68 05 – 0
Fax 0 69 / 68 05 – 28 8
www.ferrero.de

Fissler GmbH

Harald-Fissler-Str. 1
55743 Idar-Oberstein
Fon 0 67 81 / 40 3 – 0
Fax 0 67 81 / 40 3 – 321
info@Fissler.de; www.Fissler.de

Fr. Lürssen Werft GmbH & Co. KG

Zum Alten Speicher 11
28759 Bremen
Fon 04 21 / 66 04 1 – 66
Fax 04 21 / 66 04 1 – 70
yachts@luerssen.de
www.luerssen.de

FIRMENREGISTER

Francotyp – Postalia AG & Co. KG
Triftweg 21 – 26
16547 Birkenwerder
Fon 0 33 03 / 52 5 – 0
Fax 0 33 03 / 52 5 – 79 9
info@francotyp.com
www.francotyp.com
▌FRANCOTYP-POSTALIA

Frankfurter Allgemeine Zeitung GmbH
60267 Frankfurt am Main
Fon 0 69 / 75 91 – 0
Fax 0 69 / 75 91 – 23 33
www.faz.de
▌F.A.Z. | die Tageszeitung

Franz Kaldewei GmbH & Co. KG
Beckumer Str. 33 – 35
59229 Ahlen
Fon 0 23 82 / 78 5 – 0
Fax 0 23 82 / 78 5 – 20 0
info@kaldewei.de
www.kaldewei.de
▌KALDEWEI | die Badewanne

Freudenberg Bausysteme KG
69465 Weinheim
Fon 0 62 01 / 80 56 66
Fax 0 62 01 / 88 30 19
nora@Freudenberg.de
www.nora.de
▌norament® | der Bodenbelag

GARDENA AG
Hans-Lorenser-Str. 40
89079 Ulm
Fon 07 31 / 49 0 – 0
Fax 07 31 / 49 0 – 12 19
info@gardena.com
www.gardena.com
▌GARDENA | das Gartensystem

Geberit GmbH & Co. KG
Theuerbachstr. 1
88630 Pfullendorf
Postfach 11 20
88617 Pfullendorf
Fon 0 75 52 / 93 4 – 01
Fax 0 75 52 / 93 4 – 30 0
sales.de@geberit.com
www.geberit.de
▌GEBERIT | die Sanitärtechnik

Gebr. FALLER GmbH
Kreuzstr. 9
78148 Gütenbach
Fon 0 77 23 / 65 1 – 0
Fax 0 77 23 / 65 1 – 12 3
info@faller.de; www.faller.de
▌FALLER | das Modellhäuschen

Gebr. Graef GmbH & Co. KG
Donnerfeld 6
59757 Arnsberg
Postfach 16 60
59706 Arnsberg
Fon 0 29 32 / 97 03 – 0
Fax 0 29 32 / 97 03 – 90
info@graef.de
www.graef.de
▌GRAEF | die Allschnittmaschine

Gebr. Märklin & Cie. GmbH
Holzheimer Str. 8
73037 Göppingen
Fon 0 71 61 / 60 8 – 0
Fax 0 71 61 / 69 82 0
www.maerklin.de
▌MÄRKLIN | die Spielzeugeisenbahn

Gebr. Richartz + Söhne GmbH
Merscheider Str. 94
42699 Solingen
Postfach 11 08 30
42668 Solingen
Fon 02 12 / 23 23 1 – 0
Fax 02 12 / 23 23 1 – 99
info@richartz.com
www.richartz.com
▌RICHARTZ | das Taschenmesser

GLASBAU HAHN GmbH & Co. KG
Hanauer Landstr. 210
60314 Frankfurt am Main
Fon 0 69 / 64 41 7 – 0
Fax 0 69 / 49 90 1 – 51
info@glasbau-hahn.de
www.glasbau-hahn.de

**GlaxoSmithKline Consumer Healthcare
GmbH & Co. KG**
Bußmatten 1
77815 Bühl
Fon 0 72 21 / 76 – 0
Fax 0 72 21 / 76 – 40 00
unternehmen@gsk-consumer.de
www.gsk-consumer.de

GROHE AG & Co. KG
Postfach 13 61
58653 Hemer
Fon 0 23 72 / 93 – 0
Fax 0 23 72 / 93 – 13 22
info@grohe.de
www.grohe.com

Groupe SEB Deutschland GmbH
Herrnrainweg 5
63067 Offenbach
Fon 0 69 / 85 04 – 0
Fax 0 69 / 85 04 – 53 0
www.krups.de

Gütermann AG
Landstr. 1
79261 Gutach
Fon 0 76 81 / 21 – 0
Fax 0 76 81 / 21 – 44 9
mail@guetermann.com
www.guetermann.com

H. Schmincke & Co. GmbH & Co. KG
Otto-Hahn-Str. 2
40699 Erkrath
Fon 02 11 / 25 09 – 0
Fax 02 11 / 25 09 – 46 1
info@schmincke.de
www.schmincke.de

Hailo Werk Rudolf Loh GmbH & Co. KG
Daimlerstr. 8
35708 Haiger
Postfach 12 62
35702 Haiger
Fon 0 27 73 / 82 – 0
Fax 0 27 73 / 82 – 23 9
info@hailo.de; www.hailo.de

Hapag-Lloyd Kreuzfahrten GmbH
Ballindamm 25
20095 Hamburg
Fon 0 40 / 30 01 – 46 00
Fax 0 40 / 30 01 – 46 01
info@hlkf.de
www.hlkf.de

HARIBO GmbH & Co.KG
Hans-Riegel-Str. 1
53129 Bonn
Fon 02 28 / 53 7 – 0
Fax 02 28 / 53 7 – 28 9
info@haribo.com
www.haribo.com

Hawesta Feinkost Hans Westphal GmbH & Co. KG
Mecklenburger Str. 140 – 142
23568 Lübeck
Postfach 16 02 61
23519 Lübeck
Fon 04 51 / 69 35 – 0
Fax 04 51 / 69 35 – 15 5
info@hawesta.de
www.hawesta.de

FIRMENREGISTER

Heidelberger Druckmaschinen AG
Kurfürsten Anlage 52 – 60
69115 Heidelberg
Fon 0 62 21 / 92 – 00
Fax 0 62 21 / 92 – 69 99
information@heidelberg.com
www.heidelberg.com

HEINZ KETTLER GmbH & Co. KG
Postfach 10 20
59463 Ense-Parsit
Fon 0 29 38 / 81 0
Fax 0 29 38 / 20 22
contact@kettler.net; www.kettler.net

Hengstenberg | siehe Rich. Hengstenberg

Henkel KGaA
Henkelstr. 67
40191 Düsseldorf
Fon 02 11 / 79 7 – 19 90
Fax 02 11 / 79 8 – 40 40
press@henkel.com; www.henkel.com

Henkell & Söhnlein Sektkellereien KG
Biebricher Allee 142
65187 Wiesbaden
Postfach 30 40
65020 Wiesbaden
Fon 06 11 / 63 – 0
Fax 06 11 / 63 – 10 4
presseservice@hs-kg.de
www.henkell-soehnlein.de

Hensoldt AG Carl Zeiss Gruppe
Gloelstr. 3 – 5
35576 Wetzlar
Fon 0 64 41 / 40 4 – 0
Fax 0 64 41 / 40 4 – 20 3
info@zeiss.de
www.zeiss.de

Herlitz PBS AG
Am Borsigturm 100
13507 Berlin
Fon 0 30 / 43 93 – 0
Fax 0 30 / 43 93 – 32 99
kontakt@herlitzpbs.com
www.herlitz.de; www.bildungscent.de

Hirschmann Electronics GmbH & Co. KG
Stuttgarter Str. 45 – 51
72654 Neckartenzlingen
Fon 0 71 27 / 14 – 0
Fax 0 71 27 / 14 – 12 14
info@nt.hirschmann.de
www.hirschmann.com

Hohner Musikinstrumente GmbH & Co. KG
Andreas-Koch-Str. 9
78647 Trossingen
Fon 0 74 25 / 20 0
Fax 0 74 25 / 24 9
info@hohner.de
www.hohner.de

Hotel Adlon Kempinski Berlin
Unter den Linden 77
10117 Berlin
Fon 0 30 / 22 61 – 0
Fax 0 30 / 22 61 – 22 22
adlon@Kempinski.com
www.hotel-adlon.de

HTS Deutschland GmbH & Co. KG
Billbrookdeich 216
22113 Hamburg
Fon 0 40 / 73 33 9 – 0
Fax 0 40 / 73 33 9 – 12 1
info@boco.de
www.boco.de
▌ BOCO | der Mietservice für Berufskleidung.... 78

hülsta-werke Hüls GmbH & Co. KG
Gerhart-Hauptmann-Str. 43 – 49
48703 Stadtlohn
Fon 0 25 63 / 86 – 0
Fax 0 25 63 / 86 – 14 17
info@huelsta.de
www.huelsta.de
▌ HÜLSTA | die Möbelmarke 240

HYMER AKTIENGESELLSCHAFT
Postfach 11 40
88330 Bad Waldsee
Fon 0 75 24 / 99 9 – 0
Fax 0 75 24 / 99 9 – 22 0
info@hymer.com
www.hymer.com
▌ HYMER | das Reisemobil........................... 242

IDEALSPATEN-Bredt GmbH & Co. KG
Goethestr. 27
58313 Herdecke
Fon 0 23 30 / 60 1 – 0
Fax 0 23 30 / 60 1 – 14 2
info@idealspaten.com
www.idealspaten.de
▌ IDEALSPATEN | der Spaten 244

Interflex Datensysteme GmbH & Co. KG
Zettachring 16
70567 Stuttgart
Fon 07 11 / 13 22 – 15 0
Fax 07 11 / 13 22 – 11 1
info@interflex.de
www.interflex.de
▌ INTERFLEX | die Zeitwirtschaft 246

Intersnack Knabber-Gebäck GmbH & Co.KG
Aachener Str. 1042
50858 Köln
Fon 02 21 / 48 94 – 0
Fax 02 21 / 48 94 – 20 0
info@funny-frisch.de
www.funny-frisch.de
▌ CHIPSFRISCH | das Knabbergebäck 110

J. WECK GmbH u. Co. KG
Wehratalstr. 3
79664 Wehr-Öflingen
Fon 0 77 61 / 93 5 – 0
Fax 0 77 61 / 57 69 1
info@weck.de
www.weck.de
▌ WECK | das Einkochglas.............................. 536

J.G. Niederegger GmbH & Co. KG
Zeißstr. 1 – 7
23560 Lübeck
Fon 04 51 / 53 01 – 0
Fax 04 51 / 53 01 – 11 1
info@niederegger.de
www.niederegger.de
▌ NIEDEREGGER | das Marzipan.................... 370

Johnson & Johnson GmbH
Kaiserwerther Str. 270
40474 Düsseldorf
Fon 02 11 / 43 05 – 0
Fax 02 11 / 43 05 – 35 2
www.jnjgermany.de
▌ PENATEN | die Babypflege........................... 398

Jungheinrich AG
Friedrich-Ebert-Damm 129
22047 Hamburg
Fon 0 40 / 69 48 – 0
Fax 0 40 / 69 48 – 17 77
info@jungheinrich.de
www.jungheinrich.de
▌ JUNGHEINRICH | der Gabelstapler............. 250

FIRMENREGISTER

Käfer Service GmbH
Prinzregentenstr. 73
81675 München
Fon 0 89 / 41 68 – 0
Fax 0 89 / 41 68 – 62 2
kontakt@feinkost-kaefer.de
www.feinkost-kaefer.de

Kamps Brot- und Backwaren GmbH & Co. KG
Auf´m Halskamp 11
49681 Garrel
Fon 0 44 74 / 89 1 – 0
Fax 0 44 74 / 89 1 – 12 6
info@kamps.de
www.kamps.de

Käthe Kruse Puppen GmbH
Alte Augsburger Str. 9
86609 Donauwörth
Fon 09 06 / 70 67 8 – 0
Fax 09 06 / 70 67 8 – 70
info@kaethe-kruse.de
www.kaethe-kruse.de

Katjes Fassin GmbH & Co. KG
Dechant-Sprünken-Str. 53 – 57
46446 Emmerich
Fon 0 28 22 / 60 1 – 0
Fax 0 28 22 / 60 1 – 21 4
info@katjes.de
www.katjes.de

Klepper Faltbootwerft Aktiengesellschaft
Klepperstr. 18
83026 Rosenheim
Fon 0 80 31 / 21 67 – 0
Fax 0 80 31 / 21 67 – 77
faltboote@klepper.de
www.klepper.de

Knauf Gips KG
Postfach 10
97343 Iphofen
Fon 0 93 23 / 31 – 0
Fax 0 93 23 / 31 – 27 7
zentrale@knauf.de
www.knauf.de

Knirps GmbH
Konrad-Adenauer-Str. 72 – 74
42651 Solingen
Fon 02 12 / 39 3 – 0
Fax 02 12 / 39 3 – 22 6
info@knirps.de
www.knirps.de

Kölln KGaA
Westerstr. 22 – 24
25336 Elmshorn
Fon 0 41 21 / 64 8 – 0
Fax 0 41 21 / 66 39
koelln@koelln.de
www.koelln.de

**Kraft Foods
Deutschland GmbH & Co. KG**
Langemarckstr. 4 – 20
28199 Bremen
Fon 04 21 / 59 9 – 01
Fax 04 21 / 59 9 – 36 75
www.kraftfoods.de

Krewel Meuselbach GmbH
Krewelstr. 2
53783 Eitorf
Postfach 12 63
53775 Eitorf
Fon 0 22 43 / 87 – 0
Fax 0 22 43 / 77 44
www.krewel-meuselbach.de

KUNERT AG
Julius-Kunert-Str. 49
87509 Immelstadt
Fon 0 83 23 / 12 – 0
Fax 0 83 23 / 12 – 50 6
service@kunert.de
www.kunert-ag.de

Lafarge Dachsysteme GmbH
Frankfurter Landstr. 2 – 4
61440 Oberursel
Fon 0 61 71 / 61 01 4
Fax 0 61 71 / 61 23 00
info@braas.de
www.braas.de

Lange Uhren GmbH
Altenburger Str. 15
01768 Glashütte
Fon 03 50 53 / 44 – 0
Fax 03 50 53 / 44 – 10 0
info@lange-soehne.com
www.lange-soehne.com

Langenscheidt KG
Mies-van-der-Rohe-Str. 1
80807 München
Fon 0 89 / 36 09 6 – 0
Fax 0 89 / 36 09 6 – 29 5
info@langenscheidt.de
www.langenscheidt.de

Langnese Honig KG
Hammoorer Weg 25
22941 Bargteheide
Fon 0 45 32 / 40 9 – 10
Fax 0 45 32 / 40 9 – 12 5
info@langnese.de
www.langnese-honig.de

LÄUFER-WERK AG
Läuferweg 1
31303 Burgdorf
Fon 0 51 36 / 80 01 – 0
Fax 0 51 36 / 80 01 – 40
laeufer@laeufer.de
www.laeufer.de

Leica Camera AG
Oskar-Barnack-Str. 11
35606 Solms
Fon 0 64 42 / 20 8 – 0
Fax 0 64 42 / 20 8 – 33 3
mc@leica-camera.com
www.leica-camera.com

Leitner GmbH
Düsseldorfer Str. 14
71332 Waiblingen
Postfach 14 91
71304 Waiblingen
Fon 0 71 51 / 17 06 – 0
Fax 0 71 51 / 17 06 – 76
system@leitner.de; www.leitner.de

Leuchtturm Albenverlag GmbH & Co. KG
Am Spakenberg 45
21502 Geesthacht
Postfach 13 40
21495 Geesthacht
Fon 0 41 52 / 80 1 – 0
Fax 0 41 52 / 80 1 – 222
info@leuchtturm.com
www.leuchtturm.de

Lifta Lift und Antrieb GmbH
Horbeller Str. 33
50858 Köln
Fon 0 22 34 / 50 4 – 40 0
Fax 0 22 34 / 50 4 – 50 3
lifta@lifta.de
www.lifta.de

FIRMENREGISTER

Lodenfrey Menswear GmbH
Daimlerstr. 25
85748 Garching
Fon 0 89 / 32 66 6 – 0
Fax 0 89 / 32 66 6 – 22 2
info@lodenfrey.de
www.lodenfrey.de

Loewe AG
Industriestr. 11
96317 Kronach
Fon 0 92 61 / 99 – 0
Fax 0 92 61 / 95 41 1
loewe@loewe.de
www.loewe.de

LOWA Sportschuhe GmbH
Hauptstr. 19
85305 Jetzendorf
Fon 0 81 37 / 99 9 – 0
Fax 0 81 37 / 99 9 – 11 0
management@lowa.de
www.lowa.de

Lürssen | siehe Fr. Lürssen Werft

Maggi GmbH
Lyoner Str. 23
60528 Frankfurt am Main
Fon 0 69 / 66 71 – 1
www.maggi.de

MAPA GmbH Gummi- und Plastikwerke
Industriestr. 21 – 25
27404 Zeven
Postfach 12 60
27392 Zeven
Fon 0 42 81 / 73 – 0
Fax 0 42 81 / 73 – 24 1
info@mapa.de
www.mapa.de

Margarete Steiff GmbH
Alleenstr. 2
89537 Giengen / Brenz
Fon 0 73 22 / 13 1 – 1
Fax 0 73 22 / 13 1 – 26 6
www.steiff.de

Mayser GmbH & Co. KG
Bismarckstr. 2
88161 Lindenberg
Postfach 13 62
88153 Lindenberg
Fon 0 83 81 / 50 7 – 0
Fax 0 83 81 / 50 7 – 10 1
Mayser@t-online.de
www.Mayser.de

MEGGLE AG
Megglestr. 6 – 12
83512 Wasserburg
Fon 0 80 71 / 73 – 0
Fax 0 80 71 / 73 – 44 4
info@meggle.de
www.meggle.de

Melitta Unternehmensgruppe
Marienstr. 88
32425 Minden
Fon 05 71 / 40 46 – 0
Fax 05 71 / 40 46 – 49 9
pr@mbv.melitta.de
www.melitta.info

MESTEMACHER GmbH
Am Anger 16
33332 Gütersloh
Fon 0 52 41 / 87 09 – 0
Fax 0 52 41 / 87 09 – 89
info@mestemacher.de
www.mestemacher.de

Miele & Cie. KG

Carl-Miele-Str. 29

33332 Gütersloh

Fon 0 52 41 / 89 – 0

Fax 0 52 41 / 89 – 20 90

info@miele.de

www.miele.de

MOECK MUSIKINSTRUMENTE + VERLAG e.K.

Lückenweg 4

29227 Celle

Fon 0 51 41 / 88 53 – 0

Fax 0 51 41 / 88 53 – 42

info@moeck-music.de

www.moeck-music.de

Molkerei Alois Müller GmbH & Co.

Zollerstr. 7

86850 Aretsried

Fon 0 82 36 / 99 9 – 0

Fax 0 82 36 / 99 9 – 65 0

info@muellermilch.de

www.mueller-milchundbar.de

Mundorgel Verlag GmbH

Postfach 96 01 48

51085 Köln

Fon 02 21 / 63 63 – 88

Fax 02 21 / 63 63 – 78

lektorat@mundorgel.de

www.mundorgel.de

MUSTANG

Bekleidungswerke GmbH + Co. KG

Austr. 10

74653 Künzelsau

Fon 0 79 40 / 12 5 – 0

Fax 0 79 40 / 12 5 – 10 2

info@mustang.mjw.de

www.mustang-jeans.com

NEFF GmbH

Hochstr. 17

81669 München

Fon 0 89 / 45 90 – 05

Fax 0 89 / 45 90 – 27 00

marke@neff.de; www.neff.de

Nestlé Erzeugnisse GmbH

Lyoner Str. 23

60528 Frankfurt am Main

Fon 0 69 / 66 71 – 1

www.nestle.de

Nestlé Nutrition GmbH

Lyoner Str. 23

60523 Frankfurt am Main

Fon 0 69 / 66 71 – 0

Fax 0 69 / 66 71 – 48 21

www.nestle.de

Nestlé Schöller GmbH

Bucher Str. 137

90419 Nürnberg

Fon 09 11 / 9 38 – 0

Fax 09 11 / 9 38 – 13 82

info@schoeller.de; www.schoeller.de

Niederegger | siehe J.G. Niederegger

NORDMILCH eG

Flughafenallee 17

28199 Bremen

Fon 04 21 / 24 3 – 0

Fax 04 21 / 24 3 – 22 22

info@nordmilch.de; www.nordmilch.de

OSRAM GmbH

Hellabrunner Str. 1

81543 München

Fon 0 89 / 62 13 – 0

Fax 0 89 / 62 13 – 20 20

webmaster@osram.de; www.osram.de

FIRMENREGISTER

Ostmann Gewürze GmbH & Co. KG
Postfach 12 20
49198 Dissen
Fon 0 54 21 / 30 9 – 0
Fax 0 54 21 / 30 9 – 22 2
info@ostmann.de
www.ostmann.de

Oetker | siehe Dr. August Oetker Nahrungsmittel

PARADIES GmbH
Rayener Str. 14
47506 Neukirchen-Vluyn
Fon 0 28 45 / 20 3 – 0
Fax 0 28 45 / 20 3 – 15 0
info@paradies.de
www.paradies.de

Paschen & Companie GmbH & Co. KG
Stromberger Str. 27
59329 Wadersloh
Fon 0 25 23 / 28 – 0
Fax 0 25 23 / 10 91
info@paschen.de; www.paschen.de

Pelikan Vertriebsgesellschaft mbH & Co. KG
Wolfstr. 9
30163 Hannover
Postfach 11 07 55
30102 Hannover
Fon 05 11 / 69 69 – 0
Fax 05 11 / 69 69 – 22 9
info@pelikan.de; www.pelikan.de

Philipp Reclam jun. Verlag GmbH
Siemensstr. 32
71254 Dietzingen
Fon 0 71 56 / 16 3 – 0
Fax 0 71 56 / 16 3 – 19 7
reclam@reclam.de; www.reclam.de

Porsche | siehe Dr. Ing. h.c. F. Porsche

PORTAS DEUTSCHLAND GmbH & Co. KG
Dieselstr. 1 – 3
63128 Dietzenbach
Fon 0 60 74 / 40 4 – 0
Fax 0 60 74 / 40 4 – 19 0
info@portas.de
www.portas.de

Porzellanfabrik Weiden Gebr. Bauscher
Obere Bauscherstr. 1
92637 Weiden
Postfach 11 60
92601 Weiden
Fon 09 61 / 82 – 0
Fax 09 61 / 82 – 31 02
bauscher@bauscher.de
www.bauscher.de

Premiere Fernsehen GmbH & Co. KG
Medienallee 4
85774 Unterföhring
Fon 0 89 / 99 58 – 0
Fax 0 89 / 99 58 – 62 22
info@premiere.de
www.premiere.de

Procter & Gamble GmbH
Sulzbacher Str. 40 – 50
65824 Schwalbach am Taunus
Fon 0 61 96 / 89 – 01
Fax 0 61 96 / 89 – 49 29
www.procterundgamble.de

PRYM CONSUMER GmbH & Co. KG
Zweifaller Str. 130
52224 Stolberg
Postfach 17 40
52220 Stolberg
Fon 0 24 02 / 14 – 04
Fax 0 24 02 / 14 – 29 29
info@prym-consumer.com
www.prym-consumer.com

PUSTEFIX | siehe Dr. Rolf Hein Nachfolger

Quelle AG
Nürnberger Str. 91 – 95
90762 Fürth / Bayern
Fon 09 11 / 14 – 0
Fax 09 11 / 14 – 24 36 1
unternehmens.kommunikation@quelle.de
www.quelle.de; www.quelle.com

Reckitt Benckiser Deutschland GmbH
Theodor-Heuss-Anlage 12
68165 Mannheim
Fon 06 21 / 32 46 – 0
Fax 06 21 / 32 46 – 50 0
info.de@reckittbenckiser.de
www.reckittbenckiser.de

Rich. Hengstenberg GmbH & Co. KG
Mettinger Str. 109
73728 Esslingen
Fon 07 11 / 39 29 – 0
Fax 07 11 / 39 29 – 23 0
info@hengstenberg.de
www.hengstenberg.de

RIMOWA Kofferfabrik GmbH
Mathias-Brüggen-Str. 118
50829 Köln
Fon 02 21 / 95 64 17 – 0
Fax 02 21 / 95 64 17 – 4
info@rimowa.de
www.rimowa.de

**Robbe & Berking Silbermanufaktur
seit 1874 GmbH & Co. KG**
Zur Bleiche 47
24941 Flensburg
Fon 04 61 / 90 30 6 – 0
Fax 04 61 / 90 30 6 – 22
info@robbeberking.de
www.robbeberking.de

Robert Bosch GmbH
Auf der Breit 4
76227 Karlsruhe
Fon 07 21 / 94 2 – 0
Fax 07 21 / 94 2 – 23 10
www.bosch.de/aa

Rodenstock GmbH
Isartalstr. 43
80469 München
Fon 0 89 / 72 02 – 0
Fax 0 89 / 72 02 – 62 9
www.rodenstock.de

Roeckl Handschuhe GmbH & Co.
Isartalstr. 49
80469 München
Fon 0 89 / 72 96 9 – 0
Fax 0 89 / 72 96 9 – 27
info@roeckl.de
www.roeckl.de

Rollei Fototechnic GmbH
Salzdahlumer Str. 196
38126 Braunschweig
Fon 05 31 / 68 00 – 0
Fax 05 31 / 68 00 – 24 3
info@rollei.de
www.rollei.de

RÖSLE Metallwarenfabrik GmbH & Co. KG
Johann-Georg-Fendt-Str. 38
87616 Marktoberdorf
Fon 0 83 42 / 91 2 – 0
Fax 0 83 42 / 91 2- 19 0
info@roesle.de
www.roesle.de

FIRMENREGISTER

Rowohlt Verlag GmbH
Hamburger Str. 17
21465 Hamburg
Fon 0 40 / 72 72 – 0
Fax 0 40 / 72 72 – 31 9
info@rowohlt.de
www.rowohlt.de

S.C. Johnson Wax GmbH
Landstr. 27 – 29
42781 Haan
Fon 0 21 29 / 57 4 – 0
Fax 0 21 29 / 57 4 – 24 7
www.scjohnson.de

Sal. Oppenheim jr. & Cie.
Kommanditgesellschaft auf Aktien
Unter Sachsenhausen 4
50667 Köln
Fon 02 21 / 14 5 – 01
Fax 02 21 / 14 5 – 15 12
info@oppenheim.de
www.oppenheim.de

Salamander AG
Stammheimer Str. 10
70806 Kornwestheim
Fon 0 71 54 / 15 – 0
Fax 0 71 54 / 15 – 20 00
info@salamander.de
www.salamander.de

Salem
Schule Schloss Salem
88682 Salem
Fon 0 75 51 / 91 9 – 0
Fax 0 75 51 / 91 9 – 38 0
info@salem-net.de
www.salemcollege.de

Sara Lee Household & Body Care
ZN der Sara Lee Deutschland GmbH
Postfach 92 01 12
51151 Köln
Fon 0 22 03 / 97 98 – 0
Fax 0 22 03 / 97 98 – 22 3
www.saralee.de

SCA Hygiene Products GmbH
Sandhoferstr. 176
68305 Mannheim
Fon 06 21 / 77 8 – 0
www.sca.com

Schamel – Erste Bayerische
Meerrettich-Feinkostfabrik GmbH
Industriestr. 24 – 34
91083 Baiersdorf / Bayern
Fon 0 91 33 / 77 60 – 0
Fax 0 91 33 / 77 60 – 77
info@schamel.de
www.schamel.de

Schiesser AG
Schützenstr. 18
78315 Radolfzell
Fon 0 77 32 / 90 – 0
Fax 0 77 32 / 90 – 55 55
info@schiesser.de
www.schiesser.com

Schmidt Spiele GmbH
Ballinstr. 16
12359 Berlin
Fon 0 30 / 68 39 02 0
Fax 0 30 / 68 59 07 8
info@schmidtspiele.de
www.schmidtspiele.de

SCHOTT Glas Home Tech White Goods
Hattenbergstr. 10
55122 Mainz
Fon 0 61 31 / 66 – 0
Fax 0 61 31 / 66 – 20 00
info.whitegoods@schott.com,
   info.celan@schott.com
www.schott.com/whitegoods

SCHWARTAUER WERKE GmbH & Co. KGaA
Lübecker Str. 49 – 55
23611 Bad Schwartau
Fon 04 51 / 20 4 – 0
Fax 04 51 / 20 4 – 38 5
info@schwartau.de
www.schwartau.de

Semper idem Underberg AG
Hubert-Underberg-Allee 1
47493 Rheinberg
Fon 0 28 43 / 92 0 – 0
Fax 0 28 43 / 92 0 – 31 3
services@underberg.de
www.underberg.de

Sennheiser electronic GmbH & Co. KG
Am Labor 1
30900 Wedemark
Fon 0 51 30 / 60 0 – 0
Fax 0 51 30 / 6 00 – 30 0
info@sennheiser.com
www.sennheiser.com

Sixt AG
Zugspitzstr. 1
82049 Pullach
Fon 0 89 / 74 44 4 – 66 66
Fax 0 89 / 74 44 4 – 42 82
www.sixt.de

smart gmbh
Leibnitzstr. 2
71032 Böblingen
Postfach 20 60
71010 Böblingen
Fon 0 70 31 / 90 – 76 20 0
Fax 0 70 31 / 90 – 74 99 9
info@smart.com
www.smart.com

SØR Rusche GmbH
Wiedenbrücker Str. 1
59302 Oelde
Fon 0 25 22 / 82 6 – 60
Fax 0 25 22 / 82 6 – 29
info@lenius.com
www.lenius.com

SPIEGEL-Verlag
Rudolf Augstein GmbH & Co. KG
Brandstwiete 19
20457 Hamburg
Fon 0 40 / 30 07 – 0
Fax 0 40 / 30 07 – 22 47
spiegel@spiegel.de
www.spiegel.de

Spielkartenfabrik Altenburg GmbH
Leipziger Str. 7
04600 Altenburg
Fon 0 34 47 / 58 2 – 0
Fax 0 34 47 / 58 2 – 10 9
info@spielkarten.com
www.spielkarten.com

Springer & Jacoby Werbung GmbH & Co. KG
Poststr. 14 – 16
20354 Hamburg
Fon 0 40 / 35 60 3 – 0
Fax 0 40 / 35 60 3 – 34 4
info@sj.com
www.sj.com

FIRMENREGISTER

**Staatliche Porzellan-Manufaktur
Meissen GmbH**
Talstr. 9
01662 Meissen
Fon 0 35 21 / 46 8 – 0
Fax 0 35 21 / 46 8 – 80 0
info@meissen.de
www.meissen.de

Stern, Gruner + Jahr AG & Co KG
Am Baumwall 11
20459 Hamburg
Fon 0 40 / 37 03 – 0
Fax 0 40 / 37 03 – 60 00
presse@stern.de
www.stern.de

Sylt Marketing GmbH
Stephanstr. 6
25980 Westerland / Sylt
Fon 0 46 51 / 82 02 – 12
Fax 0 46 51 / 82 02 – 22
info@sylt.de
www.sylt.de

Sympatex Technologies GmbH
Kasinostr. 19 – 21
42103 Wuppertal
Fon 02 02 / 32 – 0
Fax 02 02 / 32 – 24 88
info@sympatex.de
www.sympatex.com

Tapetenfabrik Gebr. Rasch GmbH & Co. KG
Raschplatz 1
49565 Bramsche
Fon 0 54 61 / 81 1 – 0
Fax 0 54 61 / 81 1 – 11 5
info@rasch.de
www.rasch.de

Teekanne GmbH
Kevelaerer Str. 21 – 23
40549 Düsseldorf
Fon 02 11 / 50 85 – 0
Fax 02 11 / 50 48 – 13 9
info@teekanne.de
www.teekanne.de

tesa AG
Quickbornstr. 24
20253 Hamburg
Fon 0 40 / 49 09 – 10 1
Fax 0 40 / 49 09 – 60 60
pr@tesa.com
www.tesa.com

Tetra GmbH
Postfach 15 80
49304 Melle
Fon 0 54 22 / 10 5 – 0
Fax 0 54 22 / 42 98 5
info@tetra.de
www.tetra.net

ThyssenKrupp Bilstein GmbH
August-Bilstein-Str. 4
58256 Ennepetal
Postfach 11 51
58256 Ennepetal
Fon 0 23 33 / 79 1 – 0
Fax 0 23 33 / 79 1 – 49 00
info@thyssenkrupp.com
www.bilstein.de

ThyssenKrupp Nirosta GmbH
Oberschlesienstr. 16
47807 Krefeld
Fon 0 21 51 / 83 – 01
Fax 0 21 51 / 83 – 20 22
marketing@tks-nirosta.thyssenkrupp.com
www.nirosta.de

Triumph International AG
Marsstr. 40
80335 München
Fon 0 89 / 51 11 – 80
Fax 0 89 / 51 11 – 84 27
www.triumph-international.de

T-Online International AG
Waldstr. 3
64331 Weiterstadt
Fon 0 61 51 / 68 0 – 0
Fax 0 61 51 / 68 0 – 68 0
t-online@t-online.de
www.t-online.de

UFA Film & TV Produktion GmbH
Dianastr. 21
14482 Potsdam
Fon 03 31 – 70 60 – 0
Fax 03 31 – 70 60 – 149
info@ufa.de
www.ufa.de

UHU GmbH & Co. KG
Hermannstr. 7
77815 Bühl / Baden
Fon 0 72 23 / 28 4 – 0
Fax 0 72 23 / 28 4 – 53 5
info@uhu.de
www.uhu.de

UNICEF Deutschland
Höninger Weg 104
50969 Köln
Fon 02 21 / 93 65 0 – 0
Fax 02 21 / 93 65 0 – 28 0
grusskarten@unicef.de
www.unicef.de

Unilever Bestfoods Deutschland GmbH
Dammtorwall 15
20355 Hamburg
Fon 0 40 / 34 93 – 0
Fax 0 40 / 34 51 61
www.unilever.de

Unternehmensgruppe Fischer
Weinhalde 14 – 18
72178 Waldachtal
Fon 0 74 43 / 12 – 0
Fax 0 74 43 / 12 – 42 22
info@fischerwerke.de
www.fischerwerke.de

UVEX SPORTS GmbH & Co. KG
Fichtenstr. 43
90763 Fürth
Fon 09 11 / 97 74 – 0
Fax 09 11 / 97 74 – 35 0
sports@uvex.de
www.uvex-sports.de

Vaillant GmbH
Berghauser Str. 40
42859 Remscheid
Fon 0 21 91 / 18 – 0
Fax 0 21 91 / 18 – 28 10
info@vaillant.de
www.vaillant.de

Van Laack GmbH
August-Pieper-Str. 10
41061 Mönchengladbach
Fon 0 21 61 / 35 7 – 0
Fax 0 21 61 / 35 7 – 38 9
info@vanlaack.de
www.vanlaack.de

FIRMENREGISTER

VARTA Gerätebatterie GmbH
Innovapark A 4, Am Limespark 2
65843 Sulzbach
Fon 0 61 96 / 90 24 – 0
Fax 0 61 96 / 90 24 – 40 0
info@varta-consumer.com
www.varta-consumer.com

Viessmann Werke GmbH & Co KG
Viessmann Str. 1
35107 Allendorf / Eder
Fon 0 64 52 / 70 – 0
Fax 0 64 52 / 70 – 27 80
info@viessmann.com; www.viessmann.com

Vileda GmbH
Leibnitzstr. 2
69469 Weinheim
Fon 0 62 01 / 80 – 77 66
Fax 0 62 01 / 80 – 45 23
vileda-info@freudenberg.de; www.vileda.de

Villeroy & Boch AG
Postfach 11 20
66688 Mettlach
Fon 0 68 64 / 81 – 0
Fax 0 68 64 / 81 – 14 84
www.villeroy-boch.com

VIVIL A. Müller GmbH & Co. KG
Moltkestr. 33
77654 Offenburg
Fon 07 81 / 47 8 – 0
Fax 07 81 / 47 8 – 17 5
info@vivil.de; www.vivil.de

Volkswagen AG
38436 Wolfsburg
Fon 0 53 61 / 90
Fax 0 53 61 / 92 82 82
vw@volkswagen.de
www.volkswagen.de

WALA Heilmittel GmbH
Boßlerweg 2
73087 Bad Boll / Eckwälden
Fon 0 71 64 / 93 0 – 0
Fax 0 71 64 / 93 0 – 29 7
info@wala.de
www.wala.de
▌DR.HAUSCHKA KOSMETIK

WECK | siehe J. WECK

Westermann Schulbuchverlag GmbH
Georg-Westermann-Allee 66
38104 Braunschweig
Fon 05 31 / 70 8 – 0
www.westermann.de; www.diercke.de

Wilhelm Schröder GmbH & Co.
Schützenstr. 12
58511 Lüdenscheid
Postfach 27 09
58477 Lüdenscheid
Fon 0 23 51 / 98 47 – 0
Fax 0 23 51 / 98 47 – 47
info@wilesco.de
www.wilesco.de

Willy Bogner GmbH & Co. KGaA
Sankt-Veit-Str. 4
81673 München
Fon 0 89 / 43 60 6 – 0
Fax 0 89 / 43 60 6 – 42 9
info@bogner.com
www.bogner.com

**WMF Württembergische
Metallwarenfabrik Aktiengesellschaft**
Eberhardstr.
73309 Geislingen / Steige
Fon 0 73 31 / 25 – 1
Fax 0 73 31 / 45 38 7
info@wmf.de
www.wmf.de

WOLF-Garten GmbH & Co KG
Industriestr. 83 – 85
57517 Betzdorf
Fon 0 27 41 / 28 1 – 0
Fax 0 27 41 / 28 1 – 21 0
info@de.wolf-garten.com
www.wolf-garten.de

ZARGES GmbH & Co. KG
Zargesstr. 7
82362 Weilheim
Postfach 16 30
82360 Weilheim
Fon 08 81 / 68 7 – 0
Fax 08 81 / 68 7 – 44 0
industrial.systems@zarges.de
www.zarges.de

Zeppelin Luftschifftechnik GmbH
Allmannsweilerstr. 132
88046 Friedrichshafen
Fon 0 75 41 / 59 00 – 0
Fax 0 75 41 / 59 00 – 49 9
info@zeppelin-nt.de
www.zeppelin-nt.de

ZF Sachs AG
Ernst-Sachs-Str. 62
97424 Schweinfurt
Fon 0 97 21 / 98 – 0
Fax 0 97 21 / 98 – 22 90
postoffice@sachs.de
www.zfsachs.de

ZWILLING J.A. HENCKELS AG
Gruenewalderstr. 14 – 22
42657 Solingen
Postfach 10 08 64
42648 Solingen
Fon 02 12 / 88 2 – 0
Fax 02 12 / 88 2 – 40 0
info@zwilling.com
www.zwilling.com

VERZEICHNIS DER SLOGANS

VERZEICHNIS DER SLOGANS

VERZEICHNIS DER SLOGANS

LITERATUR

ZEITSCHRIFTEN:

**Absatzwirtschaft –
Zeitschrift für Marketing**
Verlagsgruppe Handelsblatt GmbH
Kasernenstr. 67
40213 Düsseldorf
Fon: 0211 / 887-0
Fax: 0211 / 887-1420
www.absatzwirtschaft.de
absatzwirtschaft@vhb.de

HORIZONT
Deutscher Fachverlag GmbH
Mainzer Landstr. 251
D-60326 Frankfurt am Main
Fon: 069 / 75 95-01
Fax: 069 / 75 95-2999
www.horizont.net

**Markenartikel –
Die Zeitschrift für Markenführung**
E. Albrecht Verlags-KG
Freihamer Straße 2
82166 Gräfeling
Fon: 089 / 85 853-0
Fax: 089 / 85 853-199
av@albrecht.de

media & marketing
Europa-Fachpresse-Verlag
GmbH & Co.KG
Emmy-Noether-Straße 2/E
80992 München
Postfach 50 02 99
80972 München
Fon: 089 / 54 852-0
Fax: 089 / 54 852-142
www.mediaundmarketing.de

werben & verkaufen
Europa-Fachpresse-Verlag
GmbH & Co.KG
Emmy-Noether-Straße 2/E
80992 München
Postfach 50 02 99
80972 München
Fon: 089 / 54 852-0
Fax: 089 / 54 852-108
E-Mail: leserservice@efv.de
www.wuv.de

BÜCHER:

**Also ich glaube, Strom ist gelb.
Über die Kunst, Konzerne Farbe
bekennen zu lassen.**
Kreutz, Bernd
Hatje Kantz Verlag
ISBN: 3-7757-0920-7
294 Seiten

**Brand Leadership.
Eine Strategie für Siegermarken.**
Aaker, David A.;
Joachimsthaler, Erich
Financial Times Prentice
ISBN: 3-8272-7044-8
400 Seiten

**Branding für
Unternehmensberatungen.
So bilden Sie eine Wissensmarke.**
Höselbarth, Frank; Lay, Rupert;
Ammann, Jean-Christophe
Campus Verlag
ISBN: 3-593-36800-5
220 Seiten

BrandScoreCard.
Linxweiler, Richard
Sehnert Verlag
ISBN: 3-9807541-0-3
321 Seiten

**Das Boston Consulting Group
Strategie-Buch. Die wichtigsten
Managementkonzepte für den
Praktiker.**
Hrsg. Bolko von Oetinger
Econ Verlag, 2003
ISBN:3-430-11489-6
752 Seiten

Das Geheimnis der Marke.
Simon, Heinz-Joachim
Wirtschaftsverlag
ISBN: 3-7844-7417-9,
260 Seiten

Das neue Markenrecht.
Berlit, Wolfgang
Beck Juristischer Verlag
ISBN: 3-406-47141-2
377 Seiten

Der magische Code. Marken-Tuning.
Gerken, Gerd
Econ Verlag
ISBN: 3-430-13154-5
781 Seiten

**Der Schutz der dreidimensionalen
Marke. Eine Abhandlung auf
Grundlage des deutschen und
europäischen Markenrechts.**
Böhmann, Dirk
Dirk Böhmann Verlag
ISBN: 3-8311-1689-X
196 Seiten

**Der Tatbestand der markenrechtli-
chen Erschöpfung. Voraussetzungen
und Reichweite des § 24 MarkenG.**
Mulch, Joachim
Otto Schmidt Verlag
ISBN: 3-504-68031-8
215 Seiten

**Der Wachstums-Code für
Siegermarken.**
Buchholz, Andreas;
Wördemann, Wolfram
Econ Verlag
ISBN: 3-430-11581-7
240 Seiten

**Der Wert der Markenpersönlichkeit.
Das Phänomen der strategischen
Positionierung von Marken.**
Weis, Michaela; Huber, Frank
Deutscher Universitätsverlag
ISBN: 3-8244-7096-9
183 Seiten

**Deutsche Marke, Gemeinschafts-
marke und internationale
Registrierung. Verknüpfungen
und Überschneidungen der
Schutzsysteme.**
Niehues, Hendrik
Schulz R.S.
ISBN: 3-7962-0572-0
380 Seiten

LITERATUR

Deutsches Markenrecht. Texte und Materialien. Markengesetz mit amtl. Begründung. Markenverordnung. 1. Markenrechtsrichtlinie (EG). Verordnung (EWG) Nr. 2081/92. Gesetzgebungsmaterialien.
Zusammengest., eingef. u. hrsg. von Mühlendahl, Alexander von
Beck Juristischer Verlag
ISBN: 3-406-39438-8
369 Seiten

Deutsches und europäisches Markenrecht. Handbuch für die Praxis.
Marx, Claudius
Luchterhand Verlag
ISBN: 3-472-02193-4
655 Seiten

Die 11 unumstößlichen Gebote des Internet- Branding.
Ries, Laura; Ries, Al
Econ Verlag
ISBN: 3-430-17767-7
160 Seiten

Die Botschaft der Markenartikel. Vertextungsstrategien in der Werbung.
Fritz, Thomas
Stauffenburg BR. Narr
ISBN: 3-86057-091-9
172 Seiten

Die fraktale Marke. Eine neue Intelligenz der Werbung.
Gerken, Gerd
Econ Verlag
ISBN: 3-430-13156-1
751 Seiten

Die Gemeinschaftsmarke.
Mühlendahl, Alexander;
von Ohlgart, Dietrich;
C. Bomhard, Verena von
Beck Juristischer Verlag
ISBN: 3-406-41193-2
490 Seiten

Die Marke als Botschaft. Die kommunikative Funktion der Marke und ihre Interdependenzen zur Werbung.
Adjouri, Nicholas
Vier Türme GmbH
ISBN: 3-87868-302-2
265 Seiten

Die Zukunft der Marke. Mit effizienten Führungsentscheidungen zum Markterfolg.
Herrmann, Christoph
Frankfurter Allgemeine Buch
ISBN: 3-933180-14-7
283 Seiten

Die zweiundzwanzig (22) unumstößlichen Gebote des Branding.
Ries, Al; Ries, Laura
Econ Verlag
ISBN: 3-430-17769-3
186 Seiten

E-Branding – starke Marken im Netz.
Herbst, Dieter
Cornelsen Verlag
ISBN: 3-464-49078-5
176 Seiten

E-Branding. Erfolgreiche Marken-Strategien im Netz.
Zyman, Sergio; Miller, Scott
Gabler, Betriebswirtschaftlicher Verlag
ISBN: 3-409-11770-9
224 Seiten

E-Branding-Strategien in der Praxis.
Hrsg. v. Riekhof, Hans-Christian
Gabler, Betriebswirtschaftlicher Verlag
ISBN: 3-409-18993-9
300 Seiten

Erfolgreiches Markenmanagement. Vom Wert einer Marke, ihrer Stärkung und Erhaltung.
Hrsg. v. MTP Alumni u. Hauser, Ulrich
Gabler, Betriebswirtschaftlicher Verlag
ISBN: 3-409-18874-6
201 Seiten

Erfolgsfaktor Marke. Neue Strategien des Markenmanagements.
Hrsg. im Auftrag der G.E.M Gesellschaft zur
Erforschung des Markenwesens e.V. von Köhler,
Richard; Majer, Wolfgang; Wiezorek, Heinz Verlag Vahlen
ISBN: 3-8006-2513-X
350 Seiten

Faszination Marke. Neue Herausforderungen an Markengestaltung und Markenpflege im digitalen Zeitalter.
Hrsg. im Auftrag des Internationalen Design Zentrums e. V. von
Schönberger, Angela; Stilken, Rudolf
Luchterhand Verlag
ISBN: 3-472-04899-9
240 Seiten

Ganz international 2001. Produkte, Marken, Kampagnen. Marketing in der globalen Wirtschaft.
Hrsg. werben und verkaufen
Verlag Moderne Industrie
ISBN: 3-478-24552-4
192 Seiten

Handbuch der Markenbewertung und -verwertung. Pfändung von Marken, Sicherungsübertragung, Kauf und Verkauf von Marken, Lizenzen, Bilanzierung von Markenwerten, Markenwert-Tabelle.
Repenn, Wolfgang
Beck Juristischer Verlag
ISBN: 3-406-47328-8
296 Seiten

Handbuch der Markenpiraterie in Europa.
Hrsg. Harte-Bavendamm, Henning
Beck Juristischer Verlag
ISBN: 3-214-03004-3
601 Seiten

Handelsmarken. Zukunftsperspektiven der Handelsmarkenpolitik.
Hrsg. Bruhn, Manfred
Schaeffer-Poeschel Verlag
ISBN: 3-7910-1814-0
485 Seiten

Integrierte Marken-Kommunikation. Psychoanalyse und Systemtheorie im Dienste erfolgreicher Markenführung.
Halstenberg, Volker
Deutscher Fachverlag
ISBN: 3-87150-524-2
313 Seiten

Internationales Marketing-Management.
Meffert, Heribert; Bolz, Joachim
Kohlhammer Verlag
ISBN: 3-17-016923-8
344 Seiten

Jahrbuch Markentechnik 2002/2003. Markenwelt – Markentechnik – Markentheorie – Forschungsberichte – Horizonte.
Hrsg. v. Brandmeyer, Klaus; Deichsel, Alexander; Prill, Christian
Deutscher Fachverlag
ISBN: 3-87150-731-8
604 Seiten

Kommentar zum Markenrecht. Schultz, Detlef von Verlag Recht und Wirtschaft
ISBN: 3-8005-1254-8
800 Seiten

Lexikon der Werbesprüche. Nichts ist unmöglich.
Hars, Wolfgang
Eichborn Verlag
ISBN: 3-8218-1450-0
405 Seiten

Lurchi, Klementine und Co.
Hars, Wolfgang
Argon Verlag
ISBN: 3-87024-518-2
295 Seiten

Magnet Marketing. Erfolgsregeln für die Märkte der Zukunft.
Christiani, Alexander
Frankfurter Allgemeine Buch
ISBN: 3-89843-055-3
260 Seiten

Marke und Markenartikel. Instrumente des Wettbewerbs.
Hrsg. v. Dichtl, Erwin; Eggers, Walter
Beck / DTV
ISBN: 3-423-05835-8
326 Seiten

Marken, Moden und Kampagnen
Schindelbeck, Dirk
Primus Verlag
ISBN: 389678234-7
144 Seiten

Marken Agenda. Kommunikationsmanagement zwischen Marke und Zielgruppe.
Molthan, Kerstin M.
Luchterhand Verlag
ISBN: 3-472-04577-9
48 Seiten

Marken-Design. Marken entwickeln, Markenstrategien erfolgreich umsetzen.
Linxweiler, Richard
Gabler, Betriebswirtschaftlicher Verlag
ISBN: 3-409-11421-1
285 Seiten

Marken machen Märkte. Eine Anleitung zur erfolgreichen Markenpraxis.
Bugdahl, Volker
Beck Juristischer Verlag
ISBN: 3-406-43658-7
310 Seiten

Markenbewertung. Die Marke als Quelle der Wertschaffung. Eine empirische Analyse am Beispiel der deutschen Automobilindustrie.
Heider, Ulrich H.
Rainer Hampp Verlag
ISBN: 3-87988-583-4
299 Seiten

Markencontrolling.
Kriegbaum, Catharina
Verlag Vahlen
ISBN: 3-8006-2670-5
414 Seiten

Markengesetz.
Althammer, Werner; Ströbele, Paul; Klaka, Rainer
Carl Heymanns Verlag
ISBN: 3-452-24524-1
1310 Seiten

Markenmanagement im Handel. Strategien – Konzepte – Praxisbeispiele. Von der Handelsmarkenführung zum integrierten Markenmanagement in Distributionsnetzen.
Ahlert, Dieter; Kenning, Peter; Schneider, Dirk
Gabler, Betriebswirtschaftlicher Verlag
ISBN: 3-409-11643-5
230 Seiten

Markenmanagement. Grundlagen der identitätsorientierten Markenführung. Mit Best-Practice-Fallstudien.
Hrsg.: Meffert, Heribert; Burmann, Christoph; Koers, Martin
Gabler Verlag, Wiesbaden 2002
ISBN: 3-409-11821-7
680 Seiten

Markenpolitik.
Sattler, Henrik
Kohlhammer
ISBN: 3-17-016233-0
229 Seiten

Markenschutz. Waren- und Dienstleistungsmarken in der Unternehmenspraxis. Mit neuem Markengesetz.
Giefers, Hans-Werner
Rudolf Haufe Verlag
ISBN: 3-448-03053-8
315 Seiten

Markenstrategien wachstumsorientierter Unternehmen.
Schiele, Thomas Peter
Deutscher Universitätsverlag
ISBN: 3-8244-6546-9
365 Seiten

Marketing. Grundlagen marktorientierter Unternehmensführung.
Meffert, Heribert
Gabler Verlag, Wiesbaden 2000
ISBN: 3-409-69017-4
1.472 Seiten

Marketing by Worldmaking. Folgenreiche Kommunikation zwischen Mensch und Marke. Ideen, Strategie, Erfolge.
Boltz, Dirk-Mario
Deutscher Fachverlag
ISBN: 3-87150-587-0
219 Seiten

Marketing Arbeitsbuch. Aufgaben, Fallstudien, Lösungen.
Meffert, Heribert
Gabler Verlag, Wiesbaden 2001
ISBN: 3-409-89086-6
527 Seiten

LITERATUR

**Marketing-Ästhetik.
Strategisches Management von
Marken, Identity und Image.**
Schmitt, Bernd; Simonson, Alex
Econ Verlag
ISBN: 3-430-18023-6
416 Seiten

**Marketing-Management. Analyse –
Strategie – Implementierung.**
Meffert, Heribert
Gabler Verlag, Wiesbaden 2003-08-13
ISBN: 3-409-33613-3
486 Seiten

Markterfolg mit Marken.
Hrsg. v. Dichtl, Erwin; Eggers, Walter
Beck Juristischer Verlag
ISBN: 3-406-39404-3
227 Seiten

**Moderne Markenführung.
Grundlagen. Inovative Ansätze.
Praktische Umsetzungen.**
Hrsg. v. Esch, Franz-Rudolf
Gabler, Betriebswirtschaftlicher Verlag
ISBN: 3-409-43642-1
1164 Seiten

**Monetäre Bewertung von Marken-
strategien für neue Projekte.
(Management von Forschung,
Entwicklung und Innovation).**
Sattler, Henrik
Schaeffer-Poeschel Verlag
ISBN: 3-7910-1145-6
560 Seiten

**Patent-, Marken- und Urheberrecht.
Leitfaden für Ausbildung und Praxis.**
Ilzhöfer, Volker
Verlag Vahlen
ISBN: 3-8006-2652-7
303 Seiten

**Produkte als Botschaften.
Individuelles Produktmarketing.
Konsumorientiertes Marketing.
Bedürfnisdynamik. Produkt- und
Werbekonzeptionen.
Markenführung in veränderten
Umwelten.**
Karmasin, Helene
Ueberreuther Wirtschaftsverlag
ISBN: 3-7064-0413-3
576 Seiten

Psychologie der Marke.
Sommer, Rudolf
Deutscher Fachverlag
ISBN: 3-87150-568-4
189 Seiten

**Radical Brand – Marke Radikal.
Überleben in der Sintflut.**
Vasata, Vilim
Econ Verlag
ISBN: 3-430-19337-0
60 Seiten

**Rasierte Stachelbeeren.
So werden Sie Nr. 1 im Kopf Ihrer
Zielgruppe. Branding – Erfolgreiche
Marken-Positionierung für kleine
und mittelständische Unternehmen.**
Sawtschenko, Peter;
Herden, Andreas
Gabal Verlag
ISBN: 3-89749-080-3
263 Seiten

**Strategische Markenführung.
Planung und Realisierung von
Marketingstrategien für eingeführte
Produkte.**
Haedrich, Günther;
Tomczak, Torsten
Uni-Taschenbücher
ISBN: 3-8252-1544-X
216 Seiten

**Verwechslungs- und Assoziations-
gefahr als Determinanten für den
Schutzumfang der Marke.**
Schackert, Susanne
Schulz R.S.
ISBN: 3-7962-0582-8
416 Seiten

**Was Siegermarken anders machen.
Wie jede Marke wachsen kann.
Die Ergebnisse der ersten Unter-
suchung über die erfolgreichsten
Markenkampagnen der Welt.**
Buchholz, Andreas ;
Wördemann, Wolfram
Econ Verlag
ISBN: 3-430-11579-5
239 Seiten

Wettbewerbs- und Markenrecht.
(Schriftenreihe Recht und Praxis).
Nordemann, Wilhelm;
Nordemann, Axel;
Nordemann, Jan Bernd
Nomos Verlagsgesellschaft
ISBN: 3-7890-4151-3
621 Seiten

**WunderbareWerbeWelten.
Marken, Macher, Mechanismen.**
Hrsg. v. Randa-Campani, Sigrid
Edition Braus im Wachter-Verlag
ISBN: 3-926318-93-7
192 Seiten

MARKEN, WOLLT IHR EWIG LEBEN?

VON „SLEEPING BEAUTIES" UND WACHKÜSSENDEN PRINZEN

Als Verächter von Nikotin und Alkohol hatte sich Gottfried Benn, der geniale deutsche Lyriker des 20. Jahrhunderts, noch nie hervorgetan. Ende der vierziger Jahre beschrieb er eine seiner Konsumfahrungen so: „Ah – Hulstkamp – Wärmezentrum, Farbenmittelpunkt, mein Schattenbraun – Bartstoppelfluidum um Herz und Auge -" (im Gedicht „- Gewisse Lebensabende"). Auch der Dichter erlebt und deutet also die Marke als ein Zeichen für existenzielle Daseinserfahrungen – mit ihm selbst zu reden: „Ein Wort, ein Satz, aus Chiffern steigen erkanntes Leben, jäher Sinn…"

Die Marke als im kollektiven Gedächtnis abgelegte und womöglich wieder zum Leben zu erweckende Chiffre beschäftigte Ende der vierziger Jahre auch Hubert Strauf. Schon 1935 hatte dieser („der Werbe-Strauf") Coca-Cola beworben und sollte in den fünfziger Jahren durch seine Kampagnen („Mach mal Pause!" – „Pril entspannt das Wasser!") schon bald Furore machen. Jetzt aber, 1947, hatten die Menschen bereits volle zehn Jahre unter Krieg und Bewirtschaftung gelitten. Schwarzmarkt, Schiebertum und Versorgungsprostitution blühten, Garantien für verlässliche Warenqualitäten, also die Grundfunktionen der Marke selbst, waren im Alltag nicht mehr erfahrbar.

Auf der anderen Seite konnte sich alles nur zum besseren wenden – vom markentechnischen Standpunkt geradezu eine Modellsituation. Was, so fragte sich Strauf, war an „allgemeinem Markenwissen" nach einer so langen Periode der Nichtverfügbarkeit von Qualitätswaren in der Bevölkerung noch vorhanden? Welche Produkterlebnisse, Markenbilder, Vorstellungsreihen, Slogans hatten sich in den Köpfen festgesetzt und waren noch abrufbar? Worauf ließ sich bei der Wiederbelebung alter oder der Einführung neuer Markenwaren aufbauen? Strauf erarbeitete detaillierte Fragebögen und legte sie der Bevölkerung in der damaligen britischen Zone vor. Ein halbes Jahr später war das Ergebnis greifbar: sage und schreibe

90.231 komplette Datensätze. Mittels Hollerithkarten ausgewertet und auf 100 Seiten in der „Bilanz der Marke" zusammengefasst waren endlich detaillierte Statistiken zu diversen Warengruppen sowie deren Einschätzung durch verschiedene Alters-, Geschlechts- und soziologische Gruppen verfügbar.

Die ersten dreißig Namen dieses „allgemeinen Markenwissens" lauteten in absteigender Reihenfolge: Maggi, Erdal, Nivea, Vim, Persil, Salamander, Knorr, Palmolive, Sunlicht, Mouson, Pelikan, Reese, Mondamin, Rheila, Shell, Ford, Zeiß-Ikon, Wybert, Hohner, Kaloderma, Esso, Opekta, Miele, Backin, Elida, Schram's, Uhu, Coca-Cola, Camelia und Tack. Heute haben manche dieser 1947/48 spontan erinnerten Marken an Bedeutung deutlich verloren oder sind der Vergessenheit anheim gefallen wie das Backpulver Reese (Rang 12), das Geliermittel Opekta (Rang 22), das Haarshampoo Elida (Rang 25), Schram's Rasierklingen (Rang 26) oder gar Tack (Rang 30). Umgekehrt verwundert bei anderen – aus heutiger Sicht – ihr nachgeordneter Rang wie der 28. Platz der braunen Brause aus den USA.

Eins war damit jedoch bewiesen: Ein ganze Legion einst gemachter Markenerfahrungen wartete im (Unter-) Bewusstsein der Verbraucher nur darauf, aus seinem Dornröschenschlaf von einem schönen Prinzen wachgeküsst zu werden. Doch wann würde er kommen und in welcher Gestalt? Man schrieb den 20. Juni 1948. Es war keineswegs eine Revolution, die an diesem Sonntag geschah, sondern „nur" eine Währungsreform. Neues Geld wurde ausgeteilt, 40 DM für jeden, nicht mehr. Aber mit welcher Wirkung! Am Montag darauf waren die Schaufenster der noch weithin zerstörten Städte nicht wiederzuerkennen. Draußen auf der Straße die Kunden mit dem nun „guten" Geld in der Tasche, drinnen in den Auslagen der Schaufenster urplötzlich gute Waren in reicher Auswahl. Und wie auf ein Zeichen waren Hunderte von Marken zu neuem Leben erwacht: Persil, Sunlicht, Coca-Cola und wie sie alle hießen und verkündeten unisono „Wieder da!" und „in Friedensqualität!"

MARKEN, WOLLT IHR EWIG LEBEN?

Marken sind offenbar materiell-immaterielle Zwitterwesen. Auf der einen Seite scheinen sie fast an platonische Ideenwelten zu erinnern, die im kollektiven Gedächtnis ein ideelles Schattendasein führen – oft über Jahrzehnte hin, andererseits sind sie von der einst erfahrenen Warenqualität abhängig und gespeist. Patentrechtlich gesehen gehören Marken zwar denen, die sie produzieren, am Markt halten, pflegen und führen, als symbolisches Kapital verstanden gehören sie aber viel eher denjenigen – und je erfolgreicher sie sind, desto mehr! -, die sie konsumieren, also den Verbrauchern. Selbst Karl Marx hat immer wieder betont, dass ein Produkt sich erst im Konsum vollende. Erst wenn die Verbindung zum sozialen und emotionalen Dasein der Menschen besteht, kann auch die Marke leben und wachsen. Erfahrene Werbefachleute wie Hanns W. Brose („Im Asbach Uralt ist der Geist des Weines!") haben dies früh erkannt. Dieser schrieb 1934: „Der Markenartikel ist ein soziales Agens, ein biologisches Phänomen. Er ist... umwittert vom Geheimnis des Lebens, dessen Gefahr und Verheißung er widerspiegelt." Und der Vater der „Markentechnik" Hans Domizlaff wurde nicht müde zu betonen: „Man tut gut daran, Marken wie lebende Wesen zu betrachten."

Lebende Wesen existieren aber nie nur aus dem Augenblick, sondern stets auch aus ihrer Spannung zwischen Herkunft und Zukunft. Wer dies ignoriert, wird dafür nicht selten bestraft. Dazu zwei Lehrbeispiele aus jüngster Zeit. Vor dreizehn Jahren war ein Staat zusammengebrochen, die DDR. Wieder fand ein Währungsschnitt statt, es gab neues Geld. Jetzt meinten viele westdeutsche Konzerne, es sei ein Leichtes, im Zuge der Wiedervereinigung die Ost-Produkte auf Nimmerwiedersehen aus den Regalen zu kegeln und durch eigene Marken zu ersetzen. Es dauerte kein halbes Jahr, bis sie sich eines Besseren belehrt sehen mussten. Allzu selbstherrlich hatte man den Ost-Verbrauchern nämlich auch ein Stück ihrer Lebenswelt genommen. Beharrlich verweigerten diese nun den Konsum von Nur-West-Waren. Jetzt war es also eine Art „Ostalgie"-Prinz, der den Men-schen zurückbrachte, was ihnen vertraut war und ihr Wir-Gefühl bestätigte: Rotkäppchen-Sekt, Burger-Knäcke, Tempo-Linsen, f 6 –Zigaretten, Club-Cola und anderes mehr.

Knapp zehn Jahre später gehörte das Internet schon zum Lebensalltag zumindest der Generation der Dreißigjährigen. Damit eröffneten sich ganz neue Dimensionen eines Verbraucher-Plebiszits. In Österreich erinnerte sich Johannes Breit gern an ein bestimmtes Eis seiner Jugendzeit – für ihn der Inbegriff schöner Kindheitserlebnisse an Sommer, Ferien und Schwimmbad in den siebziger Jahren. Paiper hieß dieses Eis, das man mittels eines Stäbchens aus einem durchsichtigen Kunststoff-Kolben schubweise herausdrücken musste, das dabei quietschte und wie kein anderes an der Zunge klebte, aber seit fast zwanzig Jahren nicht mehr erhältlich war. Breit hörte sich um und stellte fest, dass sein Produkterlebnis geradezu das Sozialisationsmuster einer ganzen Generation darstellte! Und ebenso intensiv wie die kollektive Erinnerung an dieses Eis war das Bedauern, dass es nicht mehr zu kaufen war. Für Breit war klar: Paiper musste wieder her. Und so er ging in die Offensive, trat eine ganze Welle los und schon bald als „Mister Paiper" in Fernsehtalkshows und bei Open-Air-Festivals auf. Tausende von Gleichgesinnten unterzeichneten begeistert seine Online-Petitionen an den Hersteller Eskimo, dieses mit so viel Lebens-geschichte(n) aufgeladene Eis wieder einzuführen. Was selbstverständlich geschah. In diesem Fall war der wachküssende Prinz also ein sehr bürgerliches Individuum.

Einerseits wollen solche Beispiele geradezu wie eine Illustration zu Domizlaffs Befund in dessen Lehrbuch der Markentechnik, der „Gewinnung des öffentlichen Vertrauens", erscheinen: „Darin liegt der Zweck der Befruchtung des Massengehirns mit bestimmten Ideen, dass Bedürfnisse ganz spezieller Art entstehen, die ausschließlich durch den dazu gehörigen Markenartikel befriedigt werden können. Die Forderung nach Markenartikelnahrung soll bei gesunden Markenideen allmählich sehr energisch von der Masse gestellt werden..." Andererseits zeigen sie aber auch, dass die erfolgreiche Wiederbelebung symbolischen Markenkapitals doch an spezifische historische Bedingungen geknüpft ist. 1948 war es die lange aufgestaute Sehnsucht nach verlässlichen Warenqualitäten, 1990/91 der emotionale Widerstand gegen Überfremdung mit zu viel Westprodukten, 1998/99 bereits die Erinnerungskultur einer ganzen Generation an die siebziger Jahre, welche die Basis breiter Verbraucherresonanz abgeben konnte.

Was ist zu tun, um heute im „Wiedererinnerungsgeschäft" erfolgreich zu sein? Das Herkuleswerk von Hubert Strauf 1948 wird man nicht wiederholen können noch wollen. Auch haben wir heute zweifellos bessere sozialempirische Erhebungsmethoden. Aber ohne solide Recherche, wozu auch mentalitätshistorische Analysen gehören, wird es nicht gehen. Indessen scheinen die Rahmenbedingungen günstig: der demographische Befund unserer Gesellschaft, die mit einer noch nie da gewesenen Geschwindigkeit altert, lässt den begründeten Schluss zu, dass in den kommenden Jahren Marken, die als Ikonen glaubwürdiger Wiedererinnerungskultur auftreten, stark an Bedeutung gewinnen werden. Die schon seit Mitte der neunziger Jahren zu beobachtende starke Tendenz zum Retro-Design ist dafür kein kleines Indiz. Viele Marken wie Tri-Top, Afri-Cola, SU Interrent sind schon wieder da oder machen sich gerade auf den Weg. Doch sie werden nicht selten Sinn stiften oder gar soziale Institutionen ersetzen müssen, je mehr die staatlichen und öffentlichen Leitsysteme angesichts globaler Prozesse an Bedeutung und Glaubwürdigkeit verlieren. Die Wiederkehr der Sportschau als feste Institution liebenswerter Feierabendkultur wird von Millionen Menschen so verstanden und begrüßt.

Von diesen realen Bezugnahmen auf symbolisches Kapital beim Verbraucher unberührt ist freilich der unlängst wohl spektakulärste Fall einer Marken-Wiedererweckung in Gestalt der „High-End-Limousine" Maybach aus dem Hause Daimler-Chrysler. Schon ein Blick auf die Hintergründe zeigt, dass es hier um anderes geht: den Kampf um die Vorherrschaft in der automobilen Oberklasse zwischen BMW und Mercedes – seit die Münchner vor etwa dreißig Jahren sich aufmachten, zum ernsthaften Konkurrenten der Schwaben aufzusteigen. In der Wahrnehmung der Verbraucher indessen – von der Dienstwagenhierarchie jeder x-beliebigen Firma noch täglich bestätigt – gelang der Sprung auf Platz Eins bis heute nicht. Trotz engagierter, ja aggressiver Modellpolitik (der erste deutsche Zwölfzylinder 1988) und jahrzehntelangem klugen Product-Placement („Harry, hol mal den Wagen!") blieb BMW stets nur die Nummer Zwei. Erst mit der „Einverleibung" von Rolls Royce durch die Münchner bekam man bei Daimler-Chrysler ein echtes Problem. Jetzt war nichts weniger gefordert als der bessere Rolls Royce. Die einzige Chance, dieses bislang ultimative Markenimage zu toppen, bestand im Rückgriff auf die eigene Geschichte. Schließlich kauft man so etwas auch nicht wie ein Parvenü von außen „billig" an, sondern entwickelt es aus eigenen Ressourcen – sofern man es vermag. Womit wir Normalverbraucher vor dieser traumhaften Welt des „Mythos Maybach" nur noch zurücksinken und mit Benn stammeln: „... aus Chiffern steigen erkanntes Leben, jäher Sinn..." oder „Ah, Hulstkamp!" – Je nachdem.

DIRK SCHINDELBECK

Dirk Schindelbeck, geb. 1952, Dr. phil., Dozent an der Pädagogischen Hochschule Freiburg, Kulturwissenschaftler, Werbehistoriker und Wissenschaftspublizist, studierte Germanistik, Philosophie und Geschichte in Freiburg.
Zahlreiche Veröffentlichungen, zuletzt „Marken, Moden und Kampagnen. Illustrierte deutsche Konsumgeschichte", Primus Verlag, Darmstadt 2003. Kolumnist bei diversen Fachzeitschriften wie z.B. „Damals. Das Magazin für Geschichte und Kultur".
Rundfunkbeiträge, Ausstellungen, zuletzt Grundkonzept für „Faszination Coca-Cola. Einsichten in einen Mythos", Haus der Geschichte der Bundesrepublik Deutschland in Bonn (realisiert in Zusammenarbeit mit der Werbeagentur Schleiner & Partner, Freiburg).

IMPRESSUM

Die Deutsche Bibliothek – CIP-Einheitsaufnahme

Deutsche Standards: Marken des Jahrhunderts /
Dr. Florian Langenscheidt (Hrsg.)
[Bearb. von Steffen Heemann, Olaf Salié und Cläre Stauffer] –
Köln : Deutsche Standards EDITIONEN, 2003

ISBN 3-409-12443-8
14., neubearb. Auflage
© 2003 Deutsche Standards EDITIONEN GmbH, Köln

Redaktionsleitung: Olaf Salié
Redaktion: Steffen Heemann und Cläre Stauffer
Herstellung: Appl Druck, Wemding
Vertrieb: Gabler Verlag, Wiesbaden
Gedruckt auf LuxoArt Silk, holzfrei, weiß, matt gestrichen 135 g/qm.

DANK

Die umfangreiche Neubearbeitung der Deutschen Standards, die bereits im Frühling 2002 begonnen wurde,
wäre ohne die freundliche Begleitung, die Hilfe und Unterstützung, ohne die Motivation und konstruktive Kritik
vieler Menschen nicht möglich gewesen. Der Herausgeber und die Redaktion möchten sich an dieser Stelle
ausdrücklich bei all jenen bedanken, die an der Realisierung des Projektes beteiligt waren.

Unser ganz besonderer Dank gilt dabei Herbert Flory, Silvia Glaser (Sylt Marketing GmbH),
Julian von Heyl (www.korrekturen.de), Melanie Hohnen (Van Laack GmbH),
Jean-Remy von Matt (Jung von Matt), Prof. Dr. Dr. h.c. Heribert Meffert,
Dr. Antonella Mei-Pochtler (The Boston Consulting Group), Leo Möllerherm (J. G. Niederegger GmbH & Co. KG),
Wolfgang Momberger (Momberger's BrandNet), Carmen Querbach (Henkell & Söhnlein GmbH),
Dr. Michael Rogowski (BDI), Manfred Schüller (Springer & Jacoby), Prof. Dr. Uwe Specht (Henkel KGaA) uvm.

In ganz besonderer Erinnerung bewahren wir den Gründer der Deutschen Standards,
Jörg Krichbaum, der 2002 in Brüssel verstorben ist.